UG NX 8.0 工程应用精解丛书

UG NX 软件应用认证指导用书

UG NX 8.0 快速入门教程

（修订版）

展迪优　主编

机 械 工 业 出 版 社

本书是学习使用UG NX 8.0软件的快速入门与提高指南，内容包括UG NX 8.0功能模块和特性概述、软件安装、系统配置与环境设置方法、二维草图的创建、零件设计、曲面设计、装配设计、工程图的设计以及钣金设计等。

在内容安排上，为了使读者更快地掌握该软件的基本功能，书中结合大量的范例对UG NX 8.0软件中的一些抽象的概念、命令和功能进行讲解，通过范例讲述了一些实际生产一线产品的设计过程，这些范例都是实际工程设计中具有代表性的例子，并且这些范例是根据北京兆迪科技有限公司给国内外一些著名公司（含国外独资和合资公司）的培训案例整理而成的，具有很强的实用性和广泛的适用性，这样安排能使读者较快地进入设计实战状态。本书在主要章节中还安排了习题，便于读者进一步巩固所学的知识。在写作方式上，本书紧贴软件的实际操作界面，采用软件中真实的对话框和按钮等进行讲解，使初学者能够直观、准确地操作软件，从而尽快地上手，提高学习效率。读者在系统学习本书后，能够迅速地运用UG软件来完成较复杂产品的零部件三维建模（含钣金建模）、装配、出工程图等设计工作。

本书附带视频DVD学习光盘1张，制作了与本书全程同步的视频文件（含语音讲解，时间长达10个小时，光盘中还包含了本书所有的素材文件、练习文件和范例文件，光盘教学文件容量达3.5GB）。另外，为方便UG低版本读者的学习，光盘中特提供了UG NX 6.0、UG NX 7.0版本主要章节的素材源文件。

本书内容全面，条理清晰，范例丰富，讲解详细，可作为工程技术人员快速自学UG软件的教程和参考书，也可作为大中专院校学生和各类培训学校学员的UG课程上课或上机练习教材。

图书在版编目（CIP）数据

UG NX 8.0快速入门教程/展迪优主编．—4版（修订版）．—北京：机械工业出版社，2012.12（2022.1重印）
（UG NX 8.0工程应用精解丛书）
ISBN 978-7-111-40739-3

Ⅰ．①U…　Ⅱ．①展…　Ⅲ．①计算机辅助设计—应用软件—教材　Ⅳ．①TP391.72

中国版本图书馆CIP数据核字（2012）第293253号

机械工业出版社（北京市百万庄大街22号　邮政编码100037）
策划编辑：杨民强　管晓伟　责任编辑：管晓伟
责任印制：单爱军
北京虎彩文化传播有限公司印刷
2022年1月第4版第20次印刷
184mm×260mm · 28.75印张 · 710千字
47901—49400册
标准书号：ISBN 978-7-111-40739-3
　　　　　ISBN 978-7-89433-222-6（光盘）
定价：59.90元（含多媒体DVD光盘1张）

电话服务	网络服务
客服电话：010-88361066	机　工　官　网：www.cmpbook.com
010-88379833	机　工　官　博：weibo.com/cmp1952
010-68326294	金　　书　　网：www.golden-book.com
封底无防伪标均为盗版	机工教育服务网：www.cmpedu.com

出版说明

制造业是一个国家经济发展的基础，当今世界任何经济实力强大的国家都拥有发达的制造业，美、日、德、英、法等国家之所以称为发达国家，很大程度上是由于它们拥有世界上最发达的制造业。我国在大力推进国民经济信息化的同时，必须清醒地认识到，制造业是现代经济的支柱，提高制造业科技水平是一项长期而艰巨的任务。发展信息产业，首先要把信息技术应用到制造业。

众所周知，制造业信息化是企业发展的必要手段，国家已将制造业信息化提到关系国家生存的高度。信息化是当今时代现代化的突出标志。以信息化带动工业化，使信息化与工业化融为一体，互相促进，共同发展，是具有中国特色的跨越式发展之路。信息化主导着新时期工业化的方向，使工业朝着高附加值化发展；工业化是信息化的基础，为信息化的发展提供物资、能源、资金、人才以及市场，只有用信息化武装起来的自主和完整的工业体系，才能为信息化提供坚实的物质基础。

制造业信息化集成平台是通过并行工程、网络技术、数据库技术等先进技术将CAD/CAM/CAE/CAPP/PDM/ERP 等为制造业服务的软件个体有机地集成起来，采用统一的架构体系和统一的基础数据平台，涵盖目前常用的 CAD/CAM/CAE/CAPP/PDM/ERP 软件，使软件交互和信息传递顺畅，从而有效提高产品开发、制造各个领域的数据集成管理和共享水平，提高产品开发、生产和销售全过程中的数据整合、流程的组织管理水平以及企业的综合实力，为营造一流的企业提供现代化的技术保证。

机械工业出版社作为全国优秀出版社，在出版制造业信息化技术类图书方面有着独特的优势，一直致力于 CAD/CAM/CAE/CAPP/PDM/ERP 等领域相关技术的跟踪，出版了大量学习这些领域的软件（如 UG、Ansys、Adams 等）的优秀图书，同时也积累了许多宝贵的经验。

北京兆迪科技有限公司位于中关村软件园，专门从事 CAD/CAM/CAE 技术的开发、咨询及产品设计与制造等服务，并提供专业的 UG、Ansys、Adams 等软件的培训，该系列丛书是根据北京兆迪科技有限公司给国内外一些著名公司（含国外独资和合资公司）的培训教案整理而成的，具有很强的实用性。中关村软件园是北京市科技、智力、人才和信息资源最密集的区域，园区内有清华大学、北京大学和中国科学院等著名大学和科研机构，同时聚集了一些国内外著名公司，如西门子、联想集团、清华紫光和清华同方等。近年来，北京兆迪科技有限公司充分依托中关村软件园的人才优势，在机械工业出版社的大力支持下，已经推出了或将陆续推出 UG、Ansys、Adams 等软件的“工程应用精解”系列图书，包括：

- UG NX 8.0 工程应用精解丛书
- UG NX 7.0 工程应用精解丛书

- UG NX 6.0 工程应用精解丛书
- UG NX 5.0 工程应用精解丛书
- MasterCAM 工程应用精解丛书

“工程应用精解”系列图书具有以下特色：

- **注重实用，讲解详细，条理清晰**。由于作者和顾问均来自一线的专业工程师和高校教师，所以图书既注重解决实际产品设计、制造中的问题，同时又将软件的使用方法和技巧进行全面、系统、有条不紊、由浅入深的讲解。
- **范例来源于实际，丰富而经典**。对软件中的主要命令和功能，先结合简单的范例进行讲解，然后安排一些较复杂的综合范例帮助读者深入理解、灵活应用。
- **写法独特，易于上手**。全部图书采用软件中真实的菜单、对话框和按钮等进行讲解，使初学者能够直观、准确地操作软件，从而大大提高学习效率。
- **随书光盘配有视频录像**。每本书的随书光盘中制作了超长时间的操作视频文件，帮助读者轻松、高效地学习。
- **网站技术支持**。读者购买“工程应用精解”系列图书，可以通过北京兆迪科技有限公司的网站（http://www.zalldy.com）获得技术支持。

我们真诚地希望广大读者通过学习“工程应用精解”系列图书，能够高效掌握有关制造业信息化软件的功能和使用技巧，并将学到的知识运用到实际工作中，也期待您给我们提出宝贵的意见，以便今后为大家提供更优秀的图书作品，共同为我国制造业的发展尽一份力量。

机械工业出版社

北京兆迪科技有限公司

前　　言

UG 是由美国 UGS 公司推出的功能强大的三维 CAD/CAM/CAE 软件系统，其内容涵盖了产品从概念设计、工业造型设计、三维模型设计、分析计算、动态模拟与仿真、工程图输出，到生产加工成产品的全过程，应用范围涉及航空航天、汽车、机械、造船、通用机械、数控（NC）加工、医疗器械和电子等诸多领域。

由于具有强大而完美的功能，UG 近几年几乎成为三维 CAD/CAM 领域的一面旗帜和标准，它在国外大学院校里已成为学习工程类专业必修的课程，也成为工程技术人员必备的技术。作为提高产品研发效率和竞争力的有效工具和手段，UG 也正在国内形成一个广泛应用的热潮。UG NX 8.0 是目前最新的版本，该版本在易用性、数字化模拟、知识捕捉、可用性和系统工程、模具设计和数控编程等方面进行了创新，对以前版本进行了数百项以客户为中心的改进。本书是学习 UG NX 8.0 的快速入门与提高教程，其特色如下：

- 内容全面，涵盖了产品设计的零件创建、产品装配和工程图制作的全过程。
- 范例丰富，对软件中的主要命令和功能，先结合简单的范例进行讲解，然后安排一些较复杂的综合范例，帮助读者深入理解、灵活应用。
- 讲解详细，条理清晰，保证自学的读者能独立学习和运用 UG NX 8.0 软件。
- 写法独特，采用 UG NX 8.0 中文版中真实的对话框、操控板和按钮等进行讲解，使初学者能够直观、准确地操作软件，从而大大提高学习效率。
- 随书附赠的光盘中制作了与本书全程同步的视频录像文件（含语音讲解），长达 10 个小时左右，能够更好地帮助读者轻松、高效地学习。

本书是根据北京兆迪科技有限公司给国内外一些著名公司（含国外独资和合资公司）的培训教案整理而成的，具有很强的实用性，其主编和主要参编人员主要来自北京兆迪科技有限公司，该公司专门从事 CAD/CAM/CAE 技术的研究、开发、咨询及产品设计与制造服务，并提供 UG、Ansys、Adams 等软件的专业培训及技术咨询，在编写过程中得到了该公司的大力帮助，在此衷心表示感谢。读者在学习本书的过程中如果遇到问题，可通过访问该公司的网站 http://www.zalldy.com 来获得帮助。

本书由展迪优主编，参加编写的人员有王焕田、刘静、雷保珍、刘海起、魏俊岭、任慧华、詹路、冯元超、刘江波、周涛、段进敏、赵枫、邵为龙、侯俊飞、龙宇、施志杰、詹棋、高政、孙润、李倩倩、黄红霞、尹泉、李行、詹超、尹佩文、赵磊、王晓萍、陈淑童、周攀、吴伟、王海波、高策、冯华超、周思思、黄光辉、党辉、冯峰、詹聪、平迪、管璇、王平、李友荣。本书已经多次校对，如有疏漏之处，恳请广大读者予以指正。

电子邮箱：zhanygjames@163.com

编　者

丛书导读

（一）产品设计工程师学习流程

1.《UG NX 8.0 快速入门教程》
2.《UG NX 8.0 高级应用教程》
3.《UG NX 8.0 曲面设计教程》
4.《UG NX 8.0 钣金设计教程》
5.《UG NX 8.0 钣金设计实例精解》
6.《UG NX 8.0 产品设计实例精解》
7.《UG NX 8.0 曲面设计实例精解》
8.《UG NX 8.0 工程图教程》
9.《UG NX 8.0 管道设计教程》
10.《UG NX 8.0 电缆布线设计教程》
11.《钣金展开实用技术手册（UG NX 8.0 版）》

（二）模具设计工程师学习流程

1.《UG NX 8.0 快速入门教程》
2.《UG NX 8.0 高级应用教程》
3.《UG NX 8.0 工程图教程》
4.《UG NX 8.0 模具设计教程》
5.《UG NX 8.0 模具设计实例精解》

（三）数控加工工程师学习流程

1.《UG NX 8.0 快速入门教程》
2.《UG NX 8.0 高级应用教程》
3.《UG NX 8.0 钣金设计教程》
4.《UG NX 8.0 数控加工教程》
5.《UG NX 8.0 数控加工实例精解》

（四）产品分析工程师学习流程

1.《UG NX 8.0 快速入门教程》
2.《UG NX 8.0 高级应用教程》
3.《UG NX 8.0 运动分析教程》
4.《UG NX 8.0 结构分析教程》

本书导读

为了能更好地学习本书的知识，请您仔细阅读下面的内容：

读者对象

本书可作为工程技术人员的 UG 软件自学入门与提高教程和参考书，也可作为大中专院校的学生和各类培训学校学员的 UG 课程上课或上机练习教材。

写作环境

本书使用的操作系统为 Windows XP，对于 Windows 2000 /Server 操作系统，本书的内容和范例也同样适用。

本书采用的写作蓝本是 UG NX 8.0 中文版。

光盘使用

为方便读者练习，特将本书所有素材文件、已完成的实例文件、配置文件和视频语音讲解文件等放入随书附带的光盘中，读者在学习过程中可以打开相应素材文件进行操作和练习。

在光盘的 ug8.1 目录下共有 3 个子目录：

（1）work 子目录：包含本书讲解中所用到的文件。

（2）video 子目录：包含本书讲解中所有的视频文件（含语音讲解），学习时，直接双击某个视频文件即可播放。

（3）before 子目录：为方便 UG 低版本用户和读者的学习，光盘中特提供了 UG NX 6.0、UG NX 7.0 版本主要章节配套文件。

光盘中带有“ok”扩展名的文件或文件夹表示已完成的实例。

建议读者在学习本书前，先将随书光盘中的所有文件复制到计算机硬盘的 D 盘中。

本书约定

- 本书中有关鼠标操作的简略表述说明如下：
  - ☑ 单击：将鼠标指针移至某位置处，然后按一下鼠标的左键。
  - ☑ 双击：将鼠标指针移至某位置处，然后连续快速地按两次鼠标的左键。
  - ☑ 右击：将鼠标指针移至某位置处，然后按一下鼠标的右键。
  - ☑ 单击中键：将鼠标指针移至某位置处，然后按一下鼠标的中键。
  - ☑ 滚动中键：只是滚动鼠标的中键，而不能按中键。
  - ☑ 选择（选取）某对象：将鼠标指针移至某对象上，单击以选取该对象。
  - ☑ 拖移某对象：将鼠标指针移至某对象上，然后按下鼠标的左键不放，同时移动鼠标，将该对象移动到指定的位置后再松开鼠标的左键。

- 本书中的操作步骤分为 Task、Stage 和 Step 三个级别，说明如下：
  - ☑ 对于一般的软件操作，每个操作步骤以 Step 字符开始，例如，下面是草绘环境中绘制矩形操作步骤的表述：

    Step1. 单击按钮。

    Step2. 在绘图区某位置单击，放置矩形的第一个角点，此时矩形呈“橡皮筋”样变化。

    Step3. 单击XY按钮，再次在绘图区某位置单击，放置矩形的另一个角点。此时，系统即在两个角点间绘制一个矩形，如图 4.7.13 所示。
  - ☑ 每个 Step 操作视其复杂程度，其下面可含有多级子操作，例如 Step1 下可能包含（1）、（2）、（3）等子操作，（1）子操作下可能包含①、②、③等子操作，①子操作下可能包含 a)、b)、c）等子操作。
  - ☑ 如果操作较复杂，需要几个大的操作步骤才能完成，则每个大的操作冠以 Stage1、Stage2、Stage3 等，Stage 级别的操作下再分 Step1、Step2、Step3 等操作。
  - ☑ 对于多个任务的操作，则每个任务冠以 Task1、Task2、Task3 等，每个 Task 操作下则可包含 Stage 和 Step 级别的操作。
- 由于已建议读者将随书光盘中的所有文件复制到计算机硬盘的 D 盘中，所以书中在要求设置工作目录或打开光盘文件时，所述的路径均以“D:”开始，例如，下面是一段有关这方面的描述：

  Step1. 打开文件 D:\ug8.1\work\ch05\ch05.10\thicken.prt。

技术支持

本书是根据北京兆迪科技有限公司给国内外一些著名公司（含国外独资和合资公司）的培训教案整理而成的，具有很强的实用性，其主编和参编人员均来自北京兆迪科技有限公司，该公司专门从事 CAD/CAM/CAE 技术的研究、开发、咨询及产品设计与制造服务，并提供 UG、Ansys、Adams 等软件的专业培训及技术咨询，读者在学习本书的过程中如果遇到问题，可通过访问该公司的网站 http://www.zalldy.com 来获得技术支持。

咨询电话：010-82176248，010-82176249。

目　录

第 1 章　UG NX 8.0 概述和安装

本章提要　随着计算机辅助设计——CAD（Computer Aided Design）技术的飞速发展和普及，越来越多的工程设计人员开始利用计算机进行产品的设计和开发。UG NX 8.0 作为一种当前世界先进的计算机辅助设计软件，集 CAD/CAM/CAE 于一体，覆盖了从概念设计到产品生产的全过程，被广泛应用于汽车、航空、造船、医疗机械、模具加工和电子等工业领域，越来越受到我国工程技术人员的青睐。本章内容主要包括：

- 用 CAD 工具进行产品设计的一般过程
- UG NX 8.0 软件主要功能模块简介
- UG NX 8.0 软件的特点
- UG NX 8.0 的安装

1.1　UG 产品设计的一般过程

应用计算机辅助设计——CAD（Computer Aided Design）技术进行产品设计的一般流程如图 1.1.1 所示。

图 1.1.1 所示的 CAD 产品设计的流程说明如下：

- CAD 产品设计的过程一般是从概念设计、零部件三维建模到二维工程图。有的产品，特别是民用产品，对外观要求比较高（汽车和家用电器），在概念设计以后，往往还需要进行工业外观造型设计。
- 在进行零部件三维建模时或三维建模完成以后，根据产品的特点和要求，要进行大量的分析和其他工作，以满足产品结构、强度、运动、生产制造与装配等方面的需求。这些分析工作包括运动仿真、结构强度分析、疲劳分析、塑料流动、热分析、公差分析与优化、NC 仿真及优化以及动态仿真等。
- 产品的设计方法一般可分为两种：自底向上（Down-Top）和自顶向下（Top-Down），这两种方法也可同时进行。
- 自底向上：这是一种从零件开始，然后到子装配、总装配、整体外观的设计过程。
- 自顶向下：与自底向上相反，它是从整体外观（或总装配）开始，然后到子装配、零件的设计方式。

- 随着信息技术的发展，同时面对日益激烈的竞争，企业采用并行、协同设计势在必行，只有这样，企业才能适应迅速变化的市场需求，提高产品竞争力，解决所谓的 TQCS 难题，即以最快的上市速度（T——Time to Market）、最好的质量（Q——Quality）、最低的成本（C——Cost）以及最优的服务（S——Service）来满足市场的需求。

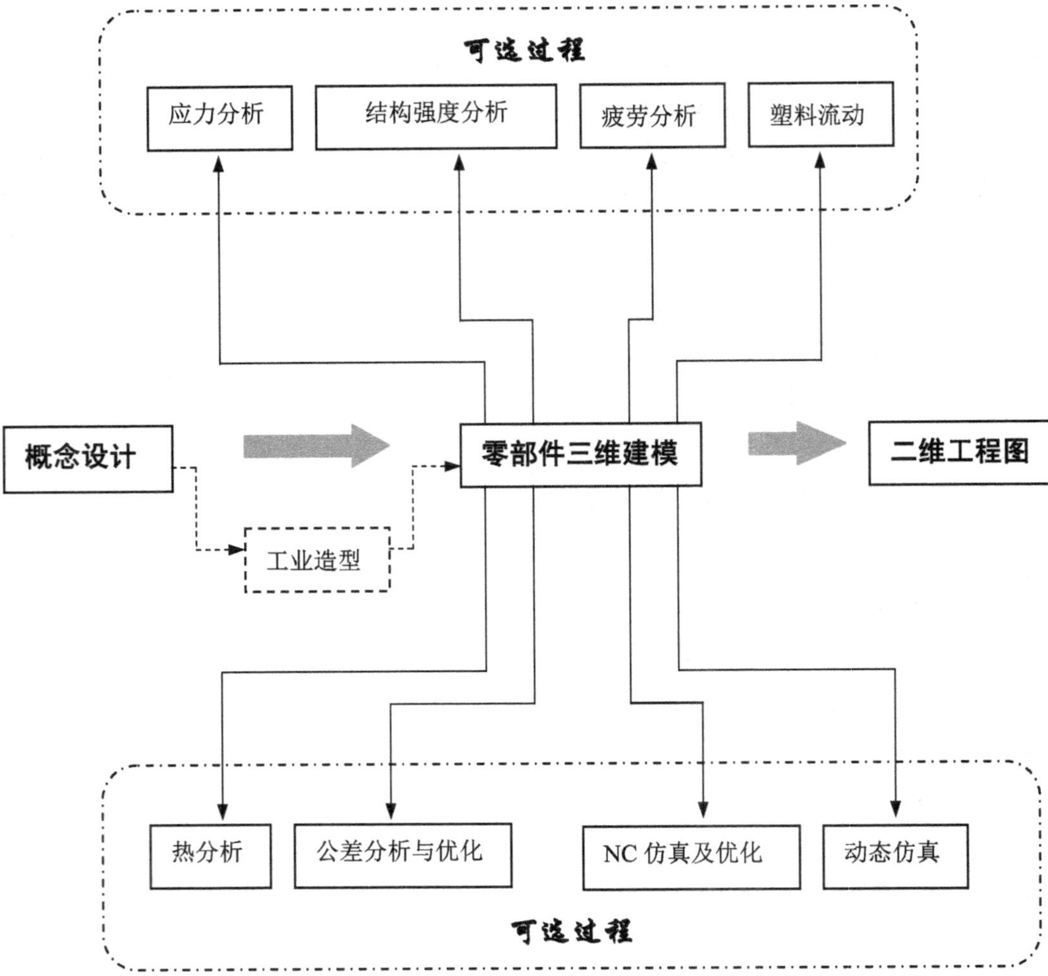

图 1.1.1　CAD 产品设计一般流程

1.2　UG NX 8.0 各模块简介

UG NX 8.0 中提供了多种功能模块，它们既相互独立又相互联系。下面将简要介绍 UG NX 8.0 中的一些常用模块及其功能。

1. 基本环境

基本环境提供一个交互环境，它允许打开已有的部件文件，创建新的部件文件，保存部件文件，创建工程图，屏幕布局，选择模块，导入和导出不同类型的文件，以及其他一般功能。该环境还提供强化的视图显示操作、屏幕布局和层功能、工作坐标系操控、对象信息和分析以及访问联机帮助。

基本环境是执行其他交互应用模块的先决条件，是用户打开 UG NX 8.0 进入的第一个应用模块。在 UG NX 8.0 中，通过选择开始下拉菜单中的基本环境(G)命令，便可以在任何时候从其他应用模块回到基本环境。

2. 零件建模

- 实体建模：支持二维和三维的非参数化模型或参数化模型的创建、布尔操作以及基本的相关编辑，它是最基本的建模模块，也是“特征建模”和“自由形状建模”的基础。
- 特征建模：这是基于特征的建模应用模块，支持如孔、槽等标准特征的创建和相关的编辑，允许抽空实体模型并创建薄壁对象，允许一个特征相对于任何其他特征定位，且对象可以被实例引用建立相关的特征集。
- 自由形状建模：主要用于创建复杂形状的三维模型。该模块中包含一些实用的技术，如沿曲线的一般扫描；使用 1 轨、2 轨和 3 轨方式按比例展开形状；使用标准二次曲线方式的放样形状等。
- 钣金特征建模：该模块是基于特征的建模应用模块，它支持专门的钣金特征，如弯头、肋和裁剪的创建。这些特征可以在 Sheet Metal Design 应用模块中被进一步操作，如钣金部件成形和展开等。该模块允许用户在设计阶段将加工信息整合到所设计的部件中。实体建模和 Sheet Metal Design 模块是运行此应用模块的先决条件。
- 用户自定义特征（UDF）：允许利用已有的实体模型，通过建立参数间的关系、定义特征变量、设置默认值等工具和方法构建用户自己常用的特征。用户自定义特征可以通过特征建模应用模块被任何用户访问。

3. 工程图

工程图模块可以从已创建的三维模型自动生成工程图图样，用户也可以使用内置的曲线/草图工具手动绘制工程图。“制图”功能支持自动生成图纸布局，包括正交视图投影、剖视图、辅助视图、局部放大图以及轴测图等，也支持视图的相关编辑和自动隐藏线编辑。

4. 装配

装配应用模块支持“自顶向下”和“自底向上”的设计方法，提供了装配结构的快速移动，并允许直接访问任何组件或子装配的设计模型。该模块支持“在上下文中设计”的方法，即当工作在装配的上下文中时，可以对任何组件的设计模型作改变。

5. 用户界面样式编辑器

用户界面样式编辑器是一种可视化的开发工具，允许用户和第三方开发人员生成 UG NX 对话框，并生成封装了的有关创建对话框的代码文件，这样用户不需要掌握复杂的图形化用户界面（GUI）的知识，就可以轻松改变 UG NX 的界面。

6. 加工

加工模块用于数控加工模拟及自动编程，可以进行一般的 2 轴、2.5 轴铣削，也可以进行 3 轴到 5 轴的加工；可以模拟数控加工的全过程；支持线切割等加工操作；还可以根据加工机床控制器的不同来定制后处理程序，因而生成的指令文件可直接应用于用户的特定数控机床，而不需要修改指令，便可进行加工。

7. 分析

- 模流分析（Moldflow）：该模块用于在注射模中分析熔融塑料的流动，在部件上构造有限元网格并描述模具的条件与塑料的特性，利用分析包反复运行以决定最佳条件，减少试模的次数，并可以产生表格和图形文件两种结果。此模块能节省模具设计和制造的成本。
- Motion 应用模块：该模块提供了精密、灵活的综合运动分析。它有以下几个特点：提供了机构链接设计的所有方面，从概念到仿真原型；它的设计和编辑能力允许用户开发任一 N_连杆机构，完成运动学分析，且提供了多种格式的分析结果，同时可将该结果提供给第三方运动学分析软件进行进一步分析。
- 智能建模（ICAD）：该模块可在 ICAD 和 NX 之间启用线框和实体几何体的双向转换。ICAD 是一种基于知识的工程系统，它允许描述产品模型的信息（物理属性诸如几何体、材料类型以及函数约束），并进行相关处理。

8. 编程语言

- 图形交互编程（GRIP）：是一种在很多方面与 FORTRAN 类似的编程语言，使用类似于英语的词汇，GRIP 可以在 NX 及其相关应用模块中完成大多数的操作。在某些情况下，GRIP 可用于执行高级的定制操作，这比在交互的 NX 中执行更高效。
- NX Open C 和 C++ API 编程：是使程序开发能够与 NX 组件、文件和对象数据交互操作的编程界面。

9. 质量控制

- VALISYS：利用该应用模块可以将内部的 Open C 和 C++ API 集成到 NX 中，该模块也提供单个的加工部件的 QA（审查、检查和跟踪等）。

- DMIS：该应用模块允许用户使用坐标测量机（CMM）对 NX 几何体编制检查路径，并从测量数据生成新的 NX 几何体。

10．机械布管

利用该模块可对 UG NX 装配体进行管路布线。例如，在飞机发动机内部、管道和软管从燃料箱连接到发动机周围不同的喷射点上。

11．钣金（Sheet Metal）

该模块提供了基于参数、特征方式的钣金零件建模功能，并提供对模型的编辑功能和零件的制造过程，还提供了对钣金模型展开和重叠的模拟操作。

12．电子表格

电子表格程序提供了在 Xess 或 Excel 电子表格与 UG NX 之间的智能界面。可以使用电子表格来执行以下操作：

- 从标准表格布局中构建部件主题或族。
- 使用分析场景来扩大模型设计。
- 使用电子表格计算优化几何体。
- 将商业议题整合到部件设计中。
- 编辑 UG NX 8.0 复合建模的表达式——提供 UG NX 8.0 和 Xess 电子表格之间概念模型数据的无缝转换。

13．电气线路

电气线路使电气系统设计者能够在用于描述产品机械装配的相同 3D 空间内创建电气配线。电气线路将所有相关电气元件定位于机械装配内，并生成建议的电气线路中心线，然后将全部相关的电气元件从一端发送到另一端，而且允许在相同的环境中生成并维护封装设计和电气线路安装图。

注意：以上有关 UG NX 8.0 的功能模块的介绍仅供参考，如有变动应以 UGS 公司的最新相关正式资料为准，特此说明。

1.3　UG NX 8.0 软件的特点

UG NX 8.0 系统在数字化产品的开发设计领域具有以下几大特点：

- 创新性用户界面把高端功能与易用性和易学性相结合。

UG NX 8.0 建立在 UG NX 5.0 里面引入的基于角色的用户界面基础之上，把此方法的覆盖范围扩展到整个应用程序，以确保在核心产品领域里面的一致性。

为了提供一个能够随着用户技能水平增长而成长并且保持用户效率的系统，UG NX 8.0 以可定制的、可移动弹出工具栏为特征。移动弹出工具栏减少了鼠标移动，并且使用户能够把它们的常用功能集成到由简单操作过程所控制的动作之中。

- 完整统一的全流程解决方案。

UG 产品开发解决方案完全受益于 Teamcenter 的工程数据和过程管理功能。通过 UG NX 8.0，进一步扩展了 UG 和 Teamcenter 之间的集成。利用 UG NX 8.0，能够在 UG 里面查看来自 Teamcenter Product Structure Editor（产品结构编辑器）的更多数据，为用户提供了关于结构以及相关数据更加全面的表示。

UG NX 8.0 系统无缝集成的应用程序能快速传递产品和工艺信息的变更，从概念设计到产品的制造加工，可使用一套统一的方案把产品开发流程中涉及的学科融合到一起。在 CAD 和 CAM 方面，大量吸收了逆向软件 Imageware 的操作方式以及曲面方面的命令；在钣金设计等方面，吸收了 SolidEdge 的先进操作方式；在 CAE 方面，增加了 I-deas 的前后处理程序及 NX Nastran 求解器；同时 UG NX 8.0 可以在 UGS 先进的 PLM（产品周期管理）Teamcenter 的环境管理下，在开发过程中可以随时与系统进行数据交流。

- 可管理的开发环境。

UG NX 8.0 系统可以通过 NX Manager 和 Teamcenter 工具把所有的模型数据进行紧密集成，并实施同步管理，进而实现在一个结构化的协同环境中转换产品的开发流程。UG NX 8.0 采用的可管理的开发环境，增强了产品开发应用程序的性能。

Teamcenter 项目支持。利用 UG NX 8.0，用户能够在创建或保存文件的时候分配项目数据（既可是单一项目，也可是多个项目）。扩展的 Teamcenter 导航器，使用户能够立即把 Project（项目）分配到多个条目（Item）。可以过滤 Teamcenter 导航器，以便只显示基于 Project 的对象，使用户能够清楚了解整个设计的内容。

- 知识驱动的自动化。

使用 UG NX 8.0 系统，用户可以在产品开发的过程中获取产品及其设计制造过程的信息，并将其重新用到开发过程中，以实现产品开发流程的自动化，最大程度地重复利用知识。

- 数字化仿真、验证和优化。

利用 UG NX 8.0 系统中的数字化仿真、验证和优化工具，可以减少产品的开发费用，实现产品开发的一次成功。用户在产品开发流程的每一个阶段，通过使用数字化仿真技术，核对概念设计与功能要求的差异，以确保产品的质量、性能和可制造性符合设计标准。

- 系统的建模能力。

UG NX 8.0 基于系统的建模，允许在产品概念设计阶段快速创建多个设计方案并进行评估，特别是对于复杂的产品，利用这些方案能有效地管理产品零部件之间的关系。在开发过程中还可以创建高级别的系统模板，在系统和部件之间建立关联的设计参数。

1.4 UG NX 8.0 的安装

1.4.1 安装要求

1. 硬件要求

UG NX 8.0 软件系统可在工作站（Workstation）或个人计算机（PC）上运行，如果安装在个人计算机上，为了保证软件安全和正常使用，对计算机硬件的要求如下：

- CPU 芯片：一般要求 Pentium3 以上，推荐使用 Intel 公司生产的 Pentium4/1.3GHz 以上的芯片。
- 内存：一般要求为 256MB 以上。如果要装配大型部件或产品，进行结构、运动仿真分析或产生数控加工程序，则建议使用 1024MB 以上的内存。
- 显卡：一般要求支持 Open_GL 的 3D 显卡，分辨率为 1024×768 以上，推荐使用 64MB 以上的显卡。如果显卡性能太低，打开软件后，其会自动退出。
- 网卡：以太网卡。
- 硬盘：安装 UG NX 8.0 软件系统的基本模块，需要 3.5GB 左右的硬盘空间，考虑到软件启动后虚拟内存及获取联机帮助的需要，建议在硬盘上准备 4.2GB 以上的空间。
- 鼠标：强烈建议使用三键（带滚轮）鼠标，如果使用二键鼠标或不带滚轮的三键鼠标，会极大地影响工作效率。
- 显示器：一般要求使用 15in 以上显示器。
- 键盘：标准键盘。

2. 操作系统要求

- 操作系统：操作系统为 Windows 2000 以上的 Workstation 或 Server 版均可，要求安装 SP3（Windows 补丁）以上版本，XP 系统要求安装 SP1 以上版本。对于 UNIX 系统，要求 HP-UX（64-bit）的 11 版、Sun Solaris（64-bit）的 Solaris 82/02、IBM-AIX 的 4.3.3、Maintenance Lecel 8 和 SGI-IRIX 的 6.5.11。
- 硬盘格式：建议 NTFS 格式，FAT 也可。
- 网络协议：TCP/IP 协议。
- 显卡驱动程序：分辨率为 1024×768 以上，真彩色。

1.4.2 安装前的准备

1. 安装前的计算机设置

为了更好地使用 UG NX 8.0，在软件安装前需要对计算机系统进行设置，主要是操作系统的虚拟内存设置。设置虚拟内存的目的是为软件系统进行几何运算预留临时存储数据的空间。各类操作系统的设置方法基本相同，下面以 Windows XP Professional 操作系统为例说明设置过程。

Step1. 选择 Windows 的 开始 → 设置(S) → 控制面板(C) 命令。

Step2. 在控制面板中双击 系统 图标。

Step3. 在“系统属性”对话框中单击 高级 选项卡，在 性能 区域中单击 设置(S) 按钮。

Step4. 在“性能选项”对话框中单击 高级 选项卡，在 虚拟内存 区域中单击 更改(C) 按钮。

Step5. 系统弹出“虚拟内存”对话框，可在 初始大小(MB)(I): 文本框中输入虚拟内存的最小值，在 最大值(MB)(X): 文本框中输入虚拟内存的最大值。虚拟内存的大小可根据计算机硬盘空间的大小进行设置，但初始大小至少要达到物理内存的 2 倍，最大值可达到物理内存的 4 倍以上。例如，用户计算机的物理内存为 256MB，初始值一般设置为 512MB，最大值可设置为 1024MB；如果装配大型部件或产品，建议将初始值设置为 1024MB，最大值设置为 2048MB。单击 设置(S) 和 确定 按钮后，计算机会提示用户重新启动计算机后设置才生效，然后一直单击 确定 按钮。重新启动计算机后，完成设置。

2. 查找计算机的名称

下面介绍查找计算机名称的操作。

Step1. 选择 Windows 的 开始 → 设置(S) → 控制面板(C) 命令。

Step2. 在控制面板中双击 系统 图标。

Step3. 在图 1.4.1 所示的“系统属性”对话框中单击 计算机名 选项卡，即可看到在 完整的计算机名称: 位置显示出当前计算机的名称。

1.4.3 安装的一般过程

Stage1. 在服务器上准备好许可证文件

Step1. 首先将合法获得的 UG NX 8.0 许可证文件 NX8.0.lic 复制到计算机中的某个位置，例如 C:\ug8.0\NX8.0.lic。

Step2. 修改许可证文件并保存，如图 1.4.2 所示。

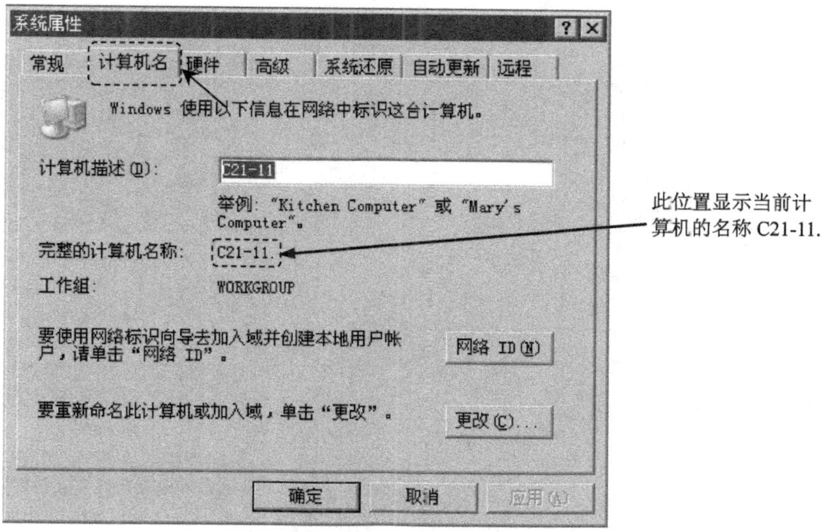

图 1.4.1　"系统属性"对话框

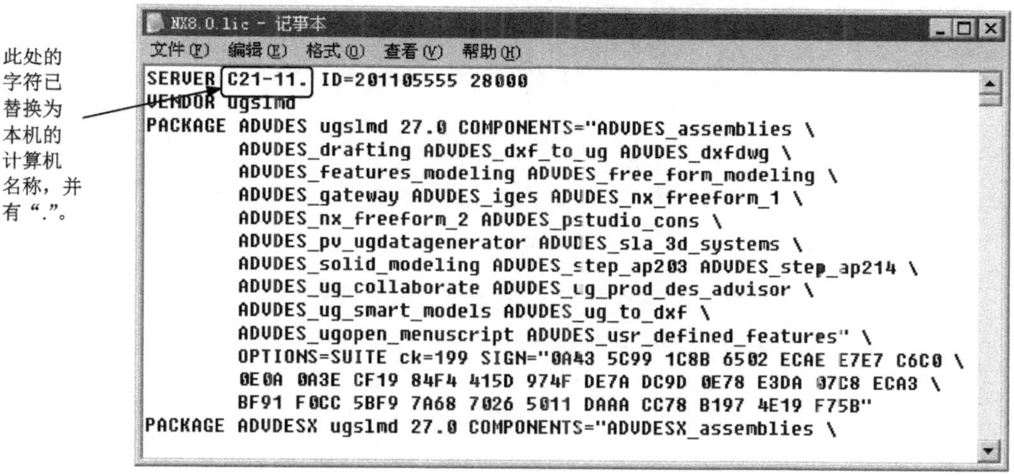

图 1.4.2　修改许可证文件

Stage2．安装许可证管理模块

Step1．将 UG NX 8.0 软件（NX 8.0.25 版本）安装光盘放入光驱内（如果已经将系统安装文件复制到硬盘上，可双击系统安装目录下的 Launch.exe 文件），等待片刻后，会弹出图 1.4.3 所示的"NX 8.0 Software Installation"对话框，在此对话框中单击 Install License Server 按钮。

Step2．系统弹出图 1.4.4 所示的"UGSLicensing – InstallShield Wizard"对话框（一），接受系统默认的语言 中文（简体），单击 确定(O) 按钮，系统显示图 1.4.5 所示的"UGSLicensing – InstallShield Wizard"对话框（二）。

Step3．等待片刻后，在图 1.4.6 所示的"UGSLicensing InstallShield Wizard"对话框（三）

中单击 下一步(N) > 按钮。

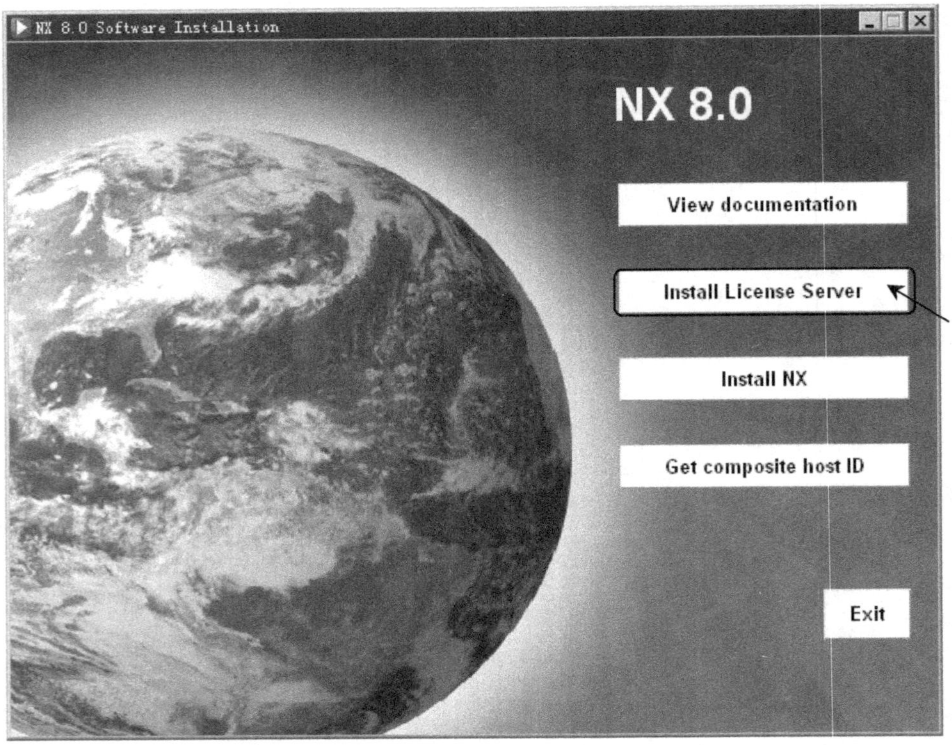

图 1.4.3　“NX 8.0　Software Installation”对话框

图 1.4.4　“UGSLicensing – InstallShield Wizard”对话框（一）

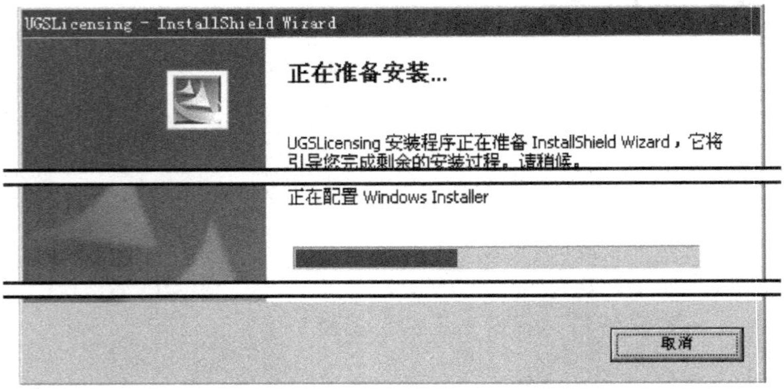

图 1.4.5　“UGSLicensing – InstallShield Wizard”对话框（二）

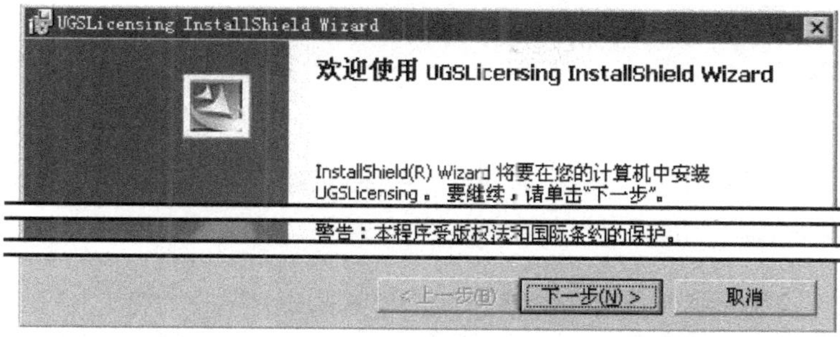

图 1.4.6　“UGSLicensing InstallShield Wizard”对话框（三）

Step4. 在图 1.4.7 所示的“UGSLicensing InstallShield Wizard”对话框（四）中的接受系统默认安装路径，单击 下一步(N) > 按钮。

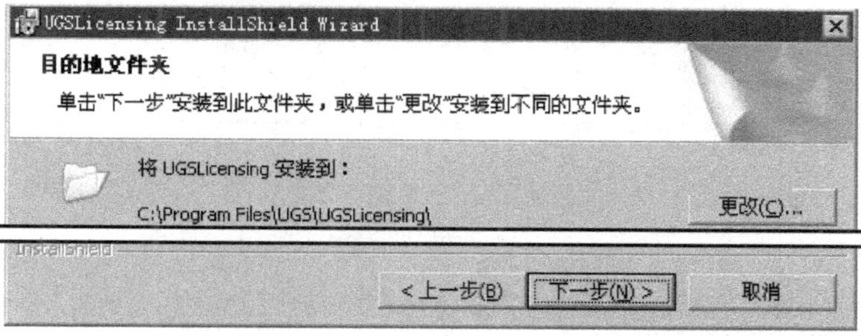

图 1.4.7　“UGSLicensing InstallShield Wizard”对话框（四）

Step5. 在图 1.4.8 所示的“UGSLicensing InstallShield Wizard”对话框（五）中单击 浏览... 按钮，找到目录 C:\ug8.0 下的许可证文件 NX8.0.lic，单击 下一步(N) > 按钮。

Step6. 在图 1.4.9 所示的“UGSLicensing InstallShield Wizard”对话框（六）中单击 安装(I) 按钮。

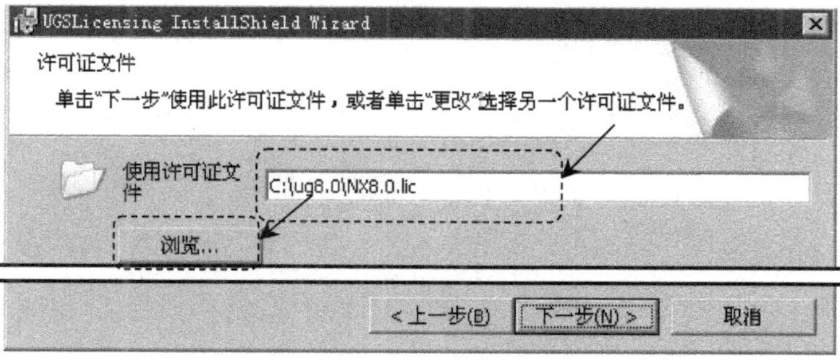

图 1.4.8　“UGSLicensing InstallShield Wizard”对话框（五）

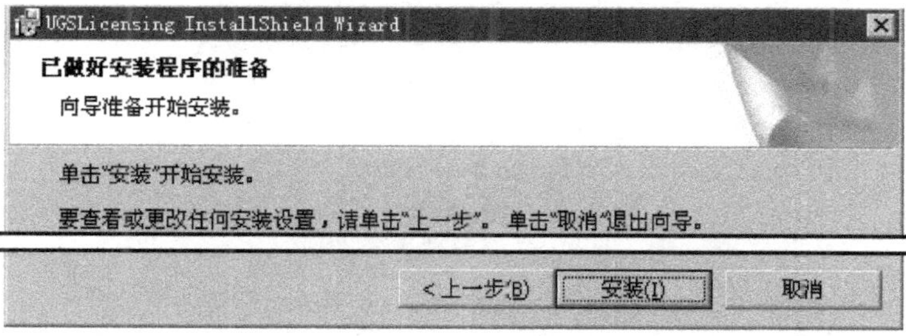

图 1.4.9　“UGSLicensing InstallShield Wizard”对话框（六）

Step7. 完成许可证管理模块的安装。

（1）系统弹出图 1.4.10 所示的“UGSLicensing InstallShield Wizard”对话框（七），并显示安装进度。

（2）等待片刻后，在图 1.4.11 所示的“UGSLicensing InstallShield Wizard”对话框（八）中单击 完成(F) 按钮，完成许可证的安装。

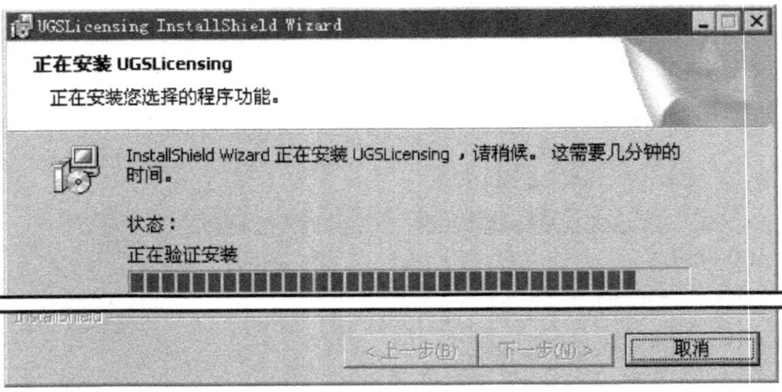

图 1.4.10 “UGSLicensing InstallShield Wizard”对话框（七）

图 1.4.11 “UGSLicensing InstallShield Wizard”对话框（八）

Stage3. 安装 UG NX 8.0 软件主体

Step1. 在“NX 8.0 Software Installation”对话框中单击 Install NX 按钮。

Step2. 系统弹出图 1.4.12 所示的“Siemens NX 8.0 – InstallShield Wizard”对话框（一），接受系统默认的语言 中文（简体），单击 确定(O) 按钮，系统显示图 1.4.13 所示的“Siemens NX 8.0 – InstallShield Wizard”对话框（二）。

图 1.4.12 “Siemens NX 8.0 – InstallShield Wizard”对话框（一）

图 1.4.13　“Siemens NX 8.0 – InstallShield Wizard”对话框（二）

Step3. 数秒钟后，系统弹出图 1.4.14 所示的“Siemens NX 8.0 – InstallShield 向导”对话框（一），单击其中的 下一步(N) > 按钮。

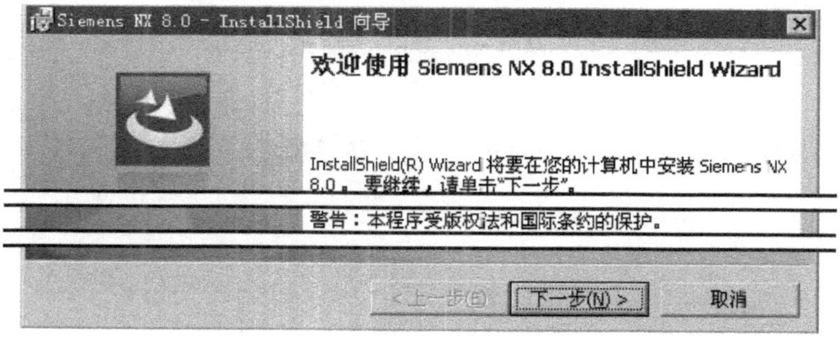

图 1.4.14　“Siemens NX 8.0 – InstallShield 向导”对话框（一）

Step4. 系统弹出图 1.4.15 所示的“Siemens NX 8.0 – InstallShield 向导”对话框（二），采用系统默认的安装类型 ⊙ 典型 单选项，单击 下一步(N) > 按钮。

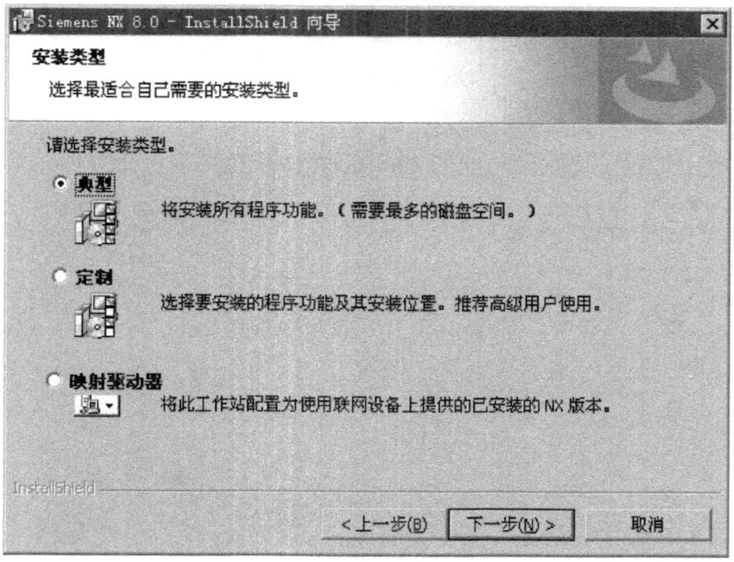

图 1.4.15　“Siemens NX 8.0 – InstallShield 向导”对话框（二）

Step5. 系统弹出图 1.4.16 所示“Siemens NX 8.0 – InstallShield 向寻”对话框（三），接

受系统默认的路径，单击 下一步(N) > 按钮。

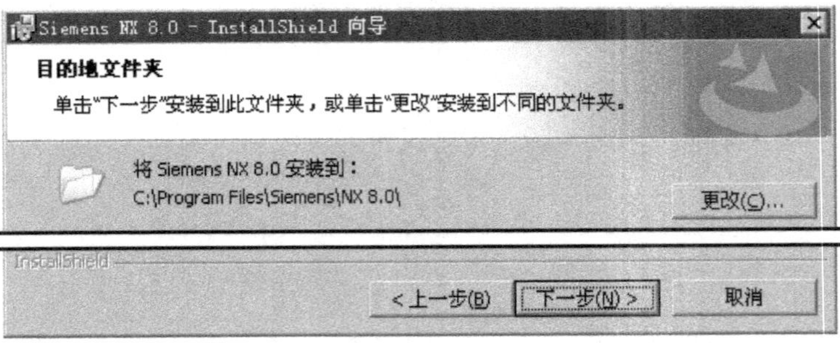

图 1.4.16 “Siemens NX 8.0 – InstallShield 向导”对话框（三）

Step6. 系统弹出图 1.4.17 所示的“Siemens NX 8.0 – InstallShield Wizard”对话框（二），确认 输入服务器名或许可证文件。 文本框中的“28000@”后面已是本机的计算机名称，单击 下一步(N) > 按钮。

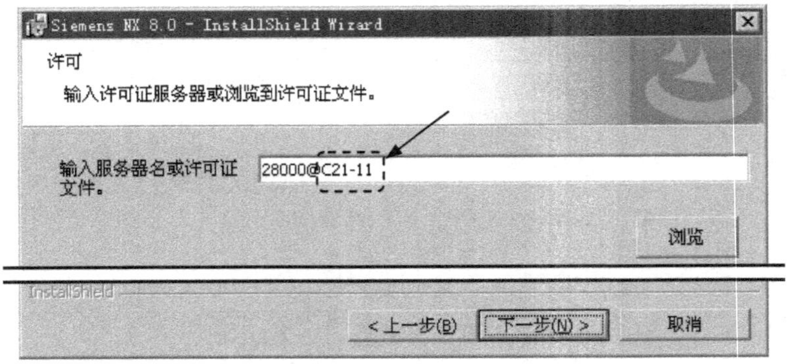

图 1.4.17 “Siemens NX 8.0 – InstallShield Wizard”对话框（二）

Step7. 系统弹出图 1.4.18 所示的“Siemens NX 8.0 – InstallShield Wizard”对话框（三），选中 ⊙ 简体中文 单选项，单击 下一步(N) > 按钮。

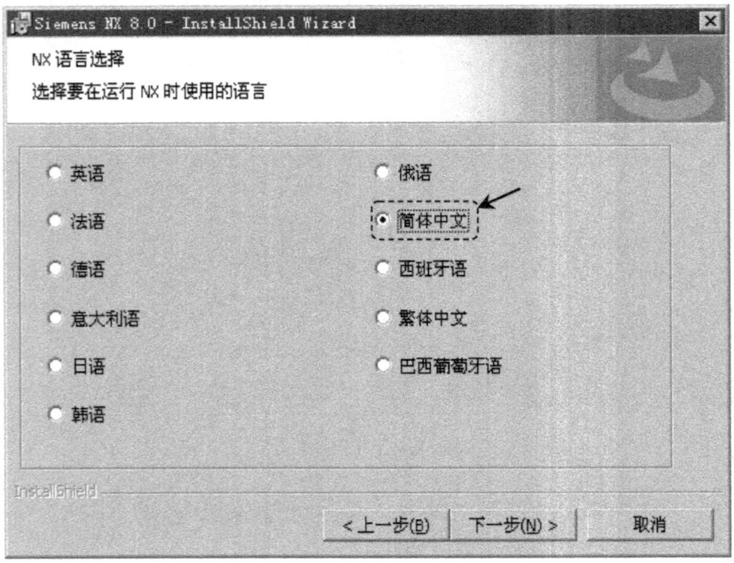

图 1.4.18 “Siemens NX 8.0 – InstallShield Wizard”对话框（三）

Step8. 系统弹出图 1.4.19 所示的“Siemens NX 8.0 – InstallShield Wizard”对话框（四），单击 安装(I) 按钮。

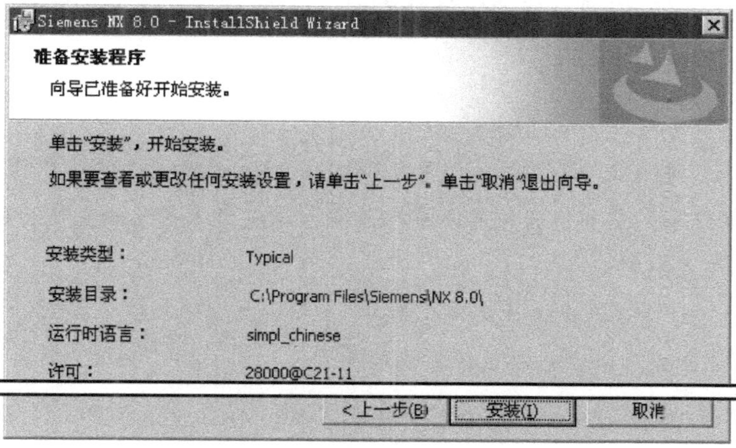

图 1.4.19　“Siemens NX 8.0 – InstallShield Wizard”对话框（四）

Step9. 完成主体安装。

（1）系统弹出图 1.4.20 所示“Siemens NX 8.0 – InstallShield 向导”对话框（四），并显示安装进度。

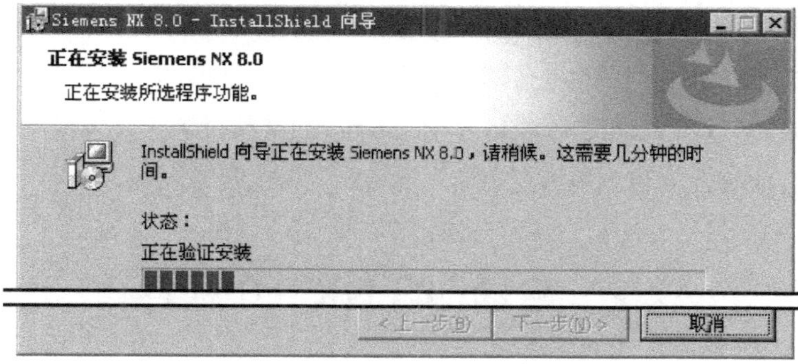

图 1.4.20　“Siemens NX 8.0 – InstallShield 向导”对话框（四）

（2）等待片刻后，在图 1.4.21 所示“Siemens NX 8.0 – InstallShield 向导”对话框（五）中单击 完成(F) 按钮，完成安装。

图 1.4.21　“Siemens NX 8.0 – InstallShield 向导”对话框（五）

（3）在对话框中单击 完成(F) 按钮，退出 UG NX 8.0 的安装程序。

第 2 章　UG NX 8.0 工作界面与基本设置

本章提要　为了正常使用 UG NX 8.0 软件，同时也为了方便读者学习，在学习和使用 UG NX 8.0 软件前，需要进行一些必要的设置，这些设置对于提高学习软件的效率非常重要。本章内容主要包括：

- 创建 UG NX 8.0 用户工作文件目录
- UG NX 8.0 软件的启动与工作界面简介
- UG NX 8.0 用户界面介绍与用户界面的定制

2.1　创建用户工作文件目录

使用 UG NX 8.0 软件时，应该注意文件的目录管理。如果文件管理混乱，会造成系统找不到正确的相关文件，从而严重影响 UG NX 8.0 软件的全相关性，同时也会使文件的保存、删除等操作产生混乱，因此应按照操作者的姓名、产品名称（或型号）建立用户文件目录，如本书要求在 E 盘上创建一个名为 ug-course 的文件目录（如果用户的计算机上没有 E 盘，在 C 盘或 D 盘上创建也可）。

2.2　启动 UG NX 8.0 软件

一般来说，有两种方法可启动并进入 UG NX 8.0 软件环境。

方法一：双击 Windows 桌面上的 NX 8.0 软件快捷图标，如图 2.2.1 所示。

说明：如果软件安装完毕后，桌面上没有 NX 8.0 软件快捷图标，请参考采用下面介绍的方法二启动软件。

图 2.2.1　NX 8.0 快捷图标

方法二：从 Windows 系统"开始"菜单进入 UG NX 8.0，操作方法如下：

Step1. 单击 Windows 桌面左下角的 开始 按钮。

Step2. 选择 程序(P) → Siemens NX 8.0 → NX 8.0 命令，系统进入 UG NX

8.0 软件环境，如图 2.2.2 所示。

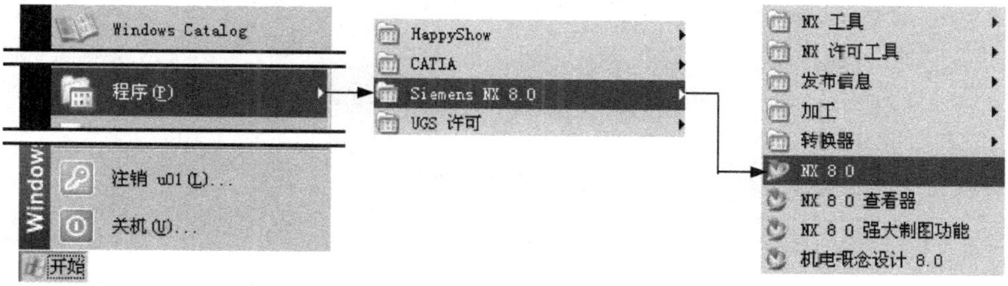

图 2.2.2　Windows“开始”菜单

2.3　UG NX 8.0 工作界面

2.3.1　用户界面简介

在学习本节时，请先打开文件 D:\ug8.1\work\ch02\down_base.prt。

UG NX 8.0 用户界面包括标题栏、下拉菜单区、顶部工具条按钮区、消息区、图形区、部件导航器区、资源工具条及底部工具条按钮区，如图 2.3.1 所示。

1．工具条按钮区

工具条中的命令按钮为快速选择命令及设置工作环境提供了极大的方便，用户可以根据具体情况定制工具条。

注意：用户会看到有些菜单命令和按钮处于非激活状态（呈灰色，即暗色），这是因为它们目前还没有处在发挥功能的环境中，一旦它们进入有关的环境，便会自动激活。

2．下拉菜单区

下拉菜单中包含创建、保存、修改模型和设置 UG NX 8.0 环境的所有命令。

3．资源工具条区

资源工具条区包括“装配导航器”、“约束导航器”、“部件导航器”、“Internet Explorer”、“历史记录”和“系统材料”等导航工具。用户通过该工具条可以方便地进行一些操作。对于每一种导航器，都可以直接在其相应的项目上右击，快速地进行各种操作。

资源工具条区主要选项的功能说明如下：

- “装配导航器”显示装配的层次关系。
- “约束导航器”显示装配的约束关系。
- “部件导航器”显示建模的先后顺序和父子关系。父对象（活动零件或组件）显示在模型树的顶部，其子对象（零件或特征）位于父对象之下。在“部件导航器”

中右击，从弹出的快捷菜单中选择 时间戳记顺序 命令，则按“模型历史”显示。“模型历史树”中列出了活动文件中的所有零件及特征，并按建模的先后顺序显示模型结构。若打开多个 UG NX 8.0 模型，则“部件导航器”只反映活动模型的内容。

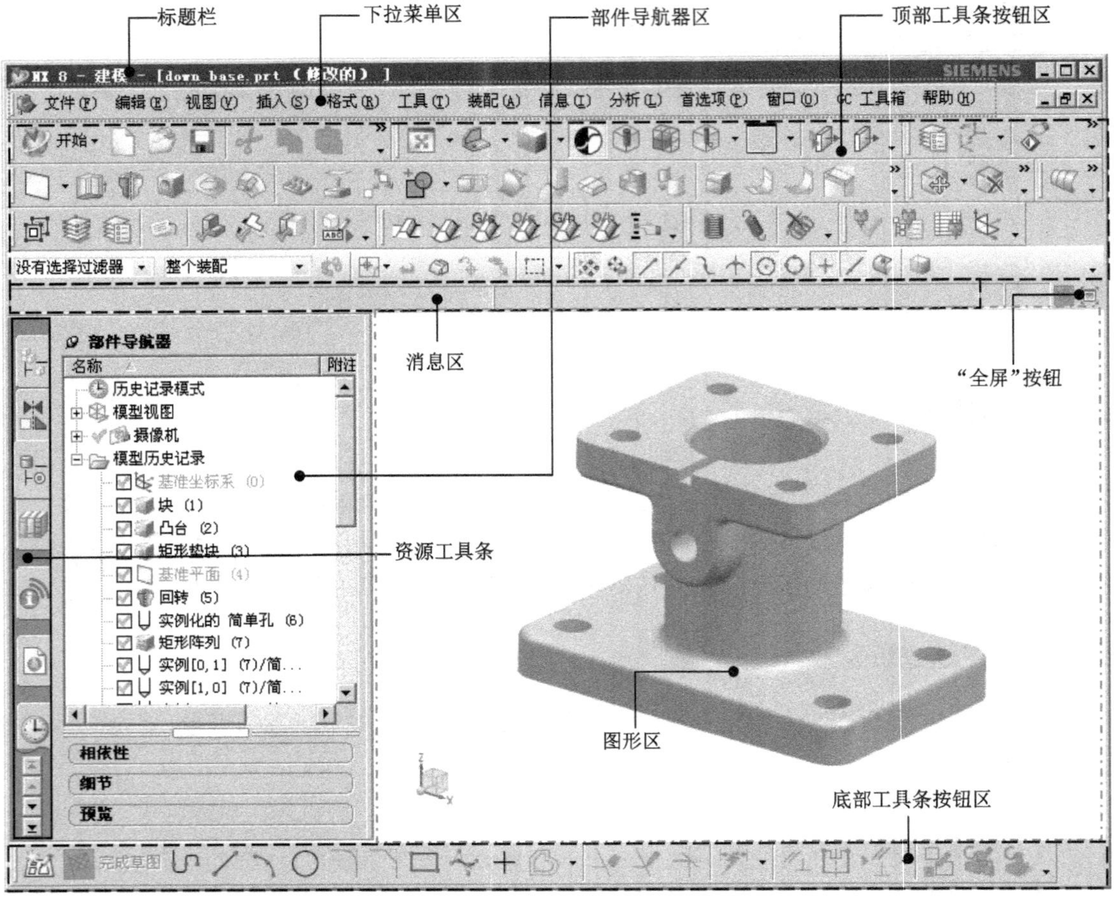

图 2.3.1 UG NX 8.0 中文版界面

- “Internet Explorer”可以直接浏览网站。
- “历史记录”中可以显示曾经打开过的部件。
- “系统材料”中可以设定模型的材料。

说明：本书在编写过程中用 首选项(P) ➡ 用户界面(I)... 命令，将“资源工具条”显示在左侧。

4. 消息区

执行有关操作时，与该操作有关的系统提示信息会显示在消息区。消息区中间有一个可见的边线，左侧是提示栏，用来提示用户如何操作；右侧是状态栏，用来显示系统或图形当前的状态，例如显示选取结果信息等。执行每个操作时，系统都会在提示栏中显示用户必须执行的操作，或者提示下一步操作。对于大多数的命令，用户都可以利用提示栏的提示来完成操作。

5. 图形区

图形区是 UG NX 8.0 用户主要的工作区域，建模的主要过程、绘制前后的零件图形、分析结果和模拟仿真过程等都在这个区域内显示。用户在进行操作时，可以直接在图形区中选取相关对象进行操作。

同时还可以选择多种视图操作方式：

方法一： 右击图形区，弹出快捷菜单，如图 2.3.2 所示。

方法二： 按住右键，弹出挤出式菜单，如图 2.3.3 所示。

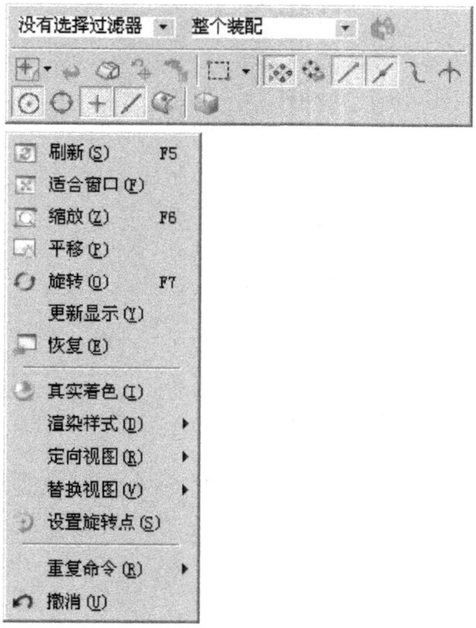

图 2.3.2　快捷菜单

图 2.3.3　挤出式菜单

6. “全屏”按钮

在 UG NX 8.0 中使用“全屏”按钮，允许用户将可用图形窗口最大化。在最大化窗口模式下再次单击“全屏”按钮，即可切换到普通模式。

2.3.2　用户界面的定制

进入 UG NX 8.0 系统后，在建模环境下选择下拉菜单 工具(T) → 定制(Z)... 命令，系统弹出“定制”对话框（图 2.3.4），可对用户界面进行定制。

1．工具条设置

在图 2.3.4 所示的“定制”对话框中单击工具条选项卡，即可打开工具条定制选项卡。通过此选项卡可改变工具条的布局，可以将各类工具条按钮放在屏幕的顶部、左侧或下侧。下面以图 2.3.4 所示的□ 标准 选项（这是控制基本操作类工具按钮的选项）为例说明定制过程。

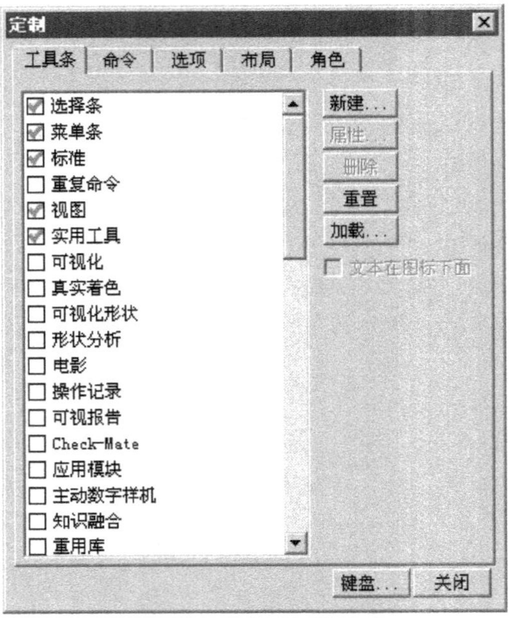

图 2.3.4　“定制”对话框

Step1. 单击□ 标准 选项中的□，出现√号，此时可看到标准类的命令按钮出现在界面上。

Step2. 单击关闭按钮。

Step3. 添加工具按钮。

（1）单击工具条中的»按钮（图 2.3.5），系统弹出图 2.3.6 所示的工具条。

图 2.3.5　“工具条选项”按钮

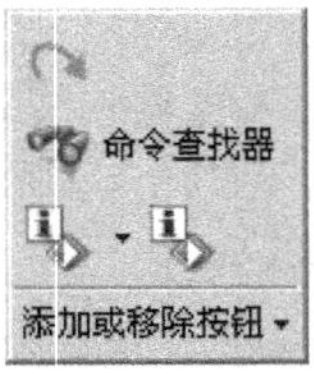

图 2.3.6　工具条

（2）单击添加或移除按钮按钮，弹出一个下拉列表，把光标移到相应的列表项（一般是当前工具条的名称），会在后面显示出列表项包含的工具按钮（图 2.3.7），单击每个按钮可以对按钮进行显示或隐藏操作。

Step4. 拖动工具条到合适的位置，完成设置。

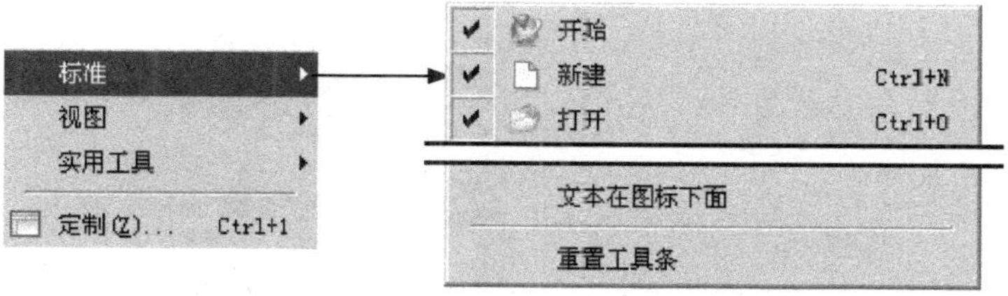

图 2.3.7　“显示或隐藏”按钮

2. 在下拉菜单中定制（添加）命令

在图 2.3.8 所示的“定制”对话框中单击 命令 选项卡，即可打开定制命令的选项卡。通过此选项卡可改变下拉菜单的布局，可以将各类命令添加到下拉菜单中。下面以下拉菜单 插入(S) → 基准/点(D) → 平面(L)... 命令为例说明定制过程。

Step1. 在图 2.3.8 中的 类别: 列表框中选择按钮的种类 插入(S)，在 命令: 选项组中出现该种类的所有按钮。

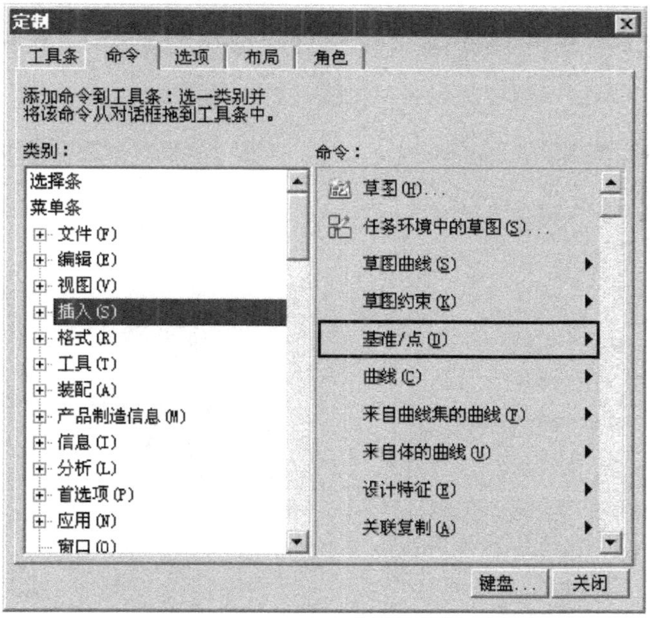

图 2.3.8　“命令”选项卡

Step2. 右击 基准/点(D) 选项，在系统弹出的快捷菜单中选择 添加或移除按钮 中的 平面(L)... 命令，如图 2.3.9 所示。

Step3. 单击 关闭 按钮，完成设置。

Step4. 选择下拉菜单 插入(S) → 基准/点(D) 选项，可以看到 平面(L)... 命令已被添加。

说明：“定制”对话框弹出后，可将下拉菜单中的命令添加到工具条中成为按钮，方法是单击下拉菜单中的某个命令，并按住鼠标左键不放，将鼠标指针拖到屏幕的工具条中。

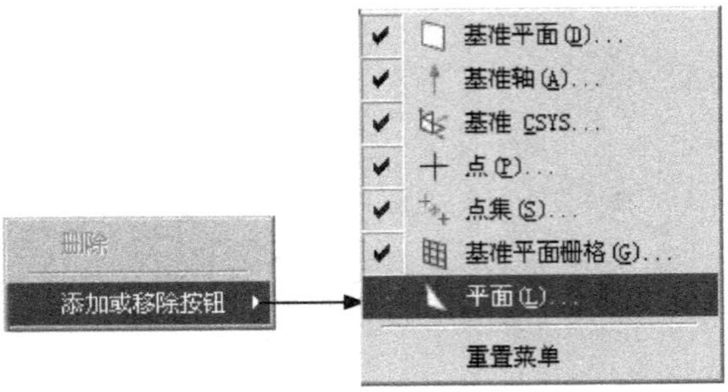

图 2.3.9　快捷菜单

3．选项设置

在“定制”对话框中单击选项选项卡，可以对菜单的显示、工具条图标大小以及菜单图标大小进行设置，如图 2.3.10 所示。

4．布局设置

在“定制”对话框中单击布局选项卡，可以保存和恢复菜单、工具条的布局，还可以设置提示/状态的位置以及窗口融合优先级，如图 2.3.11 所示。

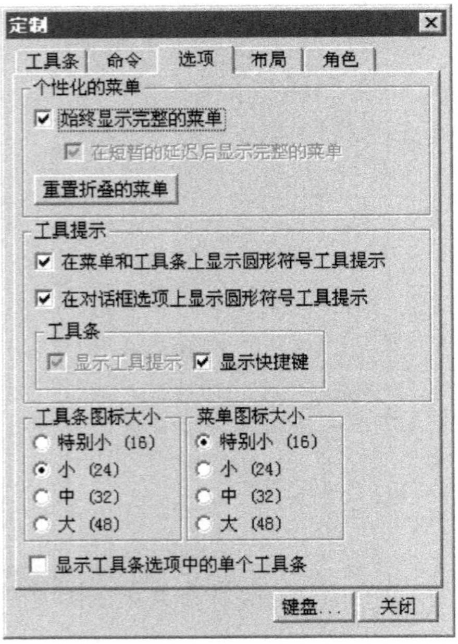

图 2.3.10　“选项”选项卡

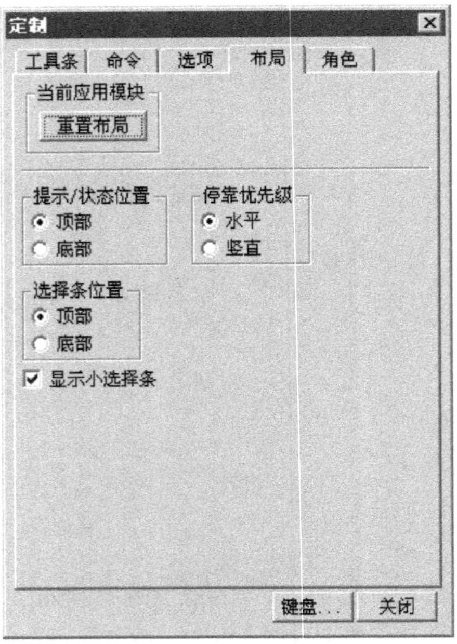

图 2.3.11　“布局”选项卡

5．角色设置

在“定制”对话框中单击角色选项卡，可以载入和创建角色（角色就是满足用户需求的工作界面），如图 2.3.12 所示。

6. 图标下面的文本

在“定制”对话框的列表框中，单击其中任何一个选项（如☑标准），可激活☑文本在图标下面复选框（图 2.3.13），选中该复选框可以使工具条中的文本显示，如图 2.3.14 所示。

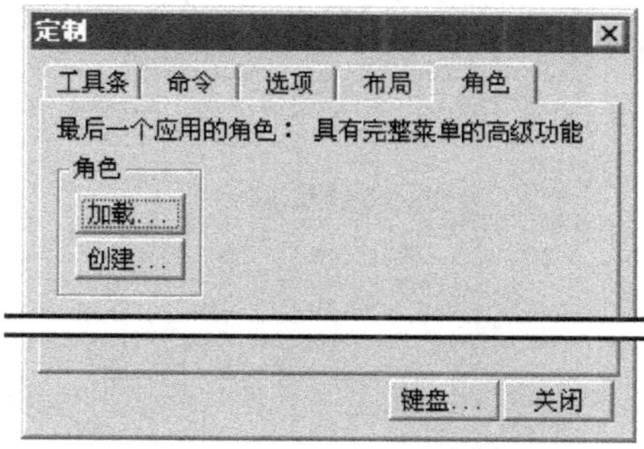

图 2.3.12　“角色”选项卡

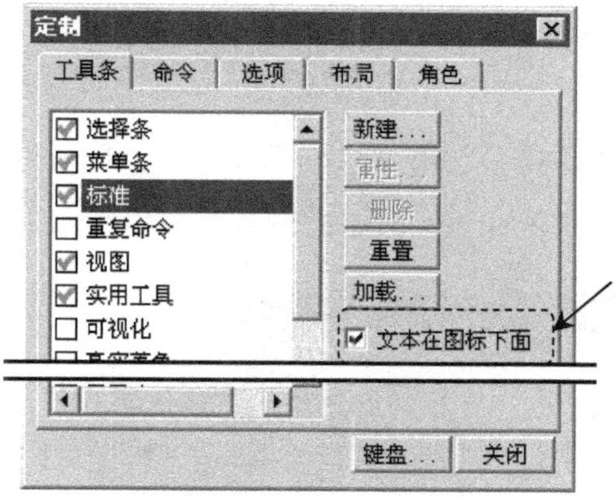

图 2.3.13　“定制”对话框

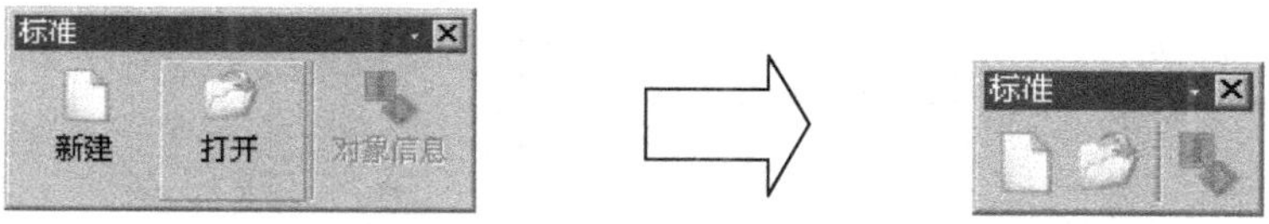

a）选中时　　b）取消选中时

图 2.3.14　图标下面的文本显示

2.4　鼠标的操作

用鼠标可以控制图形区中的模型显示状态。

- 滚动鼠标中键滚轮，可以缩放模型：向前滚，模型缩小；向后滚，模型变大。
- 按住鼠标中键，移动鼠标，可旋转模型。
- 先按住键盘上的 Shift 键，然后按住鼠标中键，移动鼠标可移动模型。

注意： 采用以上方法对模型进行缩放和移动操作时，只是改变模型的显示状态，而不能改变模型的真实大小和位置。

2.5　UG NX 8.0 软件的参数设置

在学习本节时，请先打开文件 D:\ug8.1\work\ch02\down_base.prt。

参数设置主要用于设置系统的一些控制参数，通过首选项(P)下拉菜单可以进行参数设置。下面介绍一些常用的设置。

注意：进入到不同的模块时，在预设置菜单上显示的命令有所不同，且每一个模块还有其相应的特殊设置。

2.5.1 “对象”首选项

选择下拉菜单 首选项(P) → 对象(O)... 命令，系统弹出“对象首选项”对话框，如图 2.5.1 所示。该对话框主要用于设置对象的属性，如颜色、线型和宽度等（新的设置只对以后创建的对象有效，对以前创建的对象无效）。

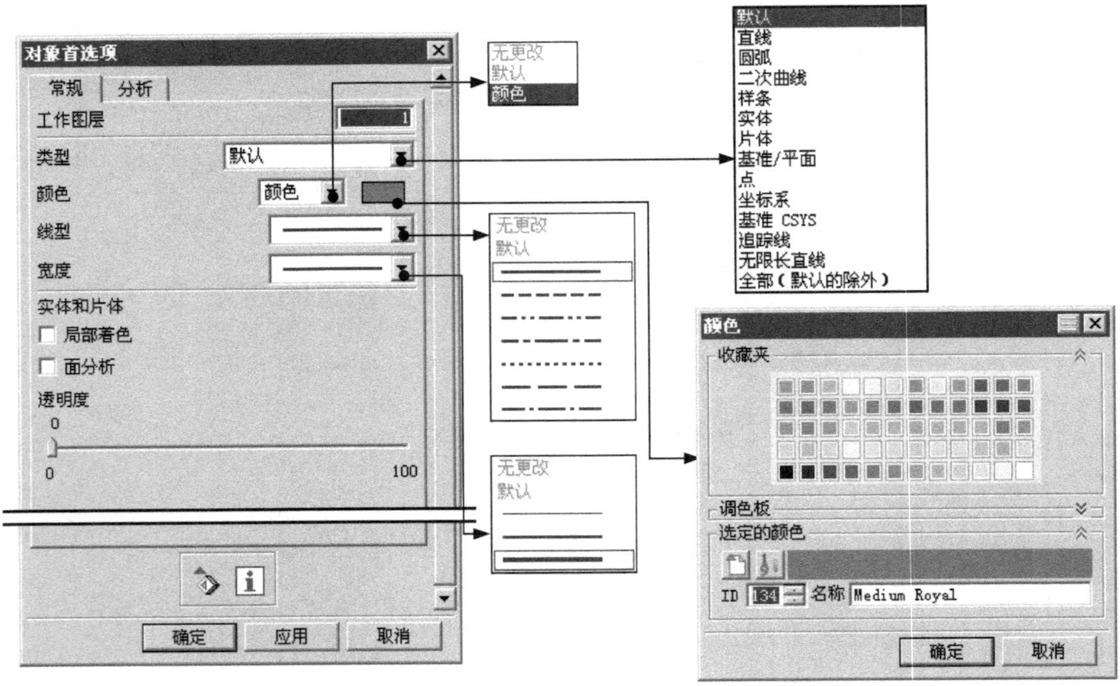

图 2.5.1 “对象首选项”对话框

图 2.5.1 所示的“对象首选项”对话框中包括 常规 和 分析 选项卡，以下分别说明：

➤ 常规 选项卡：

- 工作图层 文本框：用于设置新对象的工作图层。当输入图层号后，以后创建的对象将存储在该图层中。
- 类型 下拉列表：用于选择需要设置的对象类型。
- 颜色 下拉列表：设置对象的颜色。
- 线型 下拉列表：设置对象的线型。
- 宽度 下拉列表：设置对象显示的线宽。
- 实体和片体 选项区域：

  ☑ 局部着色 复选框：用于确定实体和片体是否局部着色。

☑ 面分析复选框：用于确定是否在面上显示该面的分析效果。

- 透明度滑块：用来改变物体的透明状态。可以通过移动滑块来改变透明度。

➢ 分析选项卡：主要用于设置分析对象的颜色和线型。

2.5.2 “用户界面”首选项

选择下拉菜单 首选项(P) ➡ 用户界面(I)... 命令，系统弹出图 2.5.2 所示的“用户界面首选项”对话框。该对话框中的常规选项卡主要用来设置窗口位置、数值精度和宏选项等。

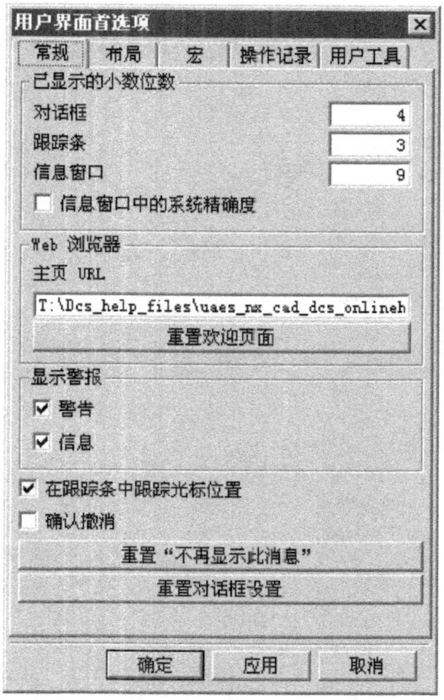

图 2.5.2　“用户界面首选项”对话框

图 2.5.2 所示“用户界面首选项”对话框中的常规选项卡主要选项的功能说明如下（其余选项卡不作介绍）：

- 对话框文本框：用于设置文本框中数据的小数点位数，一般情况下，系统显示的位数不大于 7。如果位数多于系统设定的值，则显示时系统会舍掉多余的部分，如系统设定的值是 3，而输入的是 4.6518，则当切换到其他功能时，该数值会显示为 4.651。
- 信息窗口文本框：用于设置信息窗口中显示数据的小数点位数。☐ 信息窗口中的系统精确度复选框可以设置对话框中的小数点位数是否使用系统精度显示，只有在取消选择该复选框时，信息窗口文本框才处于激活状态，此时可以自定义精度。信息窗口文本框用于设置对象信息对话框中数据的精度，其设定范围为 1～16。如果实际数字小于设定值，系统会以 0 补齐。

- 确认撤消 复选框：用于设置当执行撤销命令时，让用户确认是否执行。

2.5.3 “选择”首选项

选择下拉菜单 首选项(P) ➡ 选择(E)... 命令，系统弹出“选择首选项”对话框（图 2.5.3），主要用来设置光标预选对象后，选择球大小、高亮显示的对象、尺寸链公差和矩形选取方式等选项。

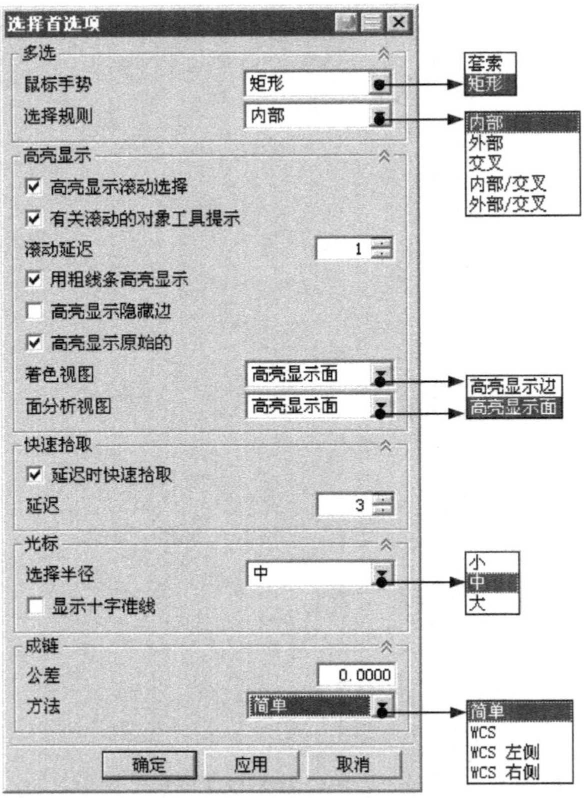

图 2.5.3 “选择首选项”对话框

图 2.5.3 所示的“选择首选项”对话框中主要选项的功能说明如下：

- 选择规则 下拉列表：设置矩形框选择方式。
  - ☑ 内部：用于选择矩形框内部的对象。
  - ☑ 外部：用于选择矩形框外部的对象。
  - ☑ 交叉：用于选择与矩形框相交的对象。
  - ☑ 内部/交叉：用于选择矩形框内部和相交的对象。
  - ☑ 外部/交叉：用于选择矩形框外部和相交的对象。
- ☑ 高亮显示滚动选择 复选框：用于设置预选对象是否高亮显示。当选择该复选框，选择球接触到对象时，系统会以高亮的方式显示，以提示可供选取。复选框下方的滚动延迟滑块用于设置预选对象时，高亮显示延迟的时间。

- ☑ 延迟时快速拾取复选框：用于设置确认选择对象的有关参数。选择该复选框，在选择多个可能的对象时，系统会自动判断。复选框下方的延迟滑块用来设置出现确认光标的时间。
- 选择半径下拉列表：用于设置选择球的半径大小，包括小、中和大三种半径方式。
- 公差文本框：用于设置链接曲线时，彼此相邻的曲线端点间允许的最大间隙。尺寸链公差的值越小，选取就越精确；公差值越大，就越不精确。
- 方法下拉列表：设置自动链接所采用的方式。

☑ 简单：用于选择彼此首尾相连的曲线串。

☑ WCS：用于在当前 X-Y 坐标平面上选择彼此首尾相连的曲线串。

☑ WCS 左侧：用于在当前 X-Y 坐标平面上，从链接开始点至结束点沿左侧路线选择彼此首尾相连的曲线链。

☑ WCS 右侧：用于在当前 X-Y 坐标平面上，从链接开始点至结束点沿右侧路线选择彼此首尾相连的曲线链。

第 3 章　二维草图设计

本章提要 二维草图的设计是创建许多特征的基础，例如在创建拉伸、回转和扫描等特征时，都需要先绘制所建特征的剖面（截面）形状，其中扫描特征还需要通过绘制草图以定义扫描轨迹。本章主要内容包括：

- 草图环境的介绍与设置
- 二维草图的绘制
- 二维草图的编辑
- 二维草图尺寸标注与编辑
- 二维草图中的约束
- 二维草图绘制范例

3.1　草图环境中的关键术语

下面列出了 UG NX 8.0 软件草图中经常使用的术语。

对象：二维草图中的任何几何元素（如直线、中心线、圆弧、圆、椭圆、样条曲线、点或坐标系等）。

尺寸：对象大小或对象之间位置的量度。

约束：定义对象几何关系或对象间的位置关系。约束定义后，单击“显示所有约束”按钮，其约束符号会出现在被约束的对象旁边。例如，在约束两条直线垂直后，再单击“显示所有约束”按钮，垂直的直线旁边将分别显示一个垂直约束符号。默认状态下，约束符号显示为白色。

参照：草图中的辅助元素。

过约束：两个或多个约束可能会产生矛盾或多余约束。出现这种情况，必须删除一个不需要的约束或尺寸以解决过约束。

3.2　进入与退出草图环境

1. 进入草图环境的操作方法

Step1. 打开 UG NX 8.0 后，选择下拉菜单 文件(F) ➡ 新建(N)... 命令（或单击“新建”按钮），系统弹出图 3.2.1 所示的“新建”对话框，在 模板 选项卡中选取模板类型为 模型，在 名称 文本框中输入文件名（例如：modell.prt），在 文件夹 文本框中输入模型的保存目录，然后单击 确定 按钮，进入 UG NX 8.0 工作环境。

注意： 由于 UG NX 8.0 不支持中文，所以模型的名称及保存目录不能出现中文。

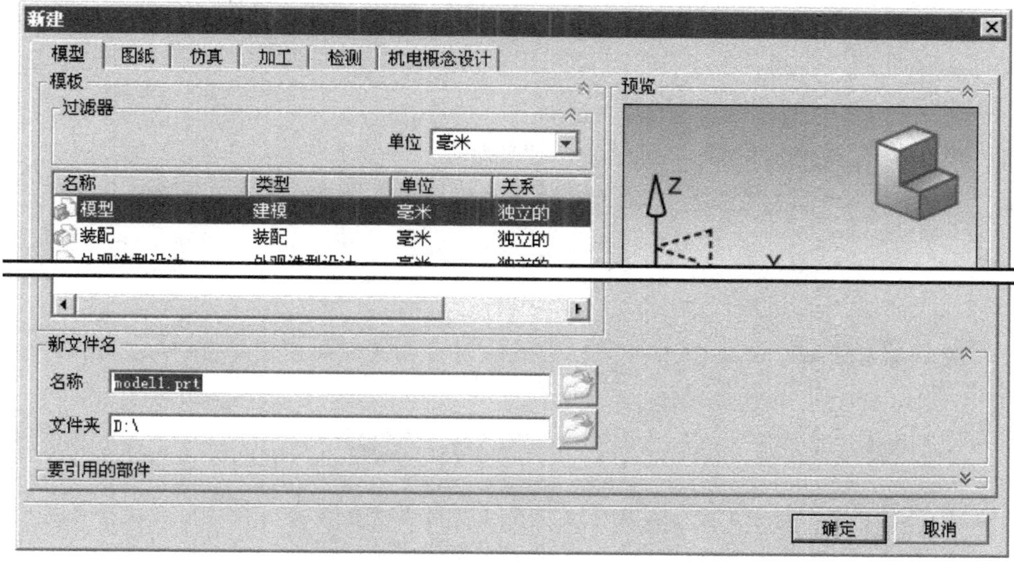

图 3.2.1　“新建”对话框

Step2. 选择下拉菜单 插入(S) → 任务环境中的草图(S)... 命令，系统弹出图 3.2.2 所示的“创建草图”对话框，选择“XY 平面”为草图平面，单击该对话框中的 确定 按钮，系统进入草图环境。

说明： 新建一个模型文件后默认基准坐标系是隐藏的，在“部件导航器”中右击 基准坐标系 (0)，在弹出的快捷菜单中选择 显示(S) 命令将基准坐标系显示。

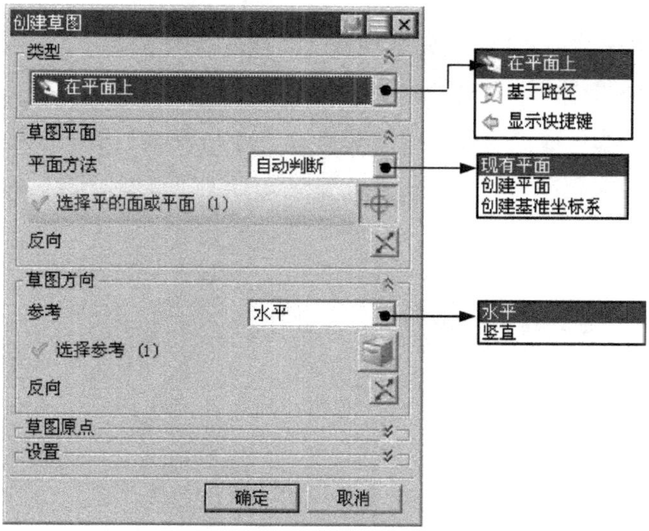

图 3.2.2　“创建草图”对话框

2. 选择草图平面

进入草图工作环境以后，在创建新草图之前，一个特别要注意的事项就是要为新草图选择草图平面，也就是要确定新草图在三维空间的放置位置。草图平面是草图所在的某个空间平面，它可以是基准平面，也可以是实体的某个表面。

图 3.2.2 所示的“创建草图”对话框的作用就是用于选择草图平面，利用该对话框中的某个选项或按钮可以选择某个平面作为草图平面，然后单击 < 确定 > 按钮，“创建草图”对话框则关闭。

图 3.2.2 所示的“创建草图”对话框的说明如下：

- 类型区域中包括在平面上和基于路径两种选项。
  - ☑ 在平面上：选取该选项后，用户可以在绘图区选择任意平面为草图平面（此选项为系统默认选项）。
  - ☑ 基于路径：选取该选项后，系统在用户指定的曲线上建立一个与该曲线垂直的平面，作为草图平面。
  - ☑ 显示快捷键：选择此项后，在平面上和基于路径两个选项将以按钮形式显示。

说明：其他命令的下拉列表中也会有显示快捷键选项，其后不再赘述。

- 草图平面区域中包括一个下拉列表及“反向”按钮。
  - ☑ 现有平面：选取该选项后，用户可以选择基准面或者图形中现有的平面作为草图平面。
  - ☑ 创建平面：选取该按钮后，用户可以通过“平面”按钮，创建一个基准平面作为草图平面。
  - ☑ 创建基准坐标系：选取该按钮后，可通过“创建基准坐标系”按钮，创建一个坐标系，选取该坐标系中的基准平面作为草图平面。
  - ☑ （反向）：单击该按钮可以切换基准轴法线的方向。
- 草图方向区域用于定义参考平面与草图平面的位置关系。
  - ☑ 水平：选取该选项后，用户可定义参考平面与草图平面的位置关系为水平。
  - ☑ 竖直：选取该选项后，用户可定义参考平面与草图平面的位置关系为竖直。

3．退出草图环境的操作方法

草图绘制完成后，单击工具栏中的“完成草图”按钮完成草图，即可退出草图环境。

4．直接草图工具

在 UG NX 8.0 中，系统还提供了另一种草图创建的环境——直接草图，进入直接草图环境的具体操作步骤如下。

Step1. 新建模型文件，进入 UG NX 8.0 工作环境。

Step2. 选择下拉菜单 插入(S) ➡ 草图(H)... 命令（或单击“直接草图”工具栏中的“草图”按钮），系统弹出“创建草图”对话框，选择“XY 平面”为草图平面，单击该对话框中的 < 确定 > 按钮，系统进入直接草图环境，此时可以使用屏幕下方的“直接草图”工具栏（图 3.2.3）绘制草图。

Step3. 单击工具栏中的“完成草图”按钮，即可退出直接草图环境。

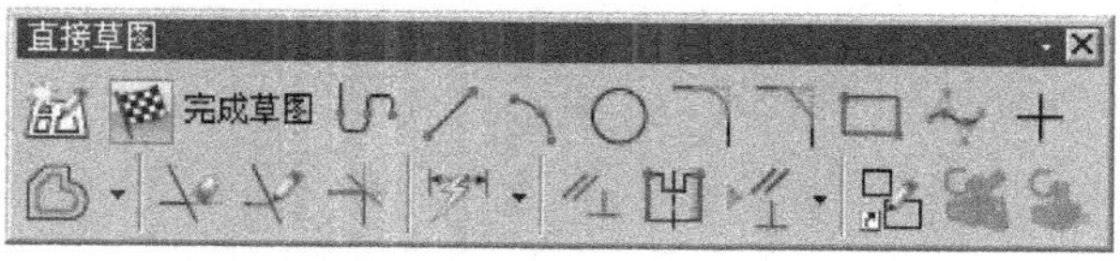

图 3.2.3　“直接草图”工具栏

说明：

- “直接草图”工具创建的草图，在部件导航器中同样会显示为一个独立的特征，也能作为特征的截面草图使用。此方法本质上与“任务环境中的草图”没有区别，只是实现方式较为“直接”。
- 在“直接草图”创建环境中，系统不会自动将草图平面与屏幕对齐，需要将草图平面旋转到大致与屏幕对齐的位置，然后使用快捷键 F8 对齐草图平面。
- 单击“直接草图”工具栏中的“在草图任务环境中打开”按钮，系统即可进入“任务环境中的草图”环境。
- 在三维建模环境下，双击已绘制的草图也能进入直接草图环境。
- 为保证内容的一致性，本书中的草图均以“任务环境中的草图”来创建。

3.3　坐标系的介绍

UG NX 8.0 中有三种坐标系：绝对坐标系、工作坐标系和基准坐标系。在使用软件的过程中经常要用到坐标系，下面对这三种坐标系作简单的介绍。

1. 绝对坐标系（ACS）

绝对坐标系是原点在（0，0，0）的坐标系，是固定不变的。

2. 工作坐标系（WCS）

工作坐标系包括坐标原点和坐标轴，如图 3.3.1 所示。它的轴通常是正交的（即相互间为直角），并且遵守右手定则。

说明：

- 工作坐标系不受修改操作（删除、平移等）的影响，但允许非修改操作，如隐藏和分组。
- UG NX 8.0 的部件文件可以包含多个坐标系，但是其中只有一个是 WCS。
- 用户可以随时挑选一个坐标系作为 WCS。系统用 XC、YC 和 ZC 表示工作坐标系的坐标。工作坐标系的 XC-YC 平面称为工作平面。

3．基准坐标系（CSYS）

基准坐标系由单独的可选组件组成，如图 3.3.2 所示。

- 整个 CSYS。
- 三个基准平面。
- 三个基准轴。
- 原点。

可在 CSYS 中选择单个基准平面、基准轴或原点。可隐藏 CSYS 以及其单个组成部分。

a）俯视图　　b）正二测视图

图 3.3.1　工作坐标系（WCS）

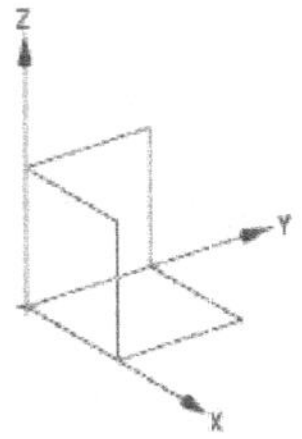

图 3.3.2　基准坐标系（CSYS）

4．右手定则

- 常规的右手定则。

如果坐标系的原点在右手掌，拇指向上延伸的方向对应于某个坐标轴的方向，则可以利用常规的右手定则确定其他坐标轴的方向。例如，图 3.3.3 所示，假设拇指指向 ZC 轴的正方向，食指伸直的方向对应于 XC 轴的正方向，中指向外延伸的方向则为 YC 轴的正方向。

- 旋转的右手定则。

旋转的右手定则用于将矢量和旋转方向关联起来。

当拇指伸直并且与给定的矢量对齐时，则弯曲的其他四指就能确定该矢量关联的旋转方向。反过来，当弯曲手指表示给定的旋转方向时，则伸直的拇指就确定关联的矢量。

例如，图 3.3.4 所示，如果要确定当前坐标系的旋转逆时针方向，那么拇指就应该与 ZC 轴对齐，并指向其正方向，此时逆时针方向即为四指从 XC 轴正方向向 YC 轴正方向旋转。

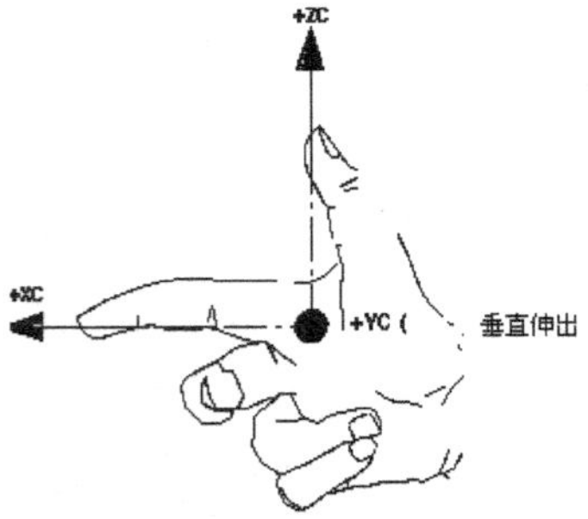

图 3.3.3　常规的右手定则

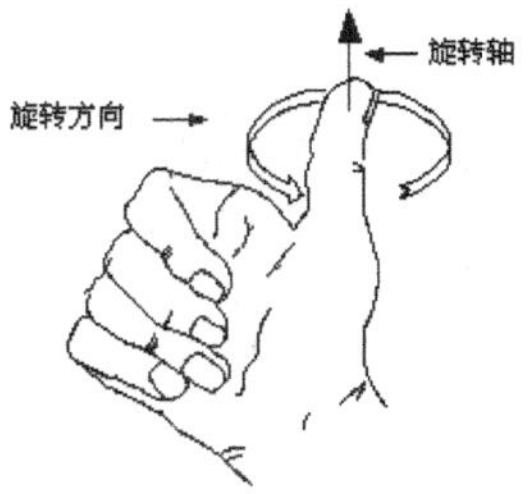

图 3.3.4　旋转的右手定则

3.4　草图环境的设置

进入草图环境后，选择下拉菜单 首选项(P) ➡ 草图(S)... 命令，系统弹出“草图首选项”对话框，如图 3.4.1 所示。在该对话框中可以设置草图的显示参数和默认名称前缀等参数。

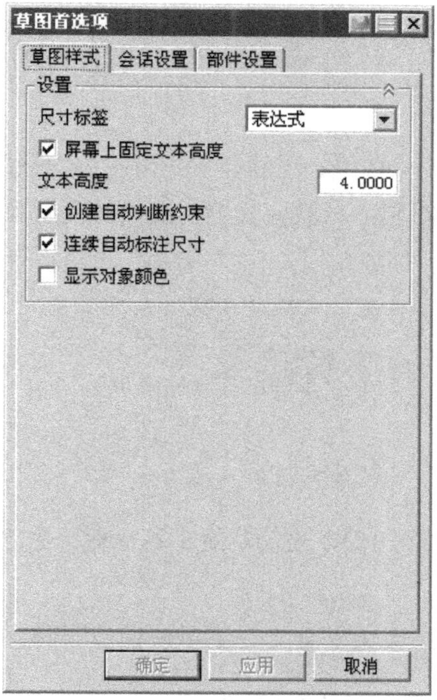

a）“草图样式”选项卡

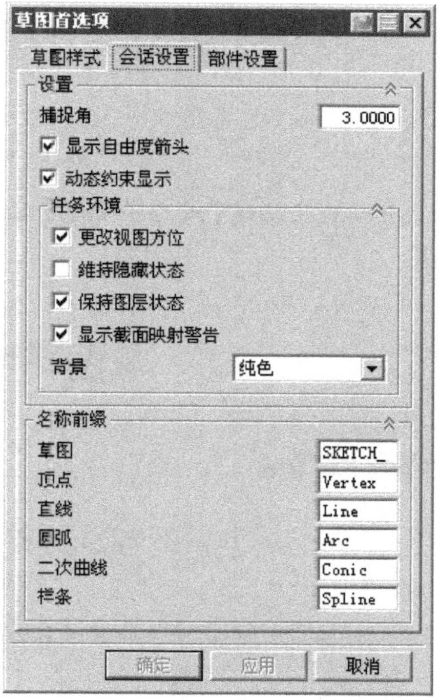

b）“会话设置”选项卡

图 3.4.1　“草图首选项”对话框

图 3.4.1 所示的“草图首选项”对话框的 草图样式 和 会话设置 选项卡的主要选项及其功能说明如下：

- 尺寸标签 下拉列表：控制草图标注文本的显示方式。
- 文本高度 文本框：控制草图尺寸数值的文本高度。在标注尺寸时，可以根据图形大小适当控制文本高度，以便于观察。
- 捕捉角 文本框：绘制直线时，如果起点与光标位置连线接近水平或垂直，捕捉功能会自动捕捉到水平或垂直位置。捕捉角的意义是自动捕捉的最大角度，例如捕捉角为 3，当起点与光标位置连线，与 XC 轴或 YC 轴夹角小于 3 时，会自动捕捉到水平或垂直位置。
- ☑ 更改视图方位 复选框：如果选中该复选框，当由建模工作环境转换到草图绘制环境，并单击 确定 按钮时，或者由草图绘制环境转换到建模工作环境时，视图方向会自动切换到垂直于绘图平面方向，否则不会切换。

- 保持图层状态 复选框：如果选中该复选框，当进入某一草图对象时，该草图所在图层自动设置为当前工作图层，退出时恢复原图层为当前工作图层，否则退出时保持草图所在图层为当前工作图层。
- 显示自由度箭头 复选框：如果选中该复选框，当进行尺寸标注时，在草图曲线端点处用箭头显示自由度，否则不显示。
- 动态约束显示 复选框：如果选中该复选框，若相关几何体很小，则不会显示约束符号。如果要忽略相关几何体的尺寸查看约束，则可以关闭该选项。
- 名称前缀 选项组：在此选项组中可以指定多种草图几何元素的名称前缀。默认前缀及其相应几何元素类型如图 3.4.1 所示。

“草图首选项”对话框中的 部件设置 选项卡包括了曲线、尺寸和参考曲线等的颜色设置，这些设置与用户默认设置中的草图生成器的颜色相同。一般情况下，我们都采用系统默认的颜色设置。

3.5 草图环境中的下拉菜单

1. 插入(S) 下拉菜单

插入(S) 下拉菜单是草图环境中的主要菜单（图 3.5.1），它的功能主要包括草图的绘制、标注和添加约束等。

选择该下拉菜单，即可弹出其中的命令，其中绝大部分命令都以快捷按钮的方式出现在屏幕的工具栏中。

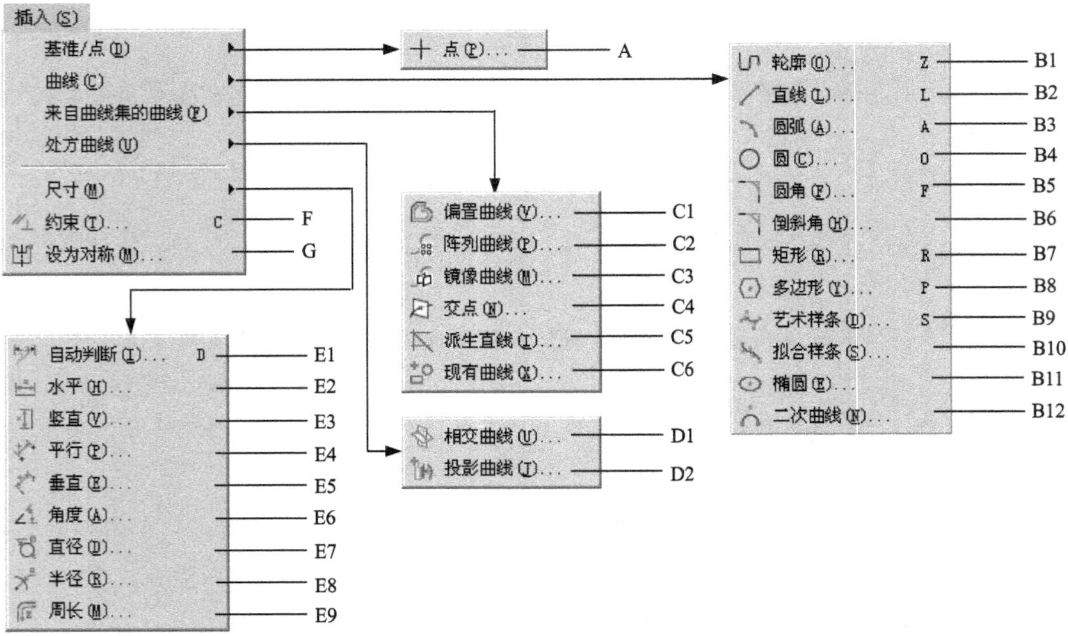

图 3.5.1 “插入”下拉菜单

图 3.5.1 所示的“插入”下拉菜单中各选项的说明如下：

A:　创建点。

B1: 创建轮廓线，包括直线和圆弧选项按钮。

B2: 创建直线。

B3: 创建圆弧。

B4: 创建圆。

B5: 创建圆角。

B6: 创建倒斜角。

B7: 创建矩形。

B8: 创建多边形。

B9: 创建艺术样条曲线。

B10: 创建拟合样条曲线。

B11: 创建椭圆。

B12: 创建二次曲线。

C1: 创建偏置曲线。

C2: 创建阵列曲线。

C3: 创建镜像曲线。

C4: 创建交点。

C5: 创建派生直线。

C6: 将现有的共面曲线和点添加到草图中。

D1: 创建选定对象的相交曲线。

D2: 在草图上创建其他几何体的投影。

E1: 创建自动判断尺寸。

E2: 创建水平尺寸。

E3: 创建竖直尺寸。

E4: 创建平行尺寸。

E5: 创建垂直尺寸。

E6: 创建角度尺寸。

E7: 创建直径尺寸。

E8: 创建半径尺寸。

E9: 创建周长尺寸。

F:　添加草图约束。

G：将两个点或曲线约束为相对于草图中的对称线对称。

2. 编辑(E)下拉菜单

这是草图环境中对草图进行编辑的菜单，如图 3.5.2 所示。

选择该下拉菜单，即可弹出其中的选项，其中绝大部分选项都以快捷按钮方式出现在屏幕的工具栏中。

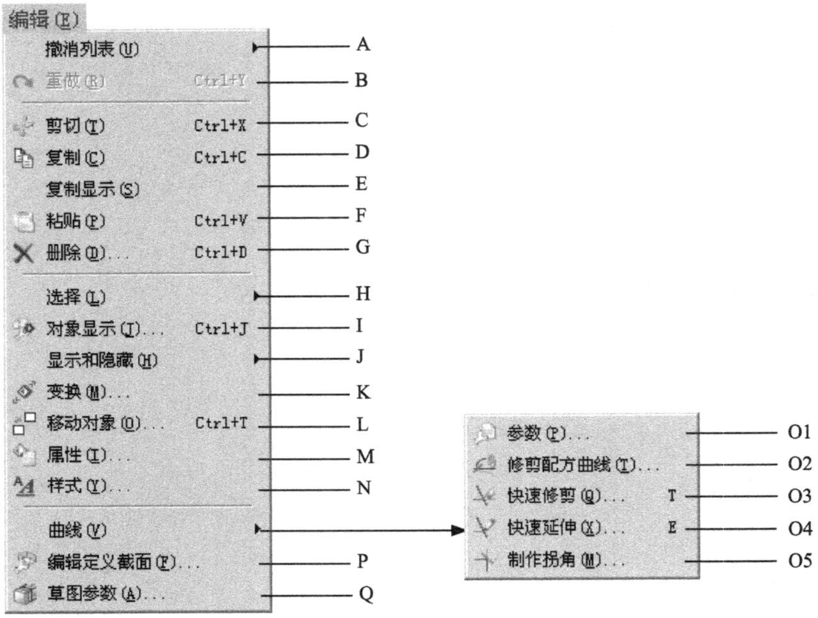

图 3.5.2　“编辑”下拉菜单

图 3.5.2 所示的“编辑”下拉菜单中各选项的说明如下：

A：撤销前面的操作。

B：重做。

C：剪切选定对象并将其放到剪贴板上。

D：将选定的对象复制到剪贴板上。

E：复制图形窗口的对象到剪贴板。

F：从剪贴板粘贴对象。

G：删除选定的项目。

H：编辑选取优先选项和过滤器。

I：编辑选定对象的显示方式。

J：隐藏/取消隐藏选定的对象。

K：变换操作选定的对象。

L：移动或旋转选定的对象。

M：显示选定对象的属性。

N：编辑尺寸和草图的样式。

O1：编辑大多数曲线类型的参数。

O2：相关的修剪配方（相交、投影）曲线到选定的边界。

O3：将曲线修剪到最近的交点或选定的边界。

O4：将曲线延伸至另一临近曲线或选定的对象。

O5：延伸或修剪两曲线以制作拐角。

P：重新编辑或定义截面。

Q：编辑驱动活动草图尺寸的表达式。

3.6　草图的绘制

3.6.1　草图绘制概述

要绘制草图，应先从草图环境的工具条按钮区或 插入(S) → 曲线(C) 下拉菜单中选取一个绘图命令（由于工具条按钮简明而快捷，因此推荐优先使用），然后可通过在图形区选取点来创建对象。在绘制对象的过程中，当移动鼠标指针时，系统会自动确定可添加的约束并将其显示。绘制对象后，用户还可以对其继续添加约束。

在本节中主要介绍利用“草图工具”工具条来创建草图对象。

草图环境中使用鼠标的说明：

- 绘制草图时，可以在图形区单击以确定点，单击中键中止当前操作或退出当前命令。
- 当不处于草图绘制状态时，单击可选取多个对象；选择对象后，右击将弹出带有最常用草图命令的快捷菜单。
- 滚动鼠标中键，可以缩放模型（该功能对所有模块都适用）：向前滚，模型缩小；向后滚，模型变大。
- 按住鼠标中键，移动鼠标，可旋转模型（该功能对所有模块都适用）。
- 先按住键盘上的 Shift 键，然后按住鼠标中键，移动鼠标可移动模型（该功能对所有模块都适用）。

3.6.2　“草图工具”工具条“绘制”部分简介

进入草图环境后，屏幕上会出现绘制草图时所需要的“草图工具”工具条，如图 3.6.1 所示。

说明：“草图工具”工具条中的按钮根据其功能可分为三大部分：“绘制”部分、“约束”

部分和“编辑”部分。本节将重点介绍“绘制”部分的按钮功能，其余部分功能在后面章节中会陆续介绍。

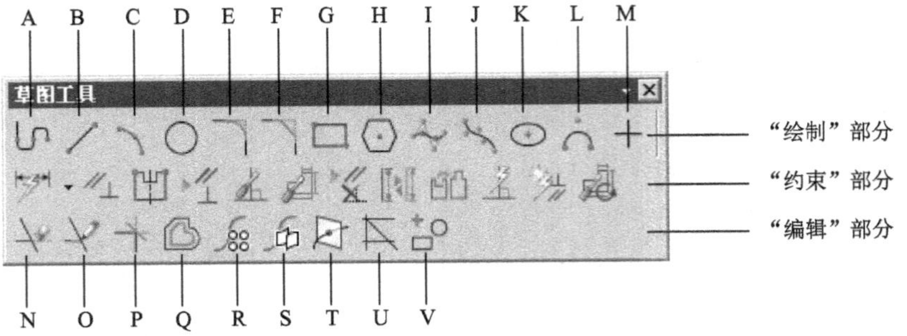

图 3.6.1 “草图工具”工具条

图 3.6.1 所示的“草图工具”工具条中“绘制”和“编辑”部分按钮的说明如下：

A（轮廓线）：单击该按钮，可以创建一系列相连的直线或线串模式的圆弧，即上一条曲线的终点作为下一条曲线的起点。

B（直线）：绘制直线。

C（圆弧）：绘制圆弧。

D（圆）：绘制圆。

E（圆角）：在两曲线间创建圆角。

F（倒斜角）：在两曲线间创建倒斜角。

G（矩形）：绘制矩形。

H（多边形）：绘制多边形。

I（艺术样条）：通过定义点或者极点来创建样条曲线。

J（拟合样条）：通过已经存在的点创建样条曲线。

K（椭圆）：根据中心点和尺寸创建椭圆。

L（二次曲线）：创建二次曲线。

M（点）：绘制点。

N（快速修剪）：单击该按钮，则可将一条曲线修剪至任一方向上最近的交点。如果曲线没有交点，可以将其删除。

O（快速延伸）：快速延伸曲线到最近的边界。

P（制作拐角）：延伸或修剪两条曲线到一个交点处创建制作拐角。

Q（偏置曲线）：偏置位于草图平面上的曲线链。

R（阵列曲线）：阵列现有草图，创建草图副本。

S（镜像曲线）：通过现有的草图，创建草图几何的副本。

T（交点）：在曲线和草图平面之间创建一个交点。

U（派生直线）：单击该按钮，则可以从已存在直线的复制得到新的直线。

V（添加现有曲线）：将现有的共面曲线和点添加到草图中。

3.6.3　UG 草图新功能介绍

在 UG NX 8.0 中绘制草图时，在工具条中单击“连续自动标注尺寸”按钮（图 3.6.2），系统可自动给绘制的草图添加尺寸标注。如图 3.6.3 所示，在草图环境中任意绘制一个矩形，系统会自动添加矩形所需要的定型和定位尺寸，使矩形全约束。

说明： 默认情况下按钮是激活的，即绘制的草图系统会自动添加尺寸标注；单击该按钮，使其弹起（即取消激活），这时绘制的草图，系统就不会自动添加尺寸标注了。由于系统自动标注的尺寸比较凌乱，而且当草图比较复杂时，有些标注可能不符合标注要求，所以在绘制草图时，最好是不使用自动标注尺寸功能，在本书的写作中，都没有采用自动标注。

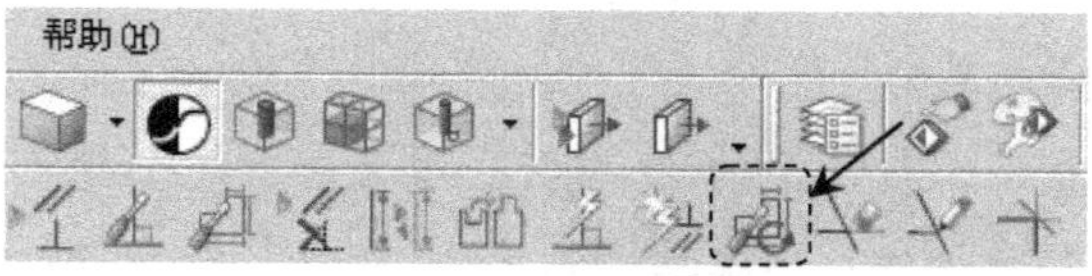

图 3.6.2　自动标注尺寸按钮

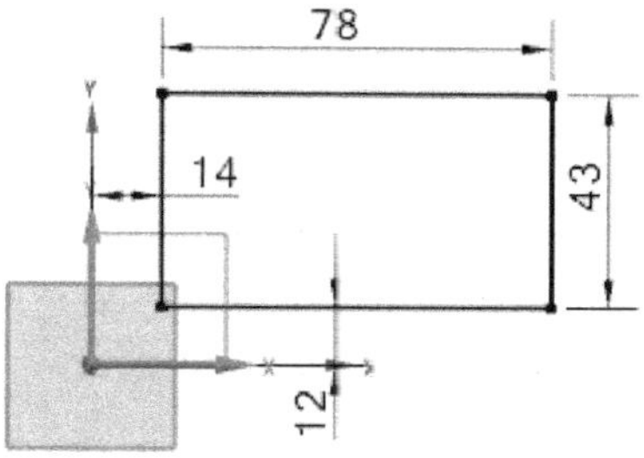

图 3.6.3　自动标注尺寸

3.6.4　绘制直线

Step1. 进入草图环境以后，选择 XY 平面为草图平面。

说明： 进入草图工作环境以后，如果是创建新草图，则首先必须选取草图平面，也就是要确定新草图在空间的哪个平面上绘制。

Step2. 选择命令。选择下拉菜单 插入(S) → 曲线(C) → 直线(L)... 命令（或单击工具栏中的“直线”按钮），系统弹出图 3.6.4 所示的“直线”工具条。

Step3. 定义直线的起始点。在系统 选择直线的第一点 的提示下，在图形区中的任意位置单击左键，以确定直线的起始点，此时可看到一条“橡皮筋”线附着在鼠标指针上。

说明： 系统提示 选择直线的第一点 显示在消息区，有关消息区的具体介绍请参见“2.5.2 ‘用户界面’首选项”的相关内容。

Step4. 定义直线的终止点。在系统 选择直线的第二点 的提示下，在图形区中的另一位置单击左键，以确定直线的终止点，系统便在两点间创建一条直线（在终点处再次单击，在直线的终点处出现另一条“橡皮筋”线）。

Step5. 单击中键，结束直线的创建。

图 3.6.4 所示的“直线”工具条的说明如下：

- XY（坐标模式）：单击该按钮（默认），系统弹出图 3.6.5 所示的动态输入框（一），可以通过输入 XC 和 YC 的坐标值来精确绘制直线，坐标值以工作坐标系（WCS）为参照。要在动态输入框的选项之间切换，可按 Tab 键。要输入值，可在文本框内输入值，然后按回车键。

- （参数模式）：单击该按钮，系统弹出图 3.6.6 所示的动态输入框（二），可以通过输入长度值和角度值来绘制直线。

图 3.6.4 “直线”工具条

图 3.6.5 动态输入框（一）

图 3.6.6 动态输入框（二）

说明：

- 直线的精确绘制可以利用动态输入框实现，其他曲线的精确绘制也一样。
- “橡皮筋”是指操作过程中的一条临时虚构线段，它始终是当前鼠标光标的中心点与前一个指定点的连线。因为它可以随着光标的移动而拉长或缩短，并可绕前一点转动，所以我们形象地称为“橡皮筋”。
- 在绘制或编辑草图时，单击“标准”工具条上的按钮，可撤销上一个操作；单击按钮（或者选择下拉菜单 编辑(E) ➡ 重做(R) 命令），可以重新执行被撤销的操作。

3.6.5 绘制圆弧

选择下拉菜单 插入(S) ➡ 曲线(C) ➡ 圆弧(A)... 命令（或单击工具条中的“圆弧”按钮），系统弹出图 3.6.7 所示的“圆弧”工具条，有以下两种绘制圆弧的方法。

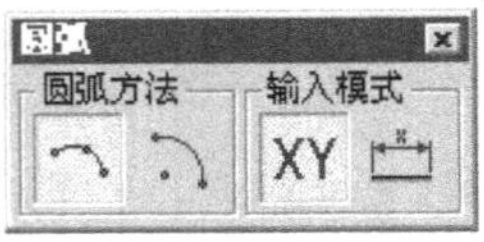

图 3.6.7 “圆弧”工具条

方法一：通过三点的圆弧——确定圆弧的两个端点和弧上的一个附加点来创建一个三点圆弧。其一般操作步骤如下：

Step1. 选择方法。单击“三点定圆弧”按钮。

Step2. 定义端点。在系统 选择圆弧的起点 的提示下，在图形区中的任意位置单击左键，以确定圆弧的起点；在系统 选择圆弧的终点 的提示下，在另一位置单击，放置圆弧的终点。

Step3. 定义附加点。在系统 在圆弧上选择一个点 的提示下，移动鼠标，圆弧呈“橡皮筋”样变化，在图形区另一位置，单击以确定圆弧。

Step4. 单击中键，结束圆弧的创建。

方法二：用中心和端点确定圆弧。其一般操作步骤如下：

Step1. 选择方法。单击“中心和端点定圆弧”按钮。

Step2. 定义圆心。在系统选择圆弧的中心点的提示下，在图形区中的任意位置单击，以确定圆弧中心点。

Step3. 定义圆弧的起点。在系统选择圆弧的起点的提示下，在图形区中的任意位置单击，以确定圆弧的起点。

Step4. 定义圆弧的终点。在系统选择圆弧的终点的提示下，在图形区中的任意位置单击，以确定圆弧的终点。

Step5. 单击中键，结束圆弧的创建。

3.6.6 绘制圆

选择下拉菜单插入(S) → 曲线(C) → 圆(C)...命令（或单击工具条中的“圆”按钮），系统弹出图 3.6.8 所示的“圆”工具条，有以下两种绘制圆的方法。

图 3.6.8 “圆”工具条

方法一：中心和半径决定的圆——通过选取中心点和圆上一点来创建圆。其一般操作步骤如下：

Step1. 选择方法。选中“圆心和直径定圆”按钮。

Step2. 定义圆心。在系统选择圆的中心点的提示下，在某位置单击，放置圆的中心点。

Step3. 定义圆的半径。在系统在圆上选择一个点的提示下，拖动鼠标至另一位置，单击确定圆的大小。

Step4. 单击中键，结束圆的创建。

方法二：通过三点决定的圆——通过确定圆上的三个点来创建圆。

3.6.7 绘制圆角

选择下拉菜单插入(S) → 曲线(C) → 圆角(F)...命令（或单击“圆角”按钮），可以在指定两条或三条曲线之间创建一个圆角。系统弹出图 3.6.9 所示的“圆角”工具条。该工具条中包括四个按钮：“修剪”按钮、“取消修剪”按钮、“删除第三条曲线”按钮和“创建备选圆角”按钮。

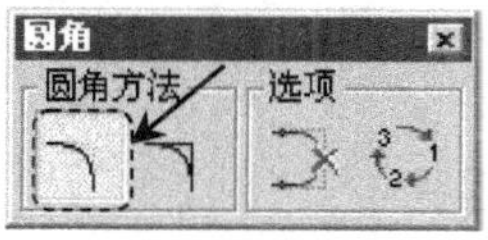

图 3.6.9 “圆角”工具条

创建圆角的一般操作步骤如下：

Step1. 打开文件 D:\ug8.1\work\ch03\ch03.06\ch03.06.07\round_corner.prt。

Step2. 双击草图，单击按钮，选择下拉菜单插入(S) → 曲线(C) → 圆角(F)...命令。系统弹出“圆角”工具条，在工具条中单击“修剪”按钮。

Step3. 定义圆角曲线。单击选择图 3.6.10 所示的两条直线。

Step4. 定义圆角半径。拖动鼠标至适当位置，单击确定圆角的大小（或者在动态输入框中输入圆角半径，以确定圆角的大小）。

Step5. 单击中键，结束圆角的创建。

说明：

- 如果选中“取消修剪”按钮，则绘制的圆角如图 3.6.11 所示。

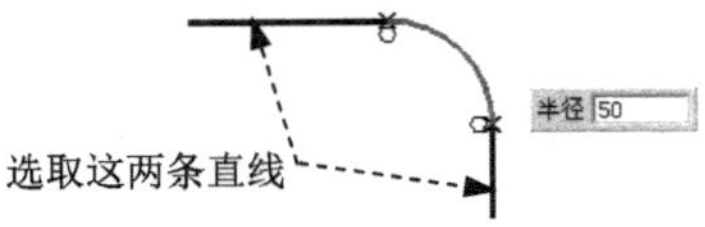

图 3.6.10 “修剪”的圆角

图 3.6.11 “取消修剪”的圆角

- 如果选中“创建备选圆角”按钮，则可以生成每一种可能的圆角（或按 Page Down 键选择所需的圆角），如图 3.6.12 和图 3.6.13 所示。

图 3.6.12 “创建备选圆角”的选择（一）

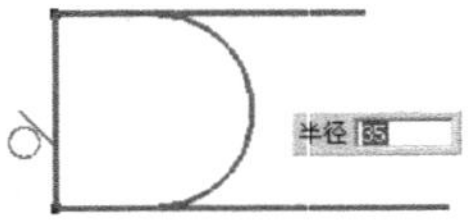

图 3.6.13 “创建备选圆角”的选择（二）

3.6.8 绘制倒斜角

选择下拉菜单插入(S) → 曲线(C) → 倒斜角(H)...命令（或单击“倒斜角”按钮），可以在指定两条曲线之间创建一个斜角。

创建倒斜角的一般操作步骤如下：

Step1. 打开文件 D:\ug8.1\work\ch03\ch03.06\ch03.06.08\chamfer.prt。

Step2. 双击草图，单击按钮，选择下拉菜单插入(S) → 曲线(C) → 倒斜角(H)...命令。系统弹出图 3.6.14 所示的“倒斜角”对话框。

Step3. 选取要倒斜角的曲线。单击选取图 3.6.15 所示的两条直线。

Step4. 定义偏置类型。在对话框中的偏置区域的倒斜角下拉列表中选择对称选项。

Step5. 定义倒斜角尺寸。在对话框的距离文本框中输入倒斜角尺寸为 25（或者在动态输入框中输入倒斜角尺寸）。

Step6. 单击中键，结束倒斜角的创建。

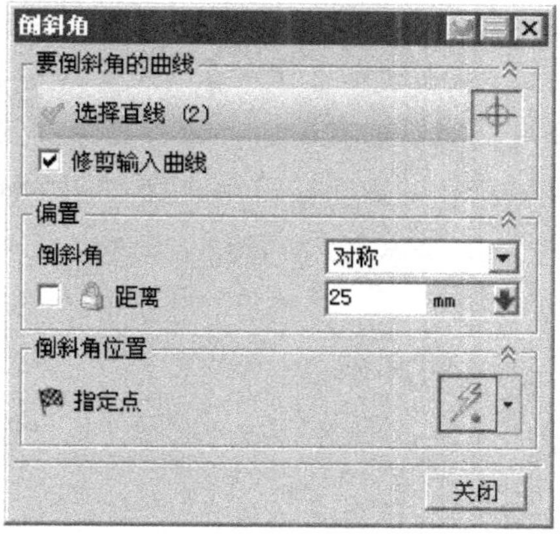

图 3.6.14　“倒斜角”对话框

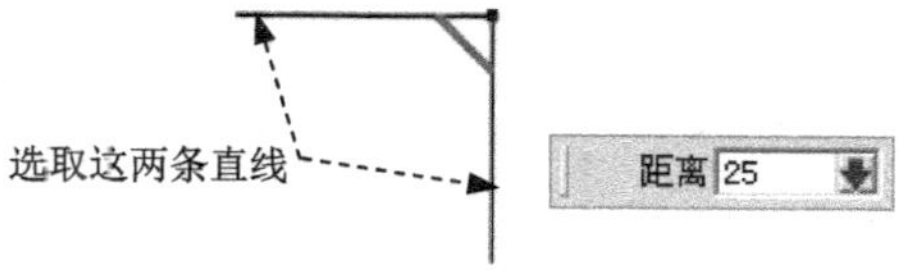

图 3.6.15　定义倒斜角

说明：创建倒斜角包括三种类型。在“倒斜角”对话框中的偏置区域的倒斜角下拉列表中选择非对称选项，可以指定两个距离值来定义倒斜角大小（图 3.6.16a）；在倒斜角下拉列表中选择偏置和角度选项，可以指定一个角度值和一个偏距值定义倒斜角大小（图 3.6.16b）。

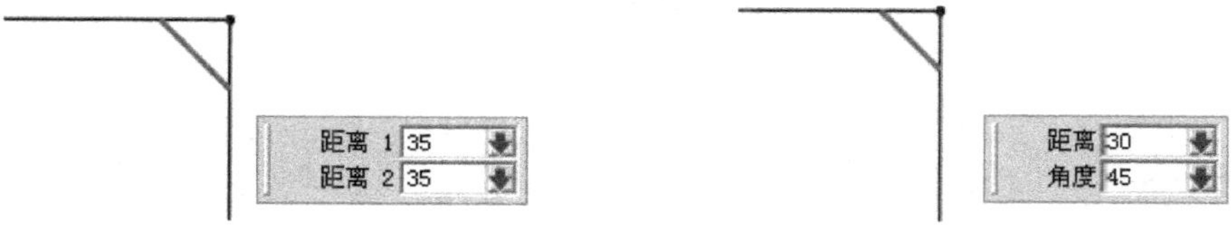

a）非对称倒斜角　　b）偏置和角度倒斜角

图 3.6.16　倒斜角类型

3.6.9　绘制矩形

选择下拉菜单插入(S) → 曲线(C) → 矩形(R)...命令（或单击“矩形”按钮），系统弹出图 3.6.17 所示的“矩形”工具条，可以在草图平面上绘制矩形。在绘制草图时，使用该命令可省去绘制四条线段的麻烦。共有三种绘制矩形的方法，下面将分别介绍。

方法一：按两点——通过选取两对角点来创建矩形，其一般操作步骤如下：

Step1. 选择方法。选中“按 2 点”按钮。

Step2. 定义第一个角点。在图形区某位置单击，放置矩形的第一个角点。

Step3. 定义第二个角点。单击XY按钮，再次在图形区另一位置单击，放置矩形的另一个角点。

Step4. 单击中键，结束矩形的创建，结果如图 3.6.18 所示。

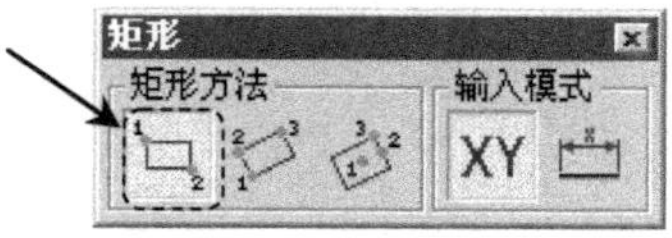

图 3.6.17　“矩形”工具条

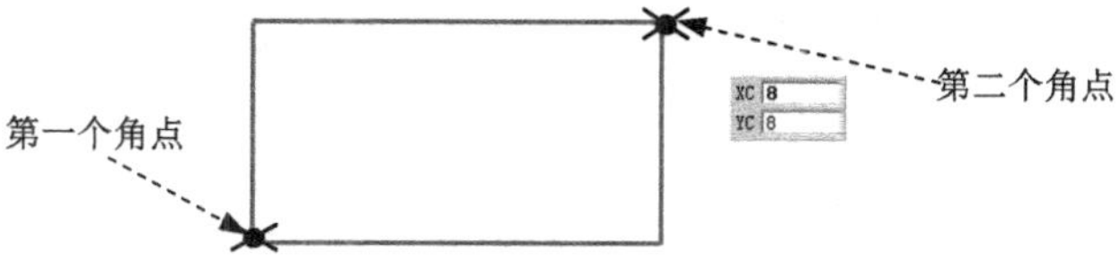

图 3.6.18　两点方式

方法二：按三点——通过选取三个顶点来创建矩形，其一般操作步骤如下：

Step1. 选择方法。单击“用 3 点”按钮。

Step2. 定义第一个顶点。在图形区某位置单击，放置矩形的第一个顶点。

Step3. 定义第二个顶点。单击XY按钮，在图形区另一位置单击，放置矩形的第二个顶点（第一个顶点和第二个顶点之间的距离即矩形的宽度），此时矩形呈“橡皮筋”样变化。

Step4. 定义第三个顶点。单击XY按钮，再次在图形区单击，放置矩形的第三个顶点（第二个顶点和第三个顶点之间的距离即矩形的长度）。

Step5. 单击中键，结束矩形的创建，结果如图 3.6.19 所示。

方法三：从中心——通过选取中心点、一条边的中点和顶点来创建矩形，其一般操作步骤如下：

Step1. 选择方法。单击“从中心”按钮。

Step2. 定义中心点。在图形区某位置单击，放置矩形的中心点。

Step3. 定义第二个点。单击XY按钮，在图形区另一位置单击，放置矩形的第二个点（一条边的中点），此时矩形呈“橡皮筋”样变化。

Step4. 定义第三个点。单击XY按钮，再次在图形区单击，放置矩形的第三个点。

Step5. 单击中键，结束矩形的创建，结果如图 3.6.20 所示。

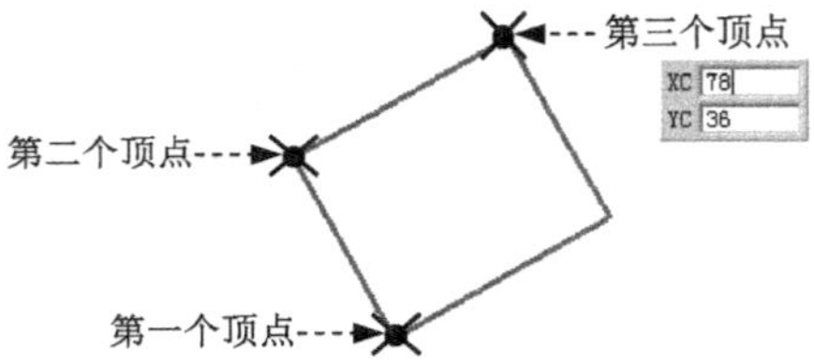

图 3.6.19　三点方式

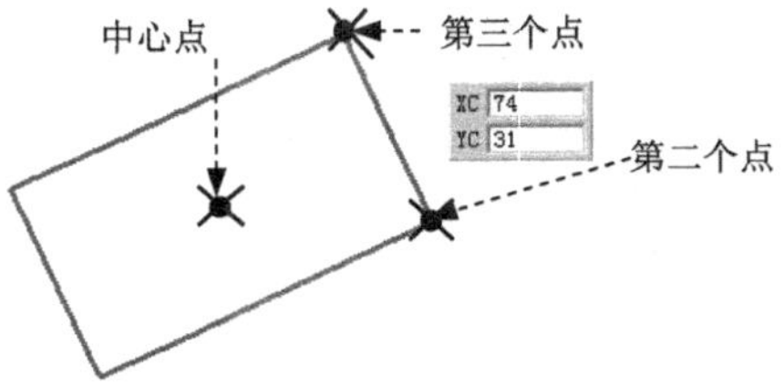

图 3.6.20　从中心方式

3.6.10　绘制轮廓线

轮廓线包括直线和圆弧。

选择下拉菜单 插入(S) ➡ 曲线(C) ➡ 轮廓(O)... 命令（或单击按钮），系统弹出图 3.6.21 所示的“轮廓”工具条。

具体操作过程参照前面直线和圆弧的绘制，不再赘述。

绘制轮廓线的说明：

- 轮廓线与直线和圆弧的区别在于，轮廓线可以绘制连续的对象，如图 3.6.22 所示。
- 绘制时，按下、拖动并释放鼠标左键，直线模式变为圆弧模式，如图 3.6.23 所示。
- 利用动态输入框可以绘制精确的轮廓线。

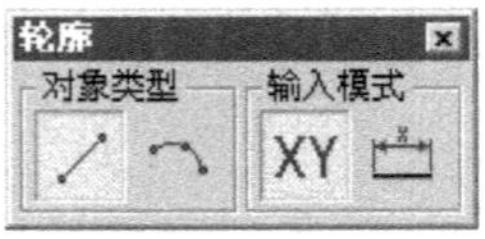

图 3.6.21　“轮廓线”工具条

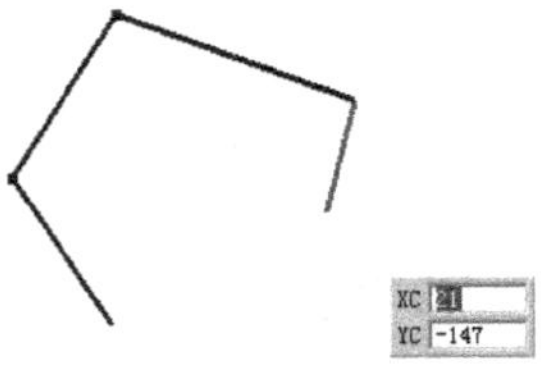

图 3.6.22　绘制连续的对象

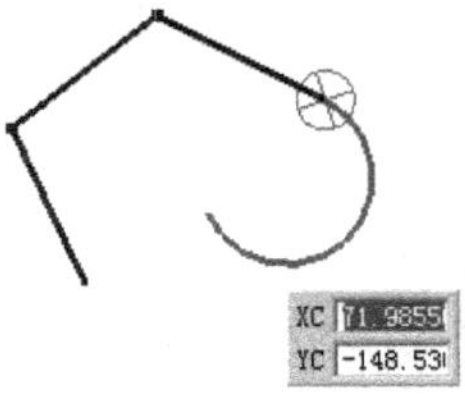

图 3.6.23　用“轮廓线”命令绘制弧

3.6.11　绘制派生直线

选择下拉菜单 插入(S) → 来自曲线集的曲线(F) → 派生直线(I)... 命令（或单击按钮），可绘制派生直线，其一般操作步骤如下：

Step1. 打开文件 D:\ug8.1\work\ch03\ch03.06\ch03.06.011\derive_line.prt。

Step2. 双击草图，单击按钮，选择下拉菜单 插入(S) → 来自曲线集的曲线(F) → 派生直线(I)... 命令。

Step3. 定义参考直线。单击选取图 3.6.24 所示的直线为参考。

Step4. 定义派生直线的位置。拖动鼠标至另一位置单击，以确定派生直线的位置。

Step5. 单击中键，结束派生直线的创建，结果如图 3.6.24 所示。

说明：

- 如需要派生多条直线，可以在上述 Step3 中，在图形区合适的位置继续单击，然后单击中键完成，结果如图 3.6.25 所示。

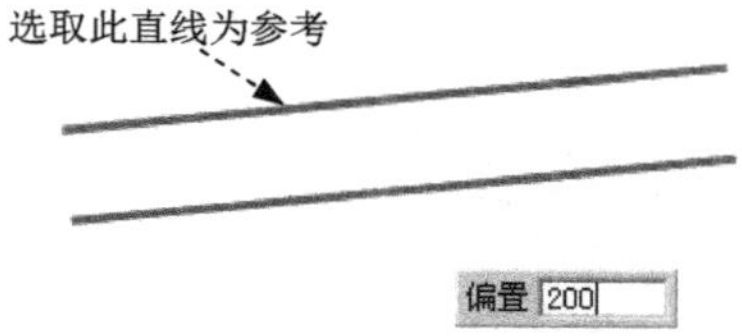

图 3.6.24　直线的派生（一）

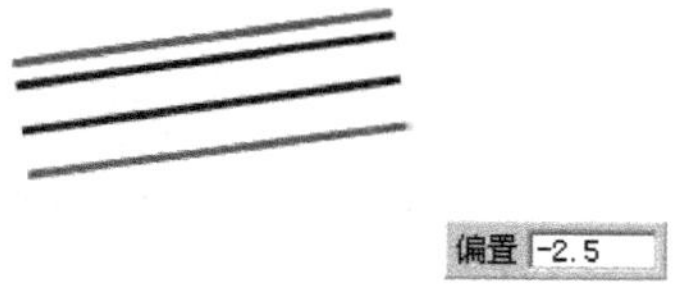

图 3.6.25　直线的派生（二）

- 如果选择两条平行线时，系统会在这两条平行线的中点处创建一条直线。可以通过拖动鼠标以确定直线长度，也可以在动态输入框中输入值，如图 3.6.26 所示。
- 如果选择两条不平行的直线时（不需要相交），系统将构造一条角平分线。可以通过拖动鼠标以确定直线长度（或在动态输入框中输入一个值），也可以在成角度两条直线的任意象限放置平分线，如图 3.6.27 所示。

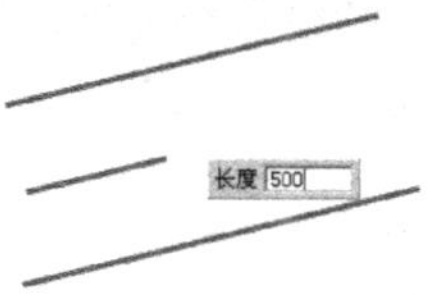

图 3.6.26　派生两条平行线中间的直线

图 3.6.27　派生角平分线

3.6.12　样条曲线

样条曲线是指利用给定的若干个点拟合出的多项式曲线，样条曲线采用的是近似的拟合方法，但可以很好地满足工程需求，因此得到了较为广泛的应用。下面通过创建图 3.6.28a 所示的曲线来说明创建艺术样条的一般过程。

a)“通过点”方式　　　　b)“根据极点”方式

图 3.6.28　艺术样条的创建

Step1. 选择命令。选择下拉菜单 插入(S) → 曲线(C) → 艺术样条(D)... 命令（或单击 按钮），弹出图 3.6.29 所示的“艺术样条”对话框。

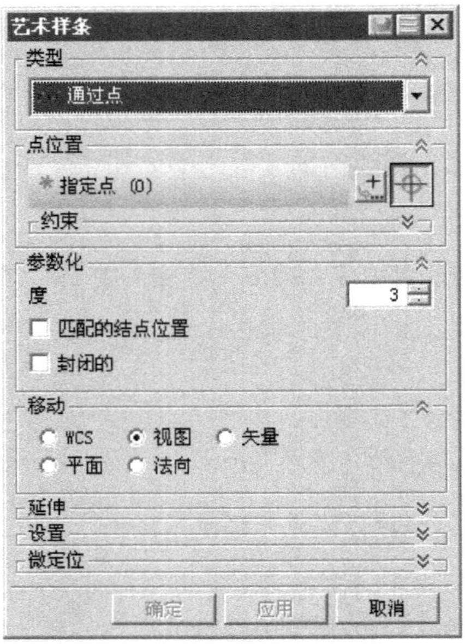

图 3.6.29　“艺术样条”对话框

图 3.6.29 所示的“艺术样条”对话框中各按钮的说明如下：

- 通过点（通过点）：创建的艺术样条曲线通过所选择的点。
- 根据极点（根据极点）：创建的艺术样条曲线由所选择点的极点方式来约束。

Step2. 定义曲线类型。在对话框中的 类型 下拉列表中选择 通过点 选项，依次在图 3.6.28a 所示的各点位置单击，系统生成图 3.6.28a 所示的“通过点”方式创建的样条。

说明： 如果选择 根据极点 选项，依次在图 3.6.28b 所示的各点位置单击，系统则生成图 3.6.28b 所示的“根据极点”方式创建的样条。

Step3. 在“艺术样条”对话框中单击 确定 按钮（或单击中键），完成样条曲线的创建。

3.6.13　点的绘制及“点”对话框

使用 UG NX 8.0 软件绘制草图时，经常需要构造点来定义草图平面上的某一位置。下面通过图 3.6.30 来说明点的构造过程。

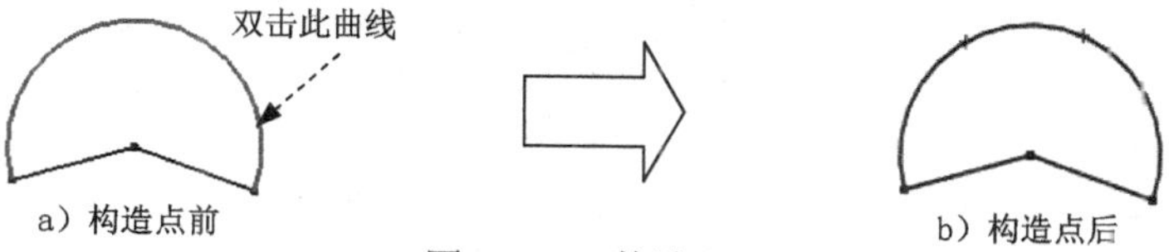

图 3.6.30　构造点

Step1. 打开文件 D:\ug8.1\work\ch03\ch03.06\ch03.06.13\point.prt。

Step2. 进入草图环境。双击草图，单击按钮，系统进入草图环境。

Step3. 选择命令。选择下拉菜单 插入(S) → 基准/点(D) → + 点(P)... 命令（或单击 + 按钮），系统弹出图 3.6.31 所示的“草图点”对话框。

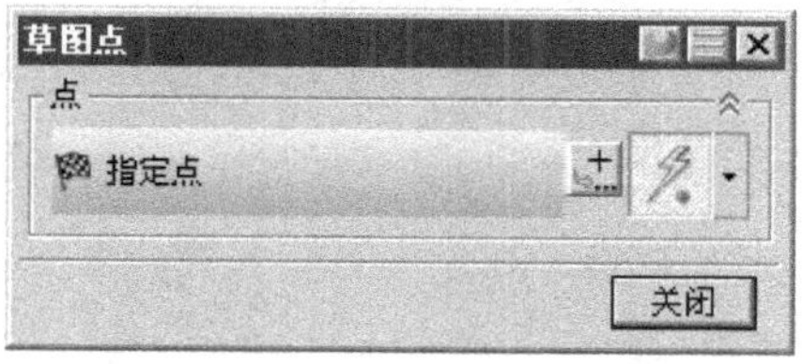

图 3.6.31　“草图点”对话框

Step4. 选择构造点。在“草图点”对话框中单击“点对话框”按钮，系统弹出图 3.6.32 所示的“点”对话框，在“点”对话框中的 类型 下拉列表中选择 圆弧/椭圆上的角度 选项。

Step5. 定义点的位置。根据系统 选择圆弧或椭圆用作角度参考 的提示，选取图 3.6.30a 所示的圆弧，在“点”对话框的 角度 文本框中输入数值 120.0。

Step6. 单击“点”对话框中的 确定 按钮，完成第一点的构造，结果如图 3.6.33 所示。

Step7. 再次单击“草图点”对话框中的按钮，在“点”对话框中的 类型 下拉列表中选择 点在曲线/边上 选项，选取图 3.6.30a 所示的圆弧，在“点”对话框的 位置 下拉列表中选择 弧长百分比 选项，然后在 弧长百分比 文本框中输入 40，单击 确定 按钮，完成第二点的构造，单击 关闭 按钮，退出“草图点”对话框，结果如图 3.6.34 所示，

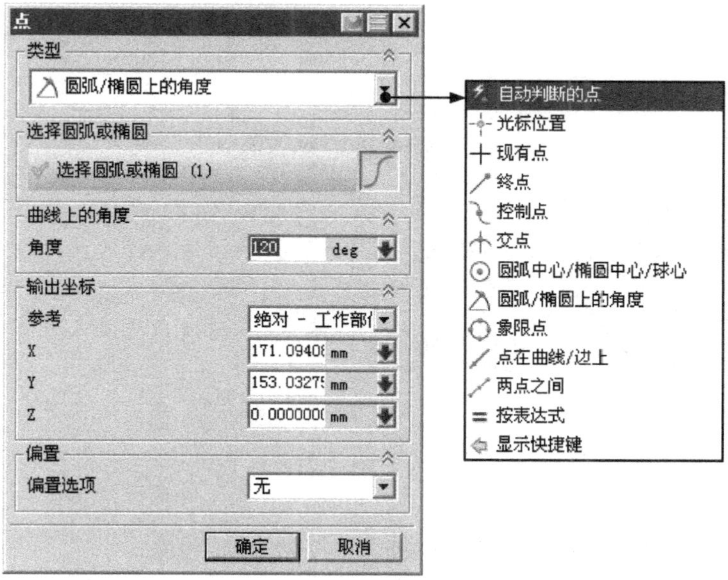

图 3.6.32　“点”对话框

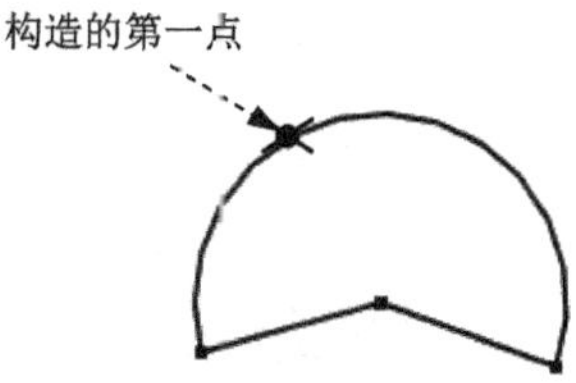

图 3.6.33　构造第一点

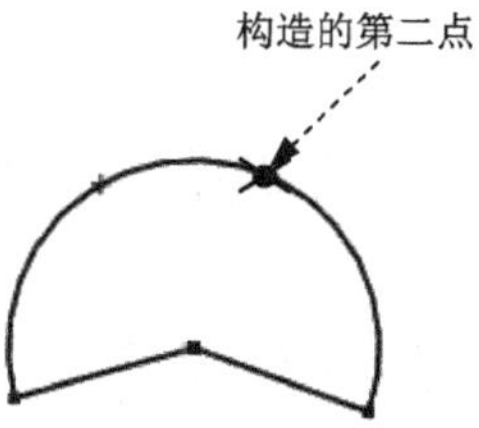

图 3.6.34　构造第二点

Step8. 选择下拉菜单 草图(K) ➡ 完成草图(K) 命令（或单击 完成草图 按钮），完成草图并退出草图环境。

图 3.6.32 所示的"点"对话框中的下拉列表各选项说明如下：

- 自动判断的点：根据光标的位置自动判断所选的点。它包括了下面介绍的所有点的选择方式。
- 光标位置：将光标移至图形区某位置并单击，系统则在单击的位置处创建一个点。如果创建点是在一个草图中进行，则创建的点位于当前草图平面上。
- 现有点：在图形区选择已经存在的点。
- 端点：通过选取已存在曲线（如线段、圆弧、二次曲线及其他曲线）的端点创建一个点。在选取端点时，光标的位置对端点的选取有很大的影响，一般系统会选取曲线上离光标最近的端点。
- 控制点：通过选取曲线的控制点创建一个点。控制点与曲线类型有关，可以是存在点、线段的中点或端点，开口圆弧的端点、中点或中心点，二次曲线的端点和样条曲线的定义点或控制点。
- 交点：通过选取两条曲线的交点、一曲线和一曲面或一平面的交点创建一个点。在选取交点时，若两对象的交点多于一个，系统会在靠近第二个对象的交点创建一个点；若两段曲线并未实际相交，则系统会选取两者延长线上的相交点；若选取的两段空间曲线并未实际相交，则系统会选取最靠近第一对象处创建一个点或规定新点的位置。
- 圆弧中心/椭圆中心/球心：通过选取圆／圆弧、椭圆或球的中心点创建一个点。
- 圆弧/椭圆上的角度：沿弧或椭圆的一个角度（与坐标轴 XC 正向所成的角度）位置上创建一个点。
- 象限点：通过选取圆弧或椭圆弧的象限点，即四分点创建一个点。创建的象限点是离光标最近的那个四分点。
- 点在曲线/边上：通过选取曲线或物体边缘上的点创建一个点。
- 两点之间：在两点之间指定一个位置。
- 按表达式：使用点类型的表达式指定点。

3.7　草图的编辑

3.7.1　直线的操纵

UG NX 8.0 软件提供了对象操纵功能，可方便地旋转、拉伸和移动对象。

操纵 1 的操作流程（图 3.7.1）：在图形区，把鼠标指针移到直线端点上，按下左键不放，同时移动鼠标，此时直线以远离鼠标指针的那个端点为圆心转动，达到绘制意图后，松开鼠标左键。

操纵 2 的操作流程（图 3.7.2）：在图形区，把鼠标指针移到直线上，按下左键不放，同时移动鼠标，此时会看到直线随着鼠标移动，达到绘制意图后，松开鼠标左键。

图 3.7.1　操纵 1：直线的转动和拉伸

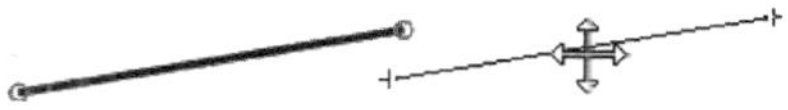
图 3.7.2　操纵 2：直线的移动

3.7.2　圆的操纵

操纵 1 的操作流程（图 3.7.3）：把鼠标指针移到圆的边线上，按下左键不放，同时移动鼠标，此时会看到圆在变大或缩小，达到绘制意图后，松开鼠标左键。

操纵 2 的操作流程（图 3.7.4）：把鼠标指针移到圆心上，按下左键不放，同时移动鼠标，此时会看到圆随着指针一起移动，达到绘制意图后，松开鼠标左键。

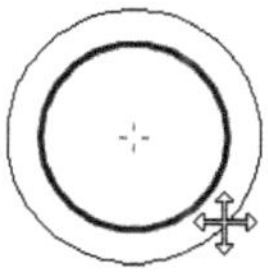
图 3.7.3　操纵 1：圆的缩放

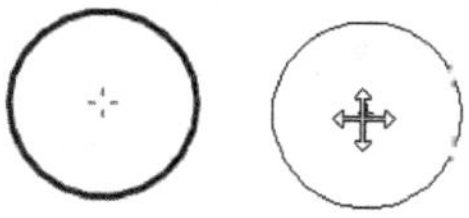
图 3.7.4　操纵 2：圆的移动

3.7.3　圆弧的操纵

操纵 1 的操作流程（图 3.7.5）：把鼠标指针移到圆弧上，按下左键不放，同时移动鼠标，此时会看到圆弧半径变大或变小，达到绘制意图后，松开鼠标左键。

操纵 2 的操作流程（图 3.7.6）：把鼠标指针移到圆弧的某个端点上，按下左键不放，同时移动鼠标，此时会看到圆弧以另一端点为固定点旋转，并且圆弧的包角也在变化，达到绘制意图后，松开鼠标左键。

操纵 3 的操作流程（图 3.7.7）：把鼠标指针移到圆心上，按下左键不放，同时移动鼠标，此时圆弧随着指针一起移动，达到绘制意图后，松开鼠标左键。

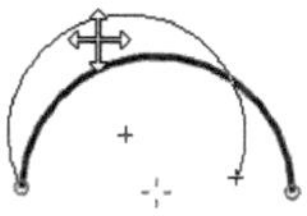
图 3.7.5　操纵 1：改变弧的半径

图 3.7.6　操纵 2：改变弧的位置

图 3.7.7　操纵 3：弧的移动

3.7.4　样条曲线的操纵

操纵 1 的操作流程（图 3.7.8）：把鼠标指针移到样条曲线的某个端点或定位点上，按下左键不放，同时移动鼠标，此时样条线拓扑形状（曲率）不断变化，达到绘制意图后，松开鼠标左键。

操纵 2 的操作流程（图 3.7.9）：把鼠标指针移到样条曲线上，按下左键不放，同时移动鼠标，此时样条曲线随着鼠标移动，达到绘制意图后，松开鼠标左键。

图 3.7.8　操纵 1：改变曲线的形状

图 3.7.9　操纵 2：曲线的移动

3.7.5　制作拐角

“制作拐角”命令是通过两条曲线延伸或修剪到公共交点来创建的拐角。此命令应用于直线、圆弧、开放式二次曲线和开放式样条等，其中开放式样条仅限修剪。

下面以图 3.7.10 所示的范例来说明创建“制作拐角”的一般操作步骤如下：

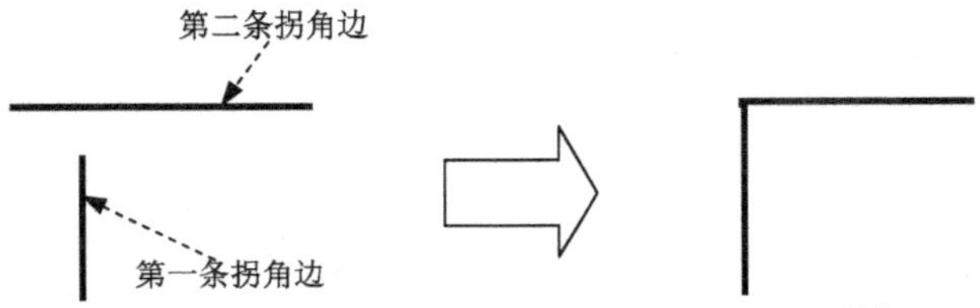

a）制作前　　b）制作后

图 3.7.10　制作拐角

Step1. 选择命令。选择下拉菜单 编辑(E) → 曲线(V) → 制作拐角(M)... 命令（或单击“制作拐角”按钮），系统弹出图 3.7.11 所示的“制作拐角”对话框。

图 3.7.11　“制作拐角”对话框

Step2. 定义要制作拐角的两条曲线。单击选择图 3.7.10a 所示的两条直线。

Step3. 单击中键，完成制作拐角的创建。

3.7.6　删除对象

Step1. 在图形区单击或框选要删除的对象（框选时要框住整个对象），此时可看到选中的对象变成蓝色。

Step2. 按一下键盘上的 Delete 键，所选对象即被删除。

说明：要删除所选的对象，还有下面四种方法。

- 在图形区单击鼠标右键，在弹出的快捷菜单中选择 删除(D) 命令。
- 选择 编辑(E) 下拉菜单中的 删除(D)... 命令。
- 单击“标准”工具条中的 按钮。
- 按一下键盘上的 Ctrl + D 组合键。

注意：如要恢复已删除的对象，可用键盘的 Ctrl+Z 组合键来完成。

3.7.7　复制/粘贴对象

Step1. 在图形区单击或框选要复制的对象（框选时要框住整个对象）。

Step2. 复制对象。选择下拉菜单 编辑(E) → 复制(C) 命令，将对象复制到剪贴板。

Step3. 粘贴对象。选择下拉菜单 编辑(E) → 粘贴(P) 命令，系统弹出图 3.7.12 所示的“粘贴”对话框。

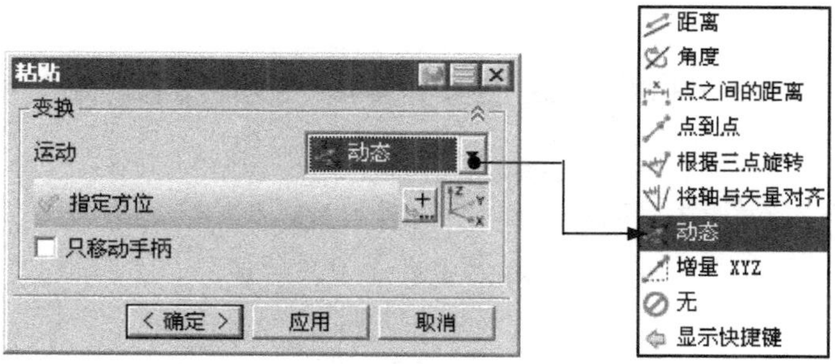

图 3.7.12　“粘贴”对话框

Step4. 定义变换类型。在“粘贴”对话框中的 运动 下拉列表中选择 动态 选项，将复制对象移动到合适的位置单击。

Step5. 单击 < 确定 > 按钮，完成粘贴，结果如图 3.7.13a 所示。

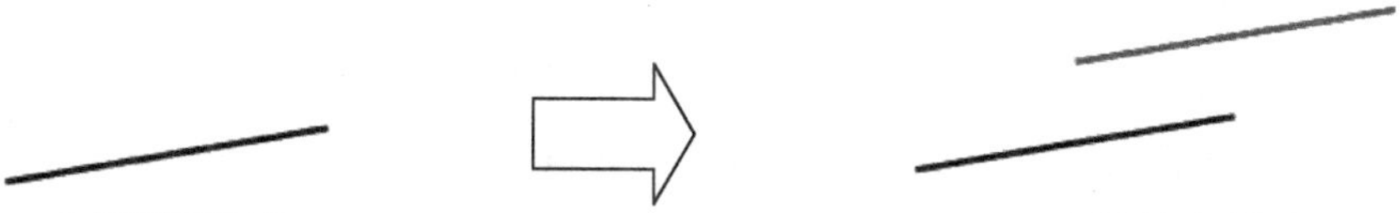

a）要复制的对象　　b）复制/粘贴后的结果

图 3.7.13　对象的复制/粘贴

3.7.8　快速修剪

Step1. 选择命令。选择下拉菜单 编辑(E) → 曲线(V) → 快速修剪(Q)... 命令（或单击 按钮）。系统弹出图 3.7.14 所示的“快速修剪”对话框。

Step2. 定义修剪对象。依次单击图 3.7.15a 所示的需要修剪的部分。

Step3. 单击中键。完成对象的修剪，结果如图 3.7.15b 所示。

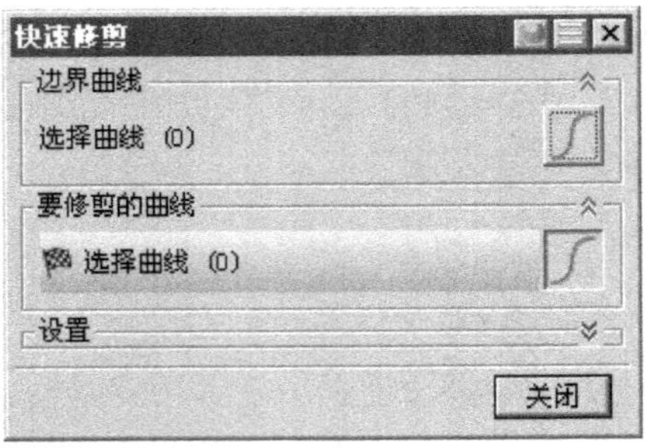

图 3.7.14 “快速修剪”对话框

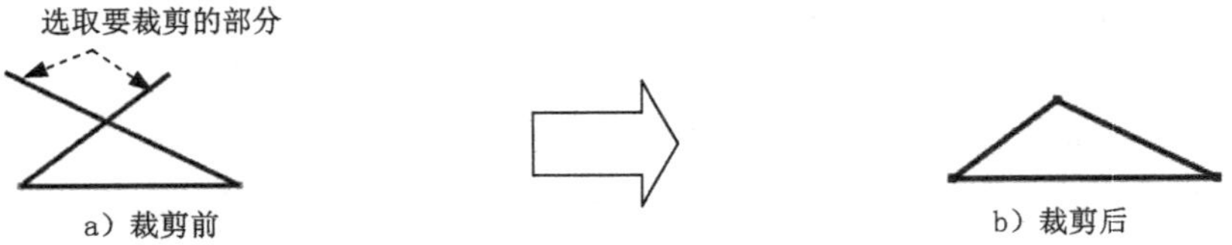

图 3.7.15 快速裁剪

3.7.9 快速延伸

Step1. 选择下拉菜单 编辑(E) → 曲线(V) → 快速延伸(X)... 命令（或单击按钮）。

Step2. 选择图 3.7.16a 所示的曲线，完成曲线到下一个边界的延伸，结果如图 3.7.16b 所示。

说明：在延伸时，系统自动选择最近的曲线作为延伸边界。

图 3.7.16 快速延伸

3.7.10 镜像

镜像操作是将草图对象以一条直线为对称中心，将所选取的对象以这条对称中心为轴进行复制，生成新的草图对象。镜像复制的对象与原对象形成一个整体，并且保持相关性。“镜像”操作在绘制对称图形时是非常有用的。下面以图 3.7.17 所示的范例来说明“镜像”的一般操作步骤。

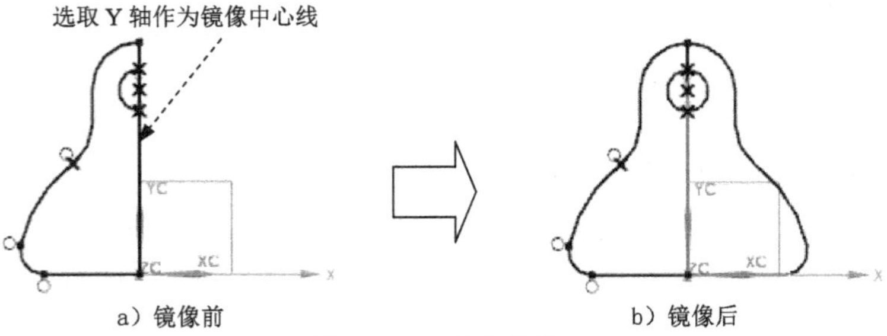

图 3.7.17 镜像操作

Step1. 打开文件 D:\ug8.1\work\ch03\ch03.07\mirror.prt。

Step2. 双击草图，单击按钮，进入草图环境。

Step3. 选择命令。选择下拉菜单 插入(S) → 来自曲线集的曲线(F) → 镜像曲线(M)... 命令（或单击按钮），系统弹出图 3.7.18 所示的“镜像曲线”对话框。

Step4. 定义镜像对象。在“镜像曲线”对话框中单击“曲线”按钮，选取图形区中的所有草图曲线。

Step5. 定义中心线。单击“镜像曲线”对话框中的“中心线”按钮，选取坐标系的 Y 轴作为镜像中心线。

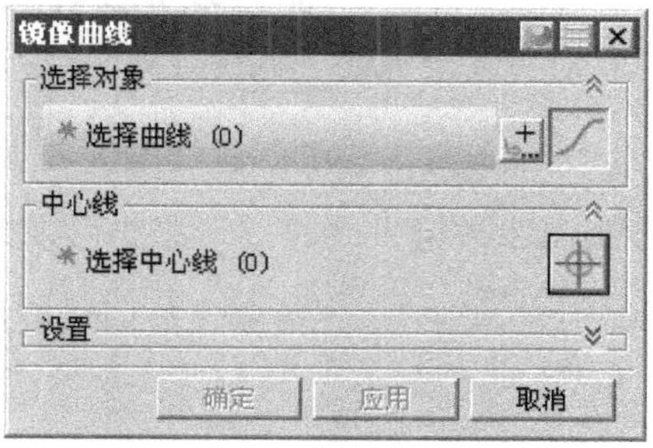

图 3.7.18　“镜像曲线”对话框

注意：选择的镜像中心线不能是镜像对象的一部分，否则无法完成镜像操作。。

Step6. 单击 应用 按钮，则完成镜像操作（如果没有别的镜像操作，直接单击 < 确定 > 按钮），结果如图 3.7.17b 所示。

图 3.7.18 所示的“镜像曲线”对话框中各选项的功能说明如下：

- （中心线）：用于选择存在的直线或轴作为镜像的中心线。选择草图中的直线作为镜像中心线时，所选的直线会变成参考线，暂时失去作用。如果要将其转化为正常的草图对象，可用“草图工具”工具条中的“转换为参考的/激活的”功能，其具体内容将会在 3.9.8 节中介绍。
- （曲线）：用于选择一个或多个要镜像的草图对象。在选取镜像中心线后，用户可以在草图中选取要进行“镜像”操作的草图对象。

3.7.11　偏置曲线

“偏置曲线”就是对当前草图中的曲线进行偏移，从而产生与源曲线相关联、形状相似的新的曲线。可偏移的曲线包括基本绘制的曲线、投影曲线以及边缘曲线等。创建图 3.7.19 所示的偏置曲线的具体步骤如下：

a）参照曲线　b）“延伸端盖”形式的曲线　c）“圆弧帽形体”形式的曲线

图 3.7.19　偏置曲线的创建

Step1. 打开文件 D:\ug8.1\work\ch03\ch03.07\offset.prt。

Step2. 双击草图，单击按钮，进入草图环境。

Step3. 选择命令。选择下拉菜单 插入(S) → 来自曲线集的曲线(F) → 偏置曲线(V)... 命令，系统弹出图 3.7.20 所示的“偏置曲线”对话框。

Step4. 定义偏置曲线。在图形区选取图 3.7.19a 所示的草图。

Step5. 定义偏置参数。在 距离 后的文本框中输入偏置距离值 5.0，取消选中 □ 创建尺寸 复选框。

Step6. 定义端盖选项。在 端盖选项 下拉列表中选择 延伸端盖 选项。

说明：如果在 端盖选项 下拉列表中选择 圆弧帽形体 选项，则偏置后的结果如图 3.7.19c 所示。

Step7. 定义近似公差。接受 公差 文本框中默认的偏置曲线精度值。

Step8. 完成偏置。单击 应用 按钮，完成指定曲线偏置操作。还可以对其他对象进行相同的操作，操作完成后，单击 <确定> 按钮完成所有曲线的偏置操作。

注意：可以单击“偏置曲线”对话框中的按钮改变偏置的方向。

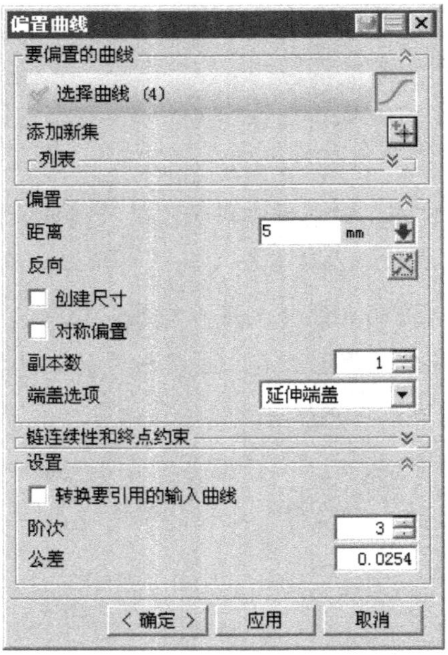

图 3.7.20　“偏置曲线”对话框

3.7.12　编辑定义截面

草图曲线一般可用于拉伸、旋转和扫掠等特征的剖面，如果要改变特征截面的形状，可以通过“编辑定义截面”功能来实现。图 3.7.21 所示的编辑定义截面的具体操作步骤如下：

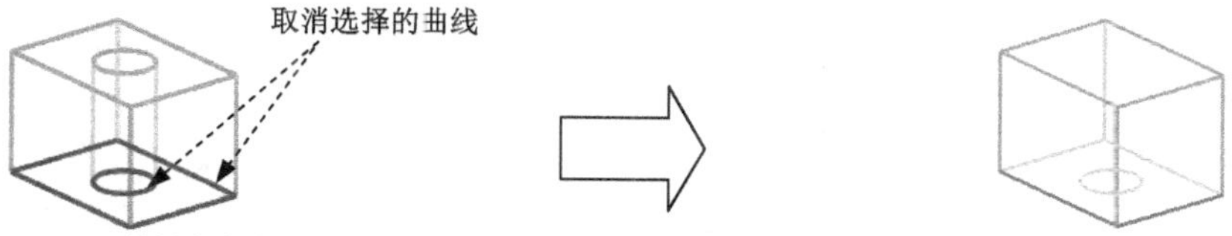

a）编辑定义截面前　　　　b）编辑定义截面后

图 3.7.21　编辑定义截面

Step1. 打开文件 D:\ug8.1\work\ch03\ch03.07\edit defined curve.prt。

Step2. 在特征树中右击草图，在弹出的快捷菜单中选择 可回滚编辑... 命令，进入草图编辑环境。选择下拉菜单 编辑(E) → 编辑定义截面(F)... 命令（或单击“草图工具”工具条中的“编辑定义截面”按钮），系统弹出图 3.7.22 所示的“编辑定义截面”对话框（如果当前草图中没有曲线经过拉伸、旋转等操作来生成几何体，系统弹出图 3.7.23 所示“编辑定义截面”对话框中的警告信息）。

注意：“编辑定义截面”操作只适合于经过拉伸、旋转生成特征的曲线，如果不符合此要求，此操作就不能实现。

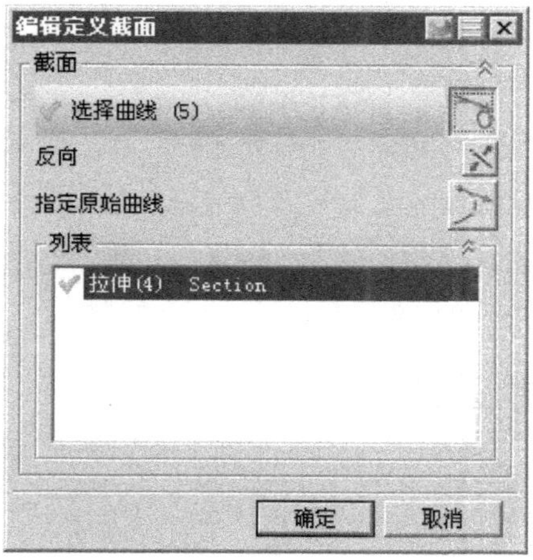

图 3.7.22　“编辑定义截面”对话框

图 3.7.23　“编辑定义截面”对话框

Step3. 按住 Shift 键，在草图中选取图 3.7.24 所示（曲线以高亮显示）的曲线的任意部分（如圆），系统则排除整个草图曲线；再选择图 3.7.25 所示的曲线——矩形的 4 条线段（此时不用按住 Shift 键）作为新的草图截面，单击对话框中的“替换助理”按钮。

说明：用 Shift+左键选择要移除的对象；用左键选择要添加的对象。

Step4. 单击 确定 按钮，完成草图截面的编辑。单击 完成草图 按钮，退出草图环境。

Step5. 更新模型。选择下拉菜单 工具(T) → 更新(U) → 更新以获取外部更改(E) 命令，结果如图 3.7.21b 所示。

说明：此处如果不进行更新就无法看到编辑后的结果。

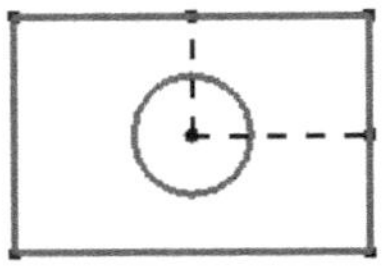

图 3.7.24 草图曲线

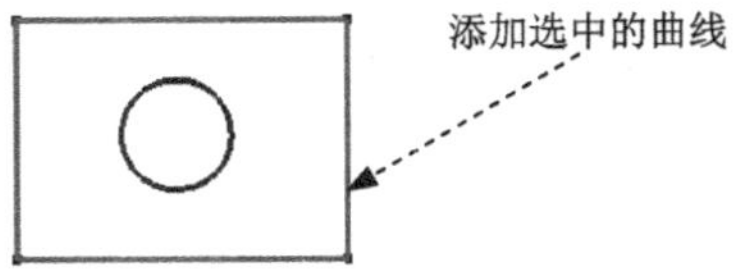

图 3.7.25 添加选中的曲线

3.7.13 交点

“相交曲线”命令可以方便地查找指定几何体穿过草图平面处的交点，并在这个位置创建一个关联点和基准轴。图 3.7.26 所示的相交操作的步骤如下：

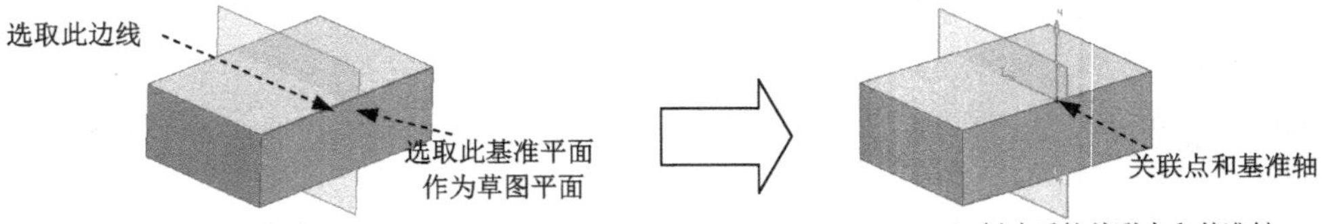

a）创建前　　b）创建后的关联点和基准轴

图 3.7.26 相交操作

Step1. 打开文件 D:\ug8.1\work\ch03\ch03.07\intersect.prt。

Step2. 定义草绘平面。选择下拉菜单 插入(S) ➡ 任务环境中的草图(S)... 命令，选取图 3.7.26a 所示的基准平面为草图平面，单击 < 确定 > 按钮。

Step3. 选择命令。选择下拉菜单 插入(S) ➡ 来自曲线集的曲线(F) ➡ 交点(N)... 命令（或单击“交点”按钮），系统弹出图 3.7.27 所示的“交点”对话框。

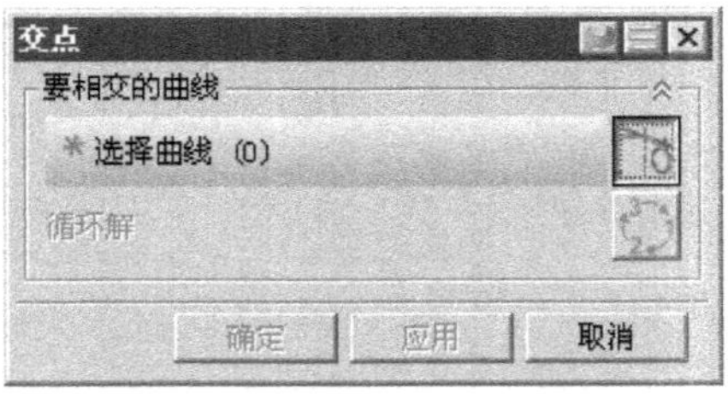

图 3.7.27 “交点”对话框

Step4. 选取要相交的曲线。按照系统提示选取图 3.7.26a 所示的边线为相交曲线。

Step5. 单击 < 确定 > 按钮，生成图 3.7.26b 所示的关联点和基准轴。

图 3.7.27 所示的“交点”对话框中的各选项说明如下：

- （曲线）：用于选择要创建交点的曲线（或路径），默认情况下为打开。
- （循环解）：可以在几个备选解之间切换，如果路径与草图平面在多点相交，或者路径是开环，没有与草图平面相交，“草图生成器”从路径开始处标识可能的解。如果路径是开环，则可以延伸一个或两个端点，使其与草图平面相交。

3.7.14 相交曲线

“相交曲线”命令可以通过用户指定的面与草图基准平面相交产生一条曲线。下面以图3.7.28所示的模型为例，讲解相交曲线的操作步骤。

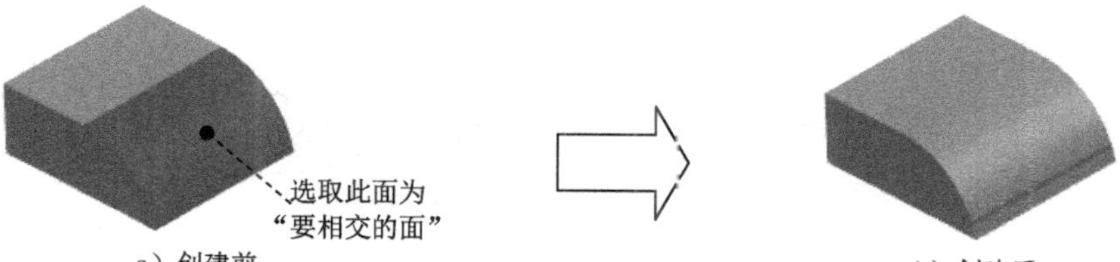

a）创建前　　b）创建后

图3.7.28 创建相交曲线

Step1. 打开文件D:\ug8.1\work\ch03\ch03.07\intersect01.prt。

Step2. 定义草绘平面。选择下拉菜单 插入(S) ➡ 任务环境中的草图(S)... 命令，选取XY平面作为草图平面，单击 < 确定 > 按钮。

Step3. 选择命令。选择下拉菜单 插入(S) ➡ 处方曲线(U) ➡ 相交曲线(U)... 命令（或单击“相交曲线”按钮），系统弹出图3.7.29所示的“相交曲线”对话框。

Step4. 选取要相交的面。选取图3.7.28a所示的模型表面为要相交的面，即产生图3.7.28b所示的相交曲线，接受默认的 距离公差 和 角度公差 值。

Step5. 单击“相交曲线”对话框中的 确定 按钮，完成相交曲线的创建。

图3.7.29 “相交曲线”对话框

图3.7.29所示的“相交曲线”对话框中各工具按钮和选项的功能说明如下：

- （面）：选择要在其上创建相交曲线的面。
- ☑ 忽略孔 复选框：当选取的“要相交的面”上有孔特征时，勾选此复选框后，系统会在曲线遇到的第一个孔处停止相交曲线。
- ☐ 连结曲线 复选框：用于多个“相交曲线”之间的连结。勾选此复选框后，系统会自动将多个相交曲线连结成一个整体。

3.7.15 投影曲线

“投影曲线”功能是将选取的对象按垂直于草图工作平面的方向投影到草图中，使之成为草图对象。创建图 3.7.30 所示的投影曲线的步骤如下：

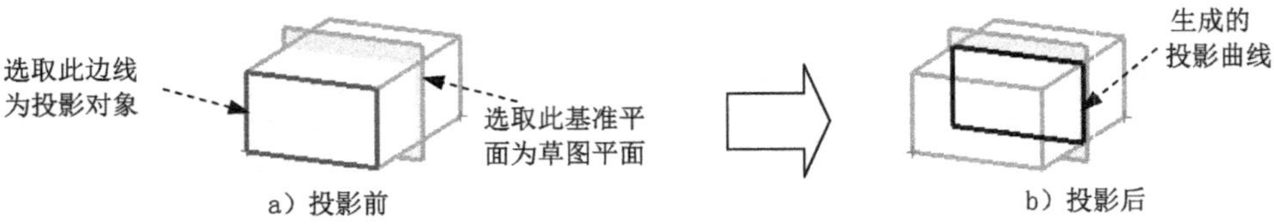

图 3.7.30 创建投影曲线

Step1. 打开文件 D:\ug8.1\work\ch03\ch03.07\projection.prt。

Step2. 进入草图环境。选择下拉菜单 插入(S) ➡ 任务环境中的草图(S)... 命令，选取图 3.7.30a 所示的平面作为草图平面，单击 确定 按钮。

Step3. 选择命令。选择下拉菜单 插入(S) ➡ 处方曲线(U) ➡ 投影曲线(J)... 命令（或单击“投影”按钮），系统弹出图 3.7.31 所示的“投影曲线”对话框。

Step4. 选取要投影的对象。选取图 3.7.30a 所示的四条边线为投影对象。

Step5. 单击 确定 按钮，完成投影曲线的创建，结果如图 3.7.30b 所示。

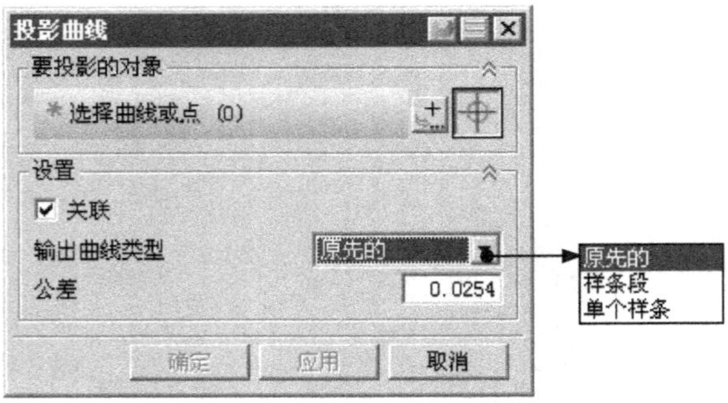

图 3.7.31 “投影曲线”对话框

图 3.7.31 所示的“投影曲线”对话框中各按钮和选项的功能说明如下：

- （曲线）：用于选择要投影的对象，默认情况下为按下状态。
- （点）：单击该按钮后，系统将弹出“点”对话框。
- 关联 复选框：定义投影曲线与投影对象之间的关联性。选中该复选框后，投影曲线与投影对象将存在关联性。即投影对象发生改变时，投影曲线也随之改变。
- 输出曲线类型 下拉列表：该下拉列表包括 原先的、样条段 和 单个样条 三个选项。

3.8　草图的约束

3.8.1　草图约束概述

“草图约束”主要包括“几何约束”和“尺寸约束”两种类型。“几何约束”是用来定位草图对象和确定草图对象之间的相互关系，而“尺寸约束”是用来驱动、限制和约束草图几何对象的大小和形状的。

3.8.2　“草图工具”工具条“约束”部分简介

进入草图环境后，屏幕上会出现绘制草图时所需要的“草图工具”工具条，如图 3.8.1 所示。

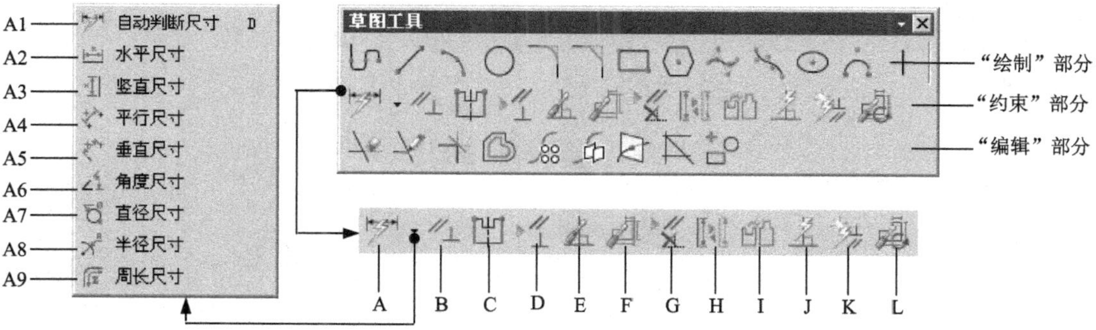

图 3.8.1　“草图工具“工具条

图 3.8.1 所示的“草图工具”工具条中“约束”部分各工具按钮的说明如下：

A1：自动判断尺寸。通过基于选定的对象和光标的位置自动判断尺寸类型来创建尺寸约束。

A2：水平尺寸。该按钮对所选对象进行水平尺寸约束。

A3：竖直尺寸。该按钮对所选对象进行竖直尺寸约束。

A4：平行尺寸。该按钮对所选对象进行平行于指定对象的尺寸约束。

A5：垂直尺寸。该按钮对所选的点到直线的垂直距离进行垂直尺寸约束。

A6：角度尺寸。该按钮对所选的两条直线进行角度约束。

A7：直径尺寸。该按钮对所选的圆进行直径尺寸约束。

A8：半径尺寸。该按钮对所选的圆进行半径尺寸约束。

A9：周长尺寸。该按钮对所选的多个对象进行周长尺寸约束。

B：约束。用户自己对存在的草图对象指定约束类型。

C：设为对称。将两个点或曲线约束为相对于草图上的对称线对称。

D：显示所有约束。显示施加到草图上的所有几何约束。

E：自动约束。单击该按钮，系统会弹出图 3.8.2 所示的“自动约束”对话框，用于自动地添加约束。

F：自动标注尺寸。根据设置的规则在曲线上自动创建尺寸。

G：显示/移除约束。显示与选定的草图几何图形关联的几何约束，并移除所有这些约束或列出信息。

H：转换至/自参考对象。将草图曲线或草图尺寸从活动转换为参考，或者反过来。下游命令（如拉伸）不使用参考曲线，并且参考尺寸不控制草图几何体。

I：备选解。备选尺寸或几何约束解算方案。

J：自动判断约束和尺寸。控制哪些约束或尺寸在曲线构造过程中被自动判断。

K：创建自动判断约束。在曲线构造过程中启用自动判断约束。

L：连续自动标注尺寸。在曲线构造过程中启用自动标注尺寸。

在草图绘制过程中，读者可以自己设定自动约束的类型，单击“自动约束”按钮，系统弹出“自动约束”对话框如图 3.8.2 所示，在对话框中可以设定自动约束类型。

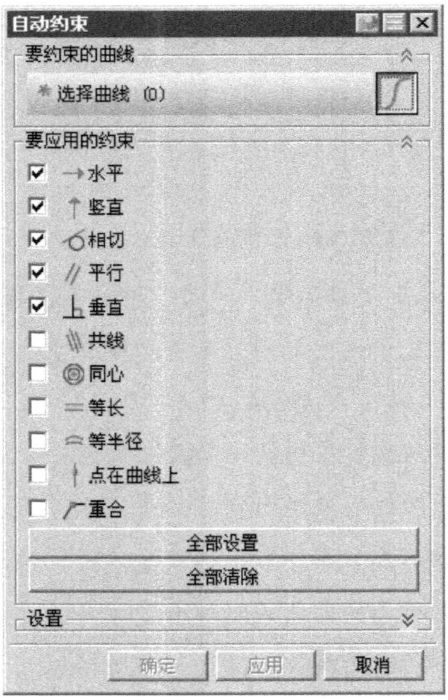

图 3.8.2 “自动约束”对话框

图 3.8.2 所示的“自动约束”对话框中所建立的都是几何约束，它们的用法如下：

- （水平）：约束直线为水平直线（即平行于 XC 轴）。
- （竖直）：约束直线为竖直直线（即平行于 YC 轴）。

- （相切）：约束所选的两个对象相切。
- （平行）：约束两直线互相平行。
- （垂直）：约束两直线互相垂直。
- （共线）：约束多条直线对象位于或通过同一直线。
- （同心）：约束多个圆弧或椭圆弧的中心点重合。
- （等长）：约束多条直线为同一长度。
- （等半径）：约束多个弧有相同的半径。
- （点在曲线上）：约束所选点在曲线上。
- （重合）：约束多点重合。

在草图中，被添加完约束对象中的约束符号显示方式如表 3.8.1 所示。

表 3.8.1　约束符号列表

约束名称	约束显示符号
固定/完全固定	
固定长度	
水平	
竖直	
固定角度	
等半径	
相切	
同心的	
中点	
点在曲线上	
垂直的	
平行的	
共线	
等长度	
重合	

在一般绘图过程中，我们习惯于先绘制出对象的大概形状，然后通过添加“几何约束”来定位草图对象和确定草图对象之间的相互关系，再添加“尺寸约束”来驱动、限制和约束草图几何对象的大小和形状，下面将先介绍如何添加“几何约束”，再介绍添加“尺寸约束”的具体方法。

3.8.3 添加几何约束

在二维草图中，添加几何约束主要有两种方法：手工添加几何约束和自动产生几何约束。一般在添加几何约束时，要先单击“显示所有约束”按钮，则二维草图中所存在的所有约束都显示在图中。

方法一：手工添加约束。手工添加约束是指对所选对象由用户自己来指定某种约束。在“约束”工具条中单击按钮，系统就进入了几何约束操作状态。此时，在图形区中选择一个或多个草图对象，所选对象在图形区中会加亮显示。同时，可添加的几何约束类型按钮将会出现在图形区的左上角。

根据所选对象的几何关系，在几何约束类型中选择一个或多个约束类型，则系统会添加指定类型的几何约束到所选草图对象上。这些草图对象会因所添加的约束而不能随意移动或旋转。

下面通过图 3.8.3 所示的相切约束来说明创建约束的一般操作步骤。

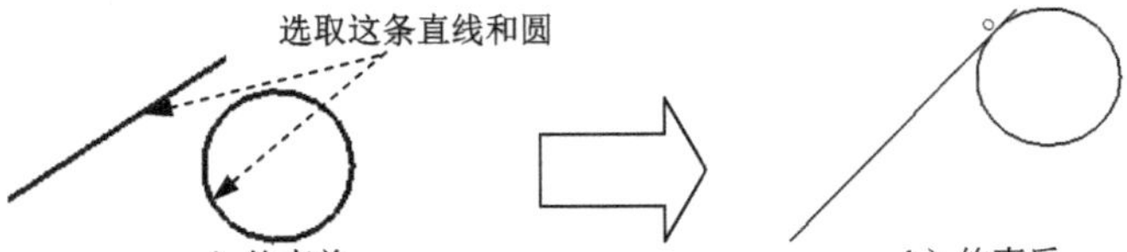

a）约束前　b）约束后

图 3.8.3　添加相切约束

Step1. 打开文件 D:\ug8.1\work\ch03\ch03.08\add_1.prt。

Step2. 双击已有草图，单击按钮，进入草图工作环境，单击“显示所有约束”按钮和“约束”按钮。

Step3. 定义约束对象。根据系统**选择要创建约束的曲线**的提示，选取图 3.8.3a 所示的直线和圆，系统弹出图 3.8.4 所示的“约束”工具条。

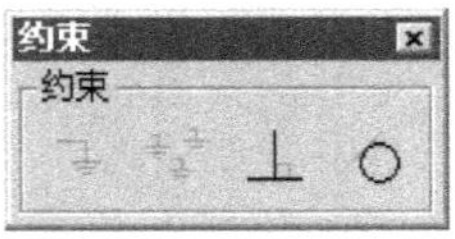

图 3.8.4　“约束”工具条

Step4. 定义约束类型。单击按钮，则直线和圆弧之间会添加“相切”约束。

Step5. 单击中键完成约束的创建，草图中会自动添加约束符号，如图 3.8.3b 所示。

下面通过图 3.8.5 所示的约束来说明创建多个约束的一般操作步骤。

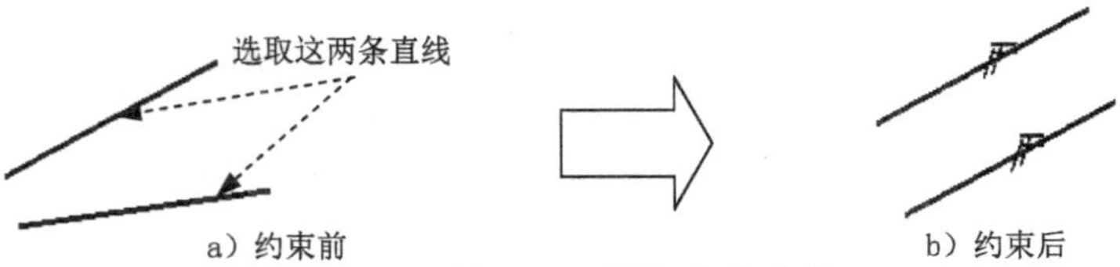

a）约束前　b）约束后

图 3.8.5　添加多个约束

Step1. 打开文件 D:\ug8.1\work\ch03\ch03.08\add_2.prt。

Step2. 双击已有草图，单击按钮，进入草图工作环境，单击“显示所有约束”按钮和“约束”按钮。根据系统选择要创建约束的曲线的提示，选取图 3.8.5a 所示的两条直线，系统弹出图 3.8.6 所示的“约束”工具条，单击“等长”按钮，则直线之间会添加“等长”约束，再单击选取两条直线，单击“平行”按钮，则直线之间会添加“平行”约束。

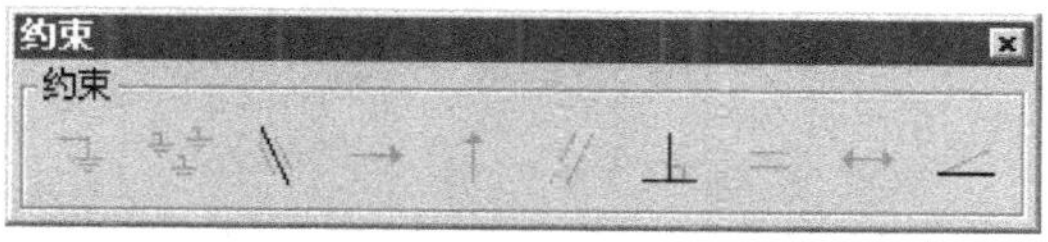

图 3.8.6　“约束” 工具条

Step3. 单击鼠标中键完成约束的创建，草图中会自动添加约束符号，如图 3.8.5b 所示。

关于其他类型约束的创建，与以上两个范例的创建过程相似，这里不再赘述，读者可以自行研究。

方法二： 自动产生几何约束。自动产生几何约束是指系统根据选择的几何约束类型以及草图对象间的关系，自动添加相应约束到草图对象上。一般都利用“自动约束”按钮来让系统自动添加约束。其操作步骤如下：

Step1. 单击“约束”工具条中的“自动约束”按钮，弹出“自动约束”对话框。

Step2. 在“自动约束”对话框中单击要自动创建的约束的相应按钮，然后单击确定按钮。通常，用户一般都选择自动创建所有的约束，这样只需在对话框中单击的全部设置按钮，则对话框中的约束复选框全部被选中，然后单击确定按钮，完成自动创建约束的设置。

这样，在草图中画任意曲线，系统会自动添加相应的约束，而系统没有自动添加的约束就需要用户利用手工添加约束的方法来自己添加。

3.8.4　添加尺寸约束

添加尺寸约束也就是在草图上标注尺寸，并设置尺寸标注线的形式与尺寸大小，来驱动、限制和约束草图几何对象。选择下拉菜单插入(S) ➡ 尺寸(M)中的命令。主要包括以下几种标注方式。

1. 标注水平尺寸

标注水平尺寸是标注直线或两点之间的水平投影距离。下面通过标注图 3.8.7b 所示的尺寸，来说明创建水平尺寸标注的一般操作步骤。

Step1. 打开文件 D:\ug8.1\work\ch03\ch03.08\add_dimension_1.prt。

Step2. 双击图 3.8.7a 所示的直线，单击按钮，进入草图工作环境，选择下拉菜单 插入(S) → 尺寸(M) ▸ → 水平(H)... 命令。

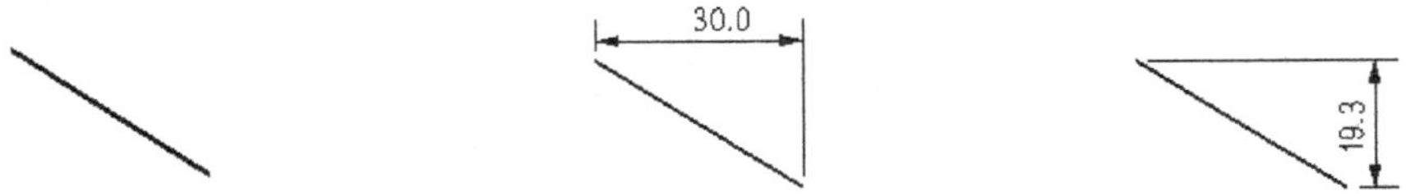

a）直线　　b）水平尺寸　　c）竖直尺寸

图 3.8.7　水平和竖直尺寸的标注

Step3. 定义标注尺寸的对象。选择图 3.8.7a 所示的直线，系统生成水平尺寸。

Step4. 定义尺寸放置的位置。移动鼠标至合适位置，单击放置尺寸。如果要改变直线尺寸，则可以在弹出的动态输入框中输入所需的数值。

Step5. 单击中键完成水平尺寸的标注，如图 3.8.7b 所示。

2. 标注竖直尺寸

标注竖直尺寸是标注直线或两点之间的垂直投影距离。下面通过标注图 3.8.7c 所示的尺寸，来说明创建竖直尺寸标注的步骤。

Step1. 选择刚标注的水平尺寸，单击鼠标右键，在弹出的快捷菜单中选择 删除(D) 命令，删除该水平尺寸。

Step2. 选择下拉菜单 插入(S) → 尺寸(M) → 竖直(V)... 命令，单击选取图 3.8.7a 所示的直线，系统生成竖直尺寸。

Step3. 移动鼠标至合适位置，单击放置尺寸。如果要改变尺寸，则可以在弹出的动态输入框中输入所需的数值。

Step4. 单击中键完成竖直尺寸的标注，如图 3.8.7c 所示。

3. 标注平行尺寸

标注平行尺寸是标注所选直线两端点之间的最短距离。下面通过标注图 3.8.8b 所示的尺寸，来说明创建平行尺寸标注的步骤。

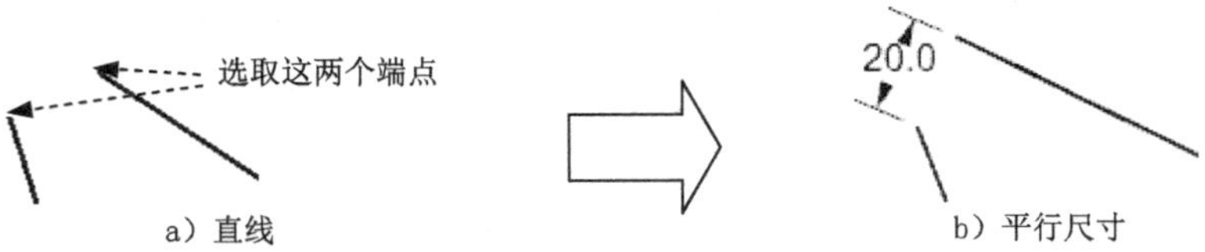

a）直线　　b）平行尺寸

图 3.8.8　平行尺寸的标注

Step1. 打开文件 D:\ug8.1\work\ch03\ch03.08\add_dimension_2.prt。

Step2. 双击图 3.8.8a 所示的直线，单击按钮，进入草图工作环境。选择下拉菜单 插入(S) → 尺寸(M) → 平行(P)... 命令，选择两条直线的两个端点，系统生成平行尺寸。

Step3. 移动鼠标至合适位置，单击放置尺寸。

Step4. 单击中键完成平行尺寸的标注，如图 3.8.8b 所示。

4. 标注垂直尺寸

标注垂直尺寸是标注所选点与直线之间的垂直距离。下面通过标注图 3.8.9 所示的尺寸来说明创建垂直尺寸标注的步骤。

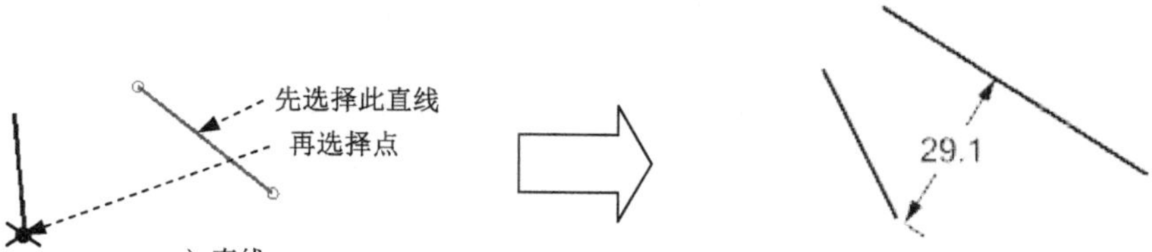

a）直线　　b）垂直尺寸

图 3.8.9 垂直尺寸的标注

Step1. 打开文件 D:\ug8.1\work\ch03\ch03.08\add_dimension_3.prt。

Step2. 双击图 3.8.9a 所示的直线，单击按钮，进入草图工作环境，选择下拉菜单 插入(S) → 尺寸(M) → 垂直(E)... 命令，标注点到直线的距离，先选择直线，然后再选择点，系统生成垂直尺寸。

Step3. 移动鼠标至合适位置，单击左键放置尺寸。

Step4. 单击中键完成垂直尺寸的标注，如图 3.8.9b 所示。

注意：要标注点到直线的距离，必须先选择直线，然后再选择点。

5. 标注两条直线间的角度

标注两条直线间的角度是标注所选直线之间夹角的大小，且角度有锐角和钝角之分。下面通过标注图 3.8.10 所示的角度来说明标注直线间角度的步骤。

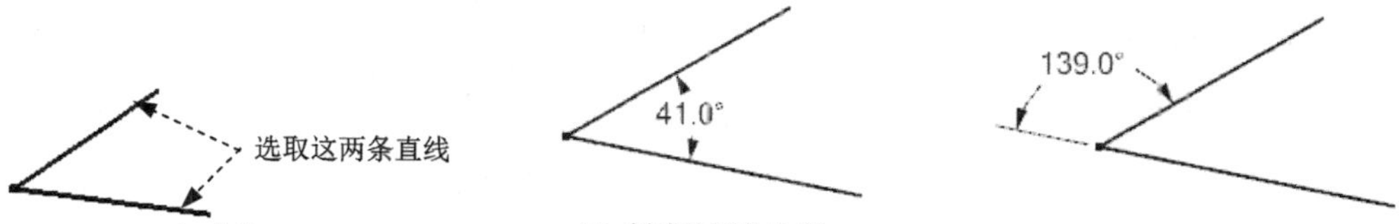

a）曲线　　b）创建的锐角角度　　c）创建的钝角角度

图 3.8.10 角度的标注

Step1. 打开文件 D:\ug8.1\work\ch03\ch03.08\add_angle.prt。

Step2. 双击已有草图，单击按钮，进入草图工作环境，选择下拉菜单 插入(S) → 尺寸(M) → 角度(A)... 命令，选择两条直线（图 3.8.10a），系统生成角度。

Step3. 移动鼠标至合适位置（移动的位置不同，生成的角度可能是锐角或钝角，如图 3.8.10 所示），单击放置尺寸。

Step4. 单击中键完成角度的标注，如图 3.8.10b、c 所示。

6. 标注直径

标注直径是标注所选圆直径的大小。下面通过标注图 3.8.11 所示圆的直径来说明标注直径的步骤。

Step1. 打开文件 D:\ug8.1\work\ch03\ch03.08\add_d.prt。

Step2. 双击已有草图，单击按钮，进入草图工作环境，选择下拉菜单 插入(S) → 尺寸(M) → 直径(D)... 命令，选择图 3.8.11a 所示的圆，系统生成直径尺寸。

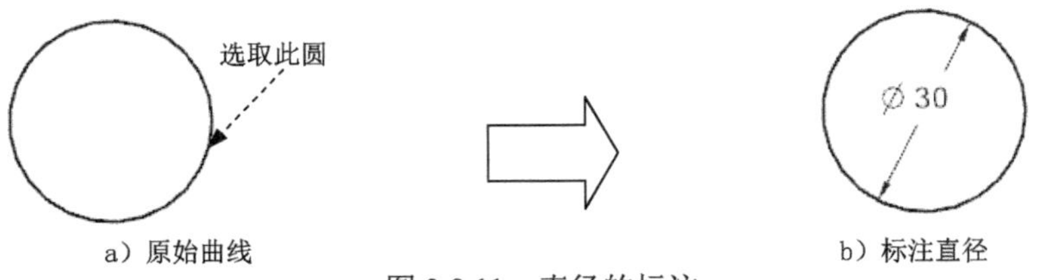

图 3.8.11　直径的标注

Step3. 移动鼠标至合适位置，单击放置尺寸。

Step4. 单击中键完成直径的标注，如图 3.8.11b 所示。

7. 标注半径

标注半径是标注所选圆或圆弧半径的大小。下面通过标注图 3.8.12 所示圆弧的半径来说明标注半径的步骤。

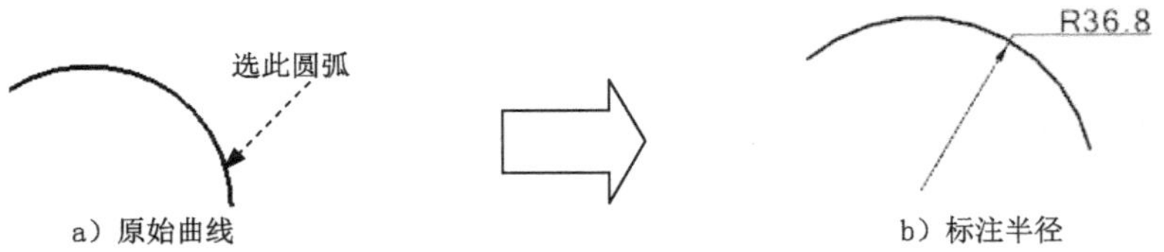

图 3.8.12　半径的标注

Step1. 打开文件 D:\ug8.1\work\ch03\ch03.08\add_arc.prt。

Step2. 双击已有草图，单击按钮，进入草图工作环境，选择下拉菜单 插入(S) → 尺寸(M) → 半径(R)... 命令，选择圆弧（图 3.8.12a），系统生成半径尺寸。

Step3. 移动鼠标至合适位置，单击放置尺寸。如果要改变圆的半径尺寸，则在弹出的动态输入框中输入所需的数值。

Step4. 单击中键完成半径的标注，如图 3.8.12b 所示。

3.9　修改草图约束

修改草图约束主要是指利用“草图工具”工具条中的“显示/移除约束”、“动画模拟尺寸”、“转换为参考的/激活的”和“备选解”这些按钮来进行草图约束的管理。

3.9.1　显示所有约束

单击“草图工具”工具条中的按钮，将显示施加到草图上的所有几何约束。

3.9.2　显示/移除约束

“显示/移除约束”主要是用来查看现有的几何约束，设置查看的范围、查看类型和列表方式以及移除不需要的几何约束。

单击“草图工具”工具条中的按钮，使所有存在的约束都显示在图形区中，然后单击“草图工具”工具条中的按钮，系统弹出图3.9.1所示的“显示/移除约束”对话框。

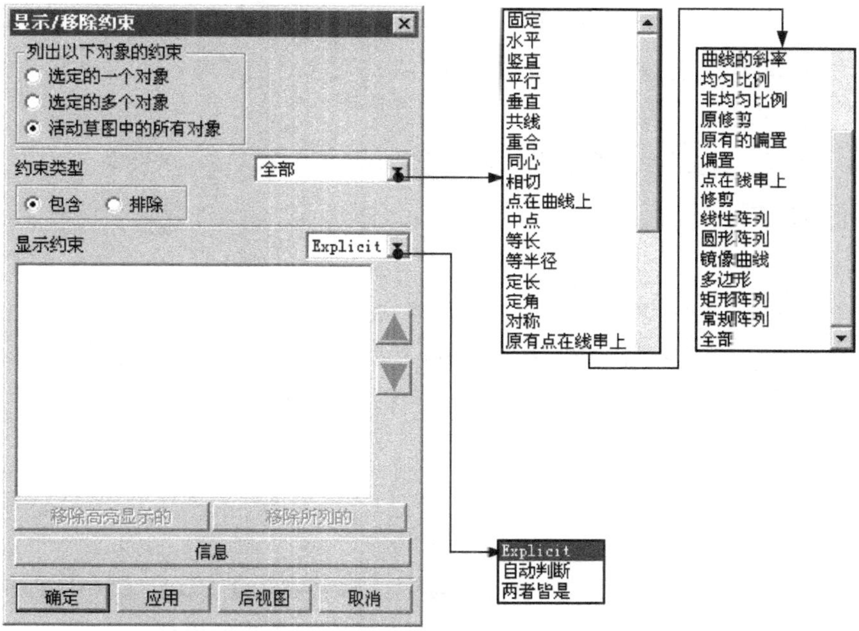

图3.9.1　“显示/移除约束”对话框

图3.9.1所示的“显示/移除约束”对话框中各选项用法的说明如下：

- 列出以下对象的约束区域：控制在显示约束列表窗口中要列出的约束。它包含了3个单选项。
    - ☑ 选定的一个对象单选项：允许每次仅选择一个对象。选择其他对象将自动取消选择以前选定的对象。该列表窗口显示了与选定对象相关的约束。这是默认设置。
    - ☑ 选定的多个对象单选项：可选择多个对象，选择其他对象不会取消选择以前选定的对象，它允许用户选取多个草图对象，在约束列表框中显示它们所包含的几何约束。
    - ☑ 活动草图中的所有对象复选框：在约束列表框中列出当前草图对象中所有的约束。

- 约束类型下拉列表：过滤在下拉列表中显示的约束类型。当选择此下拉列表时，系统会列出可选的约束类型（图 3.9.1），用户从中选择要显示的约束类型名称即可。在它的 ⊙ 包含 和 ⊙ 排除 两个单选项中只能选一个，通常都选择 ⊙ 包含 单选项。
- 显示约束下拉列表：控制显示约束列表窗口中显示指定类型的约束，还是显示指定类型以外的所有其他约束。该下拉列表中用于显示当前选定的草图几何对象的几何约束。当在该列表框中选择某约束时，约束对应的草图对象在图形区中会高亮显示，并显示出草图对象的名称。列表框右边的上下箭头是用来按顺序选择约束的。显示约束下拉列表包含了三种选项。
  - ☑ Explicit：显示所有由用户显示或非显示创建的约束，包括所有非自动判断的重合约束，但不包括所有系统在曲线创建期间自动判断的重合约束。
  - ☑ 自动判断：显示所有自动判断的重合约束，它们是在曲线创建期间由系统自动创建的。
  - ☑ 两者皆是：包括Explicit和自动判断两种类型的约束。
- 移除高亮显示的按钮：用于移除一个或多个约束，方法是在约束列表窗口中选择需要移除的约束，然后单击此按钮。
- 移除所列的按钮：用于移除显示在约束列表窗口中所有的约束。
- 信息按钮：在“信息”窗口中显示有关活动的草图的所有几何约束信息。如果要保存或打印出约束信息，该选项很有用。

3.9.3　约束的备选解

当用户对一个草图对象进行约束操作时，同一约束条件可能存在多种满足约束的情况，“备选解”操作正是针对这种情况的，它可从约束的一种解法转为另一种解法。

“草图工具”工具条中没有“备选解”按钮，读者可以在工具条中添加按钮，也可通过定制的方法在下拉菜单中添加该命令，以下如有添加命令或按钮的情况将不再说明。单击此按钮，则会弹出“备选解”对话框（图 3.9.2），在系统选择一个尺寸或圆/圆弧的提示下选择对象，系统会将所选对象直接转换为同一约束的另一种约束表现形式，单击应用按钮之后还可以继续对其他操作对象进行约束方式的“备选解”操作；如果没有，则单击确定按钮完成“备选解”操作。

下面用一个具体的范例来说明一下“备选解”的操作。如图 3.9.3 所示，绘制的是两个相切的圆。两圆相切有“外切”和“内切”两种情况。如果不想要图中所示的“外切”的图形，就可以通过“备选解”操作，把它们转换为“内切”的形式，具体步骤如下：

Step1. 打开文件 D:\ug8.1\work\ch03\ch03.09\alternation.prt。

Step2. 双击曲线，单击按钮，进入草图工作环境。

Step3. 选择下拉菜单 工具(T) → 约束(T) → 备选解算方案(O)... 命令（或单击“草图工具”工具条中的“备选解”按钮），弹出“备选解”对话框，如图 3.9.2 所示。

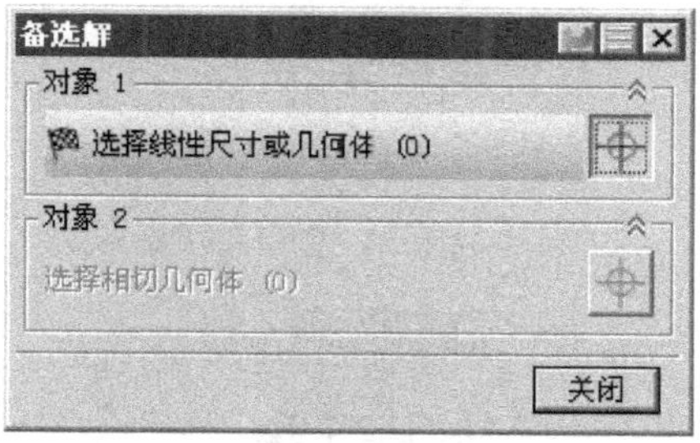

图 3.9.2　“备选解”对话框

Step4. 分别选取图 3.9.3 所示的任意圆，实现“备选解”操作，结果如图 3.9.4 所示。

Step5. 单击 关闭 按钮，关闭“备选解”对话框。

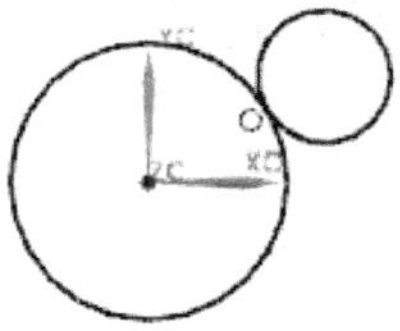

图 3.9.3　“外切”图形

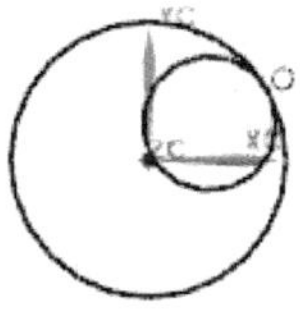

图 3.9.4　“内切”图形

3.9.4　移动尺寸

为了使草图的布局更清晰合理，可以移动尺寸文本的位置，操作步骤如下：

Step1. 将光标移至要移动的尺寸处，按住鼠标左键。

Step2. 左右或上下移动光标，可以移动尺寸箭头和文本框的位置。

Step3. 在合适的位置松开鼠标左键，完成尺寸位置的移动。

3.9.5　修改单个尺寸值

修改草图的标注尺寸有如下两种方法：

方法一：

Step1. 双击要修改的尺寸，如图 3.9.5 所示。

Step2. 系统弹出动态输入框，如图 3.9.6 所示。在动态输入框中输入新的尺寸值，并按鼠标中键，完成尺寸的修改，如图 3.9.7 所示。

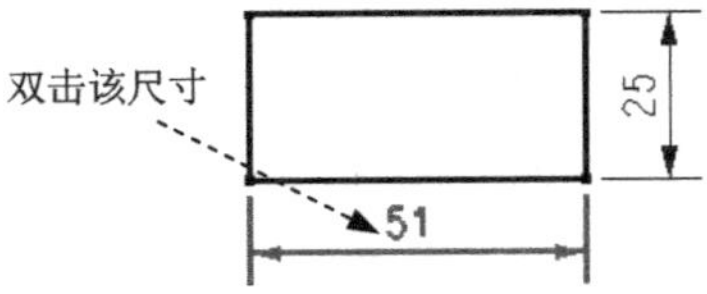

图 3.9.5　修改尺寸（一）

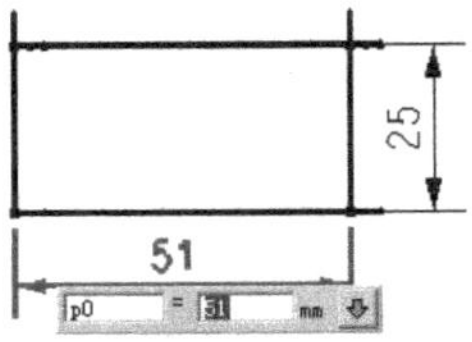

图 3.9.6　修改尺寸（二）

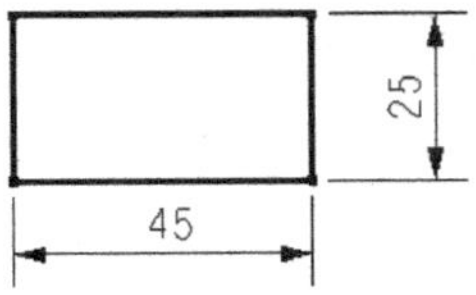

图 3.9.7　修改尺寸（三）

方法二：

Step1. 将光标移至要修改的尺寸处右击。

Step2. 在弹出的快捷菜单中选择 编辑值(U)... 命令。

Step3. 在弹出的动态输入框中输入新的尺寸值，单击中键完成尺寸的修改。

3.9.6 修改多个尺寸值

使用 UG NX 8.0 不仅能对单个尺寸进行修改，也可对所有尺寸进行统一的修改。下面以图 3.9.8 所示的范例来说明修改多个尺寸值的一般操作步骤。

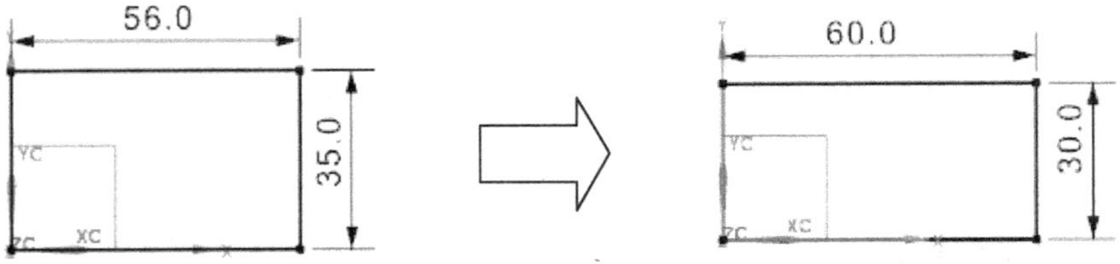

a）修改前　　b）修改后

图 3.9.8　修改多个尺寸值

Step1. 打开文件 D:\ug8.1\work\ch03\ch03.09\edit.prt。

Step2. 双击已有草图，单击按钮，进入草图工作环境。

Step3. 选择下拉菜单 编辑(E) ➡ 草图参数(A)... 命令（或者在导航器区域双击草图特征），系统弹出图 3.9.9 所示的“草图参数”对话框。此时所有的尺寸值和尺寸参数将出现在尺寸区域的列表中。

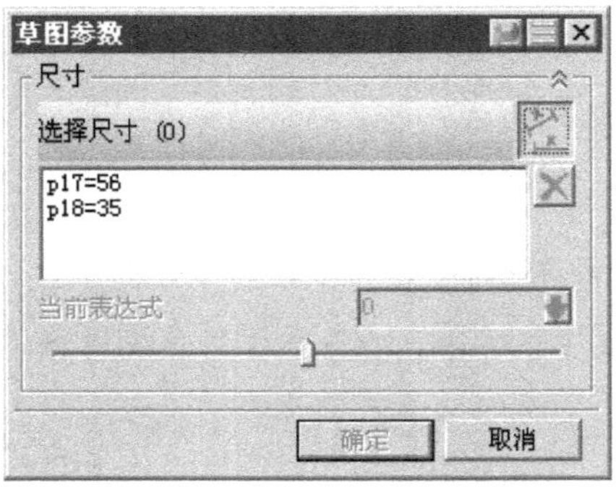

图 3.9.9　“草图参数”对话框

Step4. 修改尺寸。在尺寸区域的列表框中选中要修改的尺寸，然后在当前表达式文本框中输入新的尺寸值（如将56.0改为60.0，将35.0改为30.0）。

注意：每输入一个数值后要单击回车键，也可以单击并拖移尺寸滑块来修改选中尺寸。要增加尺寸值，向右拖移；要减小尺寸值，则向左拖移。在拖移该滑块时，系统会自动更新图形。

Step5. 单击确定按钮，完成尺寸的修改。

3.9.7　动画尺寸

动画尺寸就是使草图中指定的尺寸在规定的范围内变化，从而观察其他相应的几何约束的变化情形，以此来判断草图设计的合理性，并及时发现错误，但必须注意在进行动画模拟操作之前，必须在草图对象上进行尺寸的标注，并添加必要的几何约束。下面以一个范例来说明动画尺寸的一般操作步骤。

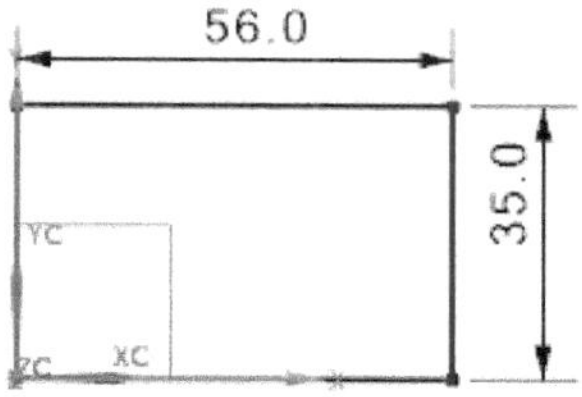

图3.9.10　草图

Step1. 打开文件D:\ug8.1\work\ch03\ch03.09\cartoon.prt。

Step2. 双击已有草图，单击按钮，进入草图工作环境，如图3.9.10所示。

Step3. 选择下拉菜单工具(T) → 约束(T) → 动画尺寸(M)...命令（或单击“草图工具”工具条中的“动画尺寸”按钮），系统弹出图3.9.11所示的“动画”对话框（一）。

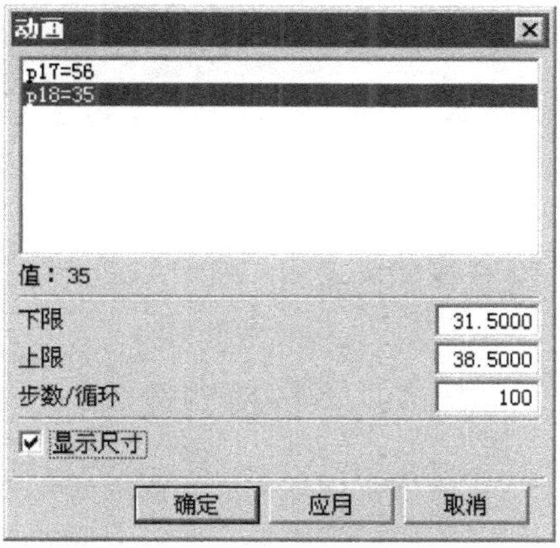

图3.9.11　“动画”对话框（一）

Step4. 根据系统选择动画尺寸的提示，在“动画”对话框（一）的图形区选择尺寸“35”，并分别在下限和上限文本框中输入值 31.5 和 38.5，在步数/循环文本框中输入循环的步数为 100，如图 3.9.11 所示。

说明： 步数/循环文本框中输入的值越大，动画模拟时尺寸的变化越慢，反之亦然。

Step5. 选中☑ 显示尺寸复选框，单击 应用 按钮启动动画，同时弹出“动画”对话框（二）（图 3.9.12），此时可以看到所选尺寸的动画模拟效果。

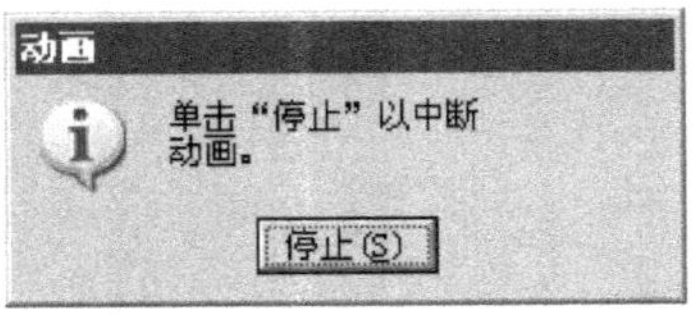

图 3.9.12 “动画”对话框（二）

Step6. 单击“动画”对话框（二）中的 停止(S) 按钮，草图恢复到原来的状态，然后单击 取消 按钮。

注意： 草图动画模拟尺寸显示并不改变草图对象的尺寸，当动画模拟显示结束时，草图又回到原来的显示状态。

3.9.8 转换至/自参考对象

在为草图对象添加几何约束和尺寸约束的过程中，有些草图对象是作为基准、定位来使用的，或者有些草图对象在创建尺寸时可能引起约束冲突，此时可利用“草图工具”工具条中的“转换至/自参考对象”按钮，将草图对象转换为参考线；当然必要时，也可利用该按钮将其激活，即从参考线转化为草图对象。下面以图 3.9.13 所示的图形为例，说明其操作方法及作用。

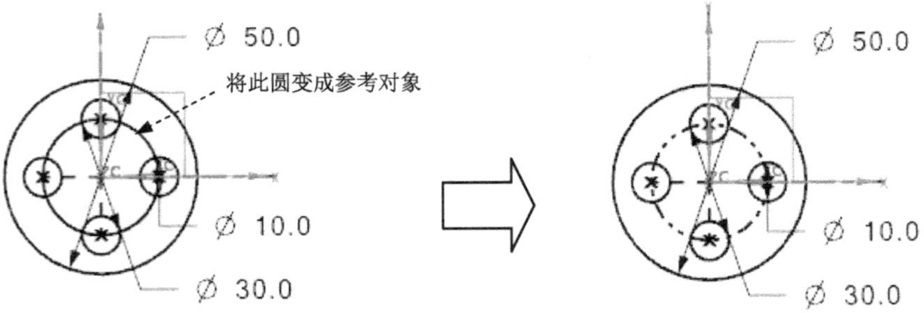

a) 创建参考对象前　　b) 创建参考对象后

图 3.9.13 转换参考对象

Step1. 打开文件 D:\ug8.1\work\ch03\ch03.09\reference.prt。

Step2. 双击已有草图，单击按钮，进入草图工作环境。

Step3. 选择命令。选择下拉菜单 工具(T) → 约束(T) → 转换至/自参考对象(V)... 命令（或单击“草图工具”工具条中的“转换至/自参考对象”按钮），系统弹出图 3.9.14 所示的

“转换至/自参考对象”对话框，选中 参考曲线或尺寸 单选项。

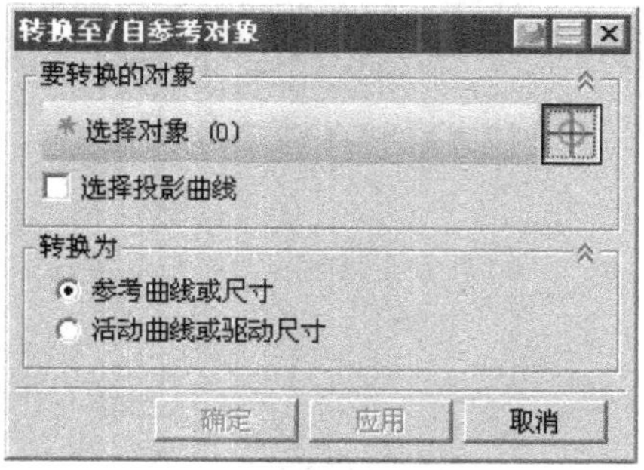

图 3.9.14　“转换至/自参考对象”对话框

Step4. 根据系统**选择要转换的曲线或尺寸**的提示，选取图 3.9.13a 所示的圆，单击 应用 按钮，被选取的对象就转换成参考对象，结果如图 3.9.13b 所示。

说明：如果选择的对象是曲线，它转换成参考对象后，用浅色双点画线显示，在对草图曲线进行拉伸和旋转操作中它将不起作用；如果选择的对象是一个尺寸，在它转换为参考对象后，它仍然在草图中显示，并可以更新，但其尺寸表达式在表达式列表框中将消失，它不再对原来的几何对象产生约束效应。

Step5. 在“转换至/自参考对象”对话框中选中 活动曲线或驱动尺寸 单选项，然后选取图 3.9.13b 所示创建的参考对象，单击 应用 按钮，参考对象被激活，变回图 3.9.13a 所示的形式，然后单击 取消 按钮。

说明：对于尺寸来说，它的尺寸表达式又会出现在尺寸表达式列表框中，可修改其尺寸表达式的值，以改变它所对应的草图对象的约束效果。

3.10 草图的管理

在草图绘制完成后，可通过图 3.10.1 所示的“草图”工具条来管理草图。下面简单介绍工具条中的各工具按钮的功能。

图 3.10.1　“草图”工具条

3.10.1 定向视图到草图

“定向视图到草图”按钮为 ，用于使草图平面与屏幕平行，方便草图的绘制。

3.10.2 定向视图到模型

“定向视图到模型”按钮为，用于将视图定向到当前的建模视图，即在进入草图环境之前显示的视图。

3.10.3 重新附着

“重新附着”按钮为，该按钮有以下三个功能：

- 移动草图到不同的平面、基准平面或路径。
- 切换原位上的草图到路径上的草图，反之亦然。
- 沿着所附着的路径，更改路径上的草图的位置。

注意：目标平面、面或路径必须有比草图更早的时间戳记（即在草图前创建）。对于原位上的草图，重新附着也会显示任意的定位尺寸，并重新定义它们参考的几何体。

3.10.4 创建定位尺寸

利用中的各下拉选项，可以创建、编辑、删除或重定义草图定位尺寸，并且相对于已存在几何体（边缘、基准轴和基准平面）定位草图。

单击后的下三角箭头，系统弹出图 3.10.2 所示的下拉选项，它们分别为：“创建定位尺寸”按钮、“编辑定位尺寸”按钮、“删除定位尺寸”按钮和“重新定义定位尺寸”按钮。单击“创建定位尺寸”按钮，系统弹出图 3.10.3 所示的“定位”对话框，可以创建草图的定位尺寸。

注意：该命令主要用于定位草图在具体模型中的位置，对单独的草图对象不起作用。

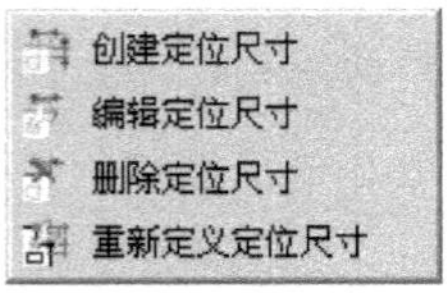

图 3.10.2 “定位草图”下拉选项

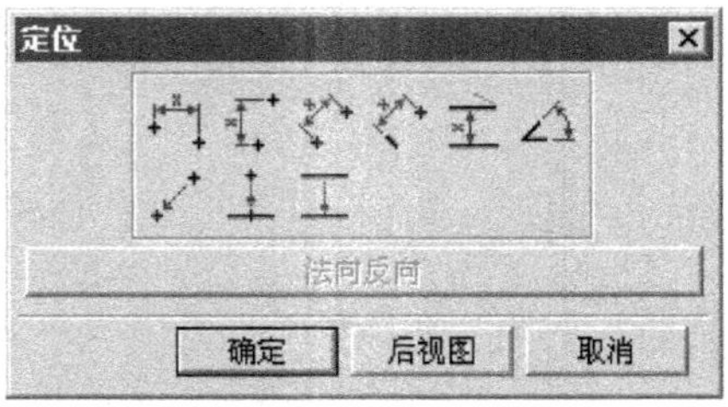

图 3.10.3 “定位”对话框

3.10.5 延迟计算与评估草图

“延迟计算”按钮为，单击该按钮后，系统将延迟草图约束的评估（即创建曲线时，系统不显示约束；指定约束时，系统不会更新几何体），直到单击“评估草图”按钮后可查看草图自动更新的情况。

3.10.6　更新模型

“更新模型”按钮为，用于模型的更新，以反映对草图所作的更改。如果存在要进行的更新，并且退出了草图环境，则系统会自动更新模型。

3.11　草 图 范 例

与其他二维软件（如 AutoCAD）相比，UG NX 8.0 的二维截面草图的绘制有自己的方法、规律和技巧。用 AutoCAD 绘制二维图形，通过一步一步地输入准确的尺寸，可以直接得到最终需要的图形。而用 UG NX 8.0 绘制二维图形，一般开始不需要给出准确的尺寸，而是先绘制草图，勾勒出图形的大概形状，然后再添加（或修改）几何约束和修改草图的尺寸，在修改时输入各尺寸的准确值（正确值）。由于 UG NX 8.0 具有尺寸驱动功能，所以在修改草图尺寸后，图形的大小会随着尺寸而变化。这样绘制图形的方法虽然繁琐，但在实际的产品设计中，它比较符合设计师的思维方式和设计过程。例如，某个设计师现需要对产品中的一个零件进行全新设计，在设计刚开始时，设计师的脑海里只会有这个零件的大概轮廓和形状，所以他会先以草图的形式把它勾勒出来，草图完成后，设计师接着会考虑图形（零件）的尺寸布局和基准定位等，最后设计师再根据诸多因素（如零件的功能、零件的强度要求、零件与产品中其他零件的装配关系等），确定零件每个尺寸的最终准确值，而最终完成零件的设计。由此看来，UG NX 8.0 的这种“先绘草图、再改尺寸”的绘图方法是非常有道理的。

3.11.1　草图范例 1

范例概述：

本范例主要介绍对已有草图的编辑过程，重点讲解用“修剪”和“延伸”的方法进行草图的编辑。图形如图 3.11.1 所示，其编辑过程如下：

Stage1．打开草图文件

打开文件 D:\ug8.1\work\ch03\ch03.11\spsk1.prt。

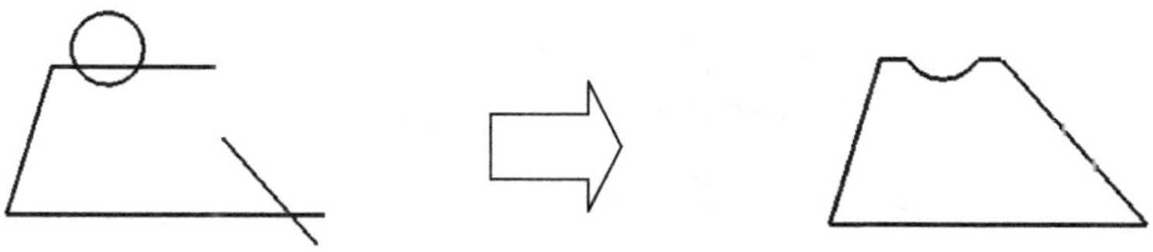

图 3.11.1　范例 1

Stage2．编辑草图

Step1．延伸修剪对象。

（1）双击已有草图，单击按钮，进入草图环境。选择下拉菜单 编辑(E) → 曲线(V) → 快速延伸(X)... 命令（或在工具条中单击“快速延伸”按钮）。

（2）选取图 3.11.2a 中的线段 B，则此线段延伸到线段 A，结果如图 3.11.2b 所示。

Step2．修剪对象。选择下拉菜单 编辑(E) → 曲线(V) → 快速修剪(Q)... 命令（或在工具条中单击“快速修剪”按钮）；按住鼠标左键并移动鼠标，绘制图 3.11.3 所示的路径，则与此路径相交的部分被剪掉，结果如图 3.11.1 所示。

Step3．单击 完成草图 按钮，完成草图并退出草图环境。

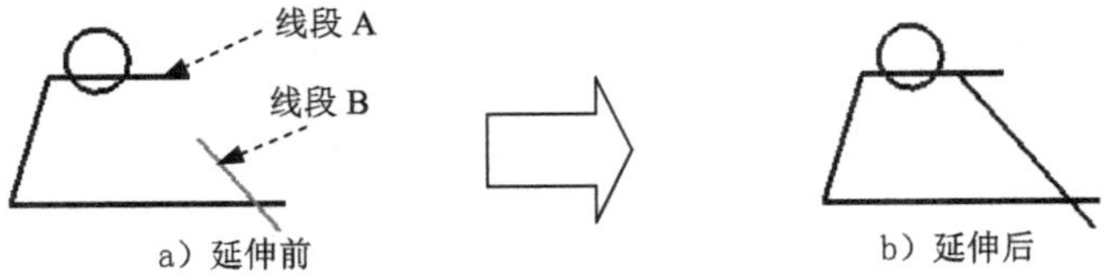

图 3.11.2　延伸对象

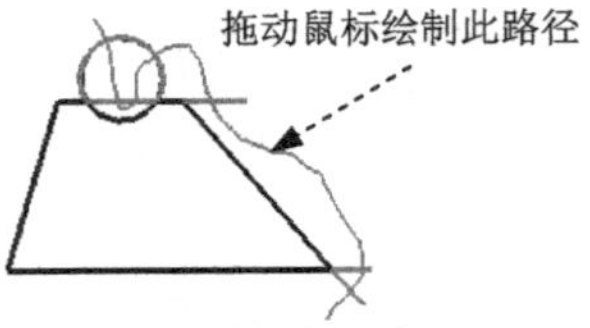

图 3.11.3　修剪对象

3.11.2　草图范例 2

范例概述：

本范例主要介绍利用“添加约束”的方法进行草图编辑的过程。图形如图 3.11.4 所示，下面介绍其编辑过程。

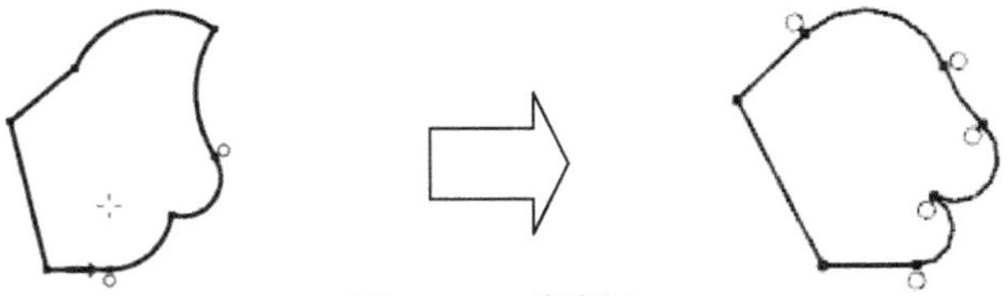

图 3.11.4　范例 2

Stage1．打开草图文件

打开文件 D:\ug8.1\work\ch03\ch03.11\spsk2.prt。

Stage2．处理草图约束（添加约束）

Step1．双击已有草图，单击按钮，进入草图环境。选择下拉菜单 插入(S) → 约束(T)... 命令（或在工具条中单击“约束”按钮）。

Step2．如图 3.11.5a 所示，选取曲线 1、曲线 2，系统弹出“约束”工具条（图 3.11.6），单击“相切”按钮，结果如图 3.11.5b 所示。

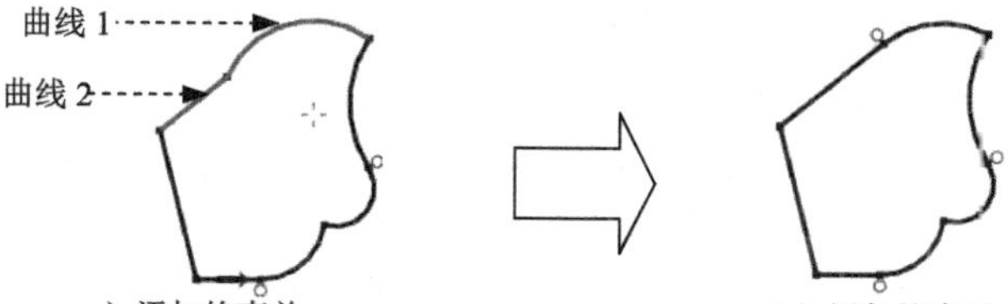

a）添加约束前　　b）添加约束后

图 3.11.5　添加约束（一）

图 3.11.6　“约束”工具条

Step3. 如图 3.11.7a 所示，选取曲线 3、曲线 4，系统弹出“约束”工具条，单击“相切”按钮○，结果如图 3.11.7b 所示。

注意：在选取曲线时，必须选择两者都相互靠近的那一端，否则将不能达到预定的效果，下同。

Step4. 如图 3.11.8 所示，选取曲线 5、曲线 6，系统弹出“约束”工具条，单击“相切”按钮○；选择下拉菜单 插入(S) → 约束(T)... 命令并调整曲线 5，结果如图 3.11.4 所示。

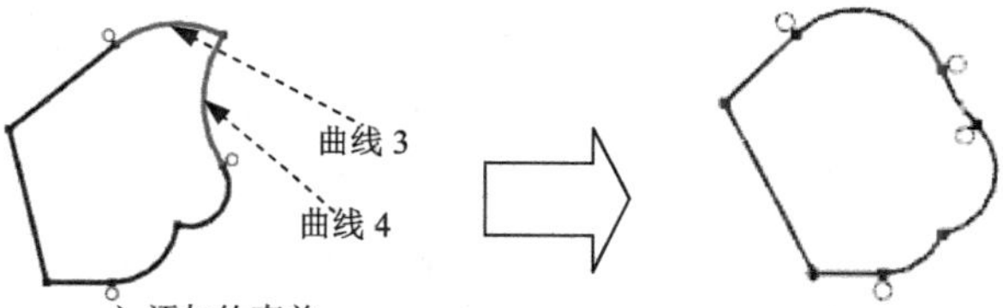

a）添加约束前　　b）添加约束后

图 3.11.7　添加约束（二）

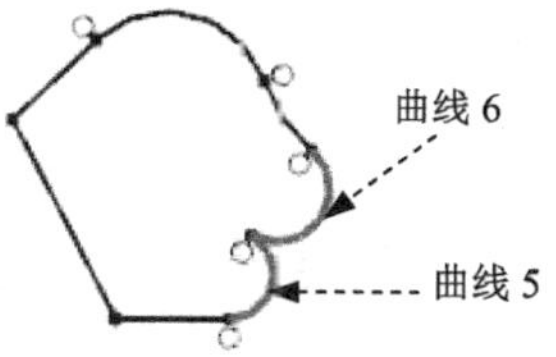

图 3.11.8　添加约束（三）

3.11.3　草图范例 3

范例概述：

本范例主要介绍草图的绘制、编辑和标注的过程，读者要重点掌握约束与尺寸的处理技巧。图形如图 3.11.9 所示，下面介绍其绘制过程。

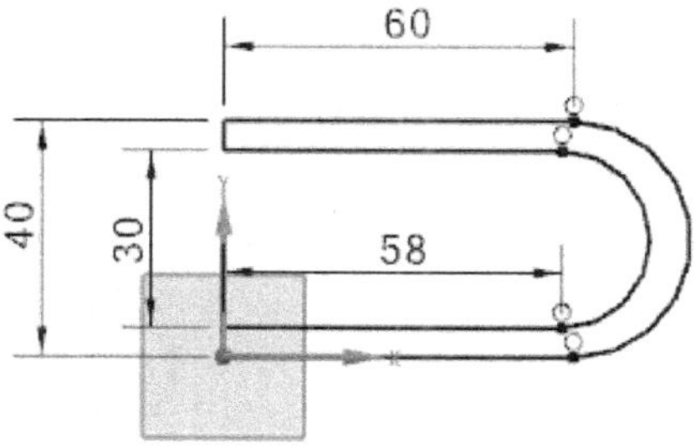

图 3.11.9　范例 3

Stage1．新建一个草图文件

Step1. 选择下拉菜单 文件(F) → 新建(N)... 命令（或单击“新建”按钮），系统弹出“新建”对话框。

Step2. 在“新建”对话框的 模板 列表框中，选择模板类型为 模型，在 名称 文本框中输入文件名为 spsk03，然后单击 确定 按钮。

Step3. 选择下拉菜单 插入(S) → 任务环境中的草图(S)... 命令，选择 XY 平面为草图平面，单击 确定 按钮，系统进入草图环境。

Stage2. 绘制草图

Step1. 选择下拉菜单 插入(S) → 曲线(C) → 圆弧(A)... 命令（或单击“圆弧”按钮），粗略地绘制图 3.11.10 所示的两条圆弧。

Step2. 选择下拉菜单 插入(S) → 曲线(C) → 直线(L)... 命令（或单击“直线”按钮），粗略地绘制图 3.11.11 所示的五条直线。

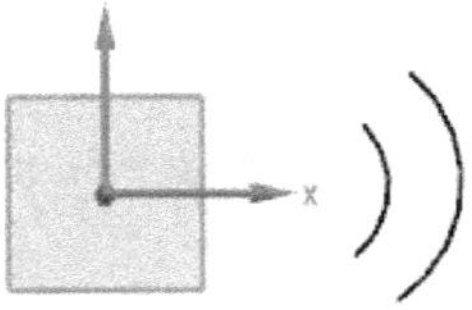

图 3.11.10 绘制圆弧

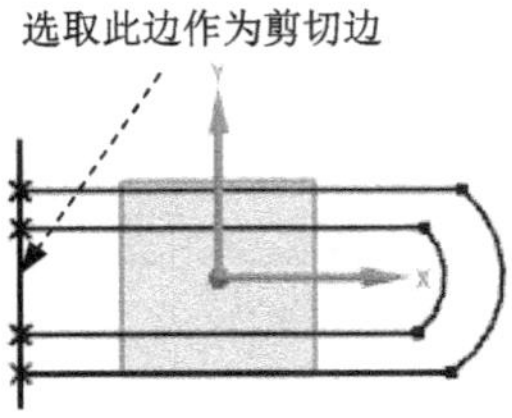

图 3.11.11 绘制直线

Step3. 选择下拉菜单 编辑(E) → 曲线(V) → 快速修剪(Q)... 命令（或在工具条中单击“快速修剪”按钮），选取图 3.11.11 所示的要剪切的部分，修剪后的图形如图 3.11.12 所示。

Stage3. 添加几何约束

Step1. 单击“显示所有约束”按钮和“约束”按钮。根据系统 **选择要创建约束的曲线** 的提示，选取图 3.11.12 所示的直线和圆弧，在系统弹出的“约束”工具条中单击按钮，则在直线和圆弧之间添加图 3.11.13 所示的“相切”约束。

Step2. 参照上述步骤完成图 3.11.13 所示的其他三个相切约束。

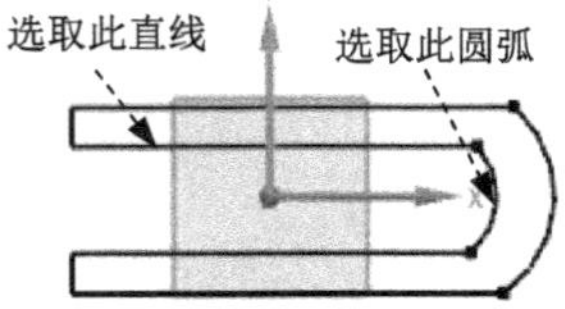

图 3.11.12 剪切后的图形

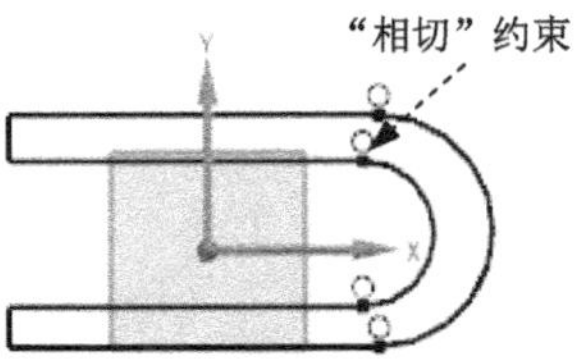

图 3.11.13 添加约束（一）

Step3. 选取图 3.11.14 所示的两条直线，在系统弹出的“约束”工具条中单击按钮，则两条直线上会添加图 3.11.14 所示的“相等”约束。

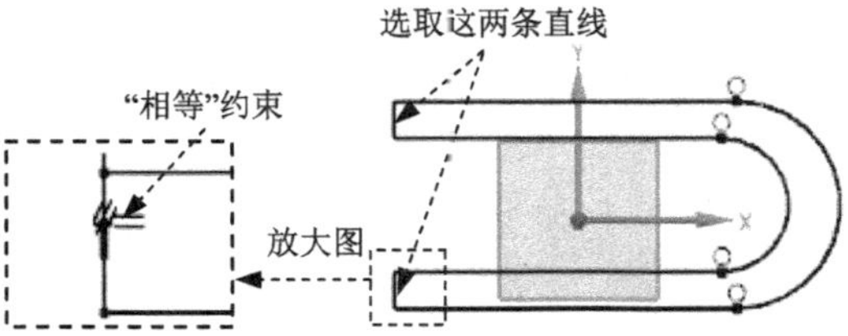

图 3.11.14 添加约束（二）

Step4. 选取图 3.11.15 所示的直线和水平轴线，在系统弹出的“约束”工具条中单击 按钮，则添加“共线”约束。

Step5. 选取图 3.11.16 所示的直线和竖直轴线，在系统弹出的“约束”工具条中单击 按钮，则添加“共线”约束。

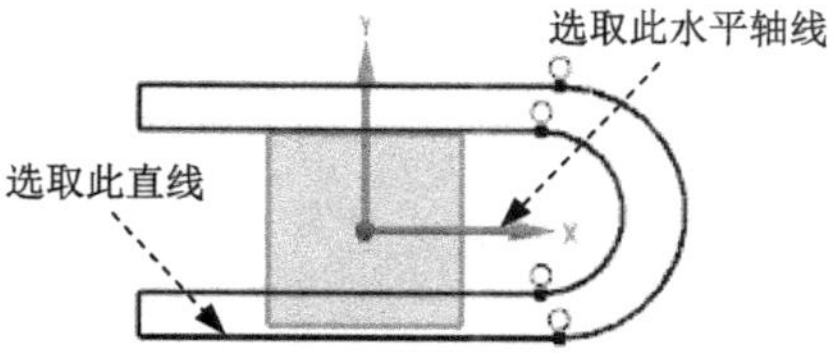

图 3.11.15　添加约束（三）

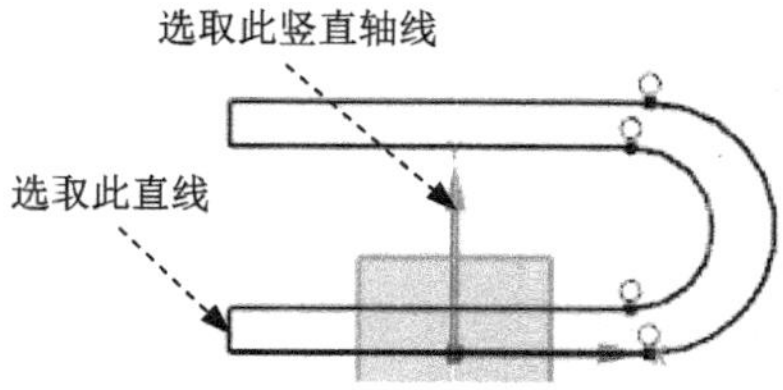

图 3.11.16　添加约束（四）

Stage4．添加尺寸约束

Step1. 标注竖直尺寸。

（1）选择下拉菜单 插入(S) → 尺寸(M) → 竖直(V)... 命令（或单击“竖直尺寸”按钮 ），分别选取直线 1 和直线 2 上的任意两点，在光标处出现图 3.11.17 所示的尺寸。

（2）单击图 3.11.17 所示的一点，确定标注位置。

（3）在弹出的动态输入框中输入尺寸值 30.0，单击中键。

（4）参照上述步骤标注另外两条直线的竖直距离，尺寸值为 40.0，如图 3.11.18 所示。

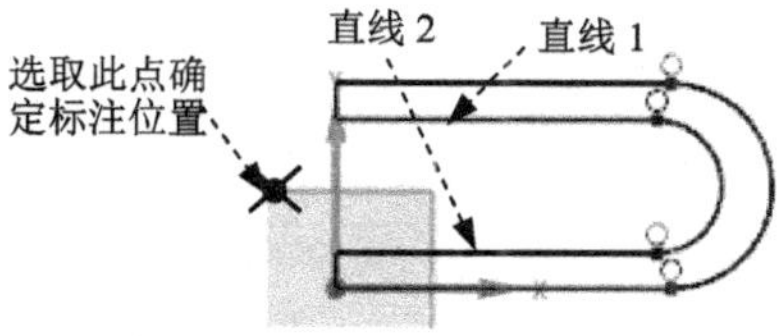

图 3.11.17　竖直标注（一）

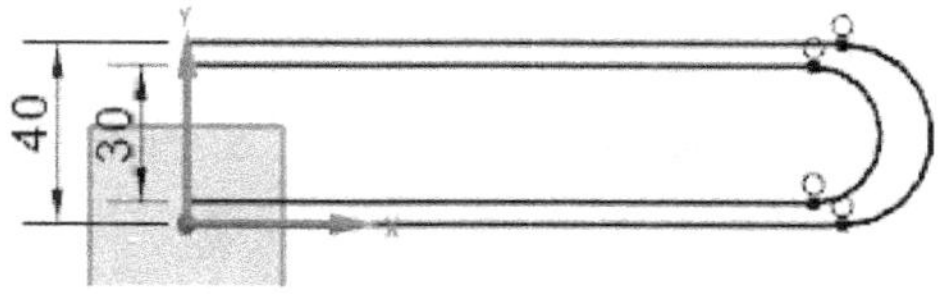

图 3.11.18　竖直标注（二）

Step2. 标注水平尺寸。

（1）选择下拉菜单 插入(S) → 尺寸(M) → 水平(H)... 命令（或单击“水平尺寸”按钮 ），单击直线 3，在光标处出现图 3.11.19 所示的尺寸。

（2）单击图 3.11.19 所示的一点确定标注位置。

（3）在弹出的动态输入框中输入尺寸值 60.0，单击中键（此时草图的形状可能发生改变，形状的改变与大致绘制的轮廓线的原始尺寸有关）。

（4）参照上述步骤可标注图 3.11.9 所示的尺寸值 58.0。

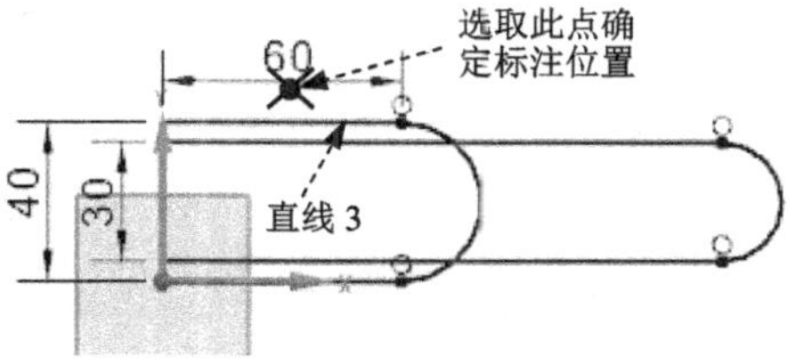

图 3.11.19　水平标注

3.11.4 草图范例 4

范例概述：

本范例从新建一个草图开始，详细介绍草图的绘制、编辑和标注过程，要重点掌握的是绘图前的设置、约束的处理以及尺寸的处理技巧。本节主要绘制图 3.11.20 所示的图形，下面介绍其具体绘制过程。

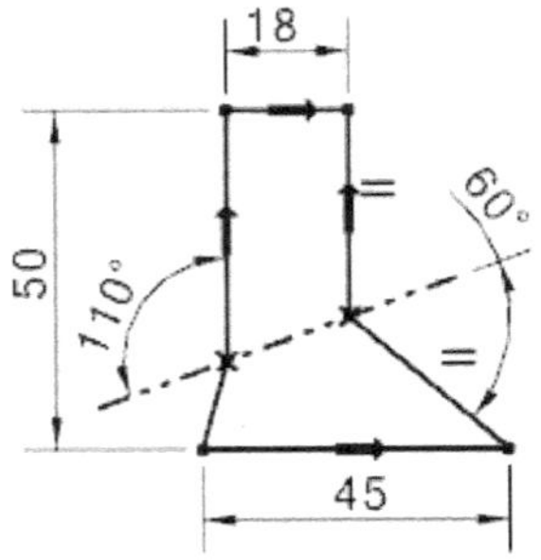

图 3.11.20 范例 4

Step1. 新建一个文件。

（1）进入 UG NX 8.0 环境后，选择下拉菜单 文件(F) → 新建(N)... 命令（或单击“新建”按钮），系统弹出“新建”对话框。

（2）在“新建”对话框的 模板 列表框中选择模板类型为 模型，在 名称 文本框中输入文件名为 spsk04，然后单击 确定 按钮。

Step2. 选择下拉菜单 插入(S) → 任务环境中的草图(S)... 命令，选择 XY 平面为草图平面，单击 确定 按钮，系统进入草图环境。

Step3. 选择下拉菜单 插入(S) → 曲线(C) → 轮廓(O)... 命令（或单击按钮），大致绘制图 3.11.21 所示的草图。

Step4. 单击“显示所有约束”按钮，然后选择下拉菜单 工具(T) → 约束(T) → 转换至/自参考对象(V)... 命令（或单击“转换至/自参考对象”按钮），系统弹出“转换至/自参考对象”对话框。选取图 3.11.21 所示的直线，单击 确定 按钮，将其转换至参考对象（图 3.11.22）。

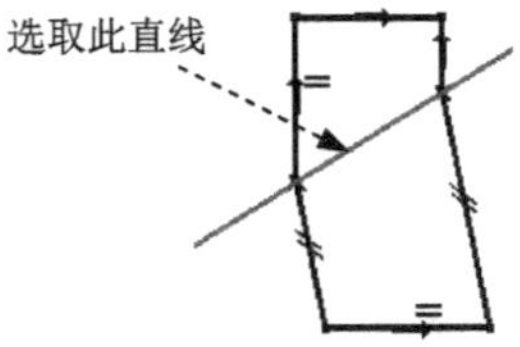

图 3.11.21 绘制草图

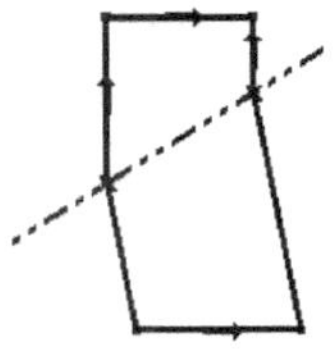

图 3.11.22 转换至参考对象

Step5. 选择下拉菜单 工具(T) → 约束(T) → 显示/移除约束(R)... 命令（或单击“约

束”工具条中的按钮），系统弹出图 3.11.23 所示的“显示/移除约束”对话框，按住 Ctrl 键，在该对话框的显示约束列表框中选择“等长”和“平行”约束（图 3.11.23），单击移除高亮显示的按钮，再单击确定按钮，选中的多余约束被移除，结果如图 3.11.22 所示（如果绘制的曲线约束与图 3.11.21 所示不尽相同，可删除别的多余的约束，但最后得到的结果图必须是一样的）。

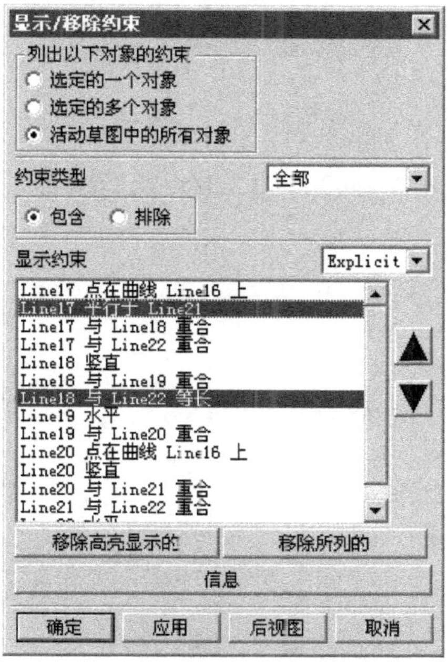

图 3.11.23　“显示/移除约束”对话框

Step6. 选择下拉菜单插入(S) → 约束(T)命令（或单击“约束”工具条中的按钮），选取图 3.11.24 中的两条边，在系统弹出的“约束”工具条中单击“等长”按钮，则直线之间会添加“等长”约束，结果如图 3.11.25 所示。单击“显示所有约束”按钮，去除所有约束的显示。

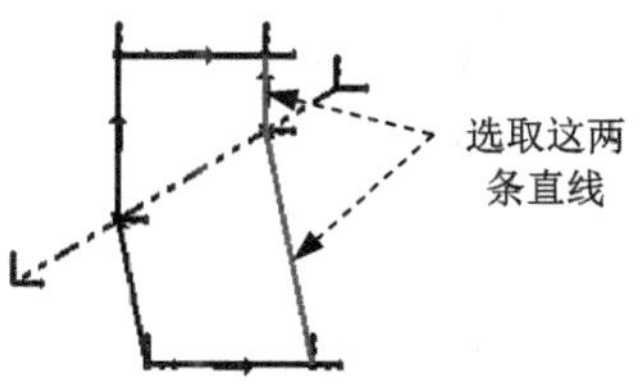

图 3.11.24　添加几何约束

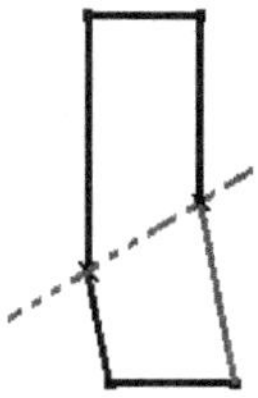
图 3.11.25　结果图

Step7. 选择下拉菜单插入(S) → 尺寸(M) → 自动判断(I)...命令（或单击“自动判断尺寸”按钮），选择图 3.11.25 所示的两条直线，系统自动生成角度尺寸，选择合适的放置位置单击，在弹出的动态输入框中输入 60.0，结果如图 3.11.26 所示。

Step8. 参照 Step7 标注其他的尺寸，尺寸值如图 3.11.20 所示。

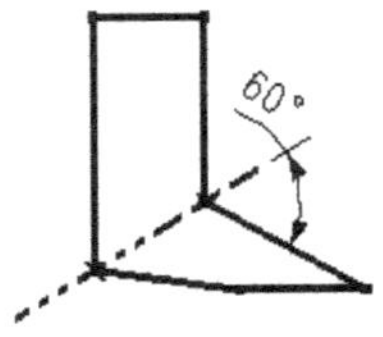

图 3.11.26　添加尺寸约束

3.12　习　　题

1．绘制并标注图 3.12.1 所示的草图。

2．打开文件 D:\ug8.1\work\ch03\ch03.12\exsk2.prt，然后对打开的草图进行编辑，如图 3.12.2 所示。

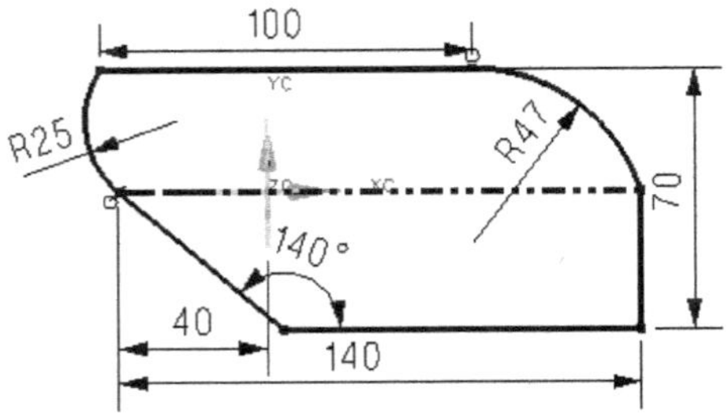

图 3.12.1　练习 1

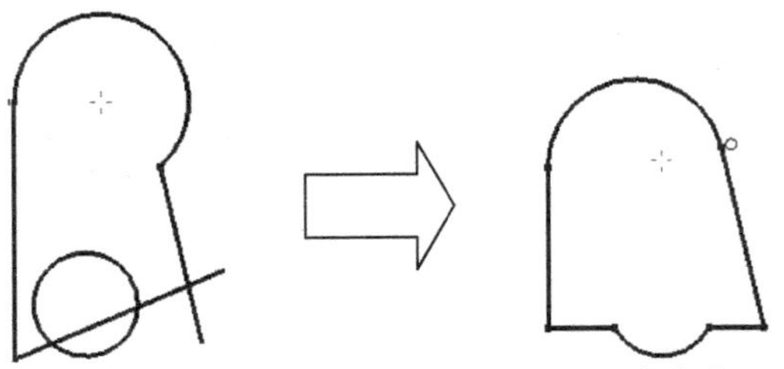

a）完成前　　b）完成后

图 3.12.2　练习 2

3．绘制并标注图 3.12.3 所示的草图。

4．绘制并标注图 3.12.4 所示的对称图形。

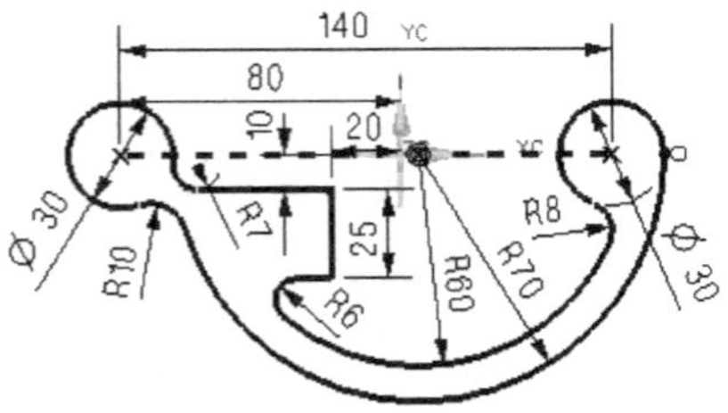

图 3.12.3　练习 3

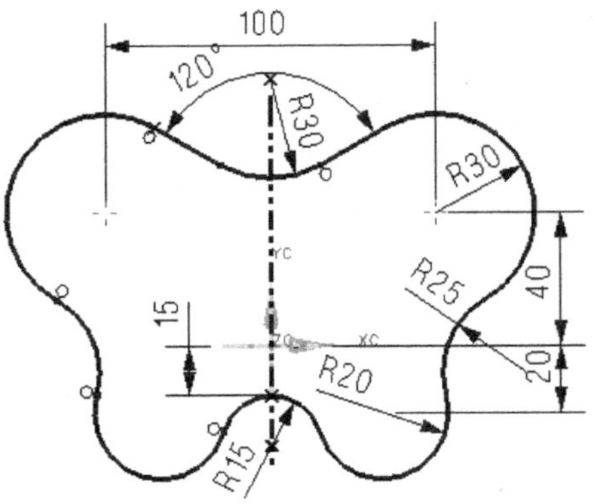

图 3.12.4　练习 4

第4章 零件设计

本章提要 复杂的产品设计都是以简单的零件建模为基础，而零件建模的基本组成单元则是特征。本章介绍了创建零件模型的一般操作过程及其他的一些基本特征工具，包括回转动、孔、边倒圆和抽壳等，主要内容包括：

- 三维建模的管理工具——部件导航器
- 对象的操作
- 基准特征（包括基准平面、基准轴、基准坐标系）的创建
- 一些基本特征的创建、编辑、删除和变换

4.1 三维建模概述

4.1.1 建模方式

一般而言，建模的方式有以下四种。

1. 显式建模

显式建模对象是相对于模型空间而不是相对于彼此建立的，属于非参数化建模方式。对某一个对象所作的改变不影响其他对象或最终模型，例如，过两个存在点建立一条线，或过三个存在点建立一个圆，若移动其中的一个点，已建立的线或圆不会改变。

2. 参数化建模

为了进一步编辑一个参数化模型，应将定义模型的参数值随模型一起存储，且参数可以彼此引用，以建立模型各个特征间的关系。例如，一个孔的直径或深度，或一个矩形凸垫的长度、宽度和高度。设计者的意图可以是孔的深度总是等于凸垫的高度。将这些参数链接在一起可以获得设计者需要的结果，这是显式建模很难完成的。

3. 基于约束的建模

在基于约束的建模中，模型的几何体是从作用到定义模型几何体的一组设计规则，这组规则称之为约束，用于驱动或求解。这些约束可以是尺寸约束（如草图尺寸或定位尺寸）或几何约束（如平行或相切）。

4．复合建模

复合建模是上述三种建模技术的发展与选择性组合。UG NX 8.0 复合建模支持传统的显式几何建模、基于约束的建模和参数化特征建模，将所有工具无缝地集成在单一的建模环境内，设计者在建模技术上有更多的灵活性。复合建模也包括新的直接建模技术，允许设计者在非参数化的实体模型表面上施加约束。

4.1.2 基本的三维模型

一般而言，基本的三维模型包括长方体、圆柱体和球体等简单的三维几何体。图 4.1.1 所示是几种典型的基本三维模型。三维几何图形的确立，需要在系统中定义坐标系（例如笛卡儿坐标系）来确立其尺寸和位置参数等。

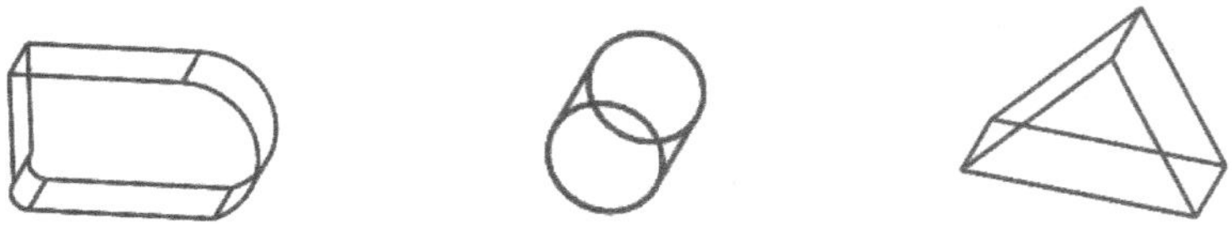

图 4.1.1 简单的三维模型

基本三维模型的一般创建过程如下：

Step1. 选取一个用于定位的坐标系，定义实体的存在空间。

Step2. 选定一个平面作为二维草图的绘制平面。

Step3. 在草图平面上创建形成三维模型所需的截面和轨迹等二维草图。

Step4. 形成三维模型。

说明：这里列举的是一般三维模型的创建过程，在 UG NX 8.0 系统中，一些常用的三维模型已经集成，可以直接调用，比如长方体、圆柱体、圆锥体和球体等。创建它们时，直接给出定位和尺寸参数即可，不用建立二维草图。

4.1.3 复杂的三维模型

图 4.1.2 所示是一个由基本几何体和一些细节特征所组成的复杂的三维模型，其创建过程可以按照以下步骤进行。

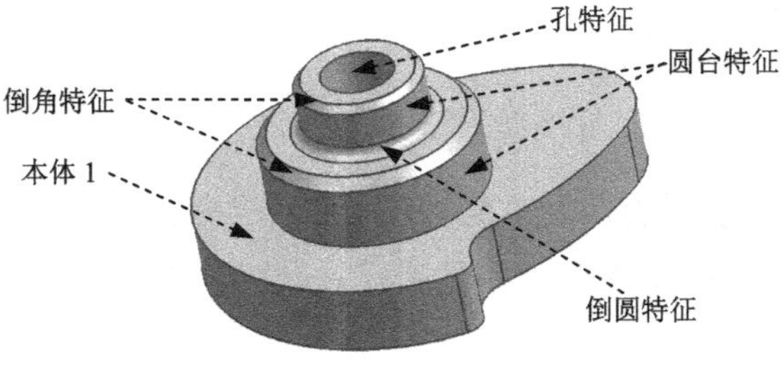

图 4.1.2 复杂三维模型

Step1. 用上一节介绍的方法创建本体。

Step2. 在本体上添加圆台。

Step3. 在圆台上添加孔特征。

Step4. 在圆台上添加倒角、倒圆角等细节特征。

对于此类复杂几何体的建模，使用 UG NX 8.0 软件可以给设计工程师提供直观的建模方法，通过草图绘制、基于特征的建模和提供尺寸驱动的编辑，来完成模型的创建。

对于初学者来说，从事设计应该首先掌握草图的绘制。在画草图时，根据设计的合理化和功能要求，将部件的粗略轮廓展现出来，然后进行几何和尺寸约束。这样就可以确保当设计进入到下一个工程阶段进行编辑时，不会丢失基本的特征。

学会把复杂的三维模型分解为简单的模型组合，这对提高建模效率有很大的帮助。有时，对于同一个模型，可以有多种创建方法，但是每种方法各有利弊，要视具体情况分别对待，比如图 4.1.2 所示的圆台特征，也可以在本体作为草图平面的基础上绘制圆形拉伸而成，但是在此不如直接添加圆台特征方便。关于模型的分解，可以参见 4.1.4 节的"'特征'与三维建模"的详细内容。

对于每一个基本体素特征、草图特征、设计特征和细节特征，在 UG NX 8.0 中都提供了相关的特征参数编辑，可以随时通过更改相关参数来更新模型形状。这种通过尺寸进行驱动的方式为建模及更改带来了很大的便利，这将在后续的章节中结合具体的例子加以介绍。

4.1.4 "特征"与三维建模

本节将简要介绍"特征添加"建模的方法，这种方法的使用十分普遍，UG NX 8.0 也将它运用到了软件中。

目前，"特征"或者"基于特征"的这些术语在 CAD 领域中频频出现，在创建三维模型时，人们普遍认为这是一种更直接、更有用的表达方式。

下面是一些书中或文献中对特征的定义。

- "特征"是表示与制造操作和加工工具相关的形状和技术属性。
- "特征"是需要一起引用的成组几何或者拓扑实体。
- "特征"是用于生成、分析和评估设计的单元。

一般来说，"特征"是构成一个零件或者装配件的单元，虽然从几何形状上看，它也包含作为一般三维模型的点、线、面或者实体单元，但更重要的是，它具有工程制造意义，也就是说基于特征的三维模型具有常规几何模型所没有的附加的工程制造等信息。

用"特征添加"的方法创建三维模型的优点如下：

- 表达更符合工程技术人员的习惯，并且三维模型的创建过程与其加工过程十分相近，软件容易上手和深入。
- 添加特征时，可附加三维模型的工程制造等信息。
- 在模型的创建阶段，特征结合于零件模型中，并且采用来自数据库的参数化通用特征来定义几何形状，这样在设计进行阶段就可以很容易地做出一个更为丰富的产品工艺，并且能够有效地支持下游活动的自动化，如模具和刀具等的准备以及加工成本的早期评估等。

下面以图 4.1.3 所示的滑动轴承座三维模型为例，说明用“特征添加”创建三维模型的一般过程。

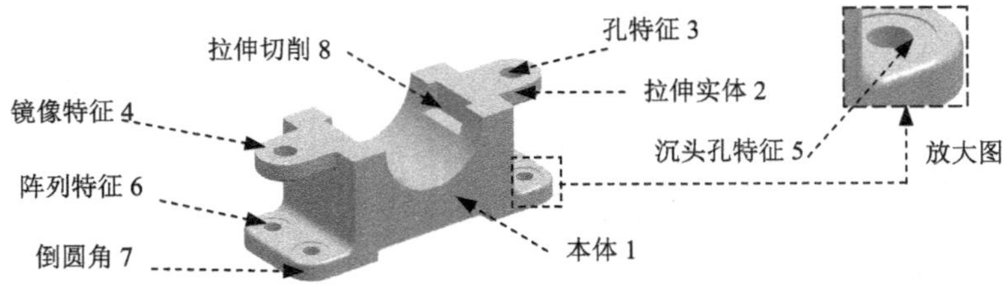

图 4.1.3 复杂三维模型

这是一个由基本几何体组成的复杂的三维模型。其创建过程可以按以下步骤进行，如图 4.1.4 所示。

Step1. 创建或选取作为模型空间定位的基准特征，如基准面、基准线或基准坐标系。

Step2. 创建基本特征——本体 1。

Step3. 添加拉伸特征——拉伸实体 2。

Step4. 添加孔特征——孔特征 3。

Step5. 添加镜像体特征——镜像特征 4。

Step6. 添加沉头孔特征——沉头孔特征 5。

Step7. 分别阵列特征——阵列特征 6。

Step8. 添加倒圆角特征——倒圆角 7。

Step9. 添加拉伸切削特征——拉伸切削 8。

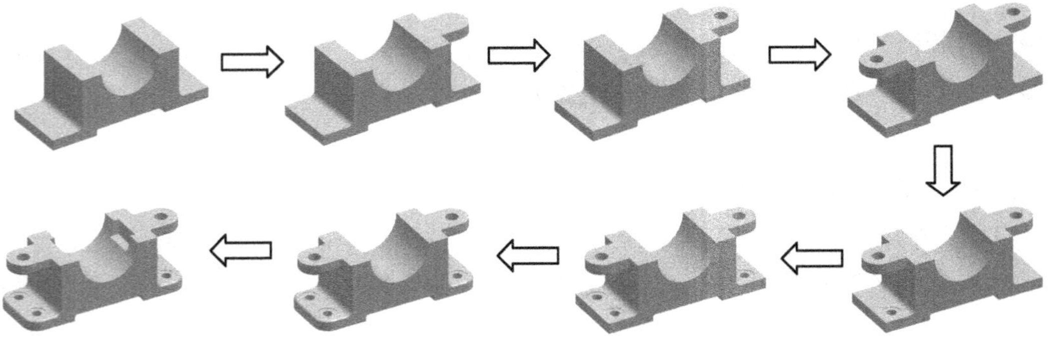

图 4.1.4 复杂三维模型的创建流程

4.2　UG NX 8.0 文件的操作

在创建模型前，应该对模型的创建过程有一个大致的考虑，先做什么，再做什么；如何用较少的步骤完成建模；如何使建模过程尽可能清晰直观；如何方便模型的修改，这些都是需要考虑的因素。在这些因素中，首要考虑的和次要考虑的也是比较重要的问题。

创建一个基本模型的一般过程如下：

（1）新建文件。选择下拉菜单 文件(F) → 新建(N)... 命令。在 模板 列表框中，选择模板类型为 模型，在 名称 文本框中输入文件名称，单击 文件夹 后的“打开文件”按钮，设置文件存放路径。

（2）创建模型的基础特征。基础特征最能反映零件的基本形状和起始构造的特征。

（3）在基础特征上创建其他特征。

（4）特征之间进行布尔操作。

4.2.1　新建文件

新建一个部件文件，可以采用以下步骤。

Step1. 选择下拉菜单 文件(F) → 新建(N)... 命令（或单击“新建”按钮）。

Step2. 弹出图 4.2.1 所示的建立“新建”对话框；在 模板 列表框中，选择模板类型为 模型，在 名称 文本框中输入文件名称（如 model1），单击文本框后的“打开”按钮设置文件存放路径（或者在 文件夹 文本框中输入文件保存路径，或单击文本框后的“打开文件”按钮设置文件保存路径）。

Step3. 单击 确定 按钮，完成新部件的创建。

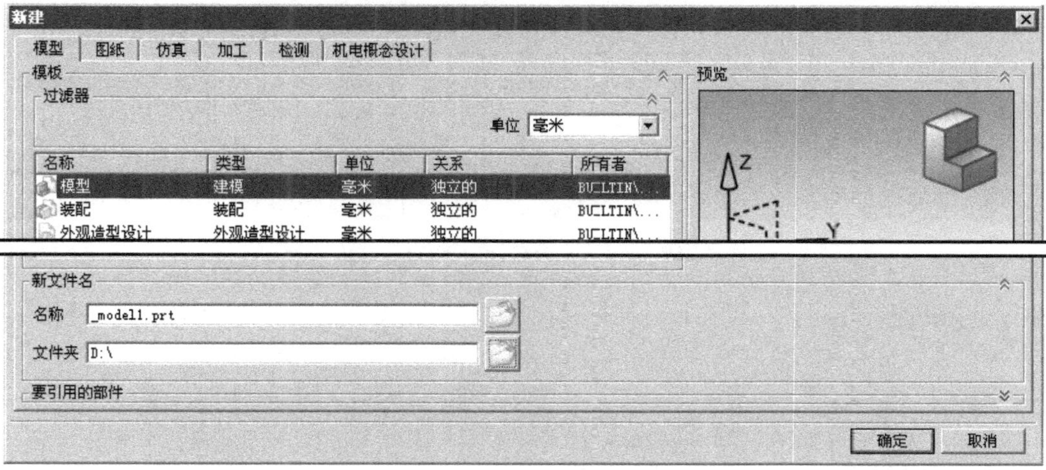

图 4.2.1　“新建”对话框

图 4.2.1 所示的“新建”对话框中主要选项的说明如下：

- 单位下拉列表：规定新部件的测量单位，包括全部、英寸和毫米选项（如果软件安装的是简体中文版，则默认单位是毫米）。
- 名称文本框：显示要创建的新部件文件名。写入文件名时，可以省略.prt 扩展名。当系统建立文件时，添加扩展名。文件名最长为 128 个字符，路径名最长为 256 个字符。有效的文件名字符与操作系统相关。不能使用如下的无效文件名字符，包括“（双引号）、*（星号）、/（正斜杠）、<（小于号）、>（大于号）、:（冒号）、\（反斜杠）、|（垂直杠）等符号。
- 文件夹文本框：用于设置文件的存放路径。

说明：如果要在 UG NX 8.0 中使用中文目录和中文文件名，需要在 Windows 系统中添加一个名为“UGII_UTF8_MODE”的系统环境变量，变量值为“1”，然后重启软件即可。本书随书光盘中有部分文件是在中文目录下创建的，建议读者添加此变量以支持中文路径。

4.2.2 文件保存

1．保存

在 UG NX 8.0 中，选择下拉菜单文件(F) ➡ 保存(S)命令，即可保存文件。

2．另存为

选择下拉菜单文件(F) ➡ 另存为(A)...命令，系统弹出图 4.2.2 所示的“另存为”对话框。可以利用不同的文件名存储一个已有的部件文件作为备份。

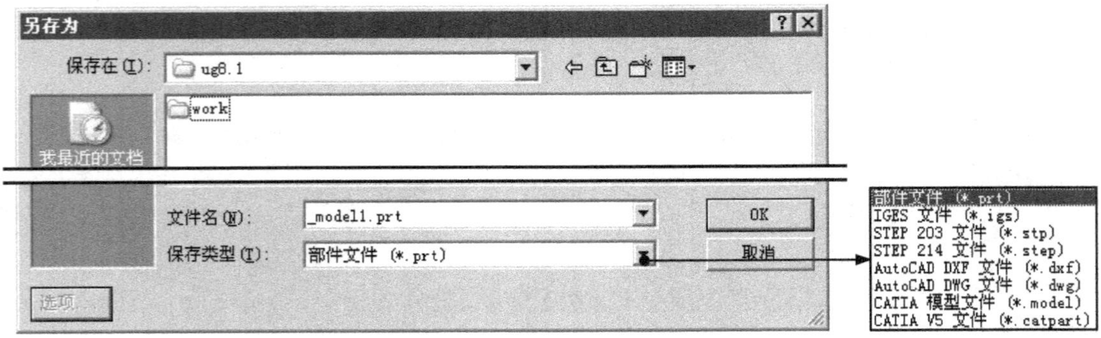

图 4.2.2 “另存为”对话框

4.2.3 打开文件

1．打开一个文件

打开一个部件文件，一般采用以下步骤。

Step1. 选择下拉菜单 文件(F) → 打开(O)... 命令。

Step2. 弹出图 4.2.3 所示的“打开”对话框；在 查找范围(I): 下拉列表中选择需打开文件所在的目录（如 D:\ug8.1\work\ch04\ch04.01），选中要打开的文件后，在 文件名(N): 文本框中显示部件名称（如 down_base.prt），也可以在 文件类型(T): 下拉列表中选择文件类型。

Step3. 单击 OK 按钮，即可打开部件文件。

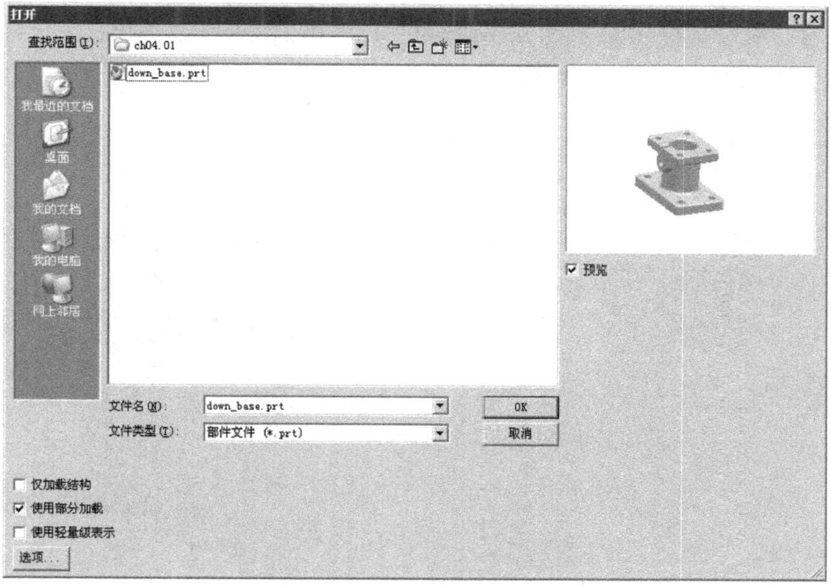

图 4.2.3　“打开”对话框

图 4.2.3 所示的“打开”对话框中主要选项的说明如下：

- ☑ 预览 复选框：选中该复选框，将显示选择部件文件的预览图像。利用此功能观看部件文件而不必在 UG NX 8.0 软件中一一打开，这样可以很快地找到所需要的部件文件。“预览”功能仅针对存储在 UG NX 8.0 中的部件，在 Windows 平台上有效。如果不想预览，取消选中该复选框即可。
- 文件名(N): 文本框：显示选择的部件文件，也可以输入一部件文件的路径名，路径名长度最多为 256 个字符。
- 文件类型(T): 下拉列表：用于选择文件的类型。选择了某类型后，在“打开部件文件”对话框的列表框中仅显示该类型的文件，系统也自动地用显示在此区域中的扩展名存储部件文件。
- □ 不加载组件 复选框：仅加载选择的组件，不加载未选的组件。
- 选项... （选项）：单击此按钮，系统弹出图 4.2.4 所示的“装配加载选项”对话框，利用该对话框可以对加载方式、加载组件和搜索路径等进行设置。

2. 打开多个文件

在同一进程中，UG NX 8.0 允许同时创建和打开多个部件文件，可以在几个文件中不断切换并进行操作，很方便地同时创建彼此有关系的零件。选择下拉菜单 窗口(O) → 2. body_ok.prt 命令（或其他选项），每次选中不同的文件即可互相切换，窗口(O) 下拉菜单如图 4.2.5 所示。如果打开的文件超过 10 个，选择下拉菜单 窗口(O) → 更多(M)... 命令，系统弹出“更改窗口”对话框（图 4.2.6），可以在对话框中选择所需的部件。

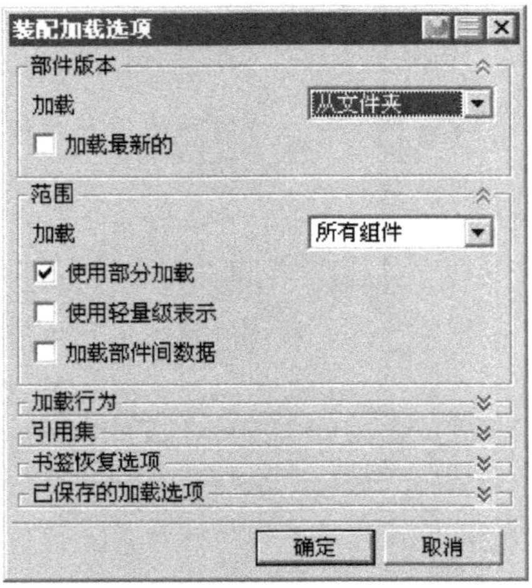

图 4.2.4 “装配加载选项”对话框

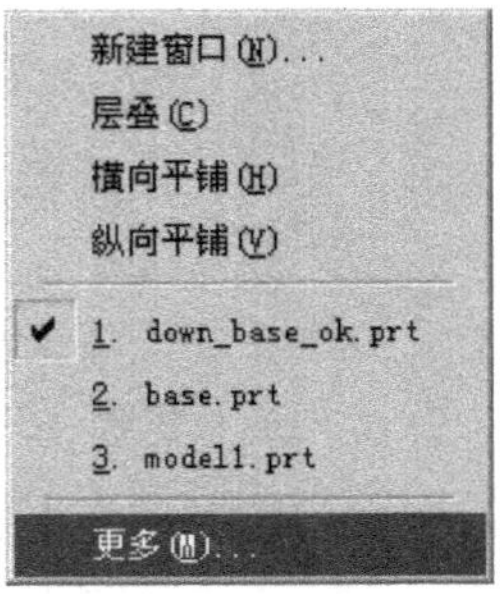

图 4.2.5 “窗口”下拉菜单

图 4.2.6 “更改窗口”对话框

4.2.4 关闭部件和退出 UG NX 8.0

1．关闭选择的部件

选择下拉菜单 文件(F) → 关闭(C) ▸ → 选定的部件(P)... 命令，弹出图 4.2.7 所示的“关闭部件”对话框。通过此对话框可以关闭选择的一个或多个打开的部件文件，也可以通过单击 关闭所有打开的部件 按钮，关闭系统当前打开的所有部件。使用此方式关闭部件文件时不存储部件，它仅从工作站的内存中清除部件文件。

注意：选择下拉菜单 文件(F) → 关闭(C) ▸ 命令后，系统弹出图 4.2.8 所示的“关闭”子菜单。

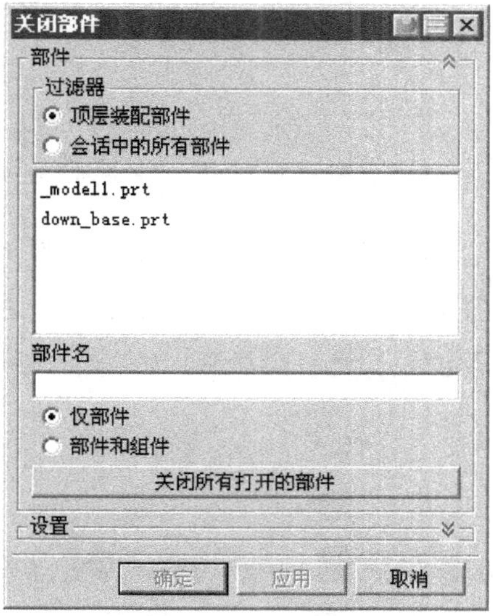

图 4.2.7　“关闭部件”对话框

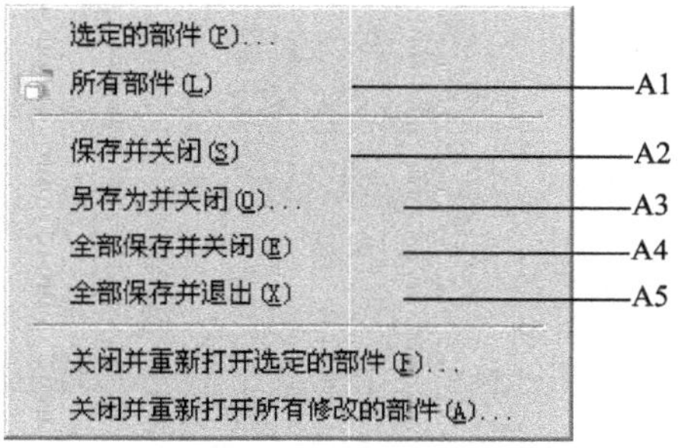

图 4.2.8　“关闭”子菜单

图 4.2.8 所示的“关闭”子菜单中相关命令的说明如下：

A1：关闭当前所有的部件。

A2：以当前名称和位置保存并关闭当前显示的部件。

A3：以不同的名称和（或）不同的位置保存当前显示的部件。

A4：以当前名称和位置保存并关闭所有打开的部件。

A5：保存所有修改过的已打开部件（不包括部分加载的部件），然后退出 UG NX 8.0。

2．退出 UG NX 8.0

选择下拉菜单 文件(F) → 退出(X) 命令（或在工作界面右上角单击 ✕ 按钮），如果部件文件已被修改，系统会弹出图 4.2.9 所示的“退出”对话框。单击 是(Y) 按钮，退出 UG NX 8.0。

图 4.2.9　“退出”对话框

图 4.2.9 所示的“退出”对话框中各选项的说明如下：

- 是 - 保存并退出(Y) 按钮：保存部件并关闭当前文件。
- 否 - 退出(N) 按钮：不保存部件关闭当前文件。
- 取消(C) 按钮：取消此次操作，继续停留在当前文件。

4.3 体 素

4.3.1 基本体素

特征是组成零件的基本单元。一般而言，长方体、圆柱体、圆锥体和球体四个基本体素特征常常作为零件模型的第一个特征（基础特征）使用，然后在基础特征之上通过添加新的特征以得到所需的模型，因此体素特征对零件的设计而言是最基本的特征。下面分别介绍以上四种基本体素特征的创建方法。

1. 创建长方体

进入建模环境后，选择下拉菜单 插入(S) → 设计特征(E) → 长方体(K)... 命令（或单击工具条中的按钮），系统弹出图 4.3.1 所示的“块”对话框（一）。在 类型 下拉列表中可以选择创建长方体的方法，其方法有三种。

注意： 如果下拉菜单 插入(S) → 设计特征(E) 中没有 长方体(K)... 命令，则需要定制，具体定制过程请参见“2.3.2 用户界面的定制”相关内容。在后面的章节中如果有类似情况，将不再作具体说明。

方法一：“原点，边长”方法。

下面以图 4.3.2 所示的长方体为例，说明使用“原点，边长”方法创建长方体的一般过程。

Step1. 选择命令。选择下拉菜单 插入(S) → 设计特征(E) → 长方体(K) 命令，系统弹出图 4.3.1 所示的“块”对话框（一）。

Step2. 选择创建长方体的方法。在 类型 下拉列表中选择 原点和边长 选项，如图 4.3.1 所示。

Step3. 定义长方体的原点（即长方体的一个顶点）。选择坐标原点为长方体顶点（系统默认选择坐标原点为长方体顶点）。

Step4. 定义长方体的参数。在 长度(XC) 文本框中输入值 140.0，在 宽度(YC) 文本框中输入值 90.0，在 高度(ZC) 文本框中输入值 16.0。

Step5. 单击 确定 按钮，完成长方体的创建。

说明： 长方体创建完成后，如果要对其进行修改，可直接双击该长方体，然后根据系统信息提示编辑其参数。

图 4.3.1 “长方体”对话框 （一）

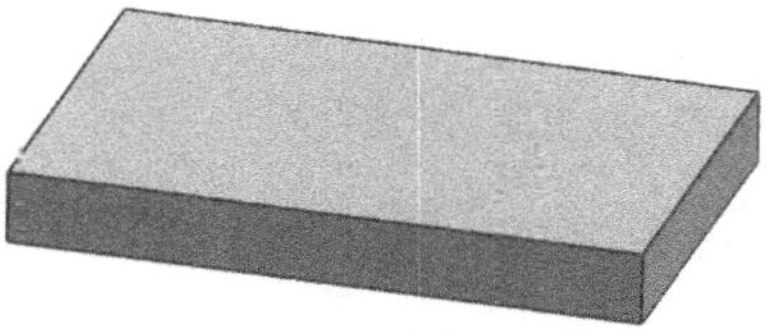

图 4.3.2 长方体特征（一）

方法二：“两点，高度”方法。

“两点，高度”方法要求指定长方体在 Z 轴方向上的高度和其底面两个对角点的位置，以此创建长方体。下面以图 4.3.3 所示的长方体为例，说明使用“两点，高度”方法创建长方体的一般过程。

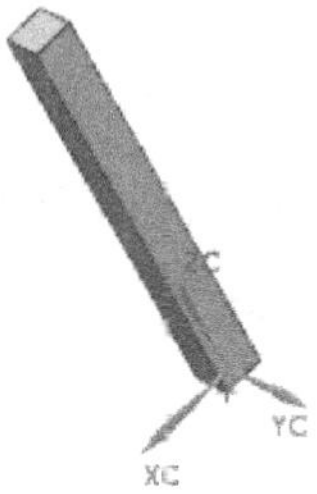

图 4.3.3 长方体特征（二）

Step1. 打开文件 D:\ug8.1\work\ch04\ch04.03\block02.prt。

Step2. 选择命令。选择下拉菜单 插入(S) → 设计特征(E) → 长方体(K)... 命令，系统弹出“块”对话框（二）。

Step3. 选择创建长方体的方法。在 类型 下拉列表选择 两点和高度 选项，此时“块”对话框（二）如图 4.3.4 所示。

Step4. 定义长方体的底面对角点。在图形区中单击图 4.3.5 所示的两个点作为长方体的底面对角点。

Step5. 定义长方体的高度。在 高度(ZC) 文本框中输入值 100.0。

Step6. 单击 确定 按钮，完成长方体的创建。

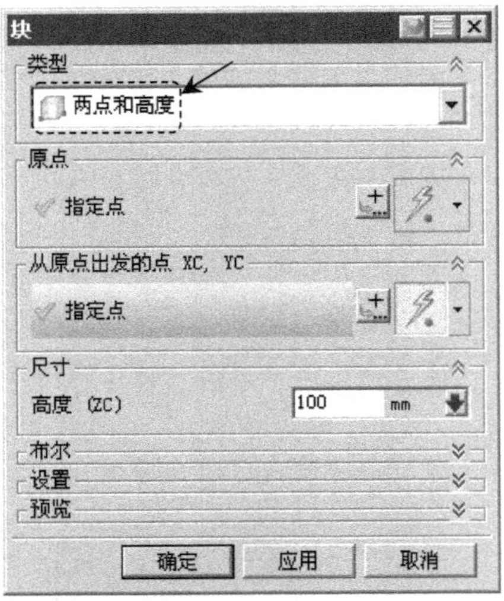

图 4.3.4 “长方体”对话框（二）

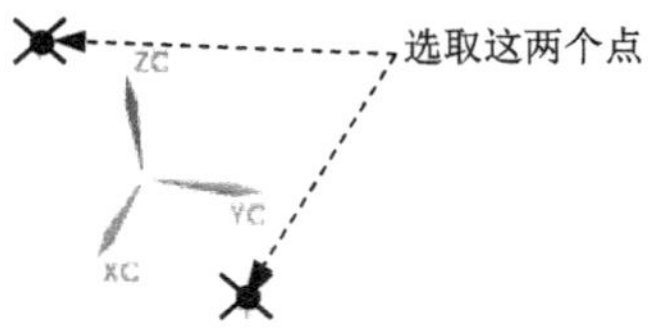

图 4.3.5 选取两个点作为底面对角点

方法三：“两个对角点”方法。

该方法要求设置长方体两个对角点的位置，而不用设置长方体的高度，系统即可从对角点创建长方体。下面以图 4.3.6 所示的长方体为例，说明使用“两个对角点”方法创建长方体的一般过程。

Step1. 打开文件 D:\ug8.1\work\ch04\ch04.03\block03.prt。

Step2. 选择下拉菜单 插入(S) → 设计特征(E) ▸ → 长方体(K)... 命令，系统弹出“长方体”对话框。

Step3. 选择创建长方体的方法。在 类型 下拉列表中选择 两个对角点 选项。

Step4. 定义长方体的对角点。在图形区中单击图 4.3.7 所示的两个点作为长方体的对角点。

Step5. 单击 确定 按钮，完成长方体的创建。

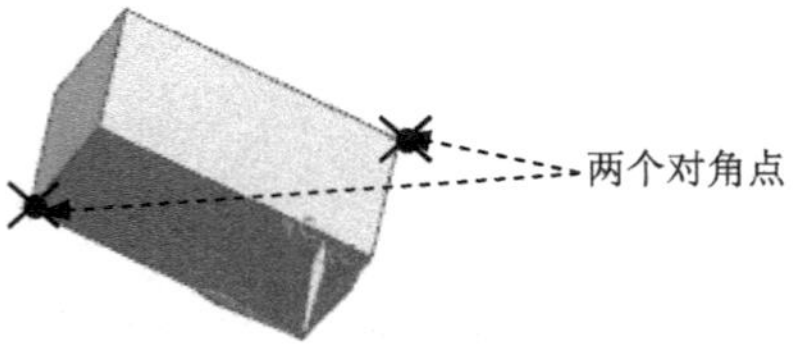

图 4.3.6 长方体特征（三）

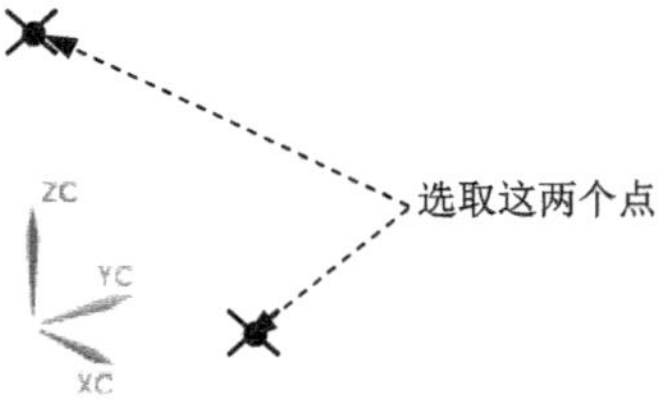

图 4.3.7 选取两个点作为对角点

2. 创建圆柱体

创建圆柱体有“直径，高度”和“高度，圆弧”两种方法，下面将分别介绍。

方法一：“直径，高度”方法。

“直径，高度”方法要求确定一个矢量方向作为圆柱体的轴线方向，再设置圆柱体的直径和高度参数，以及设置圆柱体底面中心的位置。下面以图 4.3.8 所示的零件基础特征（圆柱体）为例，说明使用“直径，高度”方法创建圆柱体的一般操作过程。

Step1. 选择命令。选择下拉菜单 插入(S) → 设计特征(E) ▸ → 圆柱体(C)... 命令（或单击按钮），系统弹出图 4.3.9 所示的“圆柱”对话框。

Step2. 选择创建圆柱体的方法。在类型下拉列表中选择 轴、直径和高度 选项。

Step3. 定义圆柱体轴线方向。单击“矢量对话框”按钮，系统弹出图 4.3.10 所示的“矢量”对话框。在该对话框的类型下拉列表中选择 ZC 轴 选项，单击 确定 按钮。

Step4. 定义圆柱底面圆心位置。在“圆柱”对话框中单击“点对话框”按钮，弹出“点”对话框。在该对话框中设置圆心的坐标为 XC=0.0、YC=0.0、ZC=0.0，单击 确定 按钮，系统返回到“圆柱”对话框。

Step5. 定义圆柱体参数。在“圆柱”对话框中的直径文本框中输入值 100.0，在高度文本框中输入值 100.0，单击 确定 按钮，完成圆柱体的创建。

图 4.3.8　创建圆柱体（一）

图 4.3.9　“圆柱”对话框

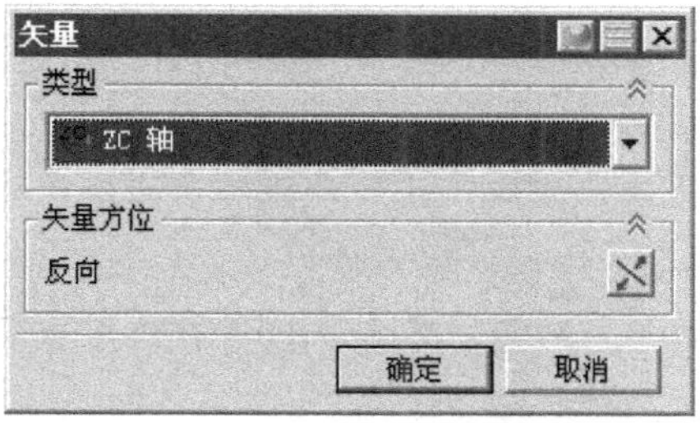

图 4.3.10　“矢量”对话框

方法二：“高度，圆弧”方法。

“高度，圆弧”方法就是通过设置高度和所选取的圆弧来创建圆柱体。下面以图 4.3.11 所示的零件基础特征（圆柱体）为例，说明使用“高度，圆弧”方法创建圆柱体的一般操作过程。

Step1. 打开文件 D:\ug8.1\work\ch04\ch04.03\cylinder02.prt。

Step2. 选择命令。选择下拉菜单 插入(S) → 设计特征(E) ▸ → 圆柱体(C)... 命令（或单击按钮），系统弹出“圆柱”对话框。

Step3. 选择创建圆柱体的方法。在类型下拉列表中选择 圆弧和高度 选项。

Step4. 定义圆柱体参数。根据系统 为圆柱体直径选择圆弧或圆 的提示，在图形区中选中图 4.3.12 所示的圆弧，在高度文本框输入值 100.0。

Step5. 单击 确定 按钮，完成圆柱体的创建。

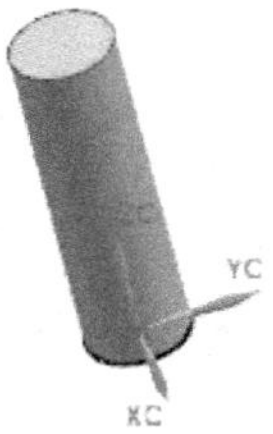

图 4.3.11 创建圆柱体（二）

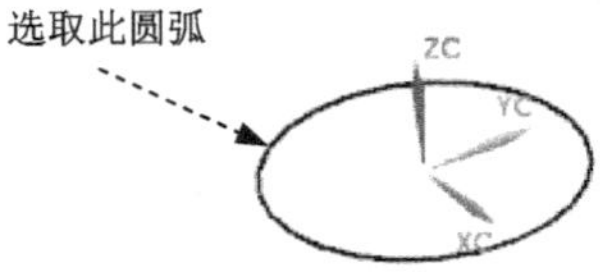

图 4.3.12 选取圆弧

3．创建圆锥体

圆锥体的创建方法有五种，下面一一介绍。

方法一：“直径和高度”方法。

“直径和高度”方法就是通过设置圆锥体的底部直径、顶部直径、高度以及圆锥轴线方向来创建圆锥体。下面以图 4.3.13 所示的圆锥体为例，说明使用“直径和高度”方法创建圆锥体的一般操作过程。

图 4.3.13 “圆锥体”特征（一）

Step1. 选择命令。选择下拉菜单 插入(S) → 设计特征(E) ▸ → 圆锥(O)... 命令，系统弹出图 4.3.14 所示的“圆锥”对话框（一）。

Step2. 选择创建圆锥体的方法。在类型下拉列表中选择 直径和高度 选项。

Step3. 定义圆锥体轴线方向。在该对话框中单击按钮，系统弹出图 4.3.15 所示的“矢量”对话框，在“矢量”对话框的类型下拉列表中选择 ZC 轴 选项。

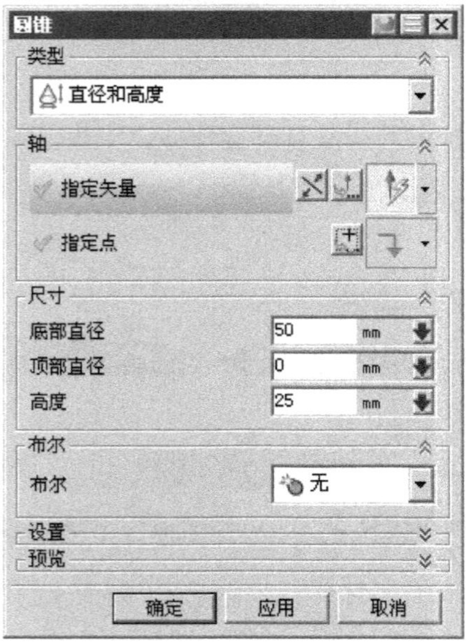

图 4.3.14 “圆锥”对话框（一）

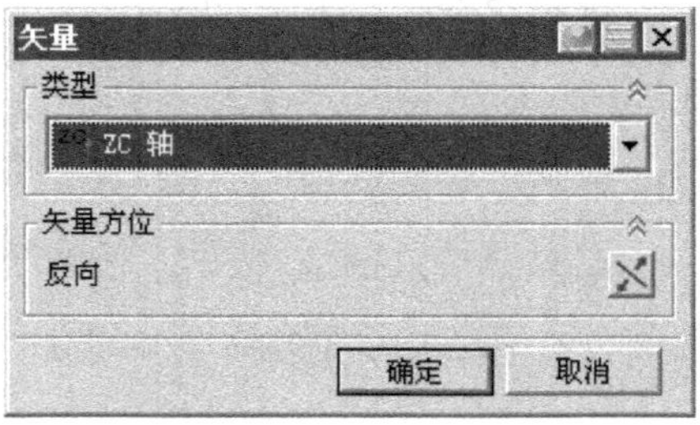

图 4.3.15 “矢量”对话框

Step4. 定义圆锥体底面原点（圆心）。接受系统默认的原点（0，0，0）为底圆原点。

Step5. 定义圆锥体参数。在底部直径文本框中输入值 50.0，在顶部直径文本框中输入值 0.0，在高度文本框中输入值 25.0。

Step6. 单击确定按钮，完成圆锥体的创建。

方法二：“直径和半角”方法。

“直径和半角”方法就是通过设置底部直径、顶部直径、半角以及圆锥轴线方向来创建圆锥体。下面以图 4.3.16 所示的圆锥体为例，说明使用“直径和半角”方法创建圆锥体的一般操作过程。

Step1. 选择命令。选择下拉菜单插入(S) → 设计特征(E) → 圆锥(O)...命令，系统弹出“圆锥”对话框。

Step2. 选择创建圆锥体的方法。在类型下拉列表中选择直径和半角选项，此时“圆锥”对话框（二）如图 4.3.17 所示。

图 4.3.16　圆锥体特征（二）

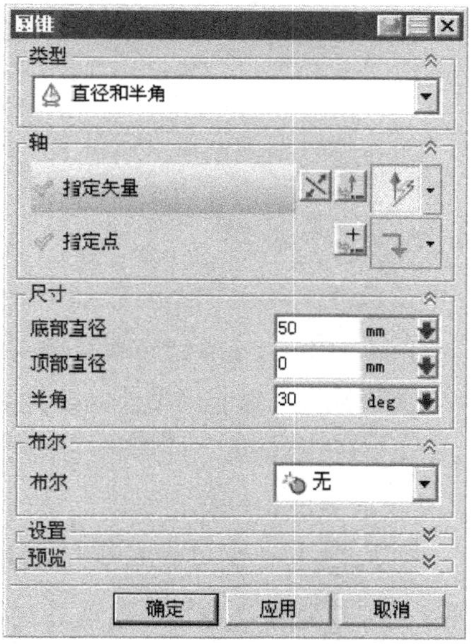

图 4.3.17　“圆锥”对话框（二）

Step3. 定义圆锥体轴线方向。在该对话框中单击按钮，系统弹出“矢量”对话框，在“矢量”对话框的类型下拉列表中选择 ZC 轴选项。

Step4. 定义圆锥体底面原点（圆心）。选择系统默认的坐标原点（0，0，0）为底面原点。

Step5. 定义圆锥体参数。在底部直径文本框输入值 50.0，在顶部直径文本框输入值 0.0，在半角文本框输入值为 30.0，单击确定按钮，完成圆锥体特征的创建。

方法三：“底部直径，高度和半角”方法。

“底部直径，高度和半角”方法是通过设置底部直径、高度和半角参数以及圆锥轴线方向来创建圆锥体。下面以图 4.3.18 所示的圆锥体为例，说明使用“底部直径，高度和半角”方法创建圆锥体的一般操作过程。

Step1．选择命令。选择下拉菜单 插入(S) → 设计特征(E) → 圆锥(O)... 命令，系统弹出“圆锥”对话框。

Step2．选择创建圆锥体的方法。在类型下拉列表中选择 底部直径，高度和半角 选项，此时“圆锥”对话框（三）如图 4.3.19 所示。

图 4.3.18 圆锥体特征（三）

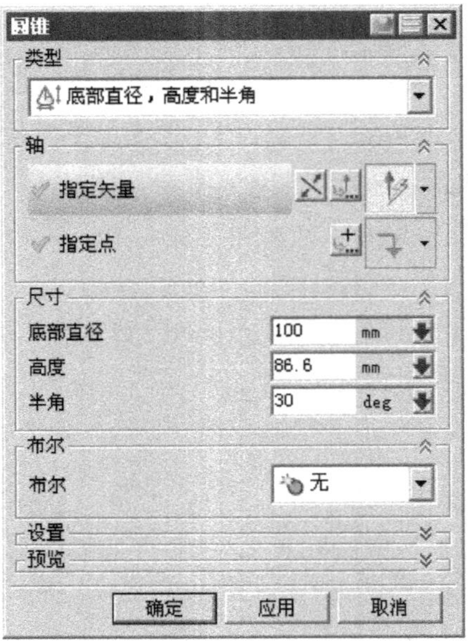

图 4.3.19 “圆锥”对话框（三）

Step3．定义圆锥体轴线方向。在该对话框中单击按钮，系统弹出“矢量”对话框，在“矢量”对话框的类型下拉列表中选择 ZC 轴 选项。

Step4．定义圆锥体底面原点（圆心）。选择系统默认的坐标原点（0，0，0）为底面原点。

Step5．定义圆锥体参数。在底部直径、高度、半角文本框中分别输入值 100.0、86.6、30.0。单击 确定 按钮，完成圆锥体特征的创建。

方法四：“顶部直径，高度和半角”方法。

“顶部直径，高度和半角”方法是通过设置顶部直径、高度和半角参数以及圆锥轴线方向来创建圆锥体。其操作和“底部直径，高度和半角”方法基本一致，可参照其创建的步骤，在此不再赘述。

方法五：“两个共轴的圆弧”方法。

“两个共轴的圆弧”方法是通过选取两个圆弧对象来创建圆锥体。下面以图 4.3.20 所示的圆锥体特征（四）为例，说明使用“两个共轴的圆弧”方法创建圆锥体的一般操作过程。

Step1．打开文件 D:\ug8.1\work\ch04\ch04.03\cone04.prt。

Step2．选择命令。选择下拉菜单 插入(S) → 设计特征(E) → 圆锥(O)... 命令（或单击按钮），系统弹出“圆锥”对话框。

Step3．选择创建圆锥体的方法。在类型下拉列表中选择 两个共轴的圆弧 选项，此时“圆锥”对话框（四）如图 4.3.21 所示。

Step4. 选择图 4.3.22 所示的两条弧分别为底部圆弧和顶部圆弧，单击 确定 按钮，完成圆锥体特征的创建。

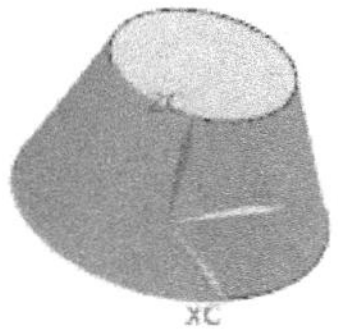

图 4.3.20　圆锥体特征（四）

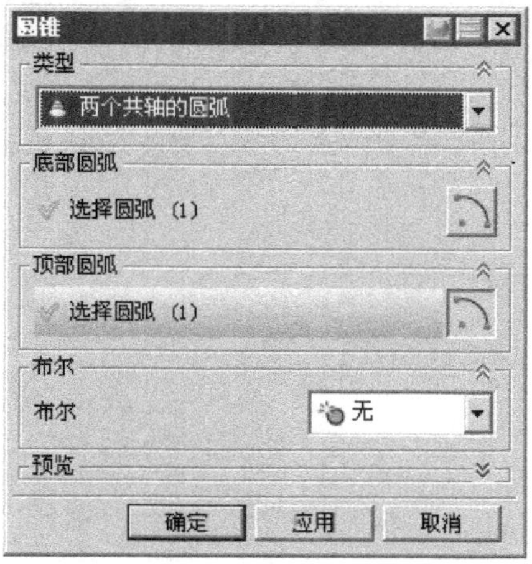

图 4.3.21　“圆锥”对话框（四）

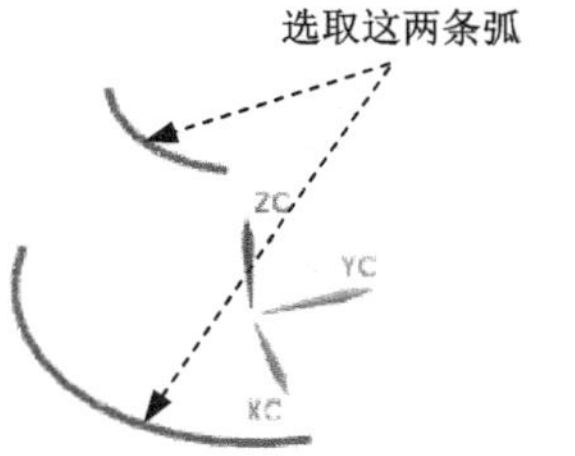

图 4.3.22　选取圆弧

注意：创建圆锥特征中的“两个共轴的圆弧”方法，所选的这两条弧（或圆）必须共轴。两条弧（圆）的直径不能相等，否则创建出错。

4. 创建球体

球体特征的创建可以通过“中心点和直径”和“圆弧”这两种方法，下面分别介绍。

方法一：“中心点和直径”方法。

“中心点和直径”方法就是通过设置球体的直径和球体圆心点位置的方法来创建球特征。下面以图 4.3.23 所示的零件基础特征——球体为例，说明使用“中心点和直径”方法创建球体的一般操作过程。

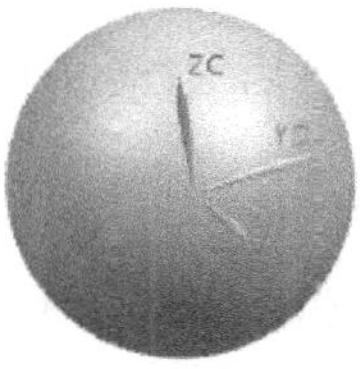

图 4.3.23　球体特征（一）

Step1. 选择命令。选择下拉菜单 插入(S) → 设计特征(E) → 球(S)... 命令，系统弹出“球”对话框。

Step2. 选择创建球体的方法。在 类型 下拉列表中选择 中心点和直径 选项，此时“球”对话框（一）如图 4.3.24 所示。

Step3. 定义球中心点位置。在该对话框中单击 按钮，系统弹出图 4.3.25 所示的“点”对话框，接受系统默认的坐标原点（0，0，0）为球心。

Step4. 定义球体直径。在 直径 文本框输入值 100.0。单击 确定 按钮，完成球体特征的创建。

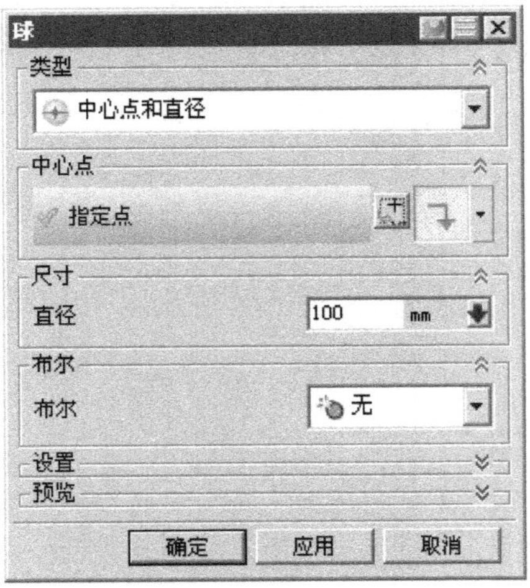

图 4.3.24 “球”对话框（一）

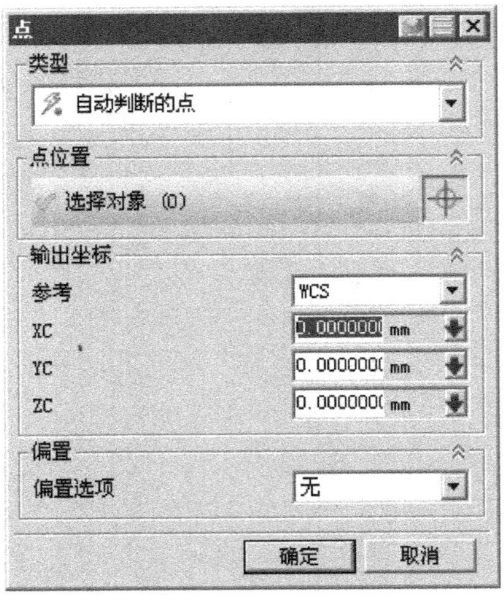

图 4.3.25 “点”对话框

方法二：“圆弧”方法。

“圆弧”方法就是通过选取的圆弧来创建球体特征，选取的圆弧可以是一段弧，也可以是圆。下面以图 4.3.26 所示的零件基础特征——球体为例，说明使用“圆弧”方法创建球体的一般操作过程。

Step1. 打开文件 D:\ug8.1\work\ch04\ch04.03\sphere02.prt。

Step2. 选择命令。选择下拉菜单 插入(S) → 设计特征(E) → 球(S)... 命令，弹出“球”对话框。

Step3. 选择创建球体的方法。在 类型 下拉列表中选择 圆弧 选项，此时“球”对话框（二）如图 4.3.27 所示。

Step4. 根据系统 选择圆弧 的提示，在图形区选取图 4.3.28 所示的圆弧，单击 确定 按钮，完成球特征的创建。

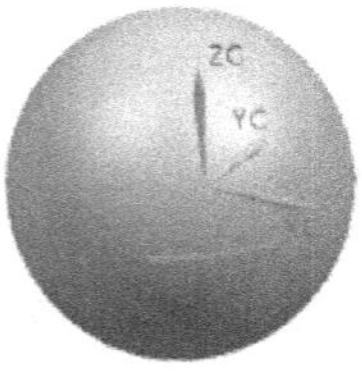

图 4.3.26 球体特征（二）

图 4.3.27 “球”对话框（二）

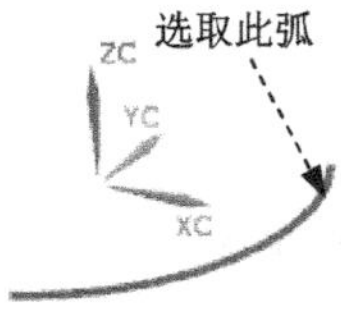

图 4.3.28 选取圆弧

4.3.2　在基础体素上添加其他体素

本节以图 4.3.29 所示的实体模型的创建过程为例，说明在基本体素特征上添加其他特征的一般过程。

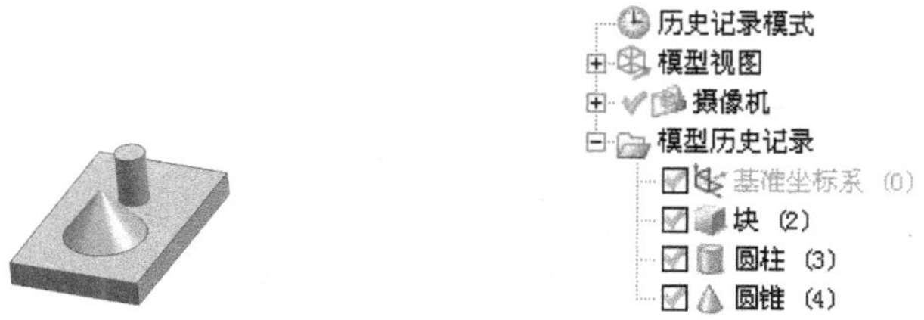

图 4.3.29　模型及模型树

Step1. 新建文件。选择下拉菜单 文件(F) → 新建(N)... 命令，弹出“新建”对话框。接受系统默认的模板，在 名称 文本框中输入文件名称 body，单击 确定 按钮。

Step2. 创建图 4.3.30 所示的基本长方体特征。

（1）选择命令。选择下拉菜单 插入(S) → 设计特征(E)▸ → 长方体(K)... 命令，系统弹出“块”对话框。

（2）选择创建长方体的类型。在 类型 下拉列表中选择 原点和边长 选项。

（3）定义长方体参数。在 长度(XC) 文本框中输入值 140.0，在 宽度(YC) 文本框中输入值 90.0，在 高度(ZC) 文本框中输入值 16.0。

（4）单击 确定 按钮，完成长方体的创建。

Step3. 创建图 4.3.31 所示的圆柱体特征。

图 4.3.30　创建长方体特征

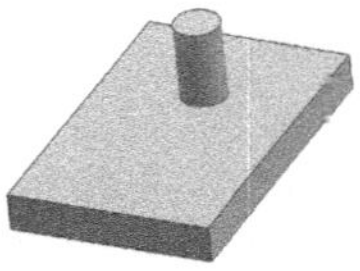

图 4.3.31　创建圆柱体特征

（1）选择命令。选择下拉菜单 插入(S) → 设计特征(E)▸ → 圆柱体(C)... 命令，系统弹出“圆柱”对话框。

（2）选择创建圆柱体的方法。在 类型 下拉列表中选择 轴、直径和高度 选项。

（3）定义圆柱体轴线方向。单击“矢量对话框”按钮，系统弹出“矢量”对话框。在 类型 下拉列表中选择 ZC 轴 选项，单击 确定 按钮，系统返回到“圆柱”对话框。

（4）定义圆柱底面圆心位置。在“圆柱”对话框中单击“点对话框”按钮，弹出“点”对话框。在该对话框中设置圆心的坐标，在 XC 文本框中输入值 45.0，在 YC 文本框中输入值 45.0，在 ZC 文本框中输入值 0.0。单击 确定 按钮，系统返回到“圆柱”对话框。

（5）定义圆柱体参数。在 直径 文本框中输入值 20.0，在 高度 文本框中输入值 50.0。

（6）对圆柱体和长方体特征进行布尔运算。在 布尔 下拉列表中选择 求和 选项，采用系统默认的求和对象。单击 确定 按钮，完成圆柱体的创建。

Step4. 创建图 4.3.32 所示的圆锥体特征。

（1）选择命令。选择下拉菜单 插入(S) → 设计特征(E)▸ → 圆锥(O)... 命令，弹出“圆锥”对话框。

（2）选择创建圆锥体的类型。在类型下拉列表中选择 直径和高度 选项。

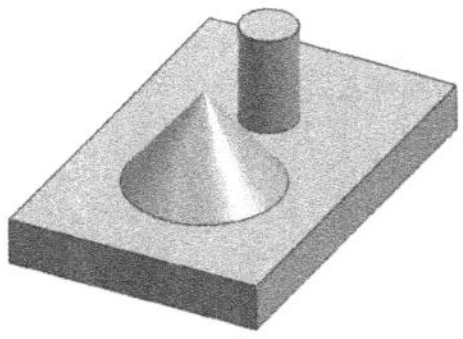

图 4.3.32　添加圆锥体特征

（3）定义圆锥体轴线方向。在该对话框中单击按钮，系统弹出“矢量”对话框，在“矢量”对话框的类型下拉列表中选择 ZC 轴 选项。

（4）定义圆锥体底面圆心位置。在“圆锥”对话框中单击“点”按钮，弹出“点”对话框。在该对话框中设置圆心的坐标，在 XC 文本框中输入值 90.0，在 YC 文本框中输入值 45.0，在 ZC 文本框中输入值 0.0。单击 确定 按钮，系统返回到“圆锥”对话框。

（5）定义圆锥体参数。在 底部直径 文本框中输入值 80.0，在 顶部直径 文本框中输入值 0.0，在 高度 文本框中输入值 50.0。

（6）对圆锥体和前面已求和的实体进行布尔运算。在 布尔 下拉列表中选择 求和 选项，采用系统默认的求和对象。单击 确定 按钮，完成圆锥体的创建。

4.4　布 尔 操 作

布尔操作可以对两个或两个以上已经存在的实体进行求和、求差以及求交运算。

4.4.1　布尔操作概述

布尔操作可以将原先存在的多个独立的实体进行运算，以产生新的实体。进行布尔运算时，首先选择目标体（即被执行布尔运算的实体，只能选择一个），然后选择工具体（即在目标体上执行操作的实体，可以选择多个），运算完成后，工具体成为目标体的一部分，而且如果目标体和工具体具有不同的图层、颜色、线型等特性，产生的新实体具有与目标体相同的特性。如果部件文件中已存有实体，当建立新特征时，新特征可以作为工具体，已存在的实体作为目标体。布尔操作主要包括以下三部分内容：

- 布尔求和操作。
- 布尔求差操作。
- 布尔求交操作。

4.4.2　布尔求和操作

布尔求和操作用于将工具体和目标体合并成一体。下面以图 4.4.1 所示的模型为例，介绍布尔求和操作的一般过程。

Step1. 打开文件 D:\ug8.1\work\ch04\ch04.04\unite.prt。

Step2. 选择命令。选择下拉菜单 插入(S) → 组合(B) → 求和(U)... 命令，弹出图 4.4.2 所示的“求和”对话框。

Step3. 定义目标体和工具体。在图 4.4.1a 中，依次选择目标（长方体）和刀具（球体），单击 确定 按钮，完成该布尔操作，结果如图 4.4.1b 所示。

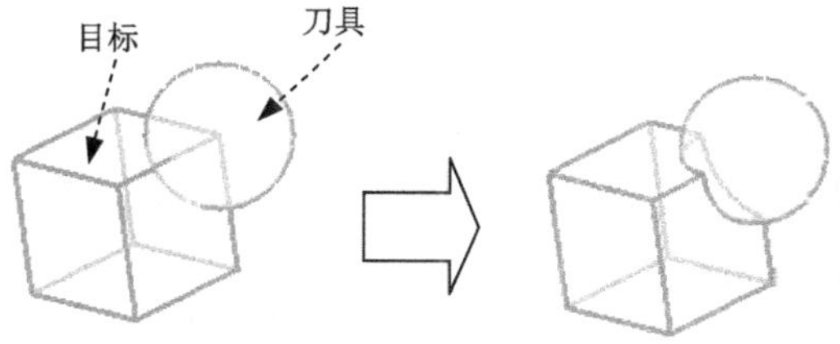

a）求和前　　b）求和后

图 4.4.1　布尔求和操作

图 4.4.2　“求和”对话框

注意：布尔求和操作要求工具体和目标体必须在空间上接触才能进行运算，否则将提示出错。

图 4.4.2 所示的“求和”对话框中各复选框的功能说明如下：

- 保存目标 复选框：为求和操作保存目标体。如果需要在一个未修改的状态下保存所选目标体的副本时，使用此选项。
- 保存工具 复选框：为求和操作保存工具体。如果需要在一个未修改的状态下保存所选工具体的副本时，使用此选项。在编辑“求和”特征时，“保留工具体”选项不可用。

4.4.3　布尔求差操作

布尔求差操作用于将工具体从目标体中移除。下面以图 4.4.3 所示的模型为例，介绍布尔求差操作的一般过程。

Step1. 打开文件 D:\ug8.1\work\ch04\ch04.04\subtract.prt。

Step2. 选择命令。选择下拉菜单 插入(S) → 组合(B) → 求差(S)... 命令，弹出图 4.4.4 所示的“求差”对话框。

Step3. 定义目标和刀具。依次选择图 4.4.3a 所示的目标和刀具，单击 确定 按钮，完成该布尔操作。

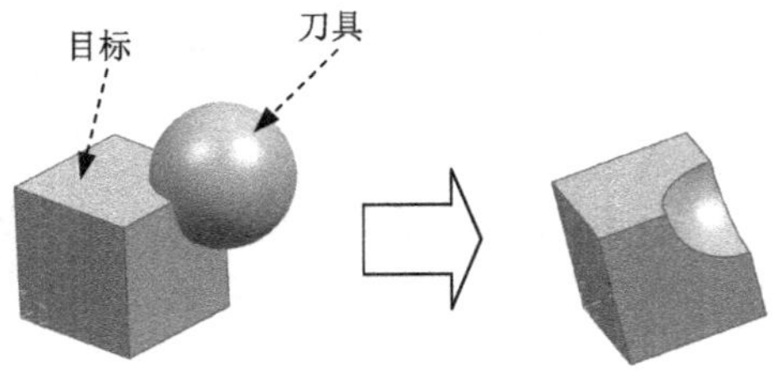

a）求差前　　b）求差后

图 4.4.3 布尔求差操作

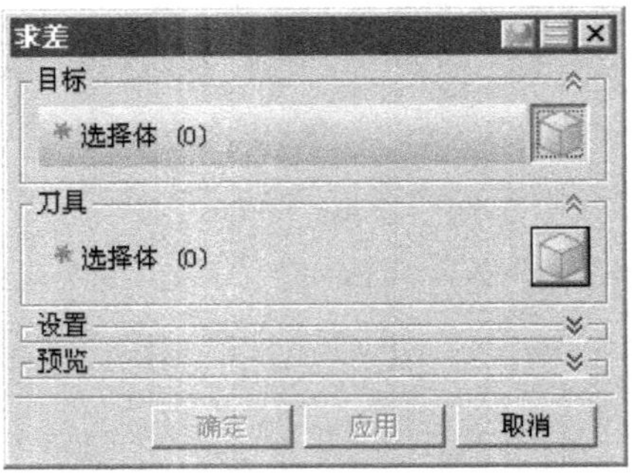

图 4.4.4 “求差”对话框

4.4.4 布尔求交操作

布尔求交操作用于创建包含两个不同实体的公共部分。进行布尔求交运算时，工具体与目标体必须相交。下面以图 4.4.5 所示的模型为例，介绍布尔求交操作的一般过程。

Step1. 打开文件 D:\ug8.1\work\ch04\ch04.04\intersection.prt。

Step2. 选择命令。选择下拉菜单 插入(S) → 组合(B) → 求交(I)... 命令，弹出图 4.4.6 所示的“求交”对话框。

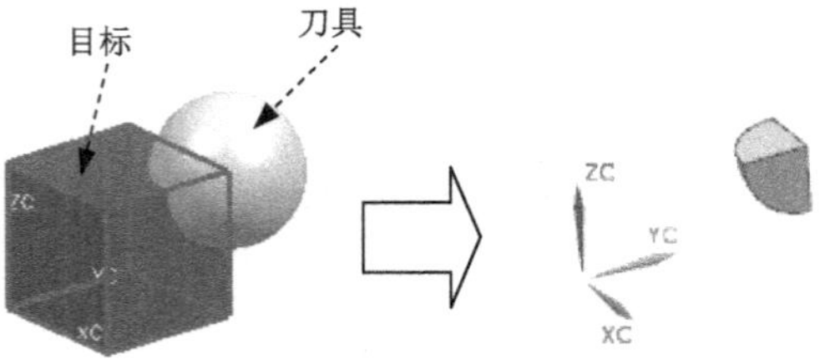

a）求交前　　b）求交后

图 4.4.5 布尔求交操作

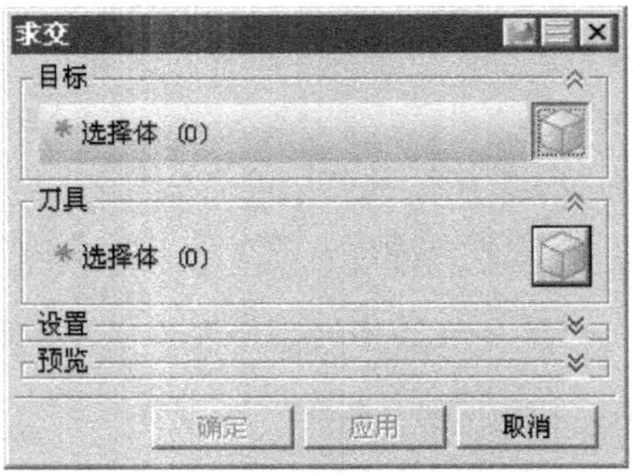

图 4.4.6 “求交”对话框

Step3. 定义目标体和工具体。依次选取图 4.4.5a 所示的实体作为目标和刀具，单击 确定 按钮，完成该布尔操作。

4.4.5 布尔出错消息

如果布尔运算的使用不正确，可能出现错误，其出错信息如下：

- 在进行实体的求差和求交运算时，所选工具体必须与目标体相交，否则系统会发布警告信息：“工具体完全在目标体外”。

- 在进行操作时，如果使用复制目标，且没有创建一个或多个特征，则系统会发布警告信息："不能创建任何特征"。
- 如果在执行一个片体与另一个片体求差操作时，则系统会发布警告信息："非歧义实体"。
- 如果在执行一个片体与另一个片体求交操作时，则系统会发布警告信息："无法执行布尔运算"。

注意：如果创建的是第一个特征，此时不会存在布尔运算，"布尔操作"的列表框为灰色。从创建第二个特征开始，以后加入的特征都可以选择"布尔操作"，而且对于一个独立的部件，每一个添加的特征都需要选择"布尔操作"，系统默认选中"创建"类型。

4.5 拉伸特征

4.5.1 拉伸特征简述

拉伸特征是将截面沿着草图平面的垂直方向拉伸而成的特征，它是最常用的零件建模方法。下面以一个简单实体三维模型（图 4.5.1）为例，说明拉伸特征的基本概念及其创建方法，同时介绍用 UG 软件创建零件三维模型的一般过程。

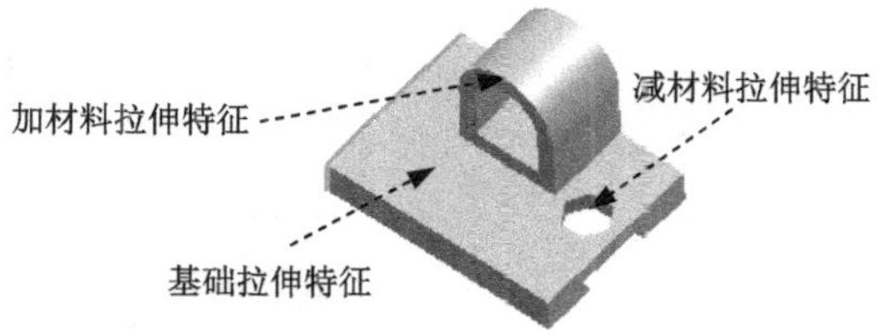

图 4.5.1　实体三维模型

4.5.2 创建基础拉伸特征

下面以图 4.5.2 所示的拉伸特征为例，说明创建拉伸特征的一般步骤。创建前，请先新建一个模型文件，命名为 base_block，进入建模环境。

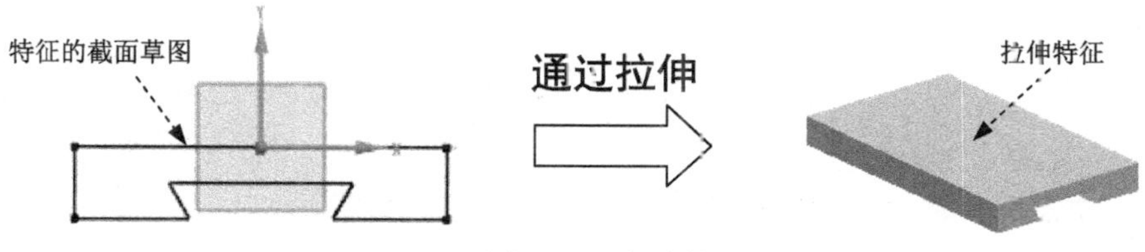

图 4.5.2　拉伸特征

1．选取拉伸特征命令

选取特征命令一般有如下两种方法。

方法一： 从下拉菜单中获取特征命令。选择下拉菜单 插入(S) → 设计特征(E) → 拉伸(E)... 命令。

方法二： 从工具栏中获取特征命令。本例可以直接单击“特征”工具栏中的按钮。

2. 定义拉伸特征的截面草图

定义拉伸特征截面草图的方法有两种：选择已有草图作为截面草图；创建新草图作为截面草图。本例中介绍定义拉伸特征截面草图的第二种方法，具体定义过程如下：

Step1. 选取新建草图命令。选择特征命令后，系统弹出图 4.5.3 所示的“拉伸”对话框，在该对话框中单击按钮，创建新草图。

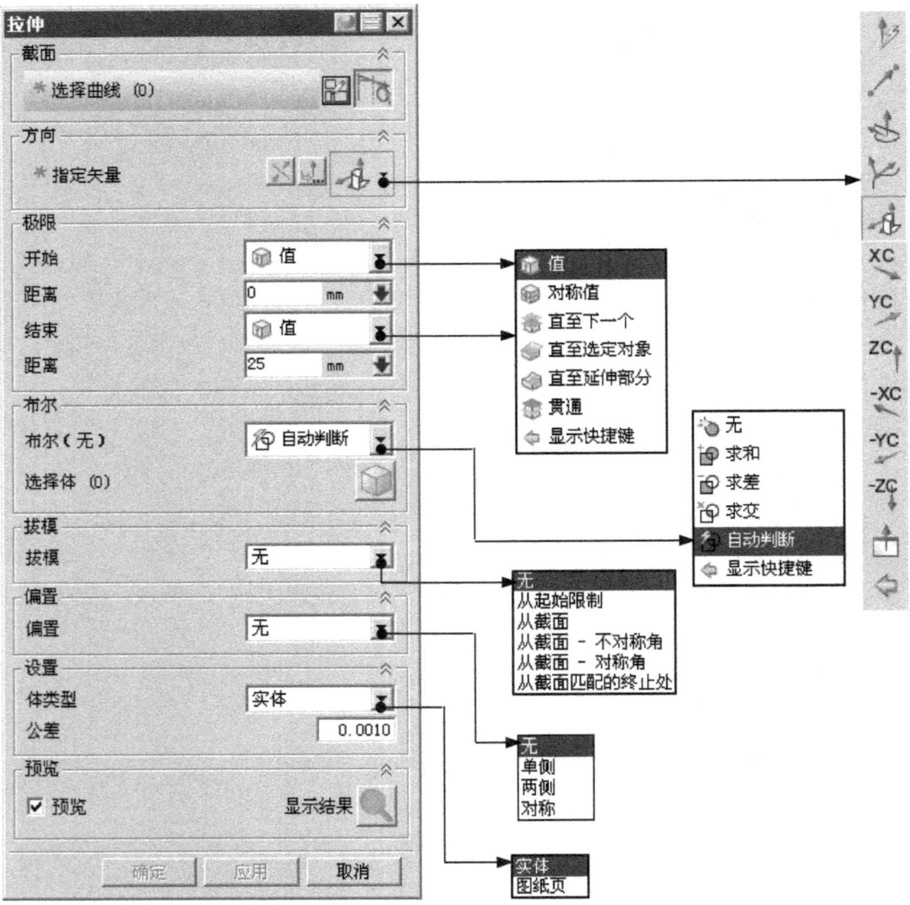

图 4.5.3 “拉伸”对话框

图 4.5.3 所示的“拉伸”对话框中相关选项的功能说明如下：

- （曲线）：选择已有的草图或几何体边缘作为拉伸特征的截面。
- （绘制截面）：创建一个新草图作为拉伸特征的截面。完成草图并退出草图环境后，系统自动选择该草图作为拉伸特征的截面。

- ：该选项用于指定拉伸的方向。可单击对话框中的按钮，从弹出的下拉列表中选取相应的方式，指定拉伸的矢量方向。单击按钮，系统就会自动使当前的拉伸方向相反。
- 体类型：用于指定拉伸生成的是片体（即曲面）特征还是实体特征。

说明：在拉伸操作中，也可以在图形区拖动相应的手柄按钮设置拔模角度和偏置值等，这样操作更加方便和灵活。另外，UG NX 8.0 支持最新的动态拉伸操作方法——可以使用鼠标选中要拉伸的曲线，然后右击，在弹出的快捷菜单中选择拉伸(E)...命令，同样可以完成相应的拉伸操作。

Step2. 定义草图平面。

对草图平面的概念和有关选项介绍如下：

- 草图平面是特征截面或轨迹的绘制平面。
- 选择的草图平面可以是 X-Y 平面、Y-Z 平面和 Z-X 平面中的一个，也可以是模型的某个表面。

完成上步操作后，选取 X-Z 平面作为草图平面，单击确定按钮进入草图环境。

Step3. 绘制截面草图。

基础拉伸特征的截面草图如图 4.5.4 所示。绘制特征截面草图图形的一般步骤如下：

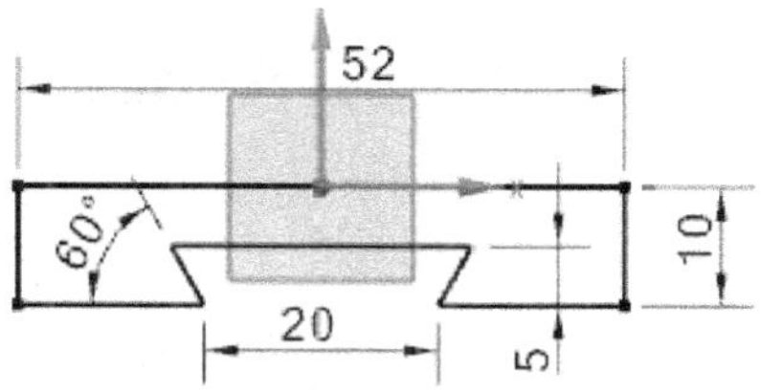

图 4.5.4　基础特征的截面草图

（1）设置草图环境，调整草图区。

① 进入草图环境后，若图形被移动至不方便绘制的方位，应单击“草图生成器”工具栏中的“定向视图到草图”按钮，调整到正视于草图的方位（即使草图基准面与屏幕平行）。

② 除可以移动和缩放草图区外，如果用户想在三维空间绘制草图或希望看到模型截面图在三维空间的方位，可以旋转草图区，方法是按住中键并移动鼠标，此时可看到图形跟着鼠标旋转。

（2）创建截面草图。下面将介绍创建截面草图的一般流程，在以后的章节中创建截面草图时，可参照这里的内容。

① 绘制截面几何图形的大体轮廓。

注意：绘制草图时，开始没有必要很精确地绘制截面的几何形状、位置和尺寸，只要大概的形状与图 4.5.5 相似就可以。

② 建立几何约束。建立图 4.5.6 所示的水平、竖直、相等、共线和对称约束。

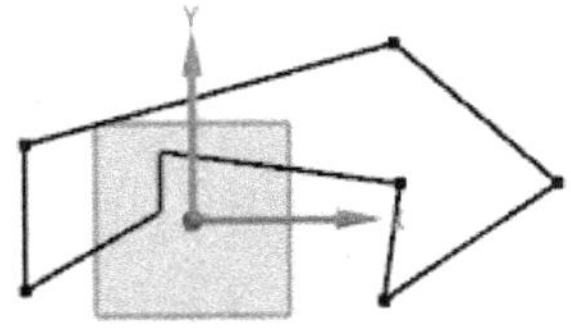

图 4.5.5　截面草绘的初步图形

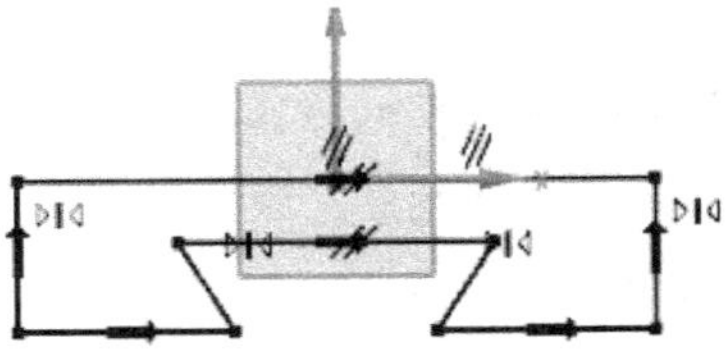

图 4.5.6　建立几何约束

③ 建立尺寸约束。单击“草图约束”工具栏中的“自动判断的尺寸”按钮，标注图 4.5.7 所示的五个尺寸，建立尺寸约束。

④ 修改尺寸。将尺寸修改为设计要求的尺寸，如图 4.5.8 所示。其操作提示与注意事项如下：

- 尺寸的修改应安排在建立完约束以后进行。
- 注意修改尺寸的顺序，先修改对截面外观影响不大的尺寸。

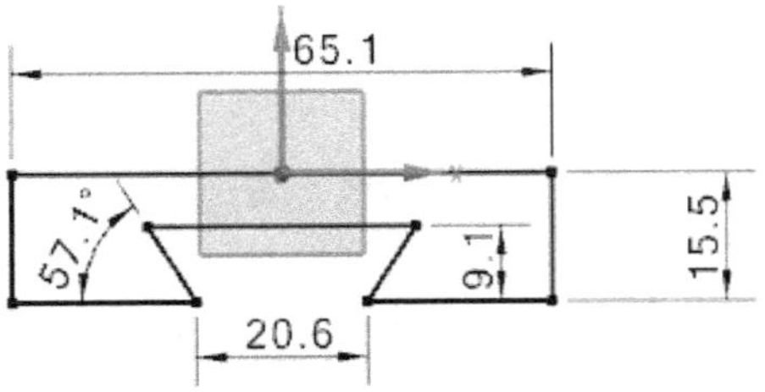

图 4.5.7　建立尺寸约束

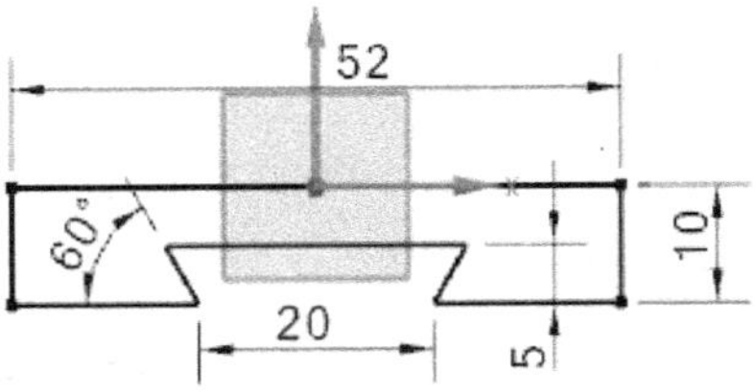

图 4.5.8　修改尺寸

Step4. 完成草图绘制后，选择下拉菜单 草图(K) ➡ 完成草图 命令，退出草图环境。

3. 定义拉伸类型

退出草图环境后，图形区出现拉伸的预览，在对话框中不进行选项操作，创建系统默认的实体类型。

4. 定义拉伸深度属性

Step1. 定义拉伸方向。拉伸方向采用系统默认的矢量方向，如图 4.5.9 所示。

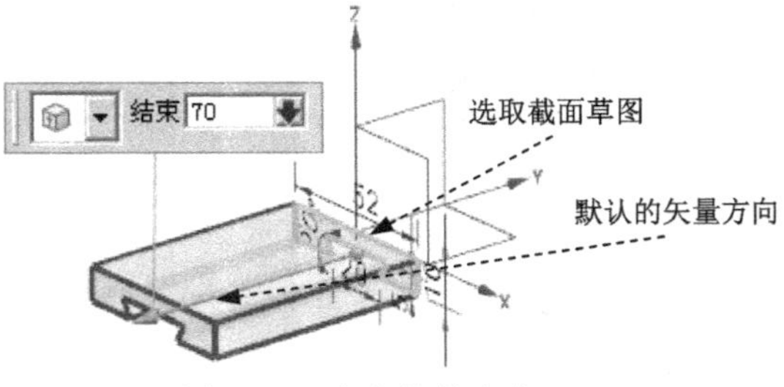

图 4.5.9　定义拉伸方向

说明：“拉伸”对话框中的选项用于指定拉伸的方向，单击对话框中的按钮，从系统弹出的下拉列表中选取相应的方式，即可指定拉伸的矢量方向，单击按钮，系统就会自动使当前的拉伸方向相反。

Step2. 定义拉伸深度。在【开始】下拉列表中选择【对称值】选项，在【距离】文本框中输入值 35.0，此时图形区如图 4.5.9 所示。

说明：

- 【极限】区域：包括六种拉伸控制方式。
  - ☑【值】：在【开始】/【结束】文本框输入具体的数值（可以为负值）来确定拉伸的高度，起始值与结束值之差的绝对值为拉伸的高度。
  - ☑【对称值】：特征将在截面所在平面的两侧进行拉伸，且两侧的拉伸深度值相等，如图 4.5.10 所示。
  - ☑【直至下一个】：特征拉伸至下一个障碍物的表面处终止，如图 4.5.10 所示。
  - ☑【直至选定对象】：特征拉伸到选定的实体、平面、辅助面或曲面为止，如图 4.5.10 所示。
  - ☑【直至延伸部分】：把特征拉伸到选定的曲面，但是选定面的大小不能与拉伸体完全相交，系统就会自动按照面的边界延伸面的大小，然后再切除生成拉伸体，圆柱的拉伸被选择的面（框体的内表面）延伸后切除。
  - ☑【贯通】：特征在拉伸方向上延伸，直至与所有曲面相交。

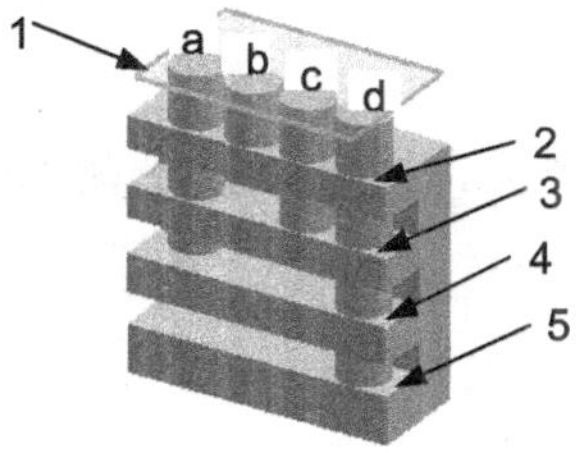

图 4.5.10　拉伸深度选项示意图

- 【布尔】区域：如果图形区在拉伸之前已经创建了其他实体，则可以在进行拉伸的同时与这些实体进行布尔操作，包括创建、求和、求差和求交。
- 【拔模】区域：对拉伸体沿拉伸方向进行拔模。角度大于 0 时，沿拉伸方向向内拔模；角度小于 0 时，沿拉伸方向向外拔模。
  - ☑【从起始限制】：该方式将直接从设置的起始位置开始拔模。
  - ☑【从截面】：该方式用于设置拉伸特征拔模的起始位置为拉伸截面处。
  - ☑【从截面 - 不对称角】：用于在拉伸截面两侧进行不对称的拔模。
  - ☑【起始截面 - 对称角】：用于在拉伸截面两侧进行对称的拔模，如图 4.5.11 所示。
  - ☑【从截面匹配的终止处】：用于在拉伸截面两侧进行拔模，所输入的角度为“结束”侧的拔模角度，且起始面与结束面的大小相同，如图 4.5.12 所示。
- 【偏置】区域：通过设置起始值与结束值，可以创建拉伸薄壁类型特征（图 4.5.13），起始值与结束值之差的绝对值为薄壁的厚度。

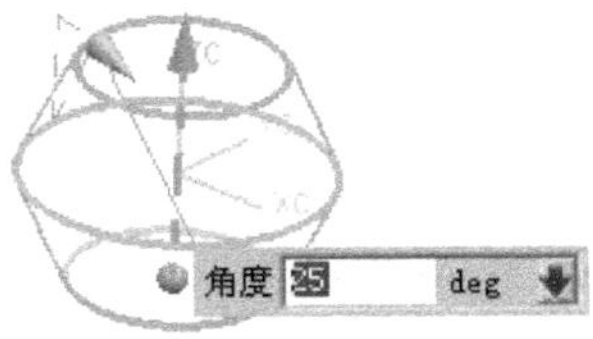

图 4.5.11　“对称角”

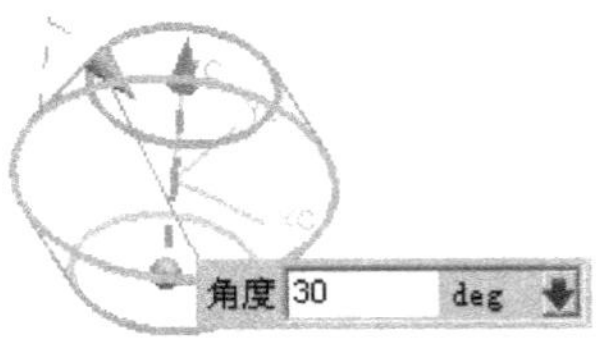

图 4.5.12　“从截面匹配的终止处”

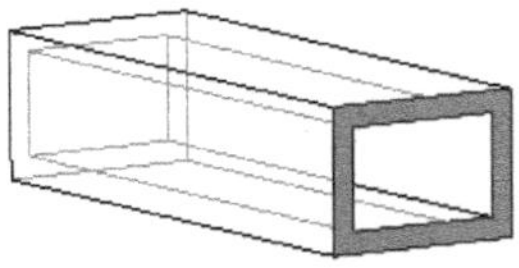

图 4.5.13　“偏置”

5．完成拉伸特征的定义

Step1．特征的所有要素被定义完毕后，预览所创建的特征，以检查各要素的定义是否正确。

说明：预览时，可按住鼠标中键进行旋转查看，如果所创建的特征不符合设计意图，可选择对话框中的相关选项重新定义。

Step2．预览完成后，单击“拉伸”对话框中的〈确定〉按钮，完成特征的创建。

4.5.3　添加其他特征

1．添加加材料拉伸特征

在创建零件的基本特征后，可以增加其他特征。现在要添加图 4.5.14 所示的加材料拉伸特征，操作步骤如下：

Step1．选择下拉菜单 插入(S) → 设计特征(E) → 拉伸(E)... 命令（或单击“特征”工具栏中的按钮），系统弹出“拉伸”对话框。

Step2．创建截面草图。

（1）选取草图基准平面。在“拉伸”对话框中单击按钮，然后选取图 4.5.15 所示的模型表面作为草图基准平面，单击 确定 按钮，进入草图环境。

（2）绘制特征的截面草图。绘制图 4.5.16 所示的截面草图的大体轮廓。完成草图绘制后，单击“草图”工具栏中的 完成草图 按钮，退出草图环境。

Step3．定义拉伸属性。

（1）定义拉伸深度方向。单击对话框中的按钮，反转拉伸方向。

（2）定义拉伸深度。在“拉伸”对话框的 开始 下拉列表中选择 值 选项，在其下的 距离 文本框中输入 0.0，在 终点 下拉列表中选择 值 选项，在其下的 距离 文本框中输入 25.0，在 偏置 区域的下拉列表中选择 两侧 选项，在 开始 文本框输入值 - 5.0，在 结束 文本框输入值 0.0，其他采用系统默认设置值。在 布尔 区域中选择 求和 选项，采用系统默认的求和对象。

Step4．单击“拉伸”对话框中的〈确定〉按钮，完成特征的创建。

注意：此处进行布尔操作是将基础拉伸特征与加材料拉伸特征合并为一体，如果不进行此操作，基础拉伸特征与加材料拉伸特征将是两个独立的实体。

图 4.5.14　添加加材料拉伸特征

图 4.5.15　选取草图基准面

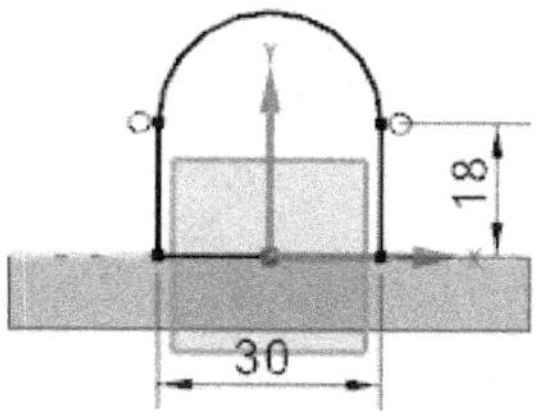

图 4.5.16　截面草图

2．添加减材料拉伸特征

减材料拉伸特征的创建方法与加材料拉伸基本一致，只不过加材料拉伸是增加实体，而减材料拉伸则是减去实体。现在要添加图 4.5.17 所示的减材料拉伸特征，具体操作步骤如下：

Step1．选择命令。选择下拉菜单 插入(S) ➡ 设计特征(E) ➡ 拉伸(E)... 命令（或单击“特征”工具栏中的按钮），系统弹出“拉伸”对话框。

Step2．创建截面草图。

（1）选取草图基准面。在“拉伸”对话框中单击按钮，然后选取图 4.5.18 所示的模型表面作为草图基准平面，单击 确定 按钮，进入草图环境。

（2）绘制特征的截面草图。绘制图 4.5.19 所示的截面草图的大体轮廓。完成草图绘制后，单击“草图”工具栏中的 完成草图 按钮，退出草图环境。

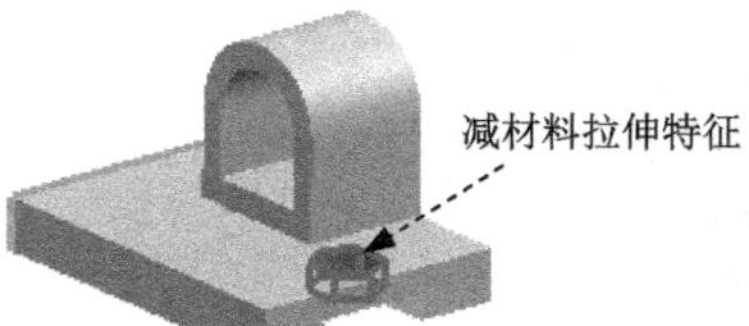

图 4.5.17　添加减材料拉伸特征

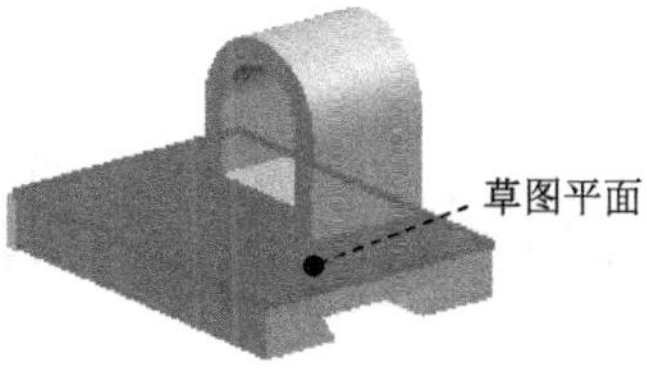

图 4.5.18　选取草图基准平面

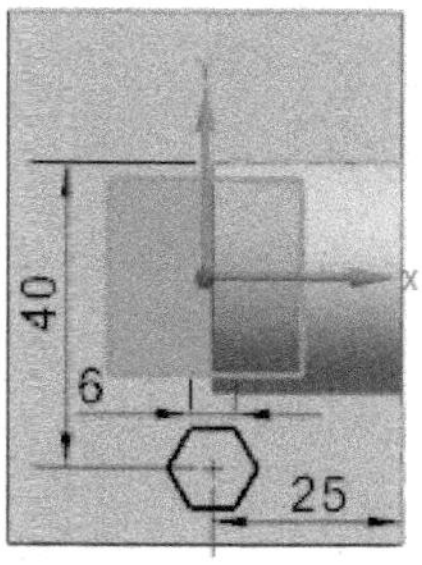

图 4.5.19　截面草图

Step3．定义拉伸属性。

（1）定义拉伸深度方向。单击对话框中的按钮，反转拉伸方向。

（2）定义拉伸深度类型和深度值。在“拉伸”对话框的 结束 下拉列表框中选择 贯通 选项，在 布尔 区域中选择 求差 选项，采用系统默认的求差对象。

Step4．单击“拉伸”对话框中的 < 确定 > 按钮，完成特征的创建。

Step5．选择下拉菜单 文件(F) ➡ 保存(S) 命令，保存模型文件。

4.6 回 转 特 征

4.6.1 回转特征简述

回转特征是将截面绕着一条中心轴线旋转而形成的特征，如图 4.6.1 所示。选择下拉菜单 插入(S) ➡ 设计特征(E) ➡ 回转(R)... 命令（或单击 按钮），系统弹出“回转”对话框，如图 4.6.2 所示。

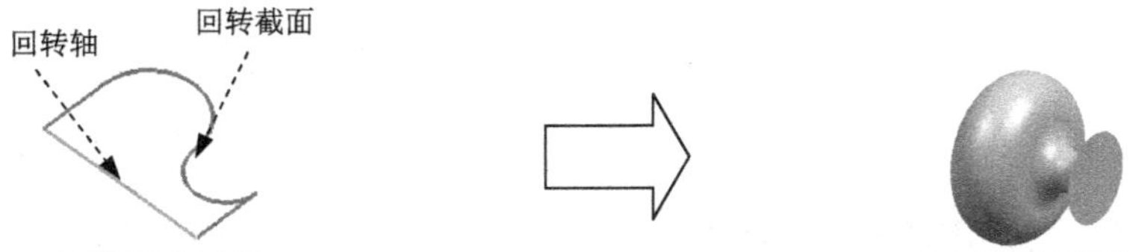

a）截面和回转轴　　b）回转特征

图 4.6.1 “回转”示意图

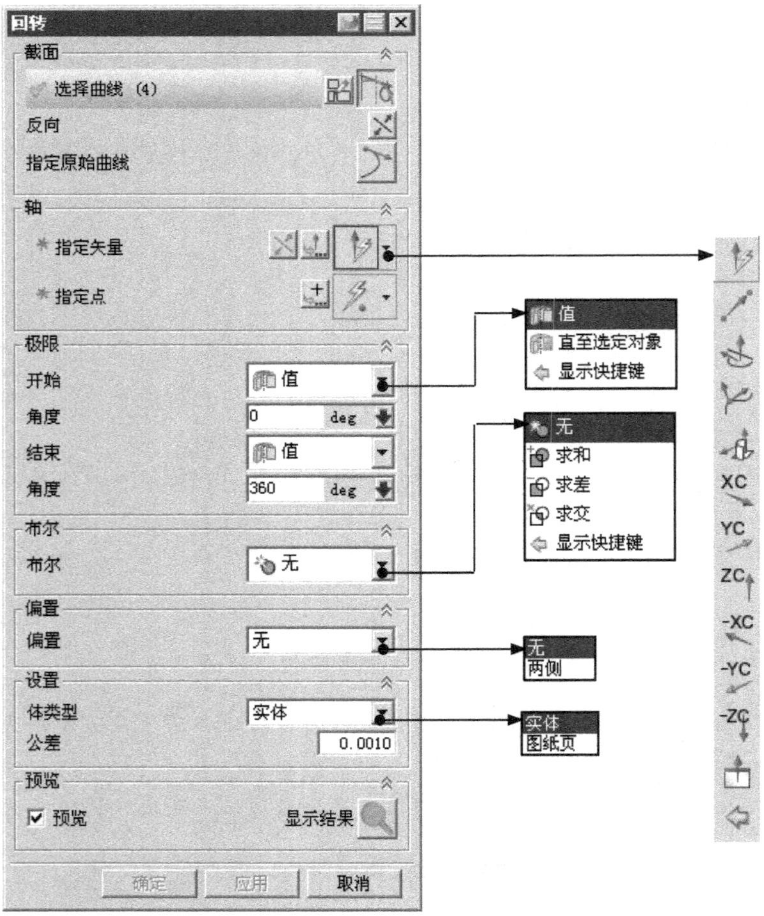

图 4.6.2 “回转”对话框

图 4.6.2 所示的“回转”对话框中各选项的功能说明如下：

- （选择截面）：选择已有的草图或几何体边缘作为回转特征的截面。
- （绘制截面）：创建一个新草图作为回转特征的截面。完成草图并退出草图环境后，系统自动选择该草图作为回转特征的截面。
- 极限 区域：包含 开始 和 结束 两个下拉列表及两个位于其下的 角度 文本框。
  - ☑ 开始 下拉列表：用于设置回转的类项，角度 文本框用于设置回转的起始角度，其值的大小是相对于截面所在的平面而言的，其方向以与回转轴成右手定则的方向为准。在 开始 下拉列表中选择 值 选项，则需设置起始角度和终止角度；在 开始 下拉列表中选择 直至选定对象 选项，则需选择要开始或停止回转的面或相对基准平面，其使用结果如图 4.6.3 所示。

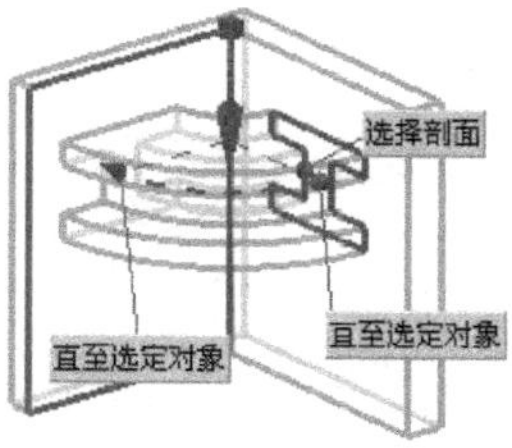

图 4.6.3　“直至选定对象”方式

  - ☑ 结束 文本框：用于设置回转的类项，角度 文本框设置回转对象回转的终止角度，其值的大小也是相对于截面所在的平面而言的，其方向也是以与回转轴成右手定则为准。
- 偏置 区域：利用该区域可以创建回转薄壁类型特征。
- ☑ 预览 复选框：使用预览可确定创建回转特征之前参数的正确性。系统默认选中该复选框。
- 按钮：可以选取已有的直线或者轴作为回转轴矢量，也可以使用“矢量构造器”方式构造一个矢量作为回转轴矢量。
- 按钮：如果用于指定回转轴的矢量方法需要单独再选定一点，例如用于平面法向时，此选项将变为可用。
- 布尔 区域：如果创建回转特征时，如果已经存在其他实体，则可以与其进行布尔操作，包括创建、求和、求差和求交。

注意：在图 4.6.2 所示的“回转”对话框中单击按钮，系统弹出“矢量”对话框，其应用将在下一节中详细介绍。

4.6.2 矢量

在建模的过程中，矢量的应用十分广泛，如对定义对象的高度方向、投影方向和回转中心轴等进行设置。

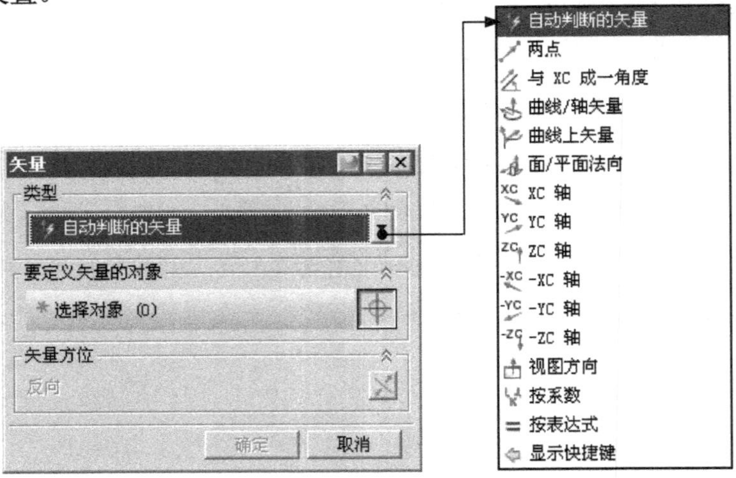

图 4.6.4 “矢量”对话框

图 4.6.4 所示的“矢量”对话框类型下拉列表中各选项的功能说明如下。

- 自动判断的矢量：可以根据选取的对象自动判断所定义矢量的类型。
- 两点：利用空间两点创建一个矢量，矢量方向为由第一点指向第二点。
- 与 XC 成一角度：用于在 XY 平面上创建与 XC 轴成一定角度的矢量。
- 曲线/轴矢量：通过选取曲线上某点的切向矢量来创建一个矢量。
- 曲线上矢量：在曲线上的任一点指定一个与曲线相切的矢量。可按照圆弧长或百分比圆弧长指定位置。
- 面/平面法向：用于创建与实体表面（必须是平面）法线或圆柱面的轴线平行的矢量。
- XC 轴：用于创建与 XC 轴平行的矢量。注意，这里的“与 XC 轴平行的矢量”不是 XC 轴，例如，在定义回转特征的回转轴时，如果选择此项，只是表示回转轴的方向与 XC 轴平行，并不表示回转轴就是 XC 轴，所以这时要完全定义回转轴还必须再选取一点定位回转轴。下面五项与此相同。
- YC 轴：用于创建与 YC 轴平行的矢量。
- ZC 轴：用于创建与 ZC 轴平行的矢量。
- -XC 轴：用于创建与-XC 轴平行的矢量。
- -YC 轴：用于创建与-YC 轴平行的矢量。
- -ZC 轴：用于创建与-ZC 轴平行的矢量。
- 视图方向：指定与当前工作视图平行的矢量。
- 按系数：按系数指定一个矢量。

- 按表达式：使用矢量类型的表达式来指定矢量。

创建矢量有两种方法，下面分别介绍。

方法一：

利用“矢量”对话框中的按钮创建矢量，共有 17 种方式。

方法二：

输入矢量的各分量值创建矢量。使用该方式需要确定矢量分量的表达方式。UG NX 8.0 软件提供了下面两种坐标系。

- 笛卡尔坐标系：用矢量的各分量来确定直角坐标，即在“矢量”对话框中的 I、J 和 K 文本框中输入矢量的各分量值来创建矢量。
- 球坐标系坐标系：矢量坐标分量为球形坐标系的两个角度值，其中 Phi 是矢量与 X 轴的夹角，Theta 是矢量在 XY 面内的投影与 ZC 轴的夹角，通过在文本框中输入角度值，定义矢量方向。

4.6.3　创建回转特征的一般过程

下面以图 4.6.5 所示的回转特征为例，说明创建回转特征的一般操作过程。

Step1. 打开文件 D:\ug8.1\work\ch04\ch04.06\revolved.prt。

Step2. 选择命令。选择 插入(S) → 设计特征(E) → 回转(R)... 命令（或单击按钮），系统弹出“回转”对话框。

Step3. 定义回转截面。单击按钮，选取图 4.6.6 所示的曲线为回转截面，单击中键确认。

Step4. 定义回转轴。单击按钮，在系统弹出的“矢量”对话框的类型下拉列表中选择曲线/轴矢量选项，选取图 4.6.6 所示的直线为回转轴，然后单击“矢量”对话框中的确定按钮。

图 4.6.5　模型及模型树

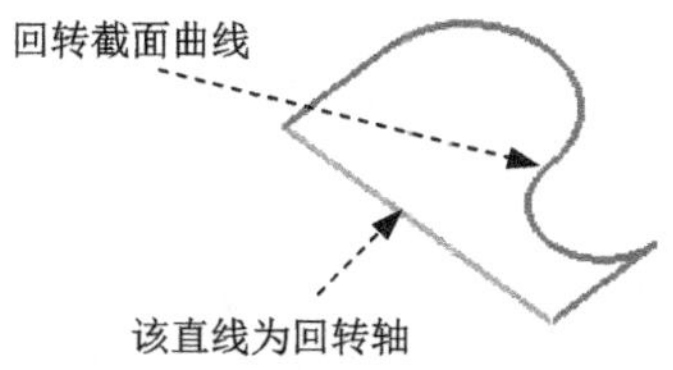

图 4.6.6　定义回转截面和回转轴

注意：

（1）Step3 和 Step4 两步操作可以简化为：先选取图 4.6.6 所示的曲线为回转截面，再单击中键以结束截面曲线的选取，然后选取图 4.6.6 所示的直线为回转轴。

（2）如图 4.6.6 所示，作为回转截面的曲线和作为回转轴的直线是两个独立的草图。

Step5. 确定回转角度的起始值和结束值。在“回转”对话框的 开始 文本框中输入值 0.0，在 结束 文本框中输入值 360.0。

Step6. 单击 < 确定 > 按钮，完成回转特征的创建。

4.7 倒 斜 角

构建特征不能单独生成，而只能在其他特征上生成，孔特征、倒斜角特征和倒圆角特征等都是典型的构建特征。使用“倒斜角”命令可以在两个面之间创建用户需要的倒角。下面以图 4.7.1 所示的范例来说明创建倒斜角的一般过程。

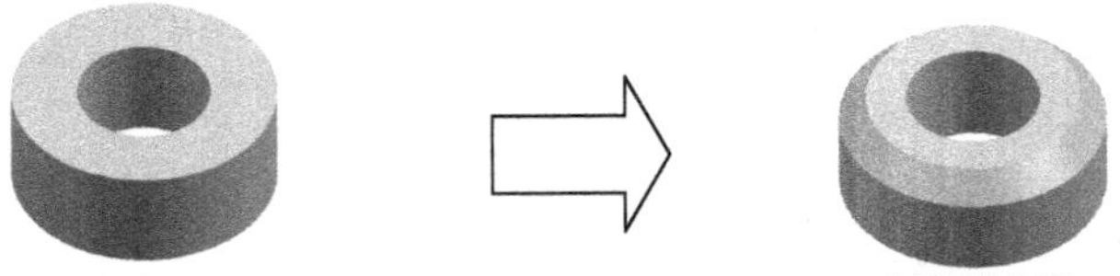

a）倒斜角前　　b）倒斜角后

图 4.7.1 创建倒斜角

Step1. 打开文件 D:\ug8.1\work\ch04\ch04.07\chamber.prt。

Step2. 选择命令。选择下拉菜单 插入(S) → 细节特征(L) → 倒斜角(C)... 命令，系统弹出图 4.7.2 所示的“倒斜角”对话框。

Step3. 选择倒斜角方式。在 横截面 下拉列表中选择 对称 选项，如图 4.7.2 所示。

Step4. 选取图 4.7.3 所示的边线为倒斜角的参照边。

Step5. 定义倒角参数。在弹出的动态输入框中，输入偏置值 2.0（可拖动屏幕上的拖拽手柄至用户需要的偏置值），如图 4.7.4 所示。

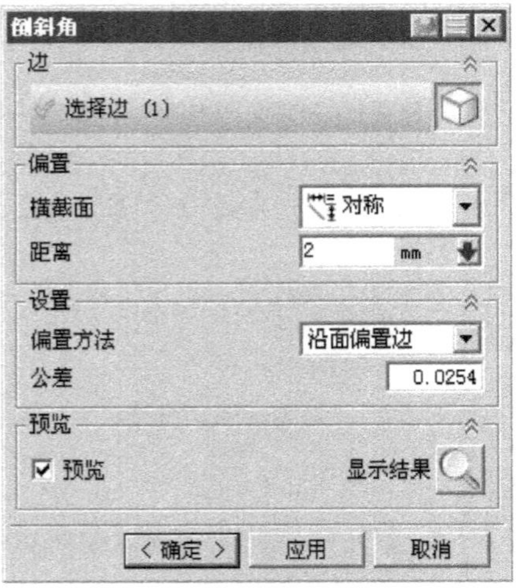

图 4.7.2 “倒斜角”对话框

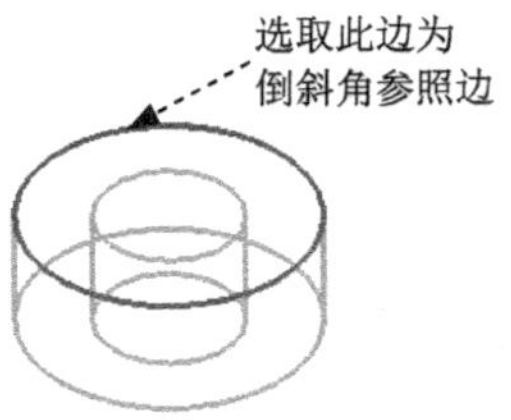

图 4.7.3 选择倒斜角参照边

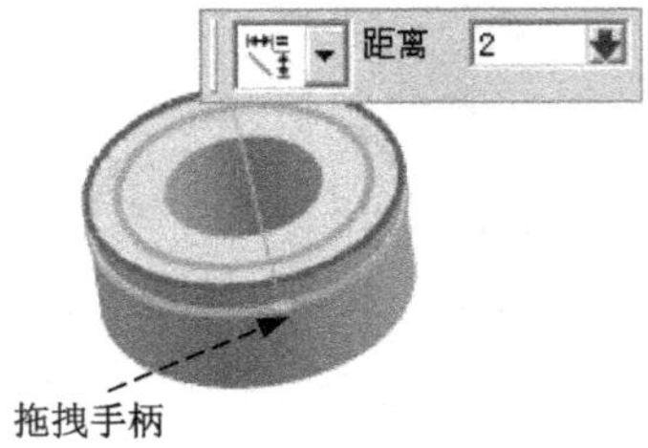

图 4.7.4 拖拽手柄

Step6. 单击 < 确定 > 按钮，完成倒斜角的创建。

图 4.7.2 所示的“倒斜角”对话框中有关选项的说明如下：

- 对称：单击该按钮，建立一简单倒斜角，沿两个表面的偏置值是相同的。
- 非对称：单击该按钮，建立一简单倒斜角，沿两个表面有不同的偏置量。对于不对称偏置，可利用按钮反转倒斜角偏置顺序从边缘一侧到另一侧。
- 偏置和角度：单击该按钮，建立一简单倒斜角，它的偏置量是由一个偏置值和一个角度决定的。
- 偏置方法：包括以下两种偏置方法：
  - ☑ 沿面偏置边：仅为简单形状生成精确的倒斜角，从倒斜角的边开始，沿着面测量偏置值，这将定义新倒斜角面的边。
  - ☑ 偏置面并修剪：如果被倒斜角的面很复杂，此选项可延伸用于修剪原始曲面的每个偏置曲面。

4.8 边 倒 圆

使用“边倒圆”（倒圆角）命令可以使多个面共享的边缘变光滑，如图 4.8.1 所示。既可以创建圆角的边倒圆（对凸边缘则去除材料），也可以创建倒圆角的边倒圆（对凹边缘则添加材料）。下面以图 4.8.1 所示的范例说明边倒圆的一般创建过程。

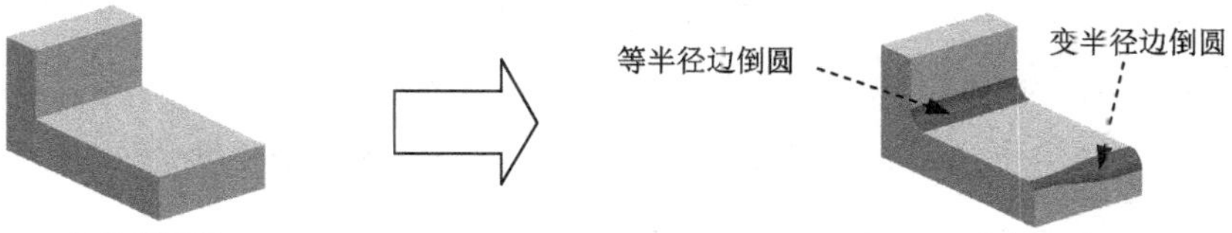

a）边倒圆前　　b）边倒圆后

图 4.8.1 “边倒圆”模型

Task1. 打开一个已有的零件模型

打开文件 D:\ug8.1\work\ch04\ch04.08\blend.prt。

Task2. 创建等半径边倒圆

Step1. 选择命令。选择下拉菜单 插入(S) ➡ 细节特征(L) ➡ 边倒圆(E)... 命令，系统弹出图 4.8.2 所示的“边倒圆”对话框。

Step2. 定义圆角形状。在对话框中的 形状 下拉列表中选择 圆形 选项。

Step3. 选取要倒圆的边。单击 要倒圆的边 区域中的按钮，选取要倒圆的边，如图 4.8.3 所示。

Step4. 输入倒圆参数。在对话框中的 半径 1 文本框中输入圆角半径值为 5.0。

Step5. 单击 < 确定 > 按钮，完成倒圆特征的创建。

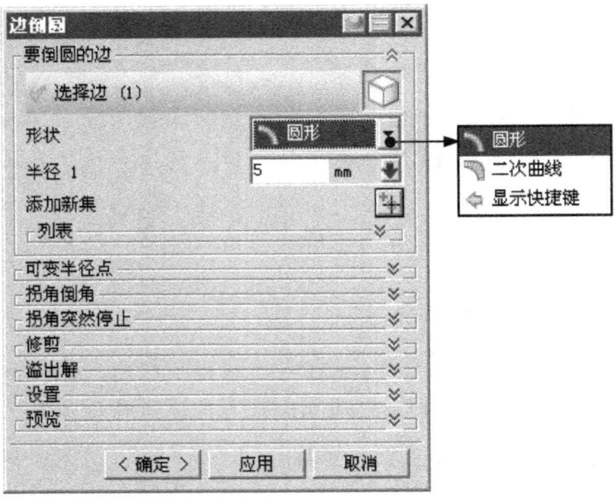

图 4.8.2 “边倒圆”对话框

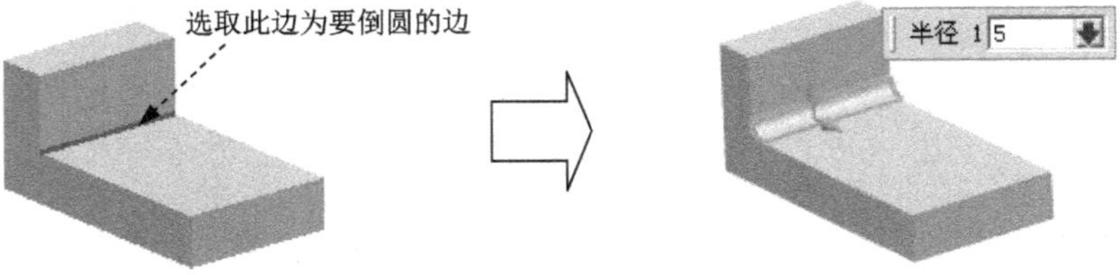

图 4.8.3 创建边倒圆

图 4.8.2 所示的“边倒圆”对话框中有关按钮的说明如下：

- （边）：该按钮用于创建一个恒定半径的圆角，恒定半径的圆角是最简单的、也是最容易生成的圆角。
- 形状下拉列表：用于定义倒圆角的形状，包括以下两个形状：
  - ☑ 圆形：选择此选项，倒圆角的截面形状为圆形。
  - ☑ 二次曲线：选择此选项，倒圆角的截面形状为二次曲线。
- 可变半径点：通过定义边缘上的点，然后输入各点位置的圆角半径值，沿边缘的长度改变倒圆半径。在改变圆角半径时，必须至少已指定了一个半径恒定的边缘，才能使用该选项对它添加可变半径点。
- 拐角倒角：添加回切点到一倒圆拐角，通过调整每一个回切点到顶点的距离，对拐角应用其他的变形。
- 拐角突然停止：通过添加突然停止点，可以在非边缘端点处停止倒圆，进行局部边缘段倒圆。

Task3. 创建变半径边倒圆

Step1. 选择命令。选择下拉菜单 插入(S) ➡ 细节特征(L) ➡ 边倒圆(E)... 命令，系统弹出“边倒圆”对话框。

Step2. 选取要倒圆的边。选取图 4.8.4 所示的倒圆参照边。

Step3. 定义圆角形状。在对话框的形状下拉列表中选择圆形选项。

Step4. 定义变半径点。单击可变半径点区域中的按钮，单击参照边上任意一点，系统在参照边上出现“圆弧长锚”，如图 4.8.5 所示。单击“圆弧长锚”并按住左键不放，拖动到弧长百分比值为 91.0%的位置（或输入弧长百分比值 91.0%）。

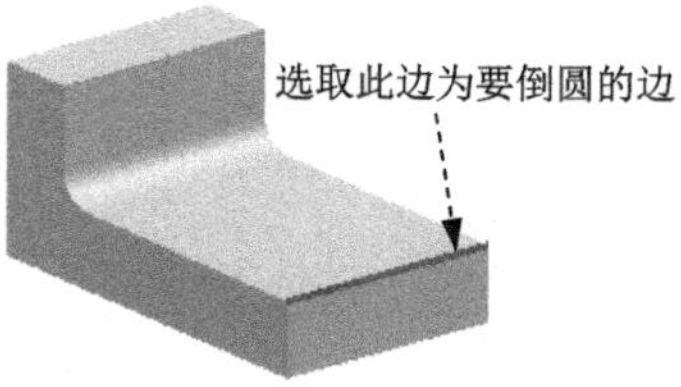

图 4.8.4　选取要倒圆的边

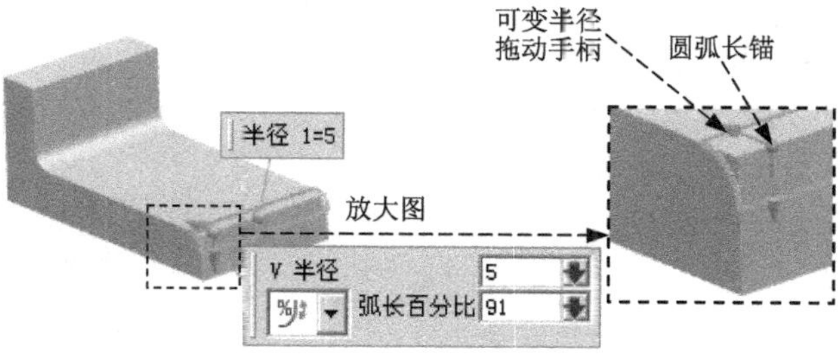

图 4.8.5　创建第一个“圆弧长锚”

Step5. 定义圆角参数。在弹出的动态输入框中输入半径值 2.0（也可拖动“可变半径拖动手柄”至需要的半径值）。

Step6. 定义第二个变半径点。其圆角半径值为 5.0，弧长百分比值为 28.0%，详细步骤同 Step4～Step5。

Step7. 单击< 确定 >按钮，完成可变半径倒圆特征的创建。

4.9　UG NX 8.0 的部件导航器

部件导航器提供了在工作部件中特征父子关系的可视化表示，允许在特征上执行各种编辑操作。

4.9.1　部件导航器概述

单击资源板中的第三个按钮，可以打开部件导航器。部件导航器是 UG NX 8.0 资源板中的一个部分，它可以用来组织、选择和控制数据的可见性，以及通过简单浏览来理解数据，也可以在其中更改现存的模型参数，以得到所需的形状和定位表达；另外，“制图”和“建模”数据也包括在“部件导航器”中。

“部件导航器”被分隔成 4 个面板：“主面板”、“相依性面板”、“细节面板”以及“预览面板”。构造模型或图纸时，数据被填充到这些面板窗口。使用这些面板导航部件，并执行各种操作。

4.9.2 部件导航器界面简介

“部件导航器主面板”提供了最全面的部件视图。可以使用它的树状结构（简称“模型树”）查看和访问实体、实体特征和所依附的几何体、视图、图样、表达式、快速检查以及模型中的引用集。

打开文件 D:\ug8.1\work\ch04\ch04.09\section.prt，模型如图 4.9.1 所示，在与之相应的模型树中，括号内的时间戳记跟在各特征名称的后面，如图 4.9.2 所示。“部件导航器主面板”有两种模式：“时间戳记顺序”和“非时间戳记顺序”模式。

图 4.9.1 参照模型

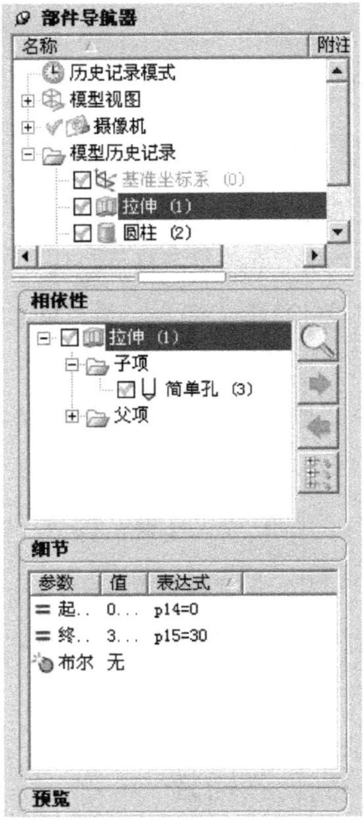

图 4.9.2 “部件导航器”界面

（1）在“部件导航器”中右击，在系统弹出快捷菜单中选择 时间戳记顺序 命令，可以在两种模式间进行切换，如图 4.9.3 所示。

（2）在“设计视图”模式下，工作部件中的所有特征在模型节点下显示，包括它们的特征和操作，先显示最近创建的特征（按相反的时间戳记次序）；在“时间戳记顺序”模式下，工作部件中的所有特征都按它们创建的时间戳记显示为一个节点的线性列表，“非时间戳记次序”模式不包括“设计视图”模式中可用的所有节点，如图 4.9.4 和图 4.9.5 所示。

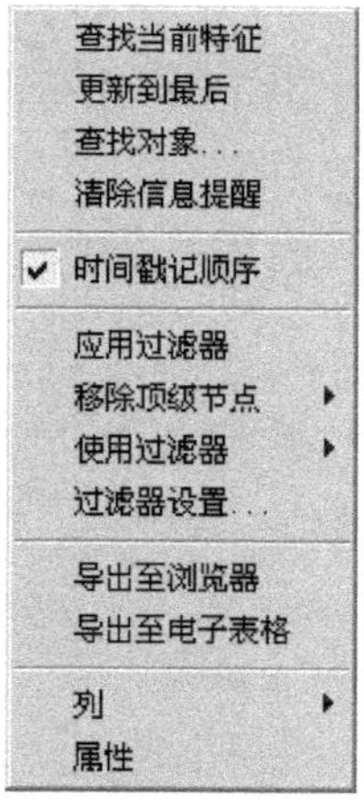

图 4.9.3　快捷菜单

图 4.9.4　“非时间戳记顺序”模式

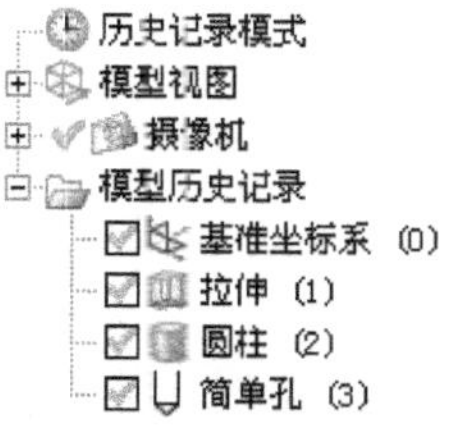

图 4.9.5　“时间戳记顺序”模式

“部件导航器相依性面板”可以查看部件中特征几何体的父子关系，可以帮助修改计划对部件的潜在影响。单击**相依性**选项，可以打开和关闭该面板，选择其中一个特征，其界面如图 4.9.6 所示。

“部件导航器细节面板”显示属于当前所选特征的特征和定位参数。如果特征被表达式抑制，则特征抑制也将显示。单击**细节**选项，可以打开和关闭该面板，选择其中一个特征，其界面如图 4.9.7 所示。

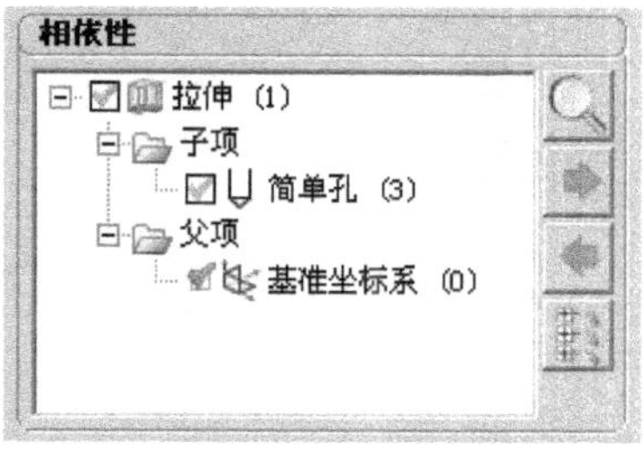

图 4.9.6　部件导航器“相依性”面板

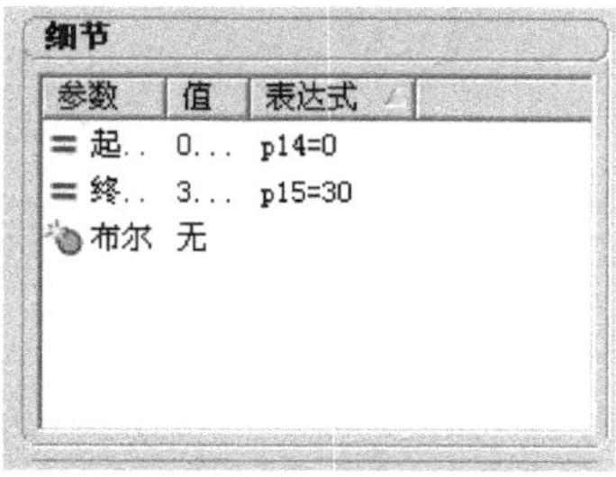

图 4.9.7　部件导航器“细节”面板

“细节面板”有三列：参数、值和表达式。在此仅显示单个特征的参数，可以直接在“细节面板”中编辑该值：双击该值进入编辑模式，可以更改表达式的值，按回车键结束编辑。参数和表达式可以通过右击弹出菜单中的“导出至浏览器”或“导出至电子表格”，将“细节”面板的内容导出至浏览器或电子表格，并且可以按任意列排序。

“部件导航器预览面板”显示可用的预览对象的图像。单击**预览**选项，可以打开和关闭该面板。“预览面板”的性质与上述“部件导航器细节面板”类似，不再赘述。

4.9.3　部件导航器的作用与操作

1. 部件导航器的作用

部件导航器可以用来抑制或释放特征和改变它们的参数或定位尺寸等，部件导航器在所有 UG NX 8.0 应用环境中都是有效的，而不只是在建模环境中。可以在建模环境执行特征编辑操作。在部件导航器中，编辑特征可以引起一个在模型上执行的更新。

在部件导航器中使用时间戳记次序，可以按时间序列排列建模所用到的每个步骤，并且可以对其进行参数编辑、定位编辑、显示设置等各种操作。

部件导航器中提供了正等测视图、前视图、右视图等八个模型视图，用于选择当前视图的方向，以方便从各个视角观察模型。

2. 部件导航器的显示操作

部件导航器对识别模型特征是非常有用的。在部件导航器窗口中选择一个特征，该特征将在图形区高亮显示，并在部件导航器窗口中高亮显示其父特征和子特征。反之，在图形区中选择一特征，该特征和它的父/子层级也会在部件导航器窗口中高亮显示。

为了显示部件导航器，可以在图形区右侧的资源条上单击 按钮，系统弹出部件导航器界面。当光标离开部件导航器窗口时，部件导航器窗口立即关闭，以方便图形区的操作，如果需要固定部件导航器窗口的显示，单击 按钮，使之变为 状态，则窗口始终固定显示，直到再次单击 按钮。

如果需要以某个方向观察模型，可以在部件导航器中双击 模型视图 下的选项，可以得到图 4.9.8 所示的八个方向的视角，当前应用视图后有“(工作)”字样。

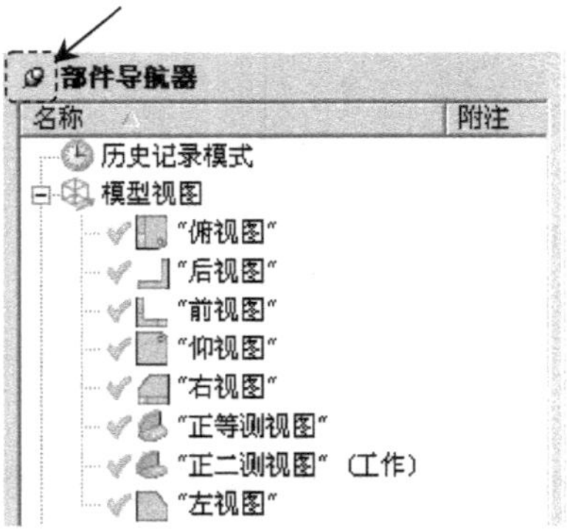

图 4.9.8 “模型视图”中的选项

3. 在部件导航器中编辑特征

在“部件导航器”中，有多种方法可以选择和编辑特征，在此列举两种。

方法一：

Step1. 双击树列表中的特征，打开其编辑对话框。

Step2. 用与创建时相同的对话框控制编辑其特征。

方法二：

Step1. 在树列表中选择一个特征。

Step2. 右击，选择弹出菜单中的 编辑参数(P)... 命令，打开其编辑对话框。

Step3. 用与创建时相同的对话框控制编辑其特征。

4. 显示表达式

在“部件导航器”中会显示“主面板表达式”文件夹内定义的表达式，且其名称前会显示表达式的类型（即距离、长度或角度等）。

5. 抑制与取消抑制

打开文件 D:\ug8.1\work\ch04\ch04.09\Suppressed.prt，通过抑制（Suppressed）功能可使已显示的特征临时从图形区中移去。取消抑制后，该特征显示在图形区中，例如，图 4.9.9a 的孔特征处于抑制的状态，此时其模型树如图 4.9.10a 所示；图 4.9.9b 的孔特征处于取消抑制的状态，此时其模型树如图 4.9.10b 所示。

a）抑制状态　　b）取消抑制状态

图 4.9.9　特征的抑制（模型）

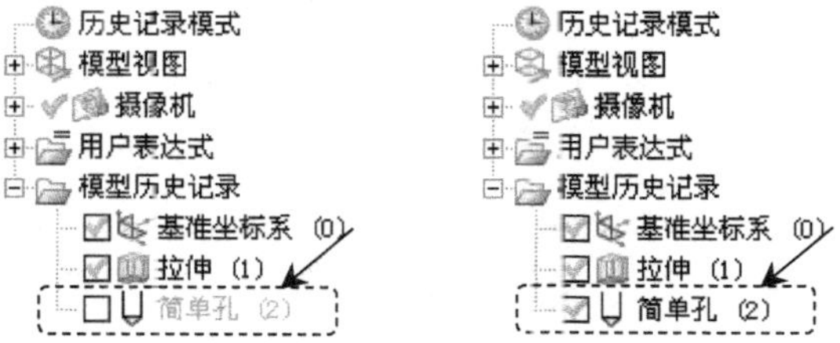

a）抑制状态　　b）取消抑制状态

图 4.9.10　特征的抑制（模型树）

如果要抑制某个特征，可在模型树中选择该特征，右击，在弹出的快捷菜单中选择 抑制(S) 命令。如果需要取消某个特征的抑制，可在模型树中选择该特征，右击，在弹出的快捷菜单中选择 取消抑制(U) 命令，即可恢复显示。

说明：

- 选取 抑制(S) 命令可以使用另外一种方法，即在模型树中选择某个特征后，右击，在弹出的快捷菜单中选择 抑制(S) 命令。
- 在抑制某个特征时，其子特征也将被抑制；在取消抑制某个特征时，其父特征也将被取消抑制。

6. 特征回放

用户使用下拉菜单 编辑(E) → 特征(F) → 回放(B)... 命令，可以一次显示一个特征，逐步表示模型的构造过程。

注意：

- 被抑制的特征在回放的过程中是不显示的。
- 如果草图是在特征内部创建的，则在回放过程中不显示，否则草图会显示。

7. 信息获取

信息（Information）下拉菜单提供了获取有关模型信息的选项。

信息窗口显示所选特征的详细信息，包括特征名、特征表达式、特征参数和特征的父子关系等。特征信息的获取方法：在部件导航器中选择特征并右击，然后选择 信息(I) 命令，弹出“信息”窗口。

说明：

- 在“信息”窗口中可以选择下拉菜单 文件(F) ➡ 另存为...(A) 命令或 打印...(P) Ctrl+P 命令。另存为...(A) 命令用于以文本格式保存在信息窗口中列出的所有信息；打印...(P) Ctrl+P 命令用于将信息列表打印。
- 编辑(E) 下拉菜单中的 查找...(F) Ctrl+F 命令，用于搜索特定表达式。

8. 细节

在模型树中选择某个特征后，在“细节”面板中会显示该特征的参数、值和表达式，右击某个表达式，在弹出的快捷菜单中选择 编辑 命令，可以对表达式进行编辑，以便对模型进行修改。例如，在图 4.9.11 所示的“细节”面板中显示的是一个拉伸特征的细节，右击表达式 p3=45，选择 编辑 命令，在文本框中输入值 50 并按回车键，则该拉伸特征会变厚。

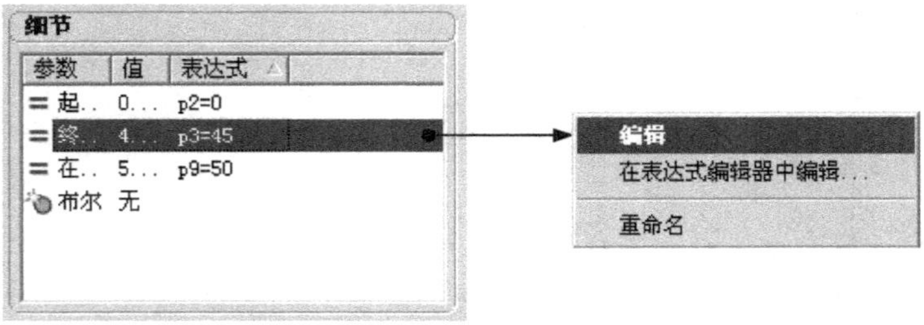

图 4.9.11 “表达式”编辑的操作

4.10 对象操作

往往在对模型特征操作时，需要对目标对象进行显示、隐藏、分类和删除等操作，使用户能更快捷、更容易地达到目的。

4.10.1 控制对象模型的显示

模型的显示控制主要通过图 4.10.1 所示的“视图”工具条来实现，也可通过 视图(V) 下拉菜单中的命令来实现。

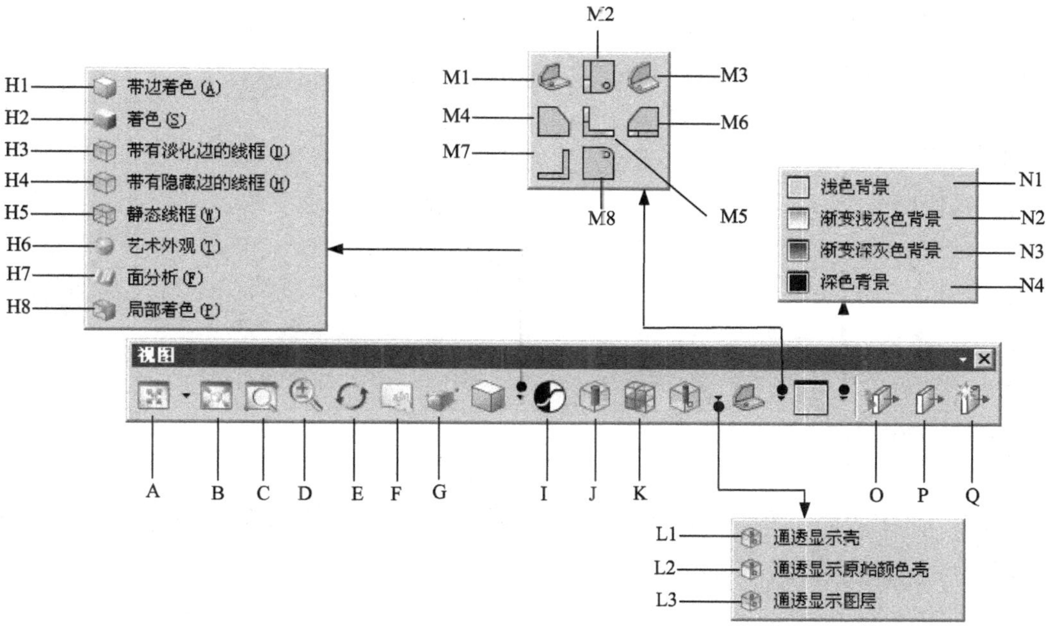

图 4.10.1 “视图”工具条

图 4.10.1 所示的“视图”工具条中各工具按钮的说明如下：

A：自动将对象充满整个屏幕。

B：将选中的对象充满整个屏幕。

C：自动拟合到鼠标选中的区域。

D：缩放对象。

E：旋转对象。

F：平移对象。

G：在透视与非透视显示之间切换。

H1：以带线框的着色图显示。

H2：以纯着色图显示。

H3：不可见边用虚线表示的线框图。

H4：隐藏不可见边的线框图。

H5：可见边和不可见边都用实线表示的线框图。

H6：艺术外观。在此显示模式下，选择下拉菜单 视图(V) → 可视化(V) → 材料/纹理(M)... 命令，可以给它们指定的材料和纹理特性来进行实际渲染。没有指定材料或纹理特性的对象，看起来与“着色”渲染样式下所进行的着色相同。

H7：在“面分析”渲染样式下，选定的曲面对象由小平面几何体表示并渲染小平面以指示曲面分析数据，剩余的曲面对象由边缘几何体表示。

H8：在“局部着色”渲染样式中，选定曲面对象由小平面几何体表示，这些几何体通过着色和渲染显示，剩余的曲面对象由边缘几何体显示。

I：在带线框的着色图显示模式与纯着色图显示模式之间切换。

J：全部通透显示。

K：透明显示已取消着重表示的对象。

L1：使用指定的颜色将较不重要的着色几何体显示为透明壳。

L2：将着色几何体显示为透明壳，保留原始的着色几何体颜色。

L3：使用指定的颜色将较不重要的着色几何体显示为透明图层。

M1：正二测视图。 M2：顶部。
M3：等轴测视图。 M4：左视图。
M5：前视图。 M6：右视图。
M7：背景色。 M8：底部。
N1：浅色背景。 N2：渐变浅灰色背景。
N3：渐变深灰色背景。 N4：深色背景。
O：剪切工作截面。 P：编辑工作截面。
Q：新建截面。

4.10.2 删除对象

利用 编辑(E) 下拉菜单中的 删除(D)... 命令可以删除一个或多个对象。下面以图 4.10.2 所示的模型为例，说明删除对象的一般操作过程。

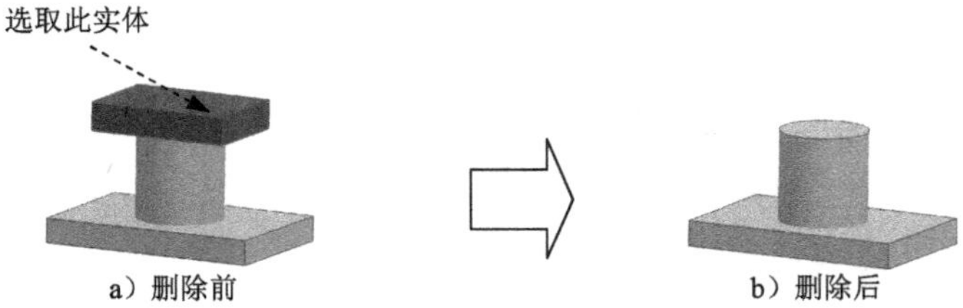

图 4.10.2 删除对象

Step1. 打开文件 D:\ug8.1\work\ch04\ch04.10\delete.prt。

Step2. 选择命令。选择下拉菜单 编辑(E) → 删除(D)... 命令，系统弹出图 4.10.3 所示的“类选择”对话框。

Step3. 定义删除对象。选取图 4.10.2a 所示的实体。

Step4. 单击 确定 按钮，完成对象的删除。

图 4.10.3 所示的“类选择”对话框中各选项功能的说明如下：

- 按钮：用于选取图形区中可见的所有对象。
- 按钮：用于选取图形区中未被选中的全部对象。
- 根据名称选择 文本框：输入预选对象的名称，系统会自动选取对象。
- 过滤器 区域：用于设置选取对象的类型。
- 按钮：通过指定对象的类型来选取对象。单击该按钮，系统弹出图 4.10.4 所示的“根据类型选择”对话框，可以在列表中选择所需的对象类型。
- 按钮：通过指定图层来选取对象。
- 颜色过滤器：通过指定颜色来选取对象。
- 按钮：利用其他形式进行对象选取。单击该按钮，系统弹出“按属性选择”对话框，可以在列表中选择对象所具有的属性，也允许自定义某种对象的属性。

● 按钮：取消之前设置的所有过滤方式，恢复到系统默认的设置。

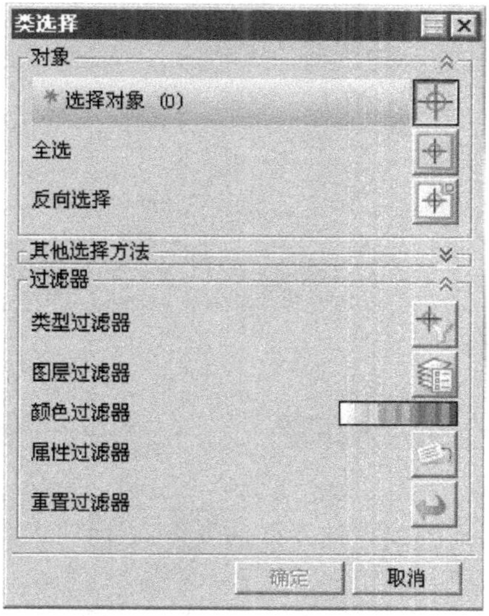

图 4.10.3　“类选择”对话框

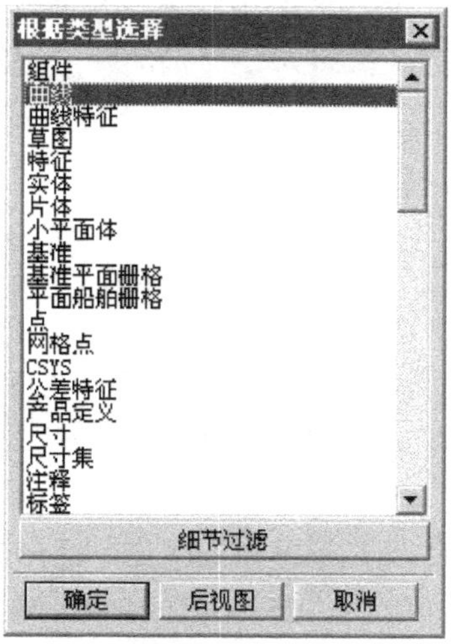

图 4.10.4　“根据类型选择”对话框

4.10.3　隐藏与显示对象

对象的隐藏就是使该对象在零件模型中不显示。下面以图 4.10.5 所示的模型为例，说明隐藏与显示对象的一般操作过程。

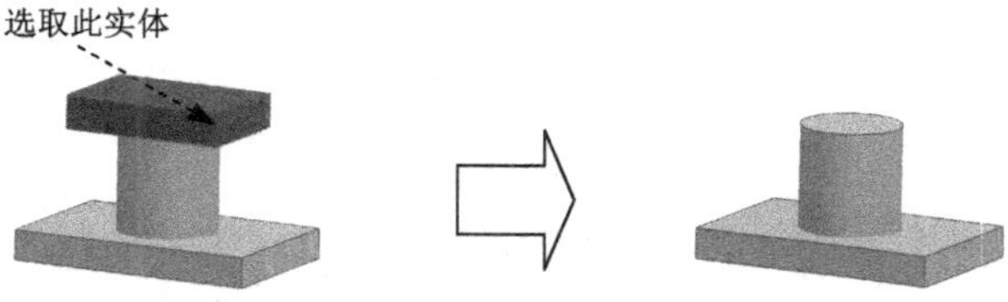

a）隐藏前　　b）隐藏后

图 4.10.5　隐藏对象

Step1. 打开文件 D:\ug8.1\work\ch04\ch04.10\hide.prt。

Step2. 选择命令。选择下拉菜单 编辑(E) → 显示和隐藏(H) ▸ → 隐藏(H)... 命令，系统弹出“类选择”对话框。

Step3. 定义隐藏对象。选取图 4.10.5a 所示的实体。

Step4. 单击 确定 按钮完成对象的隐藏。

Step5. 显示被隐藏的对象。选择下拉菜单 编辑(E) → 显示和隐藏(H) ▸ → 显示(S)... 命令（或按快捷键 Ctrl+Shift+U），系统弹出“类选择”对话框，选取 Step2 中隐藏的实体，则又恢复到图 4.10.5a 所示的状态。

说明：对象的隐藏和显示还可以在模型树中右击对象，在弹出的快捷菜单中选择 隐藏(H) 或 显示(S) 命令快速完成对象的隐藏或显示。

4.10.4　编辑对象的显示

编辑对象的显示就是修改对象的层、颜色、线型和宽度等。下面以图 4.10.6 所示的模型为例，说明编辑对象显示的一般过程。

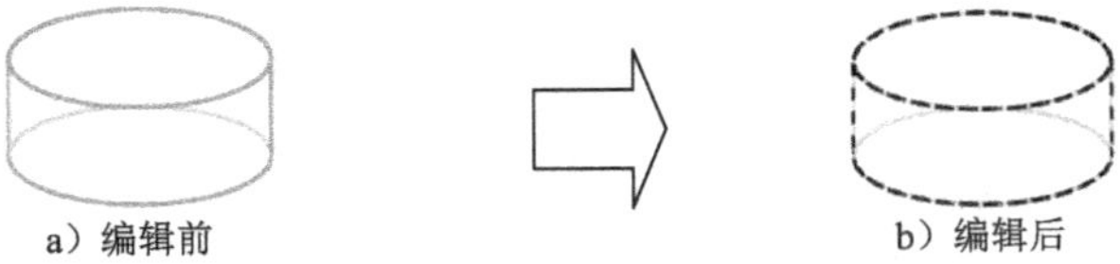

图 4.10.6　编辑对象显示

Step1. 打开文件 D:\ug8.1\work\ch04\ch04.10\display.prt。

Step2. 选择命令。选择下拉菜单 编辑(E) → 对象显示(J)... 命令，系统弹出“类选择”对话框。

Step3. 定义需编辑的对象。选择图 4.10.6a 所示的圆柱体，单击 确定 按钮，系统弹出图 4.10.7 所示的“编辑对象显示”对话框。

Step4. 修改对象显示属性。在该对话框中的 颜色 区域选择黑色，单击 确定 按钮，在 线型 下拉列表框中选择虚线，在 宽度 下拉列表框中选择粗线宽度，如图 4.10.7 所示。

Step5. 单击 确定 按钮，完成对象显示的编辑。

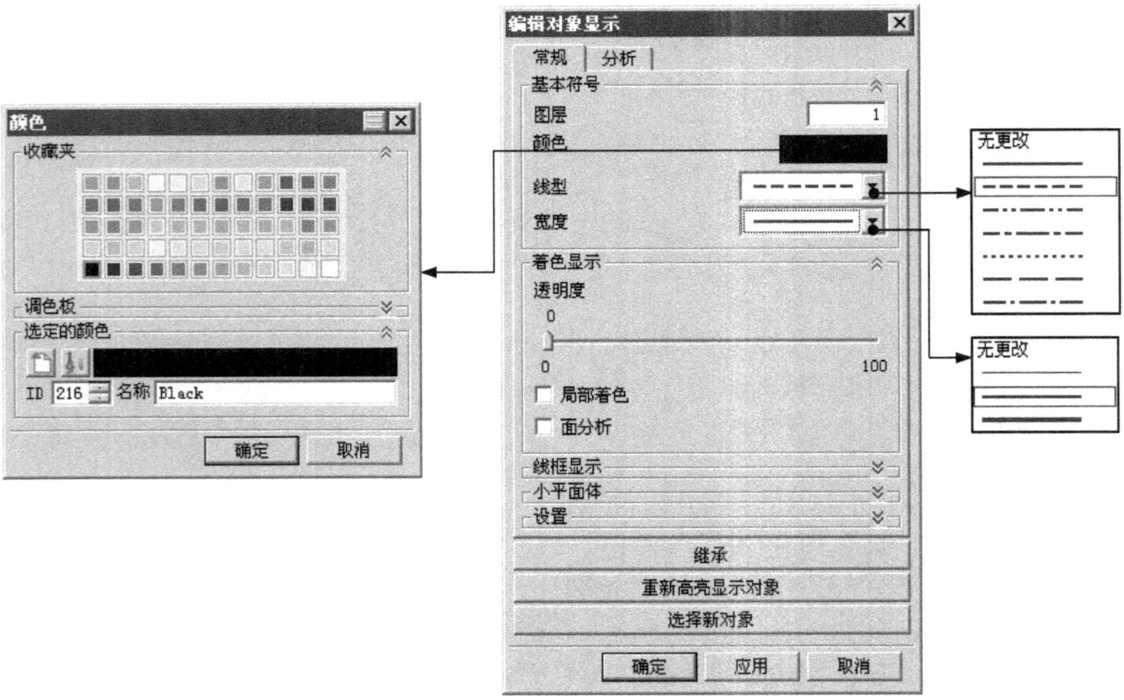

图 4.10.7　“编辑对象显示”对话框

4.10.5　分类选择

UG NX 8.0 提供了一个分类选择的工具，利用选择对象类型和设置过滤器的方法，以达到快速选取对象的目的。选取对象时，可以直接选取对象，也可以利用“类选择”对话框中的对象类型过滤功能，来限制选择对象的范围。选中的对象以高亮方式显示。

注意：在选取对象的操作中，如果光标短暂停留后，后面出现“...”的提示，则表明在光标位置有多个可供选择的对象。

下面以图 4.10.8 所示选取曲线的操作为例，介绍如何选择对象。

Step1. 打开文件 D:\ug8.1\work\ch04\ch04.10\display_2.prt。

Step2. 选择命令。选择下拉菜单 编辑(E) ➡ 对象显示(J)... 命令，系统弹出“类选择”对话框。

Step3. 定义对象类型。单击“类选择”对话框中的 按钮，系统弹出“根据类型选择”对话框，选择 曲线 选项，单击 确定 按钮。

Step4. 根据系统 选择要编辑的对象 的提示，在图形区选取图 4.10.8 所示的曲线目标对象，单击 确定 按钮。

Step5. 系统弹出“编辑对象显示”对话框，单击 确定 按钮，完成对象的选取。

注意：这里主要是介绍对象的选取，编辑对象显示的操作不再赘述。

4.10.6 对象的视图布局

视图布局是指在图形区同时显示多个视角的视图，一个视图布局最多允许排列九个视图。用户可以创建系统已有的视图布局，也可以自定义视图布局。

选择下拉菜单 视图(V) ➡ 布局(L) ▸ 命令，系统弹出布局子菜单，可以对布局进行新建、打开、删除、保存和重新生成等操作。

下面通过图 4.10.9 所示的视图布局，说明创建视图布局的一般操作过程。

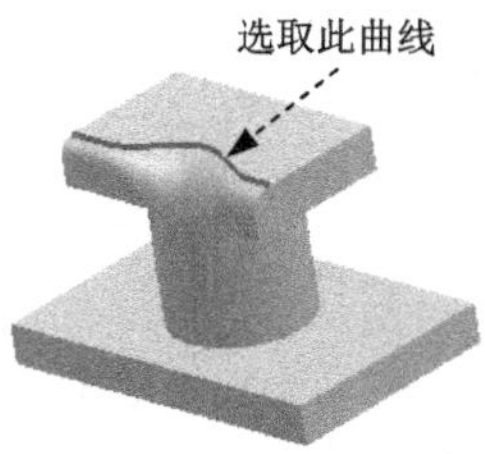

图 4.10.8　选取曲线特征

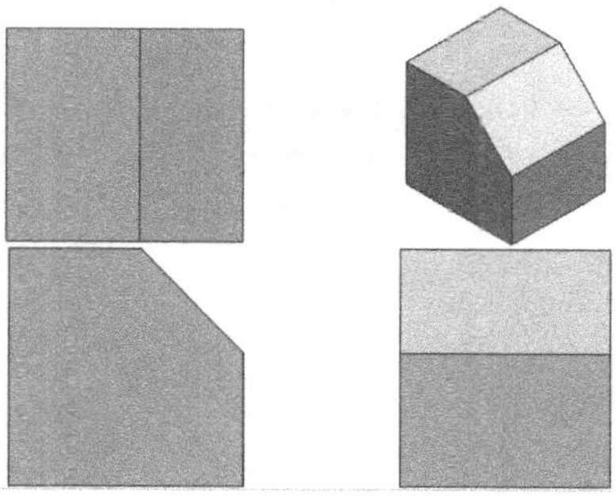

图 4.10.9　创建的布局

Step1. 打开文件 D:\ug8.1\work\ch04\ch04.10\layout.prt。

Step2. 选择命令。选择下拉菜单 视图(V) ➡ 布局(L) ▸ ➡ 新建(E)... 命令，系统弹出图 4.10.10 所示的“新建布局”对话框。

Step3. 设置视图属性。在 名称 文本框中输入新布局的名称 LAY1，在 布置 下拉列表框中选择图 4.10.10 所示的布局方式，单击 确定 按钮。

Step4. 保存视图布局。选择下拉菜单 视图(V) → 布局(L) ▸ → 保存(S) 命令，保存当前视图布局。

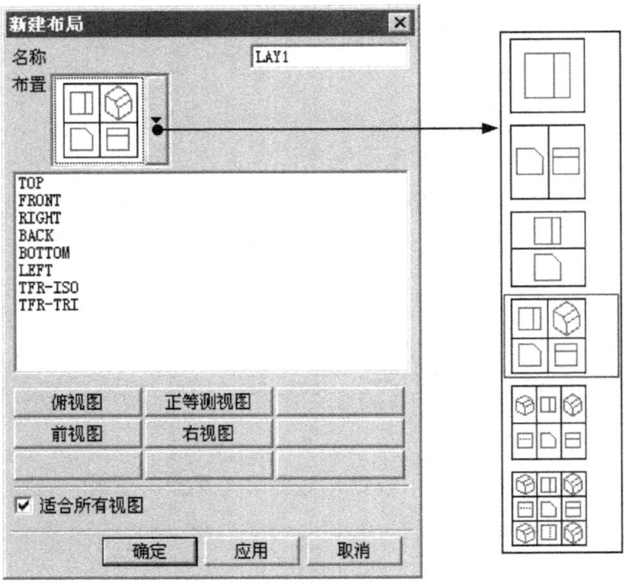

图 4.10.10 “新建布局”对话框

4.10.7 全屏显示

UG NX 8.0 可以将屏幕实际使用面积最大化，使用户能够最充分利用图形窗口。使用全屏显示模式，可以将用户界面和导航器最小化，使用户能够专注于当前的工作。用户可以通过选择 视图(V) → 全屏(F) 命令（或单击 按钮），进入全屏显示模式（图 4.10.11），再次单击 按钮恢复窗口显示。

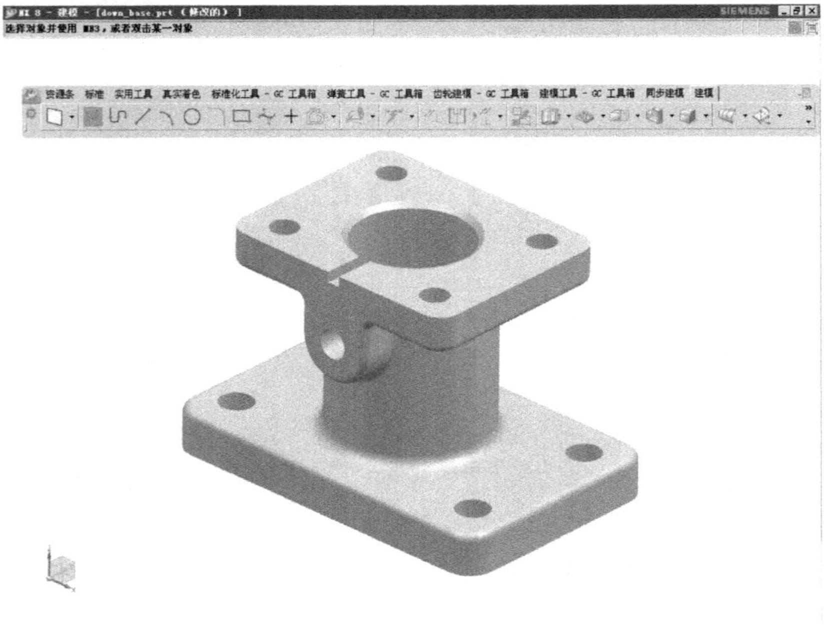

图 4.10.11 全屏显示

4.11　UG NX 8.0 中图层的使用

所谓图层，就是在空间中选择不同的图层面来存放不同的目标对象。UG NX 8.0 中的图层功能类似于设计师在透明覆盖图层上建立模型的方法，一个图层就类似于一个透明的覆盖图层；不同的是，在一个图层上的对象可以是三维空间中的对象。

4.11.1　图层的基本概念

在一个 UG NX 8.0 部件中，最多可以含有 256 个图层，每个图层上可含任意数量的对象，因此在一个图层上可以含有部件中的所有对象，而部件中的对象也可以分布在任意一个或多个图层中。

在一个部件的所有图层中，只有一个图层是当前工作图层，所有操作只能在工作图层上进行，而其他图层则可以对它们的可见性、可选择性等进行设置和辅助工作。如果要在某图层中创建对象，则应在创建对象前使其成为当前工作图层。

4.11.2　设置图层

UG NX 8.0 提供了 256 个图层，这些图层都必须通过选择 格式(R) 下拉菜单中的 图层设置(S)... 命令来完成所有的设置。图层的应用对于建模工作有很大的帮助。选择 图层设置(S)... 命令后，系统弹出图 4.11.1 所示的“图层设置”对话框（一），利用该对话框，用户可以根据需要设置图层的名称、分类、属性和状态等，也可以查询图层的信息，还可以进行有关图层的一些编辑操作。

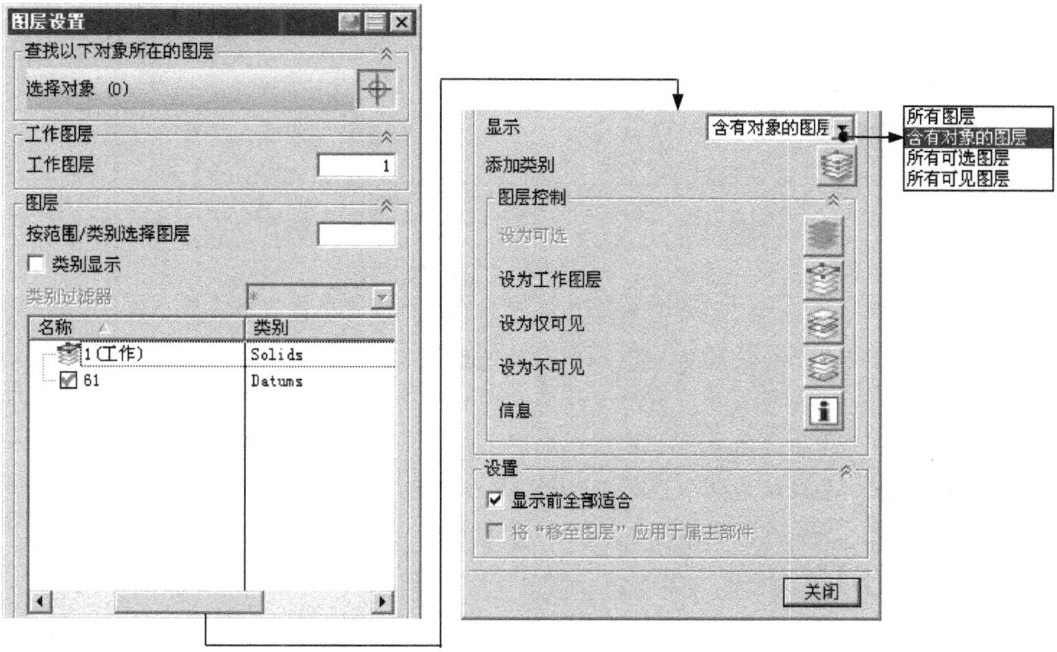

图 4.11.1　“图层设置”对话框（一）

图 4.11.1 所示的“图层设置”对话框中主要选项的功能说明如下：

- 工作图层 文本框：在该文本框中输入某图层号并按回车键后，则系统自动将该图层设置为当前的工作图层。
- 按范围/类别选择图层 文本框：在该文本框中输入层的种类名称后，系统会自动选取所有属于该种类的图层。
- ☑ 类别显示 选项：选中此选项图层，列表中将按对象的类别进行显示，如图 4.11.2 所示。
- 类别过滤器 文本框：文本框主要用于输入已存在的图层种类名称来进行筛选，该文本框中系统默认为“*”，此符号表示所有的图层种类。
- 显示 下拉列表：用于控制图层列表框中图层显示的情况。
  - ☑ 所有图层 选项：图层状态列表框中显示所有的图层（1～256 层）。
  - ☑ 含有对象的图层 选项：图层状态列表框中仅显示含有对象的图层。
  - ☑ 所有可选图层 选项：图层状态列表框中仅显示可选择的图层。
  - ☑ 所有可见图层 选项：图层状态列表框中仅显示可见的图层。

注意：当前的工作图层在以上情况下，都会在图层列表框中显示。

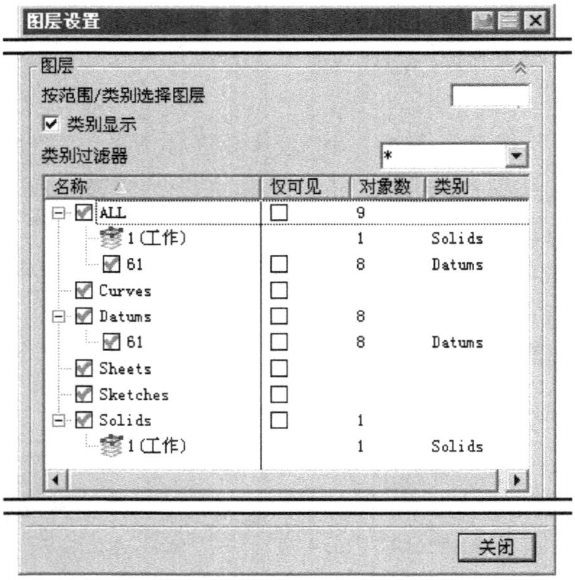

图 4.11.2 “图层设置”对话框（二）

- 按钮：单击此按钮可以添加新的类别层。
- 按钮：单击此按钮将被隐藏的图层设置为可选。
- 按钮：单击此按钮可将选中的图层作为工作层。
- 按钮：单击此按钮可以将选中的图层设为可见。
- 按钮：单击此按钮可以将选中的图层设为不可见。
- 按钮：单击此按钮，系统弹出“信息”窗口，该窗口能够显示此零件模型中所有图层的相关信息，如图层编号、状态和图层种类等。

● 显示前全部适合选项：选中此选项，模型将充满整个图形区。

在 UG NX 8.0 系统中，可对相关的图层分类进行管理，以提高操作的效率。例如可设置“MODELING”、“DRAFTING”和“ASSEMBLY”等图层组种类，图层组“MODELING”包括 1～20 层，图层组“DRAFTING”包括 21～40 层，图层组“ASSEMBLY”包括 41～60 层。当然可以根据自己的习惯来进行图层组种类的设置。当需要对某一层组中的对象进行操作时，可以很方便地通过层组来实现对其中各图层对象的选择。

图层组的种类设置可以通过选择下拉菜单格式(R) ➡ 图层类别(C)...命令来实现。选择该命令后，系统弹出图 4.11.3 所示的“图层类别”对话框（一），在该对话框的类别文本框中输入新种类的名称，单击创建/编辑按钮，系统弹出图 4.11.4 所示的“图层类别”对话框（二）。

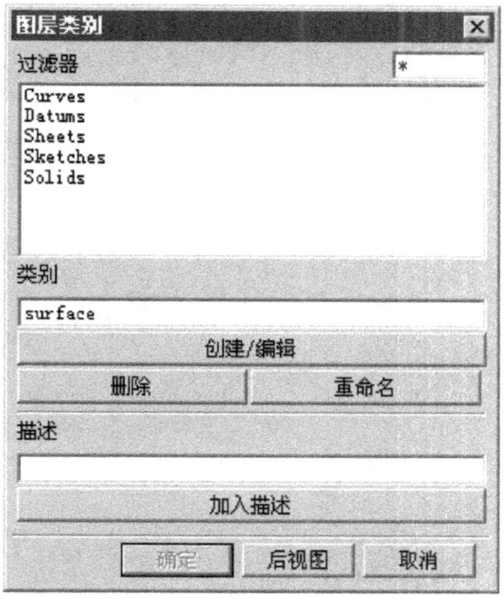

图 4.11.3 “图层类别”对话框（一）

图 4.11.4 “图层类别”对话框（二）

图 4.11.3 所示的“图层类别”对话框（一）中主要选项的功能说明如下：

● 过滤器文本框：用于输入已存在的图层种类名称来进行筛选，该文本框下方的列表框用于显示已存在的图层组种类或筛选后的图层组种类，可在该列表框中直接选取需要进行编辑的图层组种类。

● 类别文本框：用于输入图层组种类的名称，可输入新的种类名称来建立新的图层组种类，或是输入已存在的名称进行该图层组的编辑操作。

● 创建/编辑按钮：用于创建新的图层组或编辑现有的图层组。单击该按钮前，必须要在类别文本框中输入名称。如果输入的名称已经存在，则可对该图层组进行编辑操作；如果所输入的名称不存在，则创建新的图层组。

● 删除按钮和重命名按钮：主要用于图层组和类的编辑操作。

删除按钮用于删除所选取的图层组种类；重命名按钮用于对已存在的图层组种类重新命名。

- 描述文本框：用于输入某图层相应的描述文字，解释该图层的含义。当输入的文字长度超出文本框的规定长度时，系统则会自动进行延长匹配，所以在使用中也可以输入比较长的描述语句。

在进行图层组种类的建立、编辑和更名的操作时，可以按照以下的方式进行。

1. 建立一个新的图层

在图 4.11.2 所示的“图层类别”对话框（一）类别后的文本框中输入新图层的名称，还可在描述后的文本框中输入相应的描述信息。单击确定按钮，在系统弹出的图 4.11.4 所示的“图层类别”对话框（二）中，从图层列表框中选取该种类需要包括的层，先单击添加按钮，然后单击确定按钮完成操作，即可创建一个新的图层组。

2. 修改所选图层的描述信息

在图 4.11.3 所示的“图层类别”对话框（一）中选择需修改描述信息的图层，在描述文本框中输入相应的描述信息，然后单击确定按钮，系统便可修改所选图层的描述信息。

3. 编辑一个存在图层种类

在图 4.11.1 所示“图层设置”对话框的类别下拉列表中输入图层名称，或直接在图层组种类列表框中选择欲编辑的图层，便可对其进行编辑操作。

4.11.3 视图中的可见图层

使用格式(R)下拉菜单中的视图中可见图层(V)...命令，可以设置图层的可见或不可见。选择视图中可见图层(V)...命令后，系统弹出图 4.11.5 所示的“视图中的可见图层”对话框（一），在该对话框中选取某个视图，单击确定按钮，系统弹出图 4.11.6 所示的“视图中的可见图层”对话框（二），该对话框用于控制所选视图所在层的显示状态。在“视图中的可见图层”对话框（二）的列表框中选择某个图层，然后单击可见按钮或不可见的按钮，可以设置该图层的可见性。

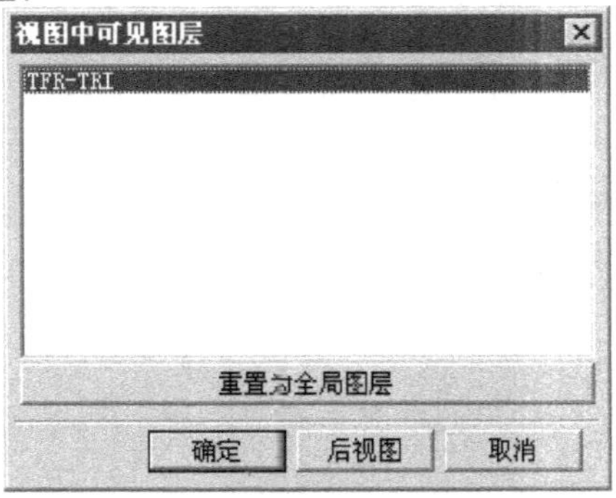

图 4.11.5 “视图中可见图层”对话框（一）

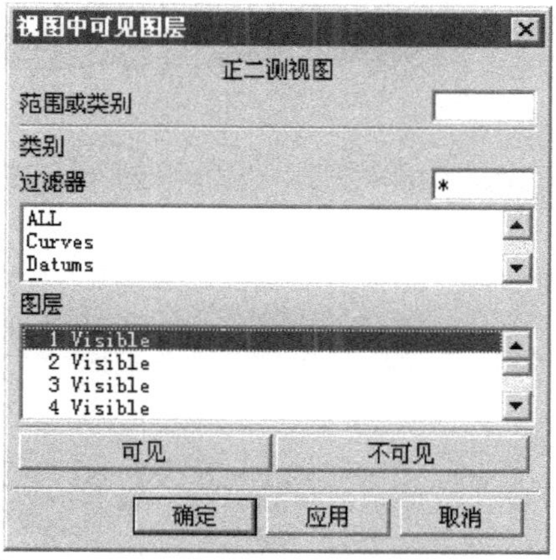

图 4.11.6　“视图中可见图层”对话框（二）

4.11.4　移动至图层

“移动至图层”功能用于把对象从一个图层移出并放置到另一个图层，操作步骤如下：

Step1. 选择命令。选择下拉菜单 格式(R) ➡ 移动至图层(M)... 命令，系统弹出“类选择”对话框。

Step2. 选取目标特征。先选取目标特征，然后单击“类选择”对话框中的 确定 按钮，系统弹出图 4.11.7 所示的“图层移动”对话框。

Step3. 选择目标图层或输入目标图层的编号，单击 确定 按钮，完成该操作。

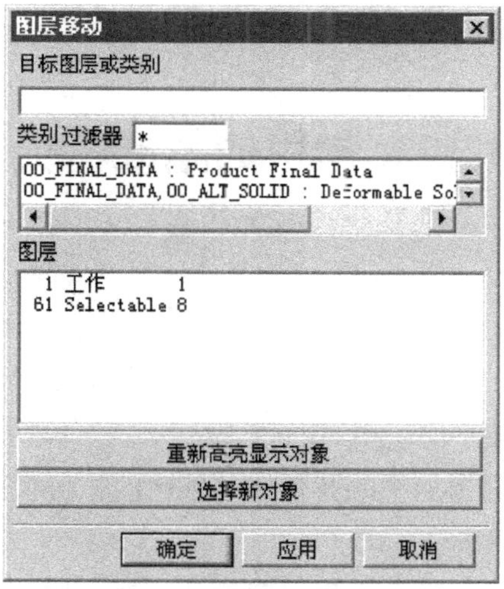

图 4.11.7　“图层移动”对话框

4.11.5　复制至图层

“复制至图层”功能用于把对象从一个图层复制到另一个图层，且源对象依然保留在原来的图层上，其一般操作步骤如下：

Step1. 选择命令。选择下拉菜单 格式(R) ➡ 复制至图层(O)... 命令，系统弹出“类选择”对话框。

Step2. 选取目标特征。先选取目标特征，然后单击 确定 按钮，系统弹出“图层复制”对话框，如图 4.11.8 所示。

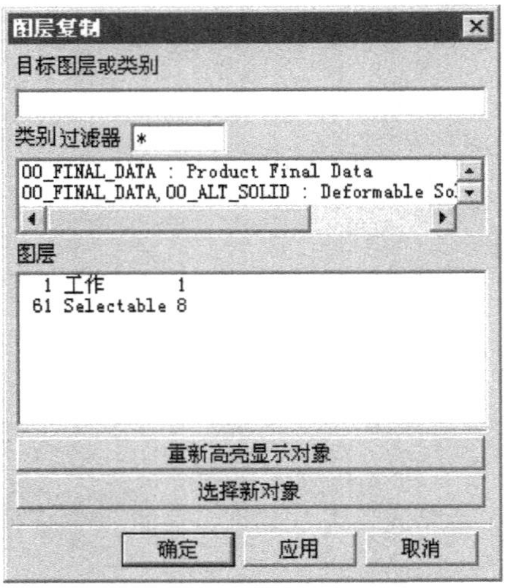

图 4.11.8 “图层复制”对话框

Step3. 定义目标图层。从图层列表框中选择一个目标图层，或在数据输入字段中输入一个图层编号。单击 确定 按钮，完成该操作。

说明：组件、基准轴和基准平面类型不能在图层之间复制，只能移动。

4.12 常用的基准特征

4.12.1 基准平面

基准平面可作为创建其他特征（如圆柱、圆锥、球以及回转的实体等）的辅助工具。

可以创建两种类型的基准平面：相对的和固定的。

相对基准平面：它是根据模型中的其他对象创建的，可使用曲线、面、边缘、点及其他基准作为基准平面的参考对象。

固定基准平面：它既不供参考，也不受其他几何对象的约束，但在用户定义特征中除外。可使用任意相对基准平面方法创建固定基准平面，方法是：取消选择“基准平面”对话框中的 □ 关联 复选框；还可根据 WCS 和绝对坐标系，并通过使用方程式中的系数，使用一些特殊方法创建固定基准平面。

下面以图 4.12.1 所示的范例来说明创建基准平面的一般过程。

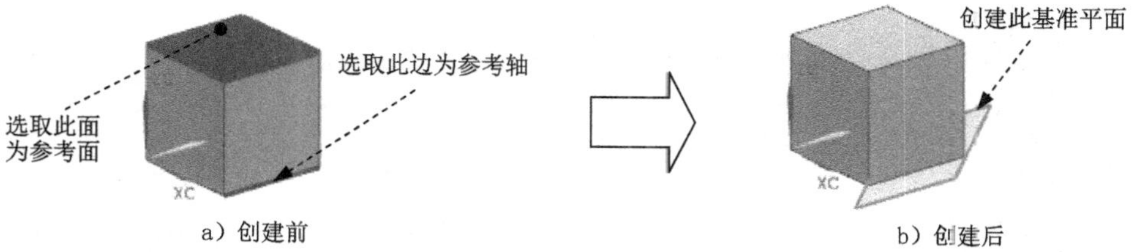

图 4.12.1　创建基准平面

Step1. 打开文件 D:\ug8.1\work\ch04\ch04.12\define_plane.prt。

Step2. 选择命令。选择下拉菜单 插入(S) ➡ 基准/点(D) ▸ ➡ 基准平面(D)... 命令，系统弹出图 4.12.2 所示的“基准平面”对话框。

Step3. 选择创建基准平面的方法。在“基准平面”对话框的 类型 下拉列表中，选择 成一角度 选项，如图 4.12.2 所示。

Step4. 定义参考对象。选取上平面为参考平面，选取与平面平行的一边为参考轴，如图 4.12.1a 所示。

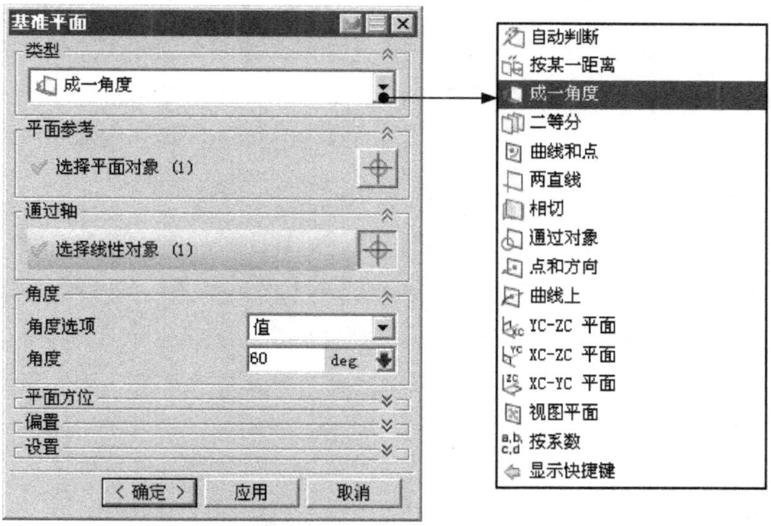

图 4.12.2　“基准平面”对话框

Step5. 定义参数。在对话框中的 角度 文本框中输入角度值 60.0，单击 < 确定 > 按钮，完成基准平面的创建。

图 4.12.2 所示的“基准平面”对话框中各选项功能的说明如下：

- 自动判断：通过选择的对象自动判断约束条件。例如，选取一个表面或基准平面时，系统自动生成一个预览基准平面，可以输入偏置值和数量来创建基准平面。
- 按某一距离：通过输入偏置值创建与已知平面（基准平面或零件表面）平行的基准平面。
- 成一角度：通过输入角度值创建与已知平面成一角度的基准平面。先选择一个平的面或基准平面，然后选择一个与所选面平行的线性曲线或基准轴，以定义旋转轴。

- 二等分：创建与两平行平面距离相等的基准平面，或创建与两相交平面所成角度相等的基准平面。
- 曲线和点：用此方法创建基准平面的步骤为：先指定一个点，然后指定第二个点或者一条直线、线性边、基准轴、面等。如果选择直线、基准轴、线性曲线或特征的边缘作为第二个对象，则基准平面同时通过这两个对象；如果选择一般平面或基准平面作为第二个对象，则基准平面通过第一个点，但与第二个对象平行；如果选择两个点，则基准平面通过第一个点并垂直于这两个点所定义的方向；如果选择三个点，则基准平面通过这三个点。
- 两直线：通过选择两条现有直线，或直线与线性边、面的法向向量或基准轴的组合，创建的基准平面包含第一条直线且平行于第二条线。如果两条直线共面，则创建的基准平面将同时包含这两条直线。否则，还会有下面两种可能的情况：
  - ☑ 这两条线不垂直。创建的基准平面包含第二条直线且平行于第一条直线。
  - ☑ 这两条线垂直。创建的基准平面包含第一条直线且垂直于第二条直线，或是包含第二条直线且垂直于第一条直线（可以使用循环解实现）。
- 相切：创建一个与任意非平的表面相切的基准平面，还可选择与第二个选定对象相切。选择曲面后，系统显示与其相切的基准平面的预览，可接受预览的基准平面，或选择第二个对象。
- 通过对象：根据选定的对象平面创建基准平面，对象包括曲线、边缘、面、基准、平面、圆柱、圆锥或回转面的轴、基准坐标系、坐标系以及球面和回转曲面。如果选择圆锥面或圆柱面，则在该面的轴线上创建基准平面。
- 系数：通过使用系数 A、B、C 和 D 指定一个方程的方式，创建固定基准平面，该基准平面由方程 ax+ by+cz=d 确定。
- 点和方向：通过定义一个点和一个方向来创建基准平面。定义的点可以是使用点构造器创建的点，也可以是曲线或曲面上的点；定义的方向可以通过选取的对象自动判断，也可以使用矢量构造器来构建。
- 在曲线上：创建一个与曲线垂直或相切且通过已知点的基准平面。
- YC-ZC 平面：沿工作坐标系（WCS）或绝对坐标系（ACS）的 YC-ZC 轴创建一个固定的基准平面。
- XC-ZC 平面：沿工作坐标系（WCS）或绝对坐标系（ACS）的 XC-ZC 轴创建一个固定的基准平面。
- XC-YC 平面：沿工作坐标系（WCS）或绝对坐标系（ACS）的 XC-YC 轴创建一个固定的基准平面。
- 视图平面：创建平行于视图平面并穿过绝对坐标系（ACS）原点的固定基准平面。

4.12.2 基准轴

基准轴既可以是相对的，也可以是固定的。以创建的基准轴为参考对象，可以创建其他对象，比如基准平面、回转特征和拉伸体等。下面通过图 4.12.3 所示的范例来说明创建基准轴的一般操作步骤。

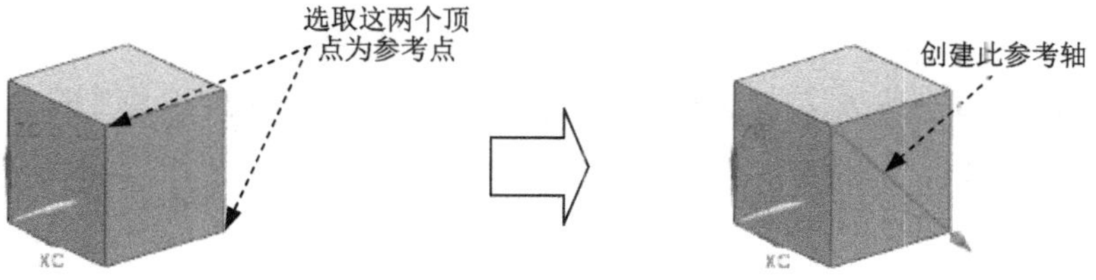

a）创建前 b）创建后

图 4.12.3 创建基准轴

Step1. 打开文件 D:\ug8.1\work\ch04\ch04.12\define_axis.prt。

Step2. 选择命令。选择下拉菜单 插入(S) ➡ 基准/点(D) ▸ ➡ 基准轴(A)... 命令，系统弹出图 4.12.4 所示的“基准轴”对话框。

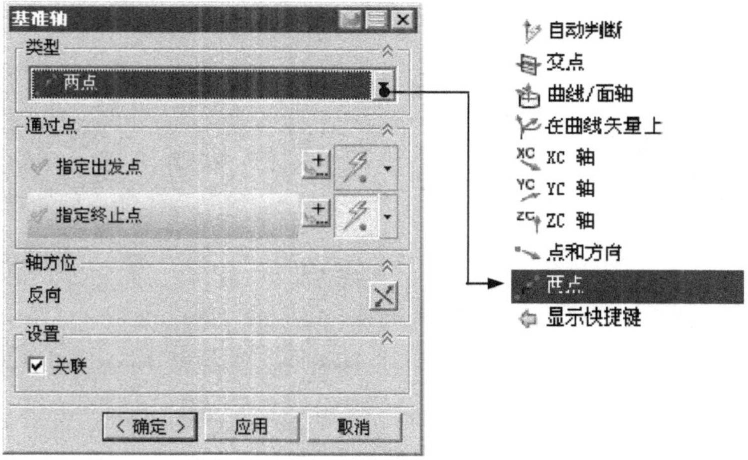

图 4.12.4 “基准轴”对话框

Step3. 选择“两点”方式来创建基准轴。在“基准轴”对话框中的类型下拉列表中，选择 两点 选项。

Step4. 定义参考点。选取立方体两个顶点为参考点，如图 4.12.3a 所示（创建的基准轴与选择点的先后顺序有关，可以通过单击“基准轴”对话框中的“反向”按钮调整）。

Step5. 单击 < 确定 > 按钮，完成基准轴的创建。

图 4.12.4 所示的“基准轴”对话框中各选项功能的说明如下：

- 自动判断：系统根据选择的对象自动判断约束。
- 交点：通过两个相交平面创建基准轴。
- 曲线/面轴：创建一个起点在选择曲线上的基准轴。
- 在曲线矢量上：创建与曲线的某点相切、垂直，或者与另一对象垂直或平行的基准轴。

- XC 轴：选择该选项，读者可以沿 XC 方向创建基准轴。
- YC 轴：选择该选项，读者可以沿 YC 方向创建基准轴。
- ZC 轴：选择该选项，读者可以沿 ZC 方向创建基准轴。
- 点和方向：通过定义一个点和一个矢量方向来创建基准轴。通过曲线、边或曲面上的一点，可以创建一条平行于线性几何体或基准轴、面轴，或垂直于一个曲面的基准轴。
- 两点：通过定义轴上的两点来创建基准轴。第一点为基点，第二点定义了从第一点到第二点的方向。

4.12.3 基准坐标系

基准坐标系由三个基准平面、三个基准轴和原点组成，在基准坐标系中可以选择单个基准平面、基准轴或原点。基准坐标系可用来创建其他特征、约束草图和定位在一个装配中的组件等。下面通过图 4.12.5 所示的范例来说明创建基准坐标系的一般操作过程。

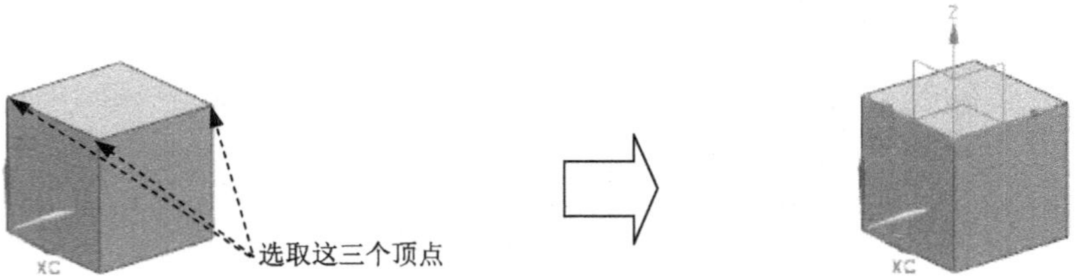

a）创建前　　b）创建后

图 4.12.5　创建基准坐标系

Step1. 打开文件 D:\ug8.1\work\ch04\ch04.12\define_csys.prt。

Step2. 选择命令。选择下拉菜单 插入(S) ➡ 基准/点(D) ▸ ➡ 基准 CSYS... 命令，系统弹出图 4.12.6 所示的“基准 CSYS”对话框。

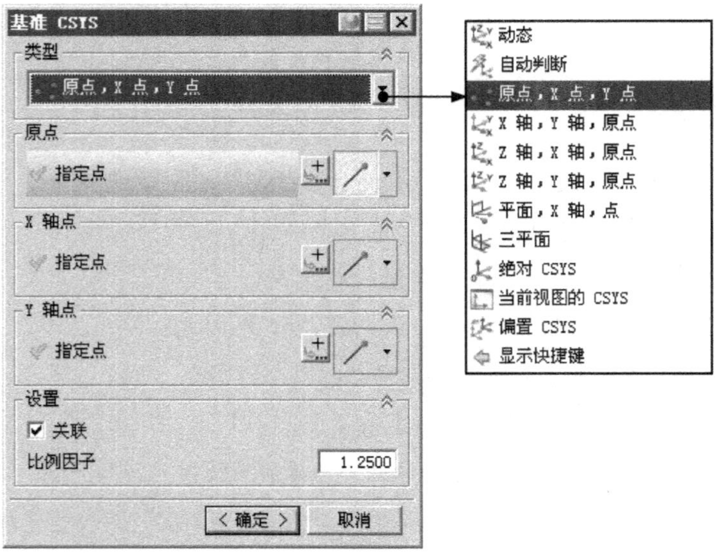

图 4.12.6　“基准 CSYS”对话框

Step3. 选择创建基准坐标系的方式。在“基准 CSYS”对话框的类型下拉列表中选择原点，X 点，Y 点选项。

Step4. 定义参考点。选取立方体的三个顶点作为基准坐标系的参考点，其中原点是第一点，X 轴是从第一点到第二点的矢量，Y 轴是从第一点到第三点的矢量，如图 4.12.5a 所示。

Step5. 单击< 确定 >按钮，完成基准坐标系的创建。

图 4.12.6 所示的“基准 CSYS”对话框中各选项功能的说明如下：

- 动态：选择该选项，读者可以手动将 CSYS 移到所需的任何位置和方向。
- 自动判断：创建一个与所选对象相关的 CSYS，或通过 X、Y 和 Z 分量的增量来创建 CSYS。实际所使用的方法是基于所选择的对象和选项。要选择当前的 CSYS，可选择自动判断的方法。
- 原点，X 点，Y 点：根据选择的三个点或创建三个点来创建 CSYS。要想指定三个点，可以使用点方法选项或使用相同功能的菜单，打开“点构造器”对话框。X 轴是从第一点到第二点的矢量；Y 轴是从第一点到第三点的矢量；原点是第一点。
- X 轴，Y 轴，原点：根据所选择或定义的一点和两个矢量来创建 CSYS。选择的两个矢量作为坐标系的 X 轴和 Y 轴；选择的点作为坐标系的原点。
- Z 轴，X 轴，原点：根据所选择或定义的一点和两个矢量来创建 CSYS。选择的两个矢量作为坐标系的 Z 轴和 X 轴；选择的点作为坐标系的原点。
- Z 轴，Y 轴，原点：根据所选择或定义的一点和两个矢量来创建 CSYS。选择的两个矢量作为坐标系的 Z 轴和 Y 轴；选择的点作为坐标系的原点。
- 平面，X 轴，点：根据所选择的一个平面、X 轴和原点来创建 CSYS。其中选择的平面为 Z 轴平面，选取的 X 轴方向即为 CSYS 中 X 轴方向，选取的原点为 CSYS 的原点。
- 三平面：根据所选择的三个平面来创建 CSYS。X 轴是第一个“基准平面/平的面”的法线；Y 轴是第二个“基准平面/平的面”的法线；原点是这三个基准平面/面的交点。
- 绝对 CSYS：指定模型空间坐标系作为坐标系。X 轴和 Y 轴是“绝对 CSYS”的 X 轴和 Y 轴；原点为“绝对 CSYS”的原点。
- 当前视图的 CSYS：将当前视图的坐标系设置为坐标系。X 轴平行于视图底部；Y 轴平行于视图的侧面；原点为视图的原点（图形屏幕中间）。如果通过名称来选择，CSYS 将不可见或在不可选择的层中。
- 偏置 CSYS：根据所选择的现有基准 CSYS 的 X、Y 和 Z 的增量来创建 CSYS。X 轴和 Y 轴为现有 CSYS 的 X 轴和 Y 轴；原点为指定的点。

在建模过程中，经常需要对工作坐标系进行操作，以便于建模。选择下拉菜单 格式(R) → WCS ▸ → 定向(N)... 命令，系统弹出图 4.12.7 所示的“CSYS”对话框，对所建的工作坐标系进行操作。其创建的操作步骤和创建基准坐标系一致。

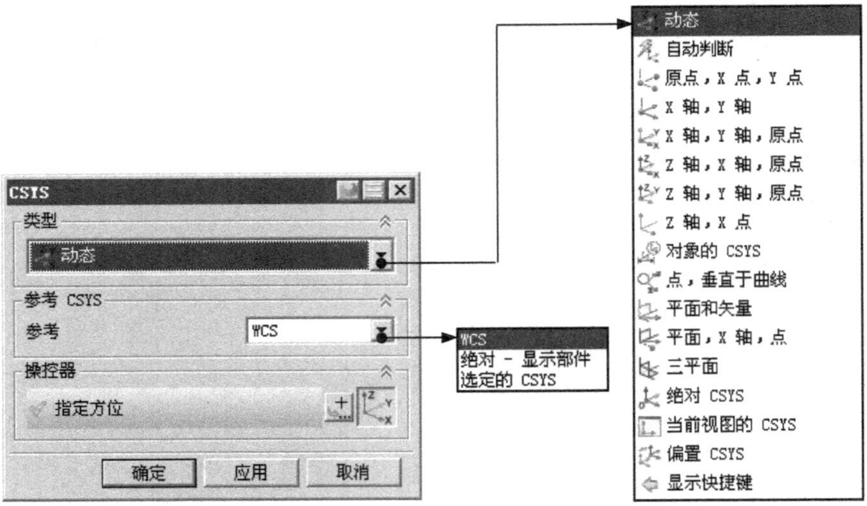

图 4.12.7 “CSYS”对话框

图 4.12.7 所示的“CSYS”对话框中各按钮功能的说明如下：

- 自动判断：通过选择的对象或输入坐标分量值来创建一个坐标系。
- 原点，X 点，Y 点：通过三个点来创建一个坐标系。这三点依次是原点、X 轴方向上的点和 Y 轴方向上的点。第一点到第二点的矢量方向为 X 轴正向，Z 轴正向由第二点到第三点按右手法则来确定。
- X 轴，Y 轴：通过两个矢量来创建一个坐标系。坐标系的原点为第一矢量与第二矢量的交点，XC-YC 平面为第一矢量与第二矢量所确定的平面，X 轴正向为第一矢量方向，从第一矢量至第二矢量按右手法则确定 Z 轴的正向。
- X 轴，Y 轴，原点：创建一点作为坐标系原点，再选取或创建两个矢量来创建坐标系。X 轴正向平行于第一矢量方向，XC-YC 平面平行于第一矢量与第二矢量所在平面，Z 轴正向由从第一矢量在 XC-YC 平面上的投影矢量至第二矢量在 XC-YC 平面上的投影矢量，按右手法则确定。
- Z 轴，X 点：通过选择或创建一个矢量和一个点来创建一个坐标系。Z 轴正向为矢量的方向，X 轴正向为沿点和矢量的垂线指向定义点的方向，Y 轴正向由从 Z 轴至 X 轴按右手法则确定，原点为三个矢量的交点。
- 对象的 CSYS：用选择的平面曲线、平面或工程图来创建坐标系，XC-YC 平面为对象所在的平面。
- 点，垂直于曲线：利用所选曲线的切线和一个点的方法来创建一个坐标系。原点为切点，曲线切线的方向即为 Z 轴矢量，X 轴正向为沿点到切线的垂线指向点的方向，Y 轴正向由从 Z 轴至 X 轴矢量按右手法则确定。

- 平面和矢量：通过选择一个平面、选择或创建一个矢量来创建一个坐标系。X 轴正向为面的法线方向，Y 轴为矢量在平面上的投影，原点为矢量与平面的交点。
- 三平面：通过依次选择三个平面来创建一个坐标系。三个平面的交点为坐标系的原点，第一个平面的法向为 X 轴，第一个平面与第二个平面的交线为 Z 轴。
- 绝对 CSYS：在绝对坐标原点（0，0，0）处创建一个坐标系，即与绝对坐标系重合的新坐标系。
- 当前视图的 CSYS：用当前视图来创建一个坐标系。当前视图的平面即为 XC-YC 平面。

说明：“CSYS” 对话框中的一些选项与 “基准 CSYS” 对话框中的相同，此处不再赘述。

4.13　孔

在 UG NX 8.0 中，可以创建以下三种类型的孔特征（Hole）。

- 简单孔：具有圆形截面的切口，它始于放置曲面并延伸到指定的终止曲面或用户定义的深度。创建时要指定“直径”、“深度”和“尖端尖角”。
- 埋头孔：该选项允许用户创建指定“孔直径”、“孔深度”、“尖角”、“埋头直径”和“埋头深度”的埋头孔。
- 沉头孔：该选项允许用户创建指定“孔直径”、“孔深度”、“尖角”、“沉头直径”和“沉头深度”的沉头孔。

下面以图 4.13.1 所示的零件为例，说明在一个模型上添加孔特征（简单孔）的一般操作过程。

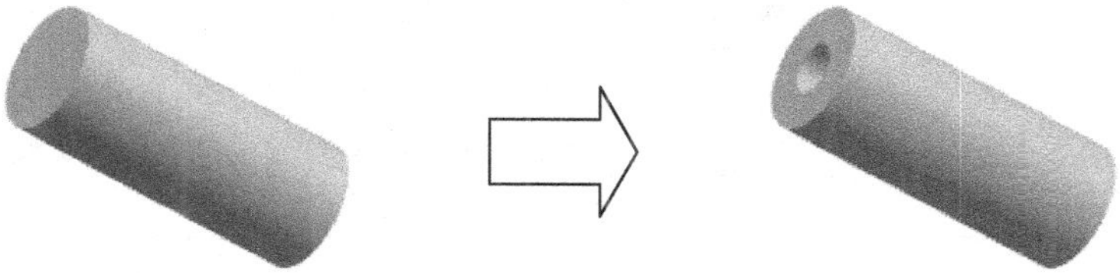

a）创建前　　b）创建后

图 4.13.1　创建孔特征

Task1．打开零件模型

打开文件 D:\ug8.1\work\ch04\ch04.13\hole.prt。

Task2．添加孔特征（简单孔）

Step1．选择命令。选择下拉菜单 插入(I) → 设计特征(E) → 孔(H)... 命令（或在“特征”工具条中单击按钮），系统弹出图 4.13.2 所示的“孔”对话框。

Step2．选取孔的类型。在“孔”对话框的 类型 下拉列表中选择 常规孔 选项。

Step3. 定义孔的放置位置。首先确认“选择条”工具条中的按钮被按下，选择图 4.13.3 所示圆的圆心为孔的放置位置。

Step4. 定义孔参数。在直径文本框中输入值 8.0，在深度限制下拉列表中选择贯通体选项。

Step5. 完成孔的创建。对话框中的其余设置保持系统默认，单击< 确定 >按钮，完成孔特征的创建。

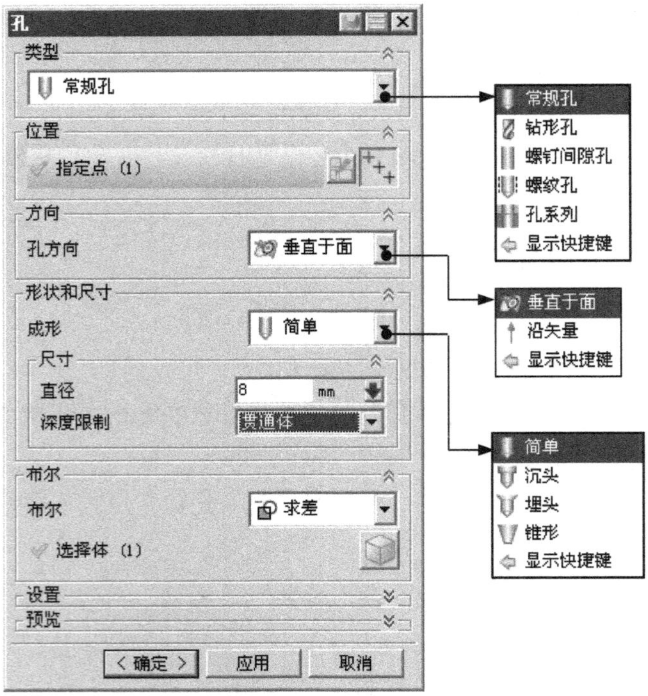

图 4.13.2 “孔”对话框

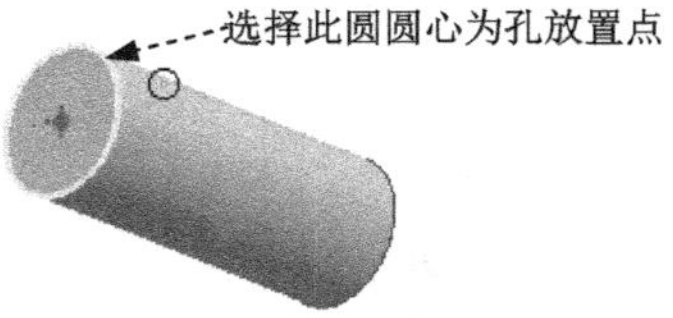

图 4.13.3 选取放置点

图 4.13.2 所示的“孔”对话框中部分选项的功能说明如下：

- 类型下拉列表：
  - ☑ 常规孔：创建指定尺寸的简单孔、沉头孔、埋头孔或锥孔特征等，常规孔可以是盲孔、通孔或指定深度条件的孔。
  - ☑ 钻形孔：根据 ANSI 或 ISO 标准创建简单钻形孔特征。
  - ☑ 螺钉间隙孔：创建简单、沉头或埋头通孔，它们是为具体应用而设计的，例如螺钉间隙孔。
  - ☑ 螺纹孔：创建螺纹孔，其尺寸标注由标准、螺纹尺寸和径向进给等参数控制。
  - ☑ 孔系列：创建起始、中间和结束孔尺寸一致的多形状、多目标体的对齐孔。
- 位置下拉列表：
  - ☑ 按钮：单击此按钮，打开“创建草图”对话框，并通过指定放置面和方位来创建中心点。
  - ☑ 按钮：可使用现有的点来指定孔的中心。可以是“选择条”工具条中提供的选择意图下的现有点或点特征。

- 孔方向下拉列表：此下拉列表用于指定将创建的孔的方向，有垂直于面和沿矢量两个选项。
  - ☑ 垂直于面选项：沿着与公差范围内每个指定点最近的面法向的反向定义孔的方向。
  - ☑ 沿矢量选项：沿指定的矢量定义孔方向。
- 成形下拉列表：此下拉列表由于指定孔特征的形状，有简单、沉头、埋头和锥形四个选项。
  - ☑ 简单选项：创建具有指定直径、深度和尖端顶锥角的简单孔。
  - ☑ 沉头选项：创建具有指定直径、深度、顶锥角、沉头孔径和沉头孔深度的沉头孔。
  - ☑ 埋头选项：创建有指定直径、深度、顶锥角、埋头孔径和埋头孔角度的埋头孔。
  - ☑ 锥形选项：创建具有指定斜度和直径的孔，此项只有在类型下拉列表中选择常规孔选项时可用。
- 直径文本框：此文本框用于控制孔直径的大小，可直接输入数值。
- 深度限制下拉列表：此下拉列表用于控制孔深度类型，包括值、直至选定对象、直至下一个和贯通体四个选项。
  - ☑ 值选项：给定孔的具体深度值。
  - ☑ 直至选定对象选项：创建一个深度为直至选定对象的孔。
  - ☑ 直至下一个选项：对孔进行扩展，直至孔到达下一个面。
  - ☑ 贯通体选项：创建一个通孔，贯通所有特征。
- 布尔下拉列表：此下拉列表用于指定创建孔特征的布尔操作，包括无和求差两个选项。
  - ☑ 无选项：创建孔特征的实体表示，而不是将其从工作部件中减去。
  - ☑ 求差选项：从工作部件或其组件的目标体减去工具体。

4.14 螺　　纹

在 UG NX 8.0 中，可以创建两种类型的螺纹。

- 符号螺纹：以虚线圆的形式显示在要攻螺纹的一个或几个面上。符号螺纹可使用外部螺纹表文件（可以根据特殊螺纹要求来定制这些文件），以确定其参数。
- 详细螺纹：比符号螺纹看起来更真实，但由于其几何形状的复杂性，创建和更新都需要较长的时间。详细螺纹是完全关联的，如果特征被修改，则螺纹也相应更新。可以选择生成部分关联的符号螺纹，或指定固定的长度。部分关联是指如果螺纹被修改，则特征也将更新（但反过来则不行）。

在产品设计时，当需要制作产品的工程图时，应选择符号螺纹；如果不需要制作产品的工程图，而是需要反映产品的真实结构（如产品的广告图和效果图），则选择详细螺纹。

说明： 详细螺纹每次只能创建一个，而符号螺纹可以创建多组，而且创建时需要的时间较少。

下面以图 4.14.1 所示的零件为例，说明在一个模型上创建螺纹特征（详细螺纹）的一般操作过程。

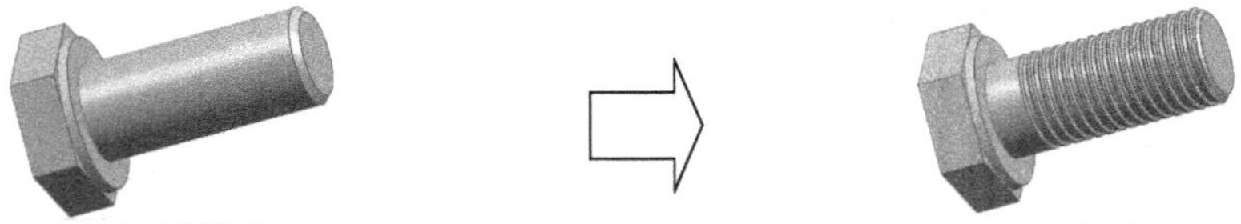

a）创建螺纹前　　b）创建螺纹后

图 4.14.1　创建螺纹特征

Task1．打开一个已有的零件模型

打开文件 D:\ug8.1\work\ch04\ch04.14\threads.prt。

Task2．创建螺纹特征（详细螺纹）

Step1．选择命令。选择下拉菜单 插入(I) → 设计特征(E) ▸ → 螺纹(T)... 命令（或在“特征操作”工具条中单击 按钮），系统弹出图 4.14.2 所示的“螺纹”对话框（一）。

Step2．选取螺纹的类型。在“螺纹”对话框（一）中选中 ⊙ 详细 单选项，系统弹出图 4.14.3 所示的“螺纹”对话框（二）。

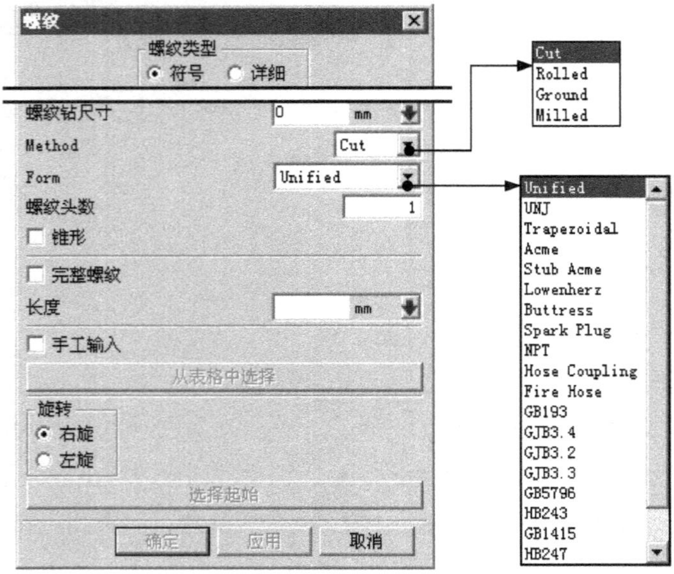

图 4.14.2　“螺纹”对话框（一）

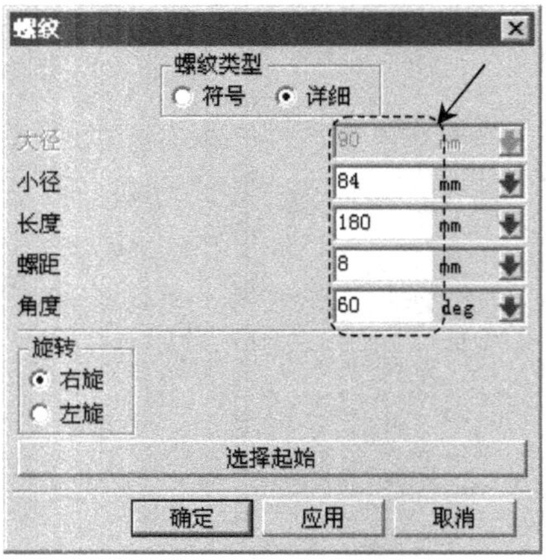

图 4.14.3　“螺纹”对话框（二）

Step3. 定义螺纹的放置。

（1）定义螺纹的放置面。选取图 4.14.4 所示的柱面为放置面，此时系统自动生成螺纹的方向矢量，并弹出图 4.14.5 所示的“螺纹”对话框（三）。

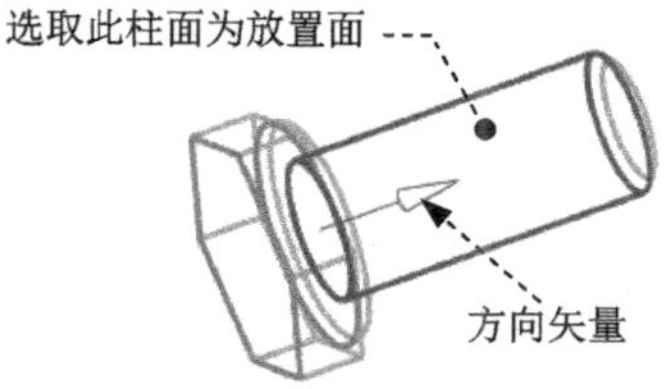

图 4.14.4　选取放置面

图 4.14.5　“螺纹”对话框（三）

（2）定义螺纹起始面。选取图 4.14.6 所示的平面为螺纹的起始面，系统弹出图 4.14.7 所示的“螺纹”对话框（四）。

Step4. 定义螺纹起始条件。在“螺纹”对话框（四）的起始条件下拉列表中选择从起始处延伸选项，单击螺纹轴反向按钮，使螺纹轴线方向如图 4.14.6 所示，单击确定按钮。系统返回“螺纹”对话框（二）。

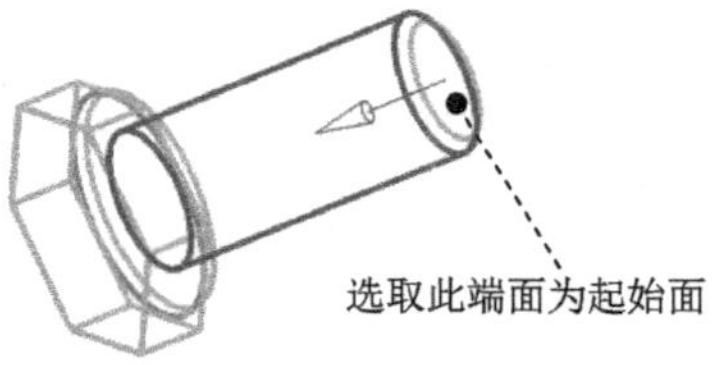

图 4.14.6　选取起始面

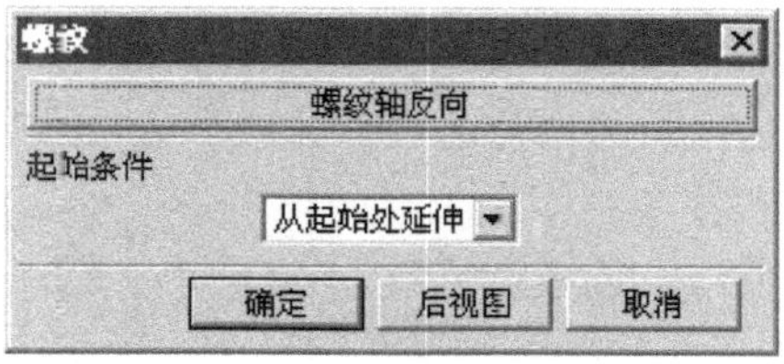

图 4.14.7　“螺纹”对话框（四）

Step5. 定义螺纹参数。在“螺纹”对话框（二）中输入图 4.14.3 所示的参数，单击确定按钮，完成螺纹特征的创建。

说明：“螺纹”对话框（二）在最初弹出时是没有任何数据的，只有在选择了放置面后才有数据出现，也允许用户修改。

4.15　拔　　模

使用“拔模”命令可以使面相对于指定的拔模方向成一定的角度。拔模通常用于对模型、部件、模具或冲模的竖直面添加斜度，以便借助拔模面将部件或模型与其模具或冲模分开。用户可以为拔模操作选择一个或多个面，但它们必须都是同一实体的一部分。下面分别以面拔模和边拔模为例介绍拔模过程。

1. 面拔模

下面以图 4.15.1 所示的模型为例，说明面拔模的一般操作过程。

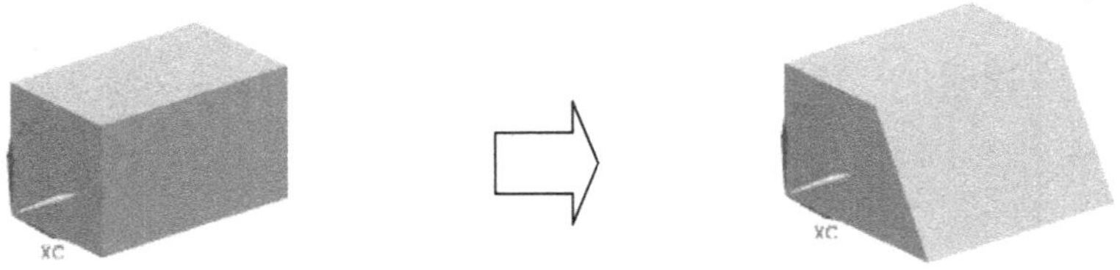

a）拔模前　　　　b）拔模后

图 4.15.1　创建面拔模

Step1. 打开文件 D:\ug8.1\work\ch04\ch04.15\traft_1.prt。

Step2. 选择命令。选择下拉菜单 插入(S) → 细节特征(L) → 拔模(T)... 命令，系统弹出图 4.15.2 所示的“拔模”对话框。

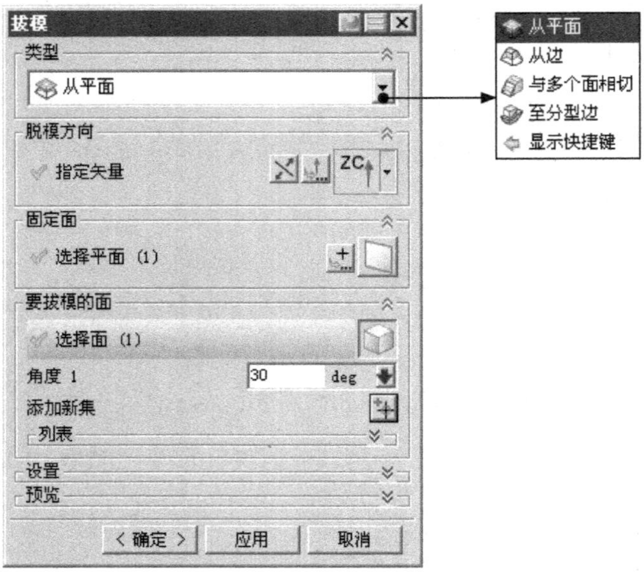

图 4.15.2　“拔模”对话框

Step3. 选择拔模方式。在“拔模”对话框的 类型 下拉列表中选择 从平面 选项。

Step4. 指定拔模方向。单击按钮，选取 ZC 作为拔模的方向。

Step5. 定义拔模固定平面。选取图 4.15.3 所示的表面作为拔模固定平面。

Step6. 选取要拔模的面。选取图 4.15.4 所示的表面作为要拔模的面。

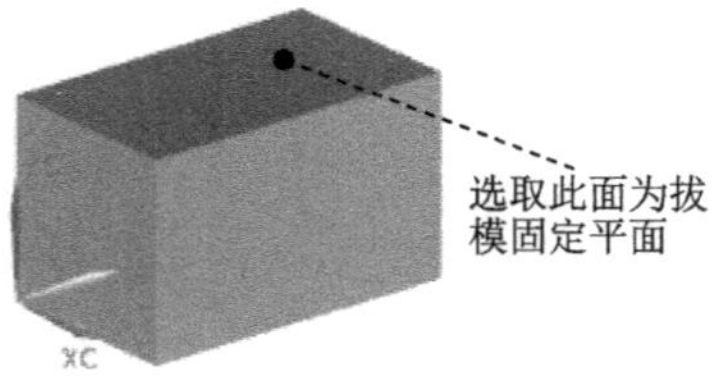

图 4.15.3　定义拔模固定平面

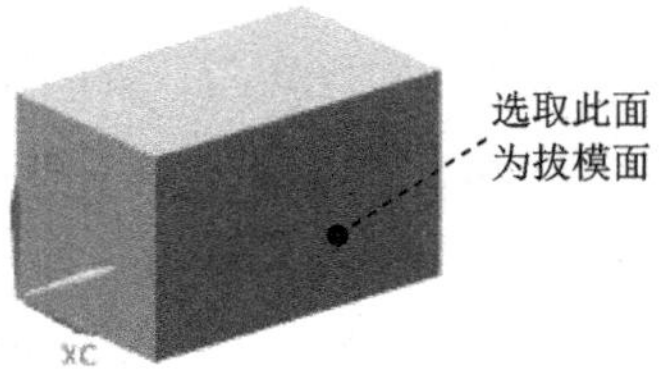

图 4.15.4　定义拔模面

Step7. 定义拔模角。系统将弹出设置拔模角的动态文本框，输入拔模角度值 30.0（也可拖动拔模手柄至需要的拔模角度）。

Step8. 单击 < 确定 > 按钮，完成拔模操作。

图 4.15.2 所示的"拔模"对话框中部分按钮的说明如下：

- 从平面：单击该按钮，在静止平面上，实体的横截面通过拔模操作维持不变。
- 从边：单击该按钮，使整个面在回转过程中保持通过部件的横截面是平的。
- 与多个面相切：在拔模操作之后，拔模的面仍与相邻的面相切。此时，固定边未被固定，而是移动的，以保持与选定面之间的相切约束。
- 至分型边：在整个面回转过程中保留通过该部件中平的横截面，并且根据需要在分型边缘创建突出部分。
- （自动判断的矢量）：单击该按钮，可以从所有的 NX 矢量创建选项中进行选择，如图 4.15.2 所示。
- （固定平面）：单击该按钮，允许通过选择的平面、基准平面或与拔模方向垂直的平面所通过的一点来选择该面。此选择步骤仅可用于从固定平面拔模和拔模到分型边缘这两种拔模类型。
- （要拔模的面）：单击该按钮，允许选择要拔模的面。此选择步骤仅在创建从固定平面拔模类型时可用。
- （反向）：单击该按钮，将显示的方向矢量反向。

2．边拔模

下面以图 4.15.5 所示的模型为例，说明边拔模的一般操作过程。

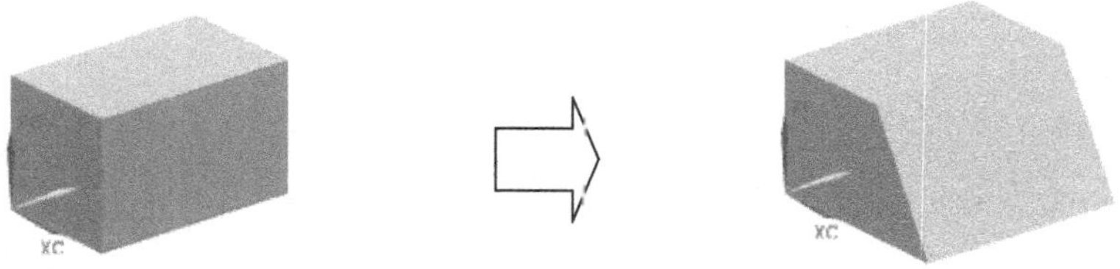

a）拔模前　　b）拔模后

图 4.15.5　创建边拔模

Step1. 打开文件 D:\ug8.1\work\ch04\ch04.15\traft_2.prt。

Step2. 选择命令。选择下拉菜单 插入(S) → 细节特征(L) → 拔模(T)... 命令，系统弹出"拔模"对话框。

Step3. 选择拔模类型。在"拔模"对话框的 类型 下拉列表中选择 从边 选项。

Step4. 指定拔模方向。单击按钮，选取 ZC↑ 作为拔模的方向。

Step5. 定义拔模边缘。选取图 4.15.6 所示长方体的一个边线作为要拔模的边缘线。

Step6. 定义拔模角。系统弹出设置拔模角的动态文本框，在动态文本框内输入拔模角度值 30.0（也可拖动拔模手柄至需要的拔模角度），如图 4.15.7 所示。

Step7. 单击 < 确定 > 按钮，完成拔模操作。

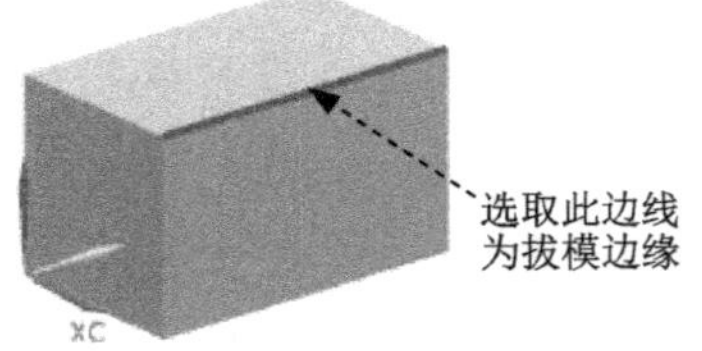

图 4.15.6　选择拔模边缘线

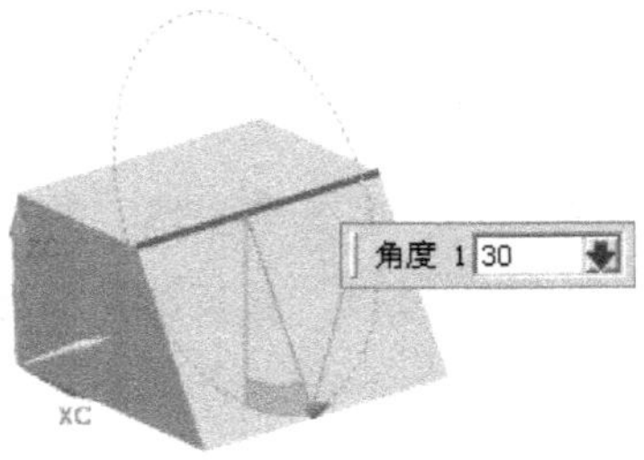

图 4.15.7　输入拔模角

4.16　抽　　壳

使用“抽壳”命令可以利用指定的壁厚值来抽空一实体，或绕实体建立一壳体。可以指定不同表面的厚度，也可以移除单个面。图 4.16.1 所示为长方体底面抽壳和体抽壳后的模型。

a）表面抽壳　　b）体抽壳

图 4.16.1　抽壳

1．在长方体上执行面抽壳操作

下面以图 4.16.2 所示的模型为例，说明面抽壳的一般操作过程。

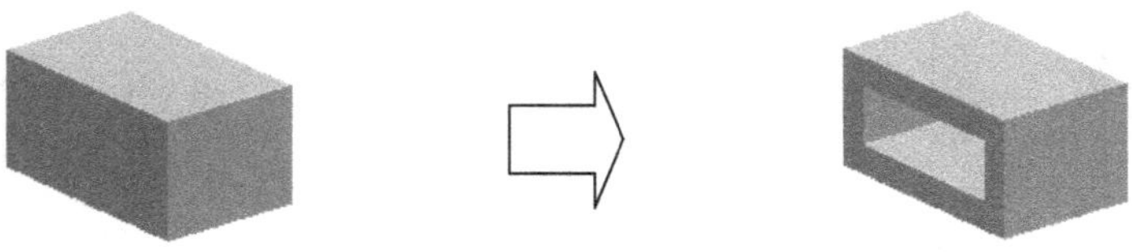

a）创建前　　b）创建后

图 4.16.2　创建面抽壳

Step1. 打开文件 D:\ug8.1\work\ch04\ch04.16\shell_01.prt。

Step2. 选择命令。选择下拉菜单 插入(S) → 偏置/缩放(O) → 抽壳(H)... 命令，系统弹出图 4.16.3 所示的“抽壳”对话框。

Step3. 定义抽壳类型。在对话框的 类型 下拉列表中选择 移除面，然后抽壳 选项。

Step4. 定义移除面。选取图 4.16.4 所示的表面为要移除的面。

Step5. 定义抽壳厚度。在“抽壳”对话框的 厚度 文本框内输入值 10.0，也可以拖动抽壳手柄至需要的数值，如图 4.16.5 所示。

Step6. 单击 < 确定 > 按钮，完成抽壳操作。

图 4.16.3　“抽壳”对话框

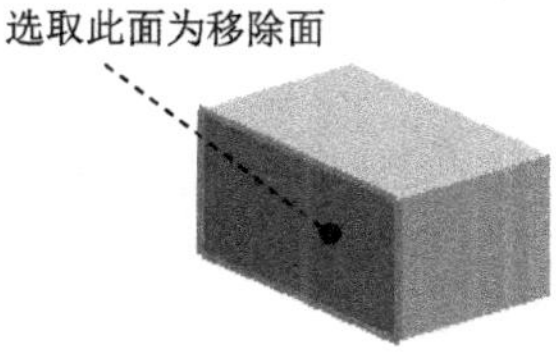

图 4.16.4　定义移除面

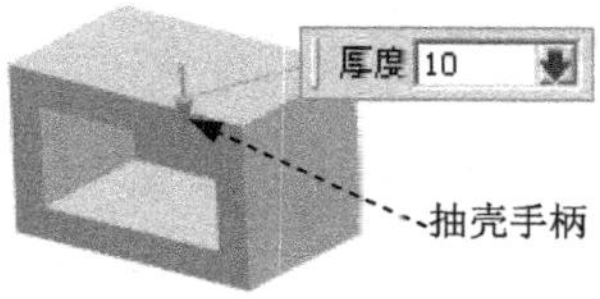

图 4.16.5　定义抽壳厚度

图 4.16.3 所示的“壳”对话框中有关按钮的说明如下：

- 移除面，然后抽壳：选取该选项，选择要从成壳体中移除的面。可以选择多于一个移除面，当选择移除面时，“选择意图”工具条被激活。
- 对所有面抽壳：单击该按钮，选择要抽壳的体，壳的偏置方向是所选择面的法向。如果在部件中仅有一单个实体，它将被自动选中。

2. 在长方体上执行体抽壳操作

下面以图 4.16.6 所示的模型为例，说明体抽壳的一般操作过程。

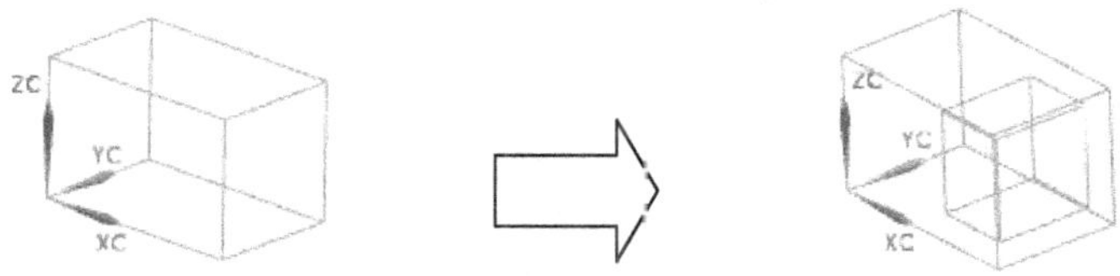

a）创建前　　b）创建后

图 4.16.6　体抽壳

Step1. 打开文件 D:\ug8.1\work\ch04\ch04.16\shell_02.prt。

Step2. 选择命令。选择下拉菜单 插入(S) → 偏置/缩放(O) → 抽壳(H)... 命令，系统弹出“抽壳”对话框。

Step3. 定义抽壳类型。在对话框的 类型 下拉列表中选择 对所有面抽壳 选项。

Step4. 定义抽壳对象。选取长方体为要抽壳的体。

Step5. 定义抽壳厚度。在厚度文本框中输入厚度值 6.0。

Step6. 创建变厚度抽壳。在“抽壳”对话框中的备选厚度区域单击按钮，选取图 4.16.8 所示的抽壳备选厚度面，在厚度文本框中输入厚度值 45.0，或者拖动抽壳手柄至需要的数值，如图 4.16.8 所示。

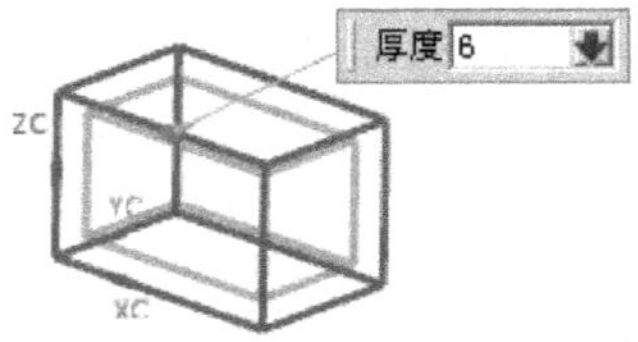

图 4.16.7 体抽壳

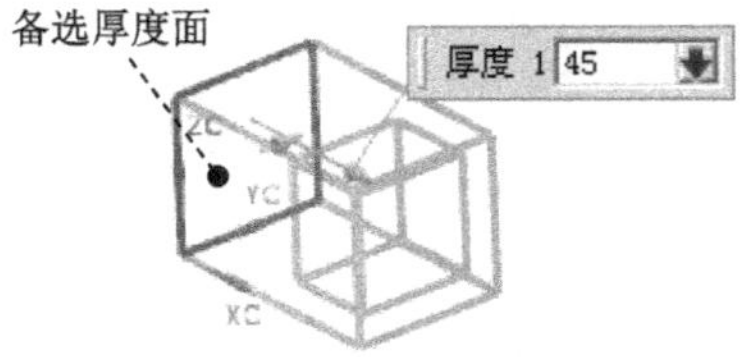

图 4.16.8 创建变厚度抽壳

说明：用户还可以更换其他面的厚度值，单击按钮，操作同 Step6，更换后的结果如图 4.16.7 所示。

Step7. 单击< 确定 >按钮，完成抽壳操作。

4.17 特征的编辑

特征的编辑是在完成特征的创建以后，对其中的一些参数进行修改的操作。特征的编辑可以对特征的尺寸、位置和先后次序等参数进行重新编辑，在一般情况下，保留其与别的特征建立起来的关联性质。它包括编辑参数、编辑定位、特征移动、特征重排序、替换特征、抑制特征、取消抑制特征、去除特征参数以及特征回放等。

4.17.1 编辑参数

编辑参数用于在创建特征时使用的方式和参数值的基础上编辑特征。选择下拉菜单编辑(E) → 特征(F) → 编辑参数(P)...命令，在弹出的“编辑参数”对话框中选取需要编辑的特征或在已绘图形中选择需要编辑的特征，系统会由用户所选择的特征弹出不同的对话框来完成对该特征的编辑。下面以一个范例来说明编辑参数的过程，如图 4.17.1 所示。

Step1. 打开文件 D:\ug8.1\work\ch04\ch04.17\Simple Hole01.prt。

Step2. 选择下拉菜单编辑(E) → 特征(F) → 编辑参数(P)...命令，系统弹出图 4.17.2 所示的“编辑参数”对话框（一）。

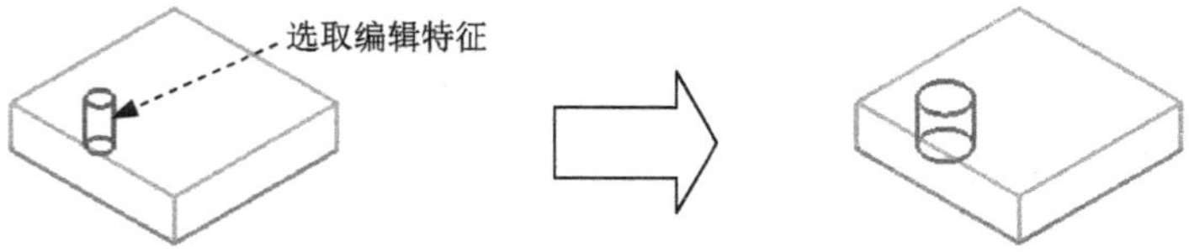

a）编辑参数前　　b）编辑参数后

图 4.17.1 编辑参数

Step3. 定义编辑对象。从图形区或“编辑参数”对话框（一）中选择要编辑的孔特征。单击确定按钮，系统弹出“孔”对话框。

Step4. 编辑特征参数。在“孔”特征对话框的直径文本框中输入新的数值 20.0，单击“孔”对话框中的确定按钮，系统弹出“编辑参数”对话框（二），如图 4.17.3 所示。

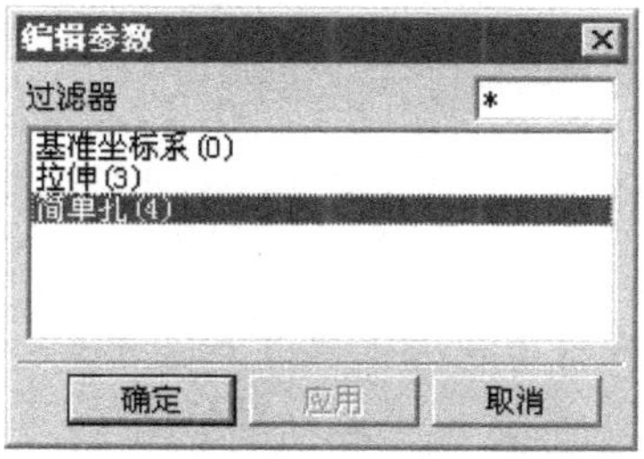

图 4.17.2 “编辑参数”对话框（一）

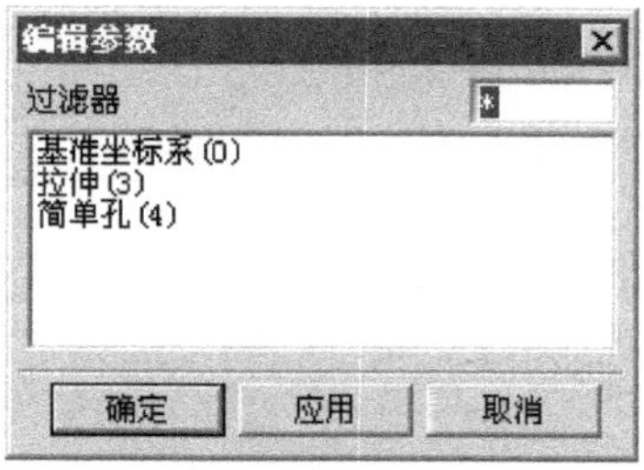

图 4.17.3 “编辑参数”对话框（二）

Step5. 在弹出的“编辑参数”对话框（二）中单击确定按钮，完成编辑参数的操作。

4.17.2 特征重排序

特征重排序可以改变特征应用于模型的次序，即将重定位特征移至选定的参考特征之前或之后。对具有关联性的特征重排序以后，与其关联特征也被重排序。下面以一个范例来说明“特征重排序”的操作步骤，如图 4.17.4 所示。

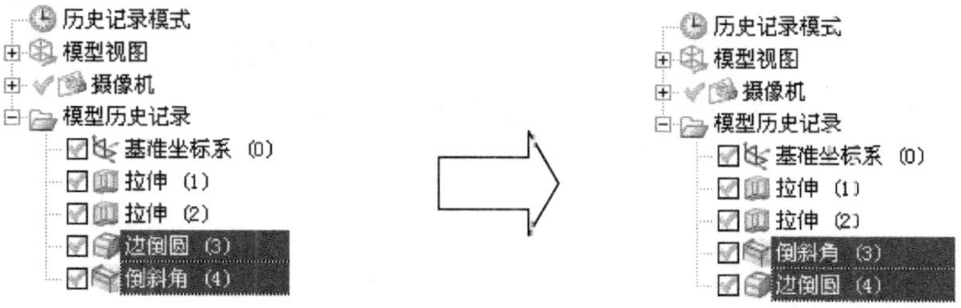

a）特征重排序前　　b）特征重排序后

图 4.17.4 模型树

Step1. 打开文件 D:\ug8.1\work\ch04\ch04.17\Simple Hole02.prt。

Step2. 选择下拉菜单 编辑(E) → 特征(F) → 重排序(R)... 命令，系统弹出图 4.17.5 所示的“特征重排序”对话框。

Step3. 根据系统**选择重定位特征**的提示，在该对话框中的过滤器列表框中选取倒斜角 (4)选项为参考特征（图 4.17.5），或在已绘图形中选择需要的特征（图 4.17.6），在选择方法区域选中 ⊙ 之后 选项。

Step4. 在重定位特征列表框中将会出现位于该特征前面的所有特征，根据系统**选择重定位特征**的提示，在该列表框中选取边倒圆 (3)选项为需要重排序的特征（图 4.17.5）。

Step5. 单击确定按钮，完成特征的重排序。

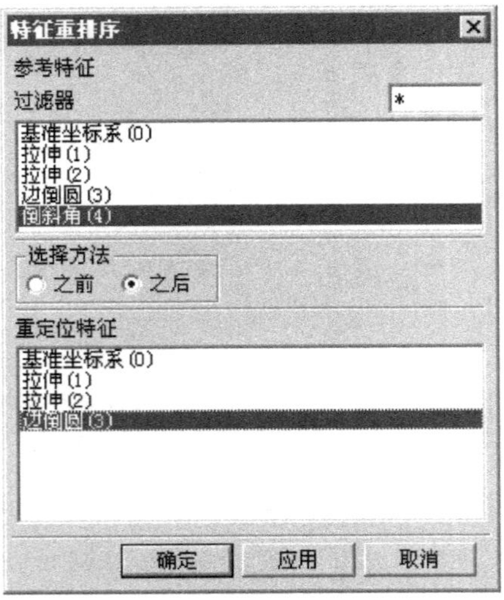

图 4.17.5 “特征重排序”对话框

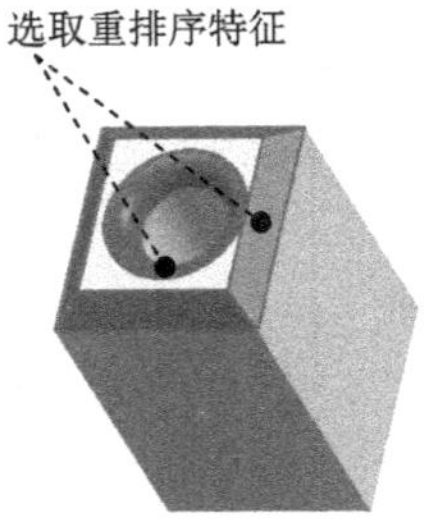

图 4.17.6 选取要重排序的特征

图 4.17.5 所示的“特征重排序”对话框中 选择方法 下拉列表的说明如下：

- 之前 单选项：选中的重定位特征被移动到参考特征之前。
- 之后 单选项：选中的重定位特征被移动到参考特征之后。

4.17.3 特征的抑制与取消抑制

特征的抑制操作可以从目标特征中移除一个或多个特征，当抑制相互关联的特征时，关联的特征也将被抑制。当取消抑制后，特征及与之关联的特征将显示在图形区。下面以一个范例来说明应用抑制特征和取消抑制特征的操作过程，如图 4.17.7 所示。

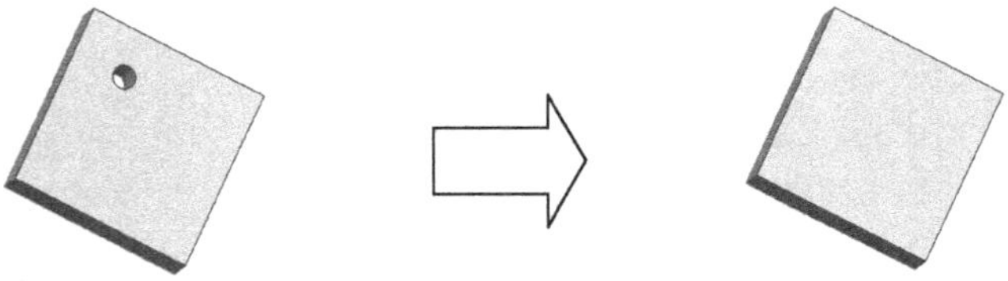

a）抑制特征前　　b）抑制特征后

图 4.17.7 抑制特征

Task1. 抑制特征

Step1. 打开文件 D:\ug8.1\work\ch04\ch04.17\Simple Hole03.prt。

Step2. 选择下拉菜单 编辑(E) → 特征(F) → 抑制(S)... 命令，系统弹出图 4.17.8 所示的“抑制特征”对话框。

Step3. 定义抑制对象。选取图 4.17.9 所示的特征。

Step4. 单击 确定 按钮，完成抑制特征的操作，如图 4.17.7b 所示。

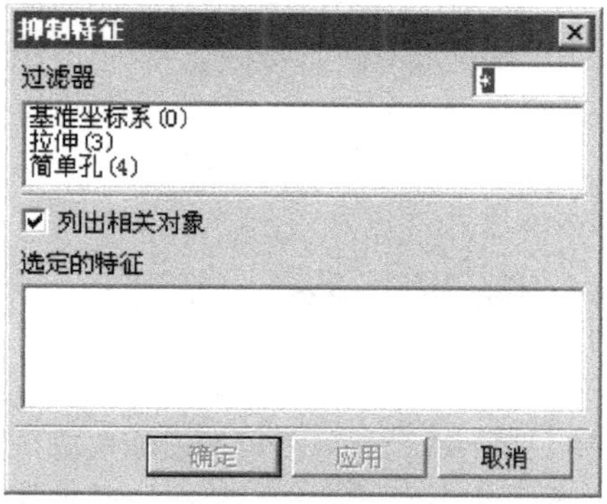

图 4.17.8　“抑制特征”对话框

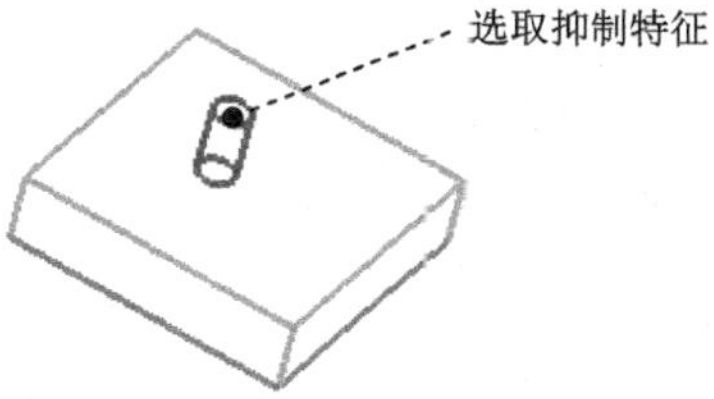

图 4.17.9　选取抑制特征

Task2.　取消抑制特征

Step1. 选择下拉菜单 编辑(E) → 特征(F) → 取消抑制(U)... 命令，系统弹出图 4.17.10 所示的“取消抑制特征”对话框。

Step2. 在该对话框中选取需要取消抑制的特征，单击 确定 按钮，完成取消抑制特征的操作（图 4.17.7a），模型恢复到初始状态。

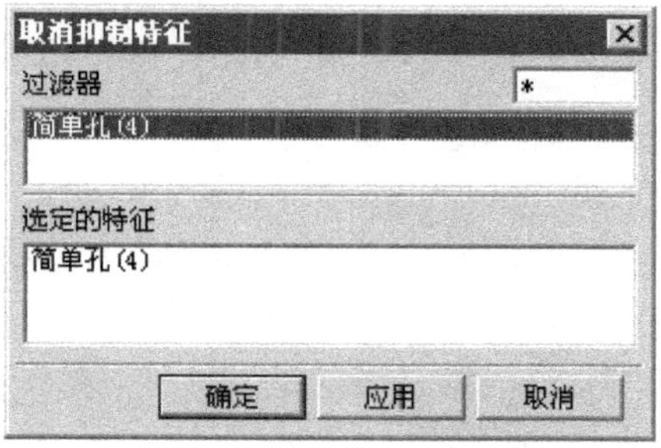

图 4.17.10　“取消抑制特征”对话框

4.18　扫 掠 特 征

扫掠特征是用规定的方法沿一条空间的路径移动一条曲线而产生的体。移动曲线称为截面线串，其路径称为引导线串。下面以图 4.18.1 所示的模型为例，说明创建扫掠特征的一般操作过程。

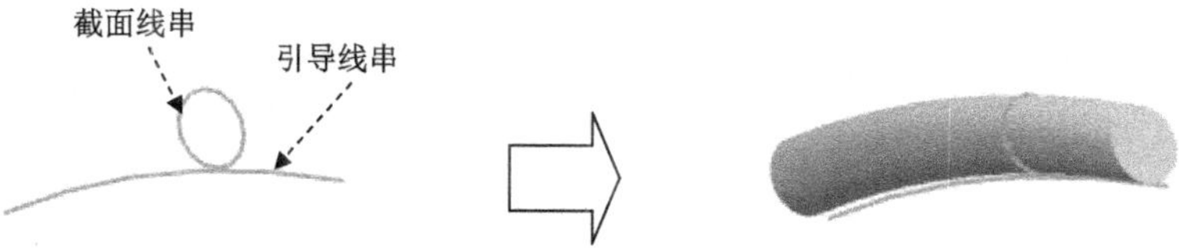

a）创建前　　b）创建后

图 4.18.1　创建扫掠特征

Task1．打开一个已有的零件模型

打开文件 D:\ug8.1\work\ch04\ch04.18\sweep.prt。

Task2．添加扫掠特征

Step1. 选择命令。选择下拉菜单 插入(S) ➡ 扫掠(W) ➡ 扫掠(S)... 命令，系统弹出图 4.18.2 所示的“扫掠”对话框。

Step2. 定义截面线串。选取图 4.18.1a 所示的截面线串。

Step3. 定义引导线串。在 引导线（最多 3 根） 区域中单击 选择曲线 (0) 按钮，选取图 4.18.1a 所示的引导线串。

Step4. 在“扫掠”对话框中单击 < 确定 > 按钮，完成扫掠的特征的创建。

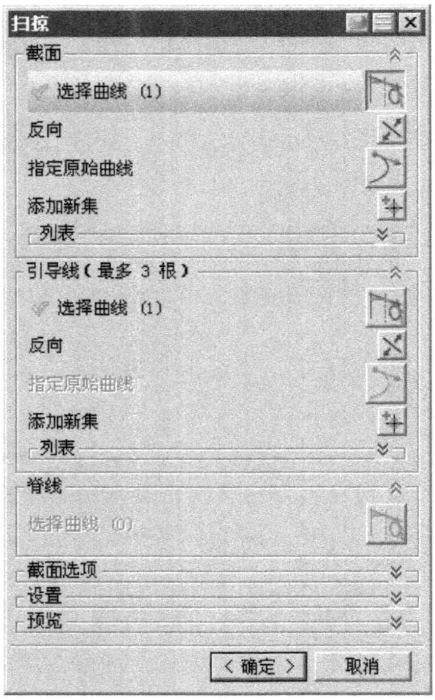

图 4.18.2 “扫掠”对话框

4.19 凸 台

“凸台”功能用于在一个已经存在的实体面上创建一圆形凸台。下面以图 4.19.1 所示圆台为例，说明创建凸台的一般操作步骤。

Step1. 打开文件 D:\ug8.1\work\ch04\ch04.19\boss.prt。

Step2. 选择命令。选择下拉菜单 插入(I) ➡ 设计特征(E) ➡ 凸台(B)... 命令（或在“特征”工具条中单击按钮），系统弹出图 4.19.2 所示的“凸台”对话框。

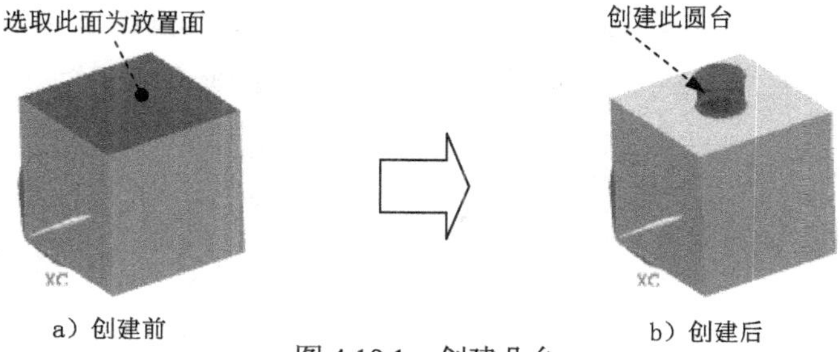

图 4.19.1　创建凸台

Step3. 定义放置面。选取图 4.19.1a 所示的实体表面为放置面。

Step4. 输入凸台参数。在“凸台”对话框中输入直径值 30.0、高度值 20.0，如图 4.19.2 所示。单击 确定 按钮，弹出图 4.19.3 所示的“定位”对话框。

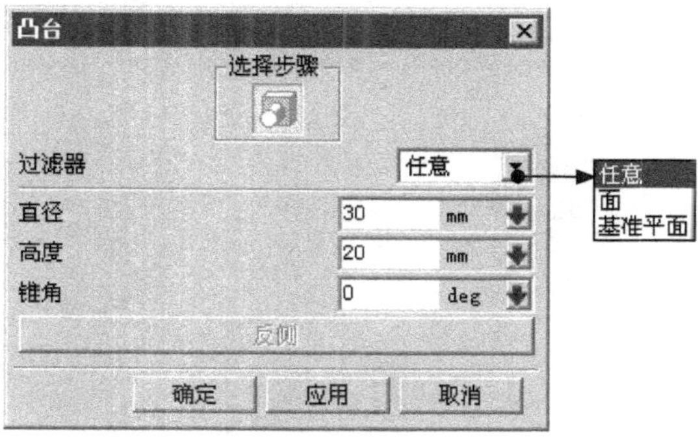

图 4.19.2　“凸台”对话框

Step5. 创建定位尺寸来确定圆台放置位置。

（1）定义参照 1。单击 按钮，选取图 4.19.4 所示的边线作为基准 1，然后在“定位”对话框中输入值 50.0，单击 应用 按钮。

（2）定义参照 2。单击 按钮，选取图 4.19.5 所示的边线作为基准 2，然后在“定位”对话框中输入值 50.0，单击 确定 按钮完成圆台的创建。

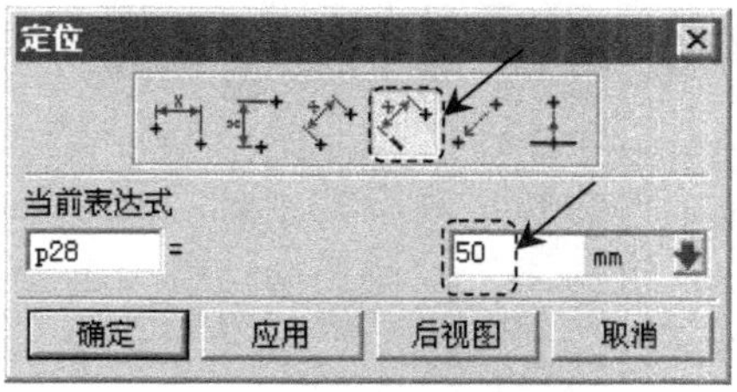

图 4.19.3　“定位”对话框

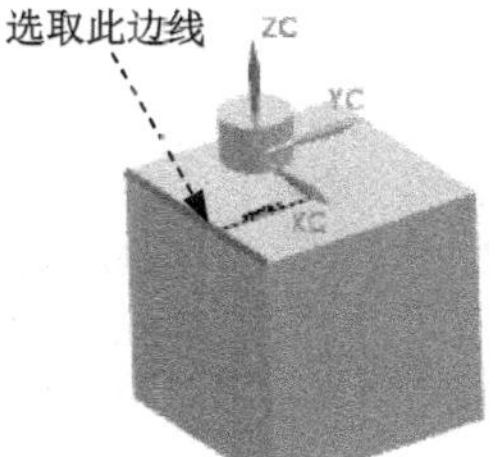

图 4.19.4　定义参照 1

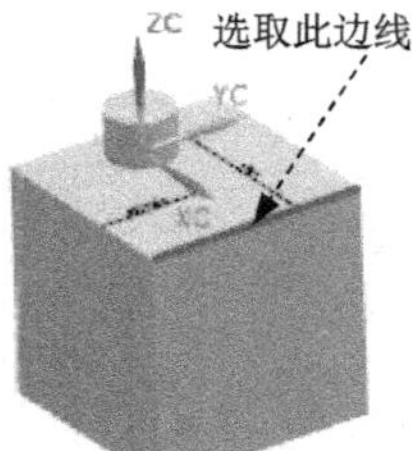

图 4.19.5　定义参照 2

4.20　腔　　体

腔体就是在已有的实体模型中切减材料而形成的特征。腔体特征的创建过程与孔类似，不同的是孔是圆柱形的，而腔体可以是多种几何形状。在 UG NX 8.0 中可以创建三种类型的腔体：圆柱形腔体、矩形腔体和一般腔体，如图 4.20.1 所示。下面将详细介绍这三种腔体的创建方法。

a）圆柱形腔体　　b）矩形腔体　　c）一般腔体

图 4.20.1　腔体特征

1. 圆柱形腔体

下面以图 4.20.2 所示模型为例，说明创建圆柱形腔体的一般操作过程。

Step1. 打开文件 D:\ug8.1\work\ch04\ch04.20\cylintrical pocket.prt。

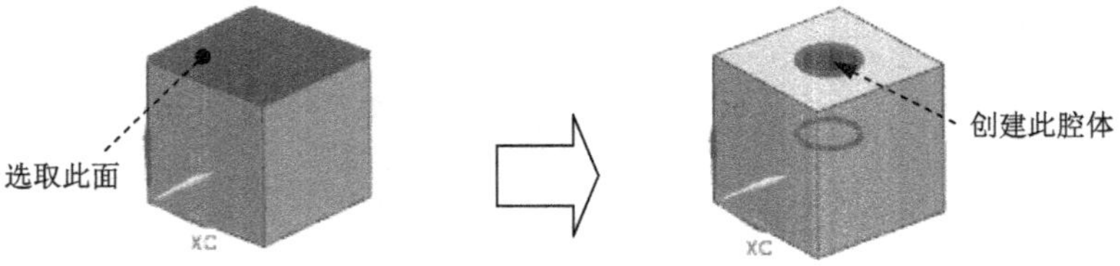

a）创建前　　b）创建后

图 4.20.2　创建腔体

Step2. 选择命令。选择下拉菜单 插入(I) → 设计特征(E) → 腔体(P)... 命令，系统弹出图 4.20.3 所示的“腔体”对话框。

Step3. 选择腔体类型。单击 柱 按钮，系统弹出图 4.20.4 所示的“圆柱形腔体”对话框（一）。

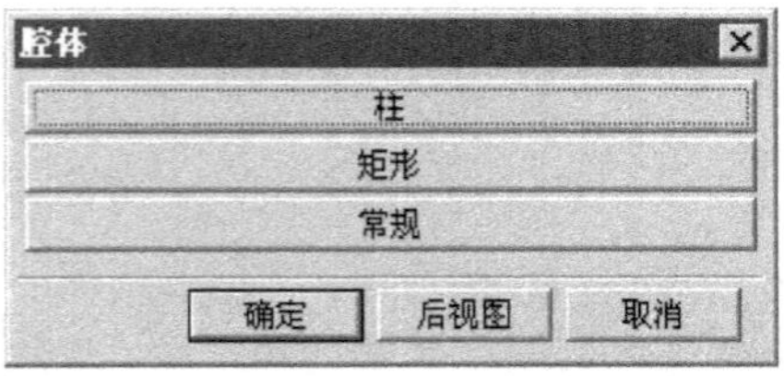

图 4.20.3　“腔体”对话框

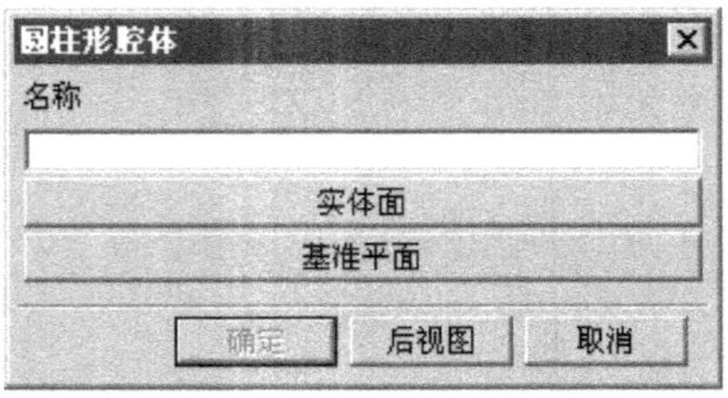

图 4.20.4　“圆柱形腔体”对话框（一）

Step4. 定义放置面。选取图 4.20.2a 所示立方体上表面，系统弹出图 4.20.5 所示的“圆柱形腔体”对话框（二）。

Step5. 定义腔体参数。腔体各项参数设置如图 4.20.5 所示。单击 确定 按钮，系统弹出“定位”对话框。

Step6. 确定放置位置，单击 确定 按钮。完成腔体的创建（具体操作读者可参见“4.19 凸台”中的相应内容，读者可定义圆弧中心与边线的距离，可参见录像）。

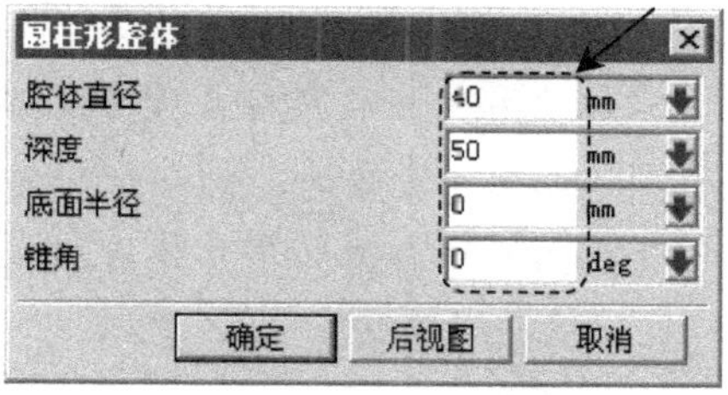

图 4.20.5　“圆柱形腔体”对话框（二）

图 4.20.5 所示的“圆柱形腔体”对话框（二）中各选项的说明如下：

- 腔体直径 文本框：用于设置圆柱形腔体的直径。
- 深度 文本框：用于设置圆柱形腔体的深度。
- 底面半径 文本框：用于设置圆柱形腔体底面的圆弧半径。它的值必须在 0 和深度值之间。
- 锥角 文本框：用于设置圆柱形腔体的拔模角度。拔模角度值不能为负值。

2．矩形腔体

下面以图 4.20.6 所示的模型为例，说明创建矩形腔体的一般操作过程。

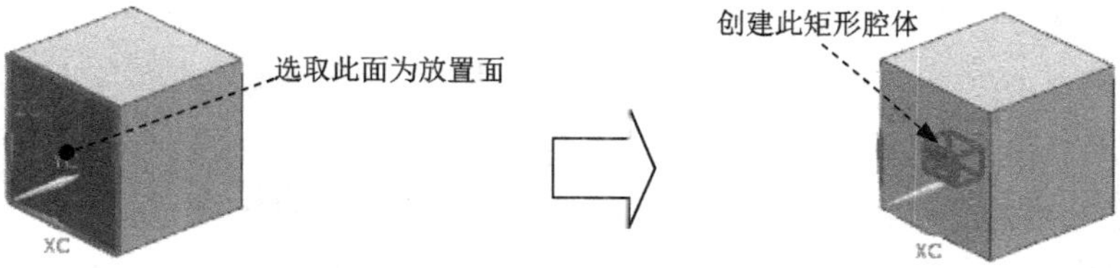

a）创建前　　b）创建后

图 4.20.6　创建矩形腔体

Step1．打开文件 D:\ug8.1\work\ch04\ch04.20\rectangular pocket.prt。

Step2．选择命令。选择下拉菜单 插入(I) → 设计特征(E) → 腔体(P)... 命令（或在“特征”工具条中单击 按钮），系统弹出“腔体”对话框。

Step3．定义腔体类型。单击 矩形 按钮，系统弹出图 4.20.7 所示的“矩形腔体”对话框（一）。

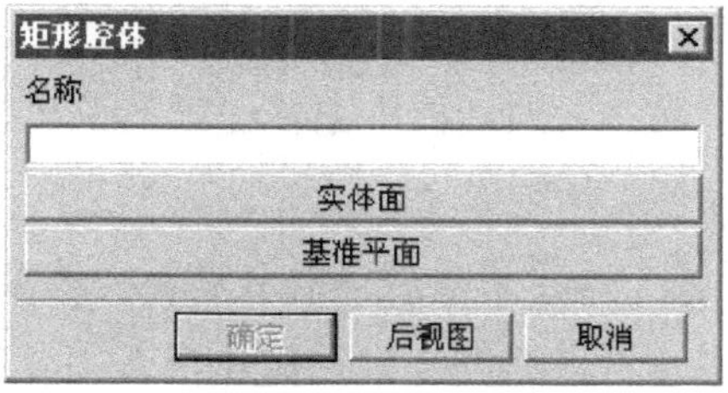

图 4.20.7　“矩形腔体”对话框（一）

Step4．定义放置面。选取图 4.20.6a 所示的表面为放置面，系统弹出图 4.20.8 所示的“水平参考”对话框。

Step5．定义水平参考。选取特征的上表面为水平参考，系统弹出图 4.20.9 所示的“矩形腔体”对话框（二）。

说明：可选择实体的边、面或基准轴等对象作为矩形腔体的水平参考方向。指定参考方向后，系统会出现一个箭头，即水平参考方向，也就是将要创建的矩形腔体长度方向。

Step6. 定义腔体参数。腔体各项参数设置如图 4.20.9 所示。单击 确定 按钮，系统弹出“定位”对话框。

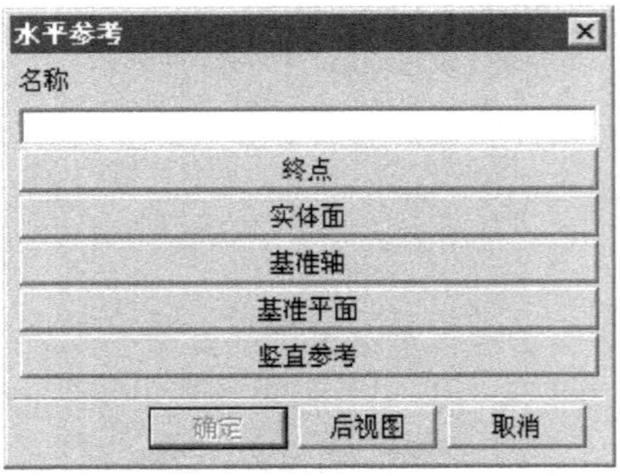

图 4.20.8 “水平参考”对话框

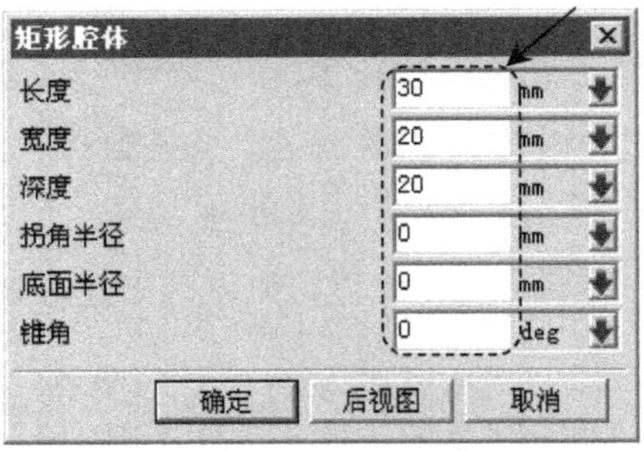

图 4.20.9 “矩形腔体”对话框（二）

Step7. 确定放置位置（具体操作读者可参见“圆柱形腔体”中的相应内容）。

图 4.20.9 所示的“矩形腔体”对话框（二）中各选项的说明如下：

- 长度 文本框：用于设置矩形腔体的长度。
- 宽度 文本框：用于设置矩形腔体的宽度。
- 深度 文本框：用于设置矩形腔体的深度。
- 拐角半径 文本框：用于设置矩形腔体竖直边的圆半径（大于或等于零）。
- 底面半径 文本框：用于设置矩形腔体底边的圆半径。它的值必须大于或等于零。
- 锥角 文本框：用于设置矩形腔体的拔模角度。腔体的四壁以这个角度向内倾斜。拔模角度值不能为负值。

3．常规腔体

常规腔体是指形状特殊的腔体，要创建常规腔体，必须先创建腔体的轮廓草图。单击 常规 按钮，系统弹出图 4.20.10 所示的“常规腔体”对话框。

图 4.20.10 所示的“常规腔体”对话框中主要选项的说明如下：

- 选择步骤 下拉列表：用于选择操作步骤。
  - ☑ (放置面)：用于选择常规腔体的放置面。放置面可以是实体的任何一个表面，所选择的放置面是将要创建的腔体顶面。由于放置面是第一个操作步骤，所以选择放置面时必须考虑到其他步骤，比如由于放置面轮廓线必须投影在放置面上，因此要考虑到放置面轮廓曲线的投影方向。
  - ☑ (放置面轮廓)：用于定义放置面轮廓线，即在放置面上的顶面轮廓。可以直接从模型中选择曲线或边缘来定义放置面轮廓，也可用转换底面轮廓线的方式来定义放置面轮廓。

☑ (底面)：用于定义常规腔体的底面。

☑ (底面轮廓曲线)：用于定义常规腔体的底面轮廓曲线，可以直接从模型中选择曲线或边缘来定义底面轮廓曲线，也可通过转换放置面轮廓线来定义底面轮廓曲线。

☑ (目标体)：用于选取目标实体，即常规腔体将在所选取的实体上创建。当目标体不是放置面所在的实体或片体时，应单击该按钮以指定放置常规腔体的目标体。当定义面时，如果选择的第一个面为基准平面，则必须指定目标体。

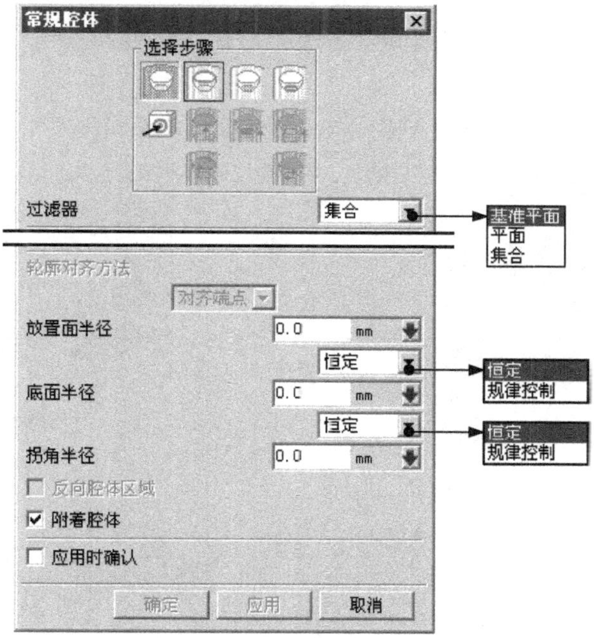

图 4.20.10　“常规腔体”对话框

- 放置面半径选项：该下拉列表用于指定常规腔体的顶面与侧面间的圆角半径。可以利用其下拉列表中的选项：常数控制或规则控制来决定腔体的放置面半径，其值必须大于或等于 0。
- 底面半径选项：该下拉列表用于指定常规腔体的底面与侧面间的圆角半径，也可以利用其下拉列表框中的选项：常数控制或规则控制来决定腔体的底面半径，其值必须大于或等于 0。
- 拐角半径文本框：该下拉列表用于指定常规腔体侧边的拐角半径。
- ☑ 附着腔体复选框：选中该复选框，若目标体是片体，则创建的常规腔体为片体，并与目标片体自动缝合；若目标体是实体，则创建的常规腔体为实体，并从实体中删除常规腔体。取消该复选框，则创建的常规腔体为一个独立的实体。

4.21 垫　　块

选择下拉菜单插入(I) ➡ 设计特征(E)▸ ➡ 垫块(A)...命令（或在“特征”工具条中单击按钮），系统弹出图 4.21.1 所示的“垫块”对话框。可以创建两种类型的垫块：矩形凸垫和常规凸垫。

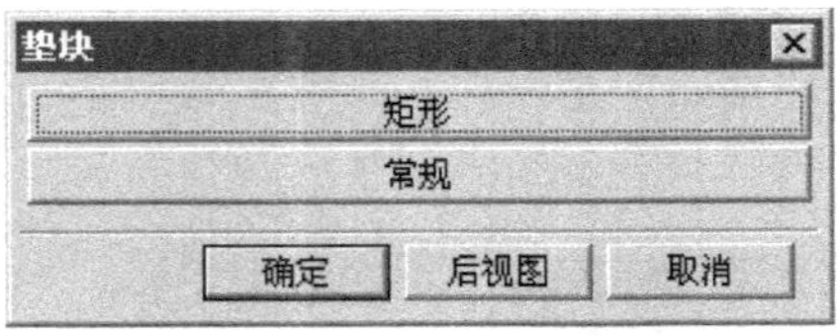

图 4.21.1　“垫块”对话框

垫块和腔体基本上是一致的，唯一的区别就是一个是添加，一个是切除。其操作方法可以参考 4.20 节中创建腔体的操作方法。操作过程如图 4.21.2 所示。

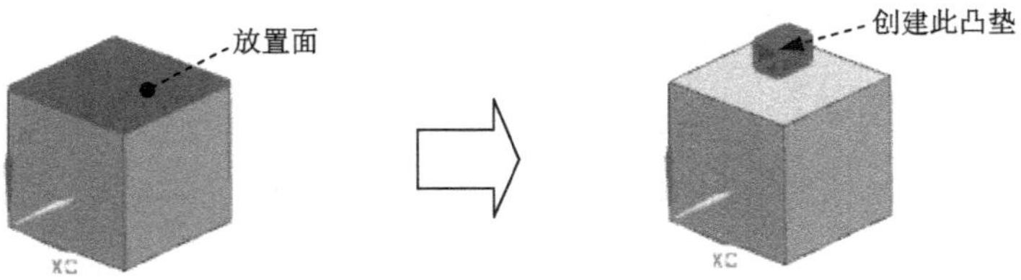

a）创建前　　b）创建后

图 4.21.2　创建垫块

4.22 键　　槽

用户可以使用“键槽”命令创建一个直槽穿过实体或通到实体内部，而且在当前目标实体上自动执行布尔运算。可以创建五种类型的键槽：矩形键槽、球形端槽、U 形键槽、T 形键槽和燕尾槽，如图 4.22.1 所示。下面分别详细介绍五种键槽。

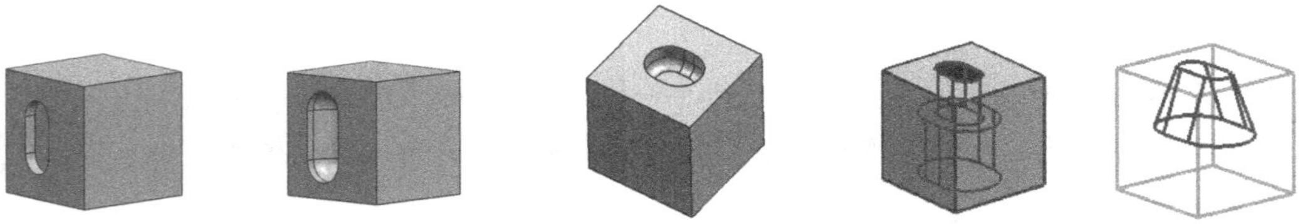

a）矩形键槽　b）球形端槽　c）U 形键槽　d）T 形键槽　e）燕尾形键槽

图 4.22.1　创建延伸曲面

1．矩形键槽

下面以图 4.22.2 所示模型为例，说明创建矩形键槽的一般操作过程。

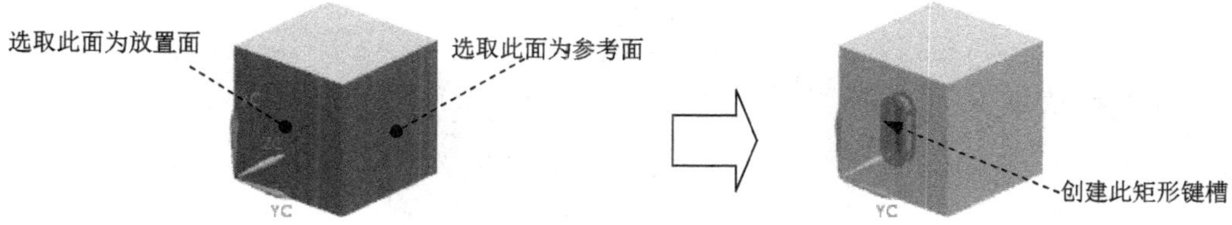

a）创建前　　b）创建后

图 4.22.2 创建矩形键槽

Step1. 打开文件 D:\ug8.1\work\ch04\ch04.22\rectangular slot.prt。

Step2. 选择命令。选择下拉菜单 插入(I) → 设计特征(E) → 键槽(L)... 命令（或在“特征”工具条中单击按钮），系统弹出图 4.22.3 所示的“键槽”对话框。

Step3. 选择键槽类型。在“键槽”对话框中选中 ⊙ 矩形槽 选项，单击 确定 按钮。

Step4. 定义放置面和水平参考。选择图 4.22.2a 所示的放置面和水平参考，系统弹出图 4.22.4 所示的“矩形键槽”对话框。

Step5. 定义键槽参数。在“矩形键槽”对话框中输入图 4.22.4 所示的数值，单击 确定 按钮，系统弹出“定位”对话框。

Step6. 确定放置位置。（具体操作读者可参见“4.20 腔体”中的相应内容。）

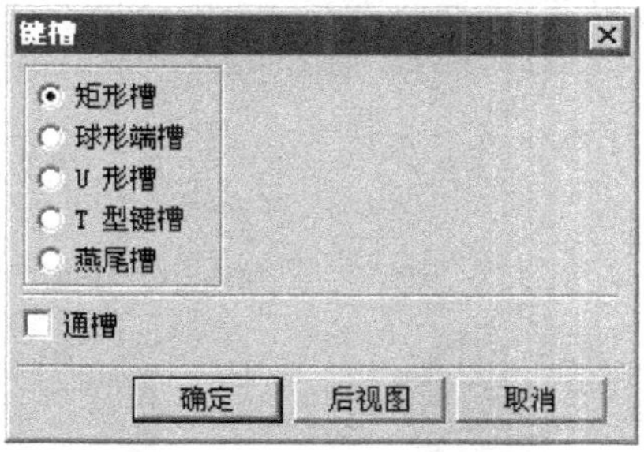

图 4.22.3 “键槽”对话框

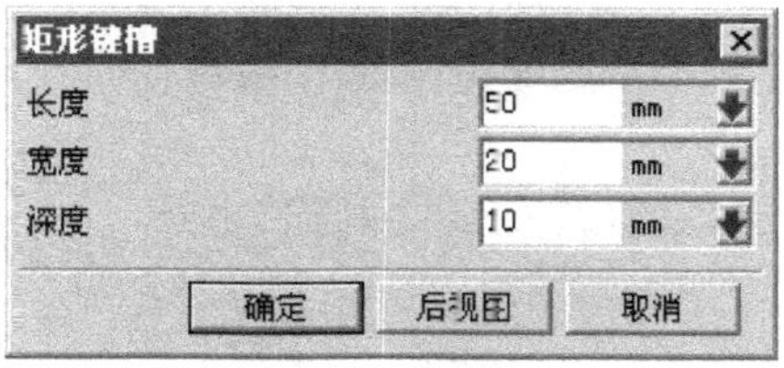

图 4.22.4 “矩形键槽”对话框

说明： 水平参考方向即为矩形键槽的长度方向。

图 4.22.4 所示的“矩形键槽”对话框中各选项的说明如下：

- 长度 文本框：用于设置矩形键槽的长度。按照平行于水平参考的方向测量。长度值必须是正的。
- 宽度 文本框：用于设置矩形键槽的宽度，即形成键槽的刀具宽度。
- 深度 文本框：用于设置矩形键槽的深度。按照与槽的轴相反的方向测量，是从原点到槽底面的距离。深度值必须是正的。

2. 球形端槽

在“键槽”对话框中选择 ⊙ 球形端槽 单选项；在选择放置面和指定水平参考后，系统弹出图 4.22.5 所示的“球形端槽”对话框；输入图 4.22.5 所示的参数；确定定位尺寸。创建的球形端槽如图 4.22.6 所示。

说明：水平参考方向即为球形端槽的长度方向。

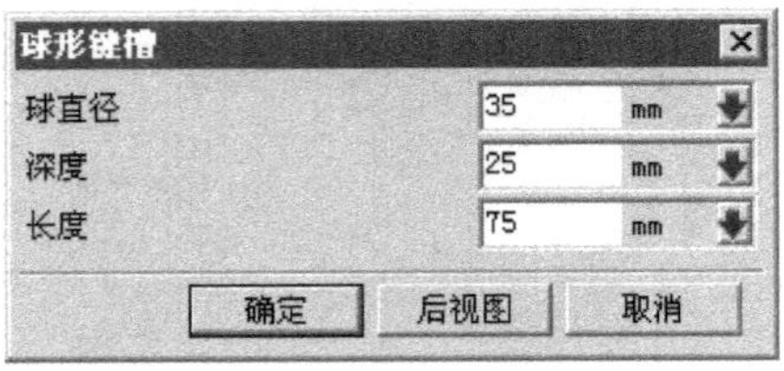

图 4.22.5 “球形键槽”对话框

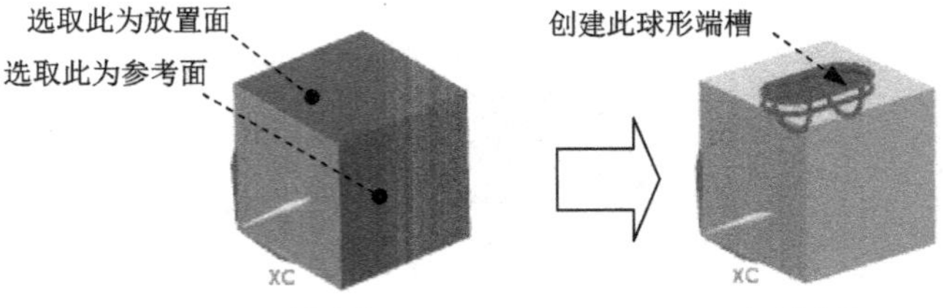

a）创建前　　b）创建后

图 4.22.6 创建球形端槽

图 4.22.5 所示的“球形端槽”对话框中各选项的说明如下：

- 球直径 文本框：用于设置球形端槽的宽度，即刀具的直径。
- 深度 文本框：用于设置球形端槽的深度。按照与槽的轴向相反的方向测量，是从原点到槽底面的距离。深度值必须是正的。
- 长度 文本框：用于设置球形端槽的长度。按照平行于水平参考的方向测量。长度值必须是正值。

3．U 形槽

在“键槽”对话框中选择 ⊙ U 形槽 单选项，在选择放置面和指定水平参考后，系统弹出图 4.22.7 所示的“U 形槽”对话框，输入图 4.22.7 所示的参数，确定定位尺寸。创建的 U 形键槽如图 4.22.8 所示。

说明：水平参考方向即 U 形键槽的长度方向。

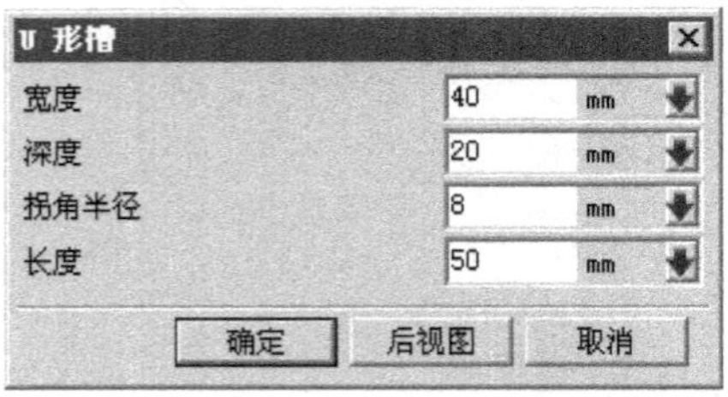

图 4.22.7 “U 形槽”对话框

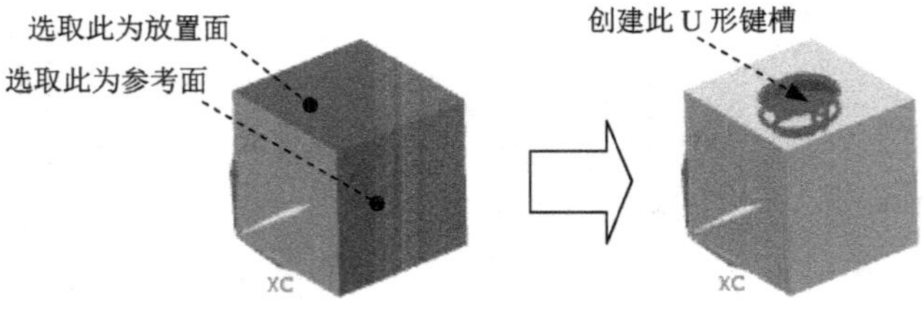

a）创建前　　b）创建后

图 4.22.8 创建 U 形键槽

图 4.22.7 所示的“U 形槽”对话框中各选项的说明如下：

- 宽度 文本框：用于设置 U 形键槽的宽度。
- 深度 文本框：用于设置 U 形键槽的深度。
- 拐角半径 文本框：用于设置 U 形键槽的拐角半径。
- 长度 文本框：用于设置 U 形键槽的长度。

4．T 型键槽

在“键槽”对话框中选择 ⊙ T 型键槽 单选项；在选择放置面和指定水平参考后，系统弹出图 4.22.9 所示的“T 型键槽”对话框；输入图 4.22.9 所示的参数；确定定位尺寸。创建的 T 型键槽如图 4.22.10 所示。

说明：*水平参考方向即为 T 形键槽的长度方向。*

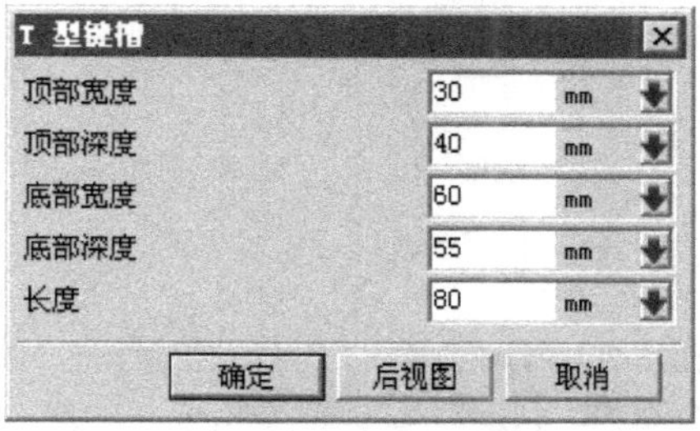

图 4.22.9　“T 型键槽”对话框

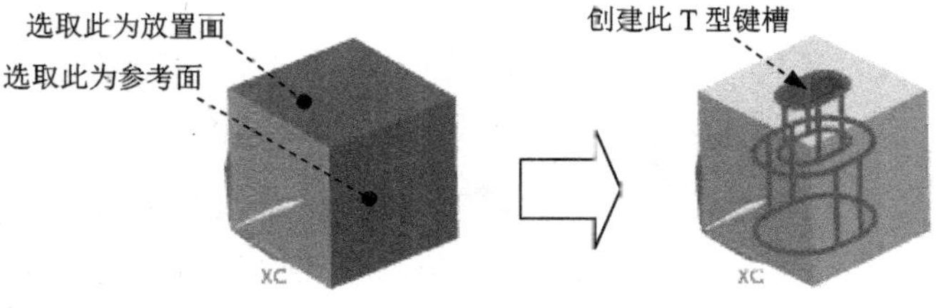

a）创建前　b）创建后

图 4.22.10　创建 T 型键槽

5．燕尾槽

在“键槽”对话框中选择 ⊙ 燕尾槽 单选项；在选择放置平面和指定水平参考后，系统弹出图 4.22.11 所示的“燕尾槽”对话框；输入图 4.22.11 所示的参数；确定定位尺寸。创建的燕尾槽如图 4.22.12 所示。

说明：*水平参考方向即为燕尾槽的长度方向。*

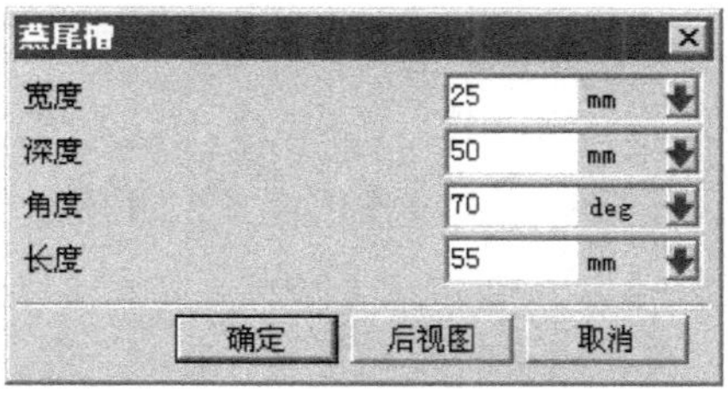

图 4.22.11　“燕尾槽”对话框

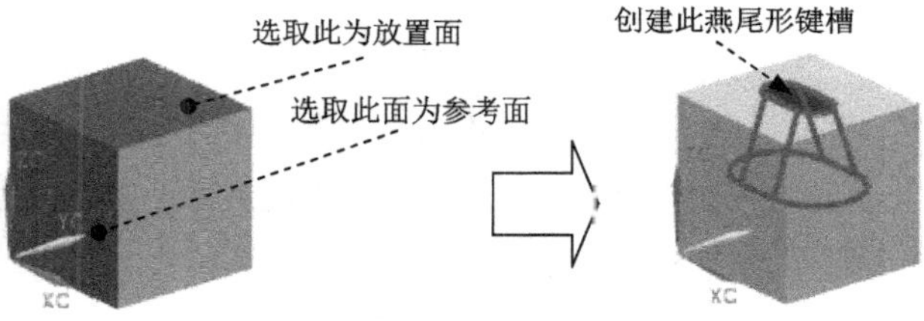

a）创建前　b）创建后

图 4.22.12　创建燕尾形键槽

4.23　槽

用户可以使用“槽”命令在实体上创建一个沟槽，如同车削的操作一样，将一个成形工具在回转部件上向内（从外部定位面）或向外（从内部定位面）移动来形成沟槽。在 UG NX 8.0 中可以创建三种类型的沟槽：矩形沟槽、球形沟槽和 U 形沟槽，如图 4.23.1 所示。

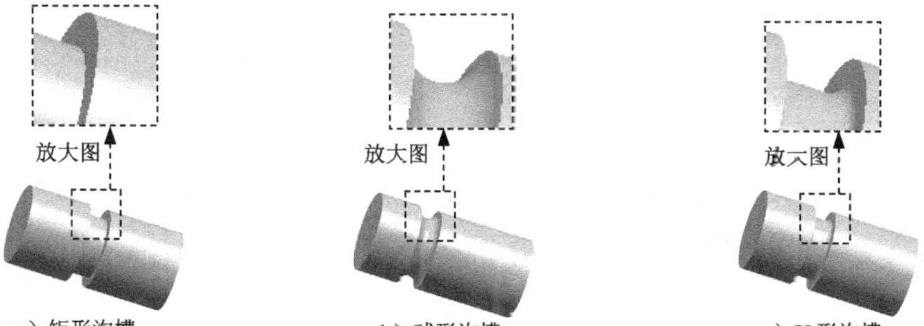

a）矩形沟槽　b）球形沟槽　c）U 形沟槽

图 4.23.1　沟槽特征

下面以图 4.23.2 所示的矩形沟槽为例，说明创建沟槽特征一般操作过程。

a）创建前　　　　b）创建后

图 4.23.2　创建矩形沟槽

Step1. 打开文件 D:\ug8.1\work\ch04\ch04.23\rectangular groove.prt。

Step2. 选择命令。选择下拉菜单 插入(I) → 设计特征(E) → 槽(G)... 命令（或在“特征”工具条中单击按钮），系统弹出图 4.23.3 所示的“槽”对话框。

Step3. 选择槽类型。单击 矩形 按钮，系统弹出图 4.23.4 所示的“矩形槽”对话框（一）。

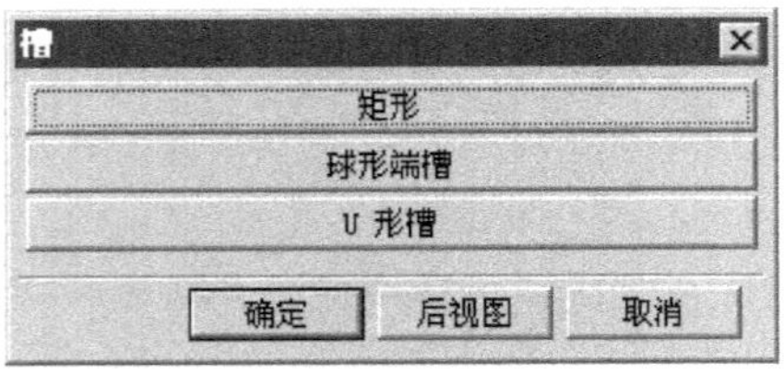

图 4.23.3　“槽”对话框

图 4.23.4　“矩形槽”对话框（一）

Step4. 定义放置面。选取图 4.23.2a 所示的圆柱面为放置面，系统弹出图 4.23.5 所示的“矩形槽”对话框（二）。

Step5. 定义槽参数。在“矩形槽”对话框（二）中输入图 4.23.5 所示的参数，单击 确定 按钮。系统弹出图 4.23.6 所示的“定位槽”对话框，并且沟槽预览将显示为一个圆盘，如图 4.23.7 所示。

图 4.23.5　“矩形槽”对话框（二）

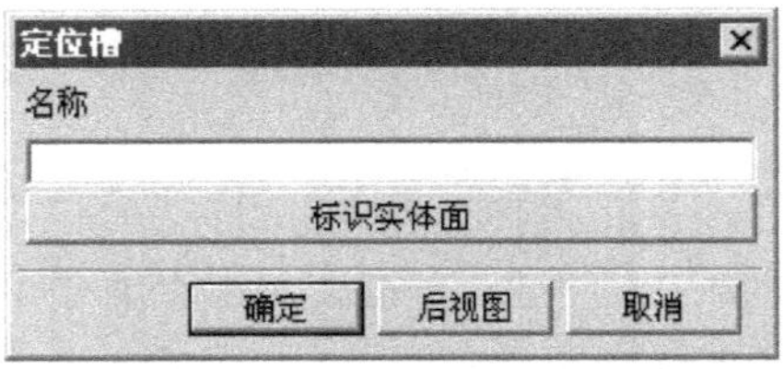

图 4.23.6　“定位槽”对话框

Step6. 定义目标边和刀具边。选择图 4.23.7 所示的目标边和刀具边，系统弹出图 4.23.8 所示的“创建表达式”对话框。

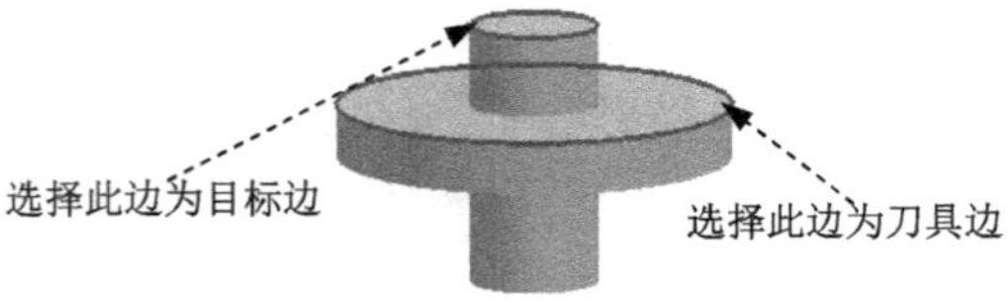

图 4.23.7　定义目标边和刀具边

图 4.23.8　“创建表达式”对话框

Step7. 定义表达式参数。输入定位值 30.0。单击 确定 按钮，完成沟槽的创建。

球形端槽和 U 形槽的创建与矩形槽相似，不再赘述。

关于创建槽的几点说明：

- 槽只能在圆柱形或圆锥形面上创建。回转轴是选中面的轴。在选择该面的位置（选择点）附近创建槽，并自动连接到选中的面上。
- 槽的定位面可以是实体的外表面，也可以是实体的内表面。
- 槽的轮廓垂直于回转轴，并对称于通过选择点的平面。
- 槽的定位和其他的成形特征的定位稍有不同。只能在一个方向上定位槽，即沿着目标实体的轴，并且不能利用“定位”对话框定位槽，而是通过选择目标实体的一条边及工具（即槽）的边或中心线来定位沟槽。

4.24　三角形加强筋（肋）

用户可以使用“三角形加强筋”命令沿着两个面集的交叉曲线来添加三角形加强筋（肋）特征。要创建三角形加强筋特征，首先必须指定两个相交的面集，面集可以是单个面，也可以是多个面；其次要指定三角形加强筋的基本定位点，可以是沿着交叉曲线的点，也可以是交叉曲线和平面相交处的点。下面以图 4.24.1 所示的模型为例，说明创建三角形加强筋的一般操作过程。

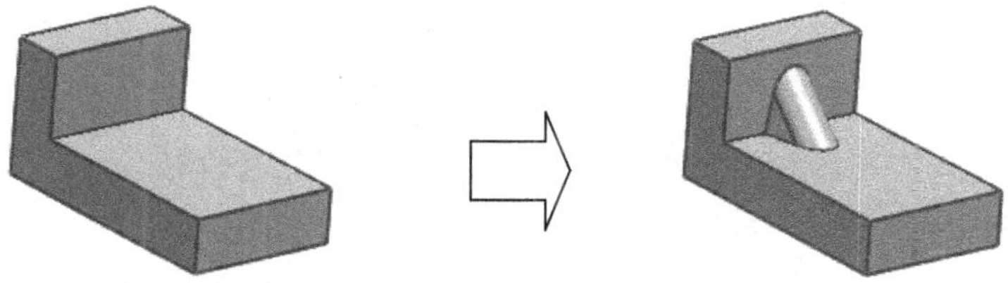

a）创建前　　b）创建后

图 4.24.1　创建三角形加强筋特征

Step1. 打开文件 D:\ug8.1\work\ch04\ch04.24\dart.prt。

Step2. 选择命令。选择下拉菜单 插入(I) ➡ 设计特征(E) ➡ 三角形加强筋(D)... 命令，系统弹出图 4.24.2 所示的“三角形加强筋”对话框，可以沿着两个面的交叉曲线来添加三角形加强筋特征。

Step3. 定义面集 1。选取放置三角形加强筋的第一组面，选取图 4.24.3a 所示的面为第一组面。

Step4. 定义面集 2。单击“第二组面”按钮（图 4.24.2），选取图 4.24.3b 所示的面为放置三角形加强筋的第二组面，系统出现加强筋的预览。

Step5. 选择定位方式。在 方法 下拉列表中选择 沿曲线 方式。

Step6. 定义放置位置。在“三角形加强筋”对话框中选中 %圆弧长 单选项，输入需要放置加强筋的位置值 50.0（放在正中间）。

Step7. 定义加强筋参数。在 角度(A) 文本框中输入值 30.0，在 深度(D) 文本框中输入值 10.0，

在 半径(R) 文本框中输入值 5.0。

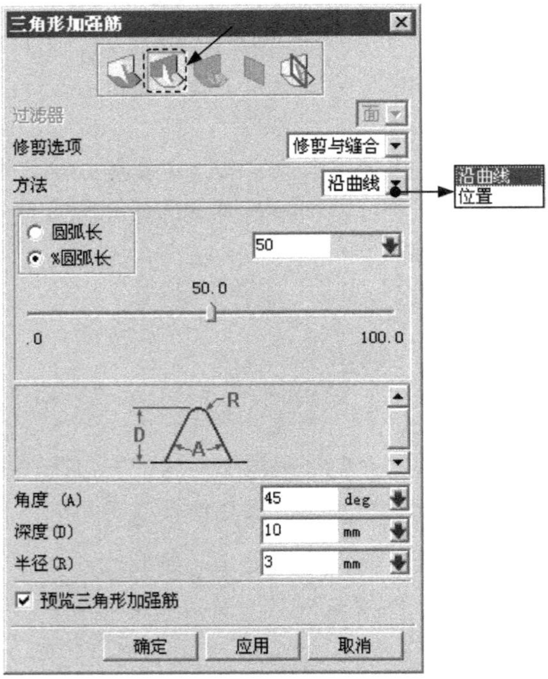

图 4.24.2　“三角形加强筋”对话框

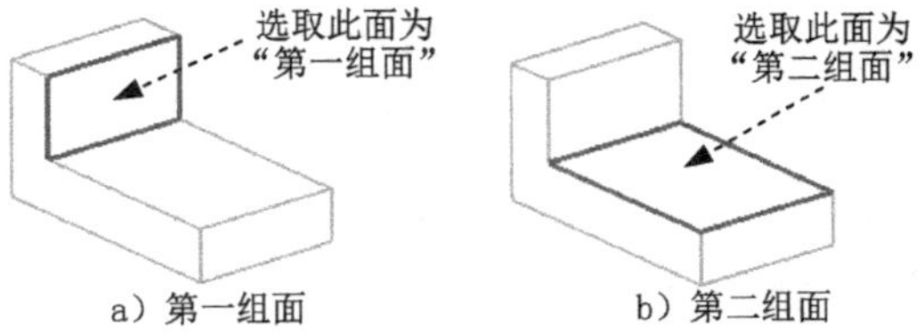

图 4.24.3　选取放置面

Step8. 单击 确定 按钮，完成三角形加强筋特征的创建。

图 4.24.2 所示的“三角形加强筋”对话框中主要选项的说明如下：

- 选择步骤：用于选择操作步骤。
  - ☑ (第一组)：用于选择第一组面。可以为面集选择一个或多个面。
  - ☑ (第二组)：用于选择第二组面。可以为面集选择一个或多个面。
  - ☑ (位置曲线)：用于在有多条可能的曲线时选择其中一条位置曲线。
  - ☑ (位置平面)：用于选择相对于平面或基准平面的三角形加强筋特征的位置。
  - ☑ (方位平面)：用于对三角形加强筋特征的方位选择平面。
- 方法 下拉列表：用于定义三角形加强筋的位置。
  - ☑ 沿曲线：在交叉曲线的任意位置交互式地定义三角形加强筋基点。
  - ☑ 位置：定义一个可选方式，以查找三角形加强筋的位置。即可以输入坐标或单击位置平面/方位平面。
- %圆弧长 下拉列表：该选项用于选择加强筋在交叉曲线上的位置。

4.25　缩　　放

使用“缩放”命令可以在“工作坐标系”（WCS）中按比例缩放实体和片体。可以使用均匀比例，也可以在 XC、YC 和 ZC 方向上独立地调整比例。比例类型有均匀、轴对称和通用比例。下面以图 4.25.1 所示的模型，说明使用“缩放”命令的一般操作过程。

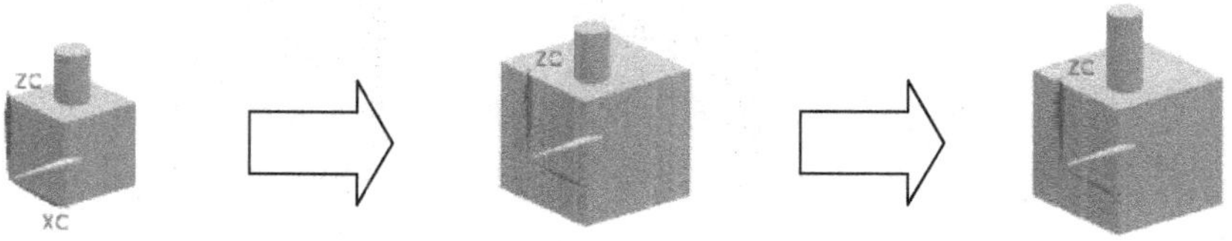

a）“比例”操作前　　b）“均匀比例”操作后　　c）“轴对称比例”操作后

图 4.25.1 缩放

Task1. 在长方体上执行均匀比例类型操作

打开文件 D:\ug8.1\work\ch04\ch04.25\scale.prt。

Step1. 选择命令。选择下拉菜单 插入(S) → 偏置/缩放(O) → 缩放体(S)... 命令，系统弹出图 4.25.2 所示的“缩放体”对话框。

Step2. 选择类型。在“缩放体”对话框的类型下拉列表中选择 均匀 选项。

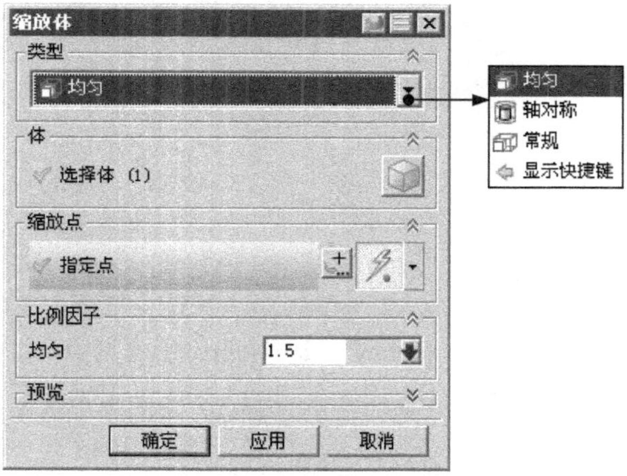

图 4.25.2 “缩放体”对话框

Step3. 定义“缩放体”对象。选取图 4.25.3 所示的立方体。

Step4. 定义缩放点。单击 缩放点 区域中的 指定点 (1) 按钮，然后选择图 4.25.4 所示的立方体顶点。

Step5. 输入参数。在 均匀 文本框中输入比例因子 1.5，单击 应用 按钮，完成均匀比例操作（图 4.25.5）。

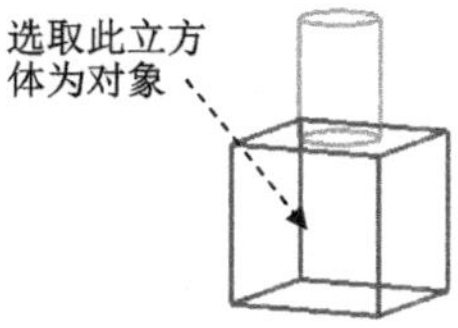

图 4.25.3 选择体

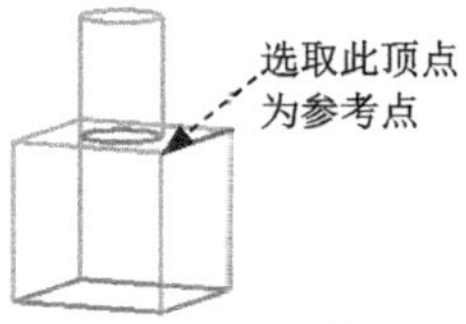

图 4.25.4 选择参考点

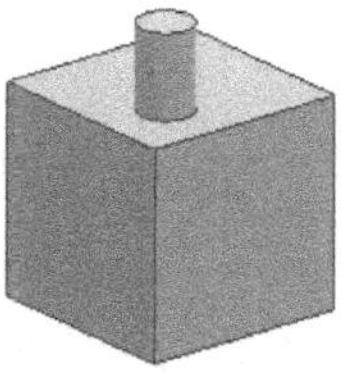

图 4.25.5 均匀比例模型

图 4.25.2 所示的“缩放体”对话框中有关按钮的说明如下：

- 类型下拉列表：比例类型有四个基本选择步骤，但对每一种比例“类型”方法而言，不是所有的步骤都可用。
  - ☑ 均匀：在所有方向上均匀地按比例缩放。
  - ☑ 轴对称：以指定的比例因子（或乘数）沿指定的轴对称缩放。
  - ☑ 常规：在 X、Y 和 Z 三个方向上以不同的比例因子缩放。
- （选择体）：允许用户为比例操作选择一个或多个实体或片体。所有的三个“类型”方法都要求此步骤。

Task2. 在圆柱体上执行轴对称比例类型操作

Step1. 选择类型。在“缩放体”对话框的类型下拉列表中选择轴对称选项。

Step2. 定义“缩放体”对象。选取要执行缩放体操作的圆柱体（图 4.25.6）。

Step3. 定义矢量方向。选择指定矢量 (1)下拉列表中的“两点”按钮，选取“两点”为矢量方向；然后选取圆柱底面圆心和顶面圆心，如图 4.25.7 所示。

Step4. 定义参考点。单击指定轴通过点 (1)按钮，然后选取圆柱体底面圆心作为参考点，如图 4.25.8 所示。

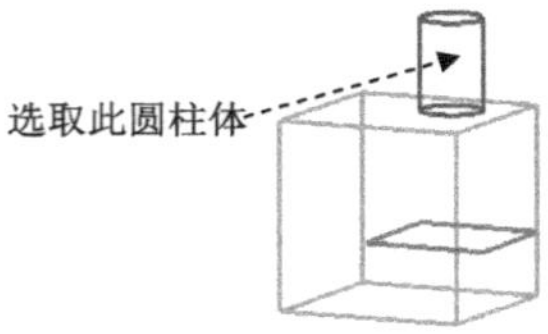

图 4.25.6 选择圆柱体

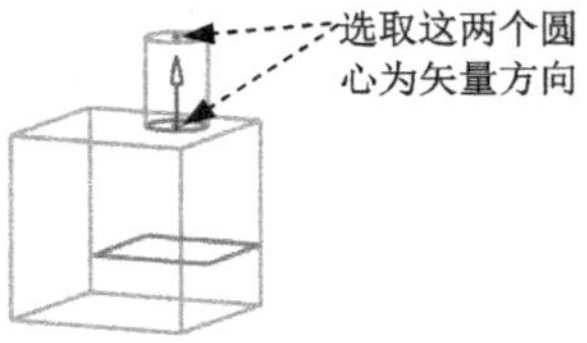

图 4.25.7 选择判断矢量

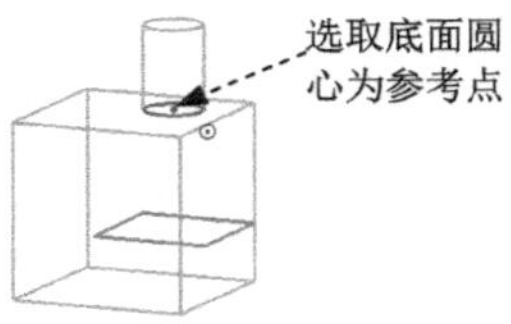

图 4.25.8 选择参考点

Step5. 输入参数。在对话框的沿轴向文本框中输入比例因子值 1.5，其余参数采用系统默认设置，单击确定按钮，完成轴对称比例操作。

4.26 模型的关联复制

模型的关联复制主要包括抽取体(E)...和对特征形成图样(A)...两种，这两种方式都是对已有的模型特征进行操作，可以创建与已有模型特征相关联的目标特征，从而减少许多重复的操作，节约大量的时间。

4.26.1 抽取体

抽取体是用来创建所选取特征的关联副本。抽取体操作的对象包括面、面区域和体。如果抽取一条曲线，则创建的是曲线特征；如果抽取一个面或一个区域，则创建一个片体；

如果抽取一个体，则新体的类型将与原先的体相同（实体或片体）。当更改原来的特征时，可以决定抽取后得到的特征是否需要更新。在零件设计中，常会用到抽取模型特征的功能，它可以充分地利用已有的模型，大大地提高工作效率。下面以几个范例来说明如何使用抽取体命令。

1．抽取面特征

图 4.26.1 所示的抽取单个曲面的操作过程如下：

Step1．打开文件 D:\ug8.1\work\ch04\ch04.26\extracted01.prt。

Step2．选择下拉菜单 插入(S) ➡ 关联复制(A) ▸ ➡ 抽取体(E)... 命令，系统弹出图 4.26.2 所示的“抽取体”对话框（一）。

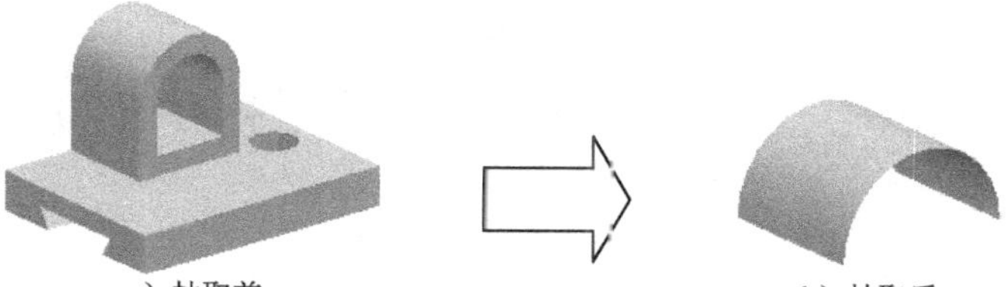

a）抽取前　　b）抽取后

图 4.26.1　抽取面特征

Step3．定义抽取类型。在“抽取体”对话框（一）的类型下拉列表中选择 面 选项。

Step4．选取抽取对象。在图形区选取图 4.26.3 所示的曲面。

Step5．隐藏源特征。在 设置 区域选中 ☑ 隐藏原先的 复选框。单击 确定 按钮，完成对曲面特征的抽取。

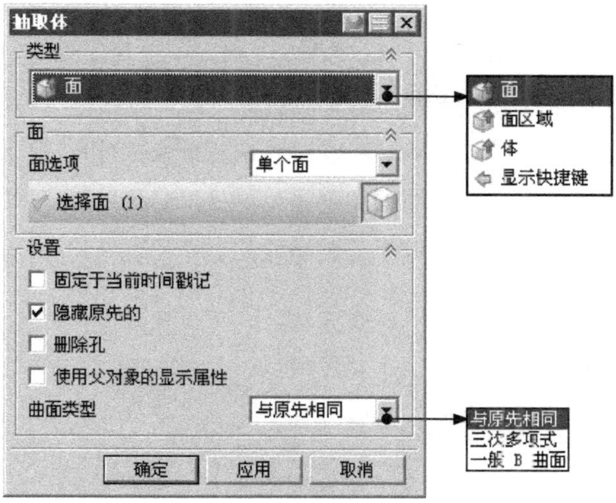

图 4.26.2　“抽取体”对话框（一）

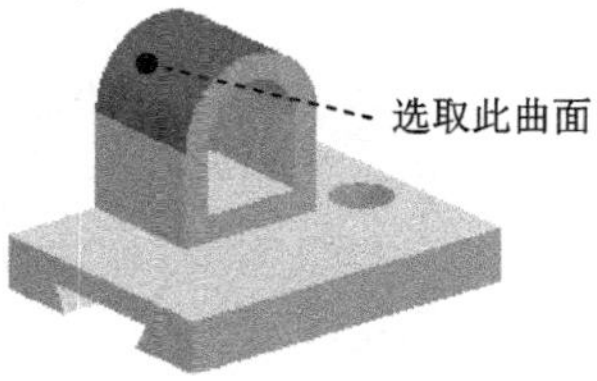

图 4.26.3　选取曲面特征

图 4.26.2 所示的“抽取体”对话框（一）中各按钮功能的说明如下：

- 面：用于从实体或片体模型中抽取曲面特征，能生成三种类型的曲面。
- 面区域：抽取区域曲面时，是通过定义种子曲面和边界曲面来创建片体，创建的片体是从种子面开始向四周延伸到边界面的所有曲面构成的片体（其中包括种子曲面，但不包括边界曲面）。

- 体：用于生成与整个所选特征相关联的实体。
- 与原先相同：从模型中抽取的曲面特征保留原来的曲面类型。
- 三次多项式：用于将模型的选中面抽取为三次多项式 B 曲面类型。
- 一般 B 曲面：用于将模型的选中面抽取为一般的 B 曲面类型。

2. 抽取面区域特征

抽取区域特征用于创建一个片体，该片体是一组和“种子面”相关的且被边界面限制的面。

用户根据系统提示选取种子面和边界面后，系统会自动选取从种子面开始向四周延伸直到边界面的所有曲面（包括种子面，但不包括边界面）。

抽取区域特征的具体操作在后面 5.5 节的“曲面的复制”中有详细的介绍，在此不再赘述。

3. 抽取体特征

抽取体特征可以创建整个体的关联副本，并将各种特征添加到抽取体特征上，而不在原先的体上出现。当更改原先的体时，还可以决定“抽取体”特征是否更新。

Step1. 打开文件 D:\ug8.1\work\ch04\ch04.26\extracted 02.prt。

Step2. 选择下拉菜单 插入(S) ➡ 关联复制(A) ▸ ➡ 抽取体(E)... 命令，系统弹出图 4.26.4 所示的“抽取体”对话框（二）。

Step3. 定义抽取类型。在“抽取体”对话框（二）的类型下拉列表中选择 体 选项。

Step4. 选取抽取对象。在图形区选取图 4.26.5 所示的体特征。

Step5. 隐藏源特征。在 设置 区域选中 ☑ 隐藏原先的 复选框。单击 确定 按钮，完成对体特征的抽取（建模窗口中所显示的特征是原来特征的关联副本）。

注意：所抽取的体特征与原特征相互关联，类似于复制功能。

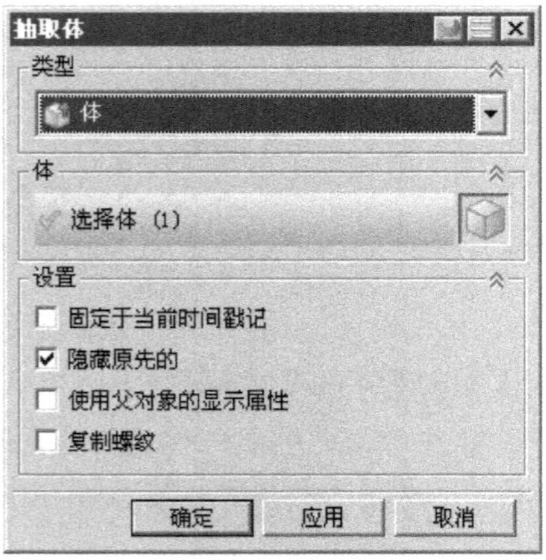

图 4.26.4　“抽取体”对话框（二）

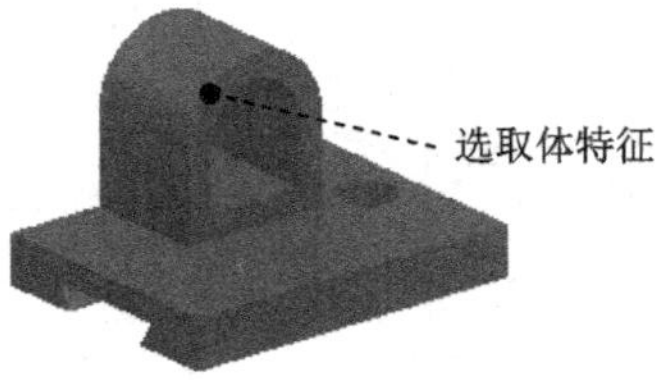

图 4.26.5　选取特征体

4.26.2 对特征形成图样

“对特征形成图样”操作就是对特征进行阵列，也就是对特征进行一个或者多个的关联复制，并按照一定的规律排列复制的特征，而且特征阵列的所有实例都是相互关联的，可以通过编辑原特征的参数来改变其所有的实例。常用的阵列方式有线性阵列、圆形阵列、多边形阵列、螺旋式阵列、沿曲线阵列、常规阵列和参考阵列等。

1. 线性阵列

线性阵列功能可以将所有阵列实例成直线或矩形排列。下面以一个范例来说明创建线性阵列的过程，如图 4.26.6 所示。

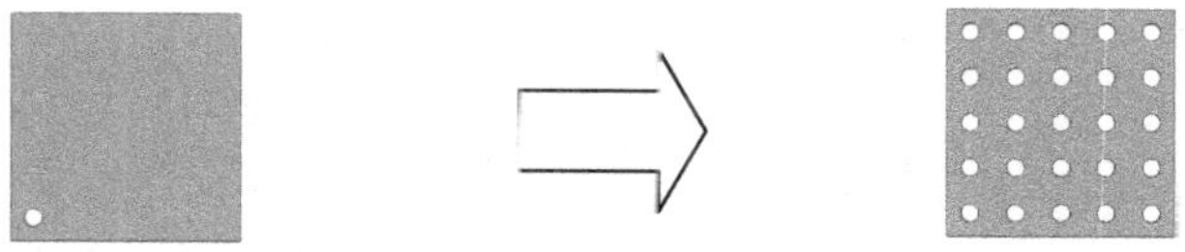

a）线性阵列前　　b）线性阵列后

图 4.26.6 创建线性阵列

Step1. 打开文件 D:\ug8.1\work\ch04\ch04.26\Rectangular Array.prt。

Step2. 选择下拉菜单 插入(S) → 关联复制(A) → 对特征形成图样(A)...，系统弹出图 4.26.7 所示的“对特征形成图样”对话框。

Step3. 选取阵列的对象。在特征树中选取简单孔特征为要阵列的特征。

Step4. 定义阵列方法。在对话框中的 布局 下拉列表中选择 线性 选项。

Step5. 定义方向 1 阵列参数。在对话框中的 方向 1 区域中单击 按钮，选择 YC 轴为第一阵列方向；在 间距 下拉列表中选择 数量和节距 选项，然后在 数量 文本框中输入阵列数量为 5，在 节距 文本框中输入阵列节距为 20。

Step6. 定义方向 2 阵列参数。在对话框的 方向 1 区域中选中 使用方向 2 复选框，然后单击 按钮，选择 XC 轴为第二阵列方向；在 间距 下拉列表中选择 数量和节距 选项，然后在 数量 文本框中输入阵列数量为 5，在 节距 文本框中输入阵列节距为 20。

Step7. 单击 确定 按钮，完成矩形阵列的创建。

图 4.26.7 所示的“对特征形成图样”对话框中部分选项的功能说明如下：

- 布局 下拉列表：用于定义阵列方式。
  - ☑ 线性 选项：选中此选项，可以根据指定的一个或两个线性方向进行阵列。
  - ☑ 圆形 选项：选中此选项，可以绕着一根指定的旋转轴进行环形阵列，阵列实例绕着旋转轴圆周分布。
  - ☑ 多边形 选项：选中此选项，可以沿着一个正多边形进行阵列。
  - ☑ 螺旋式 选项：选中此选项，可以沿着螺旋线进行阵列。
  - ☑ 沿 选项：选中此选项，可以沿着一条曲线路径进行阵列。

☑ 常规选项：选中此选项，可以根据空间的点或由坐标系定义的位置点进行阵列。

☑ 参考选项：选中此选项，可以参考模型中已有的阵列方式进行阵列。

- 间距下拉列表：用于定义各阵列方向的数量和间距。

☑ 数量和节距选项：选中此选项，通过输入阵列的数量和每两个实例的中心距离进行阵列。

☑ 数量和跨距选项：选中此选项，通过输入阵列的数量和每两个实例的间距进行阵列。

☑ 节距和跨距选项：选中此选项，通过输入阵列的数量和每两个实例的中心距离及间距进行阵列。

☑ 列表选项：选中此选项，通过定义的阵列表格进行阵列。

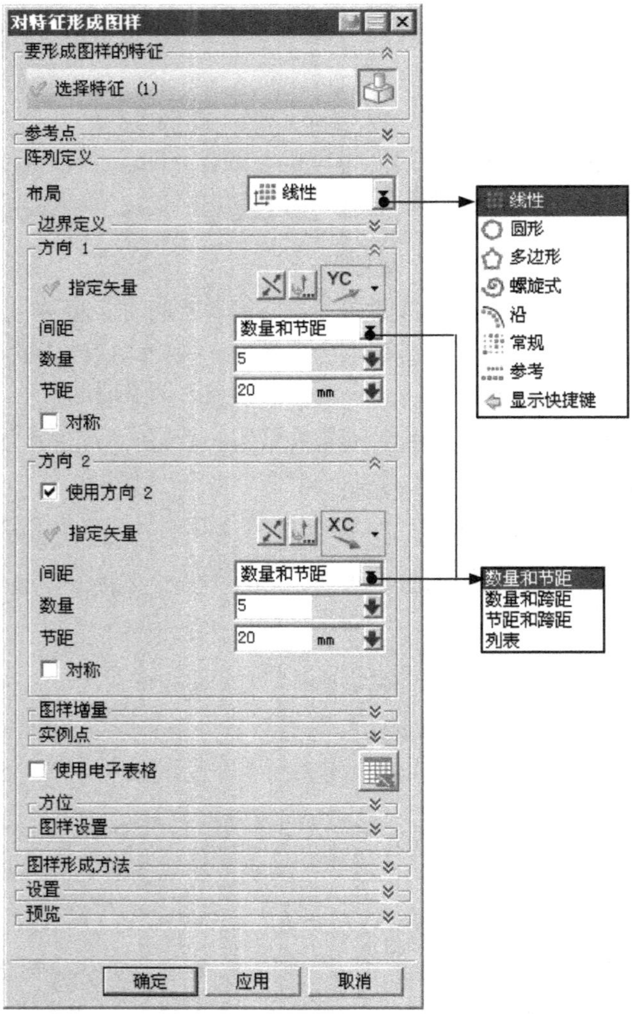

图 4.26.7 “对特征形成图样”对话框

2. 圆形阵列

圆形阵列功能可以将所有阵列实例成圆形排列。下面以一个范例来说明创建圆形实例阵列的过程，如图 4.26.8 所示。

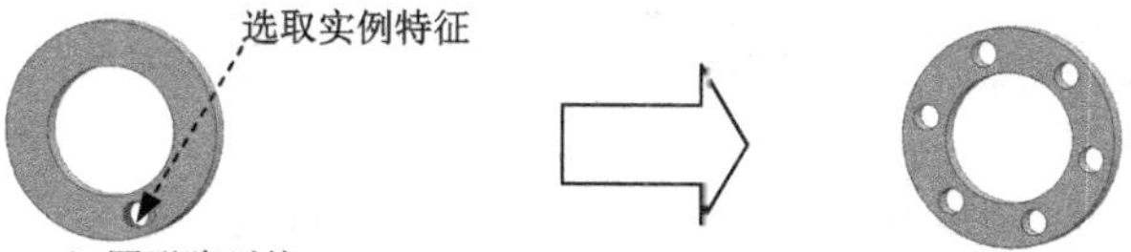

a）圆形阵列前　　b）圆形阵列后

图 4.26.8　创建圆形阵列

Step1. 打开文件 D:\ug8.1\work\ch04\ch04.26\Circular Array.prt。

Step2. 选择下拉菜单 插入(S) → 关联复制(A) ▸ → 对特征形成图样(A)... 命令，系统弹出“对特征形成图样”对话框。

Step3. 选取阵列的对象。在特征树中选取简单孔特征为要阵列的特征。

Step4. 定义阵列方法。在对话框的 布局 下拉列表中选择 圆形 选项。

Step5. 定义旋转轴和中心点。在对话框的 旋转轴 区域中单击 * 指定矢量 后面的按钮，选择 ZC 轴为旋转轴；然后单击 * 指定点 后面的按钮，选取图 4.26.9 所示的圆心点为中心点。

Step6. 定义阵列参数。在对话框的 角度方向 区域的 间距 下拉列表中选择 数量和节距 选项，然后在 数量 文本框中输入阵列数量为 6，在 节距角 文本框中输入阵列角度为 60（图 4.26.10）。

Step7. 单击 确定 按钮，完成圆形阵列的创建。

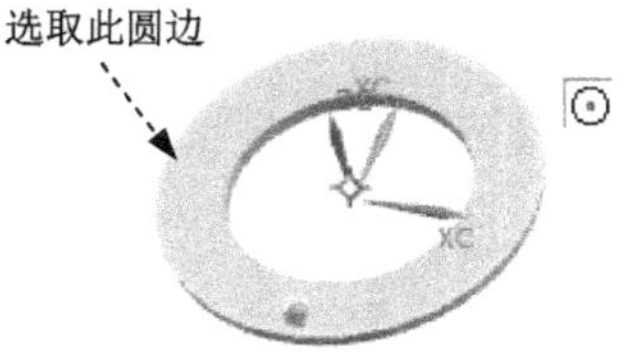

图 4.26.9　选取中心点

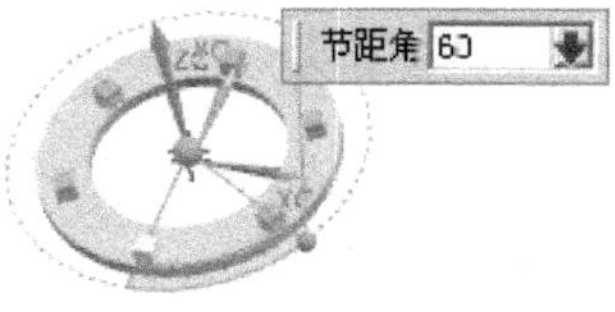

图 4.26.10　定义阵列参数

4.26.3　镜像特征

镜像特征功能可以将所选的特征相对于一个平面或基准平面（称为镜像中心平面）进行对称的复制，从而得到所选特征的一个副本。下面以一个范例来说明创建镜像特征的一般过程，如图 4.26.11 所示。

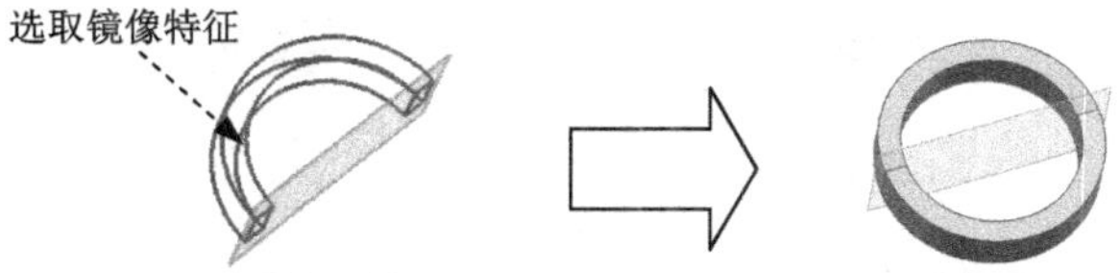

a）镜像特征前　　b）镜像特征后

图 4.26.11　镜像特征

Step1. 打开文件 D:\ug8.1\work\ch04\ch04.26\mirror.prt。

Step2. 选择下拉菜单 插入(S) → 关联复制(A) ▸ → 镜像特征(M)... 命令，系统弹出图 4.26.12 所示的“镜像特征”对话框。

Step3. 定义镜像对象。单击“镜像特征”对话框中的按钮，选取图 4.26.11a 所示的镜像特征。

Step4. 定义镜像平面。在 平面 下拉列表中选择 现有平面 选项，单击“平面”按钮，选取图 4.26.13 所示的镜像平面，单击 确定 按钮，完成镜像特征的操作。

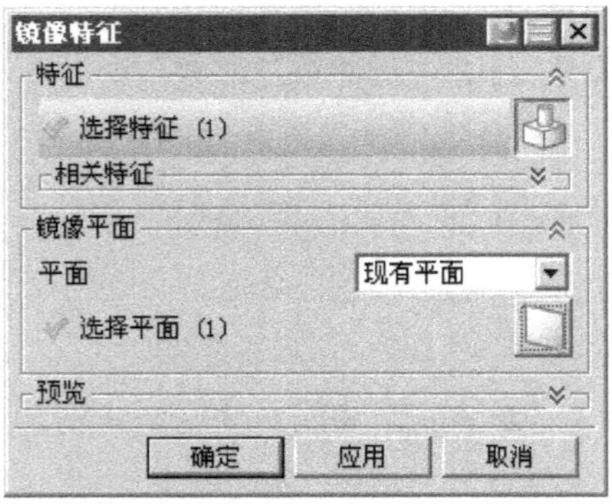

图 4.26.12　“镜像特征”对话框

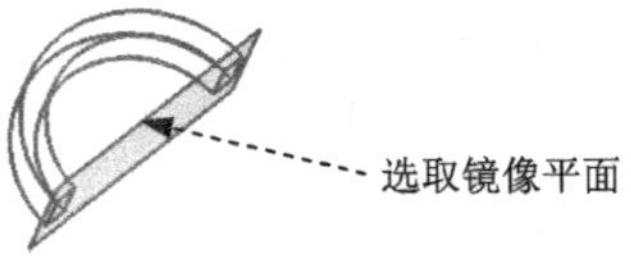

图 4.26.13　选取镜像平面

4.26.4　实例几何体

用户可以通过使用“实例几何体”命令创建对象的副本，即可以轻松地复制几何体、面、边、曲线、点、基准平面和基准轴，并保持实例特征与其原始体之间的关联性。下面以一个范例来说明实例几何体的一般操作过程，如图 4.26.14 所示。

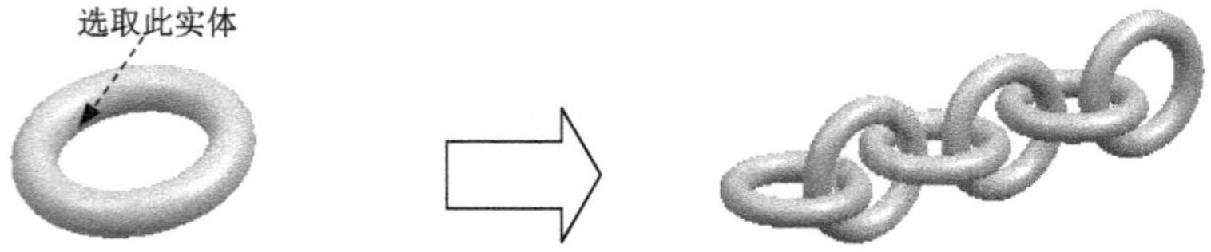

a）“实例几何体”前　　b）“实例几何体”后

图 4.26.14　实例几何体

Step1. 打开文件 D:\ug8.1\work\ch04\ch04.26\excerpt.prt。

Step2. 选择下拉菜单 插入(S) → 关联复制(A) ▸ → 生成实例几何特征(G)... 命令，系统弹出图 4.26.15 所示的“实例几何体”对话框。

Step3. 定义类型。在对话框的 类型 下拉列表中选择 旋转 选项。

Step4. 选取几何体对象。选取图 4.26.14a 所示的实体为要生成实例的几何特征。

Step5. 定义指定矢量。在对话框中选择下拉列表中的 YC 选项。

Step6. 定义指定点。选取图 4.26.14a 所示实体的圆心为指定点。

说明：选择时可将模型切换到线框显示状态，即可选中中心草图的圆心。

Step7. 定义实例几何体参数。在 角度 文本框中输入角度值 90.0，在 距离 文本框中输入偏移距离值 18.0，在 副本数 输入副本数量值 5.0。

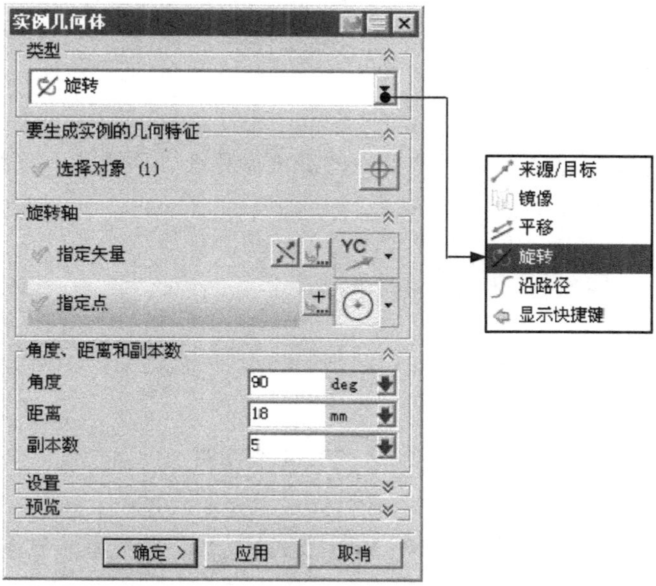

图 4.26.15　“实例几何体”对话框

Step8. 单击 < 确定 > 按钮，完成实例几何体特征的操作。

图 4.26.15 所示的“实例几何体”对话框中各选项的说明如下：

- 类型 下拉列表：
  - ☑ 来源/目标 选项：用于通过将对象从原先位置复制到指定位置的这种方式来创建引用几何体。
  - ☑ 镜像 选项：用于通过镜像的方式来创建引用几何实体。
  - ☑ 平移 选项：用于通过一个指定的方向来复制对象，从而创建引用几何实体。
  - ☑ 旋转 选项：用于通过围绕指定旋转轴旋转产生副本。
  - ☑ 沿路径 选项：用于沿指定的曲线或边的路径复制对象。
- 角度 文本框：用于定义围绕旋转轴旋转的角度值。
- 距离 文本框：用于定义偏移的距离。
- 副本数 文本框：用于定义引用几何体副本的数量值。

4.27　特征的变换

变换(N)... 命令允许用户进行平移、旋转、比例或复制等操作，但是不能用于变换视图、布局、图样或当前的工作坐标系。通过变换生成的特征与源特征不相关联。

选择下拉菜单 编辑(E) ➡ 变换(N)... 命令（或单击按钮），系统弹出“类选择”对话框，选取特征后，单击 确定 按钮，系统弹出“变换”对话框。

说明： 如果在选择 变换(N)... 命令之前，已经在图形区选取了某对象，则选择 变换(N)... 命令后，系统直接弹出“变换”对话框。

4.27.1 比例变换

比例变换用于对所选对象进行成比例的放大或缩小。下面以一个范例来说明比例变换的操作步骤，如图 4.27.1 所示。

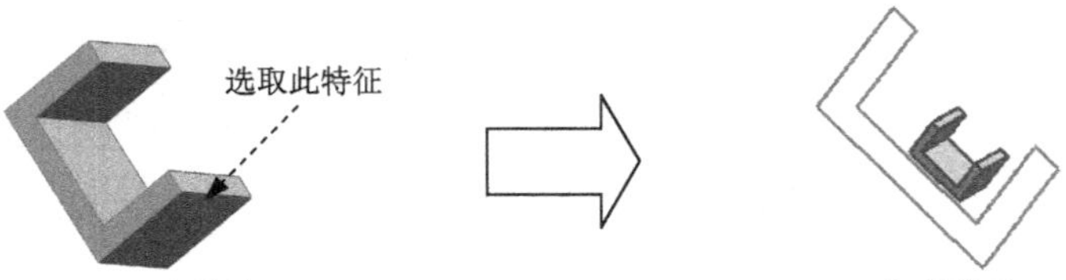

a）变换前　　b）变换后

图 4.27.1 比例变换

Step1. 打开文件 D:\ug8.1\work\ch04\ch04.27\Body01.prt。

Step2. 选择下拉菜单 编辑(E) ➡ 变换(N)... 命令，系统弹出图 4.27.2 所示的“变换”对话框（一），在图形区选取图 4.27.1a 所示的特征后，单击 确定 按钮，系统弹出图 4.27.3 所示的“变换”对话框（二）。

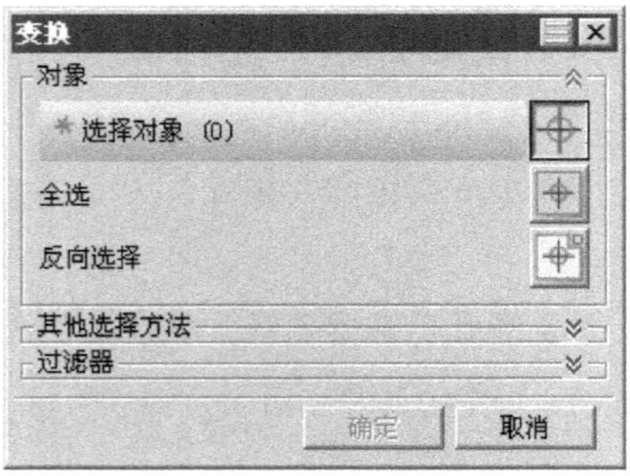

图 4.27.2 “变换”对话框（一）

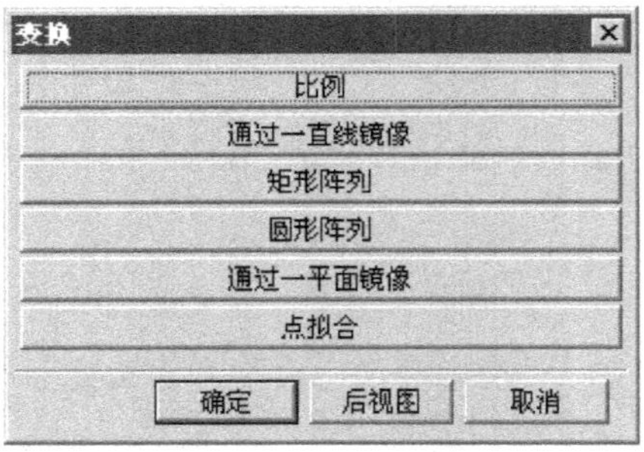

图 4.27.3 “变换”对话框（二）

图 4.27.3 所示的“变换”对话框（二）中按钮的功能说明如下：

- 比例 按钮：通过指定参考点和缩放类型及缩放比例值来缩放对象。
- 通过一直线镜像 按钮：通过指定一直线为镜像中心线来复制选择的特征。
- 矩形阵列 按钮：对选定的对象进行矩形阵列操作。
- 圆形阵列 按钮：对选定的对象进行圆形阵列操作。
- 通过一平面镜像 按钮：通过指定一平面为镜像中心线来复

制选择的特征。

- 点拟合按钮：将对象从引用集变换到目标点集。

Step3. 根据系统选择选项的提示，单击比例按钮，系统弹出“点”对话框。

Step4. 以系统默认的点作为参考点，单击确定按钮，系统弹出图 4.27.4 所示的“变换”对话框（三）。

Step5. 定义比例参数。在比例文本框中输入值 0.3，单击确定按钮，系统弹出图 4.27.5 所示的“变换”对话框（四）。

图 4.27.4　“变换”对话框（三）

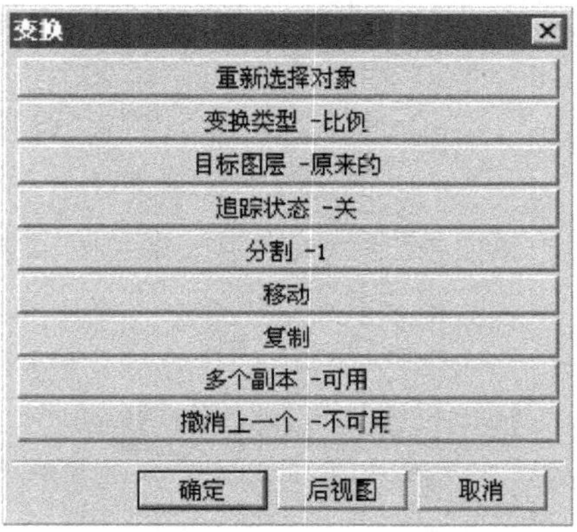

图 4.27.5　“变换”对话框（四）

图 4.27.4 所示的“变换”对话框（三）中按钮的功能说明如下：

- 比例文本框：在此文本框中输入要缩放的比例值。
- 非均匀比例按钮：此按钮用于对模型的非均匀比例缩放设置。单击此按钮，系统弹出图 4.27.6 所示的“变换”对话框（五），对话框中的XC-比例、YC-比例和ZC-比例文本框中分别输入各自方向上要缩放的比例值。

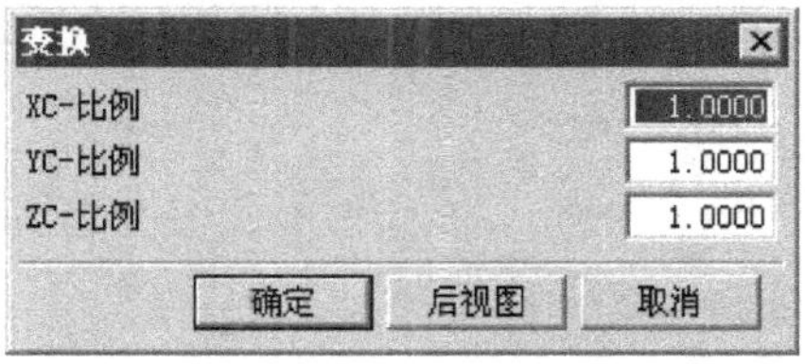

图 4.27.6　“变换”对话框（五）

图 4.27.5 所示的“变换”对话框（四）中按钮的功能说明如下：

- 重新选择对象按钮：用于通过“类选择”工具条来重新选择对象。
- 变换类型 -比例按钮：用于修改变换的方法。
- 目标图层 -原来的按钮：用于在完成变换以后，选择生成的对象所在的图层。
- 追踪状态 -关按钮：用于设置跟踪变换的过程，但是对于原对象是实体、片体或边界时不可用。

- 分割 -1 按钮：用于把变换的距离、角度分割成相等的等份。
- 移动 按钮：用于移动对象的位置。
- 复制 按钮：用于复制对象。
- 多个副本 -可用 按钮：用于复制多个对象。
- 撤消上一个 -不可用 按钮：用于取消刚建立的变换。

Step6. 根据系统 选择操作 的提示，单击 移动 按钮，系统弹出图 4.27.7 所示的“变换”对话框（六）。

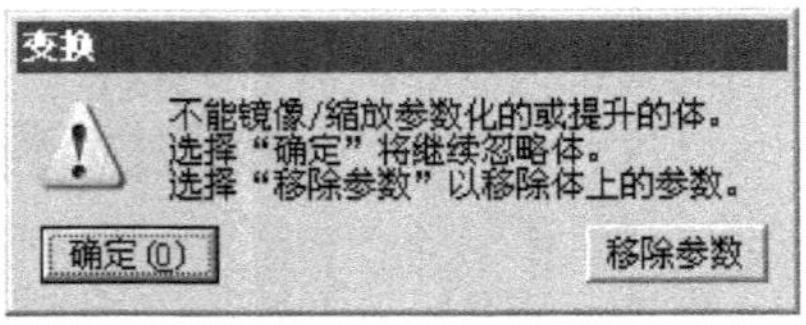

图 4.27.7 “变换”对话框（六）

Step7. 单击 移除参数 按钮，系统返回到“变换”对话框（四）。单击 取消 按钮，关闭“变换”对话框（四），完成比例变换的操作。

4.27.2 通过一直线作镜像

通过一直线作镜像是将所选特征相对于选定的一条直线（镜像中心线）作镜像。下面以一个范例来说明通过一直线作镜像的操作步骤，如图 4.27.8 所示。

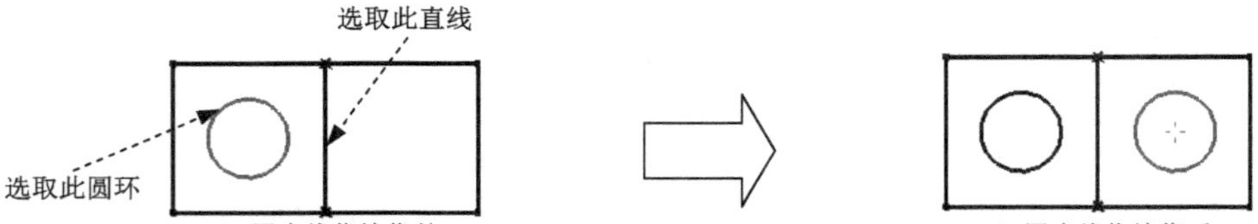

a）用直线作镜像前　　b）用直线作镜像后

图 4.27.8 用直线作镜像

Step1. 打开文件 D:\ug8.1\work\ch04\ch04.27\mirror.prt。

Step2. 选择下拉菜单 编辑(E) → 变换(N)... 命令，选取图 4.27.8a 所示的圆环，单击 确定 按钮，系统弹出“变换”对话框（二）。

Step3. 定义镜像中心线。在“变换”对话框（二）中单击 通过一直线镜像 按钮，系统弹出图 4.27.9 所示的“变换”对话框（七）。单击 现有的直线 按钮，系统弹出图 4.27.10 所示的“变换”对话框（八），选取图 4.27.8a 所示的直线，系统弹出图 4.27.11 所示的“变换”对话框（九）。

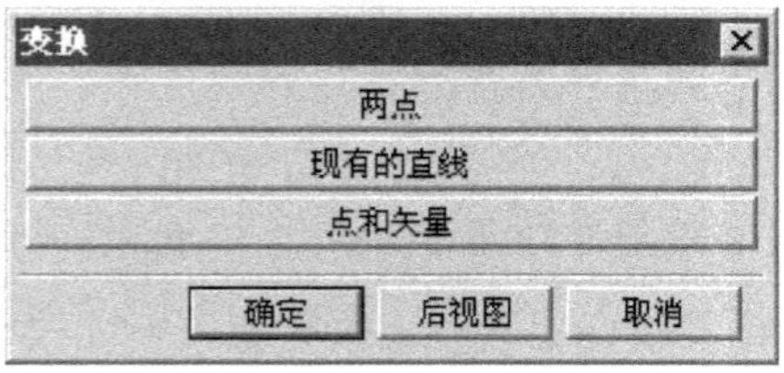

图 4.27.9 “变换”对话框（七）

图 4.27.10 “变换”对话框（八）

图 4.27.9 所示的"变换"对话框（七）中各按钮的功能说明如下：

- 两个点按钮：选中两个点，该两点之间的连线即为参考线。
- 现有的直线按钮：选取已有的一条直线作为参考线。
- 点和矢量按钮：选取一点，再指定一个矢量，将通过给定的点的矢量作为参考线。

Step4. 根据系统**选择操作**的提示，单击复制，完成通过一直线作镜像的操作。

Step5. 单击取消按钮，关闭"变换"对话框（九）。

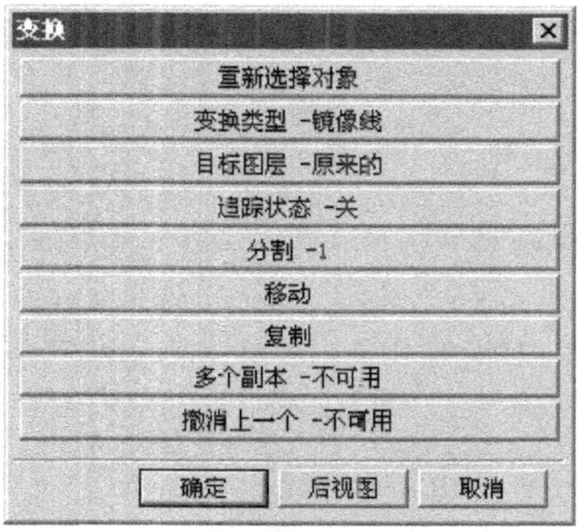

图 4.27.11 "变换"对话框（九）

4.27.3　变换命令中的矩形阵列

矩形阵列主要用于将选中的对象从指定的原点开始，沿所给方向生成一个等间距的矩形阵列，下面以一个范例来说明使用变换命令中的矩形阵列的操作步骤，如图 4.27.12 所示。

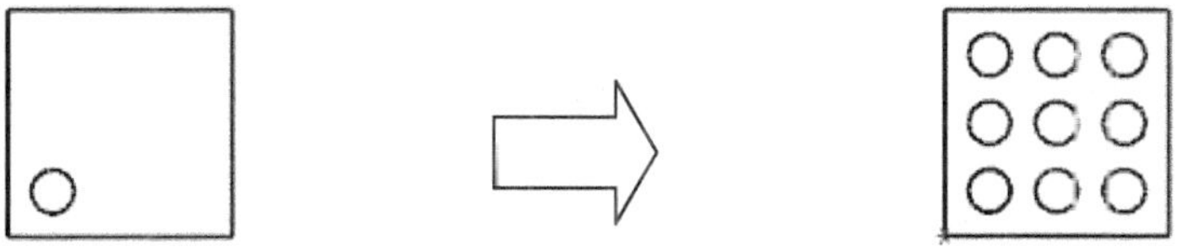

a）矩形阵列前　　b）矩形阵列后

图 4.27.12　矩形阵列

Step1. 打开文件 D:\ug8.1\work\ch04\ch04.27\rectange_array.prt。

Step2. 选择下拉菜单编辑(E) ➡ 变换(N)...命令，选取图 4.27.12a 所示的圆环，在"变换"对话框（二）中单击矩形阵列按钮，系统弹出"点"对话框。

Step3. 根据系统**选择对象以自动判断点，或单击"确定"以在坐标位置指定点**的提示，在图形区选取坐标原点为矩形阵列参考点，根据系统**选择对象以自动判断点，或单击"确定"以在坐标位置指定点**的提示，再次选取坐标原点为阵列原点，系统弹出图 4.27.13 所示的"变换"对话框（十）。

Step4. 定义阵列参数。在"变换"对话框（十）中输入图 4.27.13 所示的变换参数，单

击 确定 按钮，系统弹出图 4.27.14 所示的“变换”对话框（十一）。

Step5. 根据系统 选择操作 的提示，单击 复制 按钮，完成矩形阵列操作。

Step6. 单击 取消 按钮，关闭“变换”对话框（十一）。

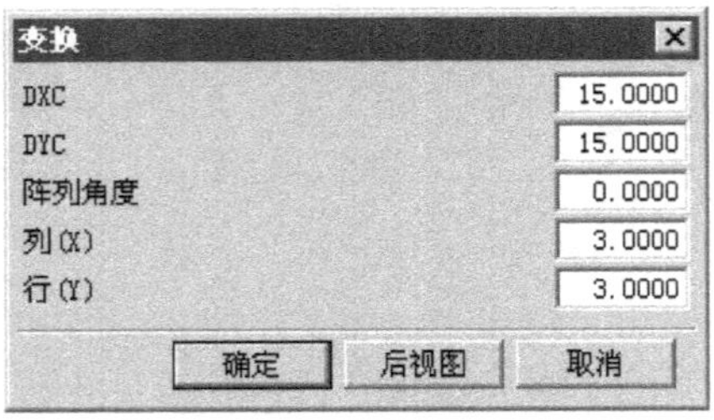

图 4.27.13 “变换”对话框（十）

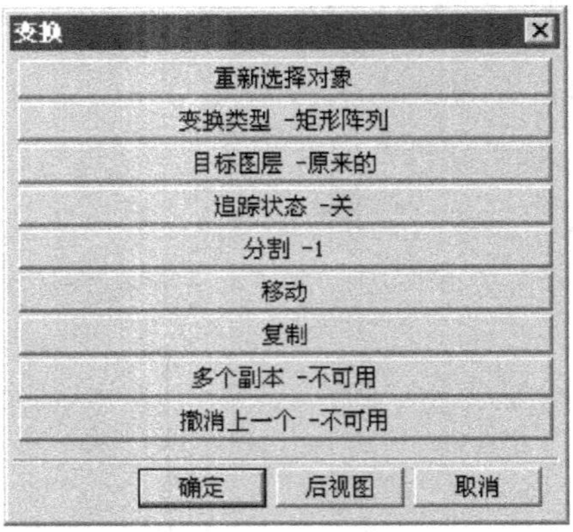

图 4.27.14 “变换”对话框（十一）

图 4.27.13 所示的“变换”对话框（十）中各文本框的功能说明如下：

- DXC 文本框：表示沿 XC 方向上的间距。
- DYC 文本框：表示沿 YC 方向上的间距。
- 阵列角度 文本框：表示生成矩形阵列所指定的角度。
- 列(X) 文本框：表示在 XC 方向上特征的个数。
- 行(Y) 文本框：表示在 YC 方向上特征的个数。

4.27.4 变换命令中的环形阵列

环形阵列用于将选中的对象从指定的原点开始，绕阵列的中心生成一个等角度间距的环形阵列，下面以一个范例来说明用使用变换命令中的环形阵列的操作步骤，如图 4.27.15 所示。

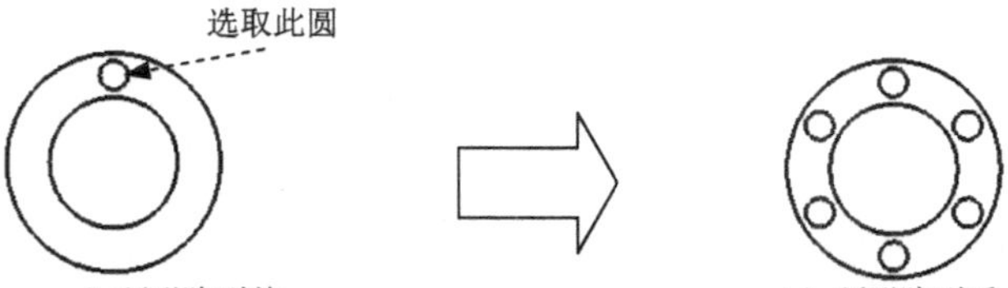

a）环形阵列前　　b）环形阵列后

图 4.27.15 圆形阵列

Step1. 打开文件 D:\ug8.1\work\ch04\ch04.27\round_array.prt。

Step2. 选择下拉菜单 编辑(E) → 变换(N)... 命令，选取图 4.27.15a 所示的圆环，在“变换”对话框（二）中单击 圆形阵列 按钮，系统弹出“点”对话框。

Step3. 在“点”对话框中设置环形阵列参考点的坐标值为（0，-30，0），阵列原点的坐标值为（0，0，0），单击确定按钮，系统弹出图 4.27.16 所示的“变换”对话框（十二）。

Step4. 定义阵列参数。在“变换”对话框（十二）中输入图 4.27.16 所示的参数，单击确定按钮，系统弹出“变换”对话框（十一）。

Step5. 根据系统选择操作的提示，单击复制按钮，完成环形阵列操作。

Step6. 单击取消按钮，关闭“变换”对话框（十一）。

图 4.27.16　“变换”对话框（十二）

图 4.27.16 所示的“变换”对话框（十二）中各文本框的功能说明如下：

- 半径文本框：用于设置环行阵列的半径。
- 起始角文本框：用于设置环行阵列的起始角度。
- 角度增量文本框：用于设置环行阵列中角度的增量。
- 数量文本框：用于设置环行阵列中特征的个数。

4.28　范例 1——蝶形螺母

范例概述：

本范例是一个标准件——蝶形螺母，在创建过程中运用了回转、拉伸、圆角及螺纹等命令。其中要重点掌握圆角（圆角顺序）、螺纹命令的使用。零件模型及模型树如图 4.28.1 所示。

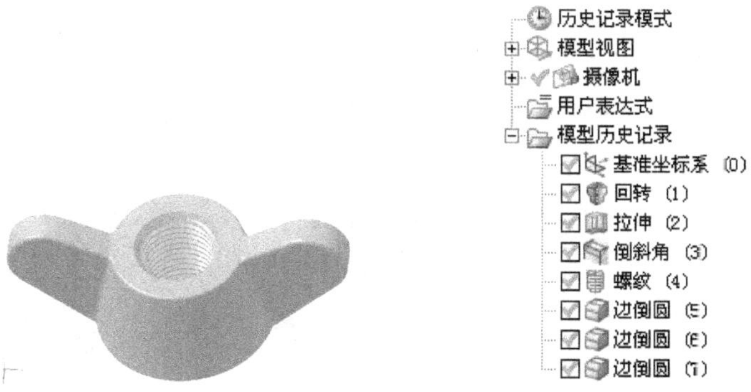

图 4.28.1　零件模型及模型树

Step1. 新建文件。选择下拉菜单文件(F) → 新建(N)...命令，系统弹出“新建”对话框。在新文件名区域的名称文本框中输入文件名称 butterfly_nut，单击确定按钮。

Step2. 创建图 4.28.2 所示的回转特征 1。

（1）选择命令。选择下拉菜单插入(S) ➡ 设计特征(E) ➡ 回转(R)... 命令（或单击按钮），系统弹出“回转”对话框。

（2）定义截面草图。

① 单击截面区域中的按钮，系统弹出“创建草图”对话框。

② 定义草图平面。选取 XY 基准平面为草图平面，单击“创建草图”对话框中的确定按钮。

③ 进入草图环境，绘制图 4.28.3 所示的截面草图。

④ 单击完成草图按钮，退出草图环境。

（3）定义回转轴。在轴区域单击按钮后选择YC为回转轴，选取坐标原点为指定点。

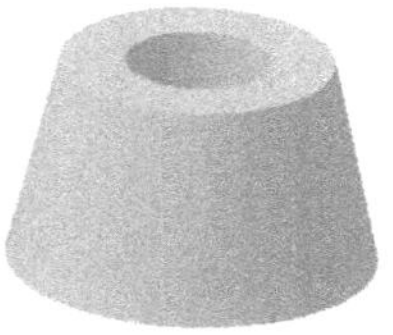

图 4.28.2 回转特征 1

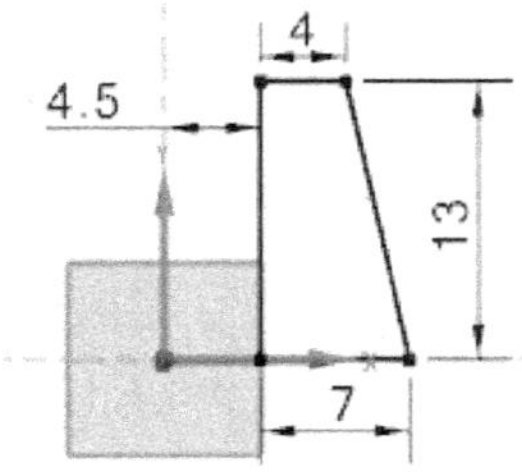

图 4.28.3 截面草图

（4）确定回转起始值和结束值。在极限区域的开始下拉列表中选择值选项，并在角度文本框输入 0.0，在结束下拉列表中选择值选项，并在角度文本框输入值 360.0，其他设置采用系统默认。

（5）单击“回转”对话框中的< 确定 >按钮，完成回转特征 1 的创建。

Step3. 创建图 4.28.4 所示的拉伸特征 1。

（1）选择命令。选择下拉菜单插入(S) ➡ 设计特征(E) ➡ 拉伸(E)...命令（或单击按钮），系统弹出“拉伸”对话框。

（2）定义截面草图。

① 单击截面区域中的按钮，系统弹出“创建草图”对话框。

② 定义草图平面。选取 XY 基准平面为草图平面，单击“创建草图”对话框中的确定按钮。

③ 进入草图环境，绘制图 4.28.5 所示的截面草图。

图 4.28.4 拉伸特征 1

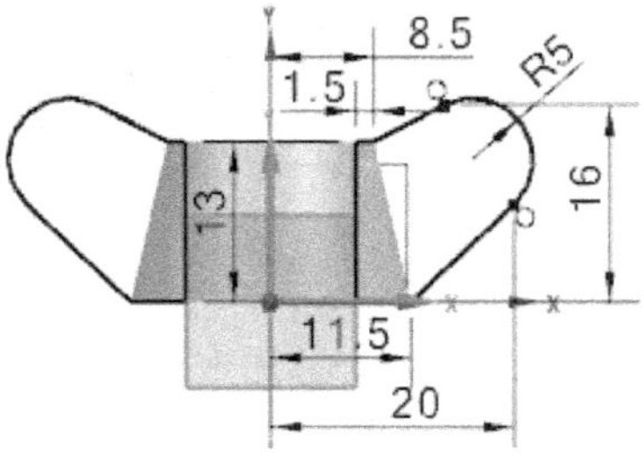

图 4.28.5 截面草图

④ 单击完成草图按钮，退出草图环境。

（3）定义拉伸方向。采用系统默认的矢量方向。

（4）定义拉伸属性。在极限区域的开始下拉列表中选择对称值选项，并在距离文本框中输入值 2.0；在布尔区域中的下拉列表中选择求和选项，采用系统默认的求和对象。

（5）单击< 确定 >按钮，完成拉伸特征 1 的创建。

Step4. 创建图 4.28.6 所示的倒斜角特征 1。

（1）选择命令。选择下拉菜单插入(S) → 细节特征(L) ▸ → 倒斜角(C)...命令（或单击按钮），系统弹出“倒斜角”对话框。

（2）在边区域中单击按钮，选择图 4.28.6a 所示的两条边线为倒斜角参照边，在偏置区域的横截面下拉列表中选择对称选项，并在距离文本框中输入值 1.0。

（3）单击< 确定 >按钮，完成倒斜角特征 1 的创建。

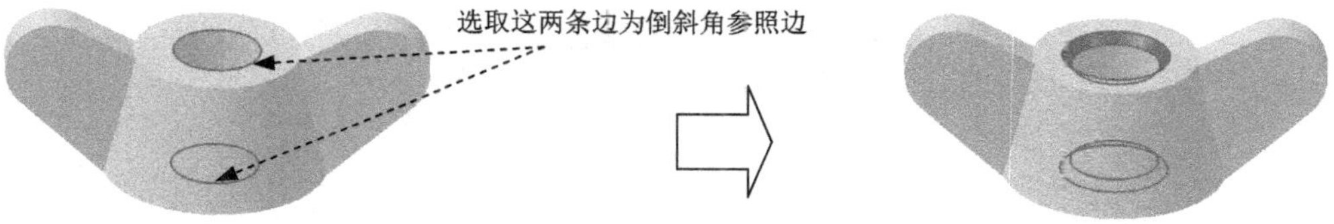

a）倒斜角前　　b）倒斜角后

图 4.28.6　倒斜角特征 1

Step5. 创建图 4.28.7 所示的螺纹特征 1。

（1）选择命令。选择下拉菜单插入(S) → 设计特征(E) ▸ → 螺纹(T)...命令（或单击按钮），系统弹出“螺纹”对话框（一）。

（2）在“螺纹类型”区域选择详细单选项，选取图 4.28.8 所示的圆柱面为放置面，系统弹出“螺纹”对话框（二），选取回转特征 1 的上表面为螺纹起始面，系统弹出“螺纹”对话框（三），选取螺纹轴的方向后单击确定按钮，系统弹出“螺纹”对话框（四），并在大径文本框中输入值 10.0，在长度文本框中输入值 14.0，在螺距文本框中输入值 1.0，在角度文本框中输入值 60.0，其他接受系统默认设置。

（3）单击确定按钮，完成螺纹特征 1 的创建。

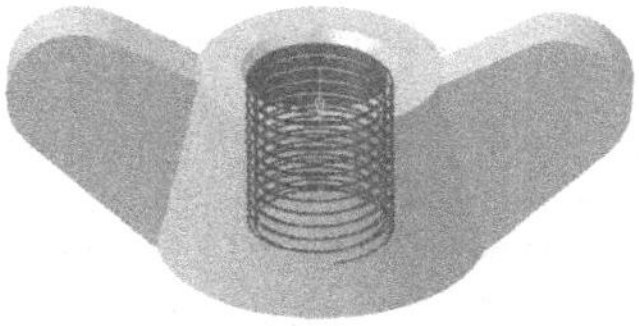

图 4.28.7　螺纹特征 1

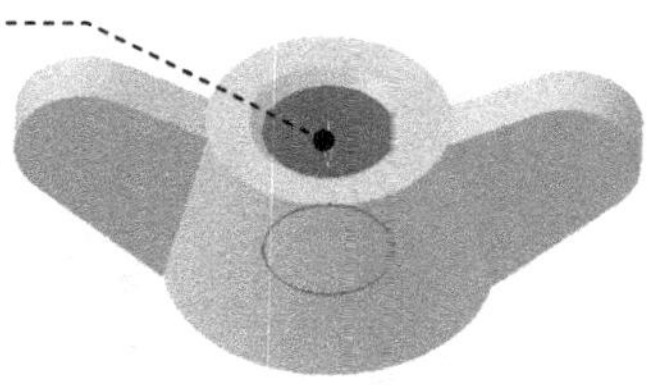

图 4.28.8　定义螺纹放置面

Step6. 创建图 4.28.9 所示的边倒圆特征 1。

（1）选择命令。选择下拉菜单插入(S) → 细节特征(L) ▸ → 边倒圆(E)...命令（或单击按钮），系统弹出“边倒圆”对话框。

（2）在对话框的形状下拉列表中选择圆形选项，在要倒圆的边区域中单击按钮，选择

图 4.28.9a 所示的两条边为要倒圆的边，圆角半径值为 2.0。

（3）单击 < 确定 > 按钮，完成边倒圆特征 1 的创建。

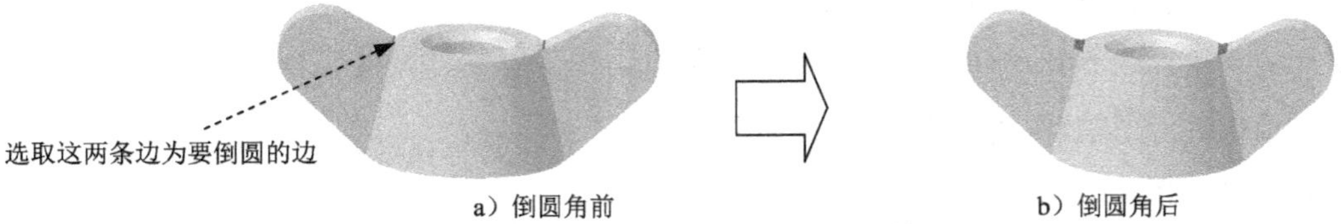

图 4.28.9　边倒圆特征 1

Step7. 创建边倒圆特征 2。选取图 4.28.10 所示的四条边为要倒圆的边。详细步骤参见 Step6。圆角半径值为 1.0。

Step8. 创建边倒圆特征 3。选取图 4.28.11 所示的四条边链为要倒圆的边。详细步骤参见 Step6。圆角半径值为 0.5。

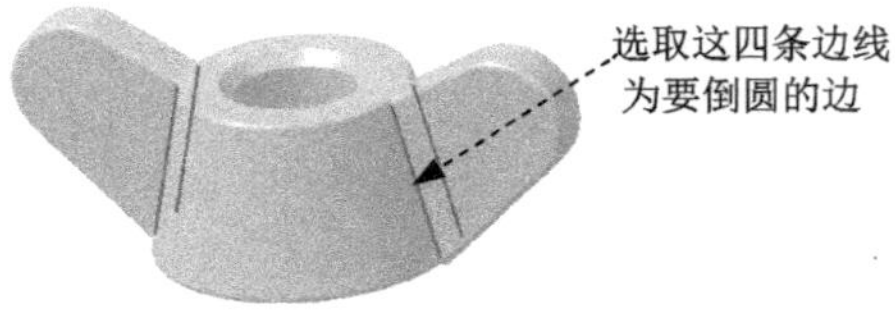

图 4.28.10　边倒圆特征 2

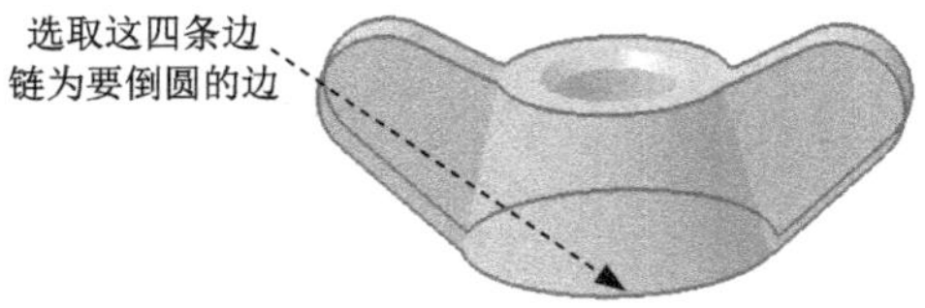

图 4.28.11　边倒圆特征 3

Step9. 保存零件模型。选择下拉菜单 文件(F) ➡ 保存(S) 命令，即可保存零件模型。

4.29　范例 2——传呼机固定套

范例概述：

本范例介绍了传呼机固定套的设计过程。它主要运用了实体的拉伸特征，通过对本范例的学习，使读者对实体的拉伸、扫掠和倒圆角等特征有进一步的了解。零件模型及模型树如图 4.29.1 所示。

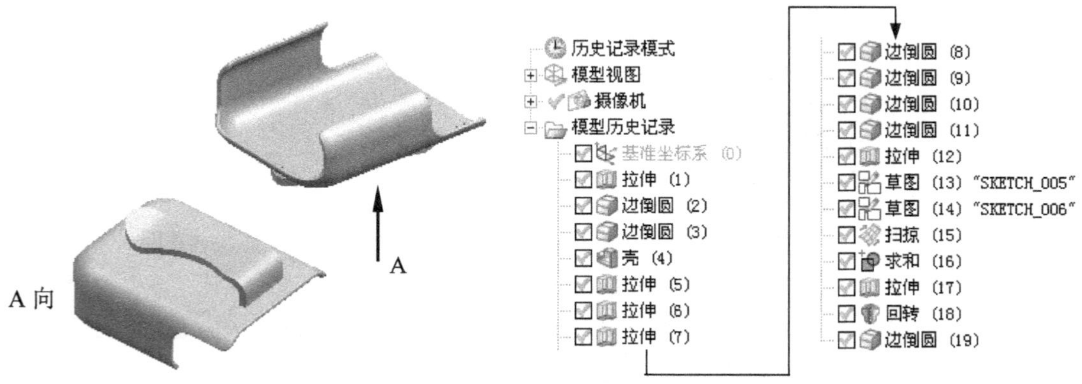

图 4.29.1　零件模型及模型树

Step1. 新建文件。选择下拉菜单 文件(F) ➡ 新建(N)... 命令，弹出“新建”对话框。在 新文件名 区域的 名称 文本框中输入文件名称 plastic_sheath，单击 确定 按钮。

Step2. 创建图 4.29.2 所示的拉伸特征 1。

（1）选择命令。选择下拉菜单 插入(S) ➡ 设计特征(E) ➡ 拉伸(E)... 命令（或单击按钮），系统弹出“拉伸”对话框。

（2）单击“拉伸”对话框中的“绘制截面”按钮，系统弹出“创建草图”对话框。

① 定义草图平面。单击按钮，选取 YZ 基准平面为草图平面，单击 确定 按钮。

② 进入草图环境，绘制图 4.29.3 所示的截面草图。

③ 单击 完成草图 按钮，退出草图环境。

图 4.29.2　拉伸特征 1

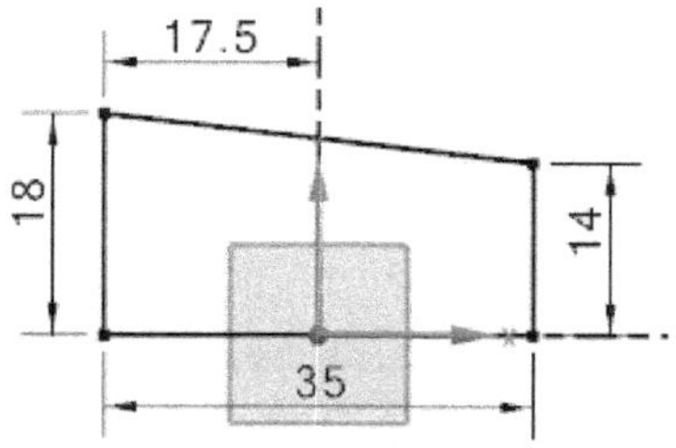

图 4.29.3　截面草图

（3）确定拉伸开始值和终点值。在 极限 区域的 开始 下拉列表中选择 对称值 选项，在 距离 文本框中输入值 22.5，其他采用系统默认设置。

（4）单击“拉伸”对话框中的 <确定> 按钮，完成拉伸特征 1 的创建。

Step3. 创建图 4.29.4 所示的边倒圆特征 1。

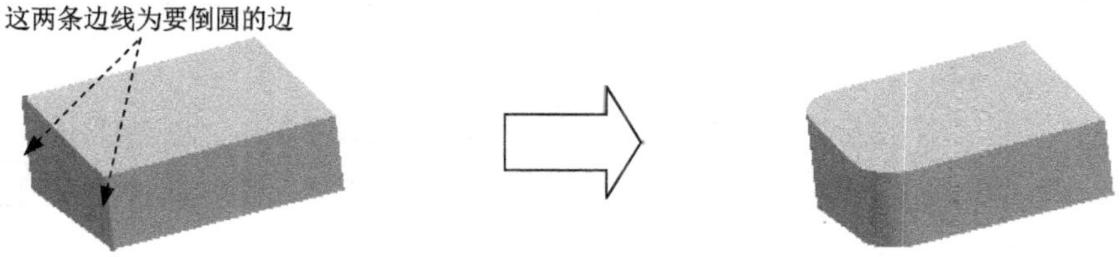

a）倒圆角前　　b）倒圆角后

图 4.29.4　边倒圆特征 1

（1）选择命令。选择下拉菜单 插入(S) ➡ 细节特征(L) ➡ 边倒圆(E)... 命令（或单击按钮），系统弹出“边倒圆”对话框。

（2）在对话框的 形状 下拉列表中选择 圆形 选项，在 要倒圆的边 区域中单击按钮，选择图 4.29.4a 所示的两条边线为要倒圆的边，且圆角半径值为 8.0。

（3）单击 <确定> 按钮，完成边倒圆特征 1 的创建。

Step4. 创建图 4.29.5 所示的边倒圆特征 2。

（1）选择命令。选择下拉菜单 插入(S) ➡ 细节特征(L) ➡ 边倒圆(E)... 命令（或单击按钮），系统弹出“边倒圆”对话框。

（2）在对话框的 形状 下拉列表中选择 圆形 选项，在 要倒圆的边 区域中单击按钮，选择

图 4.29.5a 所示的两条边链为要倒圆的边，且圆角半径值为 6.0。

（3）单击〈确定〉按钮，完成边倒圆特征 2 的创建。

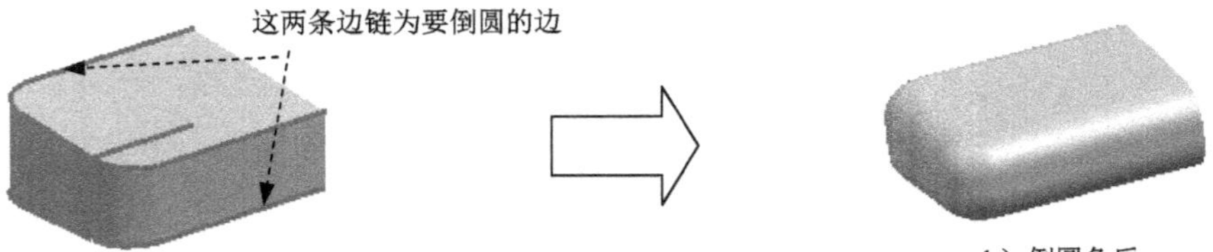

a）倒圆角前　　b）倒圆角后

图 4.29.5　边倒圆特征 2

Step5. 创建图 4.29.6 所示的抽壳特征 1。

（1）选择命令。选择下拉菜单 插入(S) → 偏置/缩放(O) → 抽壳(H)... 命令（或单击按钮），系统弹出“抽壳”对话框。

（2）在要穿透的面区域单击按钮，选择图 4.29.7 所示的面为要移除的面，并在厚度文本框中输入值 1.0。

（3）单击〈确定〉按钮，完成抽壳特征 1 的创建。

图 4.29.6　抽壳特征 1

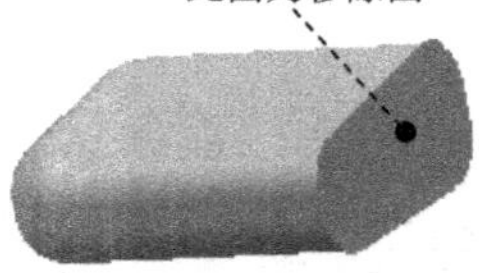

图 4.29.7　定义移除面

Step6. 创建图 4.29.8 所示的拉伸切除特征 1。

（1）选择命令。选择下拉菜单 插入(S) → 设计特征(E) → 拉伸(E)... 命令（或单击按钮），系统弹出“拉伸”对话框。

（2）单击“拉伸”对话框中的“绘制截面”按钮，系统弹出“创建草图”对话框。

① 定义草图平面。单击按钮，选取 ZX 基准平面为草图平面，单击确定按钮。

② 进入草图环境，绘制图 4.29.9 所示的截面草图。

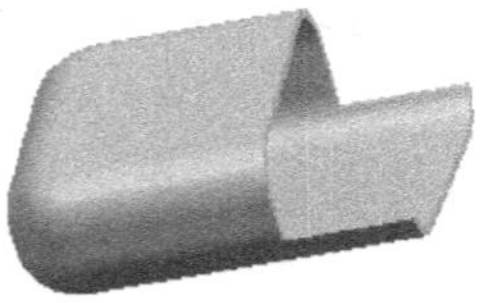

图 4.29.8　拉伸切除特征 1

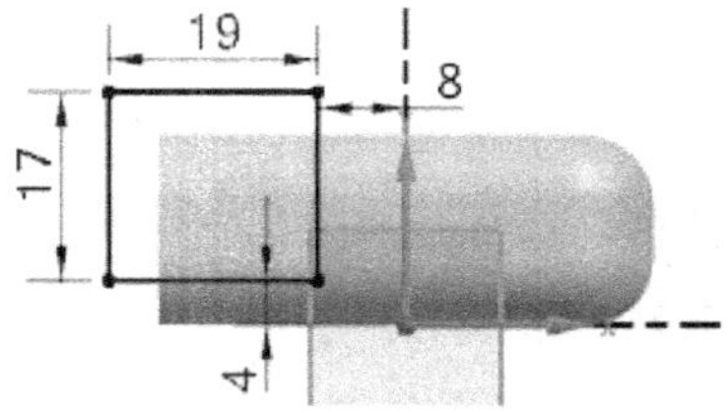

图 4.29.9　截面草图

③ 单击完成草图按钮，退出草图环境。

（3）确定拉伸开始值和终点值。在极限区域的开始下拉列表中选择贯通选项，在限制区域结束下拉列表中选择贯通选项，在布尔区域中选择求差选项，其他采用系统默认设置。

（4）单击“拉伸”对话框中的〈确定〉按钮，完成拉伸切除特征 1 的创建。

Step7. 创建图 4.29.10 所示的拉伸切除特征 2。

（1）选择命令。选择下拉菜单 插入(S) ➡ 设计特征(E) ➡ 拉伸(E)... 命令（或单击按钮），系统弹出“拉伸”对话框。

（2）单击“拉伸”对话框中的“绘制截面”按钮，系统弹出“创建草图”对话框。

① 定义草图平面。单击按钮，选取 YZ 基准平面为草图平面，单击 确定 按钮。

② 进入草图环境，绘制图 4.29.11 所示的截面草图。

③ 单击 完成草图 按钮，退出草图环境。

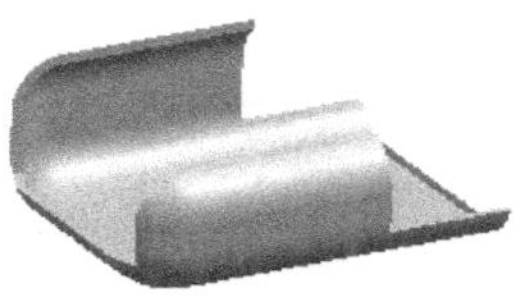

图 4.29.10　拉伸切除特征 2

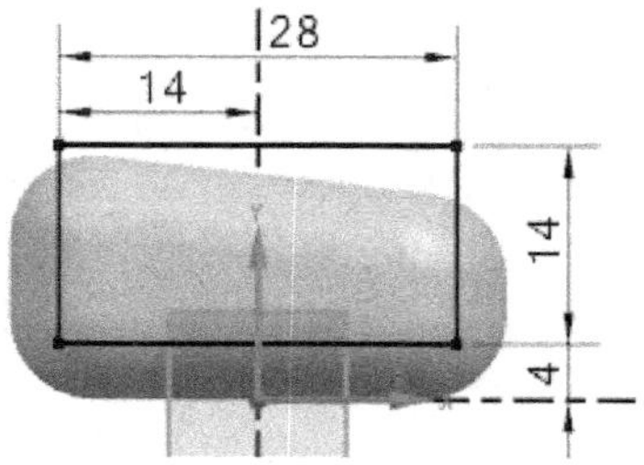

图 4.29.11　截面草图

（3）确定拉伸开始值和终点值。在 极限 区域的 开始 下拉列表中选择 贯通 选项，在 限制 区域 结束 下拉列表中选择 贯通 选项，在 布尔 区域中选择 求差 选项，其他采用系统默认设置。

（4）单击“拉伸”对话框中的 < 确定 > 按钮，完成拉伸切除特征 2 的创建。

Step8. 创建图 4.29.12 所示的拉伸切除特征 3。

（1）选择命令。选择下拉菜单 插入(S) ➡ 设计特征(E) ➡ 拉伸(E)... 命令（或单击按钮），系统弹出“拉伸”对话框。

（2）单击“拉伸”对话框中的“绘制截面”按钮，系统弹出“创建草图”对话框。

① 定义草图平面。单击按钮，选取 ZX 基准平面为草图平面，单击 确定 按钮。

② 进入草图环境，绘制图 4.29.13 所示的截面草图。

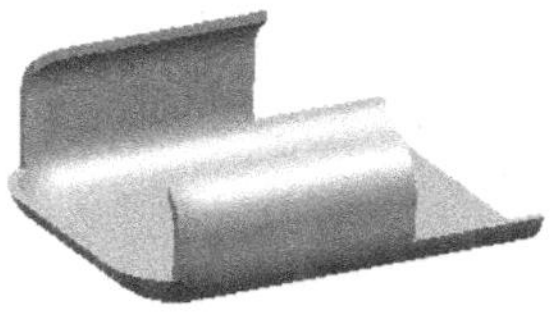

图 4.29.12　拉伸切除特征 3

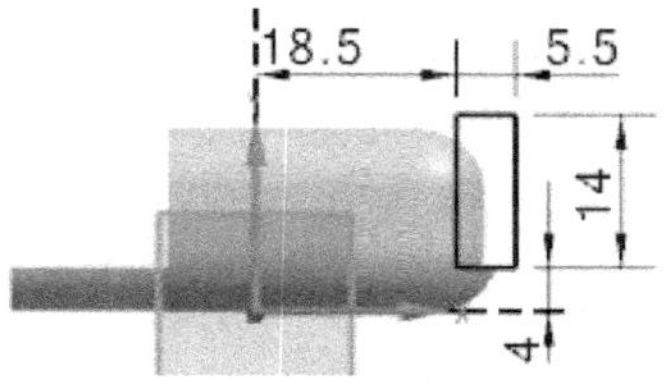

图 4.29.13　截面草图

③ 单击 完成草图 按钮，退出草图环境。

（3）确定拉伸开始值和终点值。在 极限 区域的 开始 下拉列表中选择 贯通 选项，在 限制 区域 结束 下拉列表中选择 贯通 选项，在 布尔 区域中选择 求差 选项，其他采用系统默认设置。

（4）单击“拉伸”对话框中的 < 确定 > 按钮，完成拉伸切除特征 3 的创建。

Step9. 创建图 4.29.14 所示的边倒圆特征 3，圆角半径值为 2.0。

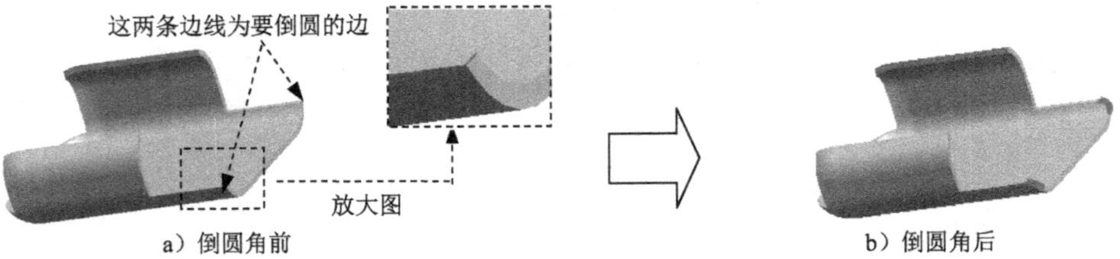

图 4.29.14　边倒圆特征 3

Step10. 创建图 4.29.15 所示的边倒圆特征 4，圆角半径值为 2.0。

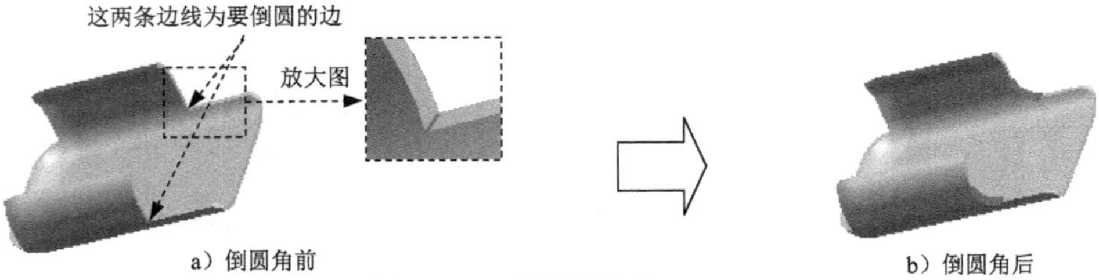

图 4.29.15　边倒圆特征 4

Step11. 创建图 4.29.16 所示的边倒圆特征 5，圆角半径值为 2.0。

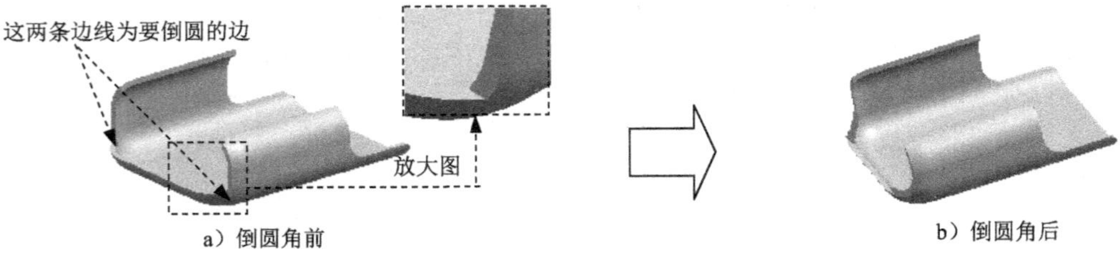

图 4.29.16　边倒圆特征 5

Step12. 创建图 4.29.17 所示的边倒圆特征 6，圆角半径值为 1.0。

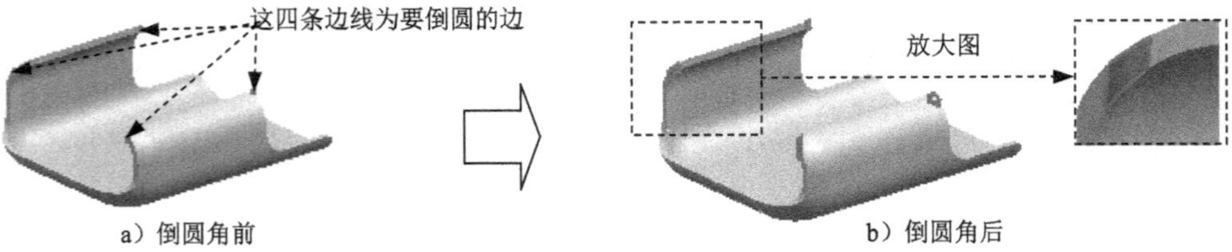

图 4.29.17　边倒圆特征 6

Step13. 创建图 4.29.18 所示的拉伸切除特征 4。

（1）选择命令。选择下拉菜单 插入(S) → 设计特征(E) → 拉伸(E)... 命令（或单击按钮），系统弹出“拉伸”对话框。

（2）单击“拉伸”对话框中的“绘制截面”按钮，系统弹出“创建草图”对话框。

① 定义草图平面。单击按钮，选取图 4.29.18 所示的平面为草图平面，单击 确定 按钮。

② 进入草图环境，绘制图 4.29.19 所示的截面草图。

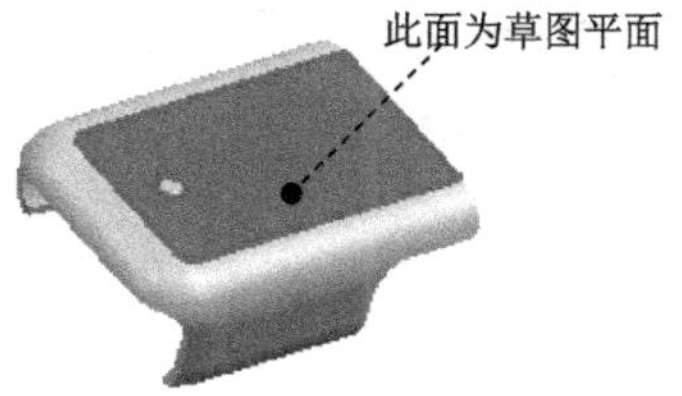

图 4.29.18　拉伸切除特征 4

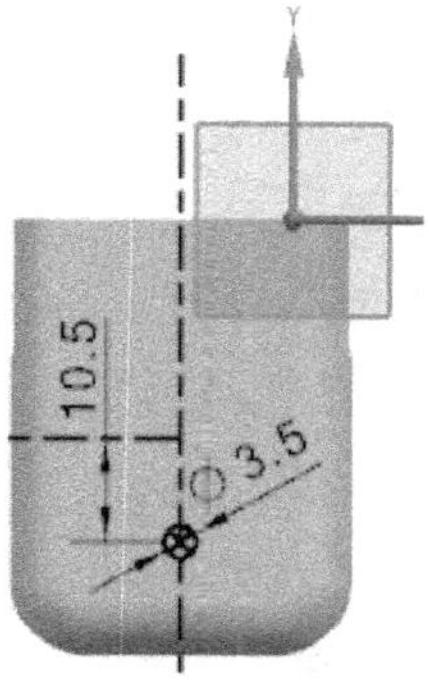

图 4.29.19　截面草图

③ 单击完成草图按钮，退出草图环境。

（3）确定拉伸开始值和终点值。在极限区域的开始下拉列表中选择值选项，在第一个距离文本框中输入 0.0，在限制区域结束的下拉列表中选择值选项，在第二个距离文本框中输入值 0.5，在布尔区域中选择求差选项，拉伸方向为 Z 轴正方向，其他采用系统默认设置。

（4）单击“拉伸”对话框中的< 确定 >按钮，完成拉伸切除特征 4 的创建。

Step14. 创建图 4.29.20 所示的截面草图 1。

（1）选择命令。选择下拉菜单插入(S) → 任务环境中的草图(S)...命令，系统弹出“创建草图”对话框。

（2）定义草图平面。选取图 4.29.18 所示的基准平面为草图平面，单击“创建草图”对话框中的确定按钮。

（3）进入草图环境，绘制图 4.29.20 所示的截面草图 1。

（4）单击完成草图按钮，退出草图环境。

Step15. 创建图 4.29.21 所示的截面草图 2。

（1）选择命令。选择下拉菜单插入(S) → 任务环境中的草图(S)... 命令，系统弹出“创建草图”对话框。

（2）定义草图平面。选取 ZX 基准平面为草图平面，单击“创建草图”对话框中的确定按钮。

（3）进入草图环境，绘制图 4.29.21 所示的截面草图 2。

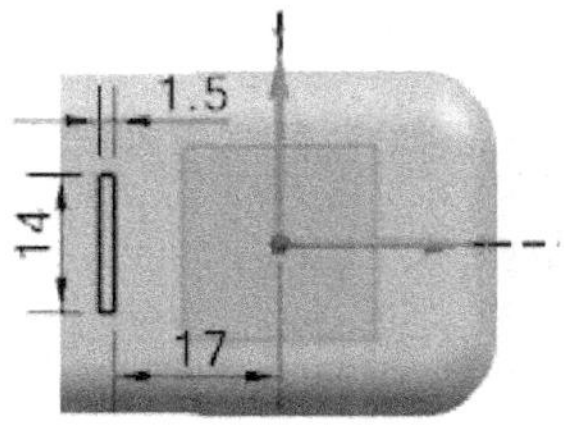

图 4.29.20　截面草图 1

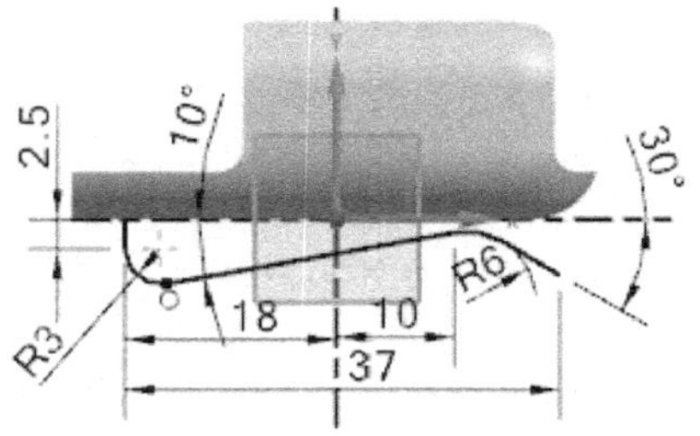

图 4.29.21　截面草图 2

（4）单击完成草图按钮，退出草图环境。

Step16. 创建图 4.29.22 所示的扫掠特征 1。

（1）选择命令。选择下拉菜单 插入(S) → 扫掠(W) → 扫掠(S)... 命令（或单击工具栏中的按钮），系统弹出“扫掠”对话框。

（2）定义扫掠截面。在截面区域中单击按钮，在绘图区选取截面草图 1 为截面曲线。

（3）定义扫掠引导线串。在引导线区域中单击按钮，在绘图区选取截面草图 2 为引导线串。

（4）单击“扫掠”对话框中的 < 确定 > 按钮，完成扫掠特征 1 的创建。

Step17. 创建求和特征 1。

（1）选择命令。选择下拉菜单 插入(S) → 组合(B) → 求和(U)... 命令（或单击按钮），系统弹出“求和”对话框。

（2）选择求和对象。单击目标区域中的按钮，在绘图区域中选取图 4.29.23 所示的目标对象，单击刀具区域中的按钮，在绘图区域中选取图 4.29.24 所示的刀具对象。

（3）单击“求和”对话框中的 确定 按钮，完成求和特征 1 的创建。

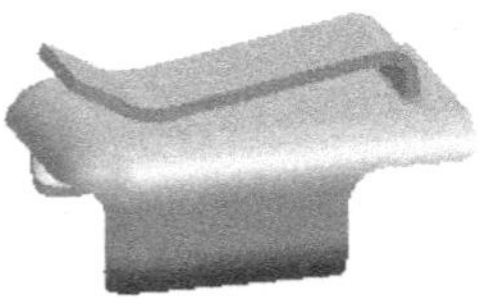
图 4.29.22 扫掠特征 1

图 4.29.23 目标对象

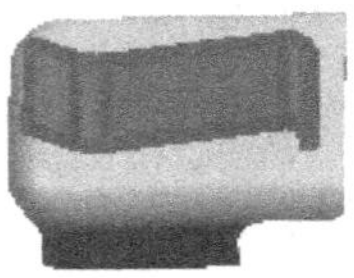
图 4.29.24 刀具对象

Step18. 创建图 4.29.25 所示的拉伸切除特征 5。

（1）选择命令。选择下拉菜单 插入(S) → 设计特征(E) → 拉伸(E)... 命令（或单击按钮），系统弹出“拉伸”对话框。

（2）单击“拉伸”对话框中的“绘制截面”按钮，系统弹出“创建草图”对话框。

① 定义草图平面。单击按钮，选取 XY 基准平面为草图平面，单击 确定 按钮。

② 进入草图环境，绘制图 4.29.26 所示的截面草图。

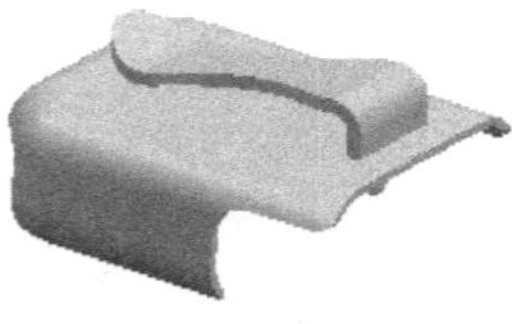
图 4.29.25 拉伸切除特征 5

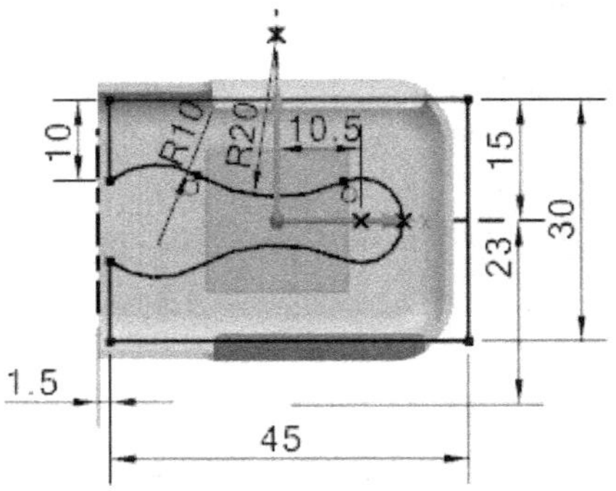

图 4.29.26 截面草图

③ 单击完成草图按钮，退出草图环境。

（3）确定拉伸开始值和终点值。在极限区域的开始下拉列表中选择值选项，并在距离文本框中输入值 0.0，在限制区域结束下拉列表中选择贯通选项，在布尔区域的下拉列表中选择求差选项，并单击“反向”按钮，其他采用系统默认设置。

（4）单击“拉伸”对话框中的< 确定 >按钮，完成拉伸切除特征 5 的创建。

Step19. 创建图 4.29.27 所示的回转特征 1。

（1）选择命令。选择下拉菜单插入(S) ➡ 设计特征(E) ➡ 回转(R)... 命令（或单击按钮），系统弹出“回转”对话框。

（2）定义截面草图。

① 单击截面区域中的按钮，系统弹出“创建草图”对话框。

② 定义草图平面。选取 ZX 基准平面为草图平面，单击“创建草图”对话框中的确定按钮。

③ 进入草图环境，绘制图 4.29.28 所示的截面草图。

④ 单击完成草图按钮，退出草图环境。

（3）定义回转轴。在轴区域中单击按钮，选择图 4.29.28 所示的直线为回转轴。

（4）确定回转起始值和终点值。在极限区域的开始下拉列表中选择值选项，在第一个角度文本框中输入值 0.0，在结束下拉列表中选择值选项，在第二个角度文本框中输值入 360.0；在布尔区域中选择求和选项，采用系统默认的求和对象。

（5）单击< 确定 >按钮，完成回转特征 1 的创建。

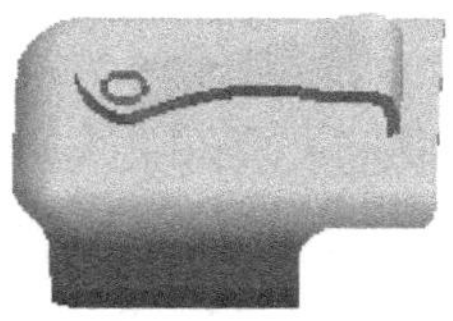

图 4.29.27　回转特征 1

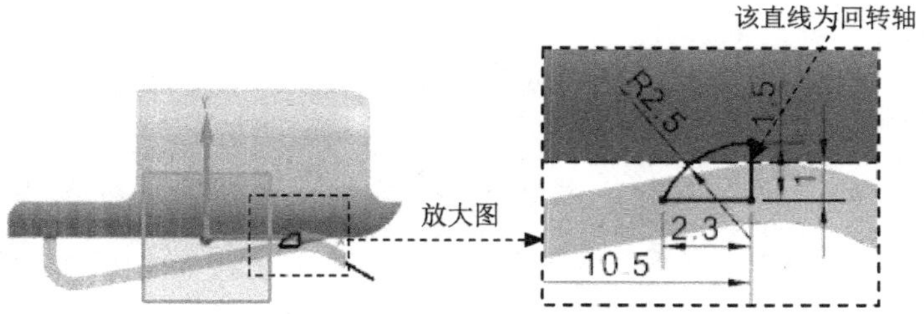

图 4.29.28　截面草图

Step20. 创建图 4.29.29 所示的边倒圆特征 7。

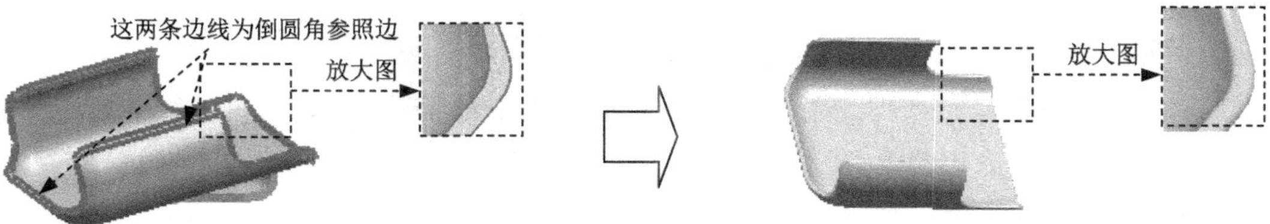

a）倒圆角前　　b）倒圆角后

图 4.29.29　边倒圆特征 7

（1）选择命令。选择下拉菜单插入(S) ➡ 细节特征(L) ➡ 边倒圆(E)...命令（或单击按钮），系统弹出“边倒圆”对话框。

（2）在对话框的形状下拉列表中选择圆形选项，在要倒圆的边区域中单击按钮，选择

图 4.29.29a 所示的两条边线为要倒圆的边，圆角半径值为 0.3。

（3）单击< 确定 >按钮，完成边倒圆特征 7 的创建。

Step21. 保存零件模型。选择下拉菜单文件(F) ➡ 保存(S)命令，即可保存零件模型。

4.30 范例 3——涡 轮

范例概述:

本范例介绍了一个涡轮的设计过程。主要运用了一些常用命令，包括拉伸、倒圆角和阵列等特征，其中拉伸偏置命令使用得很巧妙，需要注意的是圆形阵列的创建方法。零件模型及特征树如图 4.30.1 所示。

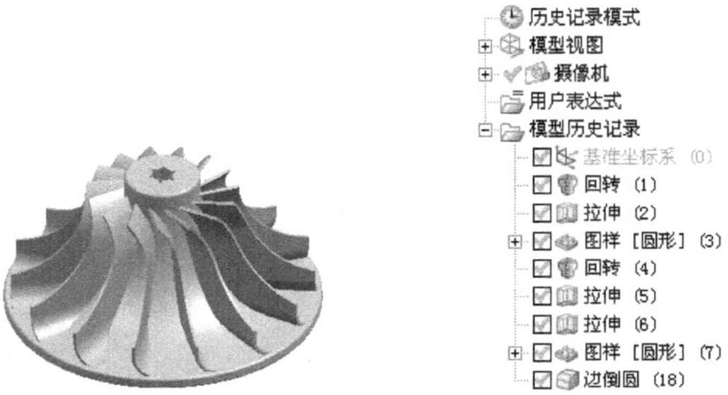

图 4.30.1 模型及特征树

Step1. 新建文件。选择下拉菜单文件(F) ➡ 新建(N)...命令，弹出“新建”对话框。在新文件名区域的名称文本框中输入文件名称 turbine，单击确定按钮。

Step2. 创建图 4.30.2 所示的零件基础特征——回转特征 1。

（1）选择命令。选择下拉菜单插入(S) ➡ 设计特征(E) ▸ ➡ 回转(R)...命令（或单击按钮），系统弹出“回转”对话框。

（2）单击对话框中的“草图截面”按钮，系统弹出“创建草图”对话框。

① 定义草图平面。单击按钮，选取 YZ 基准平面为草图平面，单击确定按钮。

② 进入草图环境，绘制如图 4.30.3 所示的截面草图。

③ 单击完成草图按钮，退出草图环境。

（3）定义回转轴。选取 ZC 轴为回转轴，并定义原点为指定点。

（4）确定回转起始值和终点值。在极限区域的开始下拉列表中选择值选项，在第一个角度文本框中输入值 0.0，在结束下拉列表中选择值选项，在第二个角度文本框中输入值 360.0。

（5）单击< 确定 >按钮，完成回转特征 1 的创建。

图 4.30.2　回转特征 1

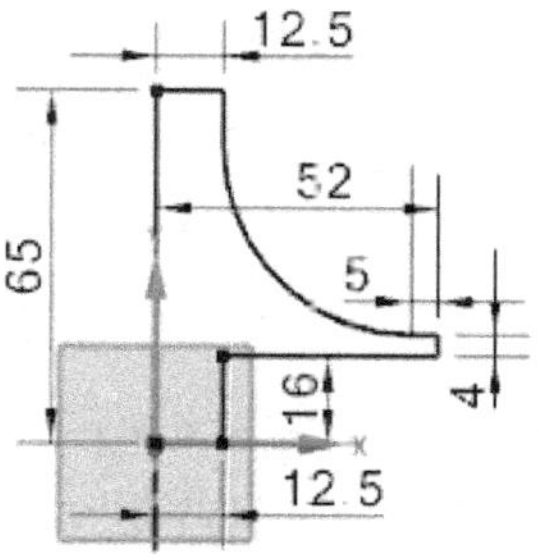

图 4.30.3　截面草图

Step3. 创建图 4.30.4 所示的拉伸特征 1。

(1) 选择命令。选择下拉菜单 插入(S) ➡ 设计特征(E) ▸ ➡ 拉伸(E)... 命令（或单击按钮），系统弹出“拉伸”对话框。

(2) 单击“拉伸”对话框中的“绘制截面”按钮，系统弹出“创建草图”对话框。

① 定义草图平面。单击按钮，选取 ZX 基准平面为草图平面，单击 确定 按钮。

② 进入草图环境，绘制图 4.30.5 所示的截面草图。

③ 单击 完成草图 按钮，退出草图环境。

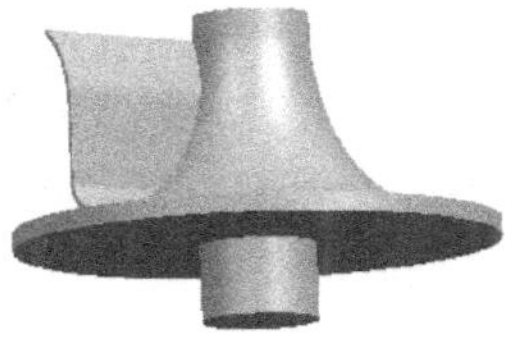

图 4.30.4　拉伸特征 1

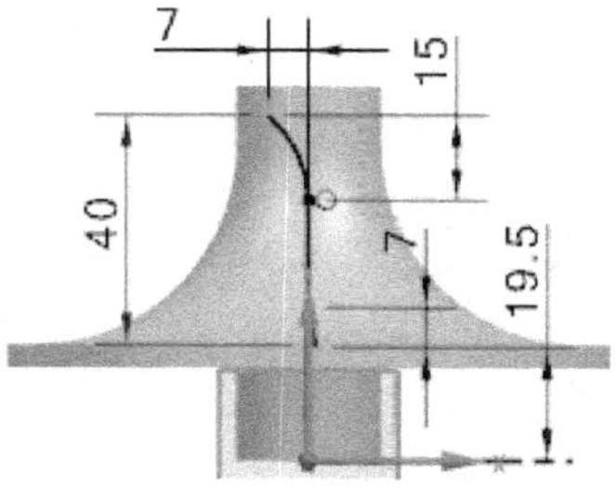

图 4.30.5　截面草图

(3) 确定拉伸开始值和终点值。在 极限 区域的 开始 下拉列表框中选择 值 选项，并在其下的 距离 文本框中输入值 0；在 极限 区域的 结束 下拉列表框中选择 值 选项，并在其下的 距离 文本框中输入值 50；在 偏置 区域的下拉列表框中选择 对称 选项，在 开始 文本框中输入值 0.5，在 结束 文本框中输入值 0.5，选择 YC 方向为拉伸方向；在 布尔 区域的下拉列表框中选择 求和 选项，采用系统默认的求和对象；其他采用系统默认的设置。

(4) 单击“拉伸”对话框中的 < 确定 > 按钮，完成拉伸特征 1 的创建。

Step4. 创建图 4.30.6 所示的零件特征——阵列特征 1。

(1) 选择命令。选择下拉菜单 插入(S) ➡ 关联复制(A) ▸ ➡ 对特征形成图样(A)... 命令，系统弹出“对特征形成图样”对话框。

(2) 选取阵列的对象。在特征树中选取拉伸特征 1 为要阵列的特征。

(3) 定义阵列方法。在对话框的 布局 下拉列表中选择 圆形 选项。

(4) 定义旋转轴和中心点。在对话框的 旋转轴 区域中单击 指定矢量 后面的按钮，选择 ZC 轴为旋转轴；选取坐标原点为指定点。

（5）定义阵列参数。在对话框的 角度方向 区域的 间距 下拉列表中选择 数量和节距 选项，然后在 数量 文本框中输入阵列数量为 15，在 节距角 文本框中输入阵列角度为 24。

（6）单击 < 确定 > 按钮，完成阵列特征 1 的创建。

Step5. 创建图 4.30.7 所示的零件特征——回转特征 2。

（1）选择命令。选择下拉菜单 插入(S) → 设计特征(E) ▸ → 回转(R)... 命令（或单击按钮），系统弹出“回转”对话框。

（2）单击对话框中的“草图截面”按钮，系统弹出“创建草图”对话框。

① 定义草图平面。单击按钮，选取 YZ 基准平面为草图平面，单击 确定 按钮。

② 进入草图环境，绘制图 4.30.8 所示的截面草图。

③ 单击 完成草图 按钮，退出草图环境。

（3）定义回转轴。选取 ZC 轴为回转轴，并定义原点为指定点。

（4）确定回转起始值和终点值。在 极限 区域的 开始 下拉列表中选择 值 选项，在第一个 角度 文本框中输入值 0.0，在 结束 下拉列表中选择 值 选项，在第二个 角度 文本框中输入值 360.0。在 布尔 区域中的下拉列表框中选择 求差 选项，采用系统默认的求差对象。

（5）单击 < 确定 > 按钮，完成回转特征 2 的创建。

图 4.30.6 阵列特征 1

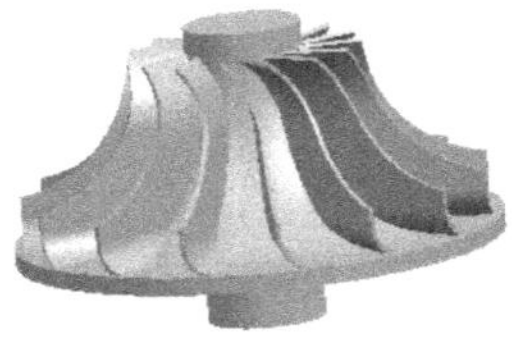

图 4.30.7 回转特征 2

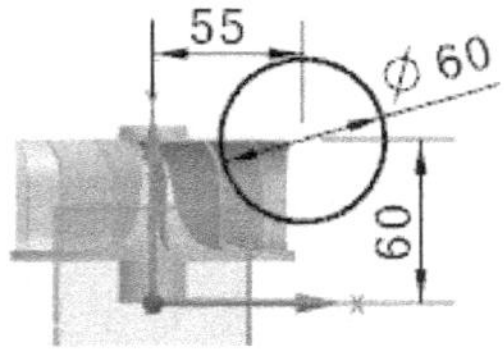

图 4.30.8 截面草图

Step6. 创建图 4.30.9 所示的零件特征——拉伸特征 2。选择下拉菜单 插入(S) → 设计特征(E) ▸ → 拉伸(E)... 命令；选取 XY 基准平面为草图平面，绘制图 4.30.10 所示的截面草图；选取 ZC 方向为拉伸方向，在“拉伸”对话框的 极限 区域的 开始 下拉列表框中选择 值 选项，并在其下的 距离 文本框中输入值 0；在 极限 区域的 结束 下拉列表框中选择 贯通 选项；在 布尔 区域中的下拉列表框中选择 求差 选项，采用系统默认的求差对象；单击 < 确定 > 按钮，完成拉伸特征 2 的创建。

图 4.30.9 拉伸特征 2

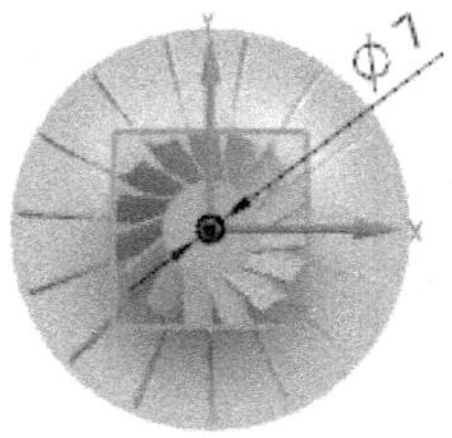

图 4.30.10 截面草图

Step7. 创建图 4.30.11 所示的零件特征——拉伸特征 3。选择下拉菜单 插入(S) → 设计特征(E) ▸ → 拉伸(E)... 命令；选取 XY 基准平面为草图平面，绘制图 4.30.12 所示的截面草图；选取 ZC 方向为拉伸方向，在极限区域的开始下拉列表框中选择值选项，并在其下的距离文本框中输入值 0；在极限区域的结束下拉列表框中选择贯通选项；在布尔区域的下拉列表框中选择求差选项，采用系统默认的求差对象；单击< 确定 >按钮，完成拉伸特征 3 的创建。

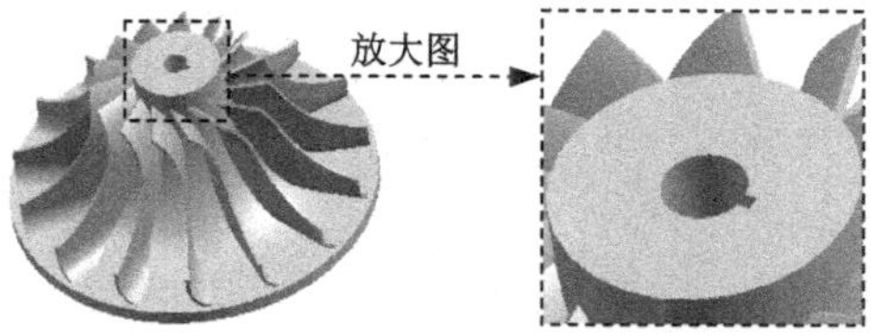

图 4.30.11　拉伸特征 3

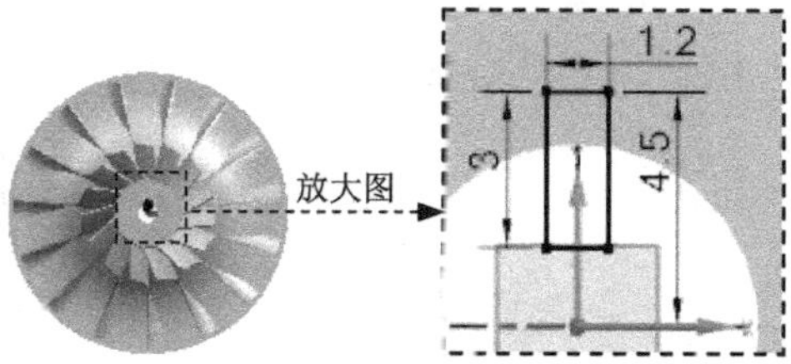

图 4.30.12　截面草图

Step8. 创建图 4.30.13 所示的零件特征——阵列特征 2。

（1）选择命令。选择下拉菜单插入(S) ➡ 关联复制(A) ▸ ➡ 对特征形成图样(A)...命令，系统弹出“对特征形成图样”对话框。

（2）选取阵列的对象。在特征树中选取拉伸特征 3 为要阵列的特征。

（3）定义阵列方法。在对话框的布局下拉列表中选择圆形选项。

（4）定义旋转轴和中心点。在对话框的旋转轴区域中单击指定矢量后面的按钮，选择 ZC 轴为旋转轴；选取坐标原点为指定点。

（5）定义阵列参数。在对话框的角度方向区域的间距下拉列表中选择数量和节距选项，然后在数量文本框中输入阵列数量为 6，在节距角文本框中输入阵列角度为 60。

（6）单击< 确定 >按钮，完成阵列特征 2 的创建。

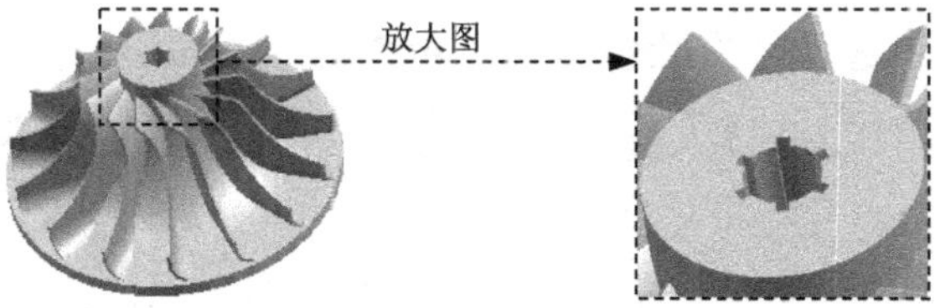

图 4.30.13　阵列特征 2

Step9. 添加图 4.30.14 所示的特征边倒圆 1。

（1）选择命令。选择下拉菜单插入(S) ➡ 细节特征(L) ▸ ➡ 边倒圆(E)...命令（或单击按钮），系统弹出“边倒圆”对话框。

（2）在对话框的形状下拉列表中选择圆形选项，在要倒圆的边区域中单击按钮，选择图 4.30.14a 所示的两条边线为倒圆角参照，并在半径 1文本框中输入值 1。

（3）单击< 确定 >按钮，完成边倒圆特征 1 的添加。

Step10. 保存零件模型。选择下拉菜单文件(F) ➡ 保存(S)命令，即可保存零件模型。

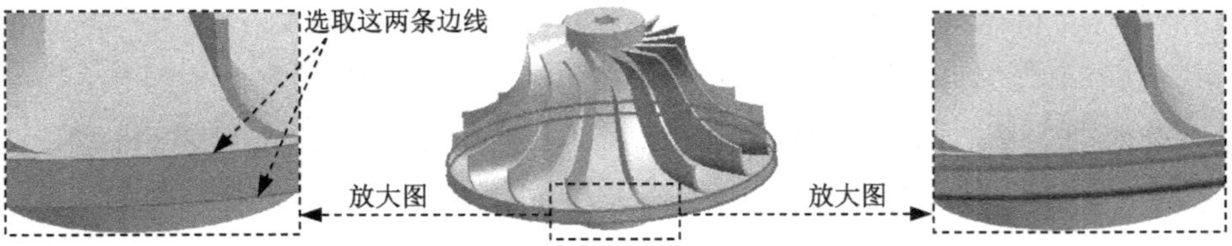

a）圆角前　　b）圆角后

图 4.30.14　边倒圆特征 1

4.31　范例 4——凳　子

范例概述：

本范例介绍了凳子的设计过程。主要采用实体的拉伸、拔模、抽壳、阵列和边倒圆等特征，其中阵列特征是本范例的一个亮点。值得注意的是边倒圆特征对抽壳特征的影响。零件模型及模型树如图 4.31.1 所示。

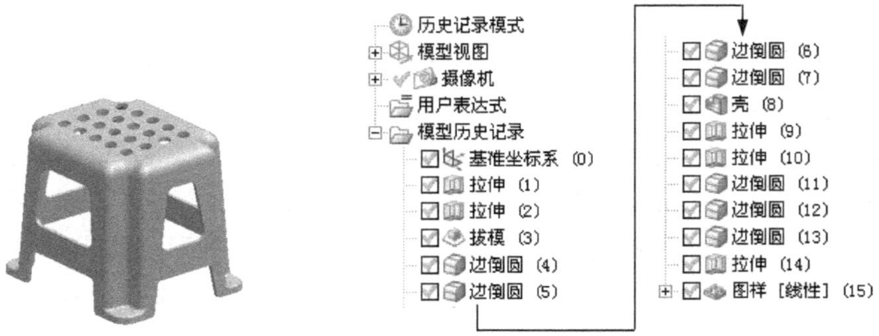

图 4.31.1　零件模型及模型树

Step1. 新建文件。选择下拉菜单 文件(F) → 新建(N)... 命令，弹出“新建”对话框。在新文件名区域的名称文本框中输入文件名称 stool，单击 确定 按钮。

Step2. 创建图 4.31.2 所示的零件基础特征——拉伸特征 1。

（1）选择命令。选择下拉菜单 插入(S) → 设计特征(E) → 拉伸(E)... 命令（或单击按钮），系统弹出“拉伸”对话框。

（2）单击“拉伸”对话框中的“草图截面”按钮，系统弹出“创建草图”对话框。

① 定义草图平面。单击按钮，选取 XY 基准平面为草图平面，单击 确定 按钮。

② 进入草图环境，绘制图 4.31.3 所示的截面草图。

③ 单击 完成草图 按钮，退出草图环境。

图 4.31.2　拉伸特征 1

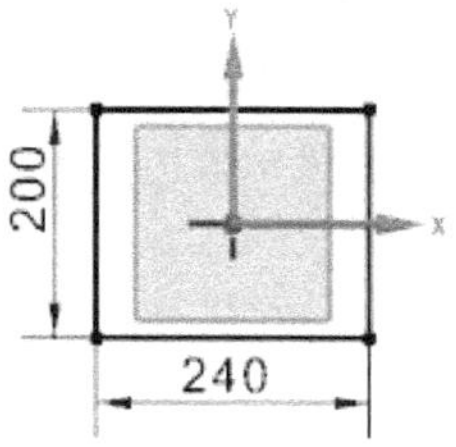

图 4.31.3　截面草图

（3）确定拉伸开始值和终点值。在极限区域的开始下拉列表中选择值选项，并在其下的距离文本框中输入值 0；在极限区域的结束下拉列表中选择值选项，并在其下的距离文本框中输入值 200，其他选项采用系统默认设置。

（4）单击< 确定 >按钮，完成拉伸特征 1 的创建。

Step3. 创建图 4.31.4 所示的零件特征——拉伸特征 2。选择下拉菜单插入(S) ➡ 设计特征(E) ➡ 拉伸(E)...命令（或单击按钮），系统弹出“拉伸”对话框。选取图 4.31.5 所示的模型表面为草图平面，绘制图 4.31.6 所示的截面草图。在极限区域的开始下拉列表中选择值选项，并在其下的距离文本框中输入值 0；在极限区域的结束下拉列表中选择值选项，并在其下的距离文本框中输入值 190，并单击“反向”按钮，定义 ZC 基准轴的负方向为拉伸方向；在布尔区域的布尔下拉列表中选择求差选项，采用系统默认的求差对象。

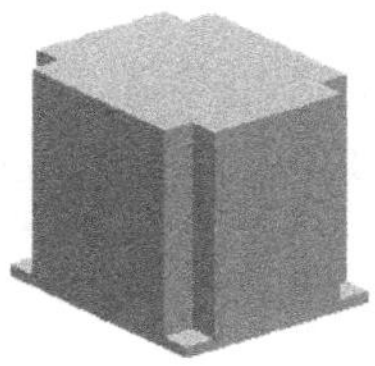

图 4.31.4 拉伸特征 2

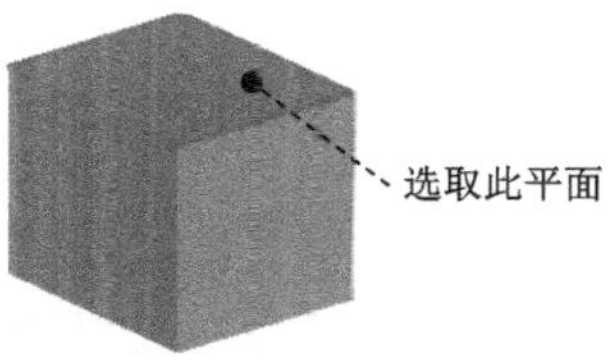

图 4.31.5 定义草图平面

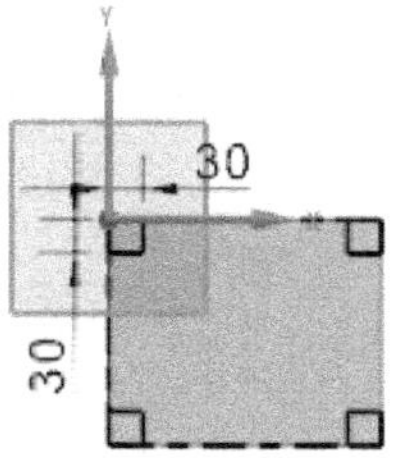

图 4.31.6 截面草图

Step4. 创建图 4.31.7 所示的拔模特征 1。

（1）选择命令。选择下拉菜单插入(S) ➡ 细节特征(L) ▸ ➡ 拔模(T)...命令（或单击按钮），系统弹出“拔模”对话框。

（2）在类型区域中选择从平面选项，在拔模方向区域的指定矢量下拉列表中选择 ZC 轴正方向为拔模方向；在绘图区选取图 4.31.8 所示的平面为拔模固定平面，选择图 4.31.9 所示的 12 个平面为要拔模的面，在角度 1文本框中输入值 3。

（3）单击“拔模”对话框中的< 确定 >按钮，完成拔模特征 1 的创建。

图 4.31.7 拔模特征 1

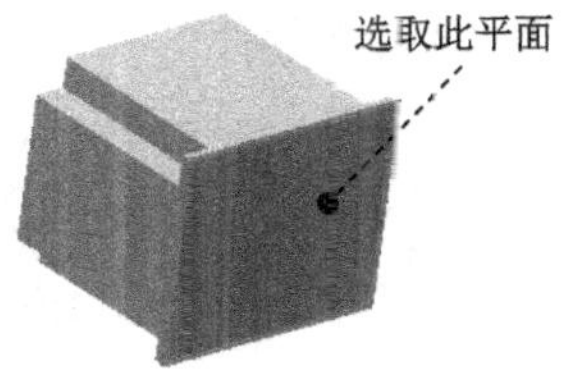

图 4.31.8 定义固定平面

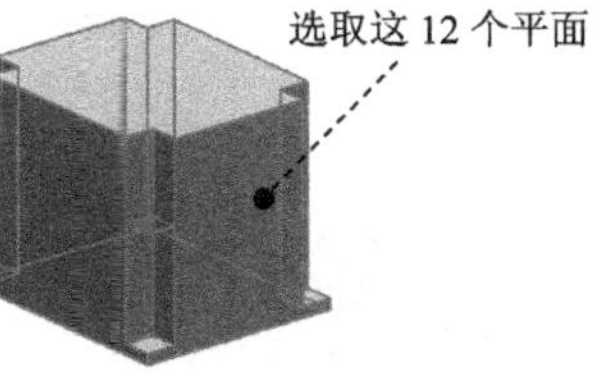

图 4.31.9 定义拔模面

Step5. 创建图 4.31.10 所示的边倒圆特征 1。

（1）选择命令。选择下拉菜单插入(S) ➡ 细节特征(L) ▸ ➡ 边倒圆(E)...命令（或单击按钮），系统弹出“边倒圆”对话框。

（2）在该对话框的形状下拉列表中选择圆形选项，在要倒圆的边区域中单击按钮，选择图 4.31.10a 所示的 12 条边线为边倒圆参照，并在半径 1文本框中输入值 10。

（3）单击< 确定 >按钮，完成边倒圆特征 1 的创建。

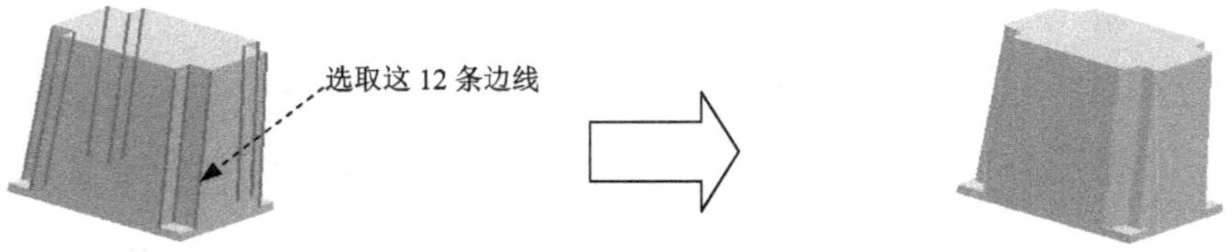

a）圆角前　　b）圆角后

图 4.31.10　边倒圆特征 1

Step6. 创建图 4.31.11b 所示的边倒圆特征 2。选取图 4.31.11a 所示的边链为边倒圆参照，并在半径 1文本框中输入值 20，完成边倒圆特征 2 的创建。

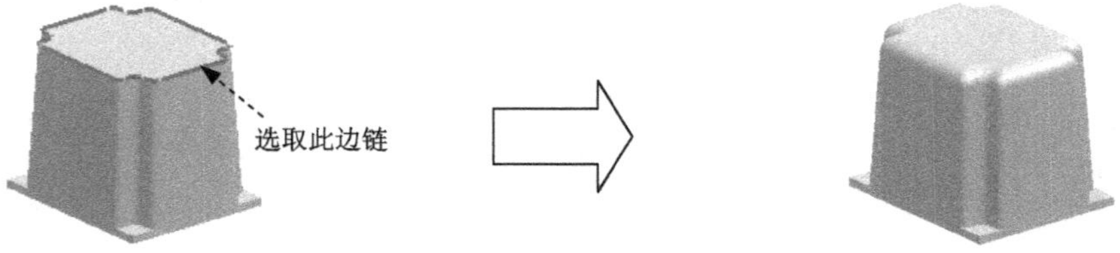

a）圆角前　　b）圆角后

图 4.31.11　边倒圆特征 2

Step7. 创建图 4.31.12b 所示的边倒圆特征 3。选取图 4.31.12a 所示的 4 条边线为边倒圆参照，并在半径 1文本框中输入值 20，完成边倒圆特征 3 的创建。

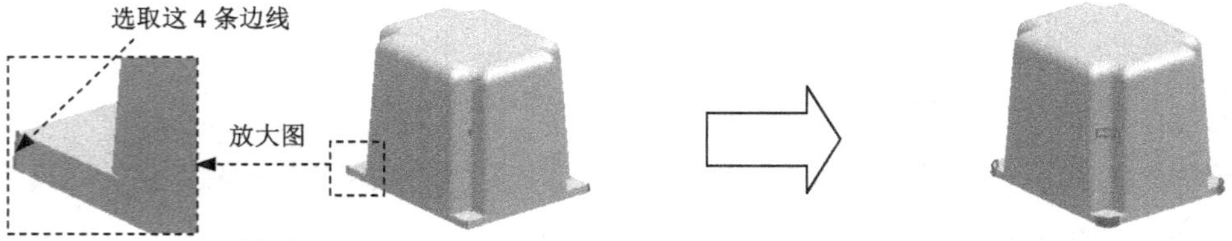

a）圆角前　　b）圆角后

图 4.31.12　边倒圆特征 3

Step8. 创建图 4.31.13b 所示的边倒圆特征 4。选取图 4.31.13a 所示的 4 条边线为边倒圆参照，并在半径 1文本框中输入值 5，完成边倒圆特征 4 的创建。

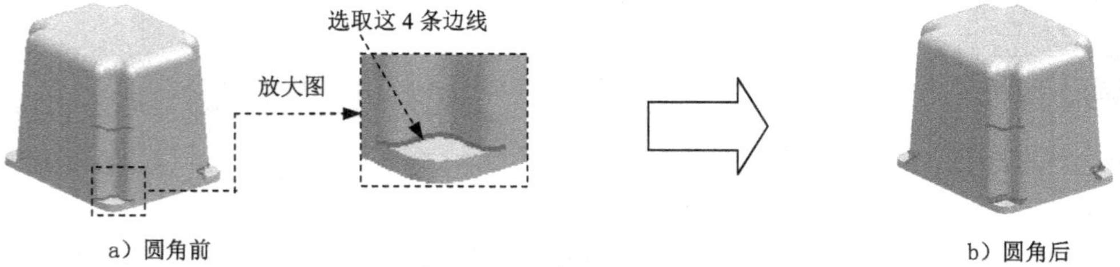

a）圆角前　　b）圆角后

图 4.31.13　边倒圆特征 4

Step9. 创建图 4.31.14 所示的抽壳特征 1。

（1）选择命令。选择下拉菜单插入(S) → 偏置/缩放(O) → 抽壳(H)... 命令（或单击按钮)，系统弹出“抽壳”对话框。

(2) 定义抽壳类型。在“抽壳”对话框类型区域的下拉列表中选择移除面，然后抽壳选项。

(3) 定义移除面及抽壳厚度。选择图 4.31.15 所示的面为移除面，在厚度文本框中输入值 5，其他选项采用系统默认设置。

(4) 单击< 确定 >按钮，完成抽壳特征 1 的创建。

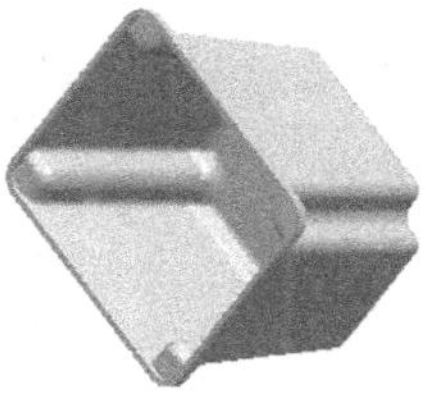

图 4.31.14　抽壳特征 1

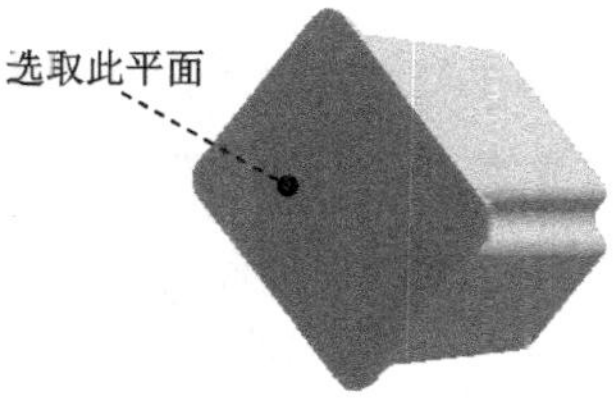

图 4.31.15　定义移除面

Step10. 创建图 4.31.16 所示的零件特征——拉伸特征 3。选择下拉菜单插入(S) → 设计特征(E) → 拉伸(E)...命令（或单击按钮)，系统弹出“拉伸”对话框。选取 ZX 基准平面为草图平面，绘制图 4.31.17 所示的截面草图。定义 YC 基准轴为拉伸方向，在极限区域的开始下拉列表中选择贯通选项；在极限区域的结束下拉列表中选择贯通选项；在布尔区域中的布尔下拉列表中选择求差选项，采用系统默认的求差对象。

图 4.31.16　拉伸特征 3

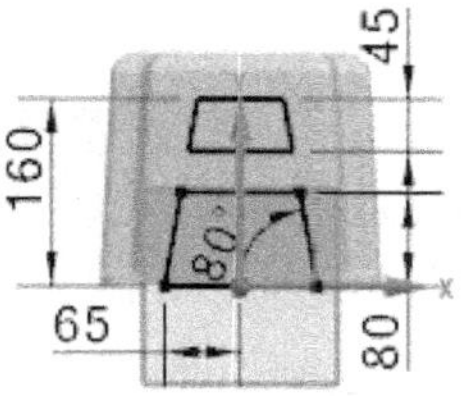

图 4.31.17　截面草图

Step11. 创建图 4.31.18 所示的零件特征——拉伸特征 4。选择下拉菜单插入(S) → 设计特征(E) → 拉伸(E)...命令（或单击按钮)，系统弹出“拉伸”对话框。选取 YZ 基准平面为草图平面，绘制图 4.31.19 所示的截面草图。定义 XC 基准轴为拉伸方向，在极限区域的开始下拉列表中选择贯通选项；在极限区域的结束下拉列表中选择贯通选项；在布尔区域中的布尔下拉列表中选择求差选项，采用系统默认的求差对象。

图 4.31.18　拉伸特征 4

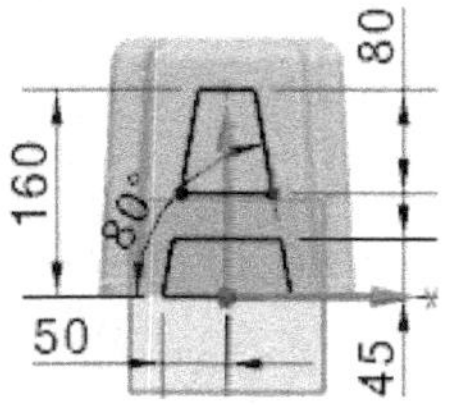

图 4.31.19　截面草图

Step12. 创建图 4.31.20b 所示的边倒圆特征 5。选取图 4.31.20a 所示的 16 条边线为边倒圆参照，并在半径 1文本框中输入值 10，完成边倒圆特征 5 的创建。

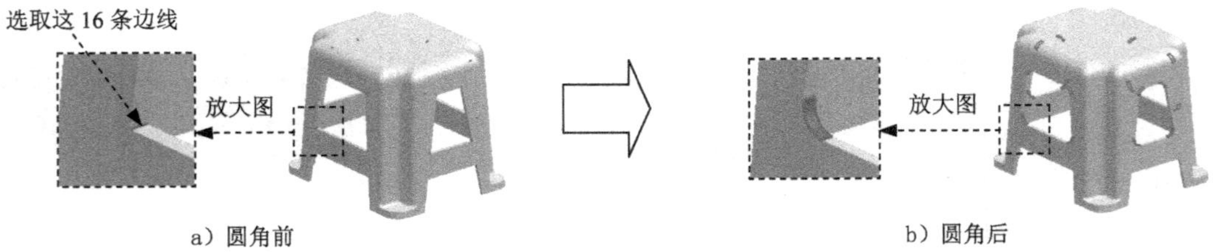

图 4.31.20　边倒圆特征 5

Step13. 创建图 4.31.21b 所示的边倒圆特征 6。选取图 4.31.21a 所示的 16 条边线为边倒圆参照，并在半径 1文本框中输入值 5，完成边倒圆特征 6 的创建。

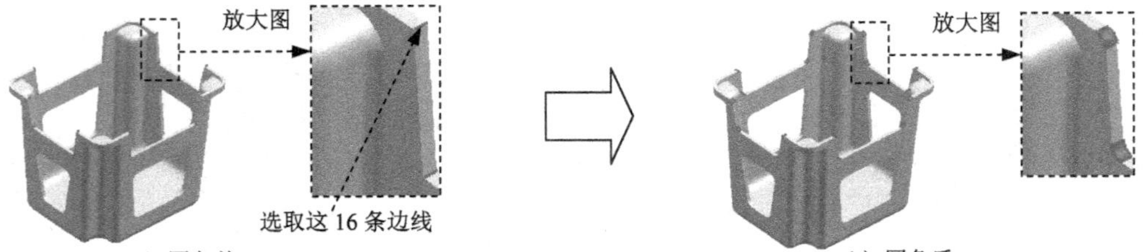

图 4.31.21　边倒圆特征 6

Step14. 创建图 4.31.22b 所示的边倒圆特征 7。选取图 4.31.22a 所示的 4 条边线为边倒圆参照，并在半径 1文本框中输入值 3，完成边倒圆特征 7 的创建。

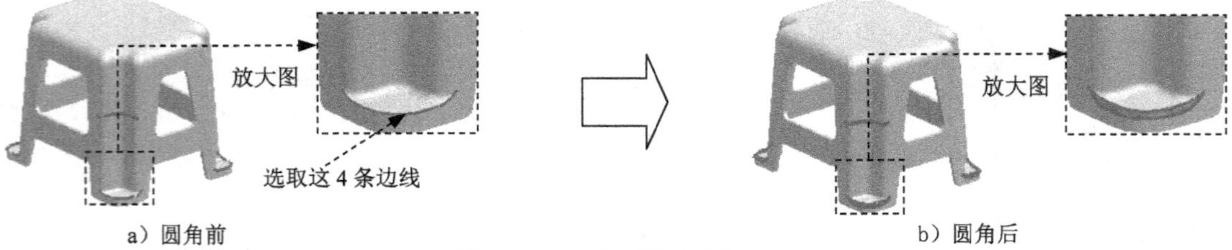

图 4.31.22　边倒圆特征 7

Step15. 创建图 4.31.23 所示的零件特征—— 拉伸特征 5。选择下拉菜单插入(S) → 设计特征(E) → 拉伸(E)... 命令（或单击按钮），系统弹出“拉伸”对话框。选取图 4.31.24 所示的平面为草图平面，绘制图 4.31.25 所示的截面草图。在极限区域的开始下拉列表中选择值选项，并在其下的距离文本框中输入值 0；在极限区域的结束下拉列表中选择贯通选项；定义 ZC 基准轴的负方向为拉伸方向；在布尔区域中的布尔下拉列表中选择求差选项，采用系统默认的求差对象。

图 4.31.23　拉伸特征 5

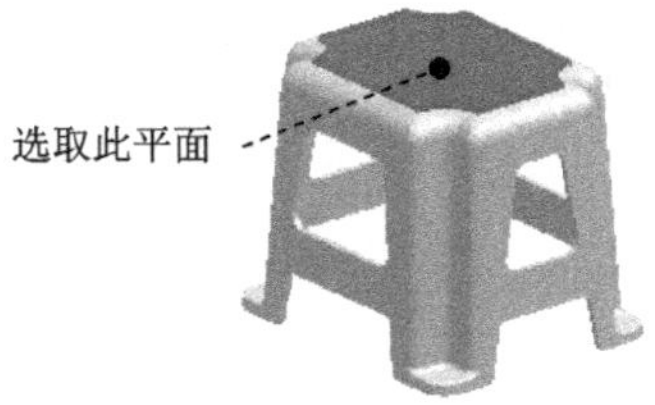

图 4.31.24　定义草图平面

注意：在绘制图 4.31.25 所示的截面草图时，在系统弹出的“编辑椭圆”对话框的大半径文本框中输入值 11，在 小半径 文本框中输入值 8，在 角度 文本框中输入值 135，其他选项采用系统默认设置。

Step16. 创建图 4.31.26 所示的零件特征——阵列特征 1。

（1）选择命令。选择下拉菜单 插入(S) ➡ 关联复制(A) ▸ ➡ 对特征形成图样(A)... 命令，系统弹出“对特征形成图样”对话框。

（2）选取阵列的对象。在模型树中选取拉伸特征 5 为要阵列的特征。

（3）定义阵列方法。在该对话框的 布局 下拉列表中选择 线性 选项。

（4）定义方向 1 阵列参数。在该对话框的 方向 1 区域中单击 按钮，选择 XC 轴为第一阵列方向；在 间距 下拉列表中选择 数量和节距 选项，然后在 数量 文本框中输入阵列数量为 5，在 节距 文本框中输入阵列节距为 30。

（5）定义方向 2 阵列参数。在该对话框的 方向 2 区域中选中 ☑ 使用方向 2 复选框，然后单击 按钮，选择 YC 轴为第二阵列方向；在 间距 下拉列表中选择 数量和节距 选项，然后在 数量 文本框中输入阵列数量为 4，在 节距 文本框中输入阵列节距为 30。

（6）单击 确定 按钮，完成阵列特征 1 的创建。

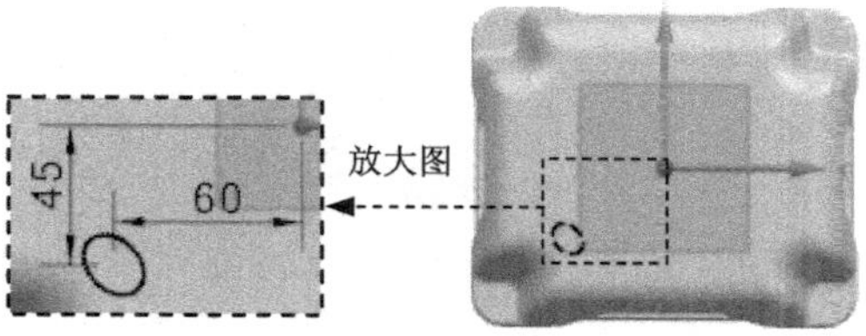

图 4.31.25 截面草图

图 4.31.25 阵列特征 1

Step17. 保存零件模型。选择下拉菜单 文件(F) ➡ 保存(S) 命令，即可。

4.32 范例 5——笔 帽

范例概述：

本范例介绍了一个笔帽的设计过程。主要运用了一些常用命令，包括旋转、拉伸和倒圆角等特征。其中通过曲线组命令比较有难度，希望读者在完成本范例后能加以练习。零件模型及模型树如图 4.32.1 所示。

图 4.32.1 零件模型及模型树

Step1. 新建模型文件。选择下拉菜单 文件(F) ➡ 新建(N)... 命令，系统弹出“文件新建”对话框。在 模板 选项卡中选取模板类型为 模型；在 名称 文本框中输入文件名称 cap_pen；单击 确定 按钮，进入建模环境。

Step2. 创建图 4.32.2 所示的零件基础特征——回转体特征 1。

（1）选择命令。选择下拉菜单 插入(S) ➡ 设计特征(E) ➡ 回转(R)... 命令（或单击 按钮），弹出“回转”对话框。

（2）单击对话框中的“草图截面”按钮，系统弹出“创建草图”对话框。

① 定义草图平面。单击按钮，选取 XY 基准平面为草图平面，单击 确定 按钮。

② 进入草图环境，绘制图 4.32.3 所示的截面草图。

③ 单击 完成草图 按钮，退出草图环境。

（3）定义回转轴。选择 Y 轴为回转轴，选择坐标轴原点为回转点。

（4）单击 < 确定 > 按钮，完成回转体特征 1 的创建。

图 4.32.2　回转体特征 1

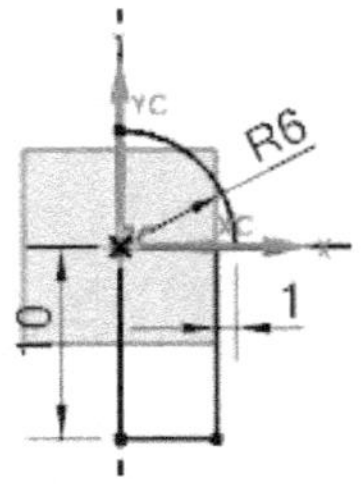

图 4.32.3　截面草图

Step3. 创建图 4.32.4 所示的基准平面 1。

（1）选择下拉菜单 插入(S) ➡ 基准/点(D) ➡ 基准平面(D)... 命令，系统弹出“基准平面”对话框。

（2）在 类型 区域的下拉列表中选择 按某一距离 选项。在 平面参考 区域中单击按钮，选取 ZX 基准平面为参考平面；在 偏置 区域的 距离 文本框中输入值为-3，其他参数采用系统默认设置值。

（3）在“基准平面”对话框中单击 < 确定 > 按钮，完成基准平面 1 的创建。

Step4. 创建图 4.32.5 所示的基准平面 2。选择下拉菜单 插入(S) ➡ 基准/点(D) ➡ 基准平面(D)... 命令；选取 ZX 基准平面为参考平面；在 偏置 区域的 距离 文本框中输入值-15；单击 < 确定 > 按钮，完成基准平面 2 的创建。

Step5. 创建图 4.32.6 所示的基准平面 3。选择下拉菜单 插入(S) ➡ 基准/点(D) ➡ 基准平面(D)... 命令；选取 ZX 基准平面为参考平面；在 偏置 区域的 距离 文本框中输入值-40；使用按钮调整平面的方向如图 4.32.5 所示；单击 < 确定 > 按钮，完成基准平面 3 的创建。

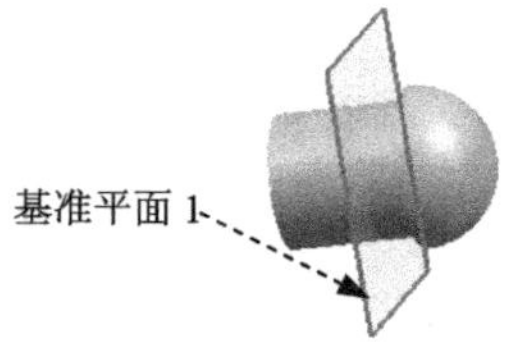

图 4.32.4　基准平面 1

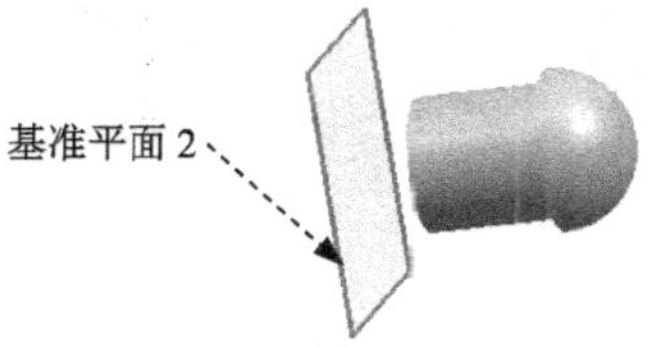

图 4.32.5　基准平面 2

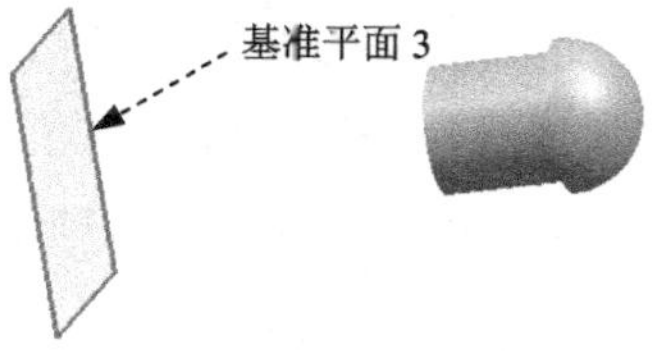

图 4.32.6　基准平面 3

Step6. 创建图 4.32.7 所示的草图 1。

（1）选择命令。选择下拉菜单插入(S) → 任务环境中的草图(S)... 命令，系统弹出“创建草图”对话框。

（2）定义草图平面。单击按钮，选取 XY 基准平面为草图平面，单击确定按钮。

（3）进入草图环境，绘制图 4.32.7 所示的草图 1。

（4）单击完成草图按钮，退出草图环境。

Step7. 创建图 4.32.8 所示的草图 2。选择下拉菜单插入(S) → 任务环境中的草图(S)... 命令，选取基准平面 1 为草图平面。

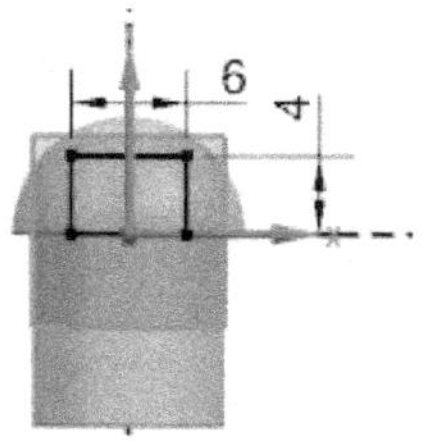

图 4.32.7　草图 1

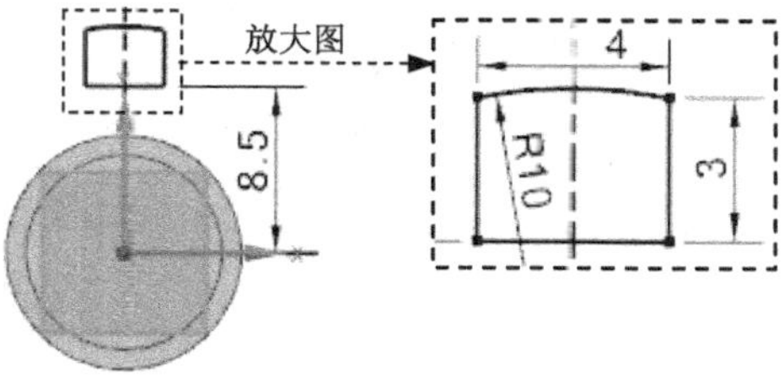

图 4.32.8　草图 2

Step8. 选取基准平面 2 为草图平面，创建图 4.32.9 所示的草图 3。

Step9. 选取基准平面 3 为草图平面，创建图 4.32.10 所示的草图 4。

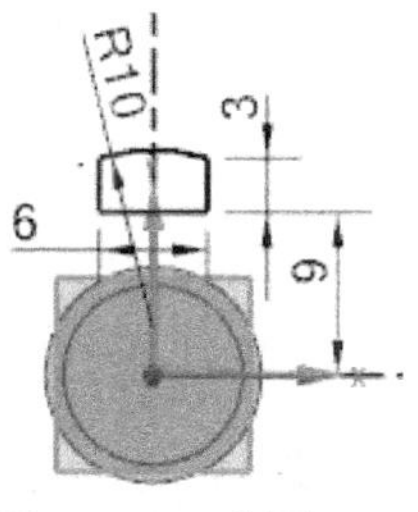

图 4.32.9　草图 3

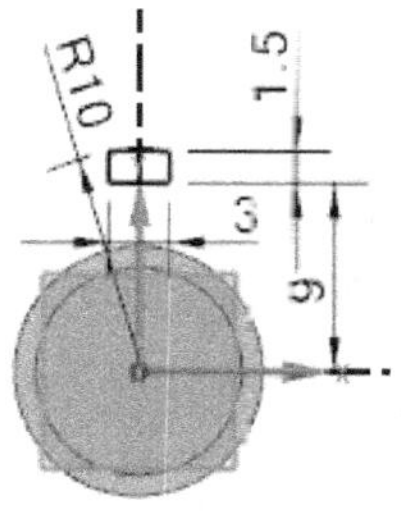

图 4.32.10　草图 4

Step10. 创建图 4.32.11 所示的零件特征——通过曲线组特征 1。

（1）选择命令。选择下拉菜单插入(S) → 网格曲面(M) → 通过曲线组(T)... 命令，系统弹出“通过曲线网格”对话框。

（2）选择曲线。依次选取草图 1、草图 2、草图 3 和草图 4 为截面，并分别单击中键确认。

（3）单击< 确定 >按钮，完成通过曲线组特征 1 的创建（此处为实体）。

说明：用通过曲线组(T)...命令创建曲面时，若选取的曲线串都封闭，则创建的特征为实体（此时系统默认的建模特征应为实体）。

Step11. 对实体进行求和操作 1。

（1）选择命令。选择下拉菜单 插入(S) ➡ 组合(B) ▸ ➡ 求和(U)... 命令（或单击按钮），系统弹出“求和”对话框。

（2）定义目标体和工具体。选取图 4.32.12 所示的特征为目标体，选取图 4.32.12 所示的实体为工具体，单击 〈确定〉 按钮，完成求和操作 1。

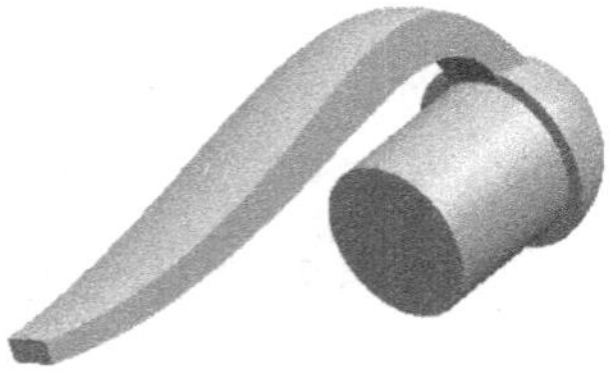

图 4.32.11 通过曲线组特征 1

图 4.32.12 实体求和操作

Step12. 创建图 4.32.13b 所示的边倒圆特征 1。

（1）选择命令。选择下拉菜单 插入(S) ➡ 细节特征(L) ▸ ➡ 边倒圆(E)... 命令（或单击按钮），系统弹出“边倒圆”对话框。

（2）在该对话框的 形状 下拉列表中选择 圆形 选项，在 要倒圆的边 区域中单击按钮，选取图 4.32.13a 所示的两条边线为倒圆角参照，并在 半径 1 文本框中输入值 1.5。

（3）单击 〈确定〉 按钮，完成边倒圆特征 1 的创建。

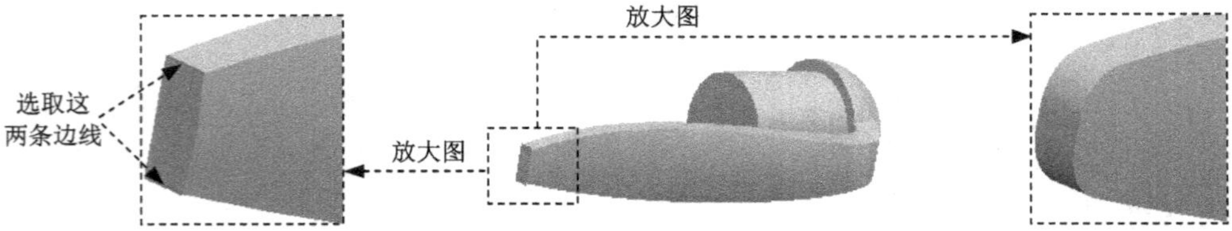

a）圆角前　　b）圆角后

图 4.32.13 边倒圆特征 1

Step13. 创建图 4.32.14 所示的零件特征——拉伸特征 1。选择下拉菜单 插入(S) ➡ 设计特征(E) ▸ ➡ 拉伸(E)... 命令；选取 YZ 基准平面为草图平面，绘制图 4.32.15 所示的截面草图；在“拉伸”对话框 极限 区域的 开始 下拉列表中选择 对称值 选项，并在其下的 距离 文本框中输入值 0.8；在 布尔 区域的 布尔 下拉列表中选择 求和 选项，采用系统默认的求和对象；单击 〈确定〉 按钮，完成拉伸特征 1 的创建。

图 4.32.14 拉伸特征 1

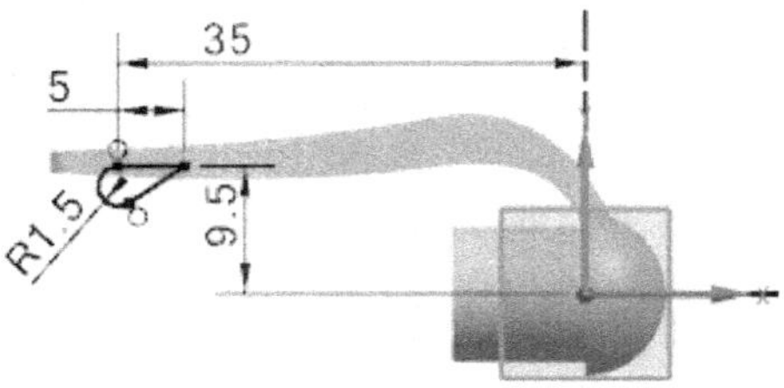

图 4.32.15 截面草图

Step14. 创建图 4.32.16b 所示的边倒圆特征 2。选取图 4.32.16a 所示的两条边线为倒圆角参照，在半径 1文本框中输入值 1；单击〈确定〉按钮，完成边倒圆特征 2 的创建。

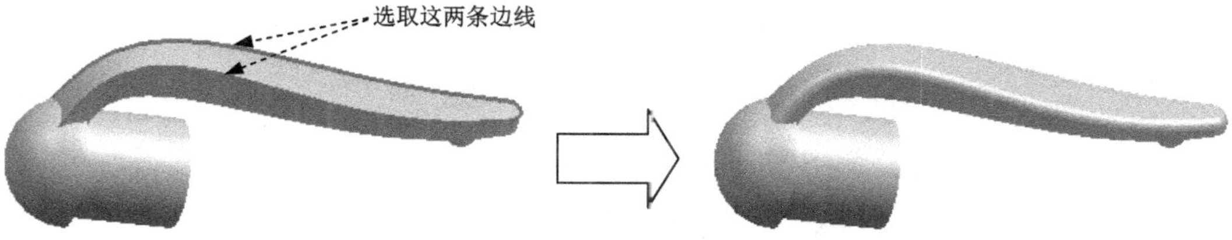

a）圆角前　　b）圆角后

图 4.32.16　边倒圆特征 2

Step15. 创建图 4.32.17b 所示的边倒圆特征 3。选取图 4.32.17a 所示的边线为倒圆角参照，在半径 1文本框中输入值 1；单击〈确定〉按钮，完成边倒圆特征 3 的创建。

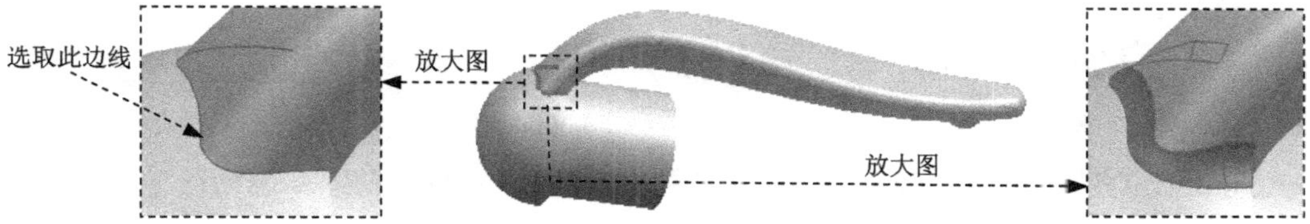

a）圆角前　　b）圆角后

图 4.32.17　边倒圆特征 3

Step16. 创建图 4.32.18b 所示的边倒圆特征 4。选取图 4.32.18a 所示的两条边线为倒圆角参照，在半径 1文本框中输入值 0.5；单击〈确定〉按钮，完成边倒圆特征 4 的创建。

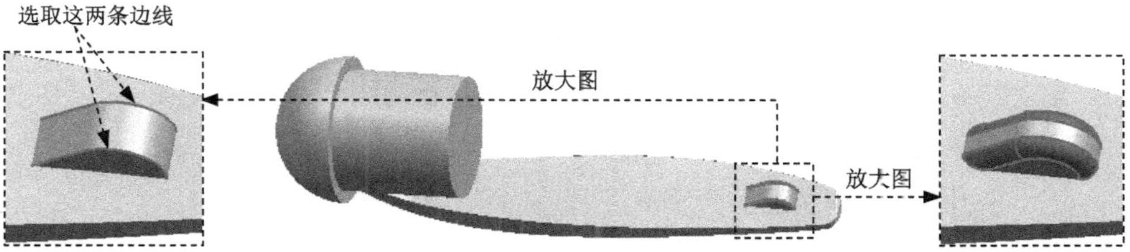

a）圆角前　　b）圆角后

图 4.32.18　边倒圆特征 4

Step17. 创建图 4.32.19 所示的零件特征——拉伸特征 2。选择下拉菜单插入(S) ➡ 设计特征(E) ➡ 拉伸(E)...命令；选取图 4.32.20 所示的平面为草图平面，绘制图 4.32.21 所示的截面草图；在“拉伸”对话框极限区域的开始下拉列表中选择值选项，并在其下的距离文本框中输入值 0；在极限区域的结束下拉列表中选择值选项，并在其下的距离文本框中输入值 10，定义 YC 基准轴为拉伸方向；在布尔区域中的布尔下拉列表中选择求差选项，采用系统默认的求差对象；单击〈确定〉按钮，完成拉伸特征 2 的创建。

图 4.32.19　拉伸特征 2

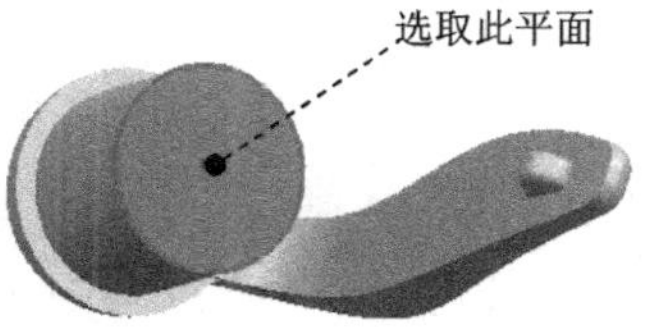

图 4.32.20　选取草图平面

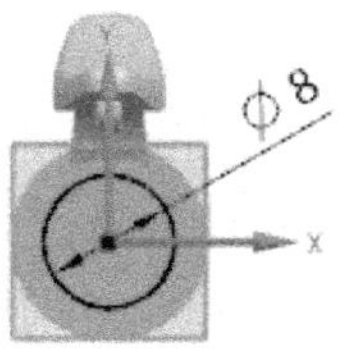

图 4.32.21　截面草图

Step18. 保存零件模型。选择下拉菜单 文件(F) ➡ 保存(S) 命令，即可保存。

4.33 习　　题

1．创建图 4.33.1 所示的六角螺母模型，操作提示如下。

Step1. 新建一个零件的三维模型，将零件的模型命名为 fix_nut.prt。

Step2. 创建图 4.33.2 所示的实体拉伸特征，截面草图如图 4.33.3 所示，深度值为 5.0。

图 4.33.1　模型

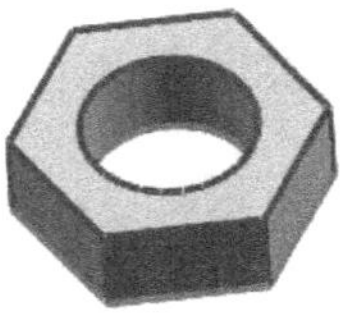

图 4.33.2　实体拉伸特征

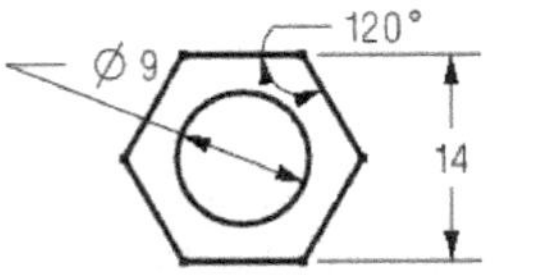

图 4.33.3　截面草图

Step3. 创建图 4.33.4 所示的回转特征，进行“求差”操作，截面草图如图 4.33.5 所示。

Step4. 创建图 4.33.6 所示的倒角特征，半径值为 0.5。

图 4.33.4　回转特征

图 4.33.5　截面草图

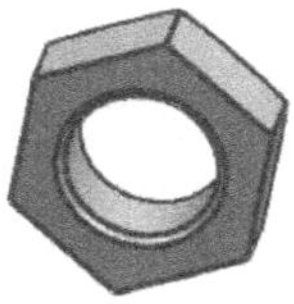

图 4.33.6　倒角特征

2．创建图 4.33.7 所示的手轮模型（所缺尺寸可自行确定），操作提示如下。

Step1. 新建一个零件的三维模型，将零件的模型命名为 handwheel.prt。

Step2. 创建图 4.33.8a 所示的回转特征 1，截面草图如图 4.33.8b 所示。

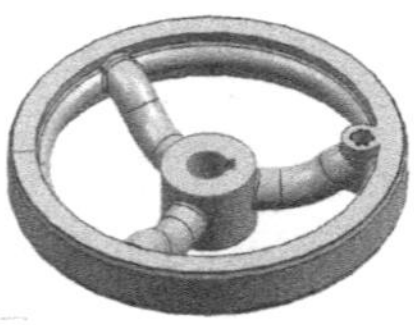

图 4.33.7　手轮模型

a）回转特征 1　　b）截面草图

图 4.33.8　回转特征

Step3. 创建图 4.33.9 所示的拉伸特征 1。

Step4. 创建图 4.33.10a 所示的扫掠特征 1，其扫掠轨迹和扫掠截面如图 4.33.10b 所示。

图 4.33.9　拉伸特征 1

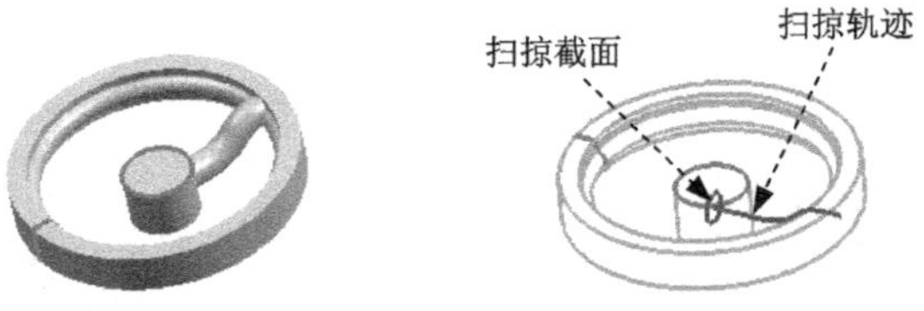

a）扫掠特征 1　　b）扫掠轨迹

图 4.33.10　扫掠特征 1

Step5. 创建环形阵列特征，特征截面形状如图 4.33.11 所示。

Step6. 创建拉伸特征 2，特征截面形状如图 4.33.12 所示。

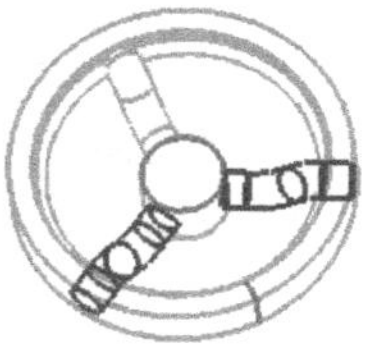

图 4.33.11　阵列特征

a）拉伸特征 2　b）截面形状

图 4.33.12　拉伸特征 2

Step7. 创建拉伸特征 3，特征截面形状如图 4.33.13 所示。

Step8. 创建图 4.33.14 所示的螺纹孔。

Step9. 创建图 4.33.15 所示的边倒圆特征。

Step10. 创建图 4.33.16 所示的倒角特征。

图 4.33.13　拉伸特征 3

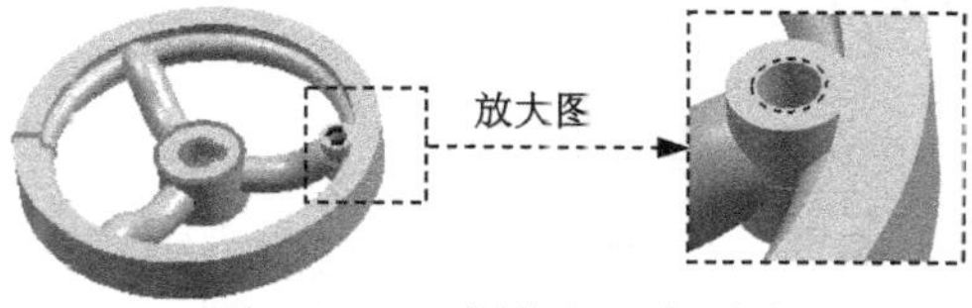

图 4.33.14　螺纹孔（非通孔）

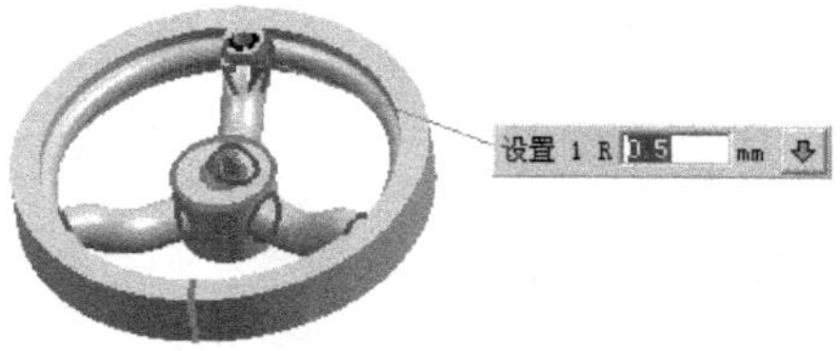

图 4.33.15　边倒圆特征

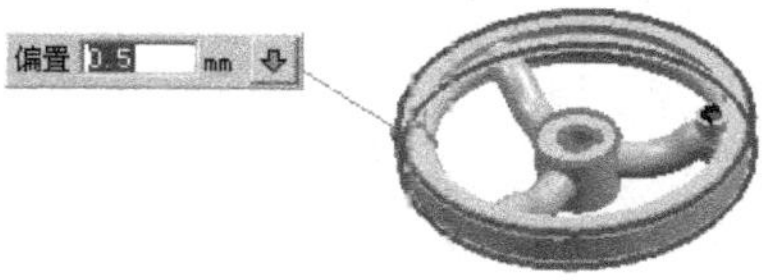

图 4.33.16　倒角特征

3．本习题主要应用了实体拉伸、扫掠、倒圆角和抽壳等命令，零件模型如图 4.33.17 所示，所缺尺寸可以自行确定。注意：部分操作需要提前进行。操作提示如下：

Step1. 新建一个零件的三维模型，将零件命名为 up_cover.prt。

Step2. 创建图 4.33.18 所示的零件基础特征——实体拉伸特征。截面草图如图 4.33.19 所示，深度值为 200.0。

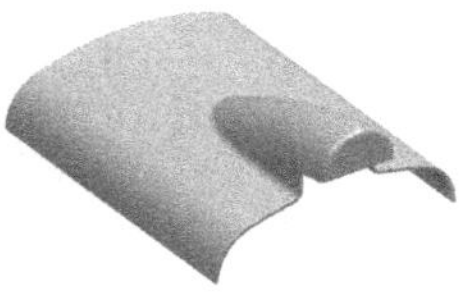

图 4.33.17　零件模型

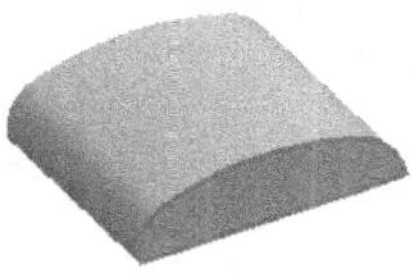

图 4.33.18　拉伸特征

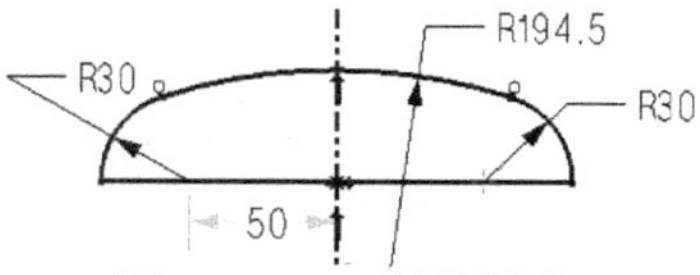

图 4.33.19　截面草图

Step3. 创建图 4.33.20 所示的扫掠特征，引导线串和截面线串草图如图 4.33.21 所示，所缺尺寸自定。

Step4. 创建图 4.33.22 所示的实体拉伸特征。截面草图如图 4.33.23 所示，拉伸结束方式选择至选定对象。

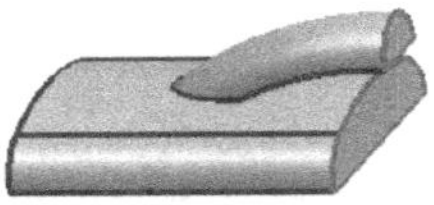
图 4.33.20 扫掠特征

a）引导线串 b）截面线串
图 4.33.21 截面草图

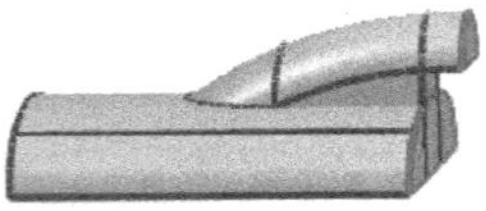
图 4.33.22 实体拉伸特征

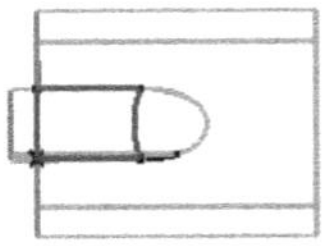
图 4.33.23 截面草图

Step5. 创建图 4.33.24 所示的边倒圆特征，圆角半径值为 3.0。

Step6. 创建图 4.33.25 所示的边倒圆特征，圆角半径值为 5.0。

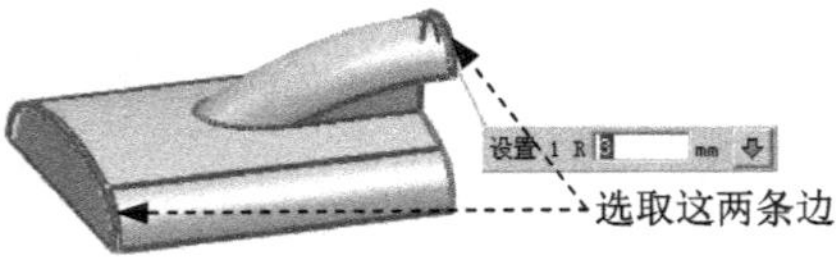

图 4.33.24 边倒圆特征

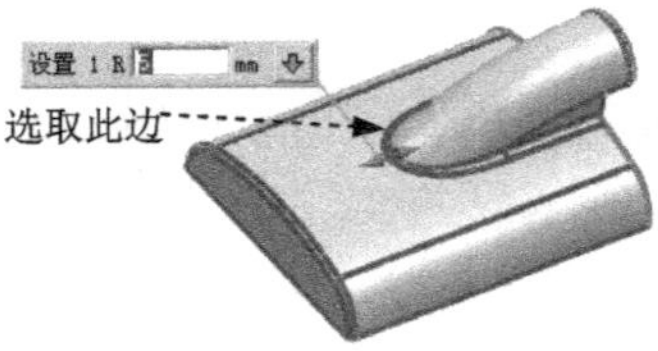

图 4.33.25 边倒圆特征

Step7. 创建抽壳特征，要去除的面如图 4.33.26 所示，壁厚值为 2.0。

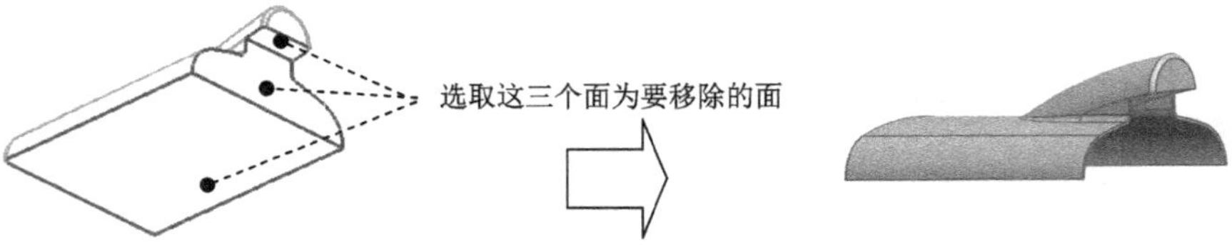

图 4.33.26 抽壳特征

Step5. 创建环形阵列特征，特征截面形状如图 4.33.11 所示。

Step6. 创建拉伸特征 2，特征截面形状如图 4.33.12 所示。

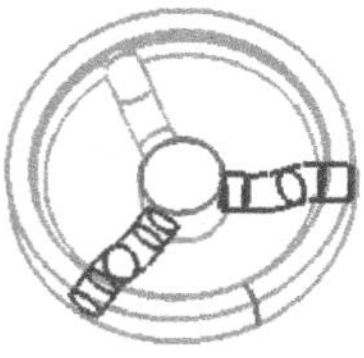

图 4.33.11　阵列特征

a）拉伸特征 2　　b）截面形状

图 4.33.12　拉伸特征 2

Step7. 创建拉伸特征 3，特征截面形状如图 4.33.13 所示。

Step8. 创建图 4.33.14 所示的螺纹孔。

Step9. 创建图 4.33.15 所示的边倒圆特征。

Step10. 创建图 4.33.16 所示的倒角特征。

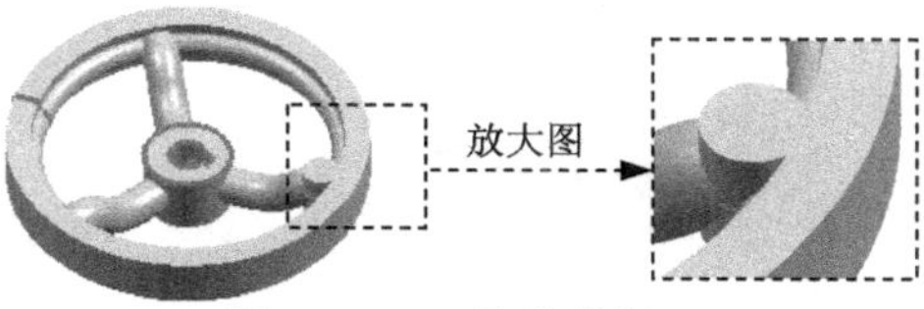

图 4.33.13　拉伸特征 3

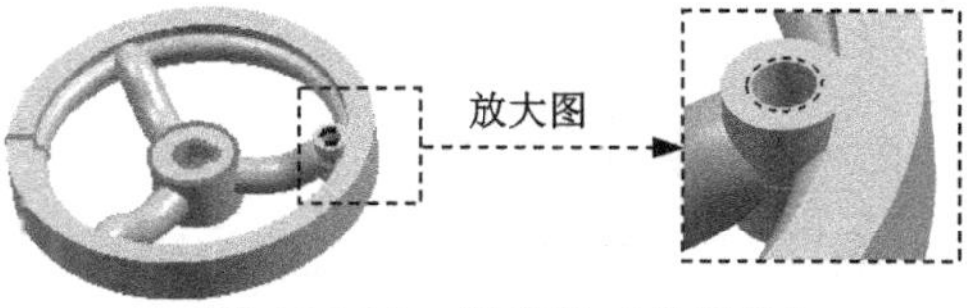

图 4.33.14　螺纹孔（非通孔）

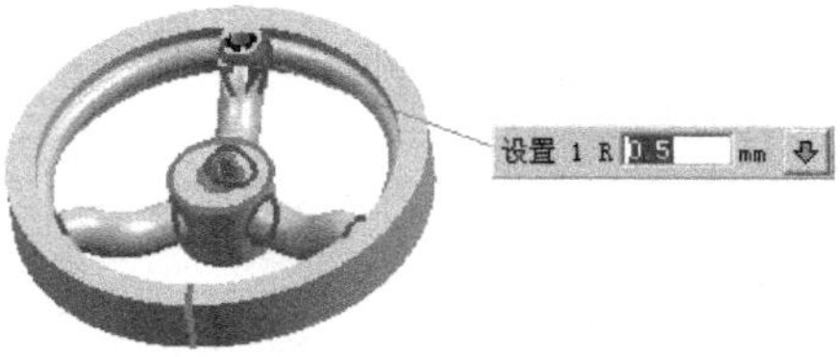

图 4.33.15　边倒圆特征

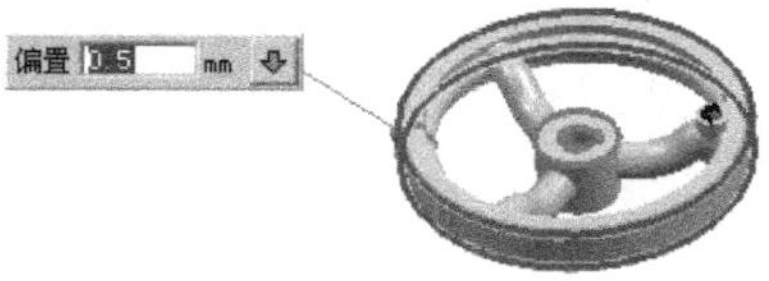

图 4.33.16　倒角特征

3．本习题主要应用了实体拉伸、扫掠、倒圆角和抽壳等命令，零件模型如图 4.33.17 所示，所缺尺寸可以自行确定。注意：部分操作需要提前进行。操作提示如下：

Step1. 新建一个零件的三维模型，将零件命名为 up_cover.prt。

Step2. 创建图 4.33.18 所示的零件基础特征——实体拉伸特征。截面草图如图 4.33.19 所示，深度值为 200.0。

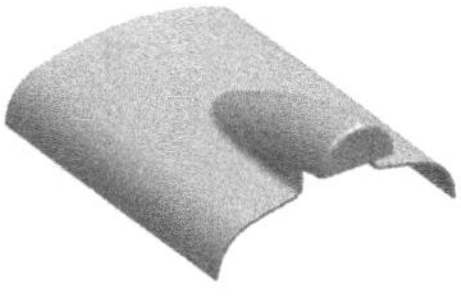

图 4.33.17　零件模型

图 4.33.18　拉伸特征

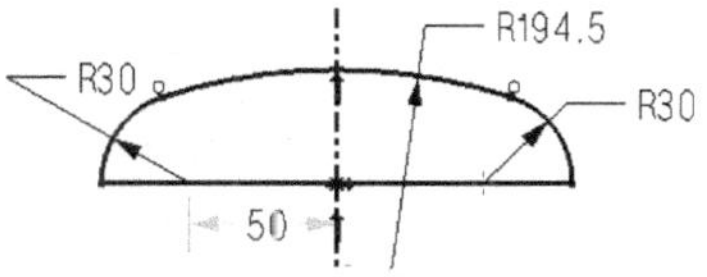

图 4.33.19　截面草图

Step3. 创建图 4.33.20 所示的扫掠特征，引导线串和截面线串草图如图 4.33.21 所示，所缺尺寸自定。

Step4. 创建图 4.33.22 所示的实体拉伸特征。截面草图如图 4.33.23 所示，拉伸结束方式选择至选定对象。

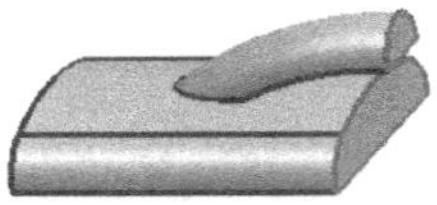

图 4.33.20 扫掠特征

a）引导线串 b）截面线串

图 4.33.21 截面草图

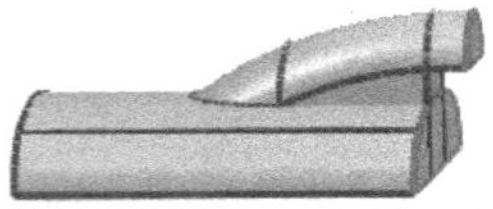

图 4.33.22 实体拉伸特征

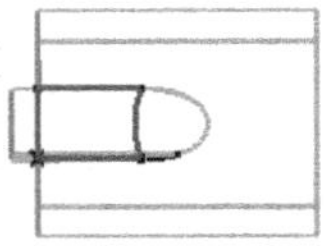

图 4.33.23 截面草图

Step5. 创建图 4.33.24 所示的边倒圆特征，圆角半径值为 3.0。

Step6. 创建图 4.33.25 所示的边倒圆特征，圆角半径值为 5.0。

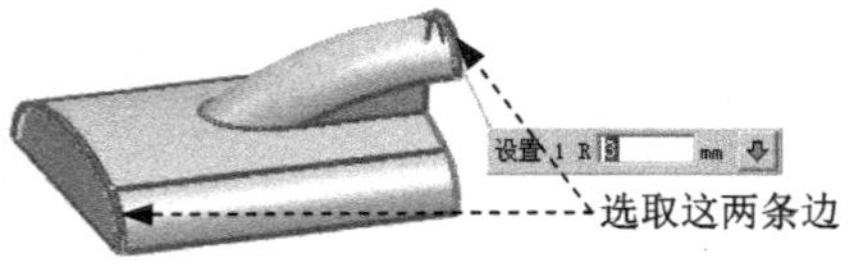

图 4.33.24 边倒圆特征

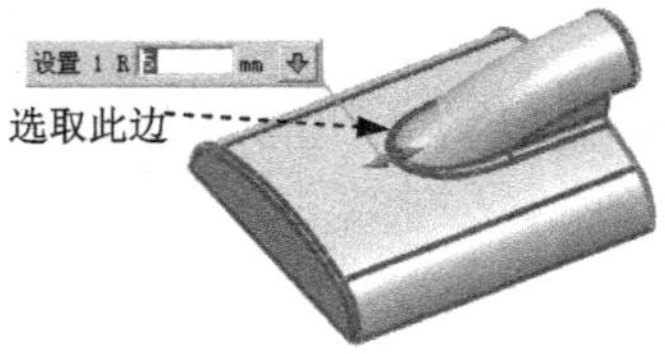

图 4.33.25 边倒圆特征

Step7. 创建抽壳特征，要去除的面如图 4.33.26 所示，壁厚值为 2.0。

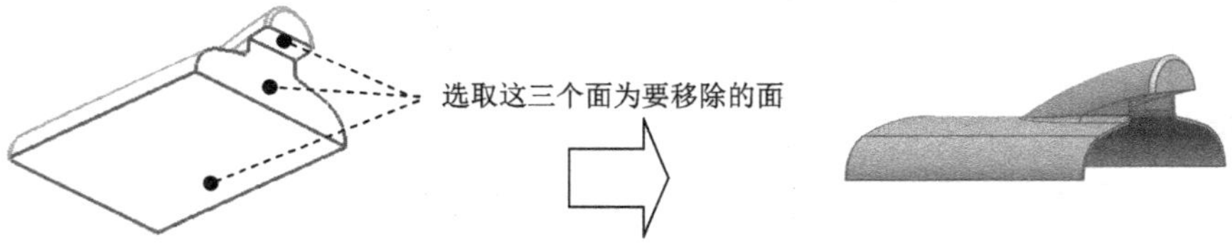

图 4.33.26 抽壳特征

4．创建图 4.33.27 所示的多头连接机座的三维模型，所缺尺寸可自行确定。将零件模型命名为 multiple_connecting_base.prt。

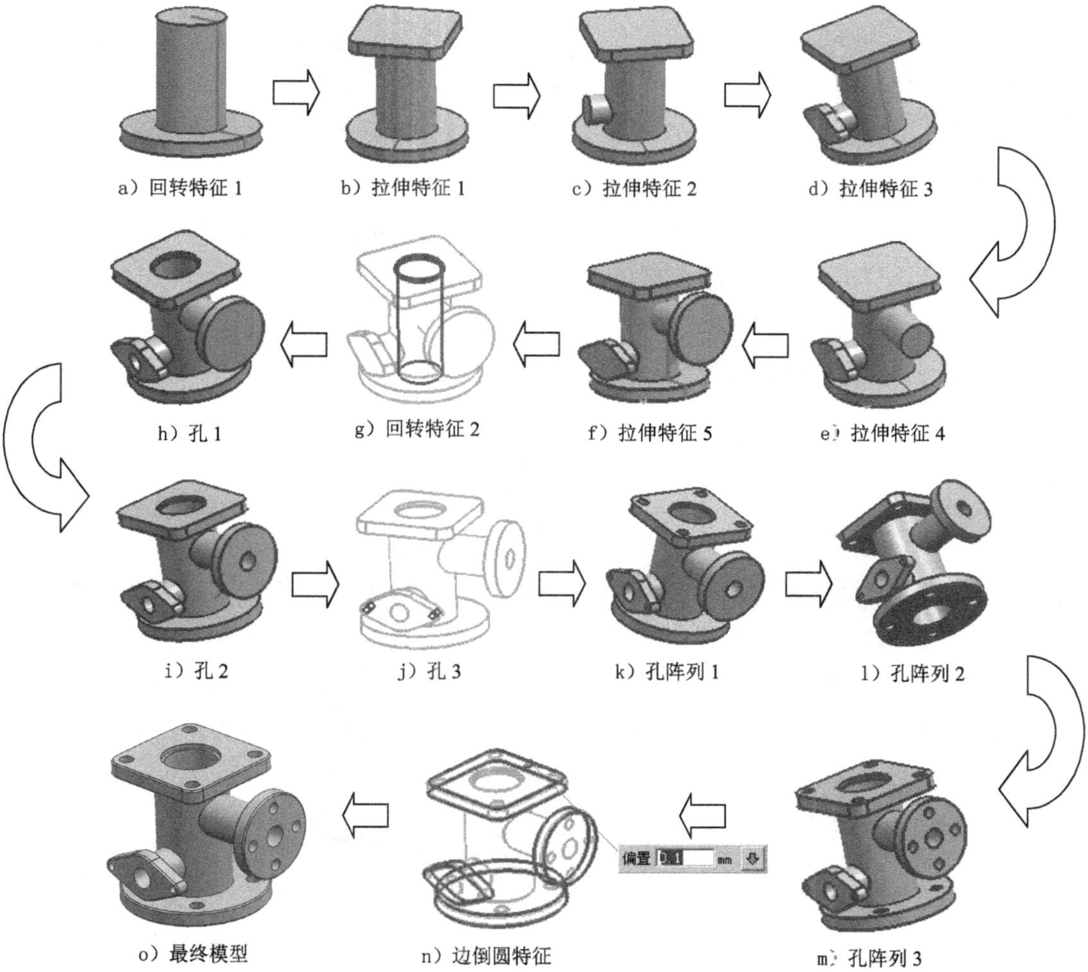

图 4.33.27　模型创建步骤

第5章　曲 面 设 计

本章提要　UG NX 8.0 中的曲面设计模块主要用于设计形状复杂的零件。在所有的三维建模中，曲线是构建模型的基础。曲线构造质量的好坏直接关系到生成曲面和实体的质量好坏。UG NX 8.0 中提供了强大的曲面特征建模及相应的编辑和操作功能。本章的主要内容包括：

- 空间曲线的创建和编辑
- 曲面的创建和编辑

5.1　曲面设计概述

UG NX 8.0 不仅提供了基本的建模功能，同时提供了强大的自由曲面建模及相应的编辑和操作功能，并提供 20 多种创建曲面的方法。与一般实体零件的创建相比，曲面零件的创建过程和方法比较特殊，技巧性也很强，掌握起来不太容易。UG 软件中常常将曲面称之为"片体"。本章将介绍 UG NX 8.0 提供的一些创建空间曲线和曲面造型的方法。

5.2　曲线的创建与编辑

曲线是曲面的基础，是曲面造型设计中经常用到的对象，因此，了解和掌握曲线的创建方法，是学习构建曲面的基本技能。

利用 UG NX 8.0 的曲线创建功能可以建立多种曲线，其中基本曲线包括点及点集、直线、圆及圆弧、边倒圆、倒斜角等；特殊曲线包括样条、二次曲线、螺旋线和规律曲线等。大多数曲线的创建过程与草图中基本一致（请参照"第 3 章　二维草图设计"的相关内容），这里主要介绍一些常用空间曲线的创建和编辑。

5.2.1　基本空间曲线

1. 空间直线

直线(L)...命令可以根据约束关系的不同创建出不同的直线，下面介绍创建图 5.2.1 所示的空间直线的一般操作过程。

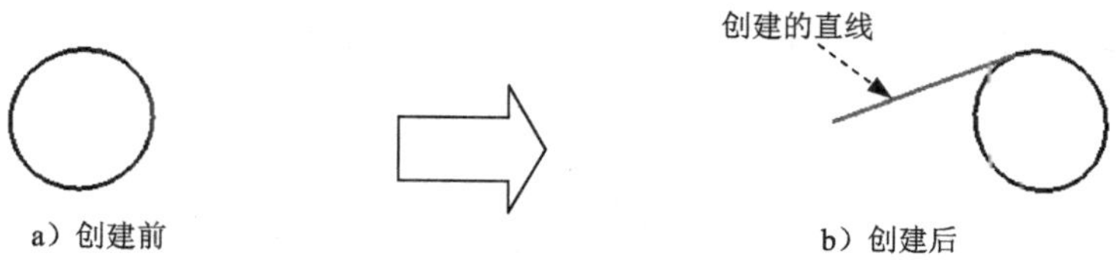

图 5.2.1　创建空间直线

Step1. 打开文件 D:\ug8.1\work\ch05\ch05.02\line.prt。

Step2. 选择下拉菜单 插入(S) → 曲线(C) → 直线(L)... 命令，系统弹出图 5.2.2 所示的“直线”对话框。

说明： 按 F3 键可以将动态文本输入框隐藏，按第二次可以将“直线”对话框隐藏，再按一次则显示“直线”对话框和动态文本输入框。

Step3. 设置起始点的约束关系和位置。在“直线”对话框 起点 区域的 起点选项 下拉列表中选择 点 选项或者在图形区右击，在系统弹出的图 5.2.3 所示的快捷菜单中选择 点 命令，此时系统弹出动态文本输入框，在 XC、YC 和 ZC 文本框中分别输入值 10.0、30.0 和 0.0（图 5.2.4），并分别按回车键确认。

说明： 在系统弹出的动态文本输入框中输入数值时，通过键盘上的 Tab 键来切换，完成数值的输入。

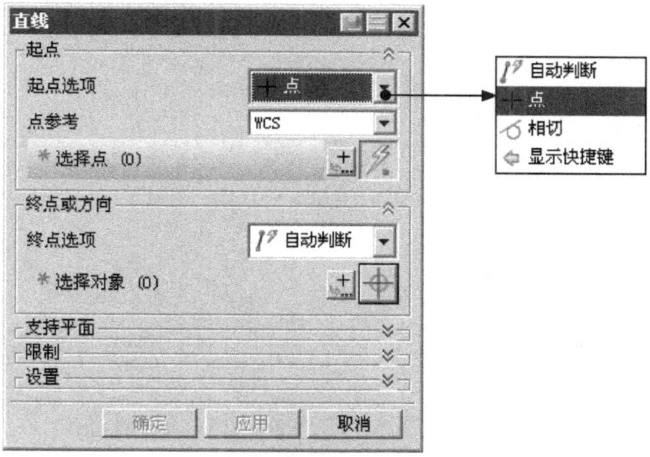

图 5.2.2　“直线”对话框

图 5.2.3　快捷菜单

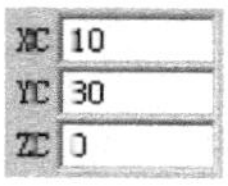

图 5.2.4　动态文本输入框

Step4. 设置终点的约束关系和位置。在“直线”对话框 终点或方向 区域的 终点选项 下拉列表中选择 相切 选项（图 5.2.5），或者在图形区右击，在弹出的图 5.2.6 所示的快捷菜单中选择 ✔ 相切 命令，在图形区选取图 5.2.7 所示的曲线 1（即靠近上部的边缘线）。

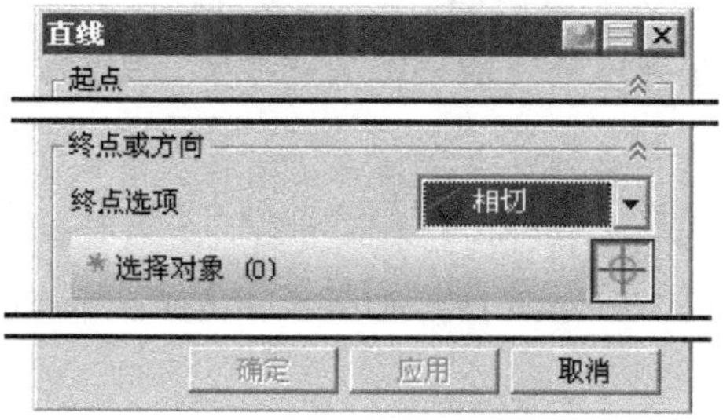

图 5.2.5　“直线”对话框

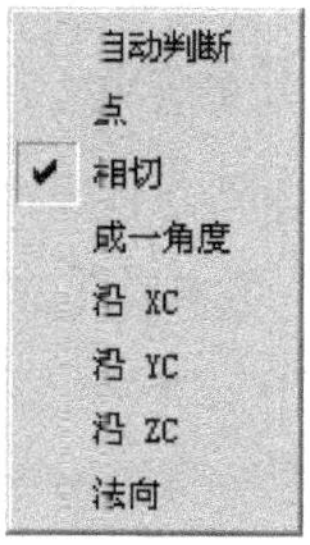

图 5.2.6　快捷菜单

Step5. 单击“直线”对话框中的< 确定 >按钮（或者单击中键）完成直线的创建，如图 5.2.8 所示。

2. 空间圆弧/圆

圆弧/圆(C)...命令可以根据约束关系的不同创建出不同的圆弧或圆，下面介绍创建图 5.2.9 所示的空间圆弧/圆的一般操作过程。

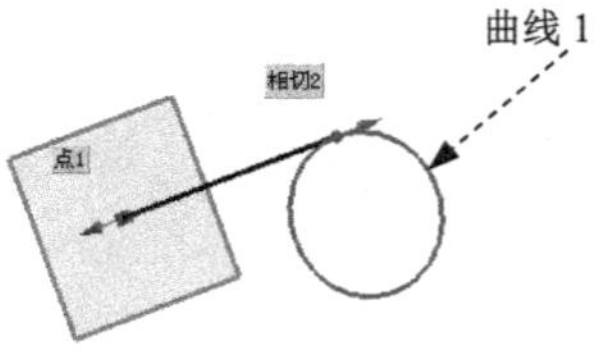

图 5.2.7 选取曲线 1

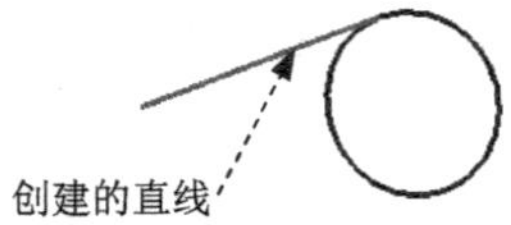

图 5.2.8 创建的曲线

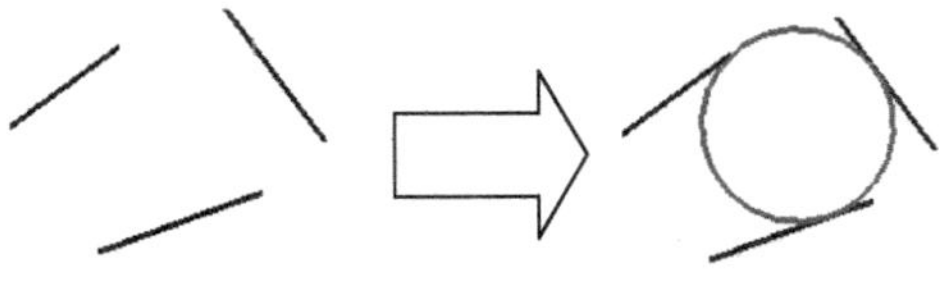

a）创建前 b）创建后

图 5.2.9 圆弧/圆的创建

Step1. 打开文件 D:\ug8.1\work\ch05\ch05.02\circul.prt。

Step2. 选择下拉菜单 插入(S) ➡ 曲线(C) ➡ 圆弧/圆(C)... 命令，系统弹出“圆弧/圆”对话框（一），如图 5.2.10 所示。

Step3. 设置起始位置的约束关系。在“圆弧/圆”对话框（一）起点区域的起点选项下拉列表中选择 相切 选项（图 5.2.10），或者在图形区右击，在系统弹出的快捷菜单中选择 ✔ 相切 命令，然后选取图 5.2.11 所示的曲线 1。

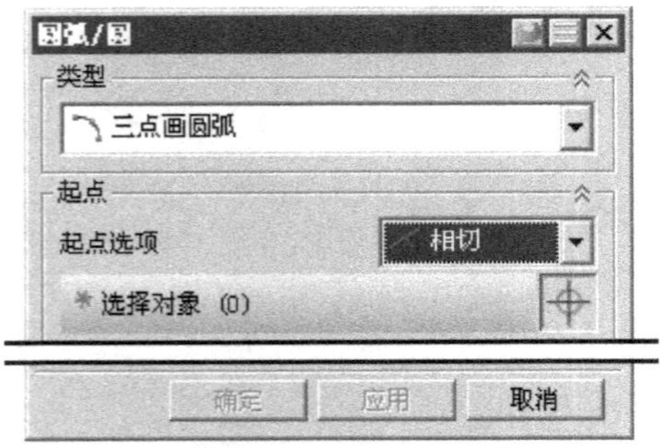

图 5.2.10 “圆弧/圆”对话框（一）

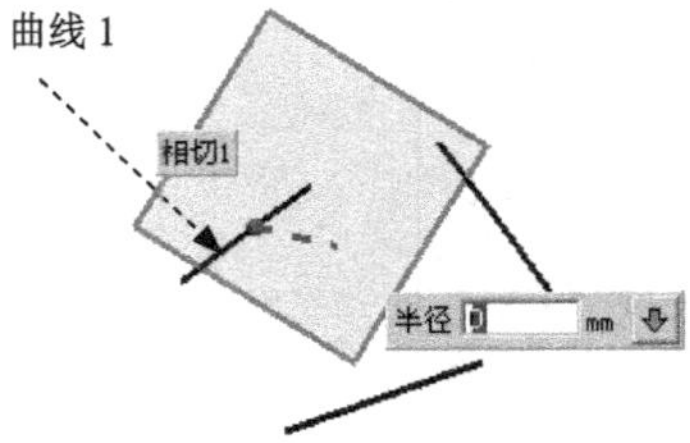

图 5.2.11 选取曲线 1

Step4. 设置端点位置的约束关系。在“圆弧/圆”对话框（二）端点区域的终点选项下拉列表中选择 相切 选项（图 5.2.12），或者在图形区右击，在弹出的快捷菜单中选择 ✔ 相切 命令，然后在图形区选取图 5.2.13 所示的曲线 2。

Step5. 设置中点位置的约束关系。在“圆弧/圆”对话框（二）中点区域的中点选项下拉列表中选择 相切 选项，或者在图形区右击，在弹出的快捷菜单中选择 ✔ 相切 命令，然后在图形区选取图 5.2.14 所示的曲线 3。

Step6. 选取备选解。在“圆弧/圆”对话框（二）设置区域连续单击“备选解”按钮，直到出现图 5.2.14 所示的圆弧，在限制区域选中☑ 整圆复选框，再单击< 确定 >按钮或者单击中键完成圆的创建。

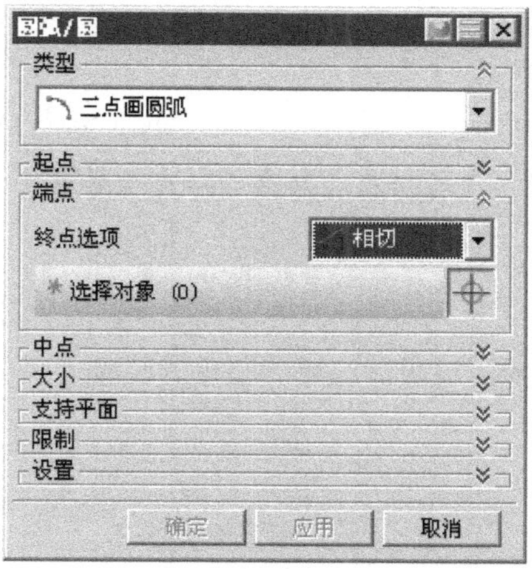

图 5.2.12　“圆弧/圆”对话框（二）

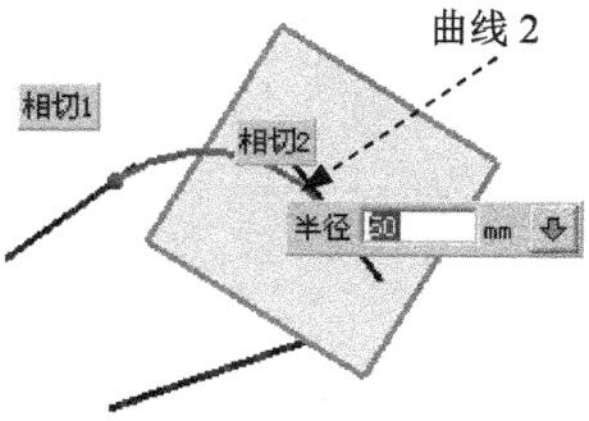

图 5.2.13　选取曲线 2

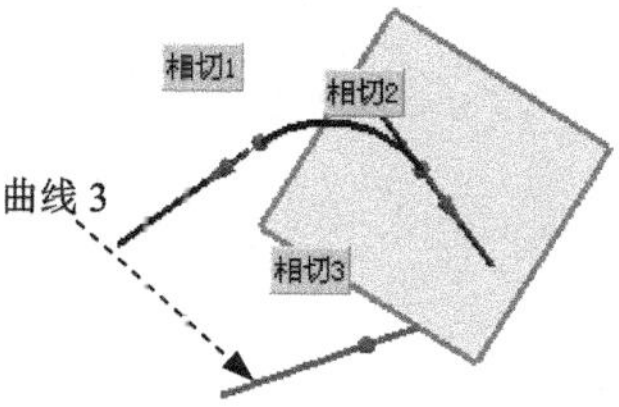

图 5.2.14　选取曲线 3

说明：当选取曲线 3 后，“圆弧/圆”对话框（三）如图 5.2.15 所示，该对话框中的部分选项按钮说明如下：

- 起始限制选项：限制弧的起始位置。
- 终止限制选项：限制弧的终止位置。
- （备选解）：有多种满足条件的曲线时，可以单击该按钮在这些备选解之间切换。

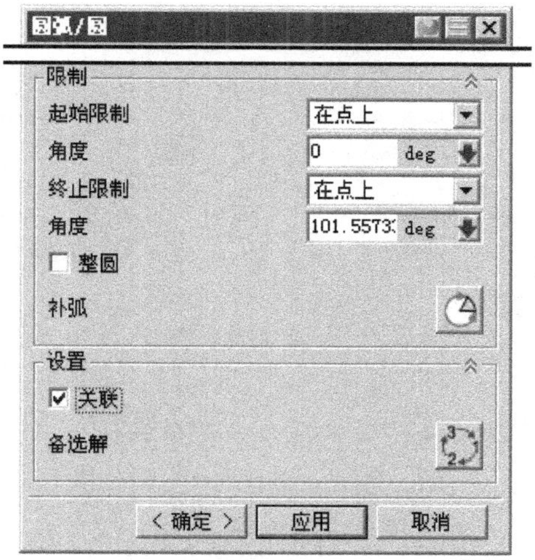

图 5.2.15　“圆弧/圆”对话框（三）

- （补弧）：单击该按钮，图形区中的弧变为它的补弧，如图 5.2.16b 所示。
- 整圆（整圆）：该选项被选中时，生成的曲线为一个整圆，如图 5.2.16c 所示。

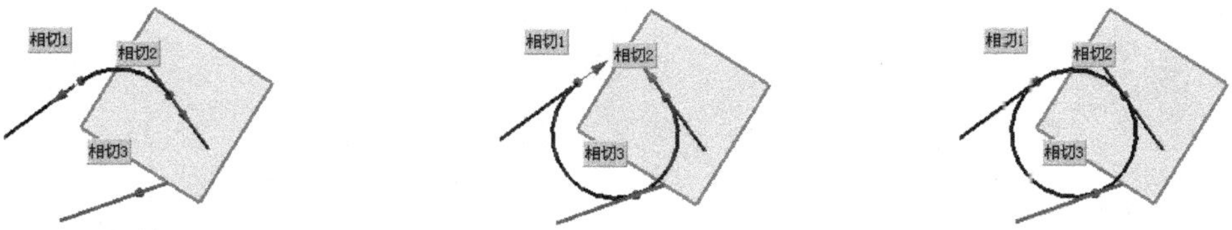

a）弧　　b）补弧　　c）整圆

图 5.2.16　几种圆弧/圆的比较

5.2.2 曲线的镜像复制

曲线的镜像复制是将源曲线相对于一个平面或基准平面（称为镜像中心平面）进行镜像，从而得到源曲线的一个副本。下面介绍创建图 5.2.17 所示的镜像曲线的一般操作过程。

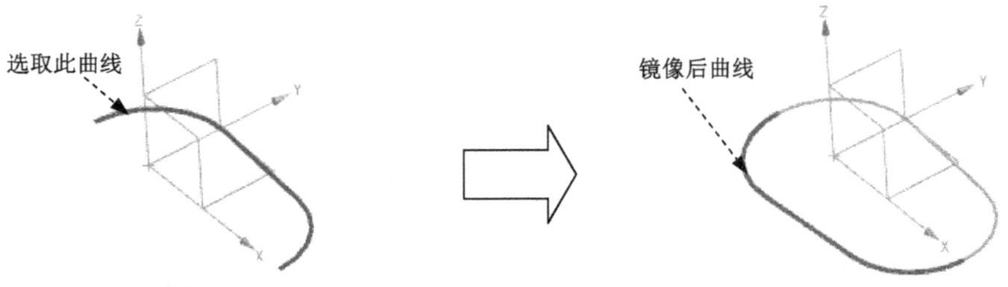

图 5.2.17　镜像曲线

Step1. 打开文件 D:\ug8.1\work\ch05\ch05.02\mirror_curves.prt。

Step2. 选择下拉菜单 插入(S) → 来自曲线集的曲线(F) → 镜像(M)... 命令（或在“曲线”工具栏中单击“镜像曲线”按钮），系统弹出“镜像曲线”对话框，如图 5.2.18 所示。

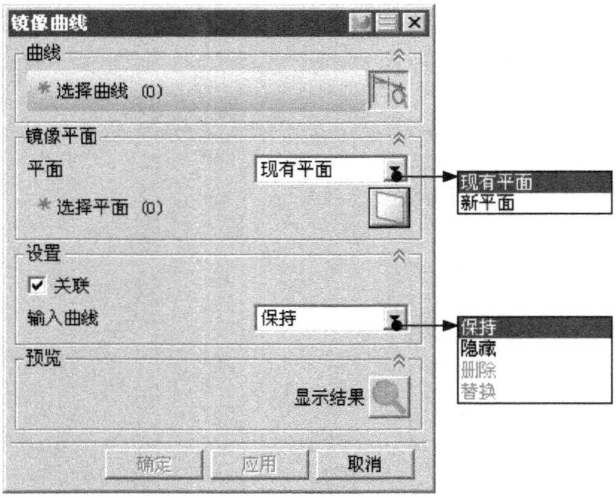

图 5.2.18　“镜像曲线”对话框

Step3. 定义镜像曲线。在图形区选取图 5.2.17a 所示的曲线，单击中键确认。

Step4. 选取镜像平面。在“镜像曲线”对话框的 平面 下拉列表中选择 现有平面 选项，在图形区中选取 ZX 平面为镜像平面。

Step5. 单击 确定 按钮（或单击中键）完成镜像曲线的创建。

5.2.3 曲线的修剪

修剪(T)... 命令用于修剪或延伸曲线，可以选择直线、圆弧及样条曲线等作为要修剪的对象，选择点、曲线、边缘线、面作为修剪边界。下面介绍图 5.2.19 所示的修剪曲线的一般操作过程。

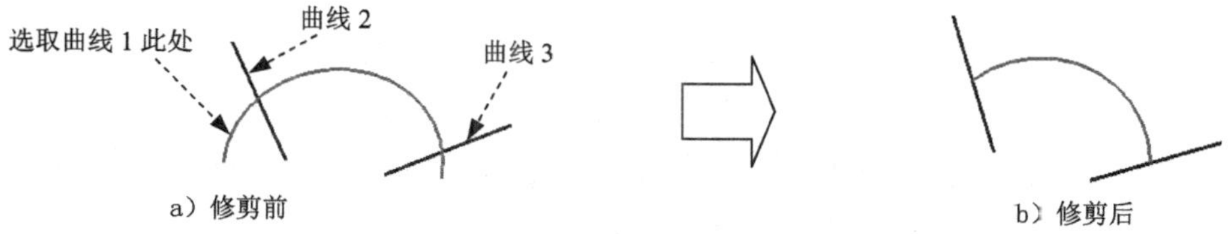

图 5.2.19　曲线的修剪

Step1. 打开文件 D:\ug8.1\work\ch05\ch05.02\trim_curves.prt。

Step2. 选择下拉菜单 编辑(E) → 曲线(V) → 修剪(T)... 命令（或在“编辑曲线”工具栏中单击“修剪曲线”按钮），系统弹出图 5.2.20 所示的“修剪曲线”对话框（一）。

Step3. 设置对话框选项。在对话框中取消选中 设置 区域的 □ 关联 复选框，并在 曲线延伸段 下拉列表中选择 无 选项；其他均采用系统默认设置。

Step4. 定义修剪对象。在图形区选取图 5.2.19a 所示的曲线 1 作为要修剪的曲线。

注意：选取曲线 1 时，要选取图 5.2.19a 中所示箭头指向的位置。

Step5. 定义边界对象。选取图 5.2.19a 所示的曲线 2 作为边界对象 1；选取曲线 3 作为边界对象 2，单击中键确认，此时系统弹出图 5.2.21 所示的“修剪曲线”对话框（二），在此对话框中单击 是(Y) 按钮，结果如图 5.2.19b 所示。

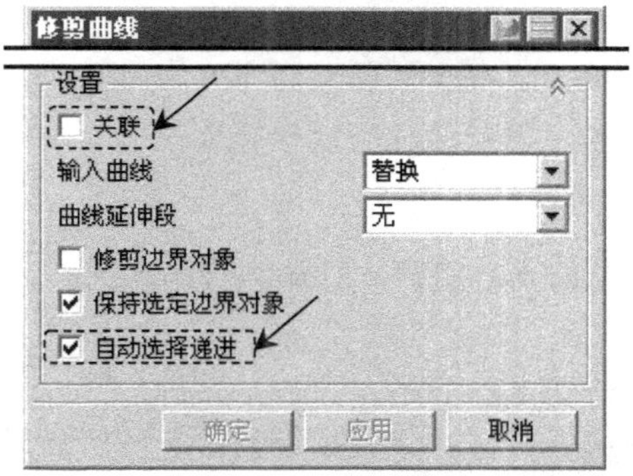

图 5.2.20　“修剪曲线”对话框（一）

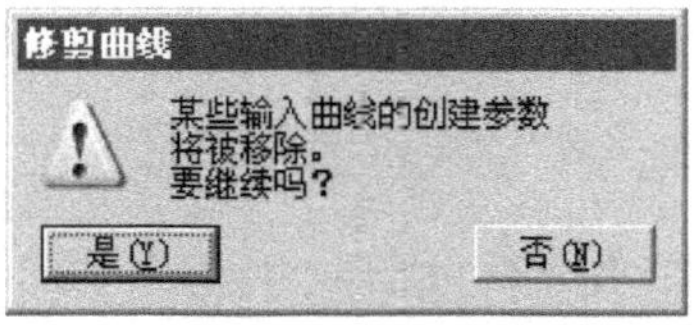

图 5.2.21　“修剪曲线”对话框（二）

说明：

（1）在选取要修剪的曲线时，选取曲线的位置不同，修剪的结果也会不同。若选取曲线 1 的点 2 位置（图 5.2.22a），修剪后的曲线如图 5.2.22b 所示。

（2）在“修剪曲线”对话框（一）中取消选中 ☑ 自动选择递进 复选框，在选择曲线时不会自动进行下一步骤，需要单击中键进行下一步骤。

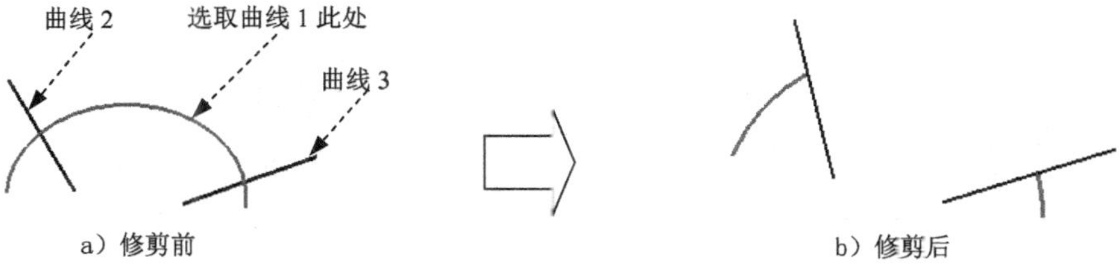

图 5.2.22　修剪曲线 1

5.2.4 曲线的偏置

曲线的偏置就是通过移动选中的基本曲线来创建曲线，它也可以用于偏置由直线、圆弧、二次曲线、样条及边缘所组成的线串。曲线可以在其所定义的平面内被偏置，使用 拔模 偏置或者沿着 3D 轴向 指定的矢量偏置的方法，也可以将其偏置到另一个平行平面上。下面介绍创建图 5.2.23 所示的偏置曲线的一般操作过程。

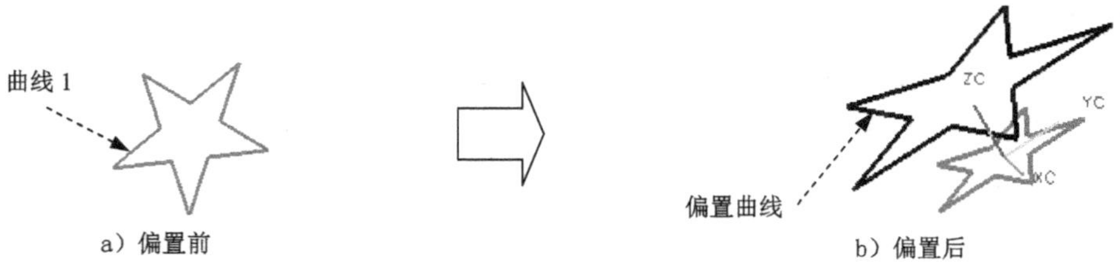

图 5.2.23 偏置曲线的创建

Step1. 打开文件 D:\ug8.1\work\ch05\ch05.02\offset_curve.prt。

Step2. 选择下拉菜单 插入(S) → 来自曲线集的曲线(F) → 偏置(O)... 命令（或在“曲线”工具栏中单击“偏置曲线”按钮），系统弹出图 5.2.24 所示的“偏置曲线”对话框（一）。

Step3. 在 类型 区域的下拉列表中选择 拔模 选项；选择图 5.2.23 所示的曲线为偏置对象。

Step4. 在 偏置 区域的 高度 文本框中输入值 - 20.0；在 角度 文本框中输入值 - 30.0；在 副本数 文本框中输入值 1.0；参数设置见图 5.2.25 所示的“偏置曲线”对话框（二）。

Step5. 单击 确定 按钮，完成偏置曲线的创建。

注意：单击对话框中的“反向”按钮改变偏置的方向，以达到用户想要的方向。

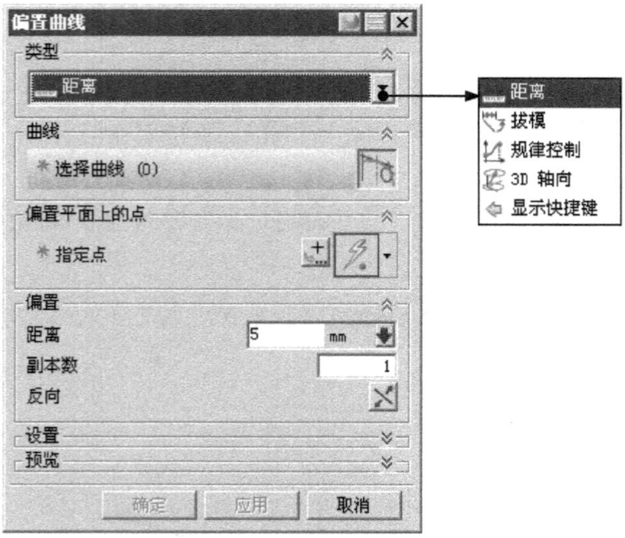

图 5.2.24 “偏置曲线”对话框（一）

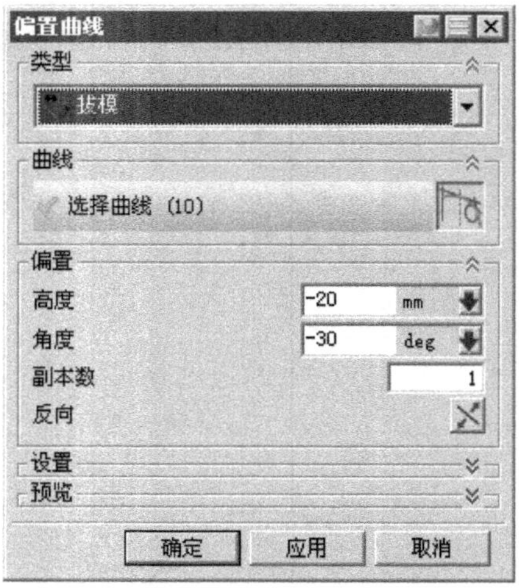

图 5.2.25 “偏置曲线”对话框（二）

图 5.2.24 所示的“偏置曲线”对话框（一）中的类型下拉列表说明如下：

- 距离：该方式按给定的偏置距离来偏置曲线。选择该方式后，可在偏置区域的距离和副本数文本框中分别输入偏置距离和产生偏置曲线的数量，并设定好其他参数即可。
- 拔模：选择该方式后，高度和角度文本框被激活。高度为原曲线所在平面和偏置后所在平面间的距离；角度是偏置方向与原曲线所在平面的法向的夹角。
- 规律控制：该方式是按规律控制偏置距离来偏置曲线的。
- 3D 轴向：该方式按照三维空间内指定的矢量方向和偏置距离来偏置曲线。用户按照生成矢量的方法选择需要的矢量方向，然后输入需要偏置的距离，就可以生成相应的偏置曲线。

5.2.5　面中的偏置曲线

在面上偏置...命令可以在一个或多个面上根据相连的边或曲面上的曲线创建偏置曲线，偏置曲线距离源曲线或曲面边缘有一定的距离。下面介绍创建图 5.2.26 所示的面中的偏置曲线的一般操作过程。

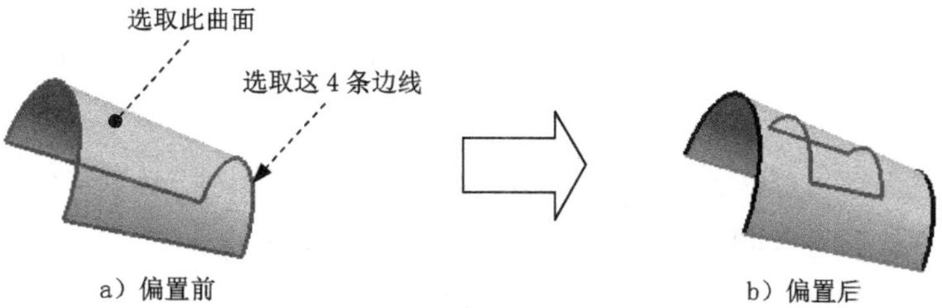

图 5.2.26　创建面中的偏置曲线

Step1. 打开文件 D:\ug8.1\work\ch05\ch05.02\offset_in_face.prt。

Step2. 选择下拉菜单插入(S) → 来自曲线集的曲线(F) → 在面上偏置...命令（或在“曲线”工具栏中单击“面中的偏置曲线”按钮），系统弹出“面中的偏置曲线”对话框，如图 5.2.27 所示。

Step3. 定义偏置类型。在对话框的类型下拉列表中选择常数选项。

Step4. 选取偏置曲线。在图形区的模型上依次选取图 5.2.26a 所示的 4 条边线为要偏置曲线。

Step5. 定义偏置距离。在对话框的截面线1:偏置1文本框中输入偏置距离值为 15.0。

Step6. 定义偏置面。单击对话框的面或平面区域中的“面或平面”按钮，然后选取图 5.2.26a 所示的曲面为偏置面。

Step7. 单击“面中的偏置曲线”对话框中的< 确定 >按钮，完成面中的偏置曲线的创建。

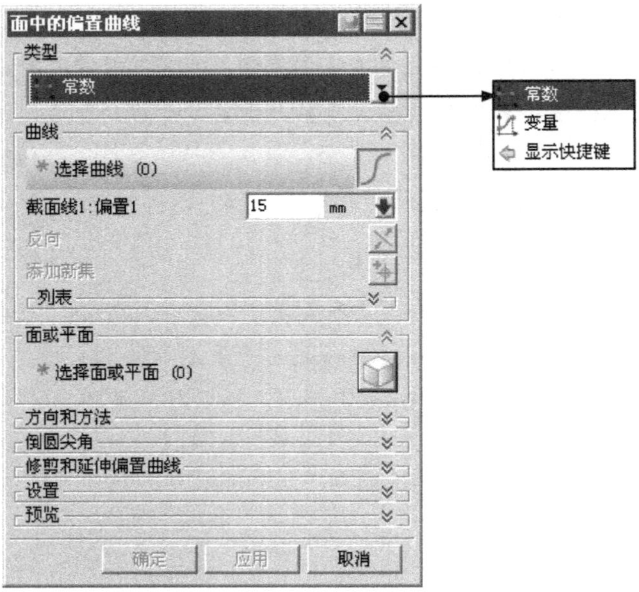

图 5.2.27 “面中的偏置曲线”对话框

说明：按 F3 键可以隐藏系统弹出的 截面线1:偏置1 动态输入文本框，再按一次则显示。

图 5.2.27 所示的“面中的偏置曲线”对话框中部分选项的功能说明如下：

- 修剪和延伸偏置曲线 区域：此区域用于修剪和延伸偏置曲线，包括 ☑ 在截面内修剪至彼此 、☑ 在截面内延伸至彼此 、☑ 修剪至面的边缘 、☑ 延伸至面的边缘 和 ☑ 移除偏置曲线内的自相交 五个复选框。
  - ☑ ☑ 在截面内修剪至彼此：将偏置的曲线在截面内相互之间进行修剪。
  - ☑ ☑ 在截面内延伸至彼此：对偏置的曲线在截面内进行延伸。
  - ☑ ☑ 修剪至面的边缘：将偏置曲线裁剪到面的边缘。
  - ☑ ☑ 延伸至面的边缘：将偏置曲线延伸到曲面边缘。
  - ☑ ☑ 移除偏置曲线内的自相交：将偏置曲线中出现自相交的部分移除。

5.2.6 曲线的投影

投影用于将曲线、边缘和点映射到曲面、平面和基准平面等上。投影曲线在孔或面边缘处都要进行修剪，投影之后，可以自动合并输出的曲线。下面介绍创建图 5.2.28 所示的投影曲线的一般操作过程。

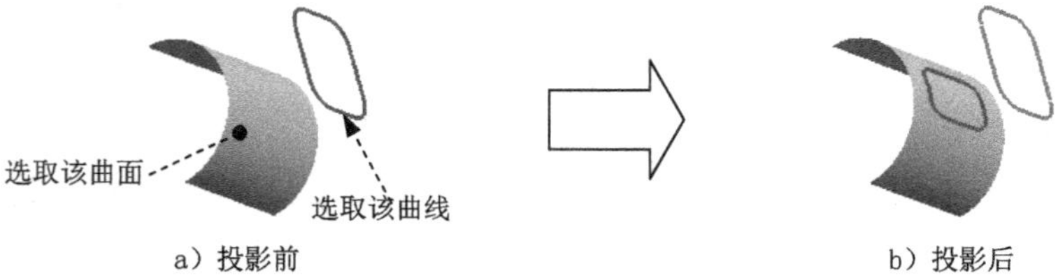

图 5.2.28 投影曲线的创建

Step1. 打开文件 D:\ug8.1\work\ch05\ch05.02\project.prt。

Step2. 选择下拉菜单 插入(S) → 来自曲线集的曲线(F) → 投影(P)... 命令（或在“曲线”工具栏中单击“投影曲线”按钮），系统弹出图 5.2.29 所示的“投影曲线”对话框。

Step3. 在图形区选取图 5.2.28a 所示的曲线，单击中键确认。

Step4. 定义投影面。在对话框 投影方向 区域的 方向 下拉列表中选择 沿面的法向 选项，然后选取图 5.2.28a 所示的曲面作为投影曲面。

Step5. 在对话框中单击 < 确定 > 按钮（或者单击中键），完成投影曲线的创建。

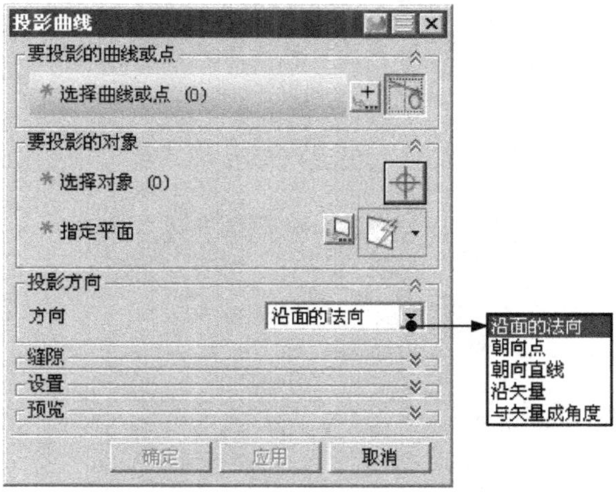

图 5.2.29 “投影曲线”对话框

图 5.2.29 所示的“投影曲线”对话框 投影方向 区域的 方向 下拉列表中各选项的说明如下：

- 沿面的法向：此方式是沿所选投影面的法向向投影面投射曲线。
- 朝向点：此方式用于从原定义曲线朝着一个点向选取的投影面投射曲线。
- 朝向直线：此方式用于从原定义曲线朝着一条直线向选取的投影面投射曲线。
- 沿矢量：此方式用于沿设定的矢量方向向选取的投影面投射曲线。
- 与矢量成角度：此方式用于沿与设定矢量方向成一角度的方向，向选取的投影面投射曲线。

5.2.7 曲线的桥接

曲线的桥接用于创建位于两曲线上用户定义点之间的连接曲线。用于桥接的曲线可以是片体或实体的边缘。下面介绍创建图 5.2.30 所示的桥接曲线的一般操作过程。

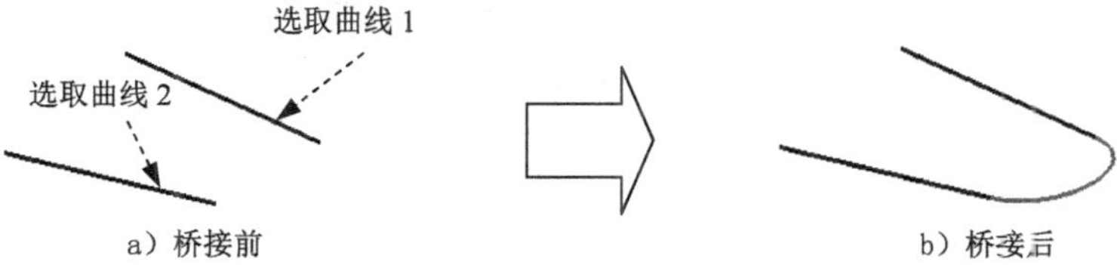

图 5.2.30 创建桥接曲线

Step1. 打开文件 D:\ug8.1\work\ch05\ch05.02\bridge_curves.prt。

Step2. 选择下拉菜单 插入(S) → 来自曲线集的曲线(F) → 桥接(B)... 命令（或在“曲线”工具栏中单击“桥接曲线”按钮），系统弹出“桥接曲线”对话框，如图 5.2.31 所示。

Step3. 在图形区选取图 5.2.30a 所示的曲线 1，然后选取曲线 2。

注意：要单击靠近图 5.2.30a 所指示的位置。

Step4. 设置对话框选项。在“桥接曲线”对话框 形状控制 区域的 类型 下拉列表中选择 相切幅值 选项，其他选项均采用默认设置。

说明：通过在 形状控制 区域的 起点 和 终点 文本框中输入数值或拖动下面的滑块来调整桥接曲线端点的位置（图形区中显示的图形也会随之改变）。

Step5. 单击“桥接曲线”对话框中的 <确定> 按钮，完成桥接曲线的创建。

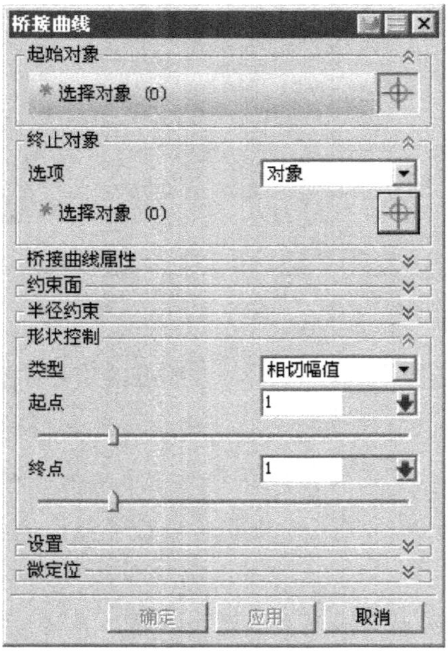

图 5.2.31　“桥接曲线”对话框

5.2.8　曲线特性分析

曲线是曲面、产品的根基，曲线质量的高低直接影响到曲面质量的好坏，进而影响整个产品的质量。因此在曲线设计完成后，对曲线的分析就显得非常重要，即工程设计中常用到的曲线特性分析。本节将简单介绍曲线特性分析的一般方法及操作过程。

下面通过简单的范例来说明曲线特性的分析。

Step1. 打开文件 D:\ug8.1\work\ch05\ch05.02\curve.prt。

Step2. “曲率”分析。

（1）在草图工作界面下，选取图 5.2.32a 所示的曲线。

（2）选择下拉菜单 分析(L) → 曲线(C) → 曲率梳(C) 命令，系统显示曲率梳图，如图 5.2.32b 所示。

说明：除非特意关闭，否则曲线的分析结果会一直显示在图形上。关闭时需要选中该曲线，再次选择下拉菜单 分析(L) → 曲线(C) → 曲率梳(C) 命令即可。

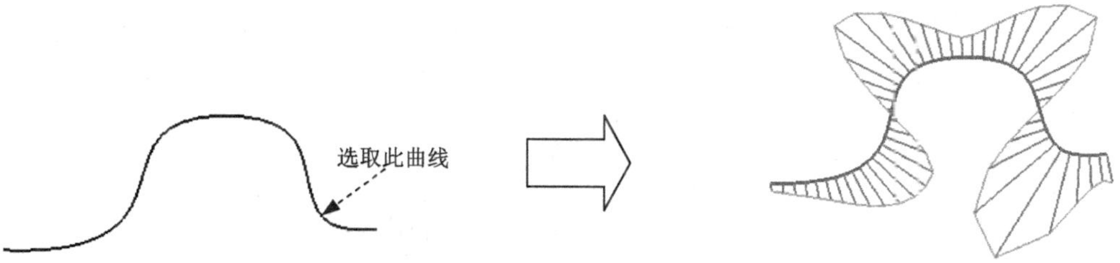

a）分析前　　b）分析后

图 5.2.32　曲率梳图

Step3. “峰值”分析。

（1）选取图 5.2.33a 所示的曲线。

（2）选择下拉菜单 分析(L) → 曲线(C) → 峰值(P) 命令，系统显示曲线的峰值点，如图 5.2.33b 所示。

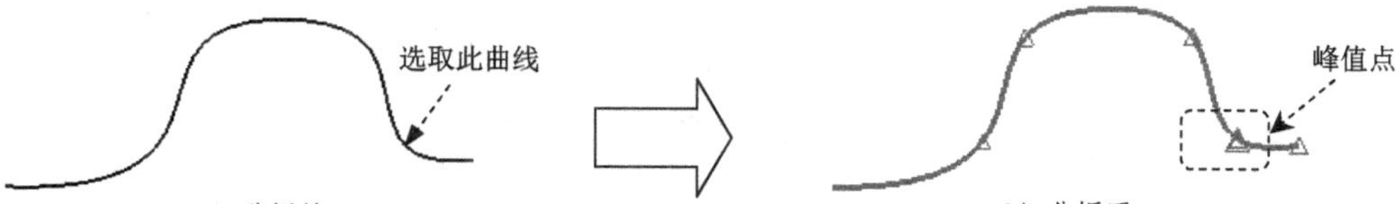

a）分析前　　b）分析后

图 5.2.33　峰值分析

Step4. 拐点分析结果如图 5.2.34 所示。操作方法参见 Step3。

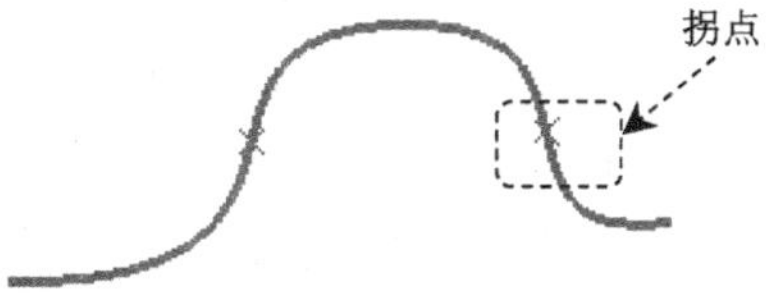

图 5.2.34　拐点分析

Step5. 图表显示结果。

（1）选取分析完成的曲线，如图 5.2.34 所示。

（2）选择下拉菜单 分析(L) → 曲线(C) → 图表(G) 命令，系统打开一个“图表”电子表格显示分析结果，图 5.2.35 所示为图表分析结果。

Step6. 输出列表显示结果。

（1）选取分析完成的曲线。

（2）选择下拉菜单 分析(L) → 曲线(C) → 输出列表(L) 命令，系统弹出“信息”窗口，其中列出了拐点分析的结果。

工作表 在 Curvature Graph

	A	B
1	0	0.00516
2	0.030303	0.007002
3	0.060606	0.009472
4	0.090909	0.012824
5	0.121212	0.017328
6	0.151515	0.023116
7	0.181818	0.029792
8	0.212121	0.035872

a） 表

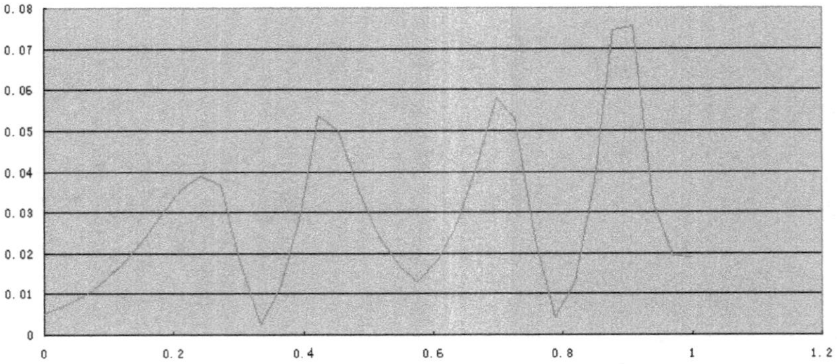

b）图

图 5.2.35　图表分析结果

5.3　一般曲面创建

5.3.1　有界平面

有界平面(P)... 命令可以用于创建平整的曲面。利用拉伸也可以创建曲面，但拉伸创建的是有深度参数的二维或三维曲面，而有界平面创建的是没有深度参数的二维曲面。下面介绍创建图 5.3.1 所示的有界平面的一般操作步骤。

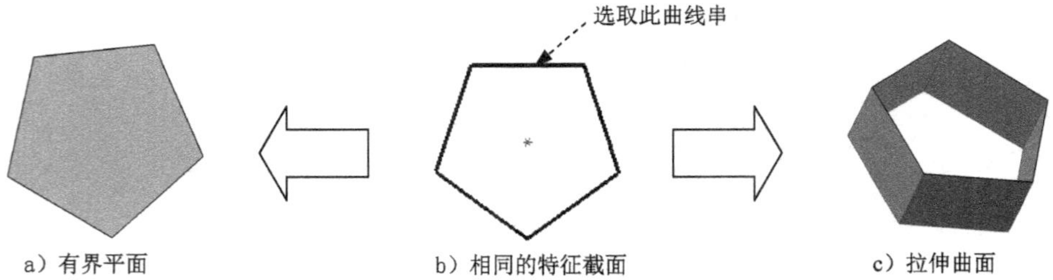

图 5.3.1　有界平面与拉伸曲面的比较

Step1. 打开文件 D:\ug8.1\work\ch05\ch05.03\ambit_surf.prt。

Step2. 选择下拉菜单 插入(S) ➡ 曲面(R) ▸ ➡ 有界平面(B)... 命令，系统弹出“有界平面”对话框。

Step3. 定义边界线串。在图形区选取图 5.3.1b 所示的曲线串。

Step4. 在“有界平面”对话框中单击 < 确定 > 按钮（或者单击中键），完成有界平面的创建。

5.3.2　创建拉伸和回转曲面

拉伸曲面和回转曲面的创建方法与相应的实体特征基本相同。下面对这两种方法进行简单介绍。

1. 创建拉伸曲面

拉伸曲面是将截面草图沿着草图平面的垂直方向拉伸而成的曲面。下面介绍创建图 5.3.2 所示的拉伸曲面特征的过程。

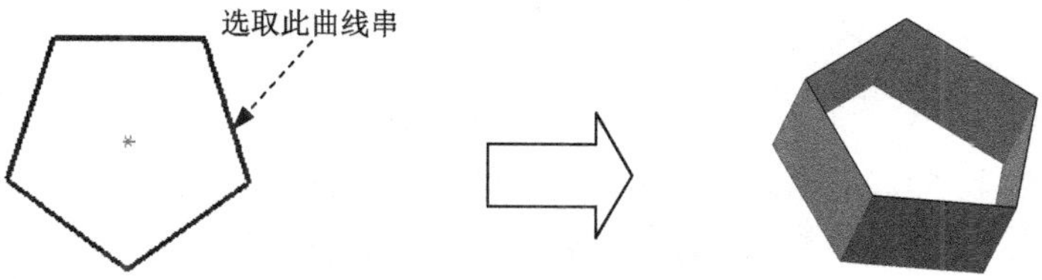

a）特征截面　　b）拉伸曲面

图 5.3.2 拉伸曲面

Step1. 打开文件 D:\ug8.1\work\ch05\ch05.03\extrude_surf.prt。

Step2. 选择下拉菜单 插入(S) → 设计特征(E) → 拉伸(E)... 命令，系统弹出图 5.3.3 所示的“拉伸”对话框。

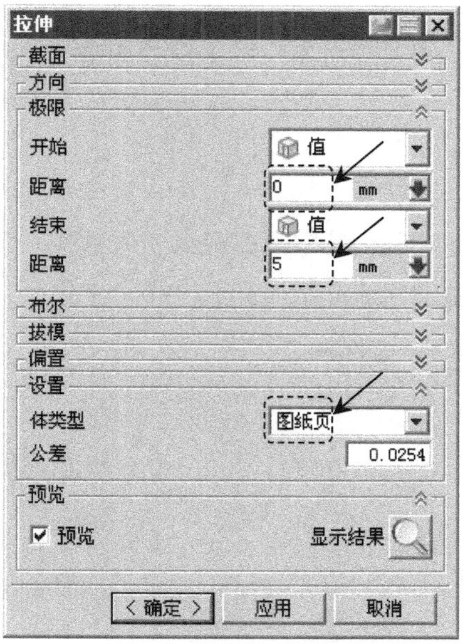

图 5.3.3 “拉伸”对话框

Step3. 定义拉伸截面。在图形区选取图 5.3.2a 所示的曲线串为特征截面。

Step4. 确定拉伸起始值和结束值。在 极限 区域的 开始 下拉列表中选择 值 选项，在 距离 文本框中输入值 0.0，在 结束 下拉列表中选择 值 选项，在 距离 文本框中输入值 5.0 并按回车键。

Step5. 定义拉伸特征的体类型。在 设置 区域的 体类型 下拉列表中选择 图纸页 选项，其他采用默认设置。

Step6. 单击“拉伸”对话框中的 < 确定 > 按钮（或者单击中键），完成拉伸曲面的创建。

2. 创建回转曲面

回转曲面是将截面草图绕着一条中心轴线旋转而形成的曲面。下面介绍创建图 5.3.4 所示的回转曲面特征的过程。

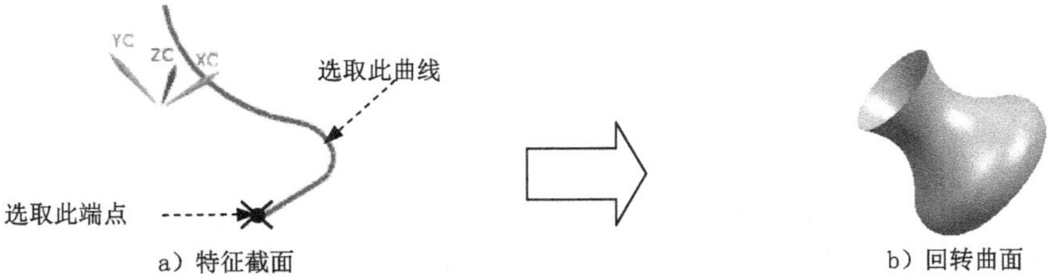

图 5.3.4　回转曲面

Step1. 打开文件 D:\ug8.1\work\ch05\ch05.03\rotate_surf.prt。

Step2. 选择 插入(S) → 设计特征(E) → 回转(R)... 命令，系统弹出“回转”对话框。

Step3. 定义回转截面。在图形区选取图 5.3.4a 所示的曲线为回转截面，单击中键确认。

Step4. 定义回转轴。选择 YC 作为回转轴的矢量方向，然后选取图 5.3.4a 所示的端点定义指定点。

Step5. 定义回转特征的体类型。在 设置 区域的 体类型 下拉列表中选择 图纸页 选项，其他采用默认设置。

Step6. 单击对话框中的 < 确定 > 按钮（或者单击中键），完成回转曲面的创建。

5.3.3　创建扫掠曲面

扫掠曲面就是用规定的方式沿一条空间路径（引导线串）移动一条曲线轮廓线（截面线串）而生成的轨迹，如图 5.3.5 所示。

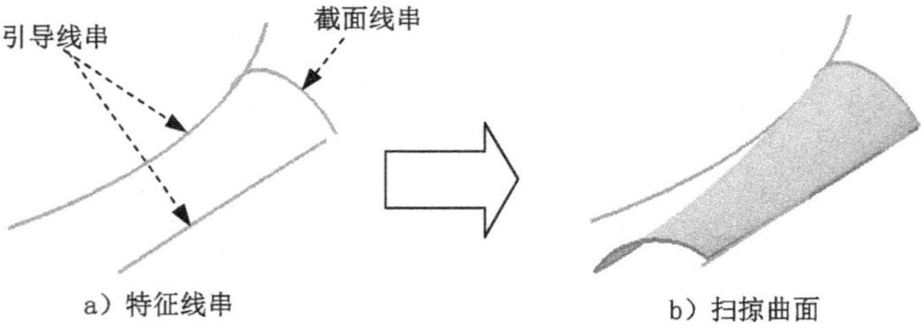

图 5.3.5　扫掠曲面

截面线串可以由单个或多个对象组成，每个对象可以是曲线、边缘或实体面，每组截面线串内的对象的数量可以不同。截面线串的数量可以是 1～150 的任意数值。

引导线串在扫掠过程中控制着扫掠体的方向和比例。在创建扫掠体时，必须提供一条、两条或三条引导线串。提供一条引导线串不能完全控制截面大小和方向变化的趋势，需要进一步指定截面变化的方法；提供两条引导线串时，可以确定截面线沿引导线串扫掠的方向趋势，但是尺寸可以改变，还需要设置截面比例变化；提供三条引导线串时，完全确定了截面线被扫掠时的方位和尺寸变化，无需另外指定方向和比例就可以直接生成曲面。

下面介绍创建图 5.3.6 所示的扫掠曲面特征的过程。

Step1. 打开文件 D:\ug8.1\work\ch05\ch05.03\swept.prt。

Step2. 选择下拉菜单 插入(S) → 扫掠(W) → 扫掠(S)... 命令（或在“曲面”工具

栏中单击“扫掠”按钮），系统会弹出“扫掠”对话框。

Step3. 定义截面线串。在图形区选取图 5.3.6a 所示的截面线串 1，单击中键确认；因为本例中只有一条截面线串，再次单击中键选取引导线串。

Step4. 定义引导线串。在图形区选取图 5.3.6b 所示的引导线串 1，单击中键确认；选取图 5.3.6c 所示的引导线串 2，单击中键确认；对话框中的其他设置保持系统默认。

Step5. 单击“扫掠”对话框中的 < 确定 > 按钮，完成扫掠曲面的创建。

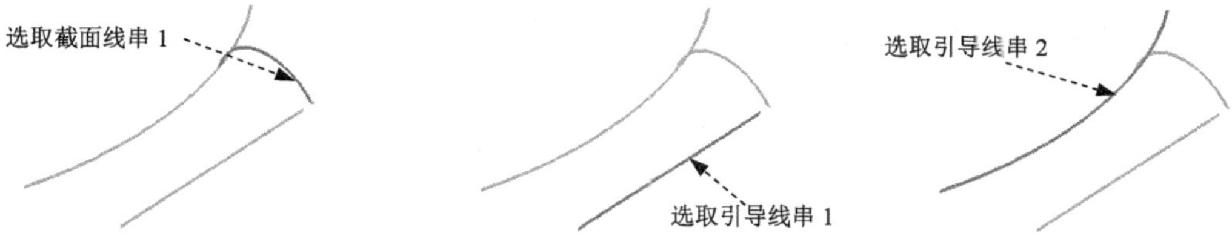

a）选取截面线串 1　　b）选取引导线串 1　　c）选取引导线串 2

图 5.3.6　选取线串

5.3.4　创建网格曲面

1. 直纹面

直纹面可以理解为通过一系列直线连接两组线串而形成的一张曲面。在创建直纹面时只能使用两组线串，这两组线串可以封闭，也可以不封闭。下面介绍创建图 5.3.7 所示的直纹面的过程。

Step1. 打开文件 D:\ug8.1\work\ch05\ch05.03\ruled.prt。

Step2. 选择下拉菜单 插入(S) → 网格曲面(M) → 直纹(R)... 命令（或在“曲面”工具栏中单击“直纹面”按钮），系统弹出图 5.3.8 所示的“直纹”对话框。

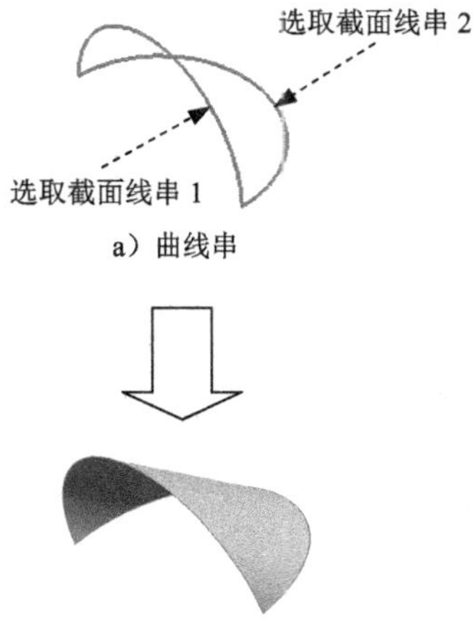

b）创建的直纹面

图 5.3.7　直纹面的创建

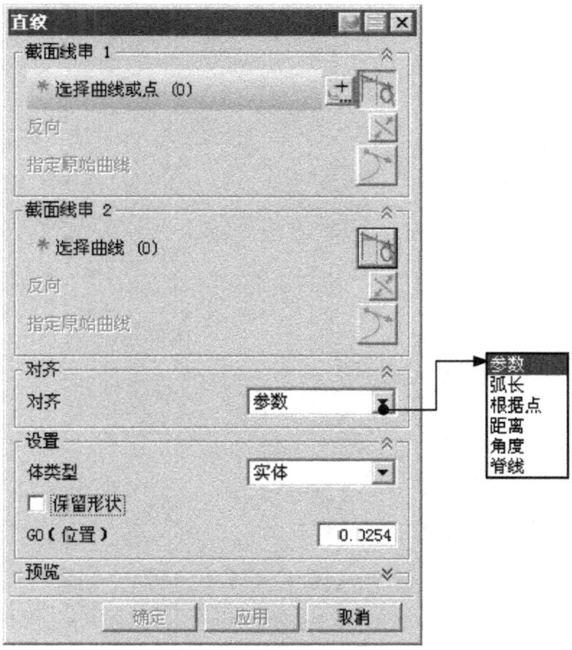

图 5.3.8　“直纹”对话框

Step3. 定义截面线串 1。在图形区中选择图 5.3.7a 所示的截面线串 1，单击中键确认。

Step4. 定义截面线串 2。在图形区中选择图 5.3.7a 所示的截面线串 2，单击中键确认。

注意：在选取截面线串时，要在线串的同一侧选取，否则就不能达到所需要的结果。

Step5. 设置对话框的选项。在“直纹”对话框的设置区域中取消选中□ 保留形状复选框。

Step6. 在“直纹”对话框中单击< 确定 >按钮（或单击中键），完成直纹面的创建。

说明：若选中设置区域中的☑ 保留形状复选框，则对齐下拉列表中的部分选项将不可用。

图 5.3.8 所示的“直纹”对话框中对齐选项组下拉列表中各选项的说明如下：

- 参数：沿定义曲线将等参数曲线要通过的点以相等的参数间隔隔开。
- 弧长：两组截面线串和等参数曲线根据等弧长方式建立连接点。
- 根据点：将不同形状截面线串间的点对齐。
- 距离：在指定矢量上将点沿每条曲线以等距离隔开。
- 角度：在每个截面线上，绕着一规定的轴等角度间隔生成。这样，所有等参数曲线都位于含有该轴线的平面中。
- 脊线：把点放在选择的曲线和正交于输入曲线的平面的交点上。

2. 通过曲线组

通过曲线组选项用于通过同一方向上的一组曲线轮廓线创建曲面。曲线轮廓线称为截面线串，截面线串可由单个对象或多个对象组成，每个对象都可以是曲线、实体边等。下面介绍创建图 5.3.9 所示“通过曲线组”曲面的过程。

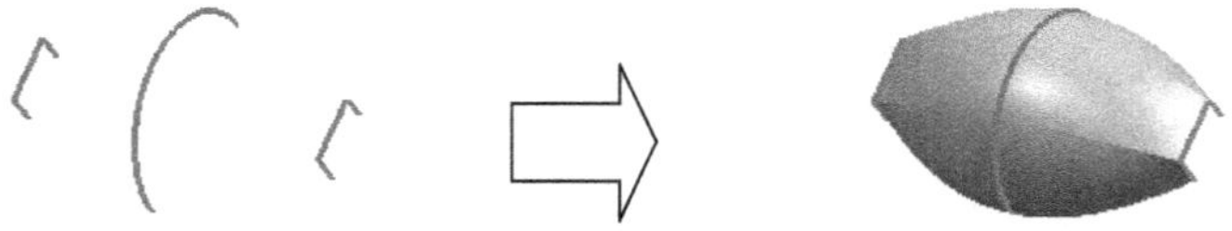

a）截面特征　　b）创建的曲面

图 5.3.9 “通过曲线组”创建曲面

Step1. 打开文件 D:\ug8.1\work\ch05\ch05.03\through_ curves.prt。

Step2. 选择下拉菜单插入(S) → 网格曲面(M) → 通过曲线组(T)...命令（或在“曲面”工具栏中单击“通过曲线组”按钮），系统弹出图 5.3.10 所示的“通过曲线组”对话框。

Step3. 在“选择条”工具条的“曲线规则”下拉列表中选择相连曲线选项。

Step4. 定义截面线串。在工作区中依次选择图 5.3.11 所示的曲线串 1、曲线串 2 和曲线串 3，并分别单击中键确认。

注意：选取截面线串后，图形区显示的箭头矢量应该处于截面线串的同侧（图 5.3.11 所示），否则生成的片体将被扭曲。后面介绍的通过曲线网格创建曲面也有类似问题。

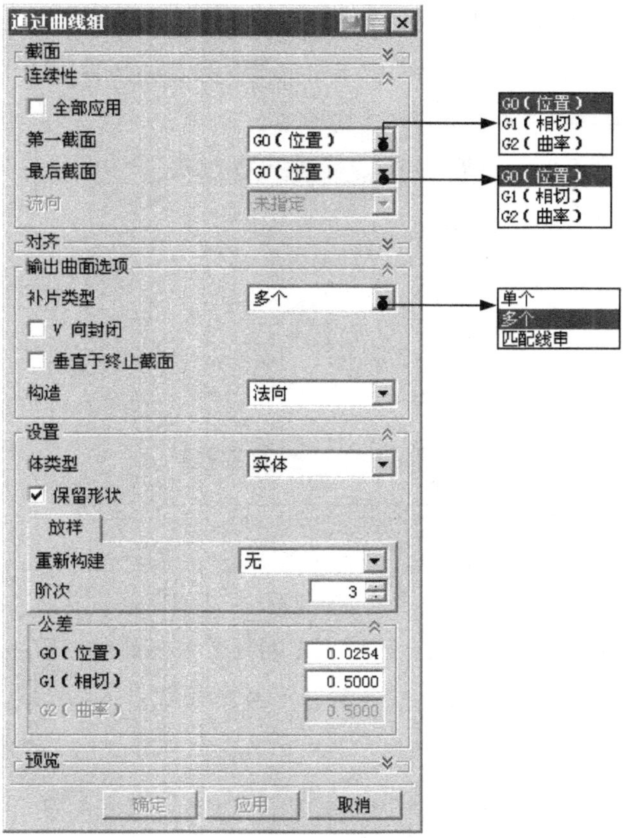

图 5.3.10 “通过曲线组”对话框

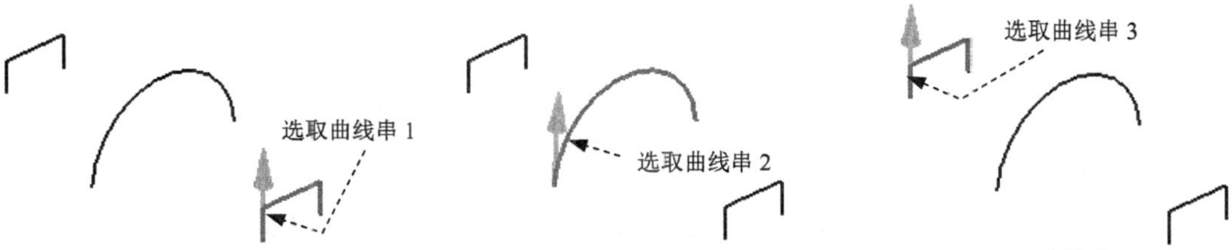

a）曲线串 1　　b）曲线串 2　　c）曲线串 3

图 5.3.11 选取的曲线串

Step5. 设置对话框的选项。在“通过曲线组”对话框中设置区域的阶次文本框中将阶次值调整到 2，其他均采用默认设置，

Step6. 单击< 确定 >按钮，完成“通过曲线组”曲面的创建。

图 5.3.10 所示的“通过曲线组”对话框中的部分选项说明如下：

- 连续性区域：该区域的下拉列表用于对通过曲线生成的曲面的起始端和终止端定义约束条件。
  - ☑ G0（位置）：生成的曲面与指定面点连续，无约束。
  - ☑ G1（相切）：生成的曲面与指定面相切连续。
  - ☑ G2（曲率）：生成的曲面与指定面曲率连续。

- 阶次文本框：该文本框用于设置生成曲面的 v 向阶次。
- 当选取了截面线串后，在列表区域中选择一组截面线串，则“通过曲线组”对话框中的一些按钮被激活，如图 5.3.12 所示。

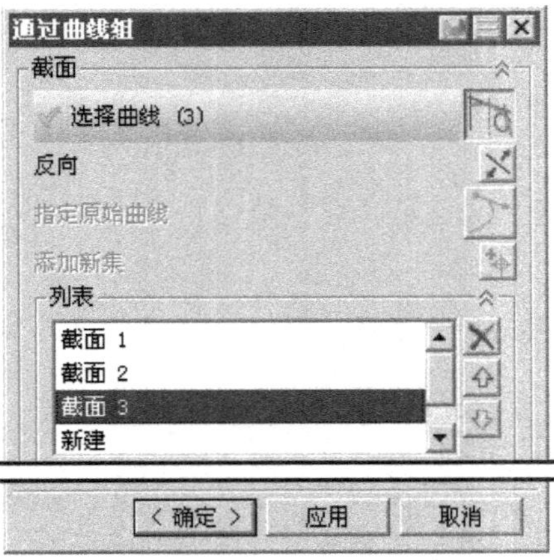

图 5.3.12 “通过曲线组”对话框

图 5.3.12 所示的“通过曲线组”对话框中的部分按钮说明如下：

- （移除）：单击该按钮，选中的截面线串被删除。
- （向上移动）：单击该按钮，选中的截面线串移至上一个截面线串的上级。
- （向下移动）：单击该按钮，选中的截面线串移至下一个截面线串的下级。

3. 通过曲线网格

用“通过曲线网格”命令创建曲面就是沿着不同方向的两组线串轮廓生成片体。一组同方向的线串定义为主曲线，另外一组和主线串不在同一平面的线串定义为交叉线串，定义的主曲线与交叉线串必须在设定的公差范围内相交。这种创建曲面的方法定义了两个方向的控制曲线，可以很好地控制曲面的形状，因此它也是最常用的创建曲面的方法之一。

下面将以图 5.3.13 为例说明利用“通过曲线网格”功能创建曲面的一般过程。

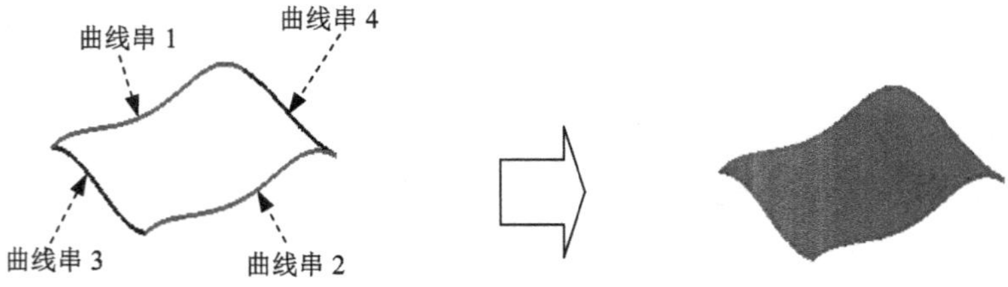

a）创建前　　b）创建后

图 5.3.13 “通过曲线网格”功能创建曲面

Step1. 打开文件 D:\ug8.1\work\ch05\ch05.03\through curves_mesh.prt。

Step2. 选择下拉菜单 插入(S) → 网格曲面(M) → 通过曲线网格(M)... 命令（或在“曲面”工具栏中单击“通过曲线网格”按钮），系统弹出图 5.3.14 所示的“通过曲线网格”

对话框。

Step3. 定义主线串。在工作区中依次选择图 5.3.13a 所示的曲线串 1 和曲线串 2 为主线串，并分别单击中键确认。

Step4. 定义交叉线串。单击中键完成主线串的选取，在图形区选取图 5.3.13a 所示的曲线串 3 和曲线串 4 为交叉线串，分别单击中键确认。

Step5. 单击 < 确定 > 按钮，完成“通过曲线网格”曲面的创建。

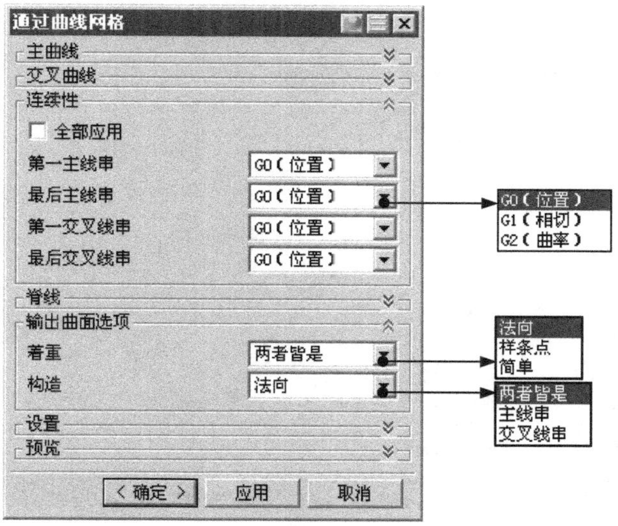

图 5.3.14　“通过曲线网格”对话框

图 5.3.14 所示的“通过曲线网格”对话框的部分选项说明如下：

- 着重 下拉列表：该下拉列表用于控制系统在生成曲面的时候更强调主线串还是交叉线串，或者在两者有同样效果。
  - ☑ 两者皆是：系统在生成曲面的时候，主线串和交叉线串有同样效果。
  - ☑ 主线串：系统在生成曲面的时候，更强调主线串。
  - ☑ 交叉线串：系统在生成曲面的时候，交叉线串更有影响。
- 构造 下拉列表：
  - ☑ 法向：使用标准方法构造曲面，该方法比其他方法建立的曲面有更多的补片数。
  - ☑ 样条点：利用输入曲线的定义点和该点的斜率值来构造曲面。要求每条线串都要使用单根 B 样条曲线，并且有相同的定义点，该方法可以减少补片数，简化曲面。
  - ☑ 简单：用最少的补片数构造尽可能简单的曲面。

下面通过手机盖（图 5.3.15）曲面的设计，来进一步说明“通过曲线网格”功能的实际应用。

Stage1．创建曲线

Step1．新建一个零件三维模型，将其命名为 cellphone_cover。

Step2．创建图 5.3.16 所示的曲线 1_1 和曲线 1_2，操作步骤如下：

（1）选择下拉菜单插入(S) ➡ 任务环境中的草图(S)... 命令。

（2）设置 XY 平面为草图平面，接受系统默认的方向。单击“创建草图”对话框中的确定按钮，进入草图环境。

（3）绘制曲线。

① 创建曲线 1_1。绘制图 5.3.17 所示的曲线。

② 创建镜像曲线 1_2，相关提示如下：

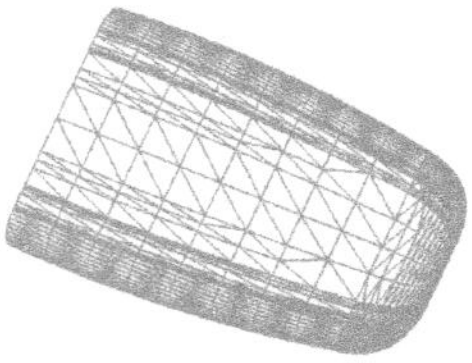

图 5.3.15 手机盖曲面

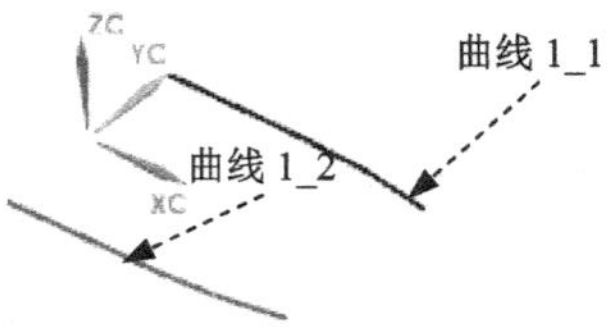

图 5.3.16 创建曲线 1（建模环境）

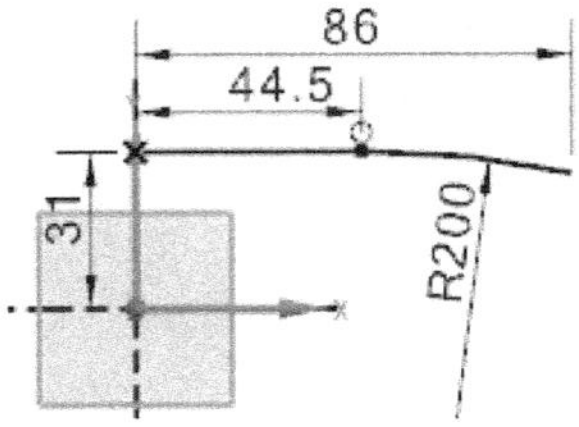

图 5.3.17 草图（草图环境）

a）单击完成草图按钮，退出草图环境。

b）选择下拉菜单插入(S) ➡ 来自曲线集的曲线(F) ➡ 镜像(M)... 命令（或在“曲线”工具栏中单击“镜像曲线”按钮），系统弹出“镜像曲线”对话框。

c）选取曲线 1_1，单击中键确认。在“镜像曲线”对话框的平面下拉列表中选择现有平面选项，选取 ZX 平面为镜像平面；单击确定按钮（或单击中键）生成基准曲线 1_2。

Step3．创建图 5.3.18 所示的曲线 2。

（1）选择下拉菜单插入(S) ➡ 任务环境中的草图(S)... 命令。

（2）设置 YZ 平面为草图平面，接受系统默认的方向。单击“创建草图”对话框中的确定按钮，进入草图环境。

（3）绘制曲线。绘制图 5.3.19 所示的曲线串（按下“端点”按钮，可捕捉曲线的端点）。

（4）单击完成草图按钮，退出草图环境。

Step4．创建图 5.3.20 所示的曲线 3。

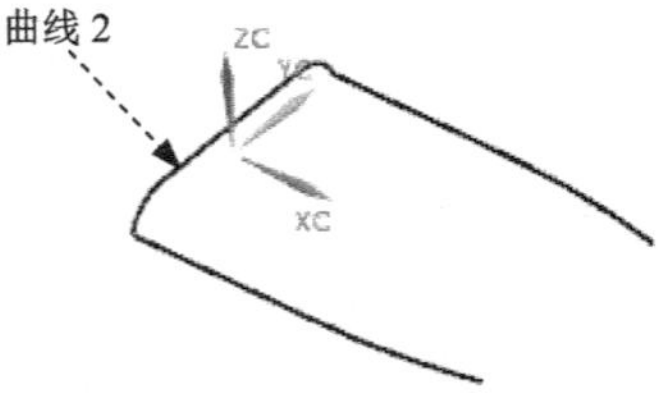

图 5.3.18 创建曲线 2（建模环境）

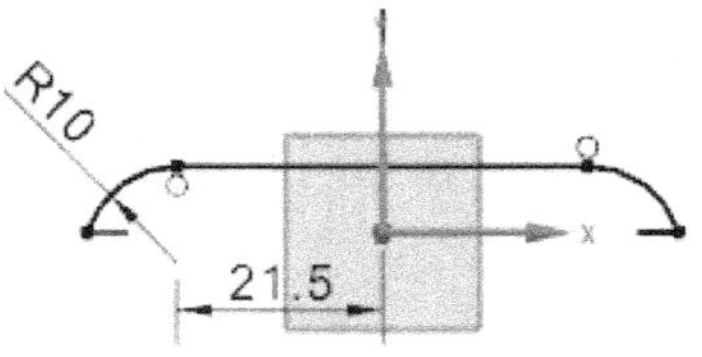

图 5.3.19 草图（草图环境）

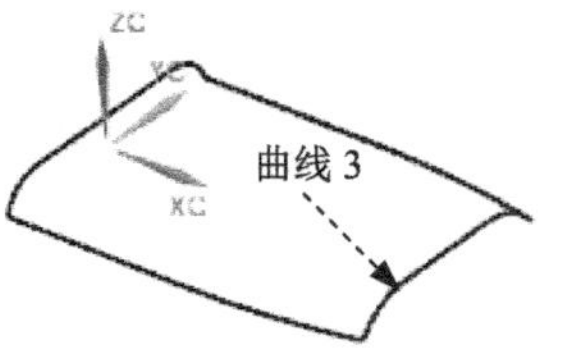

图 5.3.20 创建曲线 3（建模环境）

（1）创建图 5.3.21 所示的基准平面 1。选择下拉菜单 插入(S) → 基准/点(D) → 基准平面(D)... 命令，系统弹出“基准平面”对话框。在“基准平面”对话框的类型区域的下拉列表中，选择 点和方向 选项，选取镜像曲线 1_2 的端点，在“基准平面”对话框的法向区域中的下拉列表中选择 XC 选项，定义为基准平面 1 的方向。单击“基准平面”对话框中的 < 确定 > 按钮（或者单击中键），生成基准平面。

（2）选择下拉菜单 插入(S) → 任务环境中的草图(S)... 命令。

（3）选取基准平面 1 为草图平面，选取 XY 平面为参考平面。在“创建草图”对话框中单击 确定 按钮，进入草图环境。

（4）绘制曲线。绘制图 5.3.22 所示的曲线串。

（5）单击 完成草图 按钮，退出草图环境。

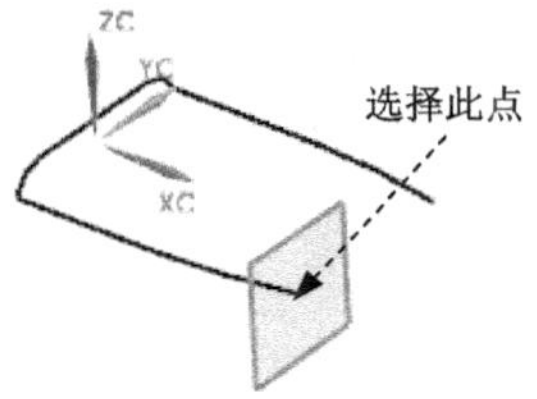

图 5.3.21　创建基准平面 1

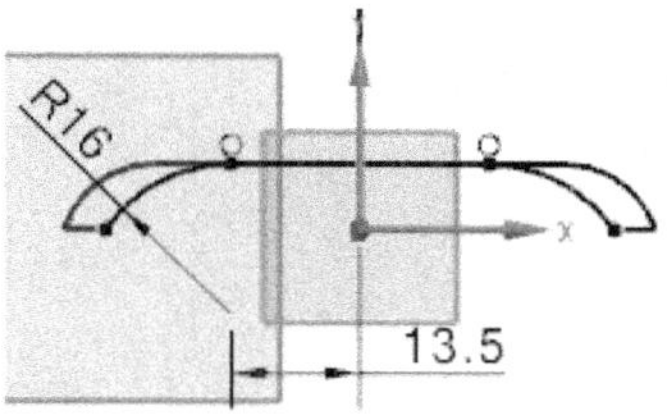

图 5.3.22　草图（草图环境）

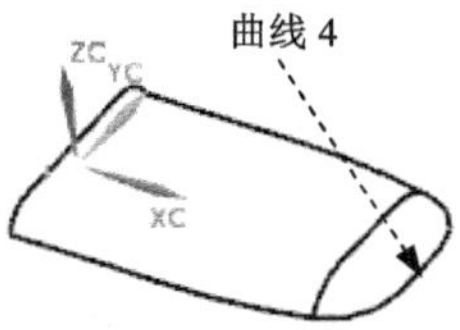

图 5.3.23　创建曲线 4（建模环境）

Step5. 创建图 5.3.23 所示的曲线 4。

（1）选择下拉菜单 插入(S) → 任务环境中的草图(S)... 命令。

（2）设置 XY 平面为草图平面，接受系统默认的方向。单击“创建草图”对话框中的 确定 按钮，进入草图环境。

（3）绘制曲线。绘制图 5.3.24 所示的曲线。

（4）单击 完成草图 按钮，退出草图环境。

Stage2. 创建曲面 1

如图 5.3.25 所示，该手机盖零件模型包括两个曲面，创建曲面 1 的操作步骤如下：

Step1. 选择下拉菜单 插入(S) → 网格曲面(M) → 通过曲线网格(M)... 命令（或在“曲面”工具栏中单击“通过曲线网格”按钮），系统弹出“通过曲线网格”对话框。

Step2. 选取曲线 2 和曲线 3 为主曲线，分别单击中键确认，再次单击中键后选取曲线 1_1 和曲线 1_2 为交叉线串，分别单击中键确认，如图 5.3.26 所示。

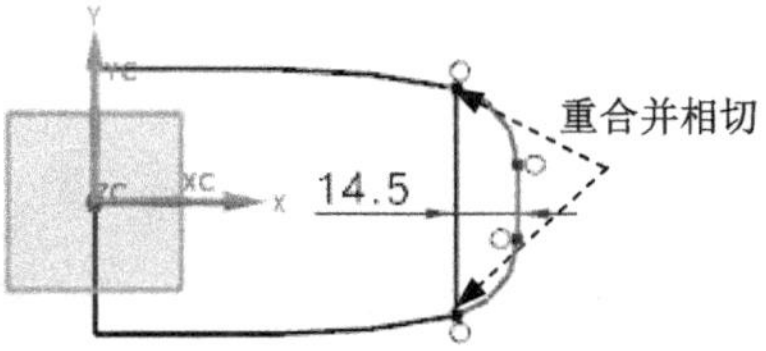

图 5.3.24　草图(草图环境)

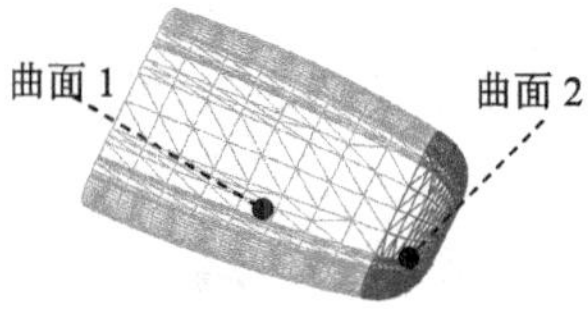

图 5.3.25　创建曲面

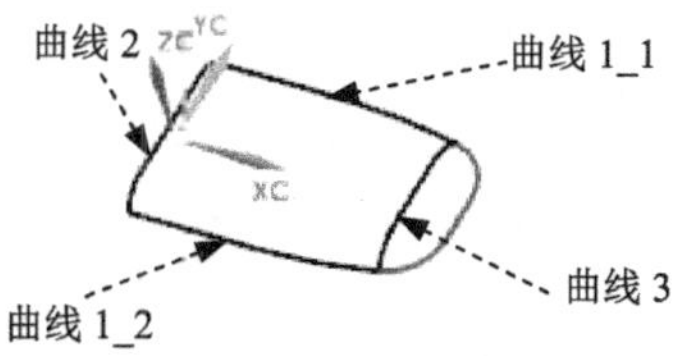

图 5.3.26　特征线串

Step3. 在“通过曲线网格”对话框中均采用默认的设置，单击“通过曲线网格”对话框中的 < 确定 > 按钮（或者单击中键），生成曲面 1。

Stage3. 创建曲面 2

Step1. 选择下拉菜单 插入(S) → 网格曲面(M) → 通过曲线网格(M)... 命令，系统弹出“通过曲线网格”对话框。

Step2. 选取曲线 3 和曲线 4_3 为主曲线，分别单击中键确认，再次单击中键后选取基准曲线 4_1 和基准曲线 4_2 为交叉线串，分别单击中键确认，如图 5.3.27 所示。

Step3. 在“通过曲线网格”对话框 连续性 区域的 第一主线串 下拉列表中选择 G1（相切） 选项，选取图 5.3.28 的曲面 1 为约束面，然后单击“通过曲线网格”对话框中的 < 确定 > 按钮（或单击中键），生成曲面 2。

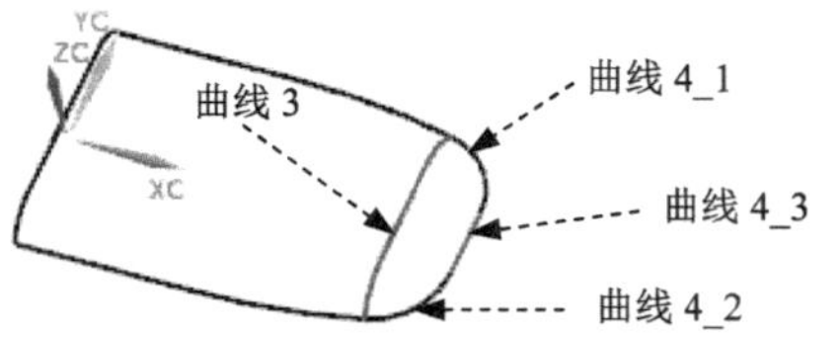

图 5.3.27 选取曲线串

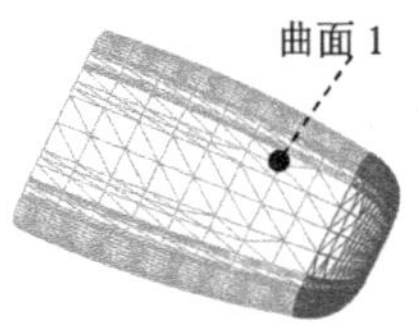

图 5.3.28 选取约束面

5.3.5 曲面的特性分析

虽然在生成曲线时，已经对曲线进行了分析，从一定程度上保证了曲面的质量，但在曲面生成完成后，同样非常有必要对曲面的一些特性（如半径、反射、斜率）进行评估，以确定曲面是否达到设计要求。

下面通过简单的范例分析来说明曲线特性分析的一般方法及操作过程。

Step1. 打开文件 D:\ug8.1\work\ch05\ch05.03\surface.prt。

Step2. 半径分析。

（1）选择下拉菜单 分析(L) → 形状(S) → 半径(R)... 命令，系统弹出图 5.3.29 所示的“面分析-半径”对话框。

（2）采用“面分析-半径”对话框中的默认设置。此时曲面上呈现出一个彩色分布图，如图 5.3.30 所示。同时系统显示颜色图例，如图 5.3.31 所示。彩色分布图中的不同颜色代表不同的曲率大小，颜色与曲率大小的对应关系可以从颜色图例中查阅。单击 确定 按钮，完成半径分析。

说明： 由于曲面当前处于“艺术外观”显示状态下，所以曲面可以呈彩色分布显示。如果将显示状态切换为“着色”或“带边着色”，即可取消彩色显示结果。

Step3. 反射分析。

（1）选择下拉菜单 分析(L) → 形状(S) → 反射(F)... 命令，系统弹出图 5.3.32 所示的“面分析-反射”对话框。

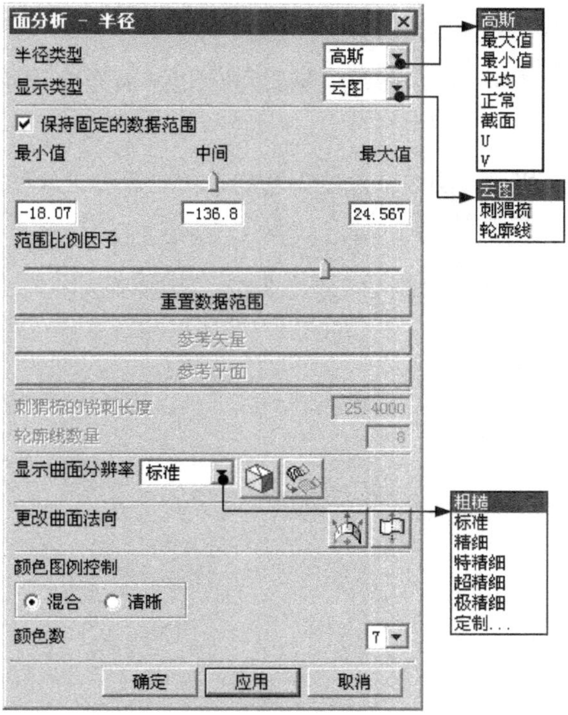

图 5.3.29　“面分析-半径”对话框

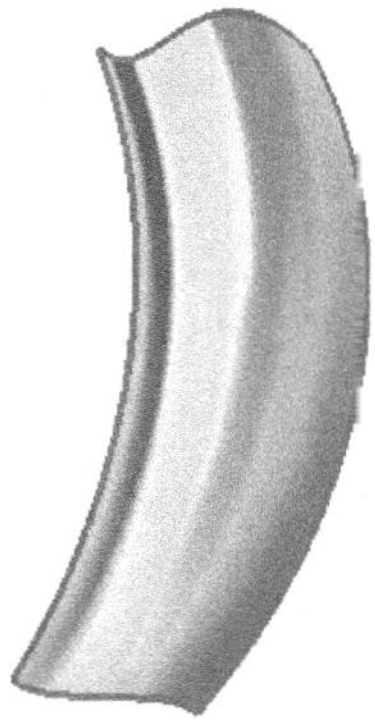

图 5.3.30　分析结果

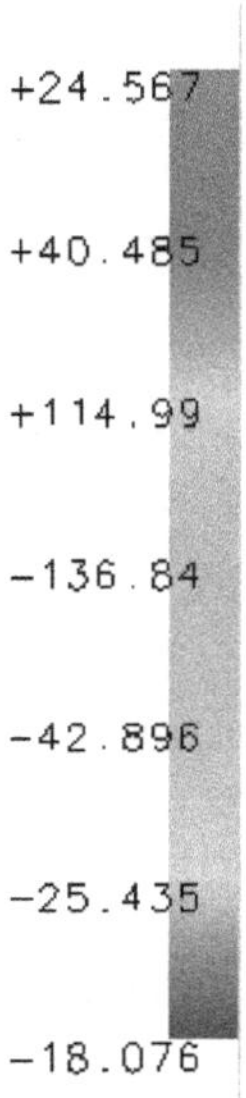

图 5.3.31　颜色图例

（2）在“面分析-反射”对话框中可以选择反射图像类型、反射图片和设置各种反射类型的参数。单击“直线图像”按钮，选择选项，再单击按钮，图 5.3.33 所示为直线图像彩纹分析的结果。

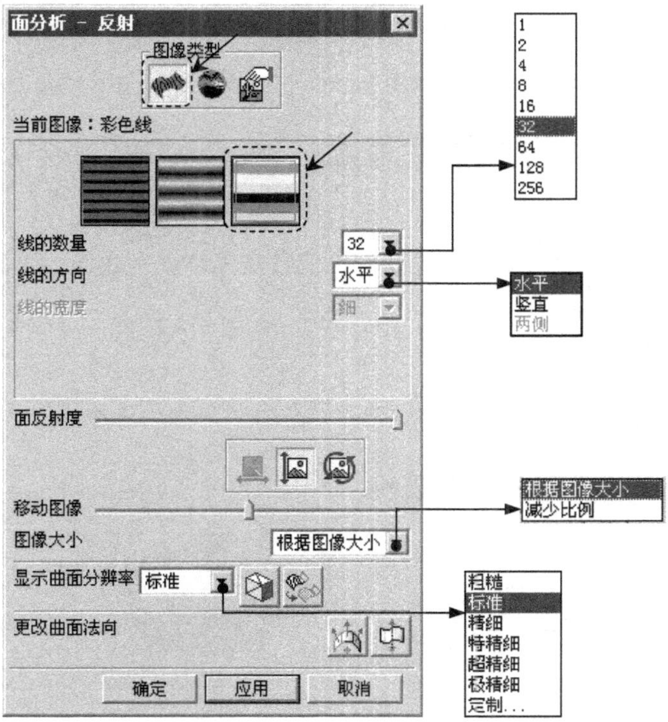

图 5.3.32　“面分析-反射”对话框

图 5.3.33　分析结果

Step4. 斜率分析。

（1）选择下拉菜单 分析(L) ➡ 形状(S) ➡ 斜率(O)... 命令，系统弹出“面分析-斜率”对话框，如图 5.3.34 所示。

（2）在“面分析-斜率”对话框中可以选择显示类型，改变参考斜率的矢量和设置各种反射类型的参数。选择 显示类型 下拉列表中的 刺猬梳 选项，单击 确定 按钮。

（3）刺猬梳分析的结果如图 5.3.35 所示，同时系统显示“颜色图例”，如图 5.3.36 所示。

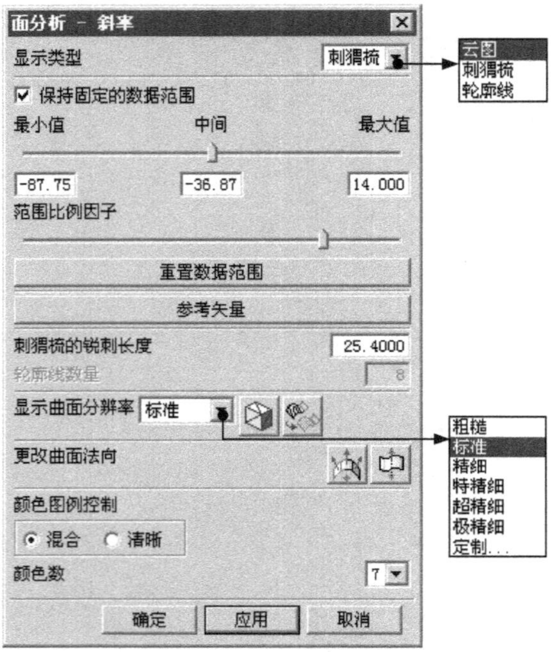

图 5.3.34 “面分析-斜率”对话框

图 5.3.35 分析结果

图 5.3.36 颜色图例

5.4 曲面的偏置

曲面的偏置用于创建一个或多个现有面的偏置曲面，或者是偏移现有曲面。下面分别对创建偏置曲面和偏移现有曲面进行介绍。

5.4.1 偏置曲面

下面介绍创建图 5.4.1 所示的偏置曲面的一般过程。

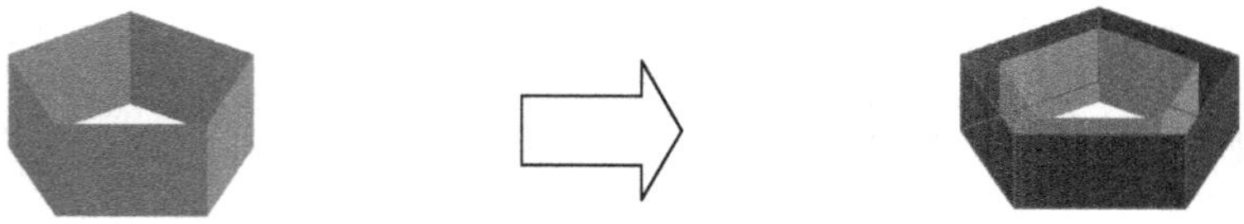

a）偏置前　　b）偏置后

图 5.4.1 偏置曲面的创建

Step1．打开文件 D:\ug8.1\work\ch05\ch05.04\offset_surface.prt。

Step2．选择下拉菜单 插入(S) ➡ 偏置/缩放(O) ➡ 偏置曲面(O)... 命令（或在“曲面”工具栏中单击“偏置曲面”按钮），系统弹出图 5.4.2 所示的“偏置曲面”对话框。

Step3．在图形区依次选取图 5.4.3 所示的 5 个面，同时图形区中出现曲面的偏置方向，如图 5.4.3 所示。此时“偏置曲面”对话框中的“反向”按钮被激活。

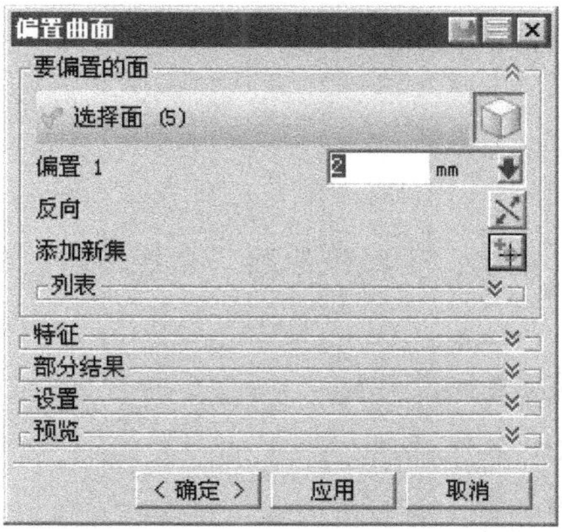

图 5.4.2　“偏置曲面”对话框

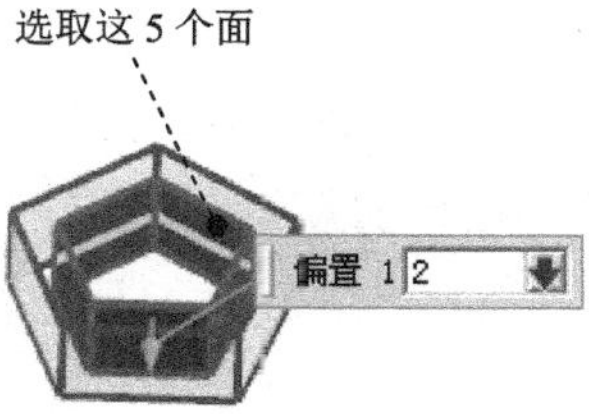

图 5.4.3　选取 5 个面

Step4．定义偏置方向。接受系统默认的方向。

Step5．定义偏置的距离。在系统弹出的偏置 1 文本框中输入偏置距离值 2.0 并按回车键，在“偏置曲面”对话框中单击< 确定 >按钮，完成偏置曲面的创建。

5.4.2　偏置面

下面介绍图 5.4.4 所示的偏置面的一般操作过程。

Step1．打开文件 D:\ug8.1\work\ch05\ch05.04\offset_surf.prt。

Step2．选择下拉菜单 插入(S) ➡ 偏置/缩放(O) ➡ 偏置面(F)... 命令，系统弹出图 5.4.5 所示的“偏置面”对话框。

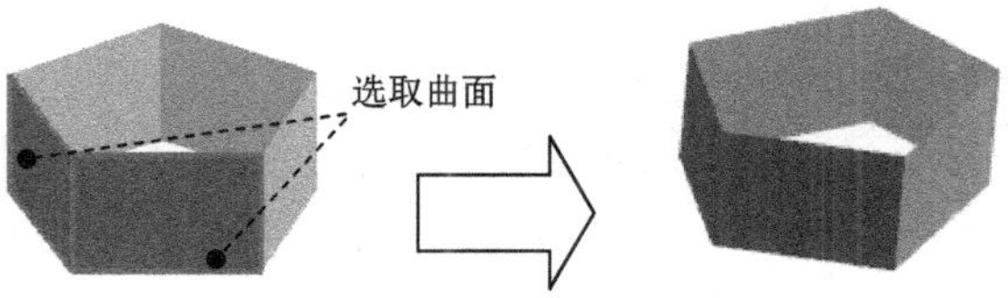

a）偏移前　b）偏移后

图 5.4.4　偏移曲面

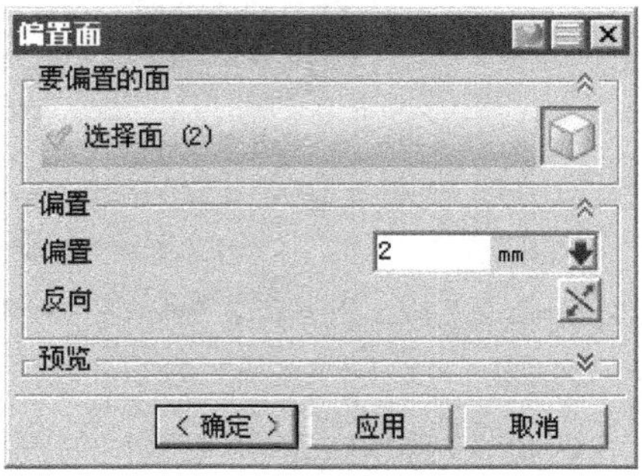

图 5.4.5　“偏置面”对话框

Step3．在图形区选择图 5.4.4a 所示的曲面，然后在“偏置面”对话框中的偏置文本框中输入值 2.0 并按回车键，单击< 确定 >按钮或者单击中键，完成曲面的偏置操作。

注意：单击对话框中的“反向”按钮改变偏置的方向。

5.5 曲面的复制

曲面的复制就是创建一个与源曲面形状大小相同的曲面。在 UG NX 8.0 中，曲面的复制包括直接复制和抽取复制两种方法，下面将分别介绍。

5.5.1 曲面的直接复制

复制(C)命令可以将所选的曲面进行复制，供下一步操作使用。在复制前，必须先选中要复制的曲面，曲面复制的操作过程如下：

Step1. 在图形区或者在部件导航器中选取需要复制的片体。

注意：在直接复制时，所选取的对象必须是一个特征。

Step2. 选择下拉菜单 编辑(E) → 复制(C) 命令。

Step3. 选择下拉菜单 编辑(E) → 粘贴(P) 命令，在“粘贴特征”对话框的表达式下拉列表中选择链接至原先的选项，单击 确定 按钮，完成曲面的复制操作。

5.5.2 曲面的抽取复制

曲面的抽取复制是指从一个实体或片体中拷贝曲面来创建片体。抽取独立曲面时，只需单击此面即可；抽取区域曲面时，是通过定义种子曲面和边界曲面来创建片体，创建的片体是从种子面开始向四周延伸到边界面的所有曲面构成的片体（其中包括种子曲面，但不包括边界曲面）。创建图 5.5.1 所示的抽取曲面的过程如下（图 5.5.1b 中的实体模型已隐藏）：

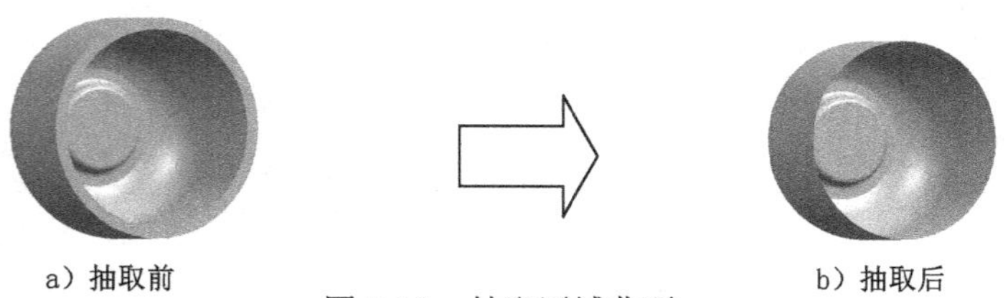

a）抽取前　　b）抽取后

图 5.5.1　抽取区域曲面

Step1. 打开文件 D:\ug8.1\work\ch05\ch05.05\extracted_region.prt。

Step2. 选择下拉菜单 插入(S) → 关联复制(A) → 抽取体(E)... 命令，系统弹出“抽取体”对话框。

Step3. 设置选取面的方式。在“抽取体”对话框类型区域的下拉列表中选择 面区域 选项，如图 5.5.2 所示。

Step4. 选取需要抽取的面。在图形区选取图 5.5.3 所示的种子曲面和图 5.5.4 所示的边界曲面。

Step5. 隐藏源曲面或实体。在“抽取体”对话框的设置区域中选中☑隐藏原先的复选框，如图5.5.2所示，其他采用系统默认设置。

Step6. 单击确定按钮，完成对区域特征的抽取。

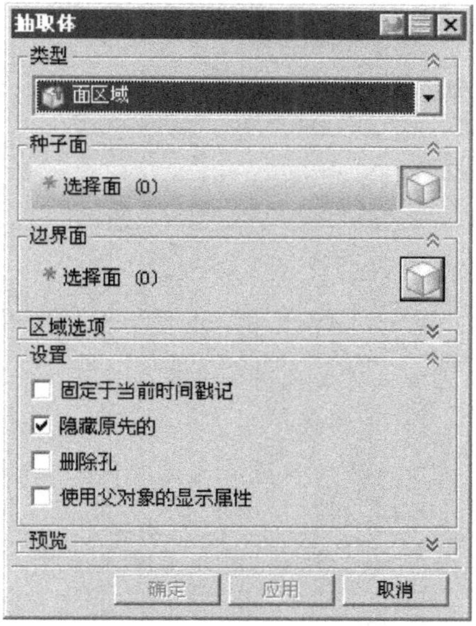

图5.5.2 “抽取体”对话框

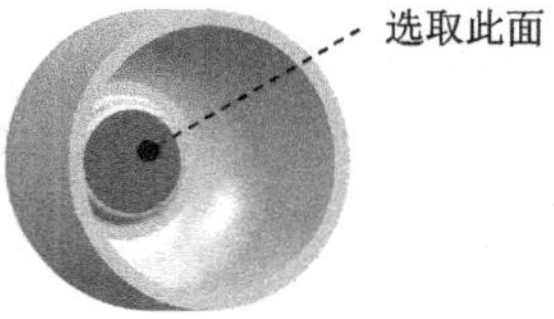

图5.5.3 选取种子面

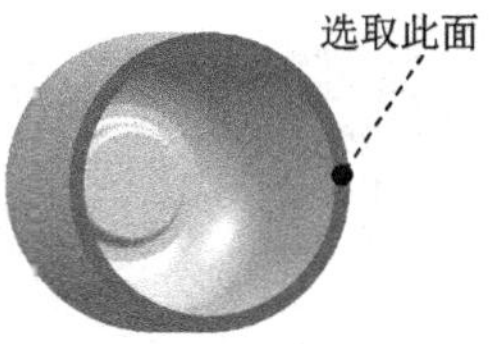

图5.5.4 选取边界曲面

图5.5.2所示的“抽取体”对话框中主要选项的功能说明如下：

- ☑遍历内部边复选框：用于控制所选区域的内部结构的组成面是否属于选择区域。
- ☑使用相切边角度复选框：用于控制相切边的角度。
- ☑固定于当前时间戳记复选框：在改变特征编辑过程中，是否影响在此之前的特征抽取。
- ☑隐藏原先的复选框：用于在生成抽取特征的时候，是否隐藏原来的实体。
- ☑删除孔复选框：用于表示是否删除选择区域中的内部结构。
- ☑使用父对象的显示属性复选框：选中该复选框，则父特征显示该抽取特征，子特征也显示，父特征隐藏该抽取特征，子特征也隐藏。

5.6 曲面的修剪

曲面的修剪就是将选定的曲面上的某一部分去除。曲面修剪的方法有很多种，下面将分别介绍其中的修整片体和分割表面。

5.6.1 修剪片体

修剪片体就是通过一些曲线和曲面作为边界，对指定的曲面进行修剪，形成新的曲面边界。所选的边界可以在将要修剪的曲面上，也可以在曲面之外通过投影方向来确定修剪的边界。图 5.6.1 所示的修剪片体的一般过程如下：

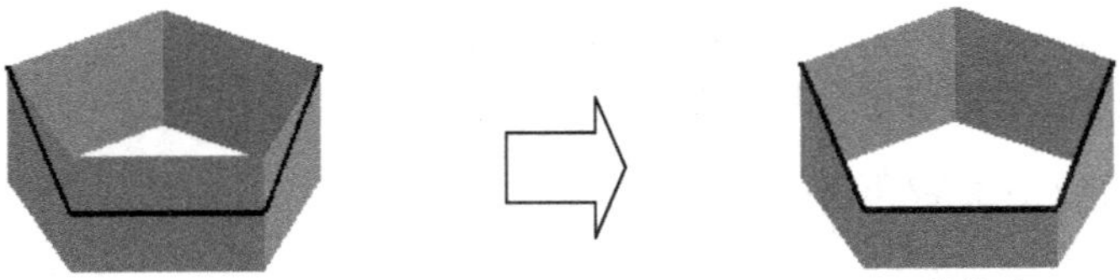

图 5.6.1 修剪片体

Step1. 打开文件 D:\ug8.1\work\ch05\ch05.06\trim_surface.prt。

Step2. 选择下拉菜单 插入(S) → 修剪(T) → 修剪片体(R)... 命令（或在“曲面”工具栏中单击“修剪片体”按钮），系统弹出图 5.6.2 所示的“修剪片体”对话框。

Step3. 设置对话框选项。在“修剪片体”对话框的投影方向下拉列表中选择垂直于面选项，选择区域选项组中的保持单选项，如图 5.6.2 所示。

Step4. 在图形区选取需要修剪的曲面和修剪边界，如图 5.6.3 所示。

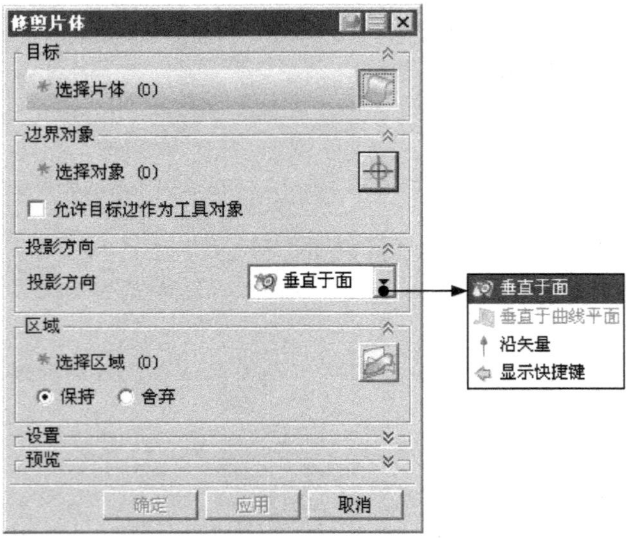

图 5.6.2 “修剪片体”对话框

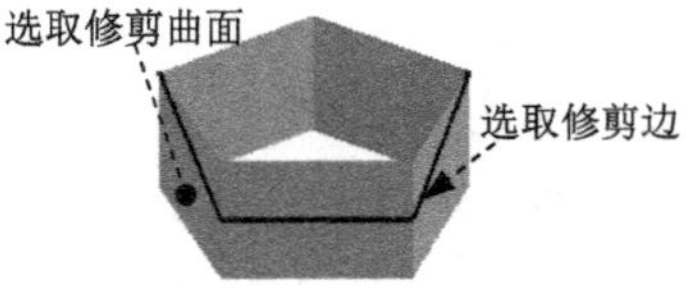

图 5.6.3 选取修剪曲面和修剪边界

Step5. 在“修剪片体”对话框中单击确定按钮（或者单击中键），完成曲面的修剪。

注意：在选取需要修剪的曲面时，如果选取曲面的位置不同，修剪的结果也将截然不同，如图 5.6.4 所示。

图 5.6.4 裁剪曲面的不同效果

图 5.6.2 所示的“修剪片体”对话框中的部分选项说明如下：

- 投影方向下拉列表：定义要做标记的曲面的投影方向。该下拉列表包含垂直于面、垂直于曲线平面和沿矢量选项。

● 区域选项组：

☑ 保持：定义修剪曲面是选定的保留区域。

☑ 舍弃：定义修剪曲面是选定的舍弃区域。

5.6.2　分割面

分割面就是用多个分割对象，如曲线、边缘、面、基准平面或实体，把现有体的一个面或多个面进行分割。在这个操作中，要分割的面和分割对象是关联的，即如果任一对象被更改，那么结果也会随之更新。图 5.6.5 所示的分割面的一般步骤如下：

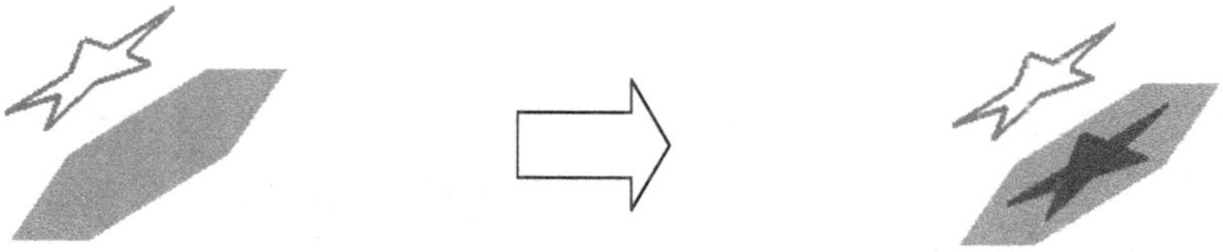

a）分割前　　b）分割后

图 5.6.5　分割面

Step1. 打开文件 D:\ug8.1\work\ch05\ch05.06\divide_face.prt。

Step2. 选择下拉菜单 插入(S) → 修剪(T) → 分割面(D)... 命令，系统弹出图 5.6.6 所示的“分割面”对话框。

Step3. 定义分割曲面。选取图 5.6.7 所示的曲面为需要分割的曲面，单击中键确认。

Step4. 定义分割对象。在图形区选取图 5.6.8 所示的曲线串为分割对象。曲面分割预览如图 5.6.9 所示。

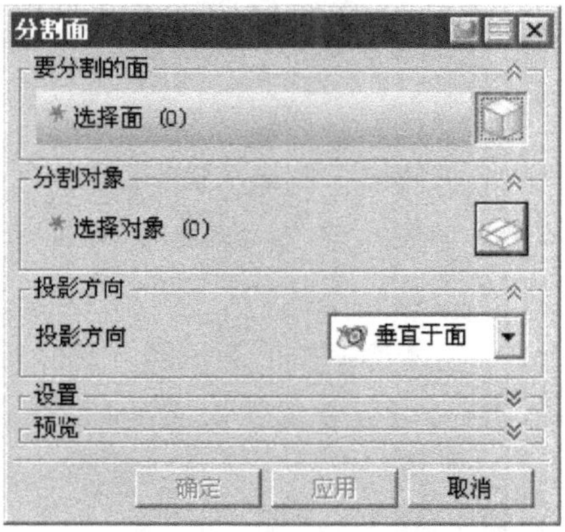

图 5.6.6　“分割面”对话框

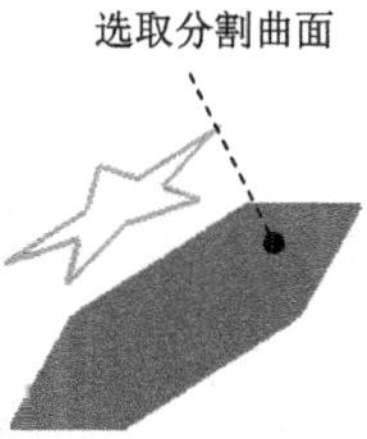

图 5.6.7　选取要分割的曲面

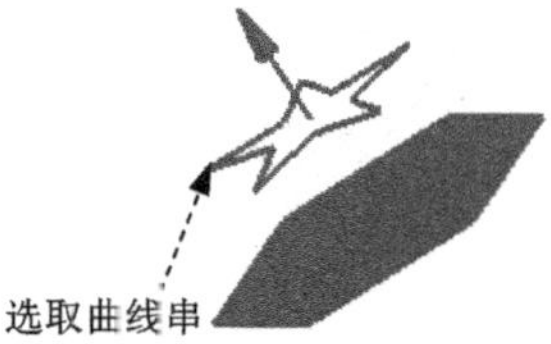

图 5.6.8　选取曲线串

图 5.6.9　曲面分割预览

Step5. 在“分割面”对话框中单击 < 确定 > 按钮，完成分割面的操作。

5.7　曲面的延伸

曲面的延伸就是在已经存在的曲面的基础上，通过曲面的边界或曲面上的曲线进行延伸，扩大曲面。创建图 5.7.1 所示的延伸曲面的创建过程一般如下：

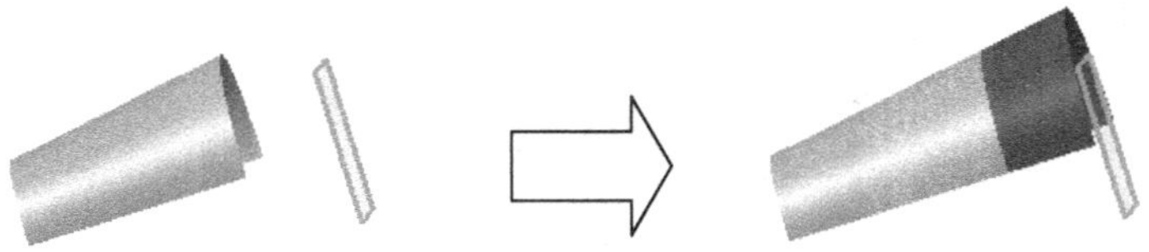

a）延伸前　　b）延伸后

图 5.7.1 延伸曲面的创建

Step1. 打开文件 D:\ug8.1\work\ch05\ch05.07\extension.prt。

Step2. 选择命令。选择下拉菜单 插入(S) → 弯边曲面(G) ▸ → 延伸(E)... 命令。（或在“曲面”工具栏中单击“延伸曲面”按钮），系统弹出图 5.7.2 所示的“延伸曲面”对话框。

Step3. 定义延伸类型。在“延伸曲面”对话框的 类型 下拉列表中选择 边 选项。

Step4. 选取要延伸的边。在图形区选取图 5.7.3 所示的曲面边线作为延伸边线。

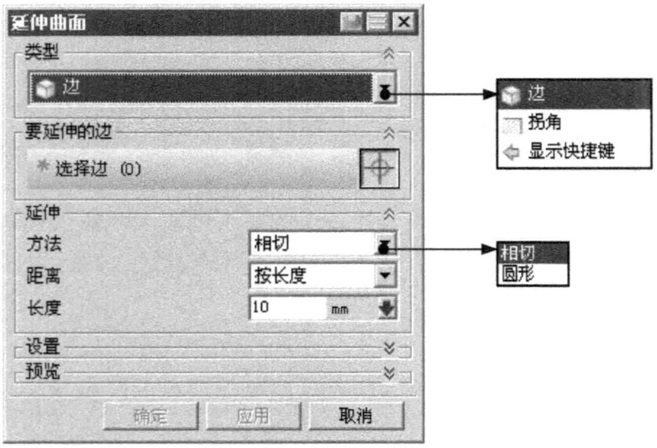

图 5.7.2 “延伸曲面”对话框

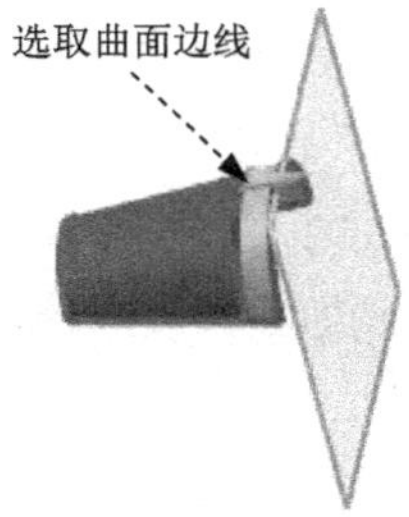

图 5.7.3 选取延伸边线

Step5. 定义延伸方式。在“延伸曲面”对话框中的 方法 下拉列表中选择 相切 选项，在 距离 下拉列表中选择 按长度 选项，如图 5.7.2 所示。

Step6. 定义延伸长度。在“延伸曲面”对话框中单击 长度 文本框后的按钮，系统弹出图 5.7.4 所示的快捷菜单。在该快捷菜单中选择 测量(M)... 命令，系统弹出图 5.7.5 所示的“测量距离”对话框。在图形区选取图 5.7.6 所示的曲面边缘和基准平面 1 作为测量对象，单击“测量距离”对话框中的 < 确定 > 按钮，系统返回到“延伸曲面”对话框。

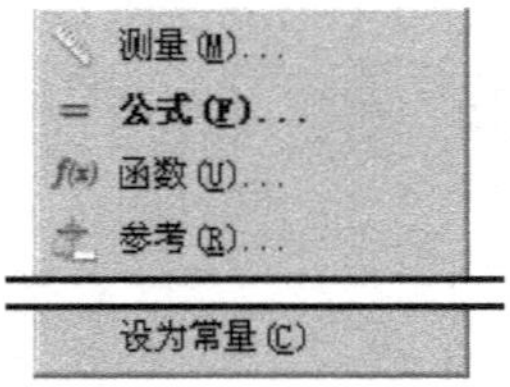

图 5.7.4 快捷菜单

图 5.7.5 “测量距离”对话框

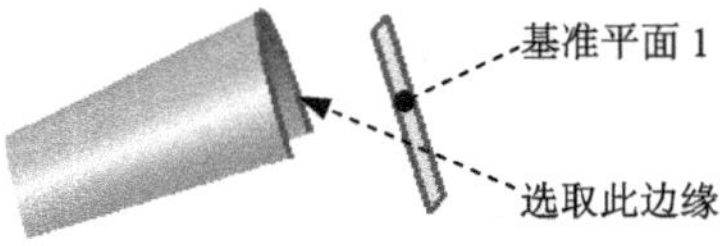

图 5.7.6 选取特征

Step7. 单击 < 确定 > 按钮，完成延伸曲面的创建。

5.8　曲面倒圆角

利用倒圆角功能可以在两组曲面或实体表面之间建立光滑连接的过渡曲面。生成的过渡曲面的截面线可以是圆弧、二次曲线、等参数曲线或其他类型的曲线。

5.8.1　边倒圆

使用边倒圆可以使至少由两个面共享的选定边缘变光顺。倒圆角时就像沿着被倒圆角的边缘（圆角半径）滚动一个球，同时使球始终与在此边缘处相交的各个面接触。创建图 5.8.1 所示的边倒圆的一般过程如下：

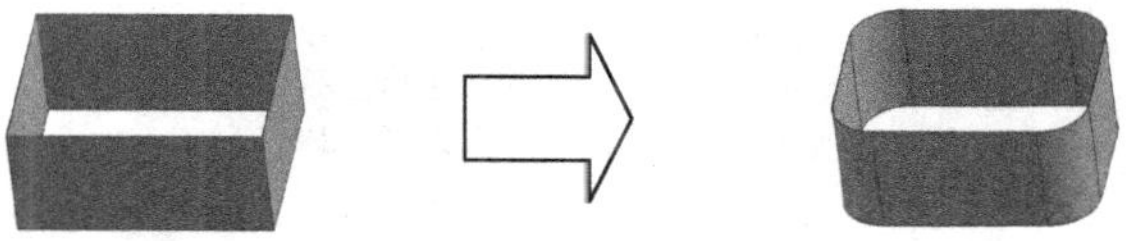

a）倒圆前　　b）倒圆后

图 5.8.1　边倒圆

Step1. 打开文件 D:\ug8.1\work\ch05\ch05.08\blend.prt。

Step2. 选择下拉菜单 插入(S) ➡ 细节特征(L) ➡ 边倒圆(E)... 命令，系统弹出图 5.8.2 所示的“边倒圆”对话框。

Step3. 定义倒圆角类型。在对话框的 形状 下拉列表中选择 圆形 选项。

Step4. 选取倒圆角边。在图形区选取图 5.8.3 所示的四条边线，在 半径 1 文本框中输入值 10.0，单击中键确认。

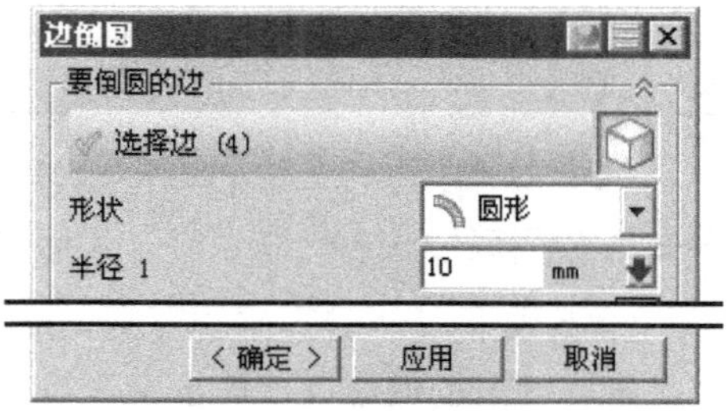

图 5.8.2　“边倒圆”对话框

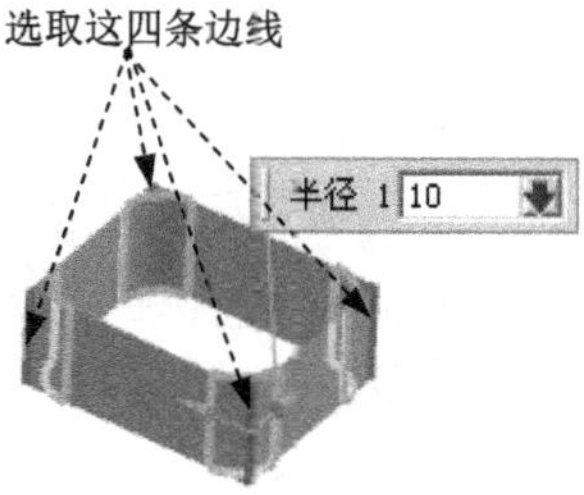

图 5.8.3　选取边缘曲线

Step5. 在“边倒圆”对话框中单击 < 确定 > 按钮，完成边倒圆操作。

5.8.2　面倒圆

面倒圆可用于创建复杂的与两组输入面相切的圆角面，并能修剪和附着圆角面。创建图 5.8.4 所示的面倒圆的一般过程如下：

图 5.8.4　面倒圆的创建

Step1. 打开文件 D:\ug8.1\work\ch05\ch05.08\face_blend.prt。

Step2. 选择下拉菜单 插入(S) → 细节特征(L) → 面圆角(F)... 命令，系统弹出图 5.8.5 所示的“面倒圆”对话框。

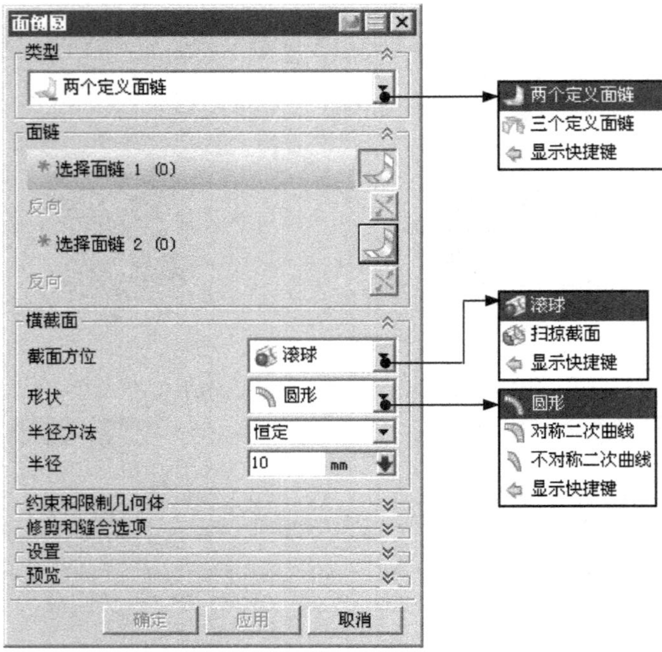

图 5.8.5　“面倒圆”对话框

Step3. 定义面倒圆类型。在“面倒圆”对话框的类型下拉列表中选择 两个定义面链 选项。

Step4. 定义面倒圆横截面。在“面倒圆”对话框中的截面方位下拉列表中选择 滚球 选项；在形状下拉列表中选择 圆形 选项，在半径方法下拉列表中选择恒定选项，其他选项均为默认选项。在半径文本框中输入半径值 10.0。

Step5. 定义第一个面倒圆。在图形区选取图 5.8.6 所示的曲面 1，单击中键确认，然后选取图 5.8.6 所示的曲面 2，单击 应用 按钮，完成第一个面倒圆的创建。

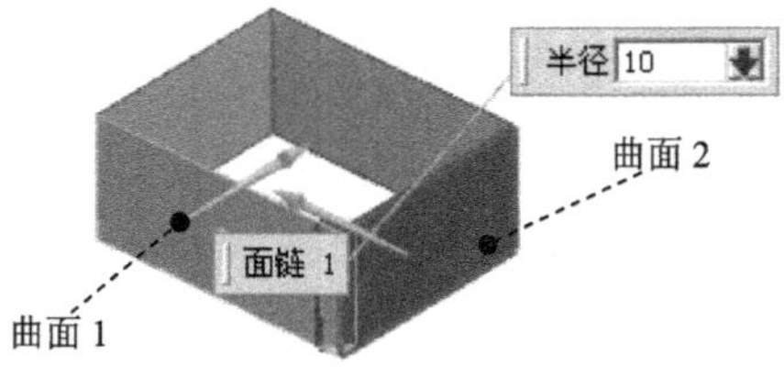

图 5.8.6　定义第一个面倒圆

Step6. 参照 Step5.创建其他三处的面倒圆，单击 < 确定 > 按钮，完成面倒圆操作，结果如图 5.8.4b 所示。

图 5.8.5 所示的“面倒圆”对话框中的部分选项说明如下：

- 截面方位 下拉列表：控制圆角在横截面上的形状。
  - ☑ 滚球（滚球）：使用滚动的球体创建倒圆曲面，倒圆截面线由球体于两组曲面的交点和球心确定。
  - ☑ 扫掠截面（扫掠截面）：扫略截面。使用沿着脊线串的扫略截面创建倒圆曲面。
- 形状 下拉列表：用于控制倒圆角横截面的形状。
  - ☑ 圆形：横截面形状为圆弧。
  - ☑ 对称二次曲：横截面形状为对称二次曲线。
  - ☑ 不对称二次曲线：横截面形状为不对称二次曲线。

5.9 曲面的缝合

曲面的缝合功能可以将两个或两个以上的曲面连接形成一个曲面。图 5.9.1 所示的曲面缝合的一般过程如下：

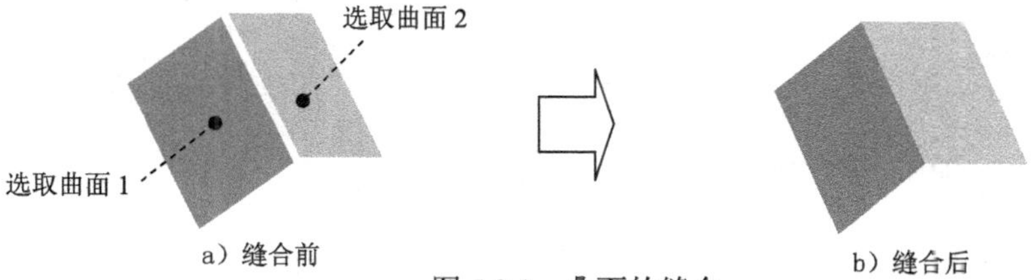

图 5.9.1 曲面的缝合

Step1. 打开文件 D:\ug8.1\work\ch05\ch05.09\sew.prt。

Step2. 选择下拉菜单 插入(S) → 组合(B) → 缝合(W)... 命令，系统弹出图 5.9.2 所示的“缝合”对话框。

图 5.9.2 “缝合”对话框

Step3. 设置缝合类型。在“缝合”对话框中类型区域的下拉列表中选择片体选项。

Step4. 定义目标片体和刀具片体。在图形区选取图 5.9.1a 所示的曲面 1 为目标片体，然后选取曲面 2 为刀具片体。

Step5. 设置缝合公差。在“缝合”对话框的公差文本框中输入值 3.0，单击确定按钮（或者单击中键）完成曲面的缝合操作。

5.10 面的实体化

面的实体化就是将曲面生成实体，包括封闭曲面的实体化和开放曲面的加厚两种方式，下面将分别介绍。

5.10.1 封闭曲面的实体化

封闭曲面的实体化就是将一组封闭的曲面转化为实体特征。图 5.10.1 所示的封闭曲面实体化的操作过程如下：

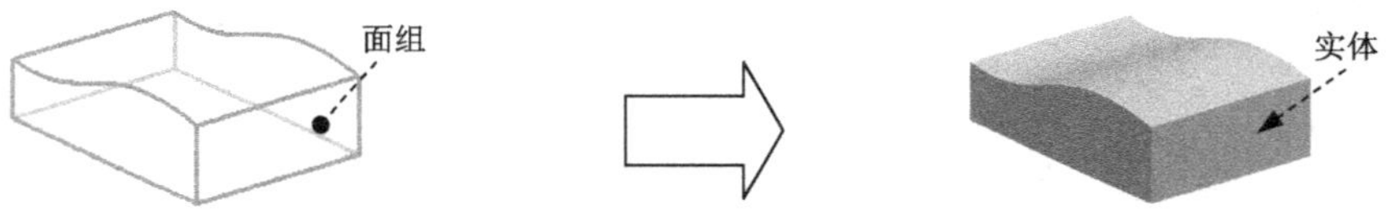

a）实体化前　b）实体化后

图 5.10.1 封闭曲面的实体化

Step1. 打开文件 D:\ug8.1\work\ch05\ch05.10\surface_solid.prt。

Step2. 选择下拉菜单视图(V) → 截面(S) → 新建截面(T)...命令，系统弹出图 5.10.2 所示的“视图截面”对话框。

Step3. 在“视图截面”对话框的类型区域下拉列表中选择一个平面选项，然后单击剖切平面区域的“设置平面至 X”按钮，此时可看到在图形区中显示的特征为片体，如图 5.10.3 所示，单击取消按钮。

Step4. 选择下拉菜单插入(S) → 组合(B) → 缝合(W)...命令，系统弹出“缝合”对话框。

Step5. 在“缝合”对话框中均采用默认设置，在图形区依次选取片体 1 和曲面 1（图 5.10.4）为目标片体和工具片体，单击“缝合”对话框中的确定按钮，完成实体化操作。

Step6. 选择下拉菜单视图(V) → 截面(S) → 新建截面(T)...命令，系统弹出“视图截面”对话框。

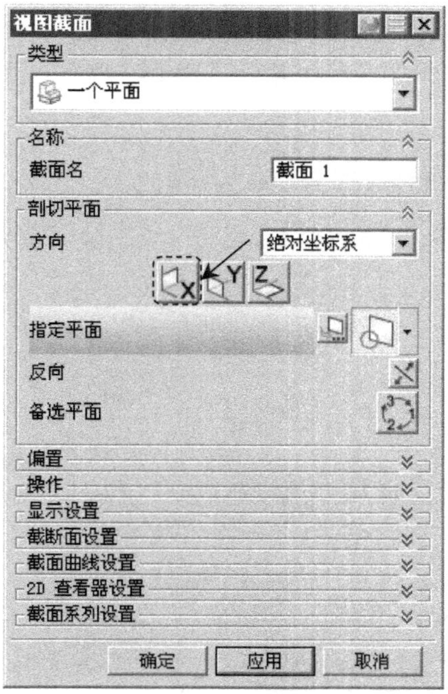

图 5.10.2　“视图截面”对话框

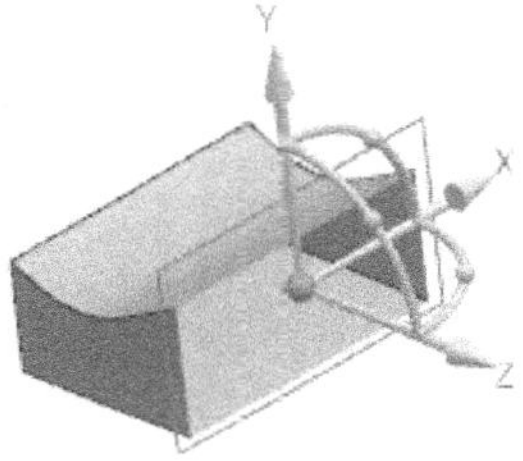

图 5.10.3　截面视图

Step7. 在“剖切定义”对话框的类型区域下拉列表中选择一个平面选项，然后单击剖切平面区域的“设置平面至 X”按钮，此时可看到在图形区中显示的特征为实体，如图 5.10.5 所示，单击取消按钮。

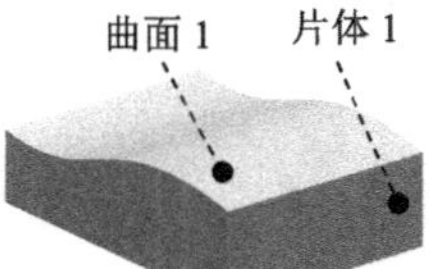

图 5.10.4　选取特征

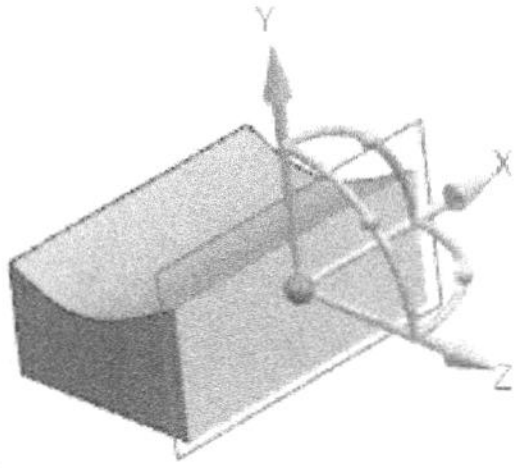

图 5.10.5　截面视图

说明：在 UG NX 8.0 中，通过缝合封闭曲面会自然生成一个实体。

5.10.2　开放曲面的加厚

曲面加厚功能可以对开放的曲面进行偏置生成实体，并且生成的实体可以和已有的实体进行布尔运算。图 5.10.6 所示的曲面加厚的一般过程如下：

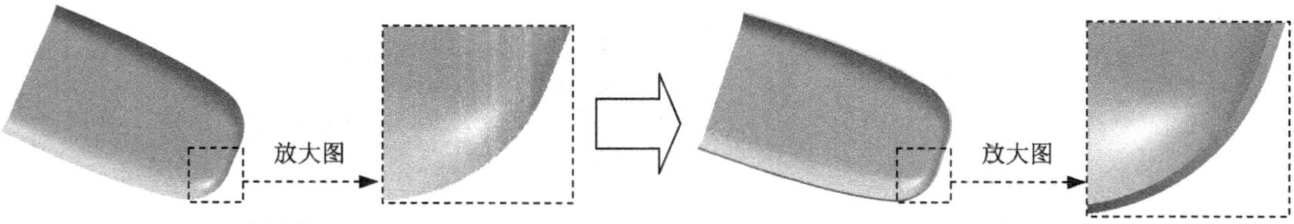

a）加厚前　　b）加厚后

图 5.10.6　曲面的加厚

Step1. 打开文件 D:\ug8.1\work\ch05\ch05.10\thicken.prt。

说明： *如果曲面存在收敛点，则无法直接加厚，所以在加厚之前必须通过修剪、补片和缝合等操作去除收敛点。*

Step2. 将图 5.10.7 所示的曲面 1 与曲面 2 缝合（缝合后称为面组 12）。

Step3. 创建一个拉伸特征去除收敛点，如图 5.10.8 所示。

图 5.10.7 选取曲面

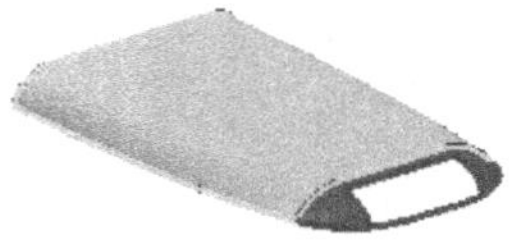

图 5.10.8 去除收敛点

（1）选择下拉菜单 插入(S) ➡ 设计特征(E) ➡ 拉伸(E)... 命令，系统弹出“拉伸”对话框。

（2）在“拉伸”对话框中单击 截面 区域中的 按钮，系统弹出“创建草图”对话框。在“创建草图”对话框 类型 区域的下拉列表中选择 在平面上 选项；在 草图平面 区域的 平面选项 下拉列表中选择 现有平面 选项，然后选取 XY 平面为草图平面，单击 确定 按钮进入草图环境。

（3）定义拉伸截面。绘制图 5.10.9 所示的截面草图。

（4）单击 完成草图 按钮，退出草图环境。

（5）确定拉伸起始值和结束值。在“拉伸”对话框 限制 区域的 开始 下拉列表中选择 值 选项，在第一个 距离 文本框中输入值 0.0，在 结束 下拉列表中选择 值 选项，在第二个 距离 文本框中输入值 25.0。

（6）进行布尔运算。在 布尔 区域的 布尔 下拉列表中选择 求差 选项，单击 <确定> 按钮完成收敛点的去除。

Step4. 创建图 5.10.10 所示的曲面 3。

（1）选择下拉菜单 插入(S) ➡ 网格曲面(M) ➡ 通过曲线网格(M)... 命令，系统弹出“通过曲线网格”对话框。

（2）选取图 5.10.11 所示的线串 1 和线串 2 为主线串，分别单击中键确认。再次单击中键，然后选取图 5.10.12 所示的线串 3 和线串 4 为交叉线串，分别单击中键确认。

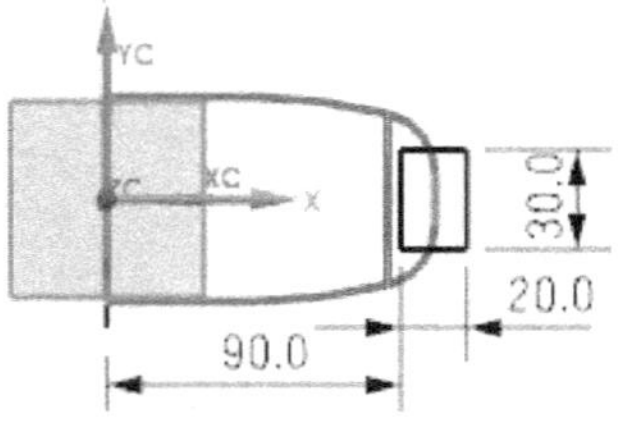

图 5.10.9 截面草图

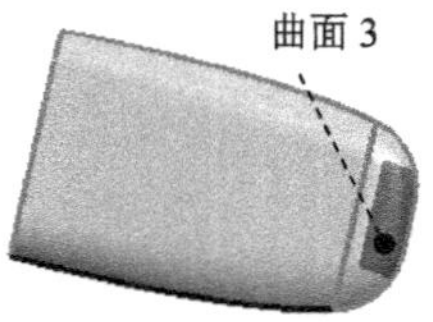

图 5.10.10 创建曲面 3

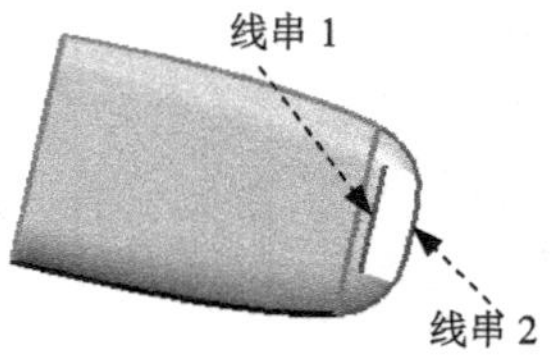

图 5.10.11 选取主线串

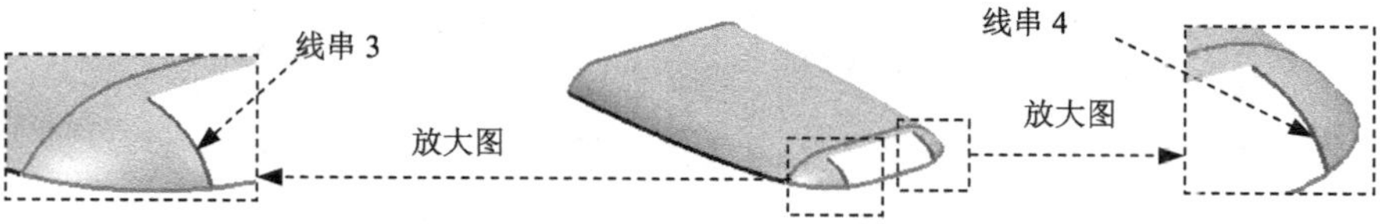

图 5.10.12　选取交叉线串

（3）定义约束面。在“通过曲线网格”对话框连续性区域的第一主线串下拉列表中选择G1（相切）选项，选取曲面 2 为约束面。

（4）定义约束面。在“通过曲线网格”对话框连续性区域的第一交叉线串下拉列表中选择G1（相切）选项，选取曲面 2 为约束面。

（5）定义约束面。在“通过曲线网格”对话框连续性区域的最后交叉线串下拉列表中选择G1（相切）选项，选取曲面 2 为约束面。

（6）在“通过曲线网格”对话框中单击确定按钮，完成曲面的创建。

Step5. 将面组 12 与曲面 3 缝合（缝合后称为面组 123）。

Step6. 选择下拉菜单插入(S) → 偏置/缩放(O) → 加厚(T)...命令，系统弹出图 5.10.13 所示的“加厚”对话框。

Step7. 定义目标片体。在图形区选取面组 123。

Step8. 定义加厚的数值。在“片体加厚”对话框的偏置 1文本框中输入值 1，其他均采用系统默认设置，然后单击< 确定 >按钮或者单击中键完成曲面加厚操作。

说明：曲面加厚完成后，它的截面是不平整的，所以一般在加厚后还需切平。

Step9. 创建一个拉伸特征将模型一侧切平，如图 5.10.14 所示。

（1）选择下拉菜单插入(S) → 设计特征(E) → 拉伸(E)...命令，系统弹出“拉伸”对话框。

（2）在“拉伸”对话框中单击截面区域中的按钮，系统弹出“创建草图”对话框。在“创建草图”对话框类型区域的下拉列表中选择在平面上选项；在草图平面区域的平面选项下拉列表选择现有平面选项，然后选取 YZ 平面为草图平面。单击确定按钮进入草图环境。

（3）定义拉伸截面。绘制图 5.10.15 所示的拉伸截面草图。

图 5.10.13　“加厚”对话框

图 5.10.14　切削特征

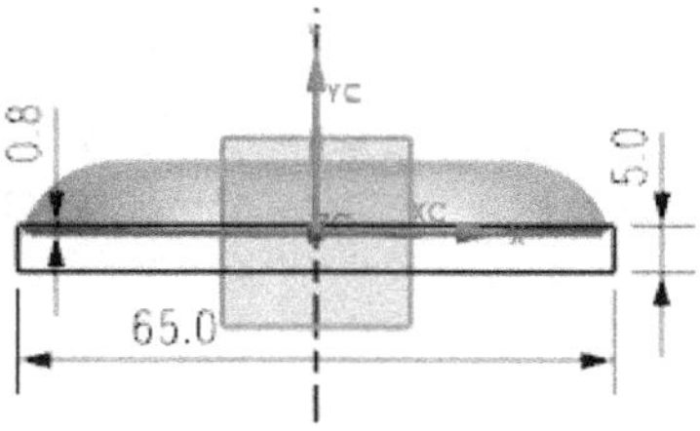

图 5.10.15　拉伸截面草图

图 5.10.13 所示的“加厚”对话框中的部分选项说明如下：

- 偏置 1：该选项用于定义加厚实体的起始位置。
- 偏置 2：该选项用于定义加厚实体的结束位置。

（4）单击完成草图按钮，退出草图环境。

（5）在“拉伸”对话框限制区域的开始下拉列表中选择值选项，在第一个距离文本框中输入值 - 5.0，在结束下拉列表中选择值选项，在第二个距离文本框中输入值 120.0；在布尔区域的布尔下拉列表中选择求差选项，选取加厚的实体；单击< 确定 >按钮完成模型一侧的切平。

5.11 曲面设计综合范例 1——电吹风的设计

范例概述

本范例介绍了一款电吹风外壳的曲面设计过程。曲面零件设计的一般方法是先创建一系列草图曲线和空间曲线，然后利用所创建的曲线构建几个独立的曲面，再利用缝合等工具将独立的曲面变成一个整体面组，最后将整体面组变成实体模型。电吹风外壳模型如图 5.11.1 所示。

Step1. 新建一个零件的三维模型，将其命名为 blower。

Step2. 创建图 5.11.2 所示的草图 1。

图 5.11.1 模型

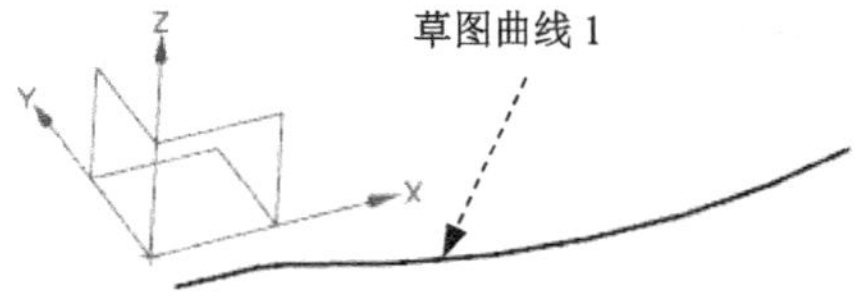

图 5.11.2 草图 1（建模环境）

（1）选择下拉菜单插入(S) → 任务环境中的草图(S)...命令，系统弹出“创建草图”对话框。

（2）设置 XY 平面为草图平面，接受系统默认的方向，选中设置区域中的☑ 创建中间基准 CSYS复选框，单击“创建草图”对话框中的确定按钮，进入草图环境。

（3）创建草图。绘制图 5.11.3 所示的草图 1。

（4）选择下拉菜单任务(K) → 完成草图(K)命令。

Step3. 创建图 5.11.4 所示的镜像曲线 1。

（1）选择下拉菜单插入(S) → 来自曲线集的曲线(F) → 镜像(M)...命令，系统弹出“镜像曲线”对话框。

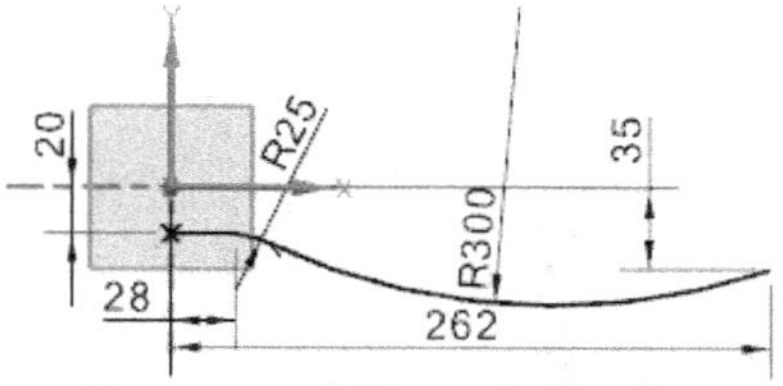

图 5.11.3　草图 1（草图环境）

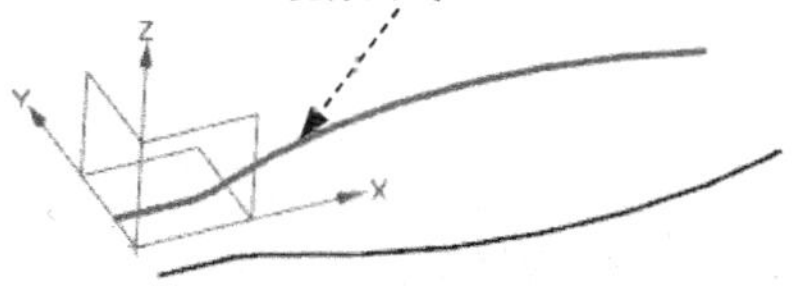

图 5.11.4　创建镜像曲线 1

（2）选取草图曲线 1，单击中键确认。在“镜像曲线”对话框的平面区域中单击按钮，选取 ZX 平面为镜像平面，单击确定按钮生成镜像曲线 1。

Step4. 创建图 5.11.5 所示的草图 2。

（1）选择下拉菜单插入(S) → 任务环境中的草图(S)...命令，系统弹出“创建草图”对话框。

（2）设置 YZ 平面为草图平面，接受系统默认的方向，取消选中设置区域中的□ 创建中间基准 CSYS复选框，单击“创建草图”对话框中的确定按钮，进入草图环境。

（3）绘制草图曲线。绘制图 5.11.6 所示的一条曲线（圆弧的圆心位于坐标轴交点）。

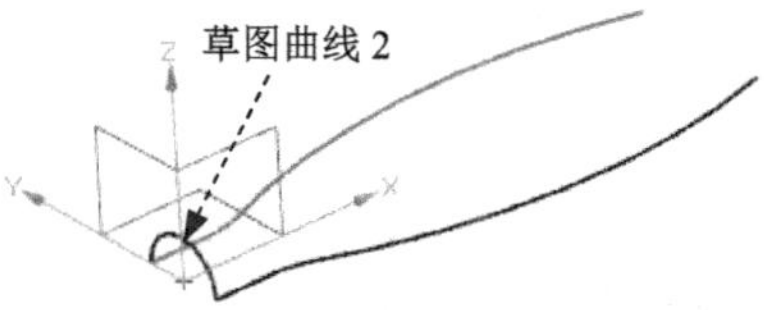

图 5.11.5　草图 2（建模环境）

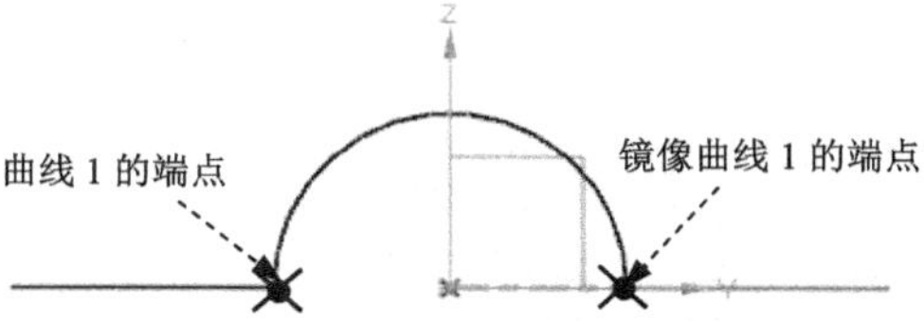

图 5.11.6　草图 2（草图环境）

（4）选择下拉菜单任务(K) → 完成草图(K)命令。

Step5. 创建图 5.11.7 所示的基准平面 1。

（1）选择下拉菜单插入(S) → 基准/点(D) → 基准平面(D)...命令，系统弹出“基准平面”对话框。

（2）在“基准平面”对话框类型区域的下拉列表中，选择按某一距离选项，选取 YZ 平面为参照平面，在偏置区域的距离文本框中输入值 160.0。

（3）在“基准平面”对话框中单击< 确定 >按钮，完成基准平面 1 的创建。

Step6. 创建图 5.11.8 所示的草图 3。

（1）选择下拉菜单插入(S) → 任务环境中的草图(S)...命令，系统弹出“创建草图”对话框。

（2）设置基准平面 1 为草图平面，接受系统默认的方向，单击“创建草图”对话框中的确定按钮，进入草图环境。

（3）绘制基准曲线。绘制图 5.11.9 所示的草图 3。

（4）选择下拉菜单任务(K) → 完成草图(K)命令。

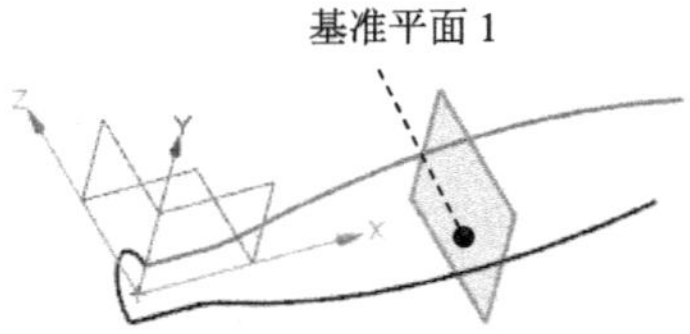

图 5.11.7 创建基准平面 1

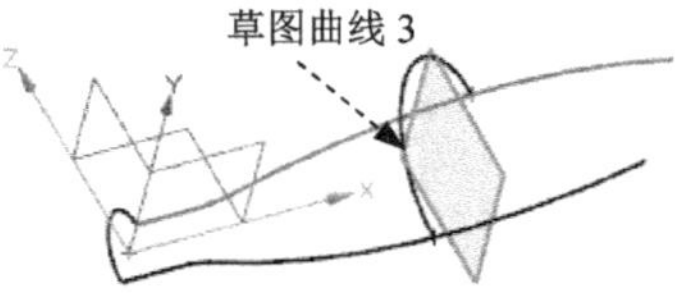

图 5.11.8 草图 3（建模环境）

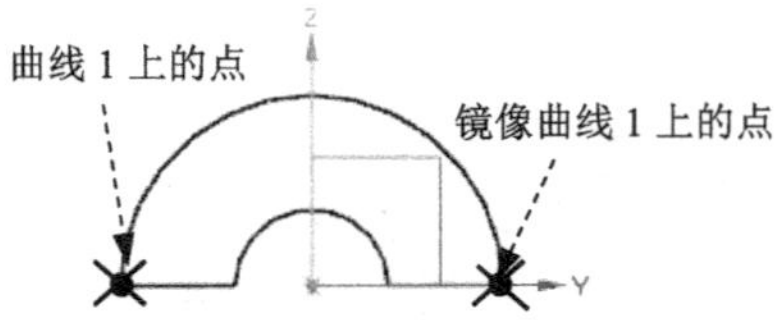

图 5.11.9 草图 3（草图环境）

说明：在绘制图 5.11.9 所示的曲线时，可以先创建两个交点（选择下拉菜单 插入(S) ➡ 来自曲线集的曲线(F) ➡ 交点(N)... 命令，分别选取草图曲线 1 和镜像曲线 1_1），如图 5.11.10 所示，然后绘制图 5.11.11 所示的弧。

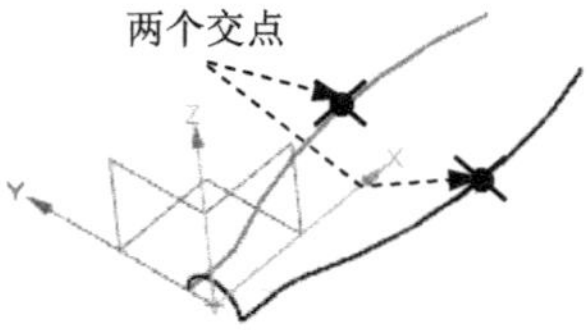

图 5.11.10 创建参考直线

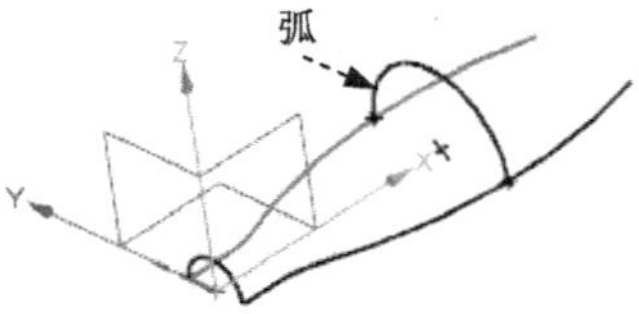

图 5.11.11 创建弧

Step7. 创建图 5.11.12 所示的基准平面 2。

（1）选择下拉菜单 插入(S) ➡ 基准/点(D) ➡ 基准平面(D)... 命令，系统弹出“基准平面”对话框。

（2）在 类型 区域的下拉列表中，选择 点和方向 选项，选取图 5.11.12 所示的曲线端点，在 法向 区域的 指定矢量 下拉列表中选择 XC 选项，定义 X 轴的正方向为平面方向。

（3）在“基准平面”对话框中单击 < 确定 > 按钮，完成基准平面 2 的创建。

Step8. 创建图 5.11.13 所示的草图 4。

说明：草图平面为基准平面 2，截面草图如图 5.11.14 所示。

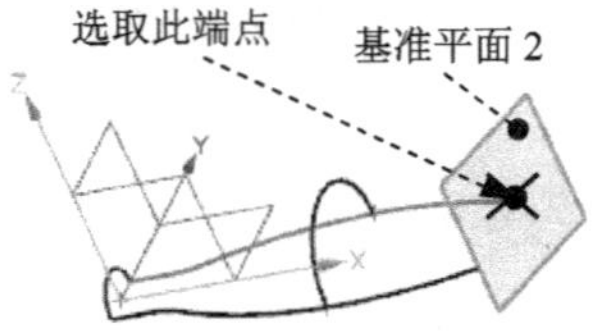

图 5.11.12 创建基准平面 2

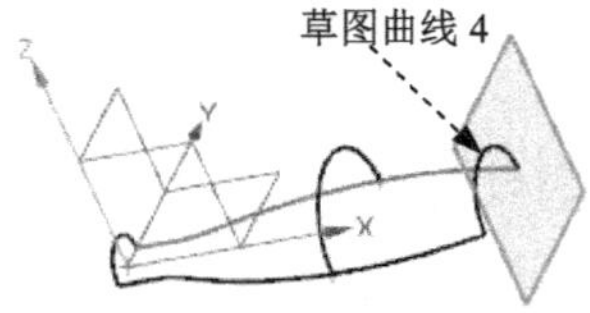

图 5.11.13 草图 4（建模环境）

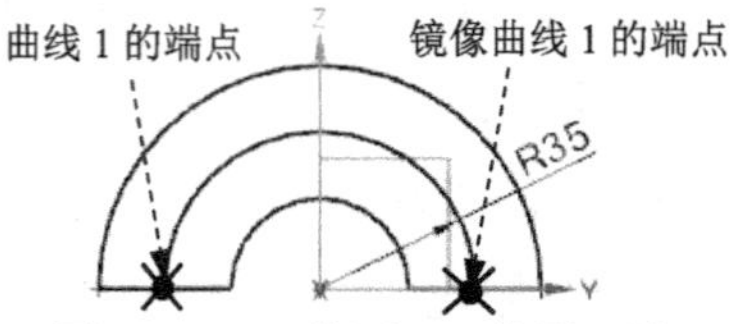

图 5.11.14 草图 4（草图环境）

Step9. 隐藏基准平面 1 和基准平面 2。选择下拉菜单 编辑(E) ➡ 显示和隐藏(H) ➡ 隐藏(H)... 命令，系统弹出“类选择”对话框。选取基准平面 1 和基准平面 2，单击对话框中的 确定 按钮，完成基准平面的隐藏操作。

Step10. 创建图 5.11.15 所示的草图 5。

说明：草图平面为 XY 平面，截面草图如图 5.11.16 所示。

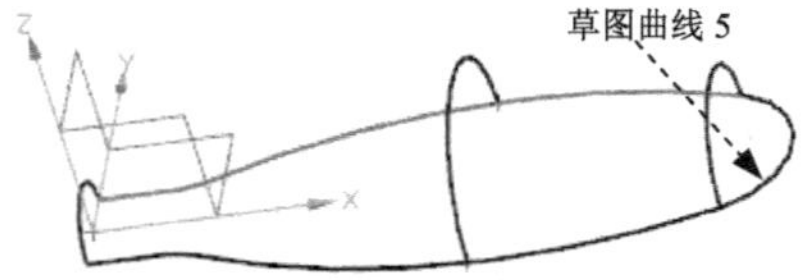

图 5.11.15 草图 5（建模环境）

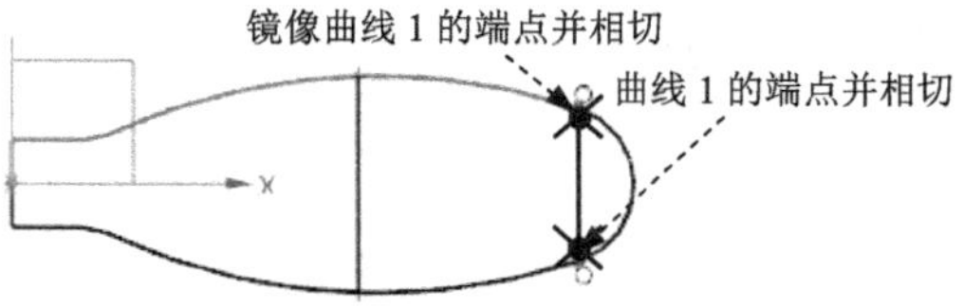

图 5.11.16 草图 5（草图环境）

Step11. 创建图 5.11.17 所示的草图 6。

说明：

- 草图平面为 XY 平面，截面草图如图 5.11.18 所示。
- 圆弧和直线的下端点位于同一水平线上。

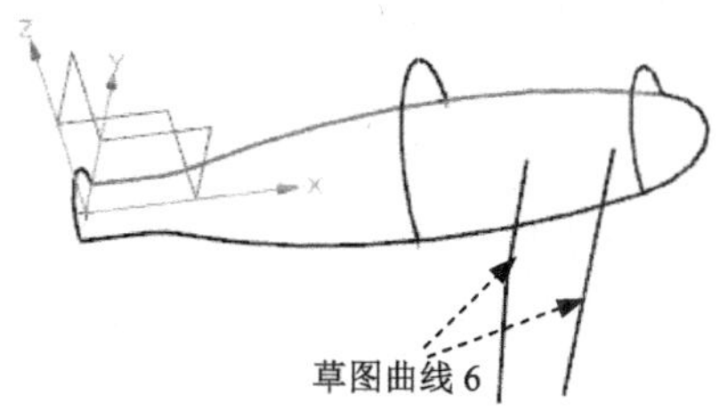

图 5.11.17　草图 6（建模环境）

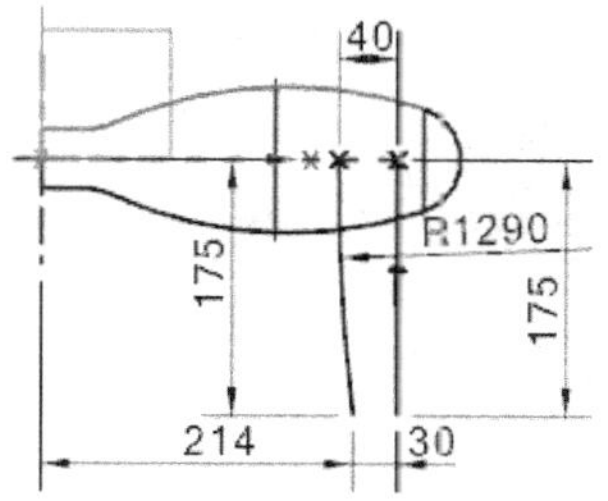

图 5.11.18　草图 6（草图环境）

Step12. 创建图 5.11.19 所示的草图 7。

说明：草图平面为 ZX 平面，截面草图如图 5.11.20 所示。

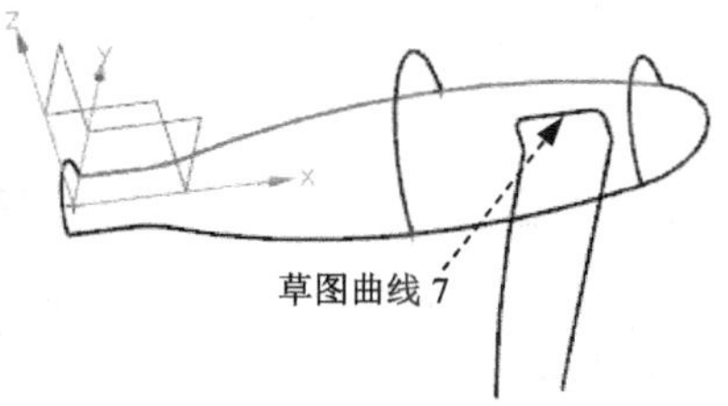

图 5.11.19　草图 7（建模环境）

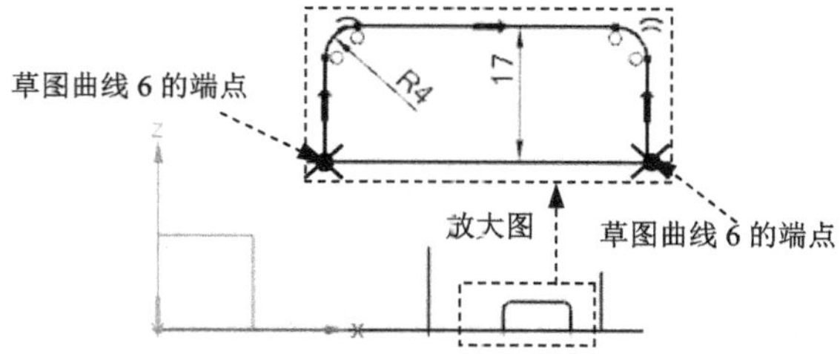

图 5.11.20　草图 7（草图环境）

Step13. 创建图 5.11.21 所示的基准平面 3。

（1）选择下拉菜单 插入(S) ➡ 基准/点(D) ➡ 基准平面(D)... 命令，系统弹出“基准平面”对话框。

（2）在 类型 区域的下拉列表中选择 点和方向 选项，选取图 5.11.21 所示的曲线端点，在 法向 区域的 指定矢量 下拉列表中选择 YC 选项，定义 Y 轴正方向为平面方向。

（3）在“基准平面”对话框中单击 < 确定 > 按钮，完成基准平面 3 的创建。

Step14. 创建图 5.11.22 所示的草图 8。

说明：草图平面为基准平面 3，截面草图如图 5.11.23 所示。

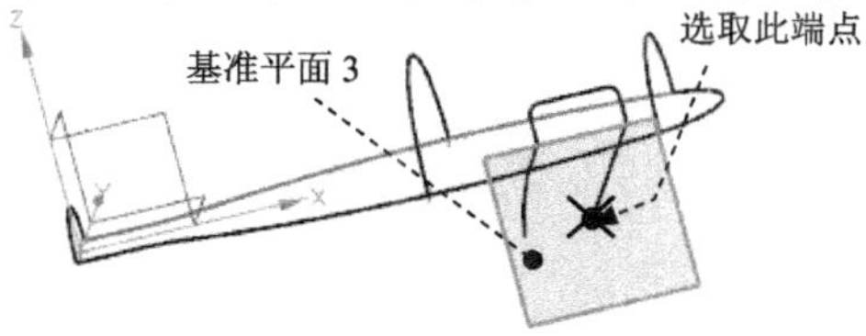

图 5.11.21　基准平面 3

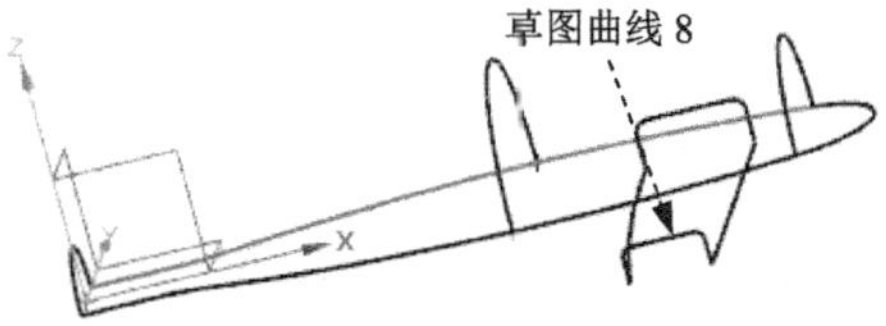

图 5.11.22　草图 8（建模环境）

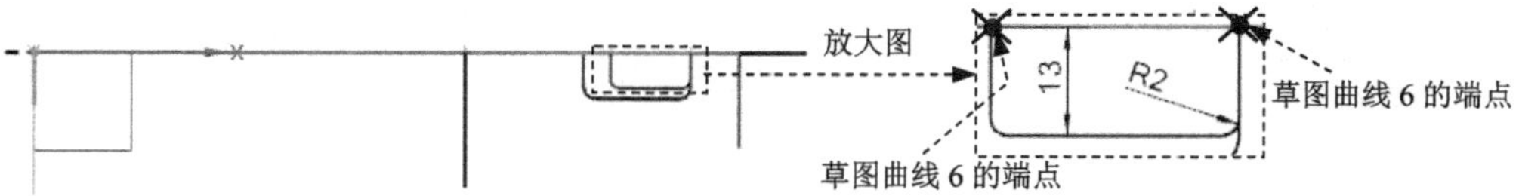

图 5.11.23　草图 8（草图环境）

Step15. 创建图 5.11.24 所示的曲面 1。

（1）选择下拉菜单 插入(S) → 网格曲面(M) → 通过曲线网格(M)... 命令，系统弹出“通过曲线网格”对话框。

（2）依次选取图 5.11.25 所示的草图曲线 2、草图曲线 3 和草图曲线 4 为主线串，并分别单击中键确认，再次单击中键后选取图 5.11.26 所示的草图曲线 1 和镜像曲线 1 为交叉线串，分别单击中键确认。

（3）其他选项采用系统默认设置，单击 < 确定 > 按钮，完成曲面 1 的创建。

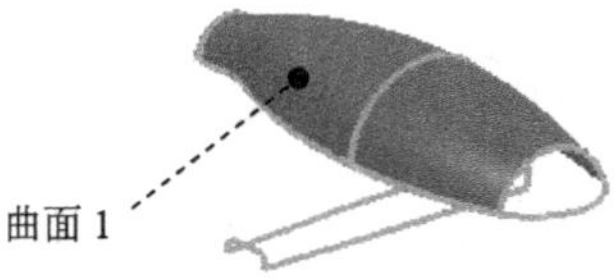

图 5.11.24 创建曲面 1

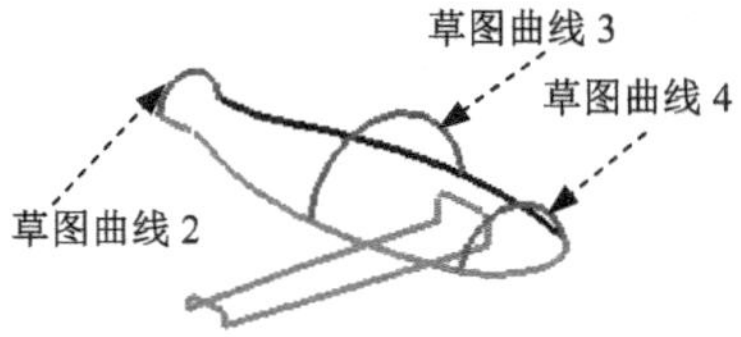

图 5.11.25 选取主曲线

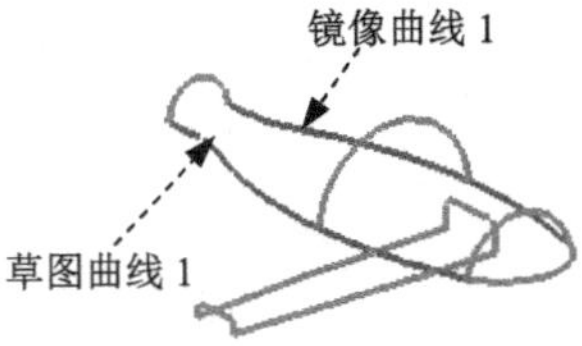

图 5.11.26 选取横向线串

Step16. 创建图 5.11.27 所示的曲面 2。

（1）选择下拉菜单 插入(S) → 网格曲面(M) → 通过曲线组(T)... 命令，系统弹出“通过曲线组”对话框。

（2）选取图 5.11.28 所示的草图曲线 4 和草图曲线 5 为截面线串，分别单击中键确认。

（3）在“通过曲线组”对话框的 连续性 区域的 第一截面 下拉列表中选择 G1（相切）选项，然后选取图 5.11.28 所示的曲面 1 为约束面；其余参数采用系统默认设置值。单击 < 确定 > 按钮，完成曲面 2 的创建。

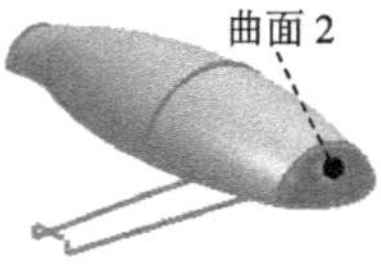

图 5.11.27 创建曲面 2

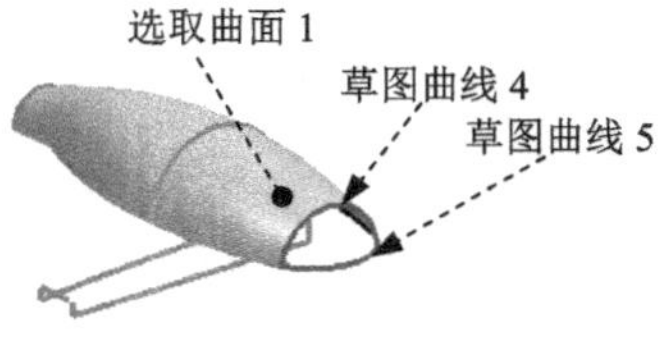

图 5.11.28 选取曲线与约束面

注意：由于选取的两组截面线串相交于一点，图 5.11.29 所示的曲面 2 的两端为收敛点。

Step17. 将曲面 1 和曲面 2 缝合（缝合后称为面组 1）。

（1）选择下拉菜单 插入(S) → 组合(B) → 缝合(W)... 命令，系统弹出“缝合”对话框。

（2）在图形区依次选取曲面 1 和曲面 2 为目标片体和工具片体，在“缝合”对话框中单击 确定 按钮，完成曲面的缝合操作。

Step18. 去除收敛点，如图 5.11.30 所示。

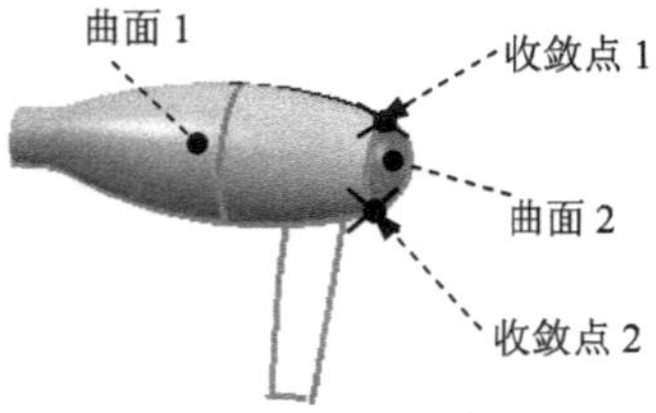

图 5.11.29 选取曲面

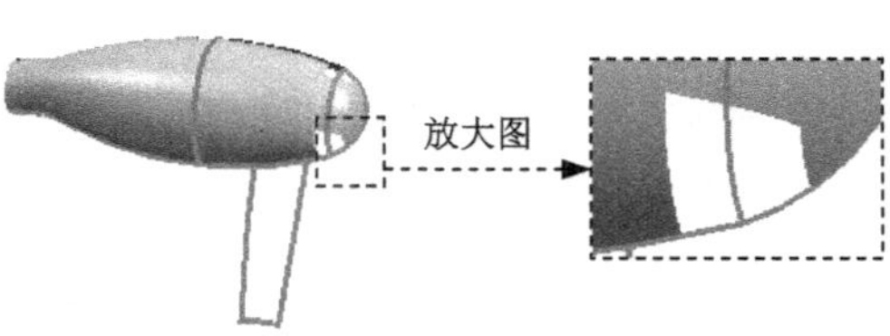

图 5.11.30 去除收敛点

（1）选择下拉菜单 插入(S) → 设计特征(E) → 拉伸(E)... 命令，系统弹出“拉伸”对话框。

（2）在“拉伸”对话框中单击截面区域中的按钮，系统弹出“创建草图”对话框。在类型区域的下拉列表中选择 在平面上 选项，然后选取 XY 平面为草图平面，接受系统默认的参照方向，单击 确定 按钮，进入草图环境。

（3）绘制草图曲线。绘制图 5.11.31 所示的曲线（收敛点需包含在绘制的矩形内）。

（4）选择下拉菜单 任务(K) → 完成草图(K) 命令。

（5）在“拉伸”对话框极限区域的开始下拉列表中选择 值 选项，在第一个距离文本框中输入值-5.0，在结束下拉列表中选择 值 选项，在第二个距离文本框中输入值 50.0；在布尔区域的布尔下拉列表中选择 求差 选项，单击 < 确定 > 按钮，完成收敛点的去除。

Step19. 创建图 5.11.32b 所示的曲面 3。

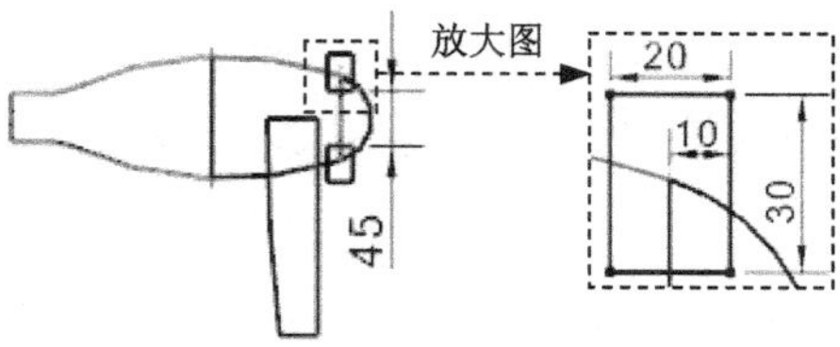

图 5.11.31　拉伸截面草图

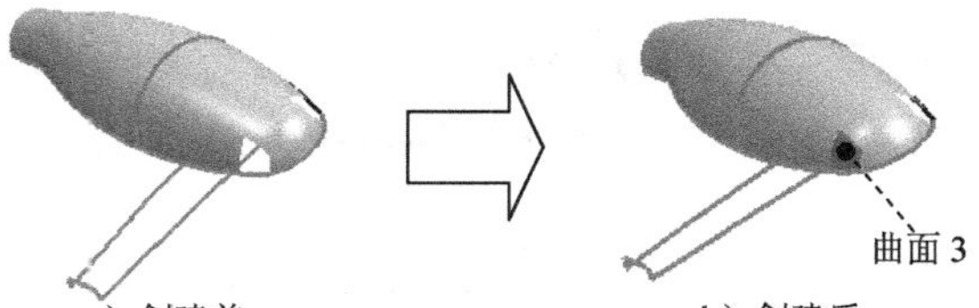

a）创建前　　b）创建后

图 5.11.32　创建曲面 3

（1）选择下拉菜单 插入(S) → 网格曲面(M) → 通过曲线网格(M)... 命令，系统弹出“通过曲线网格”对话框。

（2）选取图 5.11.33 所示的线串 1 和线串 2 为主线串，分别单击中键确认。选取完成后再次单击中键，然后选取图 5.11.34 所示的线串 3 和线串 4 为交叉线串，分别单击中键确认。

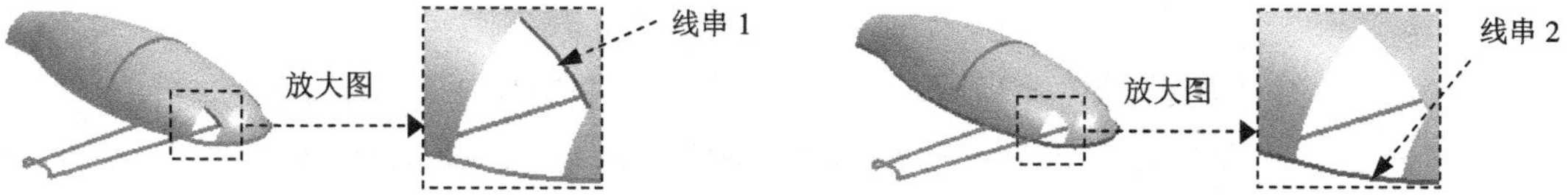

a）主曲线 1　　b）主曲线 2

图 5.11.33　主曲线

a）横向线串 1　　b）横向线串 2

图 5.11.34　横向线串

（3）在“通过曲线网格”对话框的连续性区域的第一主线串下拉列表中选择 G1（相切）选项，然后选取图 5.11.35 所示的面组 1 为约束面。

说明：在选取的约束面不够时，系统会弹出错误提示的“通过曲线网格”对话框，此

时先单击该对话框中的 确定 按钮，再创建必要的约束面。

（4）在“通过曲线网格”对话框的连续性区域的第一交叉线串下拉列表中选择G1（相切）选项，选取图 5.11.35 所示的面组 1 为约束面。

（5）在“通过曲线网格”对话框的连续性区域的最后交叉线串下拉列表中选择G1（相切）选项，选取图 5.11.35 所示的面组 1 为约束面。

（6）在“通过曲线网格”对话框中单击＜确定＞按钮，完成曲面 3 的创建。

Step20. 参照 Step19，创建图 5.11.36 所示的曲面 4。

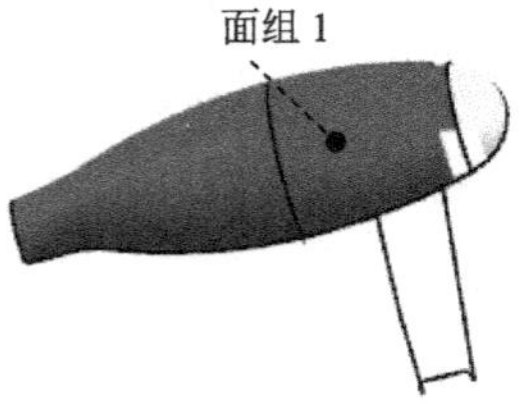

图 5.11.35 选取面组

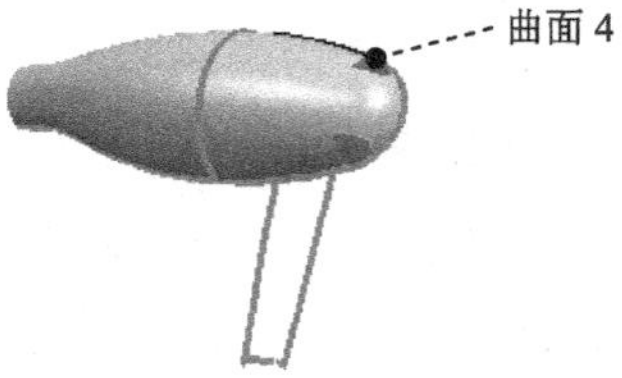

图 5.11.36 创建曲面 4

Step21. 将图 5.11.37 所示的面组 1 与曲面 3 和曲面 4 缝合（缝合后称为面组 2）。

（1）选择下拉菜单 插入(S) → 组合(B) → 缝合(W)... 命令，系统弹出“缝合”对话框。

（2）在图形区选取面组 1 为目标片体，曲面 3 和曲面 4 为工具片体，在“缝合”对话框中单击＜确定＞按钮，完成曲面的缝合操作。

Step22. 创建图 5.11.38 所示的扫掠曲面 5（图 5.11.38 中已将面组 2 隐藏）。

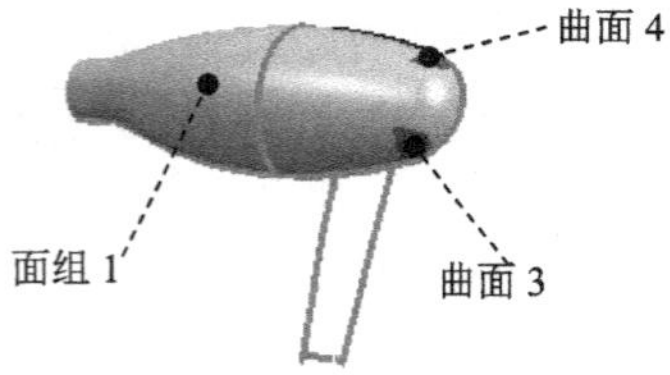

图 5.11.37 缝合曲面

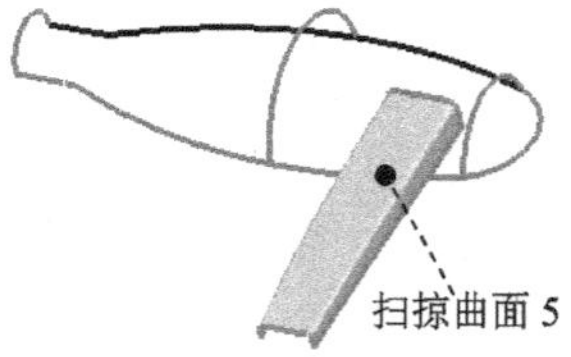

图 5.11.38 创建扫掠曲面 5

（1）选择下拉菜单 插入(S) → 扫掠(W) → 扫掠(S)... 命令，弹出“扫掠”对话框。

（2）选取图 5.11.39 所示的草图曲线 7 为截面曲线 1，单击中键确认。选取草图曲线 8 为截面曲线 2，单击中键确认，再次单击中键完成截面线串的选取。

（3）选取图 5.11.40 所示的草图曲线 6_1 为引导线串 1，单击中键确认。再选取草图曲线 6_2 为引导线串 2，单击中键确认。

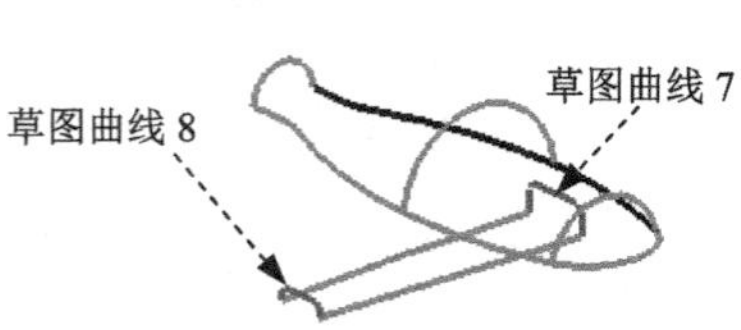

图 5.11.39 截面线串

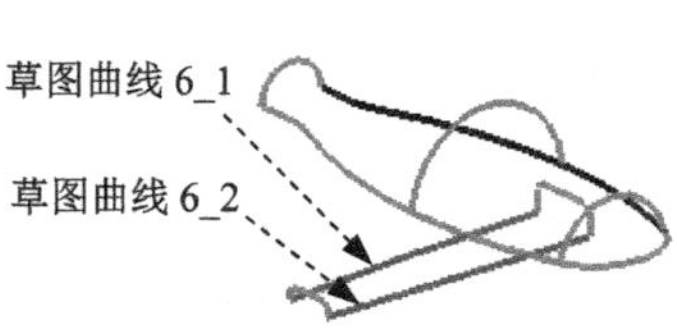

图 5.11.40 引导线串

说明： 在选取截面线串时，要使截面线串的方向在同一侧，否则生成的扫描曲面会产生扭曲。

（4）该对话框中的其他参数采用系统默认设置值，单击〈 确定 〉按钮，完成扫掠曲面 5 的创建。

Step23.修剪面组 2 和扫掠曲面 5，如图 5.11.41 所示。

（1）显示面组 2 并选择下拉菜单 插入(S) ➡ 修剪(T) ➡ 修剪片体(R)... 命令，系统弹出“修剪片体”对话框。

（2）在“修剪片体”对话框中选择默认设置。

（3）在图形区选取需要修剪的扫掠曲面 5，如图 5.11.42 所示。单击中键，选取图 5.11.43 所示的曲面 6 作为修剪边界，选择 区域 选项组中的 ⊙ 保持 单选项。

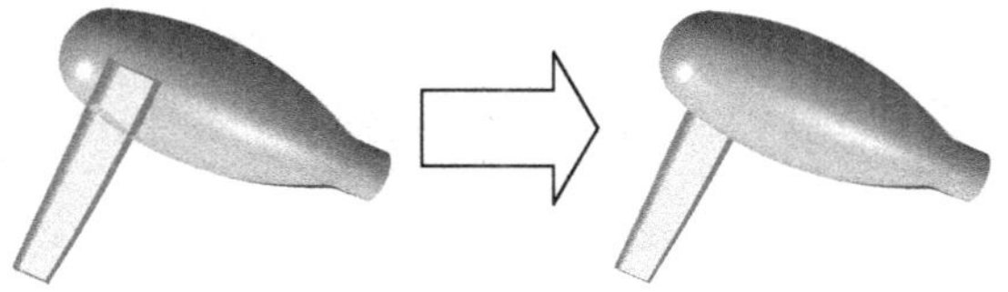

a）修剪前　　b）修剪后

图 5.11.41　修剪曲面

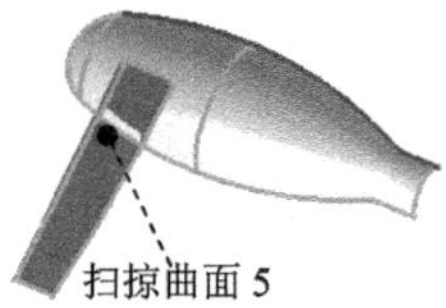

图 5.11.42　选取曲面

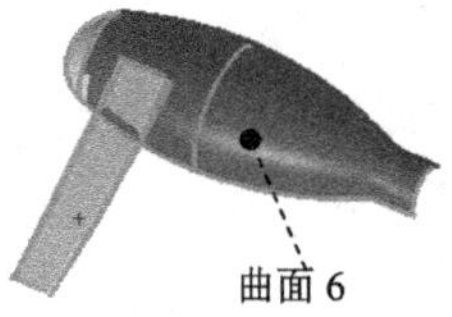

图 5.11.43　选取曲面

（4）在“修剪片体”对话框中单击 应用 按钮，完成扫掠曲面 5 的修剪，如图 5.11.44 所示。

（5）选取图 5.11.45 所示的曲面 6 为修剪的曲面，单击中键，然后选取扫掠曲面 5 为修剪边界。在“修剪片体”对话框中单击 确定 按钮，完成面组 2 的修剪。

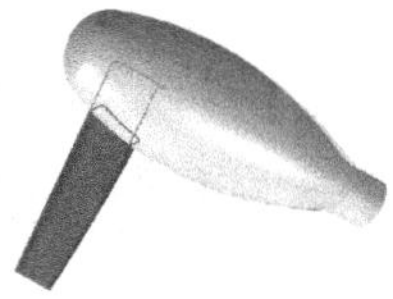

图 5.11.44　修剪扫掠曲面 5

图 5.11.45　修剪面组 2

Step24. 缝合面组 2 与扫掠曲面 5（缝合后称为面组 3）。

（1）选择下拉菜单 插入(S) ➡ 组合体(B) ➡ 缝合(W)... 命令，系统弹出“缝合”对话框。

（2）在图形区依次选取面组 2 和扫掠曲面 5 为目标片体和工具片体，在“缝合”对话框中单击 确定 按钮，完成曲面缝合操作。

Step25. 创建图 5.11.46 所示的有界平面（图 5.11.46 中的面组 3 已隐藏）。

（1）选择下拉菜单 插入(S) ➡ 任务环境中的草图(S)... 命令。

（2）设置基准平面 3 为草图平面，接受系统默认的方向。单击“创建草图”对话框中的 确定 按钮，进入草图环境。

（3）绘制草图曲线。绘制图 5.11.47 所示的草图 9。

（4）选择下拉菜单 任务(K) ➡ 完成草图(K) 命令。

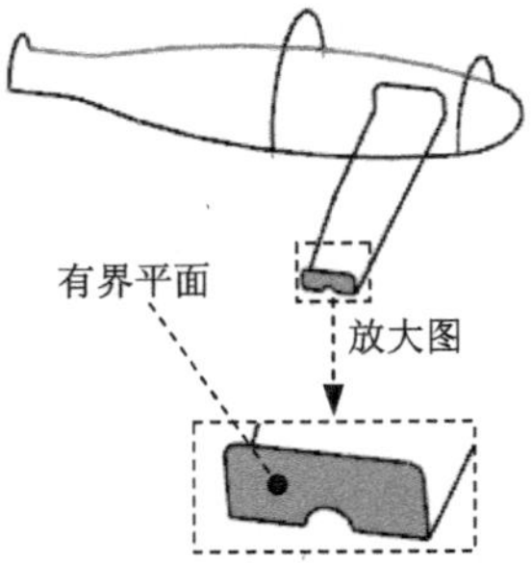

图 5.11.46 创建有界平面

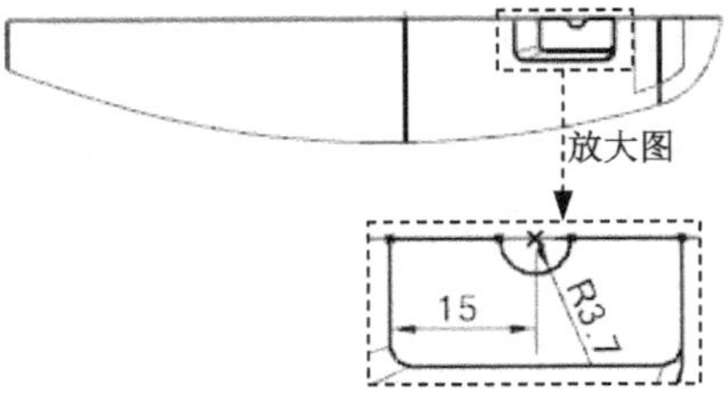

图 5.11.47 草图 9（草图环境）

（5）选择下拉菜单插入(S) → 曲面(R) → 有界平面(P)...命令，系统弹出“有界平面”对话框。

（6）在图形区选取图 5.11.47 所示的草图 9 为边界线串，在“有界曲面”对话框中单击< 确定 >按钮，完成有界平面的创建。

Step26. 缝合面组 3 与有界平面（缝合后称为面组 4）。

（1）选择下拉菜单插入(S) → 组合(B) → 缝合(W)...命令，系统弹出“缝合”对话框。

（2）在图形区依次选取面组 3 和有界平面为目标片体和工具片体，在“缝合”对话框中单击确定按钮完成缝合操作。

Step27. 分割面组 4，如图 5.11.48 所示。

（1）选择下拉菜单插入(S) → 任务环境中的草图(S)...命令，系统弹出“创建草图”对话框。

（2）选取 XY 平面为草图平面，接受系统默认的方向。单击“创建草图”对话框中的确定按钮，进入草图环境。

（3）绘制草图曲线。绘制图 5.11.49 所示的草图 10。

（4）选择下拉菜单任务(K) → 完成草图(K)命令。

（5）选择下拉菜单插入(S) → 修剪(T) → 分割面(D)...命令，系统弹出“分割面”对话框。

（6）在“选择条”工具条的下拉列表中选择单个面选项，然后在图形区选取图 5.11.50 所示的曲面为需要分割的曲面，单击中键确认。选取图 5.11.50 所示的草图曲线 10 为分割线串，在投影方向区域的投影方向下拉列表中选择沿矢量选项，在指定矢量下拉列表中选择ZC↑选项，在“分割面”对话框中单击< 确定 >按钮，完成面组 4 的分割。

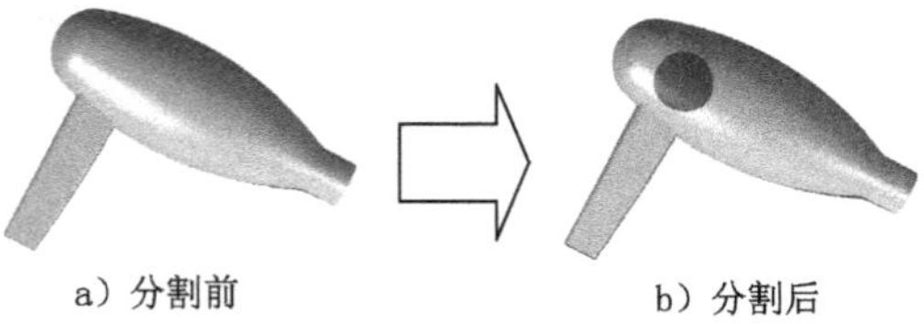

图 5.11.48 分割面组 4

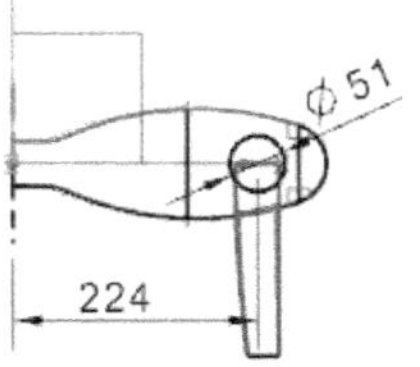

图 5.11.49 草图 10（草图环境）

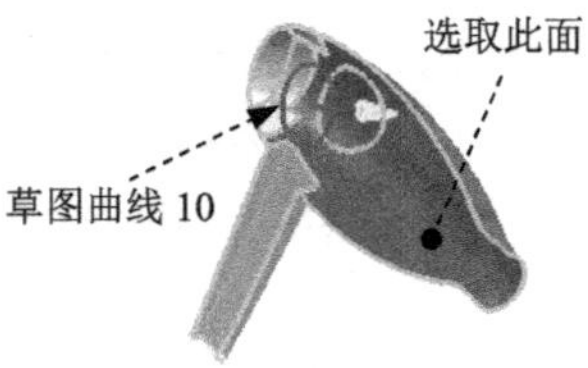

图 5.11.50 选取曲面和曲线

Step28. 创建偏置曲面。

（1）选择下拉菜单 插入(S) → 偏置/缩放(O) → 偏置曲面(O)... 命令，系统弹出“偏置曲面”对话框。

（2）在“选择条”工具条的下拉列表中选择 单个面 选项，在图形区选择图 5.11.51 所示的曲面，系统弹出 偏置 1 动态输入框（按 F3 键可隐藏）和曲面的偏置方向，在 偏置 1 文本框中输入值 3.0，通过“偏置曲面”对话框中的“反向”按钮将偏置方向调整为向里的方向，如图 5.11.51 所示。

（3）在“偏置曲面”对话框中单击 < 确定 > 按钮，完成偏置曲面的创建。

Step29. 修剪面组 4，如图 5.11.52 所示。

（1）选择下拉菜单 插入(S) → 修剪(T) → 修剪片体(R)... 命令，系统弹出“修剪片体”对话框。

（2）在“修剪片体”对话框中选用默认设置。

（3）在图形区选取需要修剪的曲面（图 5.11.53），然后选取图 5.11.53 所示的该曲面的边缘作为修剪边界。

（4）在 投影方向 区域的 投影方向 下拉列表中选择 沿矢量 选项，在 指定矢量 下拉列表中选择 ZC 选项，在“修剪片体”对话框中单击 < 确定 > 按钮，完成曲面的修剪。

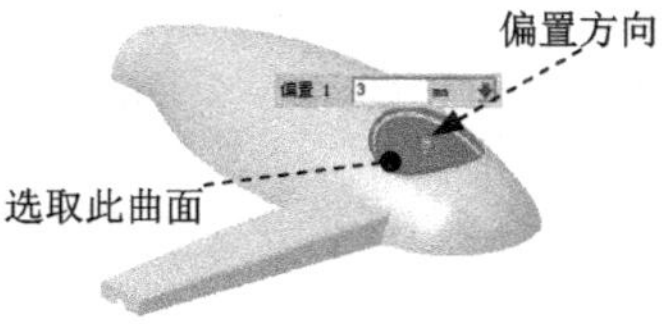

图 5.11.51　选取曲面

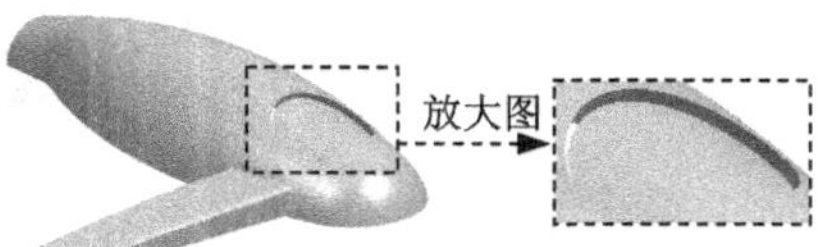

图 5.11.52　修剪后的面组 4

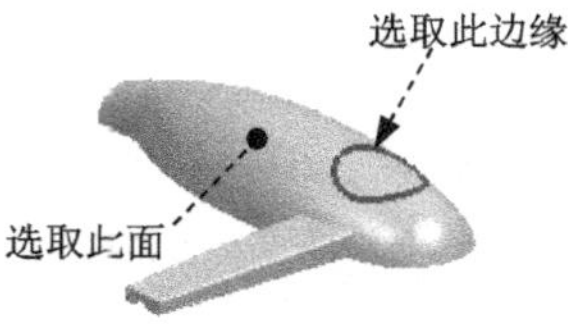

图 5.11.53　选取曲线与曲面

Step30. 修剪偏置曲面，如图 5.11.54 所示。

（1）选择下拉菜单 插入(S) → 来自曲线集的曲线(F) → 在面上偏置... 命令，系统弹出“面中的偏置曲线”对话框。

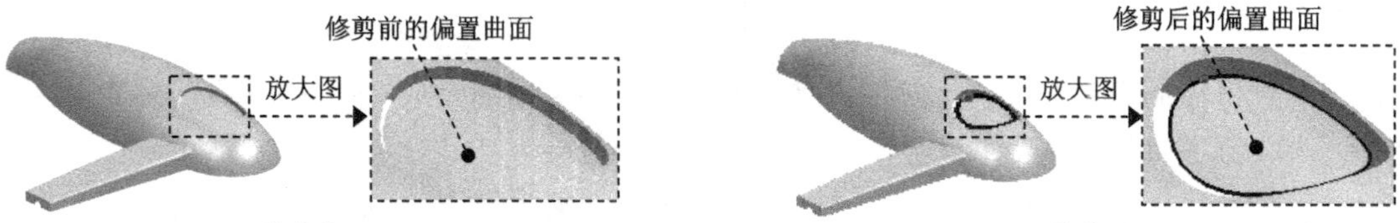

a）修剪前　　b）修剪后

图 5.11.54　偏置曲面的修剪

（2）在“选择条”工具条的下拉列表中选择 单条曲线 选项，然后选取图 5.11.55 所示的偏置曲面的边缘，在 面或平面 区域中单击按钮，选取图 5.11.55 所示的曲面为曲线的支持面。

（3）在动态输入框中输入偏置距离值 3.0，通过“反向”按钮选择偏置方向向里，然后单击“面中的偏置曲线”对话框中的 < 确定 > 按钮完成偏置曲线 11 的创建，如图 5.11.56 所示。

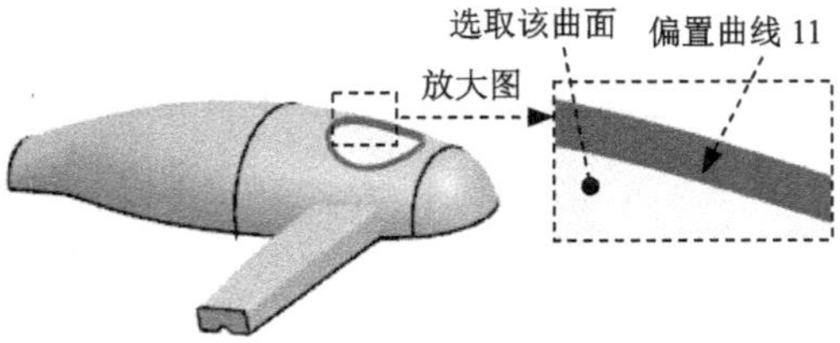

图 5.11.55 选取曲线和支持面

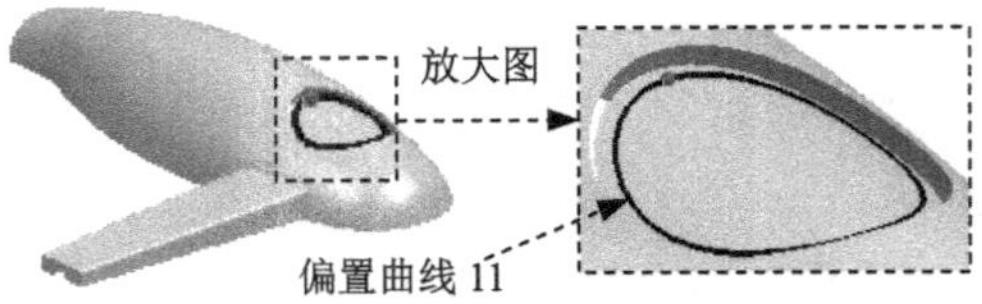

图 5.11.56 创建偏置曲线 11

（4）选择下拉菜单 插入(S) → 修剪(T) → 修剪片体(R)... 命令，系统弹出“修剪片体”对话框。

（5）在“修剪片体”对话框中选用默认的设置。

（6）在图形区选取需要修剪的曲面，如图 5.11.57 所示。选取图 5.11.57 所示的偏置曲线作为修剪边界。

（7）在 投影方向 区域的 投影方向 下拉列表中选择 沿矢量 选项，在 指定矢量 下拉列表中选择 ZC 选项，在“修剪片体”对话框中单击 < 确定 > 按钮，完成曲面的修剪。

Step31. 创建图 5.11.58 所示的曲面 6。

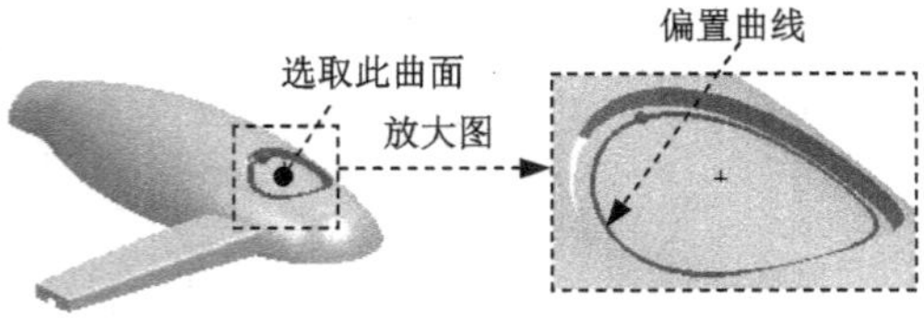

图 5.11.57 选取曲线与曲面

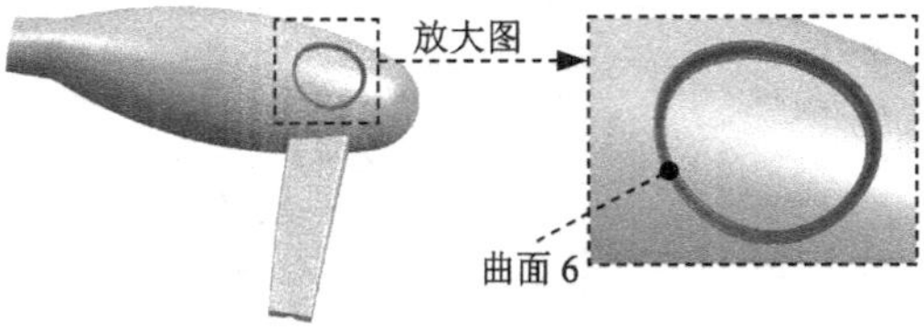

图 5.11.58 创建曲面 6

（1）选择下拉菜单 插入(S) → 网格曲面(M) → 通过曲线组(T)... 命令，系统弹出“通过曲线组”对话框。

（2）选取图 5.11.59 所示的偏置曲线和边缘曲线为截面线串，分别单击中键确认。

（3）在“通过曲线组”对话框中 连续性 区域的 第一截面 下拉列表中选择 G1（相切）选项，单击 选择面 (0) 后的按钮，在图形区选取图 5.11.59 所示的偏置曲面为约束面。

（4）在“通过曲线组”对话框中 连续性 区域的 最后截面 下拉列表中选择 G1（相切）选项，在图形区选取图 5.11.59 所示的面组 4 为约束面。

（5）在“通过曲线组”对话框中 输出曲面选项 区域的 补片类型 下拉列表中选择 单个 选项，单击 < 确定 > 按钮，完成曲面 6 的创建。

Step32. 将面组 4、偏置曲面和曲面 6 缝合（缝合后称为面组 5）。

说明：选取图 5.11.60 所示的面组 4 为目标片体，选取偏置曲面和曲面 6 为工具片体。

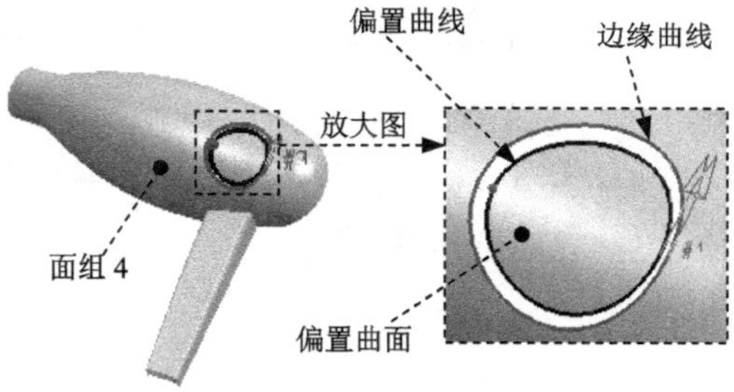

图 5.11.59　选取曲线与曲面

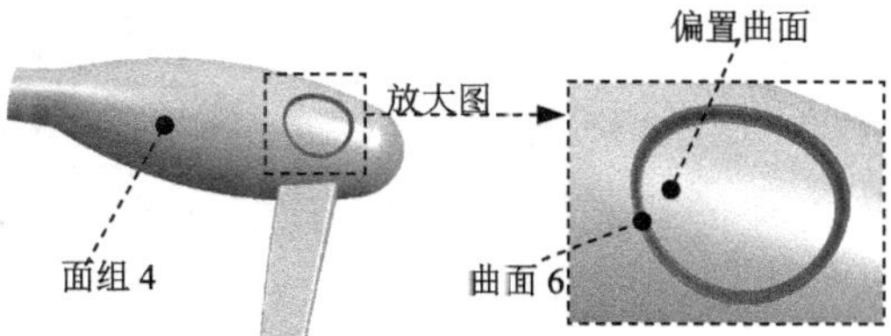

图 5.11.60　选取曲面

Step33. 创建图 5.11.61 所示的切口拉伸特征。

（1）选择下拉菜单 插入(S) → 设计特征(E) → 拉伸(E)... 命令，系统弹出“拉伸”对话框。

（2）选取 XY 平面为草图平面，接受系统默认的方向；绘制图 5.11.62 所示的拉伸截面草图。

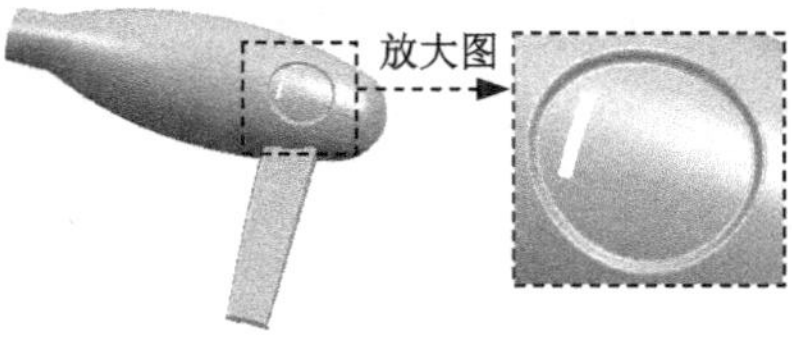

图 5.11.61　创建切口拉伸特征

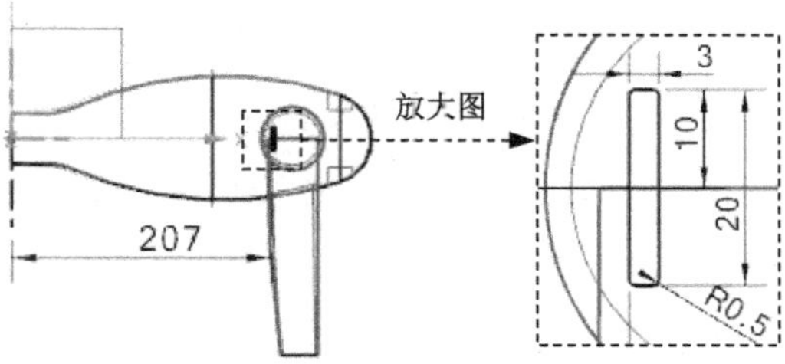

图 5.11.62　拉伸截面草图

（3）选择下拉菜单 任务(K) → 完成草图(K) 命令。

（4）设置拉伸 开始 值为 0.0，结束 值为 50.0，在 布尔 区域的 布尔 下拉列表中选择 求差 选项，在图形区选取面组 5，单击 <确定> 按钮，完成切口拉伸特征的创建。

Step34. 创建图 5.11.63 所示的切口拉伸特征的阵列。

（1）选择命令。选择下拉菜单 插入(S) → 关联复制(A) → 对特征形成图样(A)... 命令，系统弹出“对形成图样的特征”对话框。

（2）选取 Step33 创建的切口拉伸特征为阵列对象。

（3）定义阵列类型。在“对形成图样的特征”对话框的 布局 下拉列表中选择 线性 选项。

（4）在“对形成图样的特征”对话框 方向 1 区域的 指定矢量 下拉列表中选择 XC 选项，在 间距 下拉列表中选择 数量和节距 选项，在 数量 文本框中输入值 7，并在 节距 文本框中输入值 5.5。

（5）单击 确定 按钮，完成阵列特征的创建。

Step35. 创建图 5.11.64 所示的圆角。

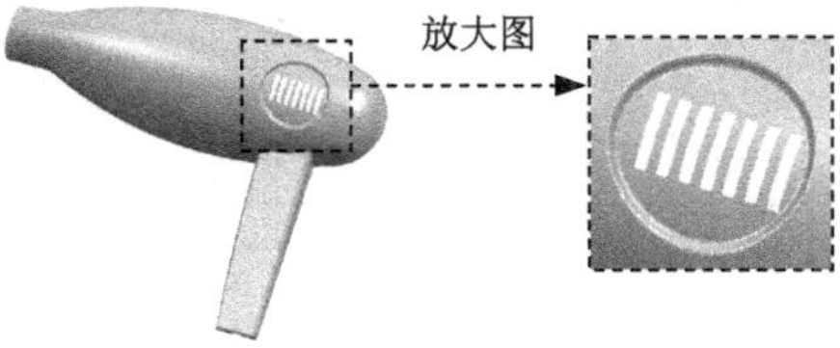

图 5.11.63　创建阵列特征

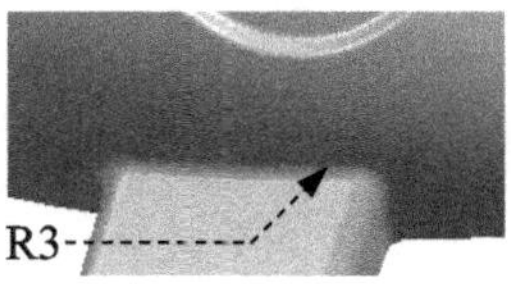

图 5.11.64　创建圆角

（1）选择下拉菜单 插入(S) ➡ 细节特征(L) ➡ 边倒圆(E)... 命令，系统弹出“边倒圆”对话框。

（2）在图形区选取图 5.11.65 所示的曲线为倒圆边，在系统弹出的 半径 1 动态文本框中输入值 3.0，在“边倒圆”对话框中单击 < 确定 > 按钮，完成圆角的创建。

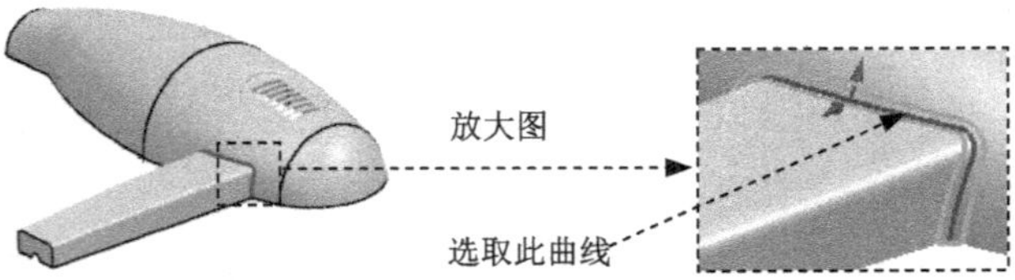

图 5.11.65　选取曲线

Step36. 创建图 5.11.66 所示的圆角。

（1）选择下拉菜单 插入(S) ➡ 细节特征(L) ➡ 面圆角(F)... 命令，系统弹出“面倒圆”对话框。

（2）在图形区选取图 5.11.67 所示的扫掠曲面 5 为第一组曲面，单击中键，然后选取有界平面 6 为第二组曲面。在系统弹出的 半径 动态文本框中输入值 1.5，在“面倒圆”对话框中单击 < 确定 > 按钮，完成圆角的创建。

Step37. 将曲面加厚，如图 5.11.68 所示。

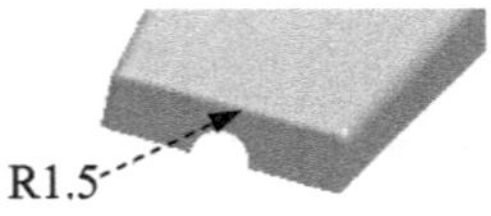

图 5.11.66　创建圆角

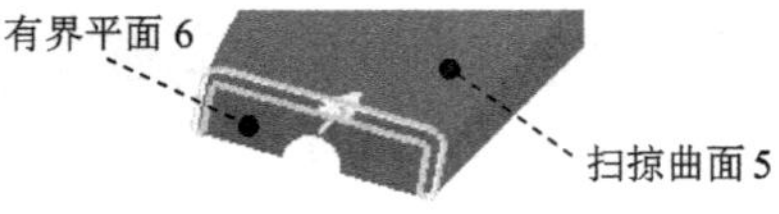

图 5.11.67　选取曲面

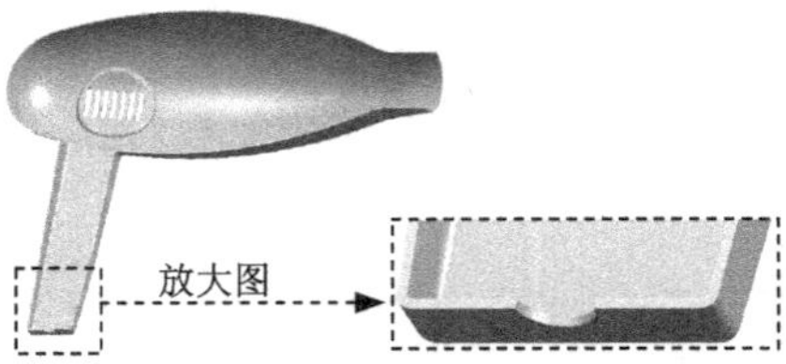

图 5.11.68　曲面加厚

（1）选择下拉菜单 插入(S) ➡ 偏置/缩放(O) ➡ 加厚(T)... 命令，系统弹出“加厚”对话框。

（2）在图形区选取面组 5。

（3）在“加厚”对话框的 偏置 1 文本框中输入值 1.0，单击 < 确定 > 按钮，完成曲面加厚操作。

Step38. 创建图 5.11.69 所示的一个拉伸特征模型，将模型一侧切平。

（1）选择下拉菜单 插入(S) ➡ 设计特征(E) ➡ 拉伸(E)... 命令，系统弹出“拉伸”对话框。

（2）选取 YZ 平面为草图平面，接受系统默认的方向，绘制图 5.11.70 所示的拉伸截面草图。

图 5.11.69　切削特征

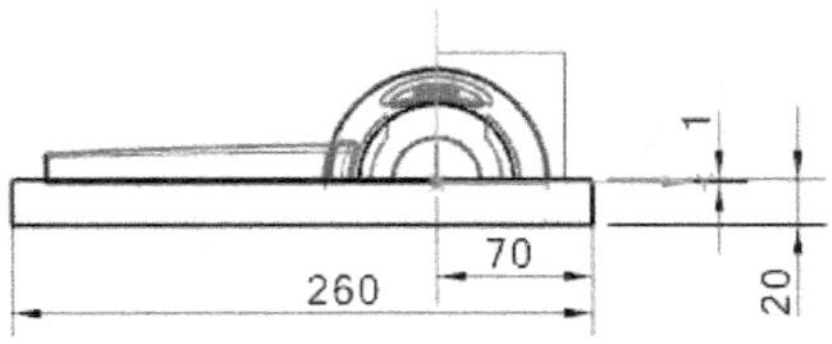

图 5.11.70　拉伸截面草图

（3）选择下拉菜单 任务(K) → 完成草图(K) 命令。

（4）设置拉伸的开始值为 0.0，结束值为 300.0，在布尔区域的布尔下拉列表中选择求差选项，在图形区选取面组 5，单击< 确定 >按钮，完成模型一侧的切平。

Step39. 保存零件模型。选择下拉菜单 文件(F) → 保存(S) 命令，即可保存零件模型。

5.12　曲面设计综合范例 2——肥皂盒的设计

范例概述

本范例介绍了肥皂盒的设计过程。通过学习本范例，会使读者对曲面特征有一定的了解。本范例主要采用实体的拉伸特征、曲面修剪、边倒角、抽壳和扫掠等特征。需要注意在创建曲面拉伸和曲面修剪过程中的一些技巧。零件模型及模型树如图 5.12.1 所示。

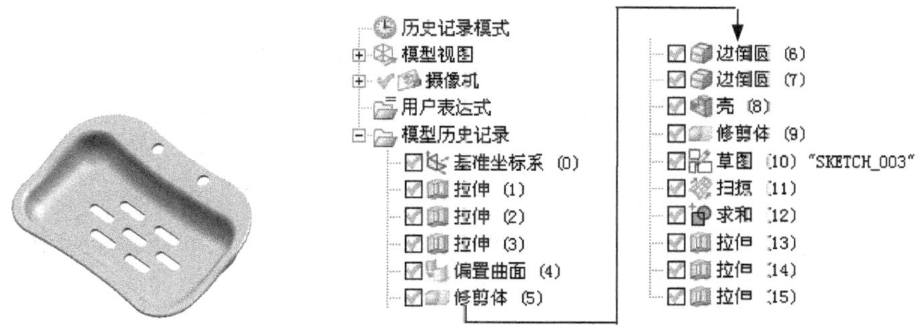

图 5.12.1　零件模型及模型树

Step1. 新建文件。选择下拉菜单 文件(F) → 新建(N)... 命令，系统弹出“文件新建”对话框。在模型选项卡的模板区域中选取模板类型为模型，在名称文本框中输入文件名称 fancy_soap_box，单击确定按钮，进入建模环境。

Step2. 创建图 5.12.2 所示的零件基础特征——拉伸特征 1。

（1）选择命令。选择下拉菜单插入(S) → 设计特征(E) → 拉伸(E)... 命令（或单击按钮），系统弹出“拉伸”对话框。

（2）单击“拉伸”对话框中的“草图截面”按钮，系统弹出“创建草图”对话框。

① 定义草图平面。单击按钮，选取 XY 平面为草图平面，单击确定按钮。

② 进入草图环境，绘制图 5.12.3 所示的截面草图。

③ 单击完成草图按钮，退出草图环境。

（3）设置拉伸方向为 ZC 方向，在限制区域的结束下拉列表中选择值选项，并在其下的距离文本框中输入值 30，其他选项采用系统默认设置。

（4）单击“拉伸”对话框中的< 确定 >按钮，完成拉伸特征 1 的创建。

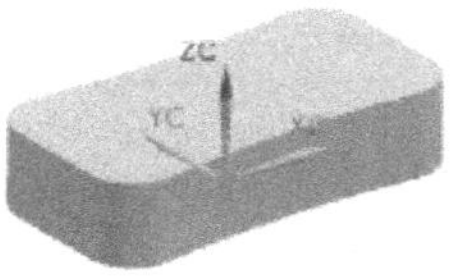

图 5.12.2　拉伸特征 1

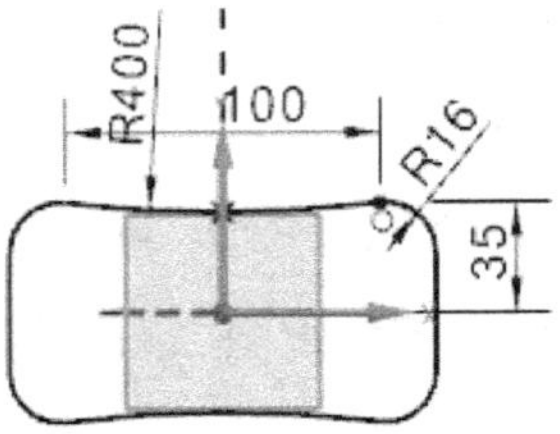

图 5.12.3　截面草图

说明：在绘制此截面草图时，可先绘制一半，再采用镜像曲线(M)...命令得到另一半。

Step3. 创建图 5.12.4 所示的零件特征——拉伸特征 2。选择下拉菜单插入(S) ➡ 设计特征(E) ➡ 拉伸(E)...命令（或单击按钮），系统弹出"拉伸"对话框。选取 YZ 基准平面为草图平面，绘制图 5.12.5 所示的截面草图。在极限区域的开始下拉列表中选择对称值选项，并在其下的距离文本框中输入值 75，其他选项采用系统默认设置。单击该对话框中的< 确定 >按钮，完成拉伸特征 2 的创建。

图 5.12.4　拉伸特征 2

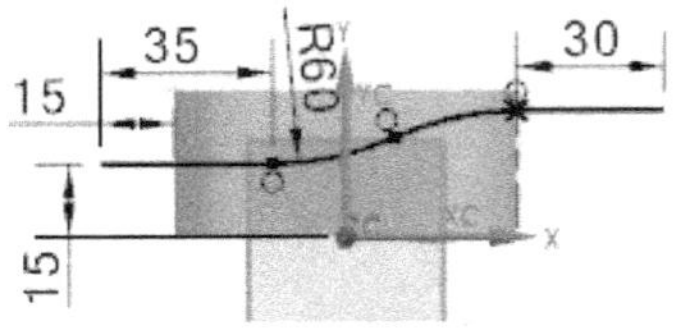

图 5.12.5　截面草图

Step4. 创建图 5.12.6 所示的零件特征——拉伸特征 3。选择下拉菜单插入(S) ➡ 设计特征(E) ➡ 拉伸(E)...命令（或单击按钮），系统弹出"拉伸"对话框。选取图 5.12.7 所示的平面为草图平面，绘制图 5.12.8 所示的截面草图。在极限区域的开始下拉列表中选择直至选定对象选项，选取拉伸特征 2 为拉伸终止面，在极限区域的结束下拉列表中选择值选项，并在其下的距离文本框中输入值 0，在布尔区域的布尔下拉列表中选择求和选项，采用系统默认的求和对象。单击此对话框中的< 确定 >按钮，完成拉伸特征 3 的创建。

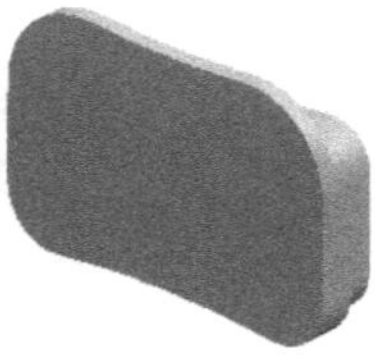

图 5.12.6　拉伸特征 3

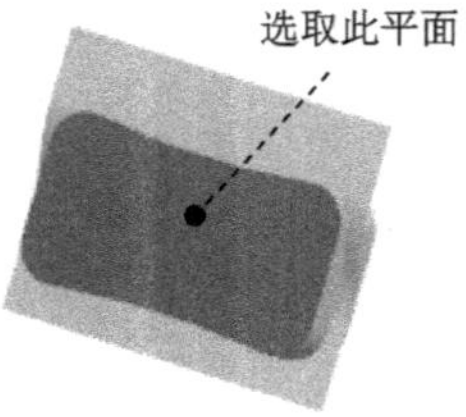

图 5.12.7　定义草图平面

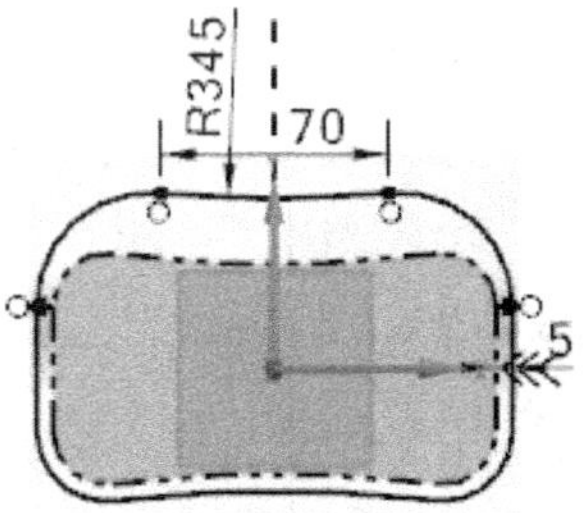

图 5.12.8　截面草图

Step5. 创建图 5.12.9 所示的零件特征——偏置曲面 1。

（1）选择命令。选择下拉菜单插入(S) ➡ 偏置/缩放(O) ➡ 偏置曲面(O)...命令（或单击按钮），系统弹出"偏置曲面"对话框。

（2）定义偏置曲面。在绘图区选取图 5.12.9a 所示的曲面为要偏置的面，在偏置 1文本框中输入值 3，定义 Z 轴的正方向为偏置方向。

（3）单击“偏置曲面”对话框中的< 确定 >按钮，完成偏置曲面 1 的创建。

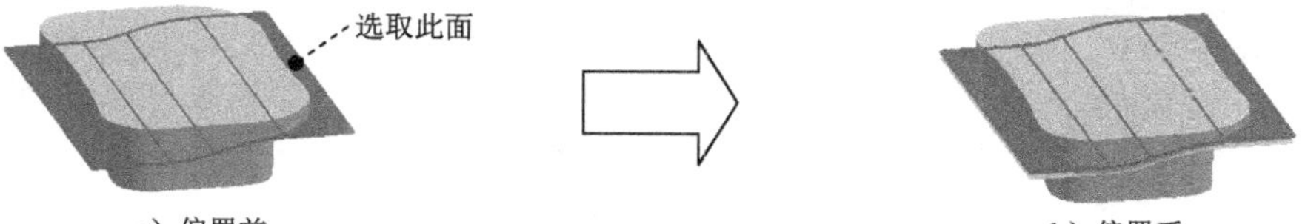

a）偏置前　　b）偏置后

图 5.12.9　偏置曲面 1

Step6. 创建图 5.12.10b 所示的零件特征——修剪体特征 1。

（1）选择命令。选择下拉菜单插入(S) ➡ 修剪(T) ➡ 修剪体(T)... 命令（或单击按钮），系统弹出“修剪体”对话框。

（2）定义修剪体。选取图 5.12.10a 所示的目标体，在绘图区域中单击中键；选取图 5.12.10 所示的偏置曲面为刀具体，定义 Z 轴的正方向为修剪方向。

（3）单击“修剪体”对话框中的< 确定 >按钮，完成修剪体特征 1 的创建。

Step7. 设置隐藏。

（1）选择命令。选择下拉菜单编辑(E) ➡ 显示和隐藏(H) ➡ 隐藏(H)...命令（或单击按钮），系统弹出“类选择”对话框。

（2）选择隐藏对象。单击“类选择”对话框中的按钮，系统弹出“根据类型选择”对话框，选择对话框列表中的片体选项，单击确定按钮。系统再次弹出“类选择”对话框，单击该对话框的对象区域中的“全选”按钮。

（3）完成隐藏操作。单击“类选择”对话框中的确定按钮，完成对设置对象的隐藏，结果如图 5.12.11 所示。

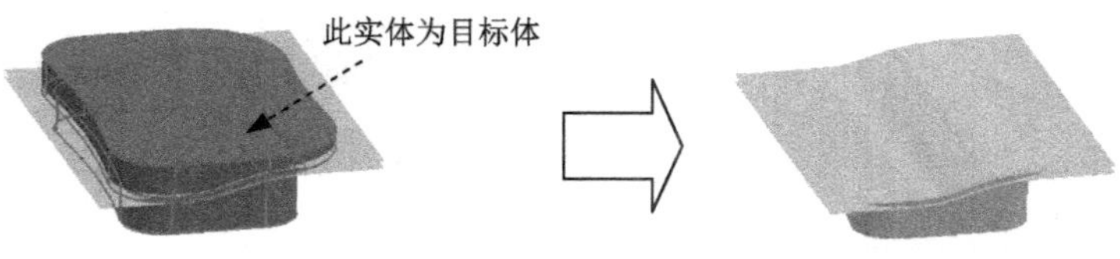

a）修剪前　　b）修剪后

图 5.12.10　修剪体特征 1

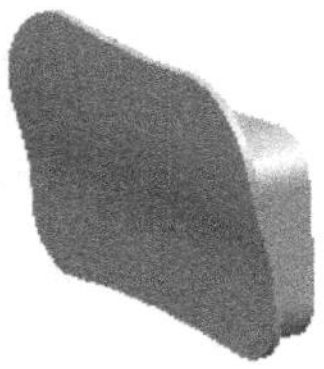

图 5.12.11　隐藏曲面特征

Step8. 创建图 5.12.12b 所示的边倒圆特征 1。

（1）选择命令。选择下拉菜单插入(S) ➡ 细节特征(L) ▸ ➡ 边倒圆(E)...命令（或单击按钮），系统弹出“边倒圆”对话框。

（2）在该对话框的形状下拉列表中选择圆形选项，在要倒圆的边区域中单击按钮，选择图 5.12.12a 所示的边链为边倒圆参照，并在半径 1文本框中输入值 12。

（3）单击< 确定 >按钮，完成边倒圆特征 1 的创建。

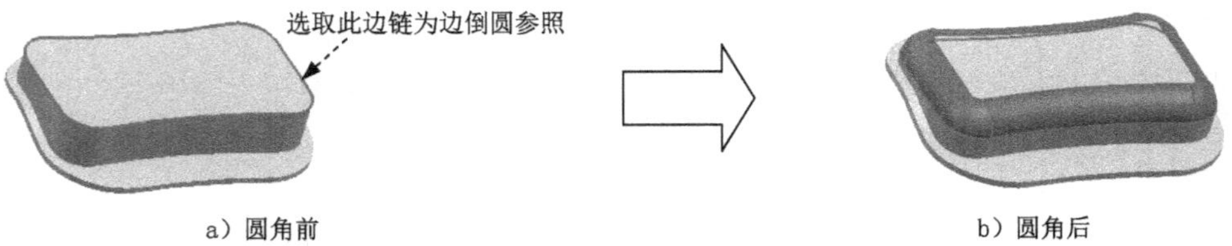

图 5.12.12 边倒圆特征 1

Step9. 创建图 5.12.13b 所示的边倒圆特征 2。选择图 5.12.13a 所示的边链为边倒圆参照，并在半径 1文本框中输入值 4，完成边倒圆特征 2 的创建。

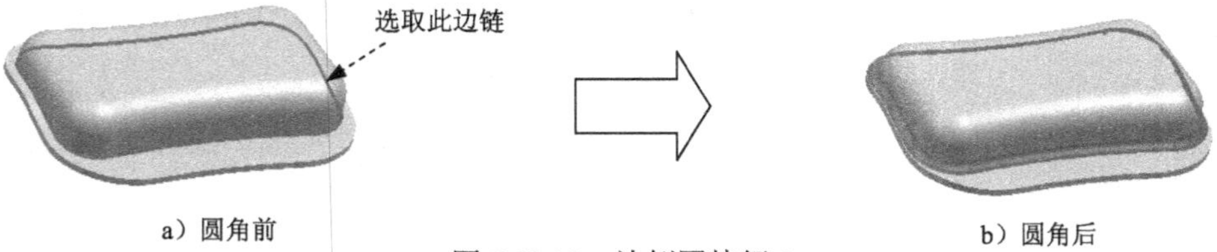

图 5.12.13 边倒圆特征 2

Step10. 创建图 5.12.14 所示的零件特征——抽壳特征 1。

（1）选择命令。选择下拉菜单 插入(S) → 偏置/缩放(O) → 抽壳(H)... 命令（或单击按钮），系统弹出“抽壳”对话框。

（2）选取图 5.12.15 所示的面为移除面，并在厚度文本框中输入值 2，然后单击“反向”按钮，使其方向向外。

（3）单击 < 确定 > 按钮，完成抽壳特征 1 的创建。

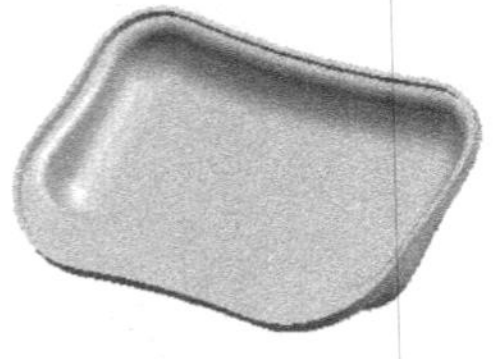

图 5.12.14 抽壳特征 1

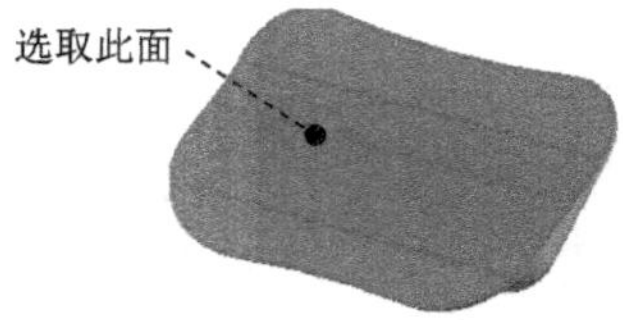

图 5.12.15 定义移除面

Step11. 创建图 5.12.16b 所示的零件特征——修剪体特征 2。

（1）选择命令。选择下拉菜单 插入(S) → 修剪(T) → 修剪体(T)... 命令（或单击按钮），系统弹出“修剪体”对话框。

（2）定义修剪体。在绘图区选取整个模型为修剪目标体，单击中键；在特征树中选取拉伸特征 2 为刀具体。

（3）单击“修剪体”对话框中的 < 确定 > 按钮，完成修剪体特征 2 的创建。

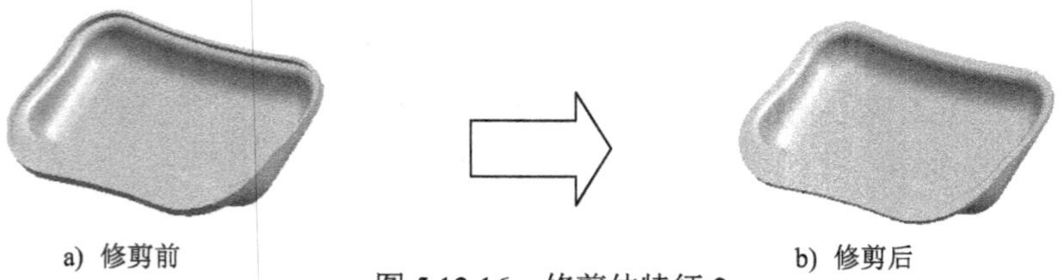

图 5.12.16 修剪体特征 2

Step12. 创建图 5.12.17 所示的草图 1。

（1）选择命令。选择下拉菜单 插入(S) → 任务环境中的草图(S)... 命令（或单击按钮），系统弹出“创建草图”对话框。

（2）定义草图平面。选取基准平面 YZ 为草图平面，单击“创建草图”对话框中的 确定 按钮。

① 进入草图环境，绘制图 5.12.17 所示的截面草图。

② 单击 完成草图 按钮，退出草图环境。

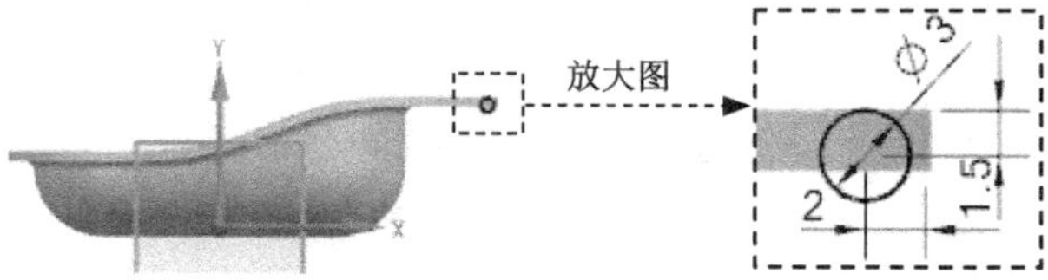

图 5.12.17　草图 1

Step13. 创建图 5.12.18 所示的零件特征——扫掠特征 1。

（1）选择命令。选择下拉菜单 插入(S) → 扫掠(W) → 扫掠(S)... 命令，单击工具栏中的按钮，系统弹出“扫掠”对话框。

（2）定义扫掠截面。在绘图区中选取草图 1 为扫掠截面。

（3）定义扫掠引导线。在引导线区域中单击按钮，在绘图区域中选取图 5.12.19 所示的边线。

（4）单击“扫掠”对话框中的 < 确定 > 按钮，完成扫掠特征 1 的创建。

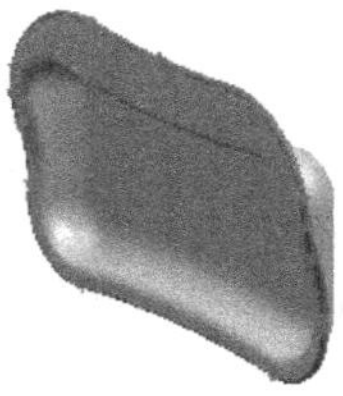

图 5.12.18　扫掠特征 1

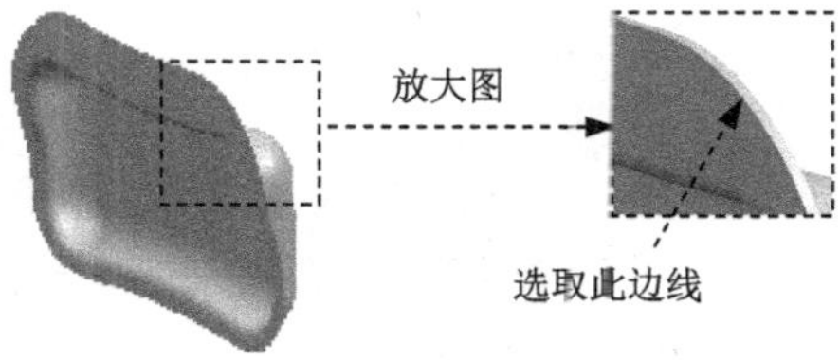

图 5.12.19　定义引导线

Step14. 创建求和特征。

（1）选择命令。选择下拉菜单 插入(S) → 组合(B) → 求和(U)... 命令（或单击按钮），系统弹出“求和”对话框。

（2）选择求和对象。在绘图区域中选取整个模型为目标体，在绘图区域中选取图 5.12.18 所示的扫掠特征 1 为工具体。

（3）单击“求和”对话框中的 < 确定 > 按钮，完成求和特征的创建。

Step15. 创建图 5.12.20 所示的零件特征——拉伸特征 4。

选择下拉菜单 插入(S) → 设计特征(E) → 拉伸(E)... 命令（或单击按钮），系统弹出“拉伸”对话框。选取图 5.12.20 所示的平面为草图平面，绘制图 5.12.21 所示的截面草图。在限制区域的开始下拉列表中选择值选项，在距离文本框中输入值 0；在限制区域的结束下拉列表中选择贯通选项，在布尔区域的布尔下拉列表中选择求差选项，采用系统默认的求差对象。单击此对话框中的< 确定 >按钮，完成拉伸特征 4 的创建。

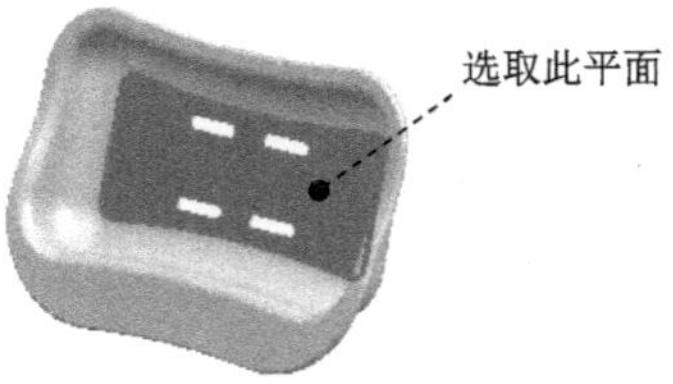

图 5.12.20 拉伸特征 4

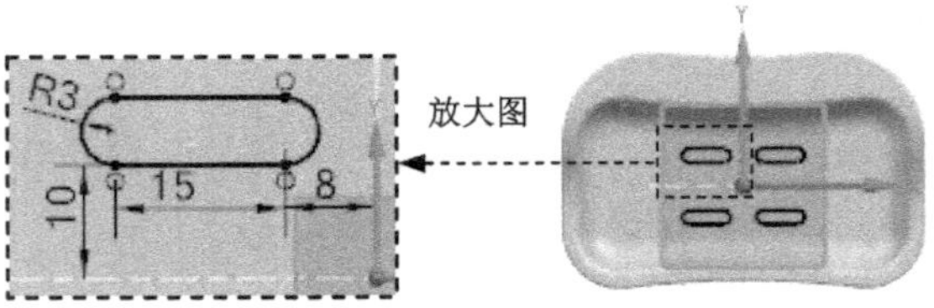

图 5.12.21 截面草图

Step16. 创建图 5.12.22 所示的零件特征——拉伸特征 5。选择下拉菜单插入(S) → 设计特征(E) → 拉伸(E)...命令（或单击按钮），系统弹出“拉伸”对话框。选取图 5.12.20 所示的平面为草图平面，绘制图 5.12.23 所示的截面草图。在限制区域的开始下拉列表中选择值选项，在距离文本框中输入值 0；在限制区域的结束下拉列表中选择贯通选项，在布尔区域中的布尔下拉列表中选择求差选项，采用系统默认的求差对象。单击此对话框中的< 确定 >按钮，完成拉伸特征 5 的创建。

图 5.12.22 拉伸特征 5

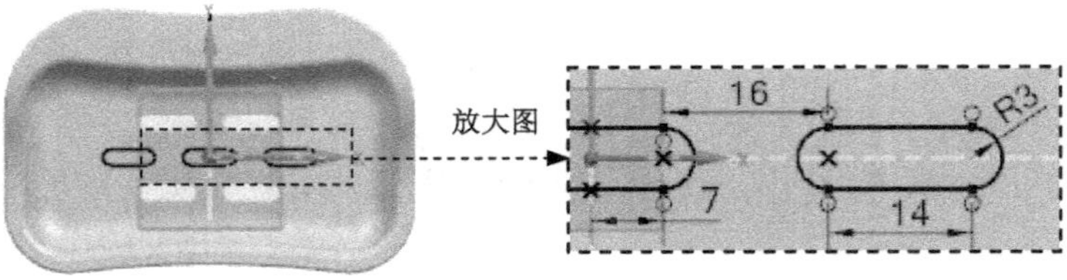

图 5.12.23 截面草图

Step17. 创建图 5.12.24 所示的零件特征——拉伸特征 6。选择下拉菜单插入(S) → 设计特征(E) → 拉伸(E)...命令（或单击按钮），系统弹出“拉伸”对话框。选取图 5.12.25 所示的面为草图平面，绘制图 5.12.26 所示的截面草图。在限制区域的开始下拉列表中选择值选项，在距离文本框中输入值 0；在限制区域的结束下拉列表中选择贯通选项，在布尔区域的布尔下拉列表中选择求差选项，采用系统默认的求差对象。单击此对话框中的确定按钮，完成拉伸特征 6 的创建。

图 5.12.24 拉伸特征 6

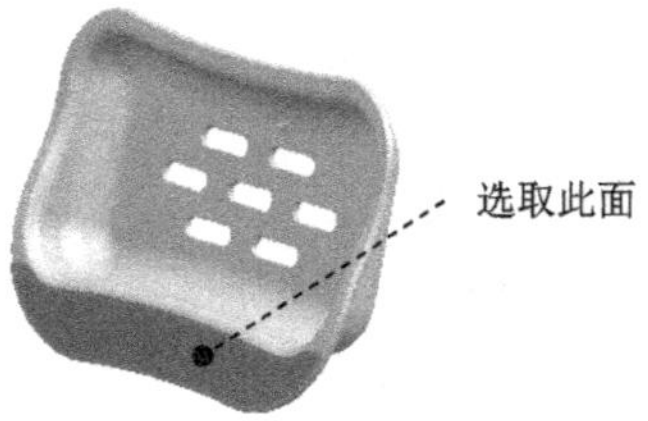

图 5.12.25 定义草图平面

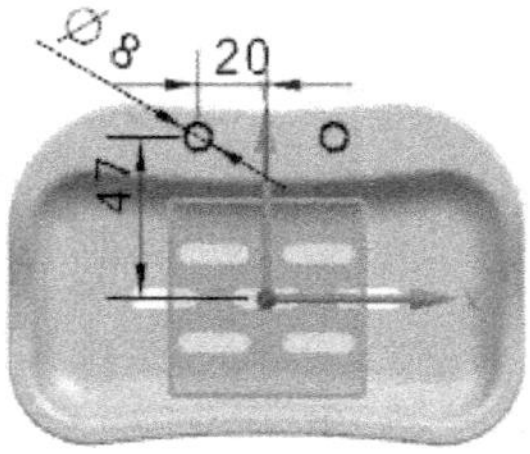

图 5.12.26 截面草图

Step18. 保存零件模型。选择下拉菜单文件(F) → 保存(S)命令，即可保存零件模型。

5.13　曲面设计综合范例 3——订书机盖的设计

范例概述

本范例介绍了一个订书机盖的设计过程。主要运用了一些常用命令，包括拉伸、扫掠、修剪体和倒圆角等命令。其设计思想是先通过曲面创建出实体的外形，再通过缝合创建出实体，其中修剪体和有界平面的命令使用得很巧妙。零件模型及模型树如图 5.13.1 所示。

图 5.13.1　零件模型及模型树

Step1. 新建模型文件。选择下拉菜单 文件(F) → 新建(N)... 命令，系统弹出“文件新建”对话框。在 模型 选项卡中选取模板类型为 模型；在 名称 文本框中输入文件名称 stapler；单击 确定 按钮，进入建模环境。

Step2. 创建图 5.13.2 所示的草图 1。

（1）选择命令。选择下拉菜单 插入(S) → 任务环境中的草图(S)... 命令，系统弹出“创建草图”对话框。

（2）定义草图平面。单击 按钮，选取 YZ 基准平面为草图平面，选中 设置 区域的 ☑ 创建中间基准 CSYS 复选框，单击 确定 按钮。

（3）进入草图环境，绘制图 5.13.2 所示的草图 1。

（4）单击 完成草图 按钮，退出草图环境。

Step3. 创建图 5.13.3 所示的草图 2。选择下拉菜单插入(S) → 任务环境中的草图(S)... 命令；选取 ZX 基准平面为草图平面；取消选中设置区域中的□ 创建中间基准 CSYS 复选框，绘制图 5.13.4 所示的草图 2。

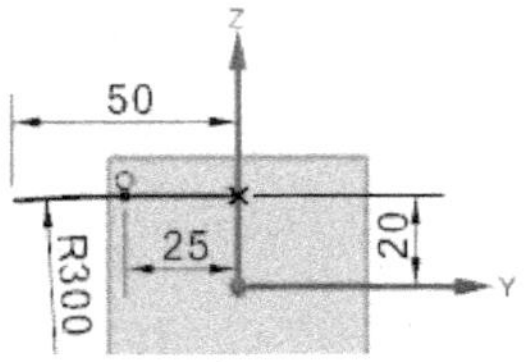

图 5.13.2 草图 1

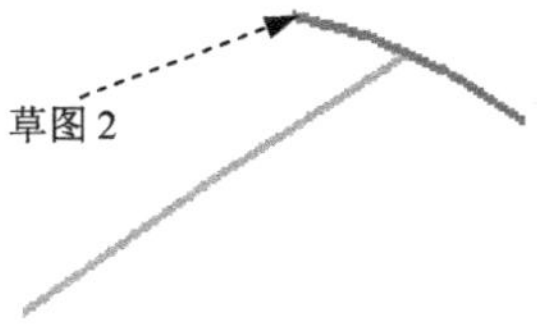

图 5.13.3 草图 2（建模环境）

Step4. 创建图 5.13.5 所示的零件特征——扫掠特征 1。

（1）选择下拉菜单插入(S) → 扫掠(W) → 扫掠(S)... 命令，系统弹出“扫掠”对话框。

（2）选取草图 2 为截面曲线，并单击中键确认；再单击中键确认；选取草图 1 为引导线 1，并单击中键确认；其他选项采用系统默认设置。

（3）在“扫掠”对话框中单击 < 确定 > 按钮，完成扫掠特征 1 的创建。

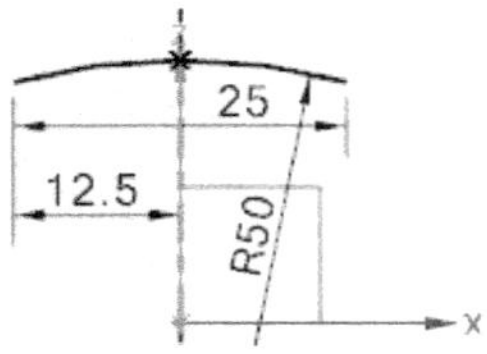

图 5.13.4 草图 2（草图环境）

图 5.13.5 扫掠特征 1

Step5. 创建图 5.13.6 所示的草图 3。选择下拉菜单插入(S) → 任务环境中的草图(S)... 命令；选取 XY 基准平面为草图平面，绘制图 5.13.7 所示的草图 3。

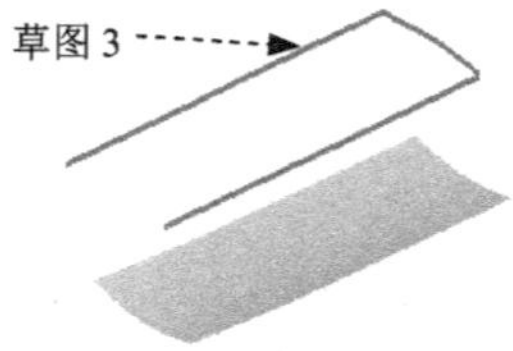

图 5.13.6 草图 3（建模环境）

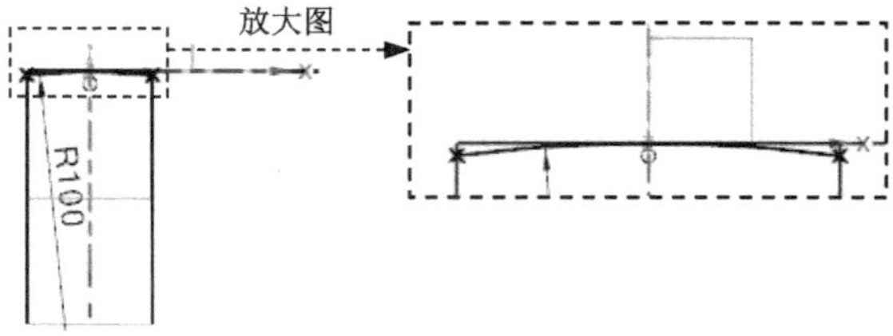

图 5.13.7 草图 3（草图环境）

Step6. 创建图 5.13.8 所示的零件特征——拉伸特征 1。选择下拉菜单插入(S) → 设计特征(E) → 拉伸(E)... 命令；选取草图 3 为截面草图；在“拉伸”对话框的极限区域的开始下拉列表中选择值选项，并在其下的距离文本框中输入值 0；在极限区域的终点下拉列表中选择值选项，并在其下的距离文本框中输入值 25；在设置区域的体类型下拉列表中选择图纸页选项；单击 < 确定 > 按钮，完成拉伸特征 1 的创建。

Step7. 创建图 5.13.9 所示的零件特征——修剪体特征 1。

（1）选择命令。选择下拉菜单插入(S) → 修剪(M) → 修剪体(T)... 命令，系统弹出“修剪体”对话框。

（2）定义目标体和刀具体。选取拉伸特征 1 为目标体，选取扫掠特征 1 为刀具体；其他选项采用系统默认设置。

（3）单击< 确定 >按钮，完成修剪体特征 1 的创建。

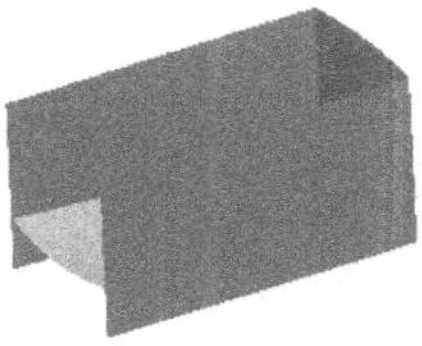

图 5.13.8　拉伸特征 1

图 5.13.9　修剪体特征 1

Step8. 创建图 5.13.10 所示的零件特征——修剪体特征 2。

（1）选择命令。选择下拉菜单 插入(S) → 修剪(M) → 修剪体(T)... 命令，系统弹出“修剪体”对话框。

（2）定义目标体和刀具体。选取图 5.13.11 所示的目标体，选取图 5.13.12 所示的刀具体；其他选项采用系统默认设置。

（3）单击< 确定 >按钮，完成修剪体特征 2 的创建。

图 5.13.10　修剪体特征 2

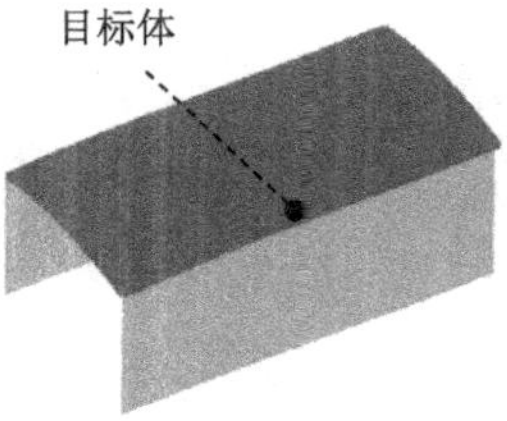

图 5.13.11　目标体

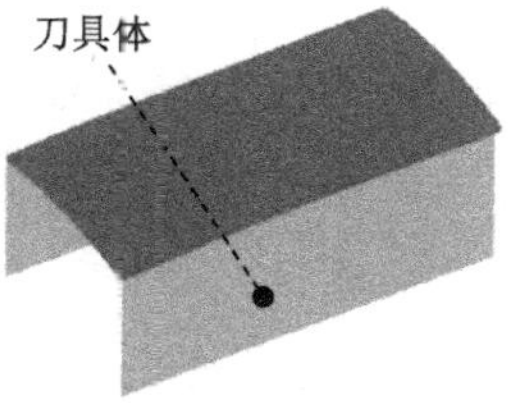

图 5.13.12　刀具体

Step9. 创建图 5.13.13 所示的零件特征——缝合特征 1。

（1）选择命令。选择下拉菜单 插入(S) → 组合(B) → 缝合(W)... 命令，系统弹出“缝合”对话框。

（2）定义目标体和工具体。选取修剪片体后的拉伸特征 1 为目标体，选取修剪片体后的扫掠特征 1 为工具体，单击 确定 按钮，完成缝合特征 1 的创建。

Step10. 创建图 5.13.14b 所示的边倒圆特征 1。

（1）选择命令。选择下拉菜单 插入(S) → 细节特征(L) → 边倒圆(E)... 命令（或单击按钮），系统弹出“边倒圆”对话框。

（2）在要倒圆的边区域中单击按钮，选取图 5.13.14a 所示的两条边线为倒圆角参照，并在半径 1 文本框中输入值 5。

（3）单击< 确定 >按钮，完成边倒圆特征 1 的创建。

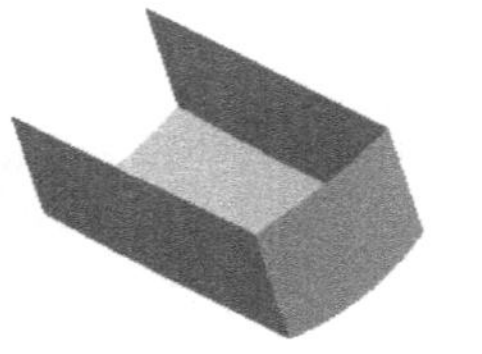

图 5.13.13 缝合特征 1

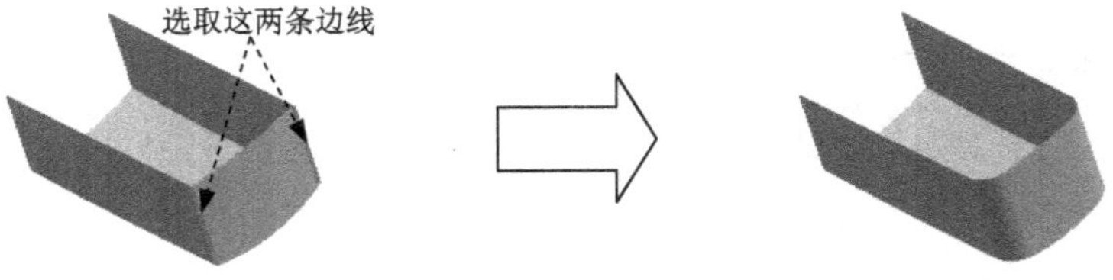

a）圆角前 b）圆角后

图 5.13.14 边倒圆特征 1

Step11. 创建图 5.13.15b 所示的边倒圆特征 2。选择下拉菜单 插入(S) → 细节特征(L) ▸ → 边倒圆(E)... 命令；选取图 5.13.15a 所示的边线为倒圆角参照，并在 半径 1 文本框中输入值 5；单击 < 确定 > 按钮，完成边倒圆特征 2 的创建。

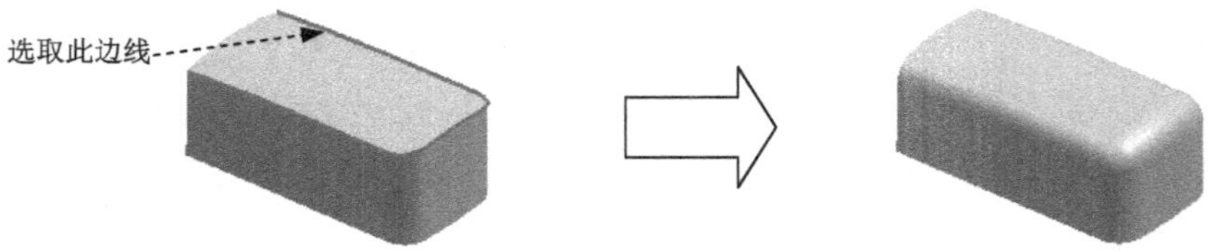

a）圆角前 b）圆角后

图 5.13.15 边倒圆特征 2

Step12. 创建图 5.13.16 所示的基准平面 1。

（1）选择下拉菜单 插入(S) → 基准/点(D) ▸ → 基准平面(D)... 命令，系统弹出“基准平面”对话框。

（2）在 类型 区域的下拉列表中选择 按某一距离 选项。在 平面参考 区域中单击 按钮，选取 YZ 基准平面为参考平面；在 偏置 区域的 距离 文本框中输入值为 20，使用 按钮调整平面的方向如图 5.13.16 所示；其他参数采用系统默认设置值。

（3）在“基准平面”对话框中单击 < 确定 > 按钮，完成基准平面 1 的创建。

Step13. 创建图 5.13.17 所示的草图 4。选择下拉菜单 插入(S) → 任务环境中的草图(S)... 命令；选取基准平面 1 为草图平面；绘制图 5.13.18 所示的草图 4。

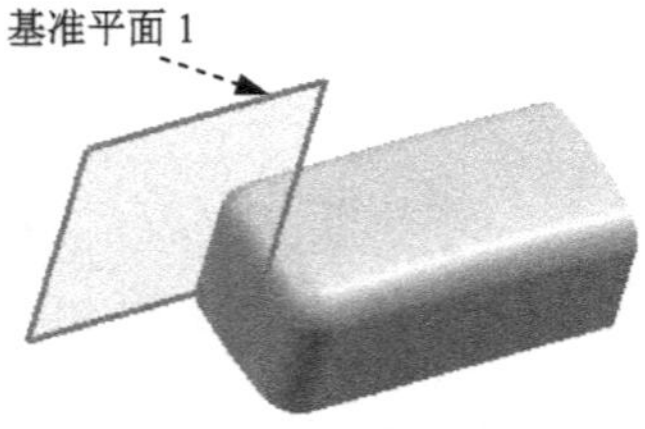

图 5.13.16 基准平面 1

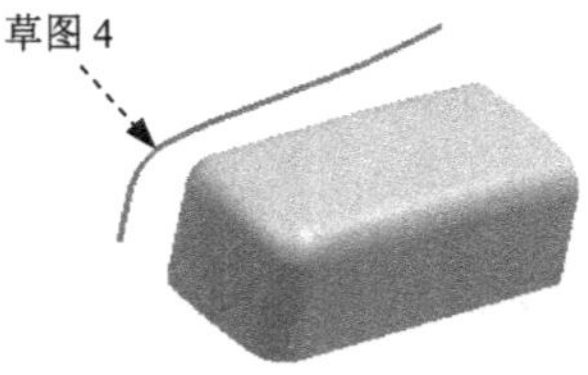

图 5.13.17 草图 4（建模环境）

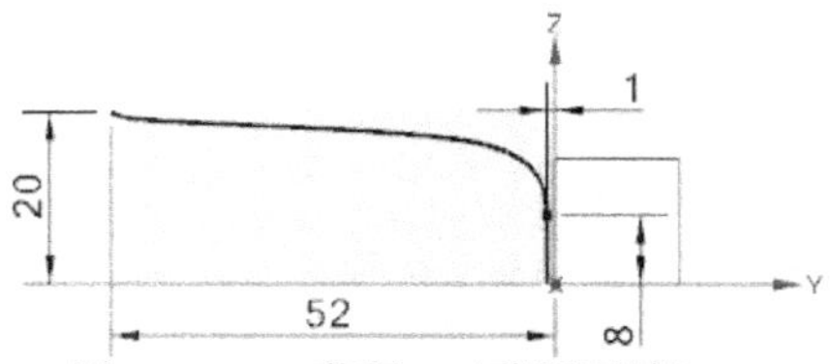

图 5.13.18 草图 4（草图环境）

Step14. 创建图 5.13.19 所示的零件特征——拉伸特征 2。选择下拉菜单 插入(S) → 设计特征(E) ▸ → 拉伸(E)... 命令；选取草图 4 为截面草图；在“拉伸”对话框的 极限 区域的 开始 下拉列表中选择 值 选项，并在其下的 距离 文本框中输入值 0；在 极限 区域的 结束 下拉列表中选择 值 选项，并在其下的 距离 文本框中输入值 40；在 设置 区域的 体类型 下拉列表中选择图纸页选项；单击< 确定 >按钮，完成拉伸特征 2 的创建。

Step15. 创建图 5.13.20 所示的零件特征——修剪片体特征 1。选择下拉菜单插入(S) → 修剪(M) → 修剪片体(R)...命令；选取图 5.13.21 所示的曲面为目标体，并单击中键确认；选取拉伸特征 2 为边界对象；在区域区域中选中保持单选项；在投影方向区域的下拉列表中选择沿矢量选项，在其下的指定矢量下拉列表中选择ZC选项；单击< 确定 >按钮，完成片体修剪特征 1 的创建。

图 5.13.19　拉伸特征 2

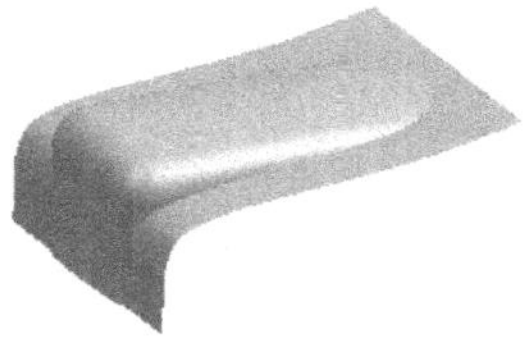

图 5.13.20　修剪片体特征 1

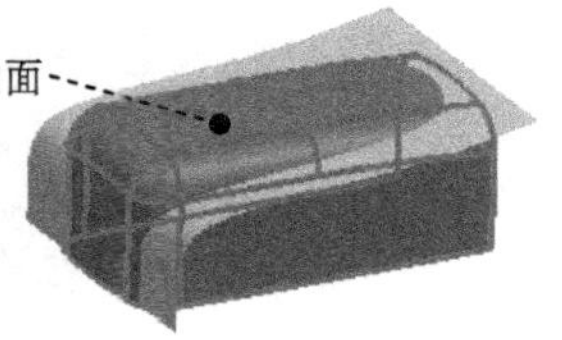

图 5.13.21　选取目标体

Step16. 创建图 5.13.22 所示的草图 5。选择下拉菜单插入(S) → 任务环境中的草图(S)...命令；选取 XY 基准平面为草图平面；绘制图 5.13.23 所示的草图 5。

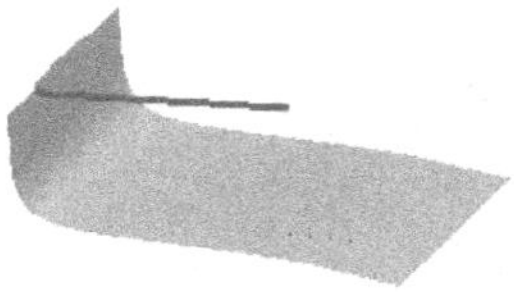

图 5.13.22　草图 5（建模环境）

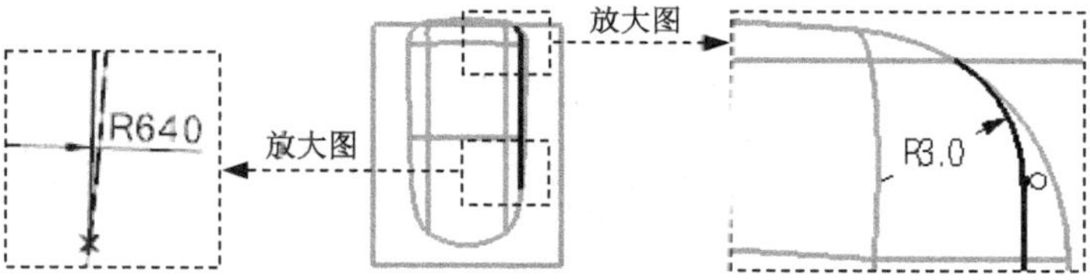

图 5.13.23　草图 5（草图环境）

Step17. 创建图 5.13.24 所示的零件特征——拉伸特征 3。选择下拉菜单插入(S) → 设计特征(E) → 拉伸(E)...命令；选取草图 5 为截面草图；在方向区域的指定矢量下拉列表中选择ZC选项；在“拉伸”对话框极限区域的开始下拉列表中选择值选项，并在其下的距离文本框中输入值 0；在极限区域的结束下拉列表中选择值选项，并在其下的距离文本框中输入值 20；在设置区域的体类型下拉列表中选择图纸页选项；单击< 确定 >按钮，完成拉伸特征 3 的创建。

Step18. 创建图 5.13.25 所示的零件特征——镜像体特征 1。

（1）选择命令。选择下拉菜单插入(S) → 关联复制(A) → 镜像体(B)...命令，系统弹出“镜像体”对话框。

（2）定义镜像体。选取拉伸特征 3 为镜像体。

（3）定义镜像平面。选取 YZ 基准平面为镜像平面，其他选项采用系统默认设置。

（4）单击确定按钮，完成镜像体 1 的创建。

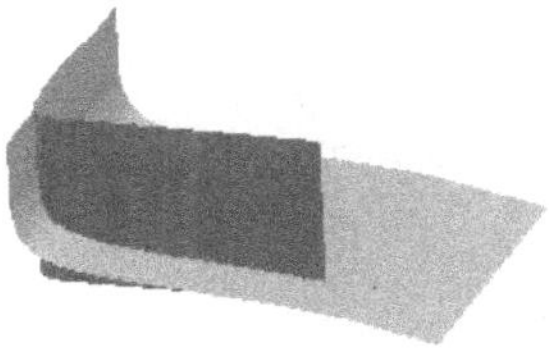

图 5.13.24　拉伸特征 3

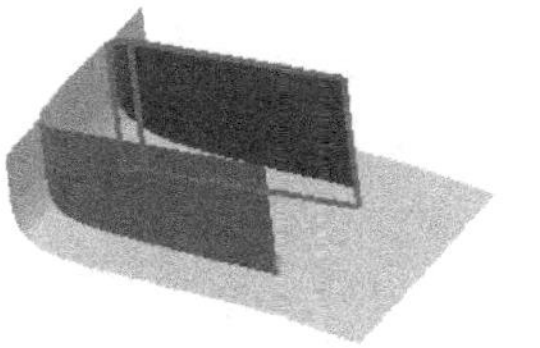

图 5.13.25　镜像体特征 1

Step19. 创建图 5.13.26 所示的零件特征——修剪体特征 3。选择下拉菜单插入(S) → 修剪(M) → 修剪体(T)... 命令；选取拉伸特征 3 为目标体；选取拉伸特征 2 为刀具体；单击 < 确定 > 按钮，完成修剪体特征 3 的创建。

Step20. 创建图 5.13.27 所示的零件特征——修剪体特征 4。选择下拉菜单插入(S) → 修剪(M) → 修剪体(T)... 命令；选取镜像体特征 1 为目标体；选取拉伸特征 2 为刀具体；单击 < 确定 > 按钮，完成修剪体特征 4 的创建。

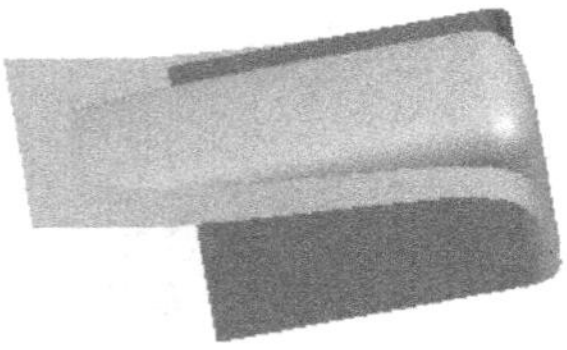

图 5.13.26　修剪体特征 3

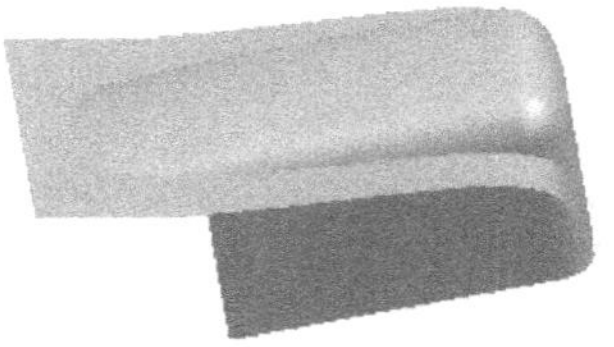

图 5.13.27　修剪体特征 4

Step21. 创建图 5.13.28 所示的零件特征——修剪体特征 5。选择下拉菜单插入(S) → 修剪(M) → 修剪体(T)... 命令；选择拉伸特征 2 为目标体；选取图 5.13.29 所示的曲面为刀具体；单击 < 确定 > 按钮，完成修剪体特征 5 的创建。

图 5.13.28　修剪体特征 5

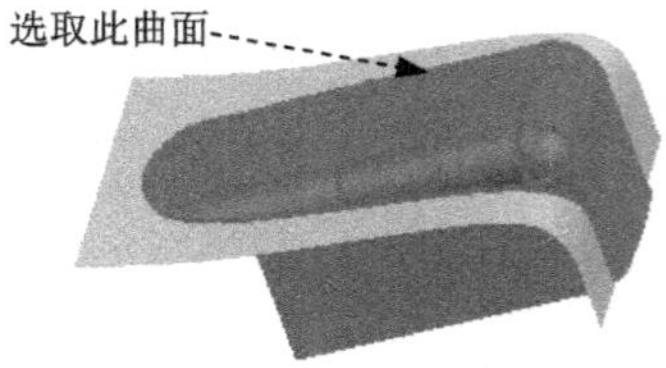

图 5.13.29　选取刀具体

Step22. 创建零件特征——缝合特征 2。选择下拉菜单插入(S) → 组合(B) → 缝合(W)... 命令；选取图 5.13.30 所示的曲面为目标体，选取图 5.13.31 所示的曲面为刀具体，单击 确定 按钮，完成缝合特征 2 的创建。

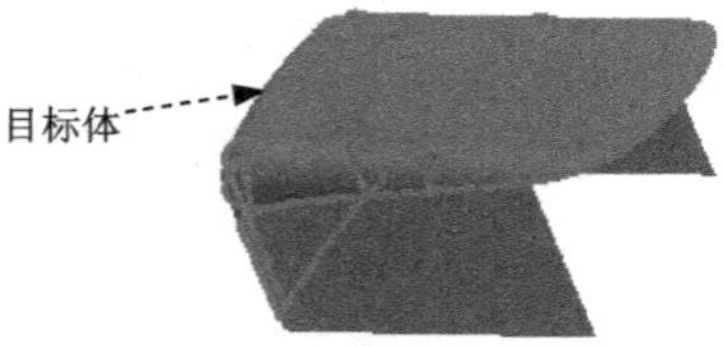

图 5.13.30　选取目标体

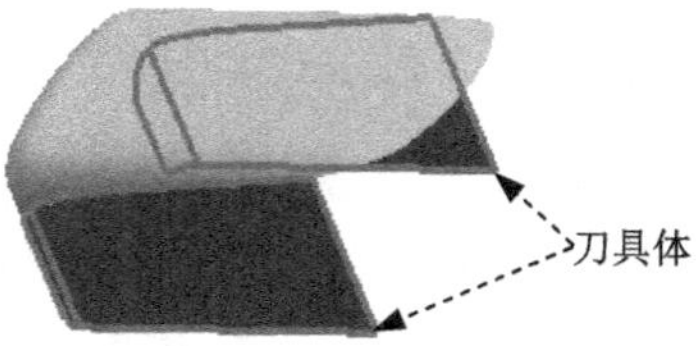

图 5.13.31　选取刀具体

Step23. 创建图 5.13.32 所示的零件特征——修剪片体特征 2。选择下拉菜单插入(S) → 修剪(M) → 修剪片体(R)... 命令；选取图 5.13.33 所示的曲面为目标体；选取图 5.13.34 所示的边线为边界对象；在 区域 区域中选中 ⊙ 舍弃 单选项；单击 确定 按钮，完成片体修剪特征 2 的创建。

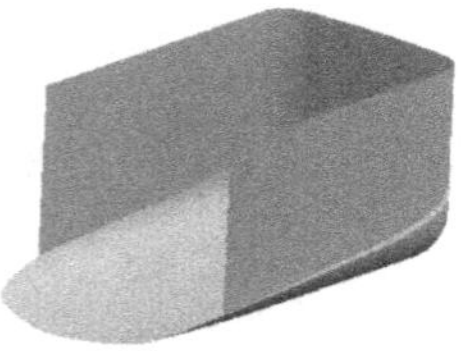

图 5.13.32　修剪片体特征 2

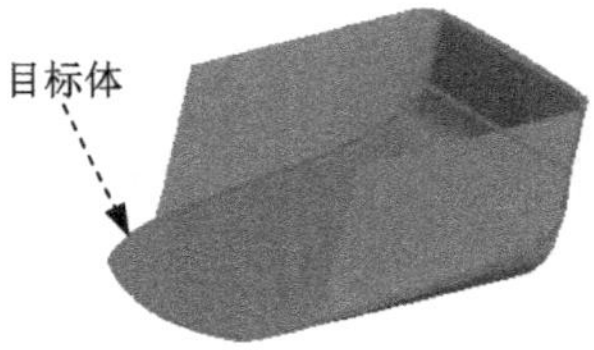

图 5.13.33　选取目标体

Step24. 选取基准平面 1 为草图平面，创建图 5.13.35 所示的草图 6。

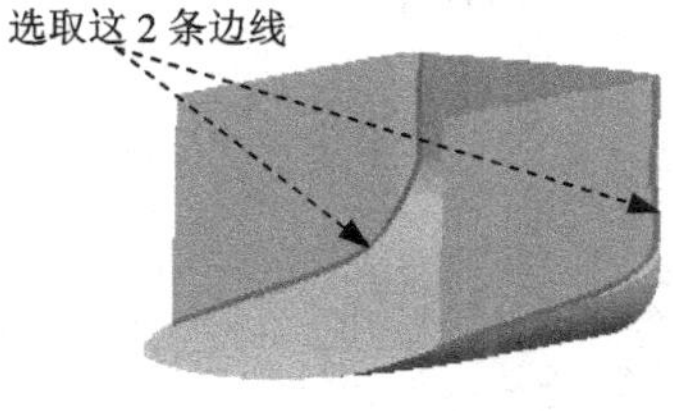

图 5.13.34 边界对象

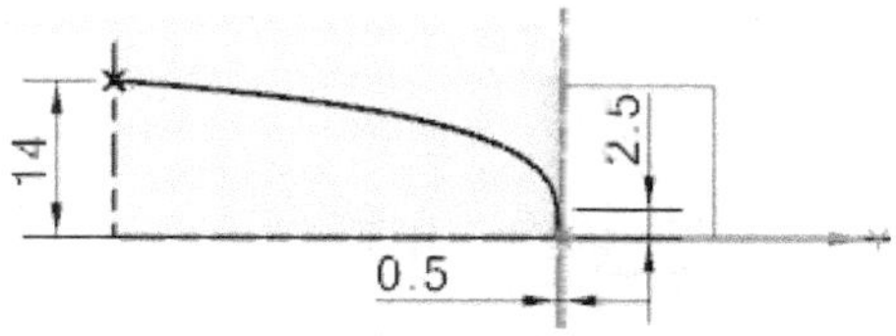

图 5.13.35 草图 6

Step25. 创建图 5.13.36 所示的零件特征—— 拉伸特征 4。选择下拉菜单 插入(S) → 设计特征(E) → 拉伸(E)... 命令；选取草图 6 为截面草图；在 方向 1 区域 指定矢量 后的下拉列表中选择 -XC 选项；在“拉伸”对话框 极限 区域的 开始 下拉列表中选择 值 选项，并在其下的 距离 文本框中输入值 0；在 极限 区域的 结束 下拉列表中选择 值 选项，并在其下的 距离 文本框中输入值 40；在 设置 区域的 体类型 下拉列表中选择 图纸页 选项；单击 < 确定 > 按钮，完成拉伸特征 4 的创建。

Step26. 创建图 5.13.37 所示的零件特征—— 修剪体特征 6。选择下拉菜单 插入(S) → 修剪(M) → 修剪体(T)... 命令；选取图 5.13.38 所示的曲面为目标体，并单击中键确认；选取拉伸特征 4 为刀具体；单击 < 确定 > 按钮，完成修剪体特征 6 的创建。

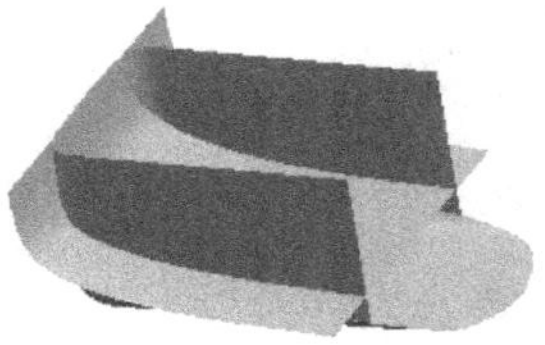
图 5.13.36 拉伸特征 4

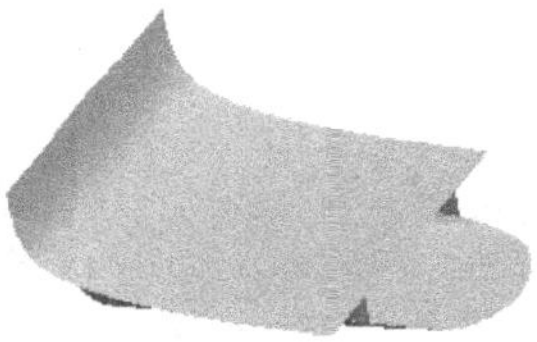
图 5.13.37 修剪体特征 6

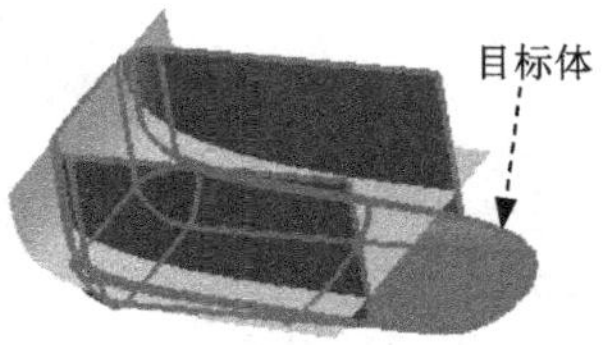

图 5.13.38 目标体

Step27. 选取 XY 基准平面为草图平面，绘制图 5.13.39 所示的草图 7。

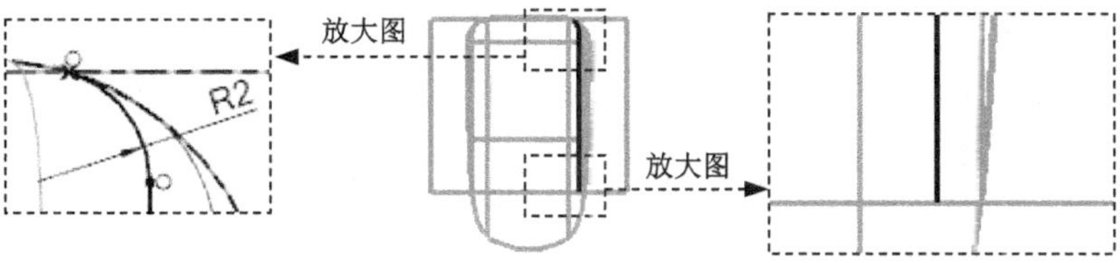

图 5.13.39 草图 7

Step28. 创建图 5.13.40 所示的零件特征——拉伸特征 5。选择下拉菜单 插入(S) → 设计特征(E) → 拉伸(E)... 命令；选取草图 6 为截面草图；在“拉伸”对话框的 方向 区域 指定矢量 后的下拉列表中选择 ZC 选项；在 极限 区域的 开始 下拉列表中选择 值 选项，并在其下的 距离 文本框中输入值 0；在 极限 区域的 结束 下拉列表中选择 值 选项，并在其下的 距离 文本框中输入值 20；在 设置 区域的 体类型 下拉列表中选择 图纸页 选项；单击 < 确定 > 按钮，完成拉伸特征 5 的创建。

Step29. 创建图 5.13.41 所示的零件特征—— 镜像体特征 2。选择下拉菜单 插入(S) →

关联复制(A) ➡ 镜像体(B)... 命令；选取拉伸特征 5 为镜像体，并单击中键确认；选取 YZ 基准平面为镜像平面；单击 < 确定 > 按钮，完成镜像体 2 的创建。

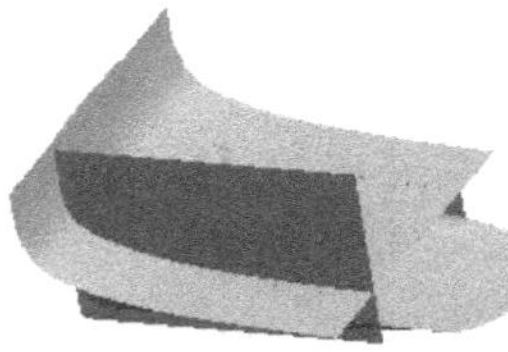
图 5.13.40　拉伸特征 5

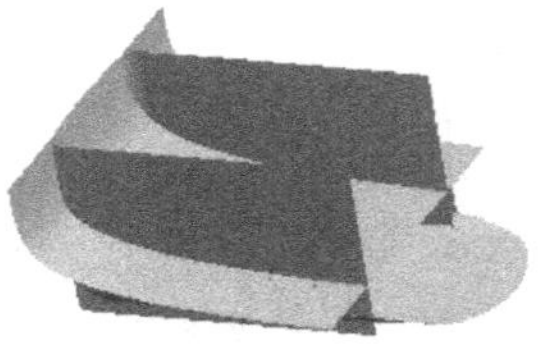
图 5.13.41　镜像体特征 2

Step30. 创建图 5.13.42 所示的零件特征—— 修剪体特征 7。选择下拉菜单 插入(S) ➡ 修剪(M) ➡ 修剪体(T)... 命令；选取拉伸特征 5 为目标体，并单击中键确认；选取拉伸特征 4 为刀具体；单击 < 确定 > 按钮，完成修剪体特征 7 的创建。

Step31. 创建图 5.13.43 所示的零件特征—— 修剪体特征 8。选择下拉菜单 插入(S) ➡ 修剪(M) ➡ 修剪体(T)... 命令；选取镜像体特征 2 为目标体，并单击中键确认；选取拉伸特征 4 为刀具体；单击 < 确定 > 按钮，完成修剪体特征 8 的创建。

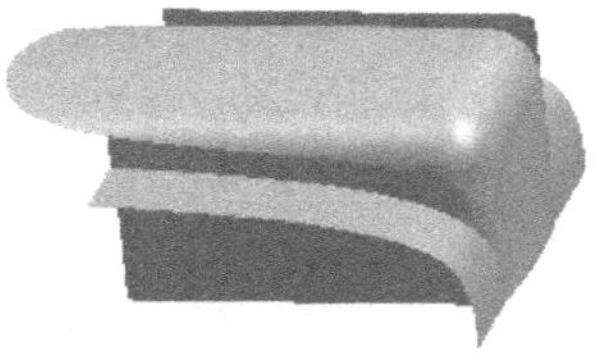
图 5.13.42　修剪体特征 7

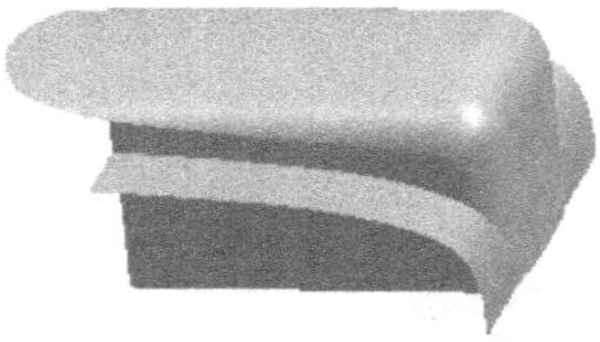
图 5.13.43　修剪体特征 8

Step32. 创建图 5.13.44 所示的零件特征—— 修剪体特征 9。选择下拉菜单 插入(S) ➡ 修剪(M) ➡ 修剪体(T)... 命令；选取拉伸特征 4 为目标体，并单击中键确认；选取图 5.13.45 所示的曲面为刀具体；单击 < 确定 > 按钮，完成修剪体特征 9 的创建。

图 5.13.44　修剪体特征 9

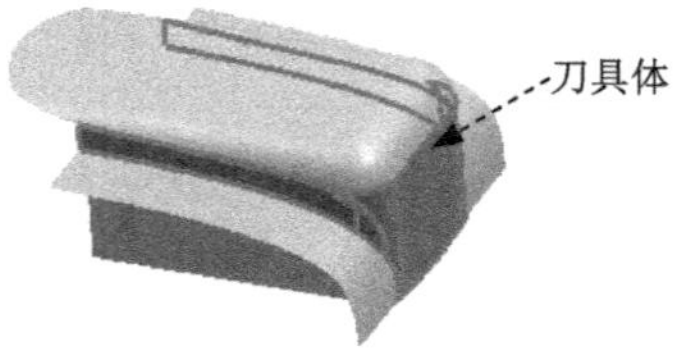

图 5.13.45　选取刀具体

Step33. 创建图 5.13.46 所示的零件特征—— 修剪片体特征 3。选择下拉菜单 插入(S) ➡ 修剪(M) ➡ 修剪片体(R)... 命令；选取图 5.13.47 所示的曲面为目标体，并单击中键确认；选取图 5.13.48 所示的边线为边界对象；在 区域 区域中选中 ⊙ 舍弃 单选项；单击 确定 按钮，完成修剪片体特征 3 的创建。

图 5.13.46　修剪片体特征 3

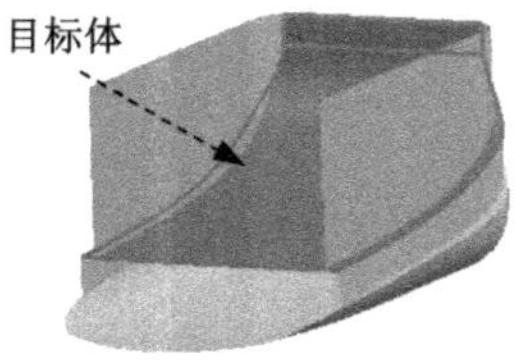

图 5.13.47　选取目标体

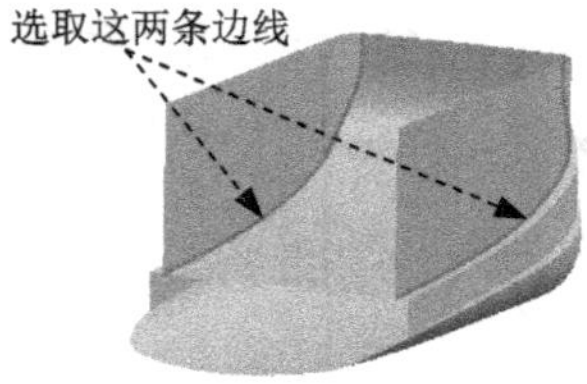

图 5.13.48　边界对象

Step34. 创建零件特征——缝合特征 2。选择下拉菜单 插入(S) → 组合(B) → 缝合(W)... 命令；选取图 5.13.49 所示的曲面为目标体，选取图 5.13.50 所示的曲面为刀具体，单击 确定 按钮，完成缝合特征 2 的创建。

说明： 在选取刀具体时，应选取除目标体外的所有片体为刀具体。

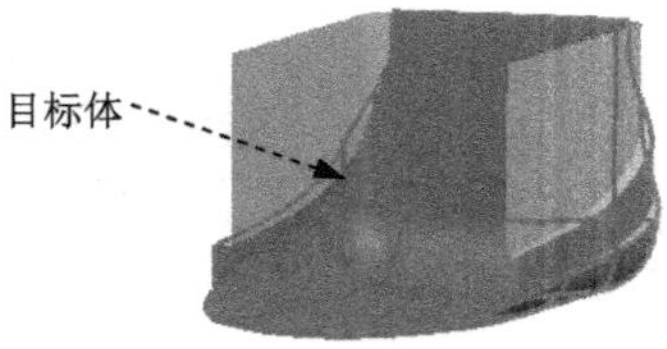

图 5.13.49 选取目标体

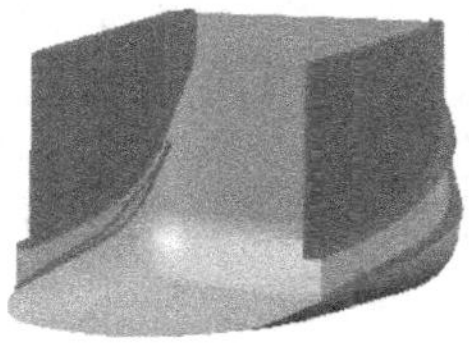

图 5.13.50 选取刀具体

Step35. 创建图 5.13.51 所示的零件特征—— 拉伸特征 6。选择下拉菜单 插入(S) → 设计特征(E) → 拉伸(E)... 命令；选取 YZ 基准平面为草图平面，绘制图 5.13.52 所示的截面草图；在“拉伸”对话框 极限 区域的 开始 下拉列表中选择 对称值 选项，并在其下的 距离 文本框中输入值 19；在 设置 区域的 体类型 下拉列表中选择 图纸页 选项；单击 < 确定 > 按钮，完成拉伸特征 6 的创建。

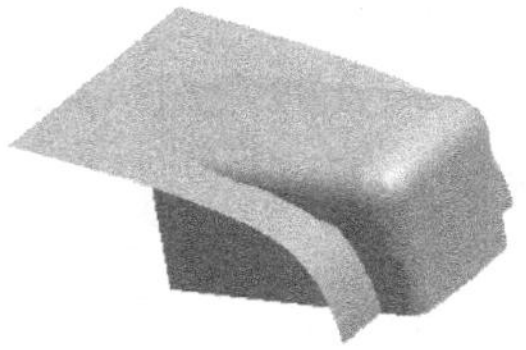

图 5.13.51 拉伸特征 6

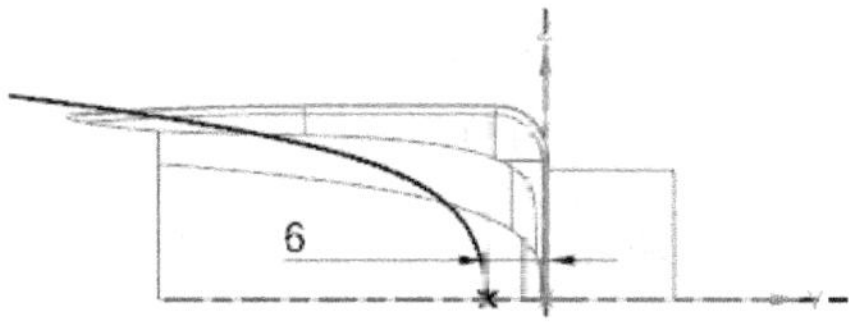

图 5.13.52 截面草图

Step36. 创建图 5.13.53 所示的零件特征—— 修剪片体特征 4。选择下拉菜单 插入(S) → 修剪(M) → 修剪片体(R)... 命令；选取图 5.13.54 所示的曲面为目标体，并单击中键确认；选取拉伸特征 6 为边界对象；在 区域 区域中选中 ⊙ 舍弃 单选项；单击 确定 按钮，完成修剪片体特征 4 的创建。

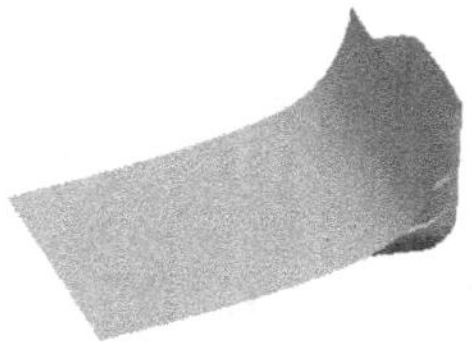

图 5.13.53 修剪片体特征 4

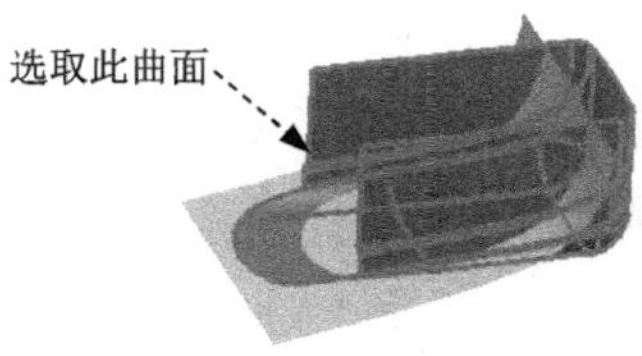

图 5.13.54 选取目标体

Step37. 创建图 5.13.55 所示的零件特征—— 修剪片体特征 5。选择下拉菜单 插入(S) → 修剪(M) → 修剪片体(R)... 命令；选取拉伸特征 6 为目标体，并单击中键确认；选取图 5.13.56 所示的边线为边界对象；在 区域 区域中选中 ⊙ 舍弃 单选项；单击 确定 按钮，完成修剪片体特征 5 的创建。

图 5.13.55 修剪片体特征 5

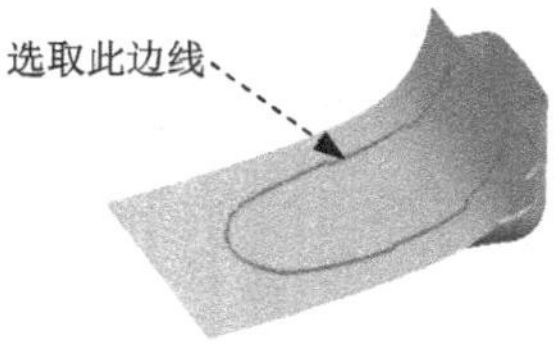

图 5.13.56 边界对象

Step38. 创建图 5.13.57 所示的零件特征——有界平面 1（隐藏所有草图）。

（1）选择命令。选择下拉菜单 插入(S) → 曲面(R) → 有界平面(P)... 命令，系统弹出“有界平面”对话框。

（2）选择截面边界。选取图 5.13.58 所示的边线为截面边界。

（3）单击 < 确定 > 按钮，完成有界平面 1 的创建。

图 5.13.57 有界平面 1

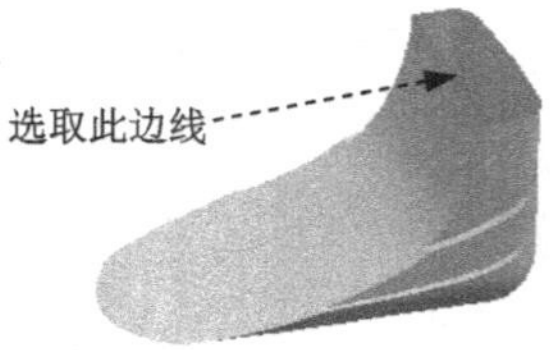

图 5.13.58 选取截面边界

Step39. 创建零件特征——缝合特征 3。选择下拉菜单 插入(S) → 组合(B) → 缝合(W)... 命令；选取图 5.13.59 所示的曲面为目标体，选取图 5.13.60 所示的曲面为刀具体，单击 确定 按钮，完成缝合特征 3 的创建。

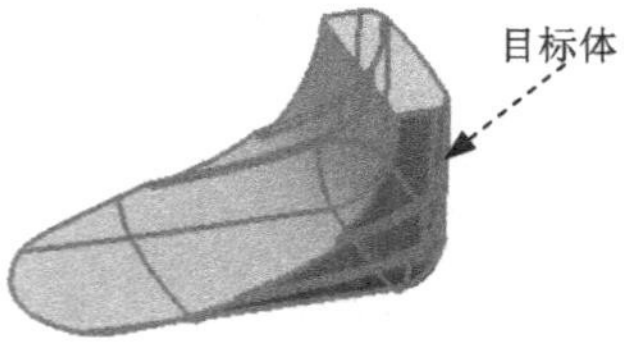

图 5.13.59 选取目标体

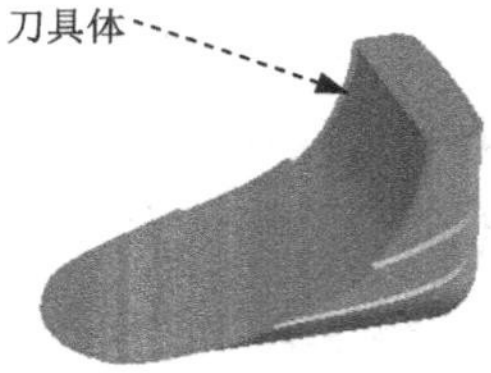

图 5.13.60 选取刀具体

Step40. 创建边倒圆特征 3。选择下拉菜单 插入(S) → 细节特征(L) → 边倒圆(E)... 命令；选取图 5.13.61 所示的边线为倒圆角参照，并在 半径 1 文本框中输入值 0.1；单击 < 确定 > 按钮，完成边倒圆特征 3 的创建。

Step41. 创建边倒圆特征 4。选择下拉菜单 插入(S) → 细节特征(L) → 边倒圆(E)... 命令；选取图 5.13.62 所示的边线为倒圆角参照，并在 半径 1 文本框中输入值 0.1；单击 < 确定 > 按钮，完成边倒圆特征 4 的创建。

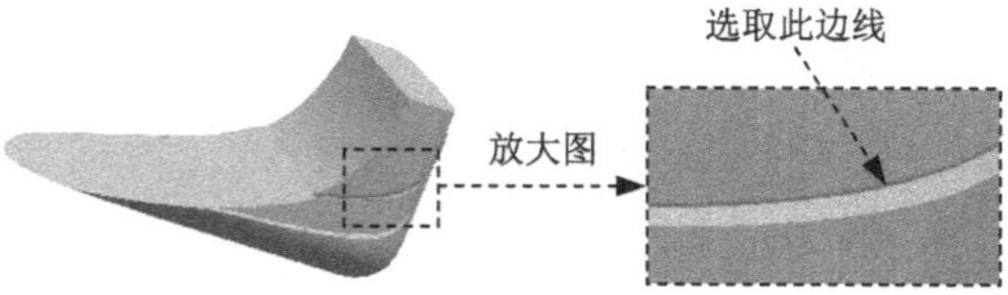

图 5.13.61 选取要倒圆角的边

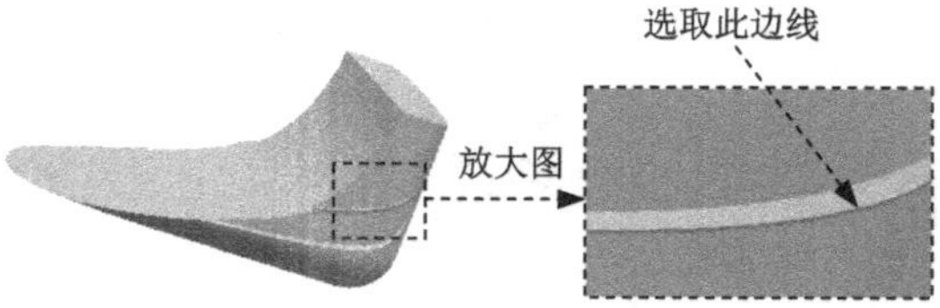

图 5.13.62 选取要倒圆角的边

Step42. 创建边倒圆特征 5。选择下拉菜单 插入(S) ➡ 细节特征(L) ▸ ➡ 边倒圆(E)... 命令；选取图 5.13.63 所示的边线为倒圆角参照，并在 半径 1 文本框中输入值 0.1；单击 < 确定 > 按钮，完成边倒圆特征 5 的创建。

Step43. 创建边倒圆特征 6。选择下拉菜单 插入(S) ➡ 细节特征(L) ▸ ➡ 边倒圆(E)... 命令；选取图 5.13.64 所示的边线为倒圆角参照，并在 半径 1 文本框中输入值 0.1；单击 < 确定 > 按钮，完成边倒圆特征 6 的创建。

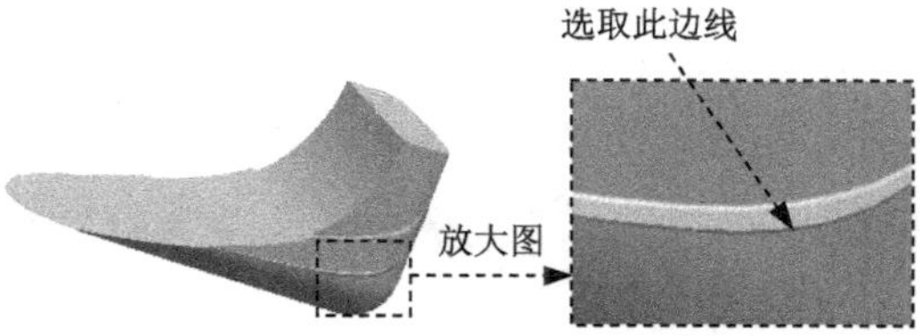

图 5.13.63　选取要倒圆角的边

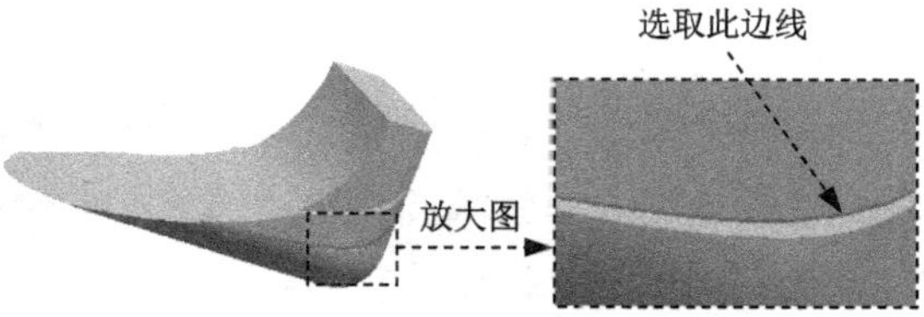

图 5.13.64　选取要倒圆角的边

Step44. 创建边倒圆特征 7、边倒圆特征 8、边倒圆特征 9 和边倒圆特征 10。选取与以上四步选取的边线相对称的边线为倒圆角对象，半径均为 0.1。

Step45. 创建图 5.13.65 所示的零件特征—— 拉伸特征 7。选择下拉菜单 插入(S) ➡ 设计特征(E) ▸ ➡ 拉伸(E)... 命令；选取图 5.13.66 所示的平面为草图平面；绘制图 5.13.67 所示的截面草图；在“拉伸”对话框 极限 区域的 开始 下拉列表中选择 值 选项，并在其下的 距离 文本框中输入值 0；在 极限 区域的 结束 下拉列表中选择 值 选项，并在其下的 距离 文本框中输入值 18；在 布尔 区域的 布尔 下拉列表中选择 求差 选项，采用系统默认的求差对象；单击 < 确定 > 按钮，完成拉伸特征 7 的创建。

图 5.13.65　拉伸特征 7

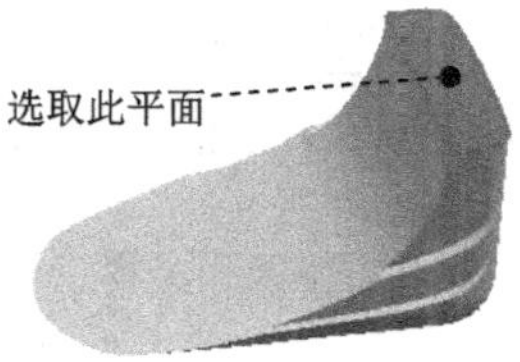

图 5.13.66　选取草图平面

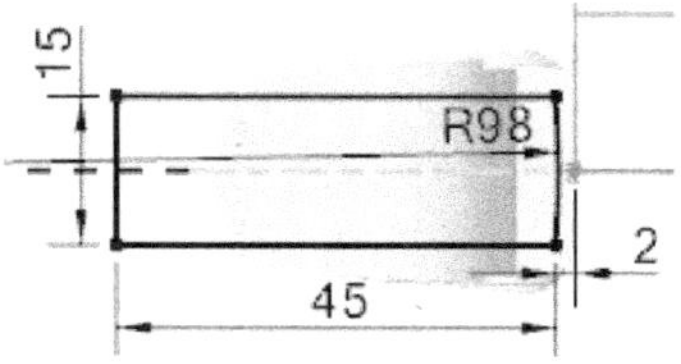

图 5.13.67　截面草图

Step46. 设置隐藏。

（1）选择命令。选择下拉菜单 编辑(E) ➡ 显示和隐藏(H) ➡ 隐藏(H)... 命令（或单击 按钮），系统弹出“类选择”对话框。

（2）选择隐藏对象。单击“类选择”对话框的 过滤器 区域中的 按钮，系统弹出“根据类型选择”对话框，选择对话框列表中的 基准 选项，单击 确定 按钮。系统再次弹出“类选择”对话框，单击该对话框 对象 区域中的“全选”按钮。

（3）完成隐藏操作。单击对话框中的 确定 按钮，完成对设置对象的隐藏。

Step47. 保存零件模型。选择下拉菜单 文件(F) ➡ 保存(S) 命令，即可保存零件模型。

说明：

- 修剪体：可以选择实体或片体为目标体，但刀具体只能选择面。
- 修剪片体：只能选择片体为目标体，但边界对象可以选择面、曲线或边。

5.14 曲面设计综合范例 4——饮料瓶的设计

范例概述

本范例介绍了一个饮料瓶的设计过程。主要运用了一些常用命令，包括拉伸、抽壳和倒圆角等特征，其中在瓶口螺纹处使用的命令很巧妙，需要注意的是实体修剪和变换特征的创建方法。零件模型及模型树如图 5.14.1 所示。

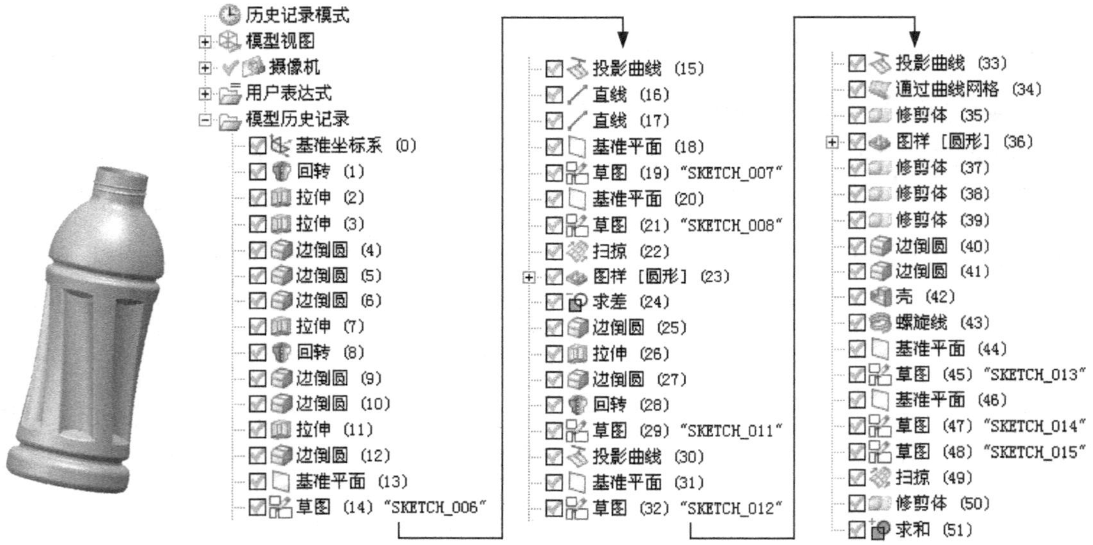

图 5.14.1 零件模型及模型树

Step1. 新建模型文件。选择下拉菜单 文件(F) → 新建(N)... 命令，系统弹出“文件新建”对话框。在 模板 选项卡中选取模板类型为 模型；在 名称 文本框中输入文件名称 bottle；单击 确定 按钮，进入建模环境。

Step2. 创建图 5.14.2 所示的零件基础特征——回转特征 1。

（1）选择下拉菜单 插入(S) → 设计特征(E) → 回转(R)... 命令（或单击按钮），弹出“回转”对话框。

（2）单击该对话框中的“草图截面”按钮，系统弹出“创建草图”对话框。

① 定义草图平面。选取 YZ 基准平面为草图平面，选中 设置 区域的 ☑ 创建中间基准 CSYS 复选框，单击 确定 按钮。

② 进入草图环境，绘制图 5.14.3 所示的截面草图。

③ 单击 完成草图 按钮，退出草图环境。

（3）定义回转轴。在 *指定矢量 下拉列表中选择 ZC↑ 选项，并定义原点为回转点。

（4）单击 < 确定 > 按钮，完成回转特征 1 的创建。

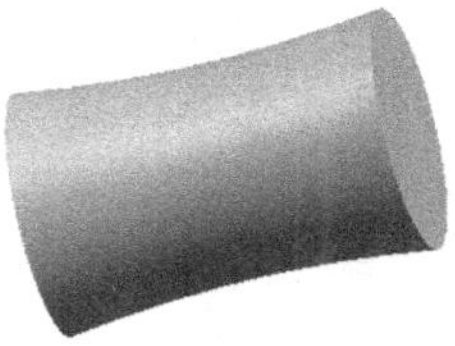

图 5.14.2　回转特征 1

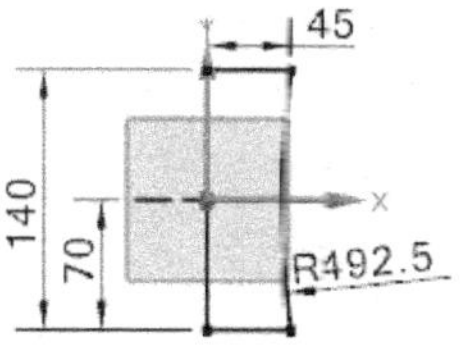

图 5.14.3　截面草图

Step3. 创建图 5.14.4 所示的零件特征——拉伸特征 1。选择下拉菜单 插入(S) → 设计特征(E) → 拉伸(E)... 命令；选取图 5.14.5 所示的平面为草图平面；取消选中 设置 区域的 □ 创建中间基准 CSYS 复选框，绘制图 5.14.6 所示的截面草图；在“拉伸”对话框的 极限 区域的 开始 下拉列表中选择 值 选项，并在其下的 距离 文本框中输入值 0；在 极限 区域的 终点 下拉列表中选择 值 选项，并在其下的 距离 文本框中输入值 5；在 布尔 区域的 布尔 下拉列表中选择 求和 选项，采用系统默认的求和对象；单击 < 确定 > 按钮，完成拉伸特征 1 的创建。

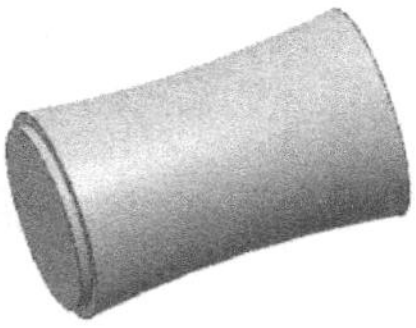

图 5.14.4　拉伸特征 1

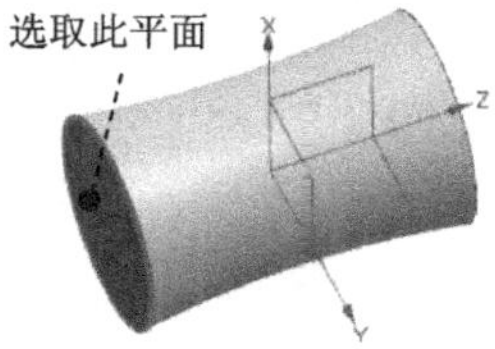

图 5.14.5　选取草图平面

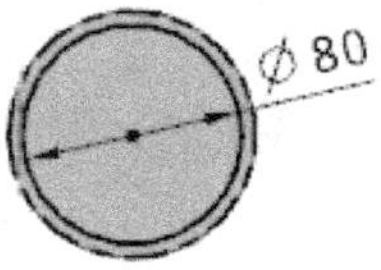

图 5.14.6　截面草图

Step4. 创建 5.16.7 所示的零件特征——拉伸特征 2。选择下拉菜单 插入(S) → 设计特征(E) → 拉伸(E)... 命令；选取图 5.14.8 所示的平面为草图平面；绘制图 5.14.9 所示的截面草图；在“拉伸”对话框的 极限 区域的 开始 下拉列表中选择 值 选项，并在其下的 距离 文本框中输入值 0；在 极限 区域的 结束 下拉列表中选择 值 选项，并在其下的 距离 文本框中输入值 20；在 布尔 区域的 布尔 下拉列表中选择 求和 选项，采用系统默认的求和对象；单击 < 确定 > 按钮，完成拉伸特征 2 的创建。

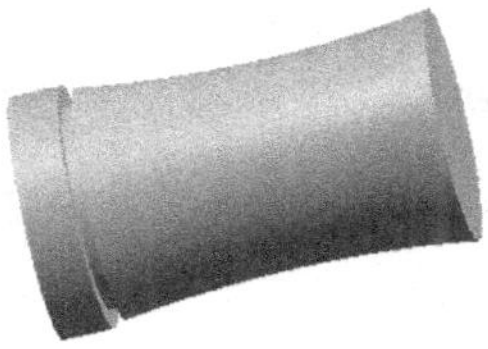

图 5.14.7　拉伸特征 2

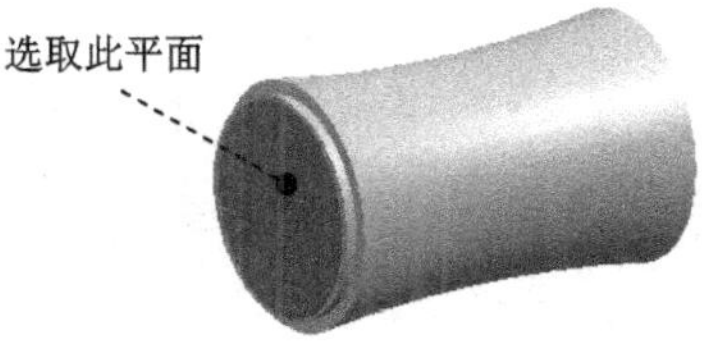

图 5.14.8　选取草图平面

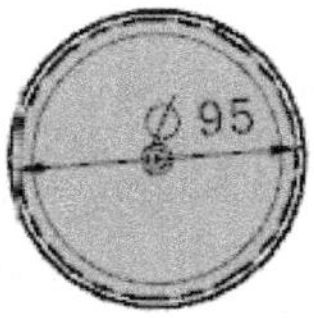

图 5.14.9　截面草图

Step5. 创建图 5.14.10b 所示的边倒圆特征 1。

（1）选择下拉菜单 插入(S) → 细节特征(L) → 边倒圆(E)... 命令（或单击 按钮），系统弹出“边倒圆”对话框。

（2）选取图 5.14.10a 所示的边线为边倒圆参照，并在 半径 1 文本框中输入值 4。

（3）在“边倒圆”对话框中单击 < 确定 > 按钮，完成边倒圆特征 1 的创建。

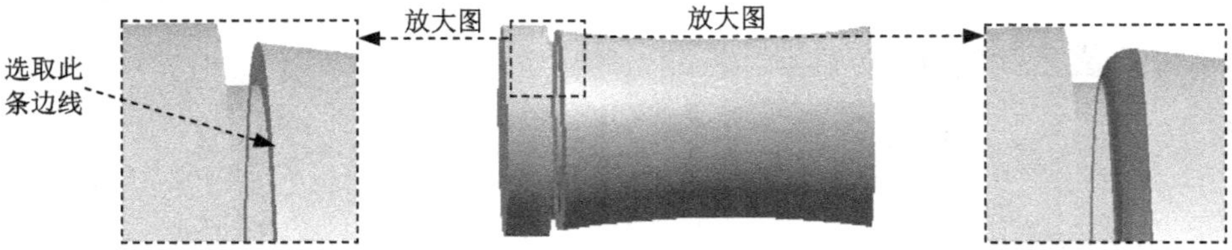

a）圆角前　　b）圆角后

图 5.14.10　边倒圆特征 1

Step6. 创建图 5.14.11b 所示的边倒圆特征 2。选择下拉菜单插入(S) ➡ 细节特征(L) ➡ 边倒圆(E)...命令；选取图 5.14.11a 所示的两条边线为边倒圆参照，其半径值为 6。

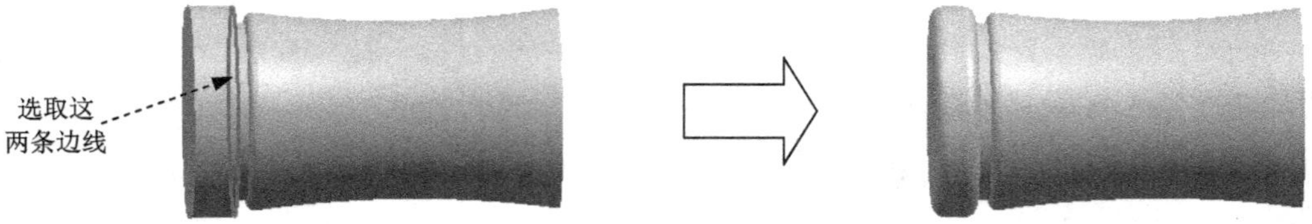

a）圆角前　　b）圆角后

图 5.14.11　边倒圆特征 2

Step7. 创建图 5.14.12 所示的边倒圆特征 3。选择下拉菜单插入(S) ➡ 细节特征(L) ➡ 边倒圆(E)...命令；选取图 5.14.12a 所示的两条边线为边倒圆参照，其半径值为 2。

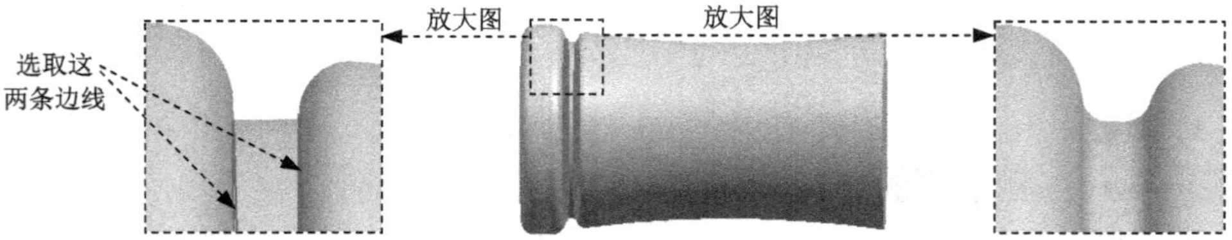

a）圆角前　　b）圆角后

图 5.14.12　边倒圆特征 3

Step8. 创建图 5.14.13 所示的零件特征——拉伸特征 3。选择下拉菜单插入(S) ➡ 设计特征(E) ➡ 拉伸(E)...命令；选取图 5.14.14 所示的平面为草图平面；绘制图 5.14.15 所示的截面草图；在“拉伸”对话框的极限区域的开始下拉列表中选择值选项，并在其下的距离文本框中输入值 0；在极限区域的结束下拉列表中选择值选项，并在其下的距离文本框中输入值 5；在布尔区域的布尔下拉列表中选择求和选项，采用系统默认的求和对象；单击< 确定 >按钮，完成拉伸特征 3 的创建。

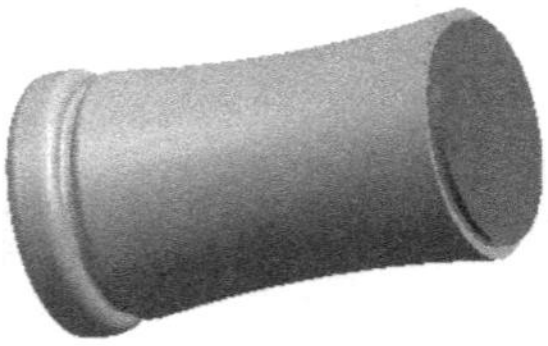

图 5.14.13　拉伸特征 3

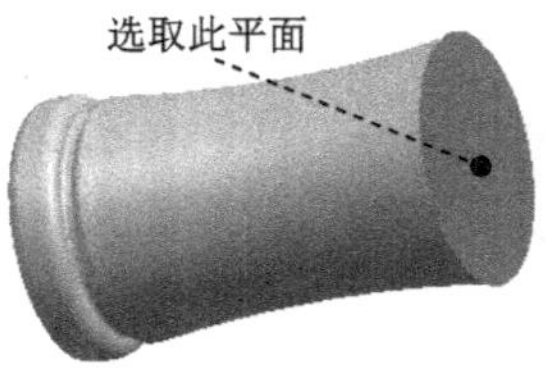

图 5.14.14　选取草图平面

图 5.14.15　截面草图

Step9. 创建图 5.14.16 所示的零件特征——回转体特征 2。选择下拉菜单插入(S) ➡

设计特征(E) → 回转(R)...命令；选取 YZ 基准平面为草图平面，绘制图 5.14.17 所示的截面草图；在指定矢量下拉列表中选择 ZC↑ 选项，并定义原点为回转点；在布尔区域中的布尔下拉列表中选择求和选项，采用系统默认的求和对象；单击确定按钮，完成回转体 2 的创建。

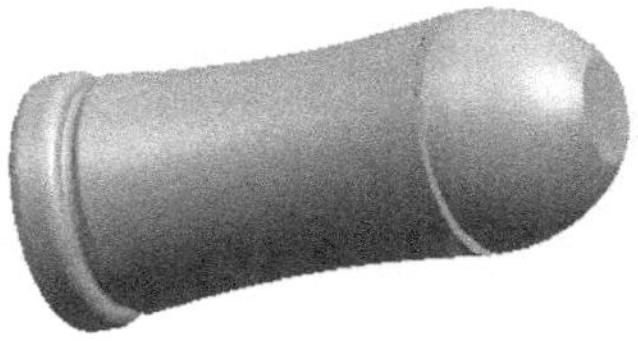

图 5.14.16　回转体特征 2

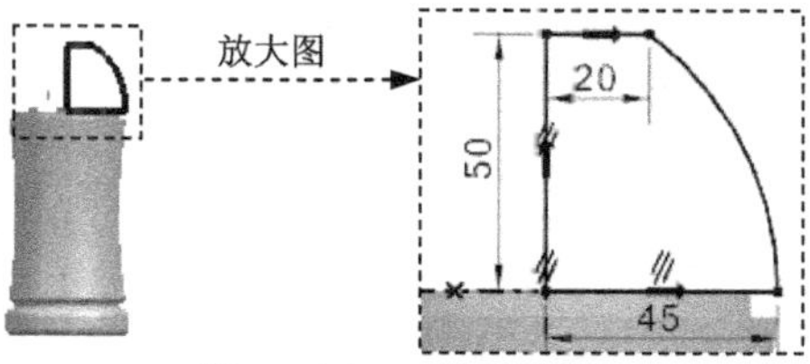

图 5.14.17　截面草图

Step10. 创建图 5.14.18b 所示的边倒圆特征 4。选择下拉菜单插入(S) → 细节特征(L) → 边倒圆(E)...命令；选取图 5.14.18a 所示的两条边线为边倒圆参照，其半径值为 4。

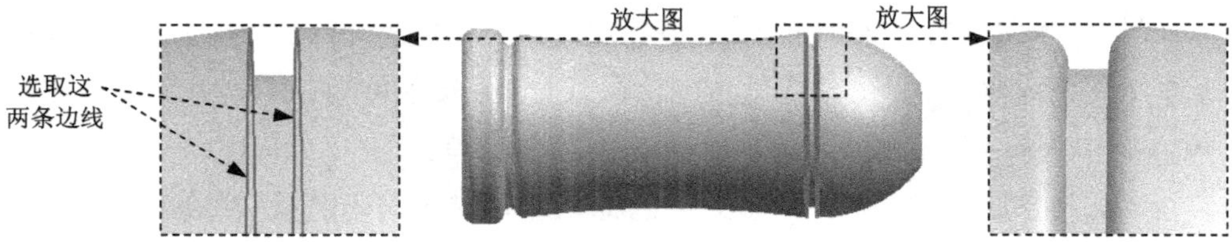

a）圆角前　　b）圆角后

图 5.14.18 边倒圆特征 4

Step11. 创建图 5.14.19 所示的边倒圆特征 5。选择下拉菜单插入(S) → 细节特征(L) → 边倒圆(E)...命令；选取图 5.14.19a 所示的两条边线为边倒圆参照，其半径值为 2。

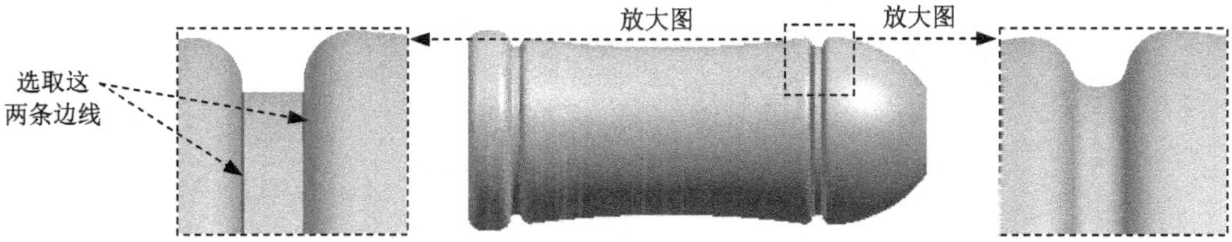

a）圆角前　　b）圆角后

图 5.14.19　边倒圆特征 5

Step12. 创建图 5.14.20 所示的零件特征——拉伸特征 4。选择下拉菜单插入(S) → 设计特征(E) → 拉伸(E)...命令；选取图 5.14.21 所示的平面为草图平面；绘制图 5.14.22 所示的截面草图；在“拉伸”对话框的极限区域的开始下拉列表中选择值选项，并在其下的距离文本框中输入值 0；在极限区域的结束下拉列表中选择值选项，并在其下的距离文本框中输入值 25；在布尔区域的布尔下拉列表中选择求和选项，采用系统默认的求和对象；单击< 确定 >按钮，完成拉伸特征 4 的创建。

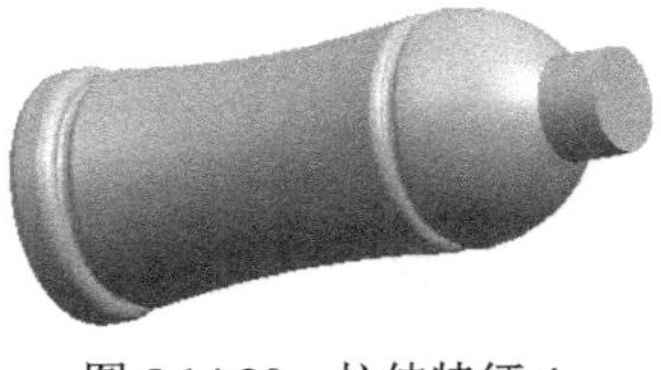

图 5.14.20　拉伸特征 4

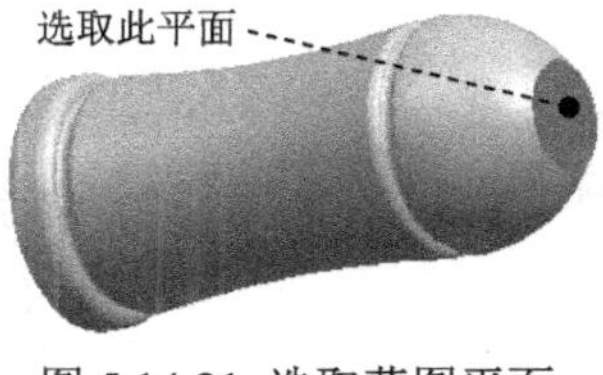

图 5.14.21 选取草图平面

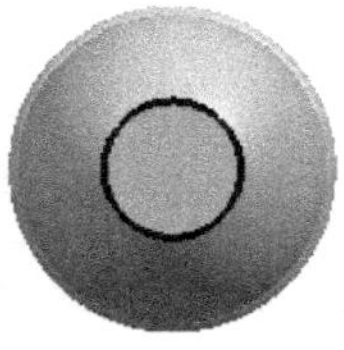

图 5.14.22　截面草图

Step13. 创建图 5.14.23b 所示的边倒圆特征 6。选择下拉菜单插入(S) → 细节特征(L) → 边倒圆(E)...命令；选取图 5.14.23a 所示的边线为边倒圆参照，其半径值为 8。

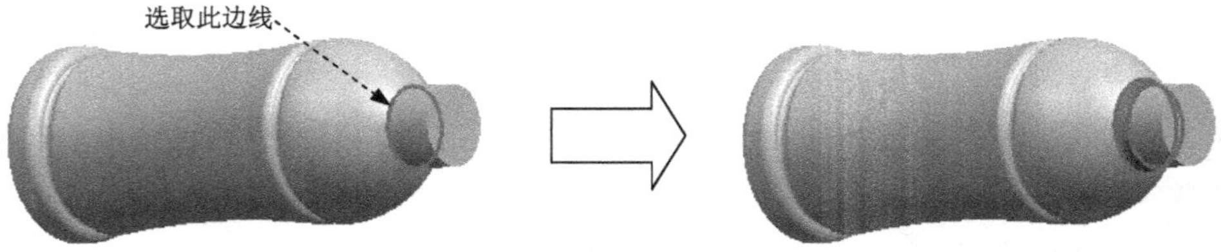

a）圆角前　　b）圆角后

图 5.14.23　边倒圆特征 6

Step14. 创建图 5.14.24 所示的基准平面 1。

（1）选择下拉菜单插入(S) → 基准/点(D) → 基准平面(D)...命令，系统弹出“基准平面”对话框。

（2）在类型区域的下拉列表中选择按某一距离选项。在平面参考区域中单击按钮，选取 ZX 基准平面为对象平面；在偏置区域的距离文本框中输入值为 50，使用按钮调整平面的方向如图 5.14.24 所示；其他参数采用系统默认设置值。

（3）在“基准平面”对话框中单击< 确定 >按钮，完成基准平面 1 的创建。

Step15. 创建图 5.14.25 所示的草图 1。

（1）选择命令。选择下拉菜单插入(S) → 任务环境中的草图(S)...命令，系统弹出“创建草图”对话框。

（2）定义草图平面。选取基准平面 1 为草图平面，单击确定按钮。

（3）进入草图环境，绘制图 5.14.25 所示的草图 1。

（4）单击完成草图按钮，退出草图环境。

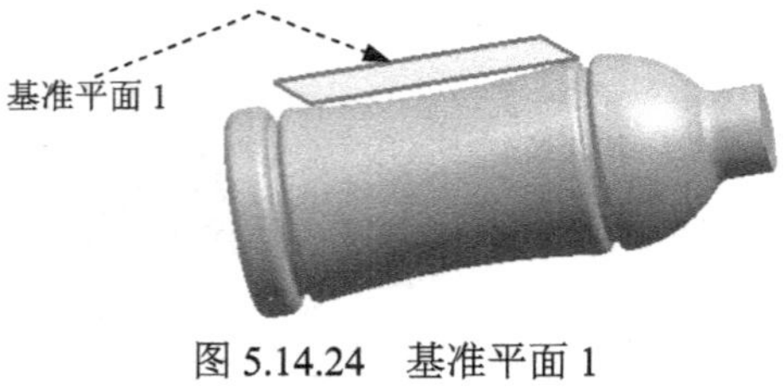

图 5.14.24　基准平面 1

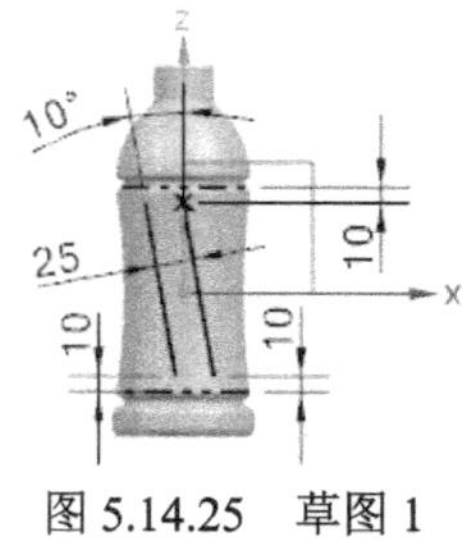

图 5.14.25　草图 1

Step16. 创建图 5.14.26 所示的投影曲线 1。

（1）选择下拉菜单插入(S) → 来自曲线集的曲线(F) → 投影(P)...命令，系统弹出“投影曲线”对话框。

（2）选择草图 1 为投影曲线。

（3）选择图 5.14.27 所示的曲面为投影对象。

（4）在投影方向区域的方向下拉列表中选择沿矢量选项，在指定矢量(0)下拉列表中选择选项，选中☑ 沿矢量投影到最近的点复选框。其他参数采用系统默认设置值。

（5）在“投影曲线”对话框中单击< 确定 >按钮，完成投影曲线 1 的创建。

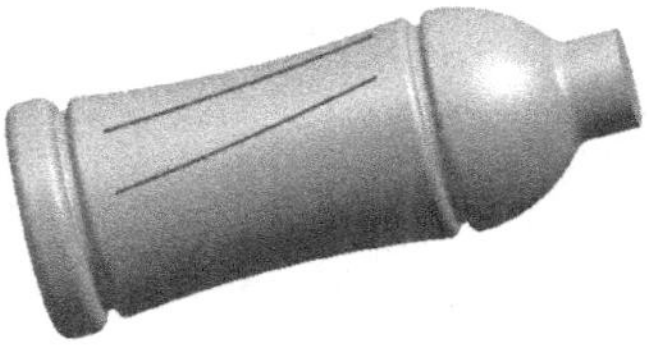

图 5.14.26　投影曲线 1

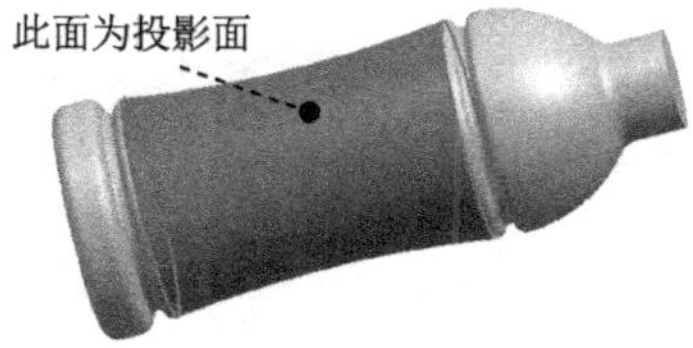

图 5.14.27　定义投影面

Step17. 创建图 5.14.28 所示的直线 1。

（1）选择下拉菜单插入(S) → 曲线(C) → 直线(L)... 命令，系统弹出“直线”对话框。

（2）选取图 5.14.29 所示的点 1 为起点，选取点 2 为终点。

（3）在“直线”对话框中单击< 确定 >按钮，完成直线 1 的创建。

Step18. 创建图 5.14.30 所示的直线 2。选取图 5.14.30 所示的点 3 为起点；选取点 4 为终点；单击< 确定 >按钮，完成直线 2 的创建。

说明：在绘制这两条直线时，选取的四个点分别为两条投影曲线的四个端点。

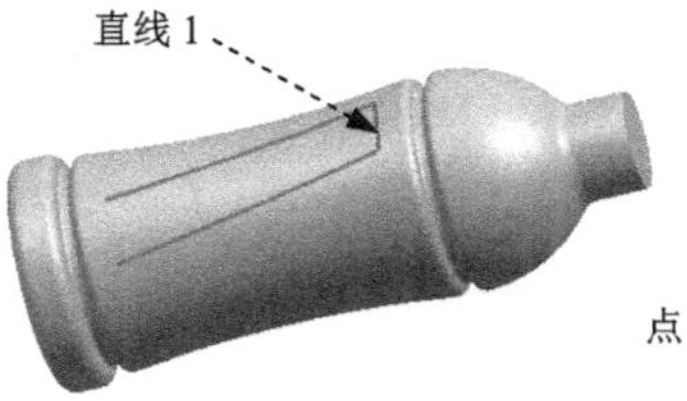

图 5.14.28　直线 1

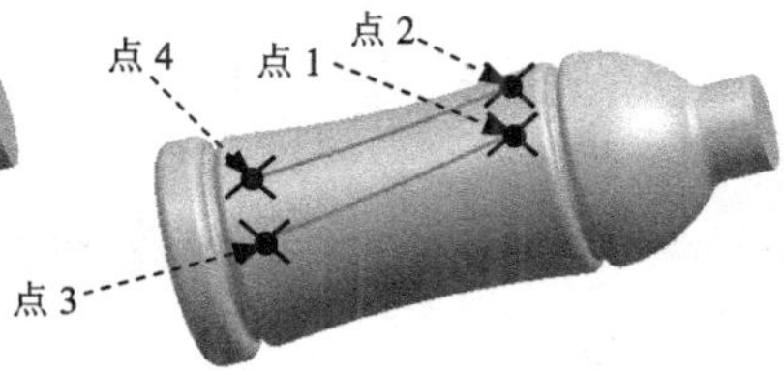

图 5.14.29　选取参考点

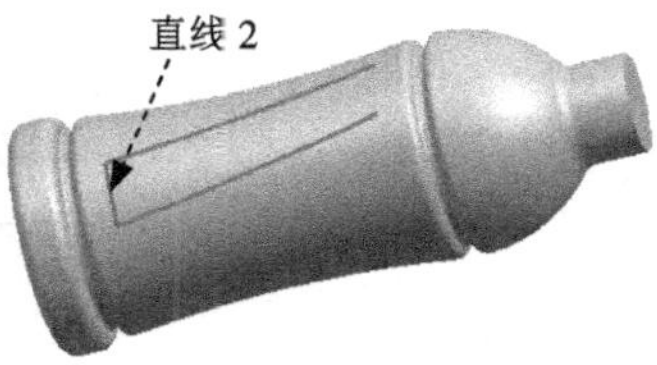

图 5.14.30　直线 2

Step19. 创建图 5.14.31 所示的基准平面 2。选择下拉菜单插入(S) → 基准/点(D) → 基准平面(D)...命令；在类型区域的类型下拉列表中选择成一角度选项；选取 XY 基准平面为参考平面，单击中键确认；选择直线 1 为通过轴；在角度区域的角度选项下拉列表中选择值选项；在角度文本框中输入值-30；单击< 确定 >按钮，完成基准平面 2 的创建。

Step20. 选取基准平面 2 为草图平面，绘制图 5.14.32 所示的草图 2。

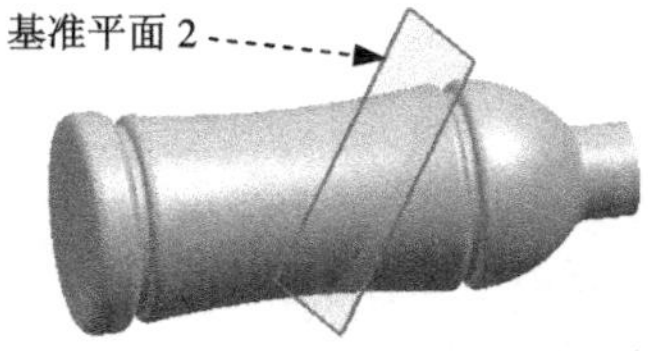

图 5.14.31　基准平面 2

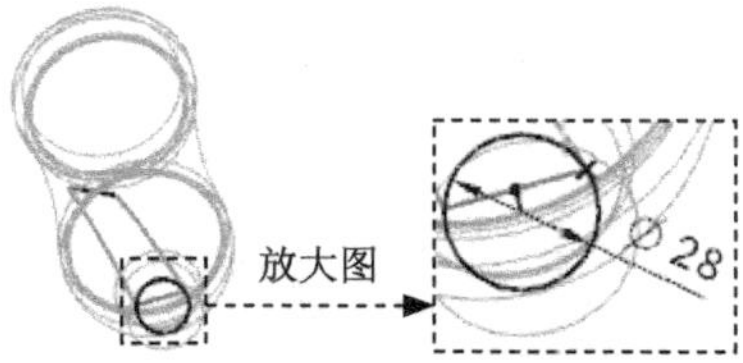

图 5.14.32　草图 2

Step21. 创建图 5.14.33 所示的基准平面 3。选择下拉菜单插入(S) → 基准/点(D) → 基准平面(D)...命令；在类型区域的下拉列表中选择成一角度选项；选取 XY 基准平面为参考平面，单击中键确认；选择直线 2 为通过轴；在角度区域的角度选项下拉列表中选择值选项；在角度文本框中输入值 30；单击< 确定 >按钮，完成基准平面 3 的创建。

Step22. 选取基准平面 3 为草图平面，绘制图 5.14.34 所示的草图 3。

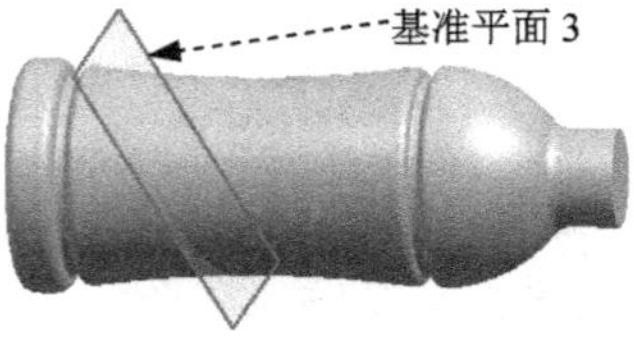

图 5.14.33　基准平面 3

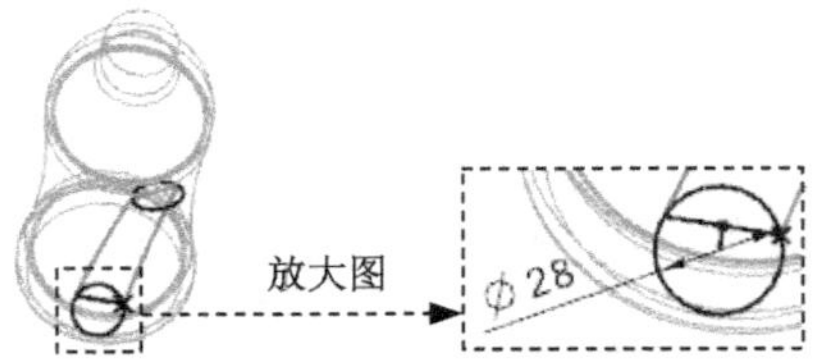

图 5.14.34　草图 3

Step23. 创建图 5.14.35 所示的零件特征—— 扫掠特征 1。

（1）选择下拉菜单 插入(S) ➡ 扫掠(W) ➡ 扫掠(S)... 命令，系统弹出“扫掠”对话框。

（2）依次选取草图 2 和草图 3 为截面曲线，并分别单击中键确认，再单击中键确定。

（3）依次选取投影曲线创建的两条曲线中一条为引导线 1，并单击中键确认；选取另一条投影曲线为引导线 2，其他选项采用系统默认设置。

（4）在“扫掠”对话框中单击 < 确定 > 按钮，完成扫掠特征 1 的创建。

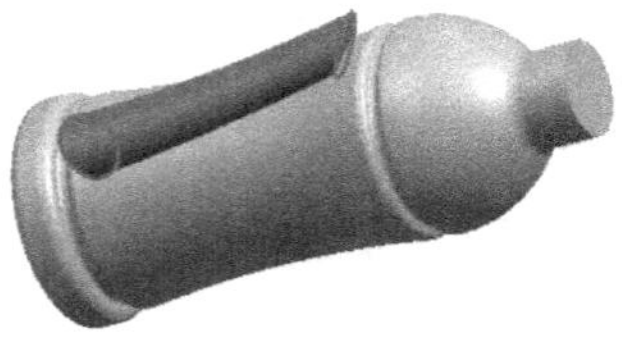

图 5.14.35　扫掠特征 1

Step24. 创建图 5.14.36 所示的阵列特征 1。

（1）选择命令。选择下拉菜单 插入(S) ➡ 关联复制(A) ➡ 对特征形成图样(A)... 命令，系统弹出“对形成图样的特征”对话框。

（2）选取扫掠特征 1 为阵列对象。

（3）定义阵列类型。在“对形成图样的特征”对话框的 布局 下拉列表中选择 圆形 选项。

（4）在 “对形成图样的特征”对话框 方向 1 区域 指定矢量 后的下拉列表中选择 ZC 选项，选取图 5.14.37 所示的上表面的圆心为参考点，在 间距 下拉列表中选择 数量和节距 选项，在 数量 文本框中输入值 5，并在 节距 文本框中输入值 72。

（5）单击 确定 按钮，完成阵例特征 1 的创建。

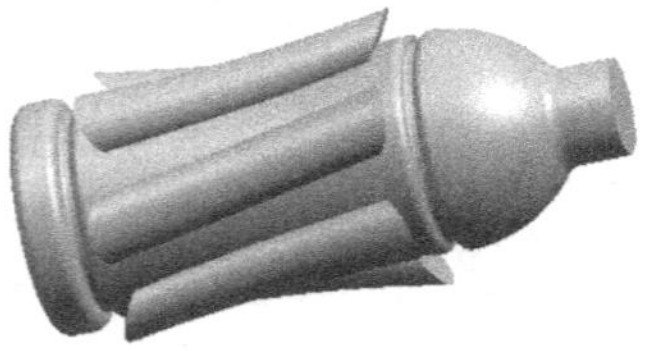

图 5.14.36　阵列特征 1

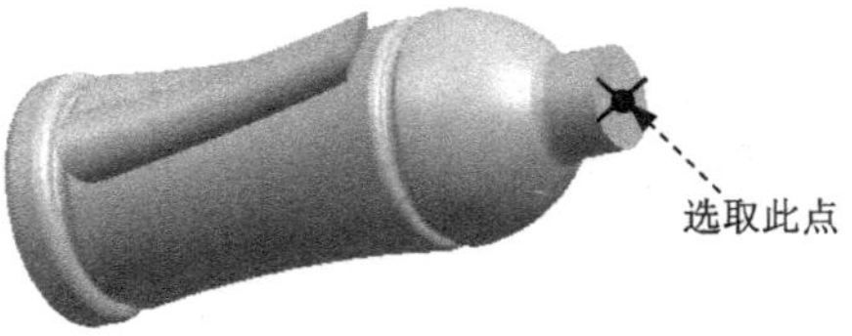

图 5.14.37　选取参考点

Step25. 对实体进行求差操作 1。

（1）选择命令。选择下拉菜单 插入(S) ➡ 组合(B) ➡ 求差(S)... 命令，系统弹出“求差”对话框。

（2）定义目标体和工具体。选取图 5.14.38 所示的特征为目标体，选取扫掠特征 1、阵列特征 1 创建的五个实体为工具体，单击 < 确定 > 按钮，完成求差操作 1，结果如图 5.14.39 所示。

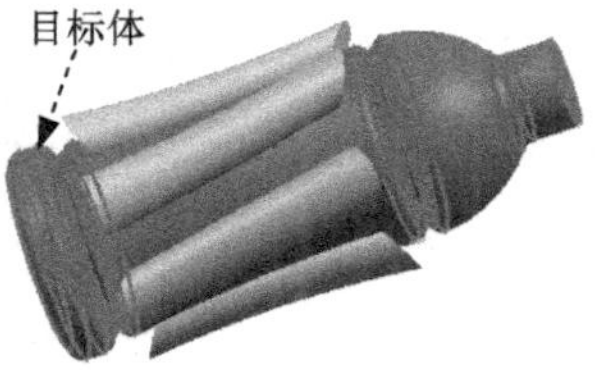

图 5.14.38　选取目标体

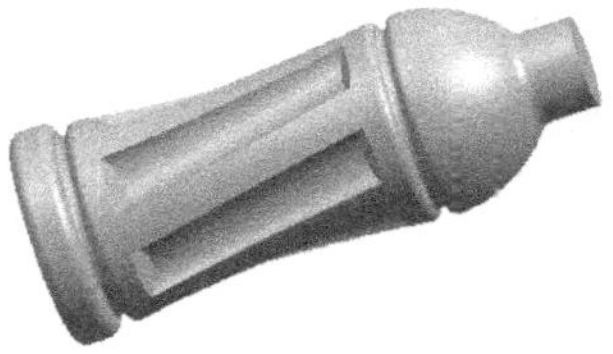
图 5.14.39　求差结果

Step26. 创建图 5.14.40 所示的边倒圆特征 7（隐藏所有草图和曲线）。选择下拉菜单 插入(S) → 细节特征(L) → 边倒圆(E)... 命令；选取图 5.14.40a 所示的三十条边线为边倒圆参照，其半径值为 2。

说明： *在创建此边倒圆特征时，应选取其他所有图 5.14.40 所示的边线为倒圆角对象。*

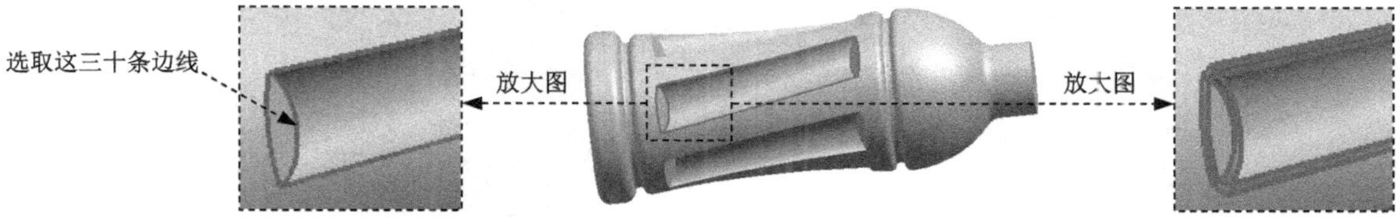

a）圆角前　b）圆角后

图 5.14.40　边倒圆特征 7

Step27. 创建图 5.14.41 所示的零件特征——拉伸特征 5。选择下拉菜单 插入(S) → 设计特征(E) → 拉伸(E)... 命令；选取图 5.14.42 所示的平面为草图平面；绘制图 5.14.43 所示的截面草图；在“拉伸”对话框的极限区域的开始下拉列表中选择 值 选项，并在其下的距离文本框中输入值 0；在极限区域的结束下拉列表中选择 值 选项，并在其下的距离文本框中输入值 4，在指定矢量下拉列表中选择 ZC 选项；在布尔区域的布尔下拉列表中选择 求差 选项，采用系统默认的求差对象；单击 < 确定 > 按钮，完成拉伸特征 5 的创建。

图 5.14.41　拉伸特征 5

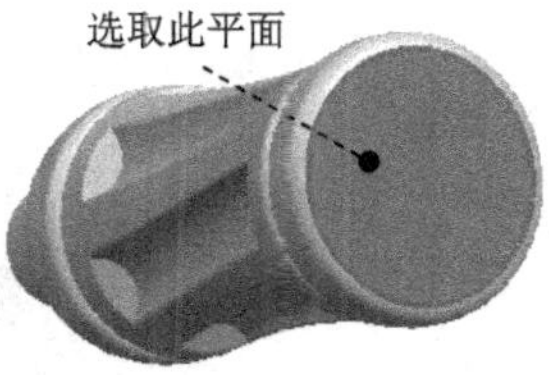

图 5.14.42　选取草图平面

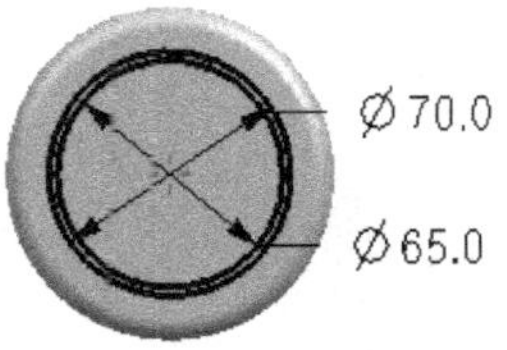

图 5.14.43　截面草图

Step28. 创建图 5.14.44b 所示的边倒圆特征 8。选择下拉菜单 插入(S) → 细节特征(L) → 边倒圆(E)... 命令；选取图 5.14.44a 所示的边线为边倒圆参照，其半径值为 3。

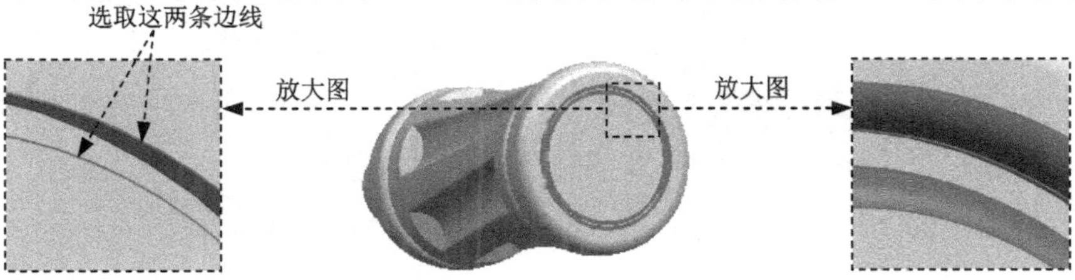

a）圆角前　b）圆角后

图 5.14.44　边倒圆特征 8

Step29. 创建图 5.14.45 所示的零件特征——回转体 3。选择下拉菜单插入(S) → 设计特征(E) → 回转(R)...命令；选取 YZ 基准平面为草图平面，绘制图 5.14.46 所示的截面草图；在指定矢量下拉列表中选择ZC↑选项，并定义原点为回转点；在布尔区域的下拉列表中选择求差选项，采用系统默认的求差对象；单击< 确定 >按钮，完成回转体特征 3 的创建。

图 5.14.45 回转体特征 3

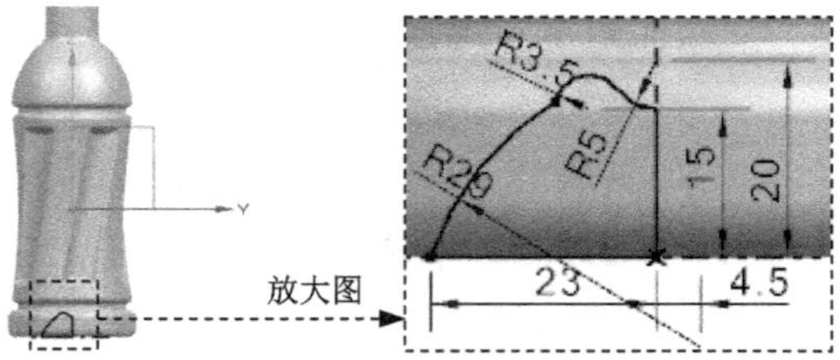

图 5.14.46 截面草图

Step30. 创建图 5.14.47b 所示的边倒圆特征 9。选择下拉菜单插入(S) → 细节特征(L) → 边倒圆(E)...命令；选择图 5.14.47a 所示的边线为边倒圆参照，其半径值为 4。

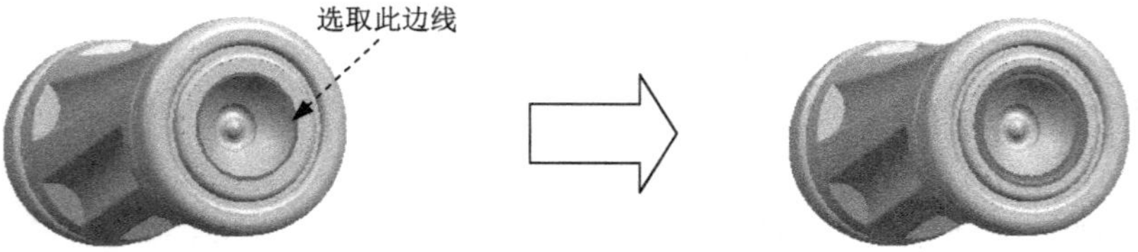

a）圆角前 b）圆角后

图 5.14.47 边倒圆特征 9

Step31. 选取瓶体的底面为草图平面，创建图 5.14.48 所示的草图 4。

Step32. 创建图 5.14.49 所示的投影曲线 2。选择下拉菜单插入(S) → 来自曲线集的曲线(F) → 投影(P)...命令；选择草图 4 为投影曲线，单击中键确认；选取图 5.14.50 所示的曲面为投影对象；在投影方向区域的方向下拉列表中选择沿矢量选项，在指定矢量 (0)下拉列表中选择ZC↑选项；单击< 确定 >按钮，完成投影曲线 2 的创建。

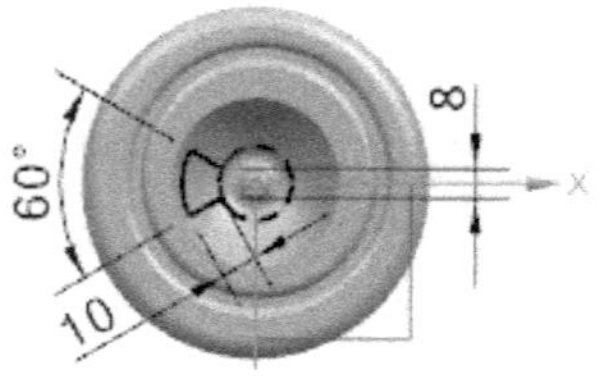

图 5.14.48 草图 4

图 5.14.49 投影曲线 2

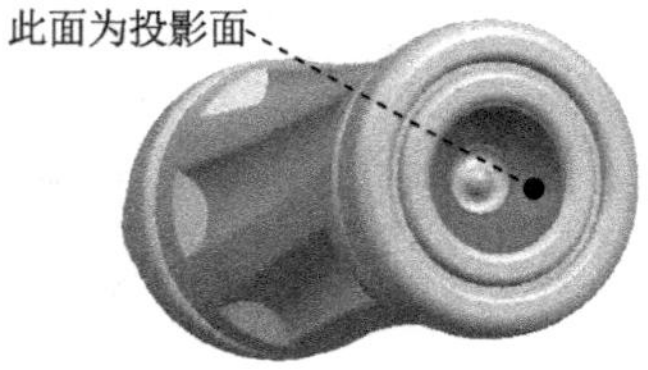

图 5.14.50 定义投影面

Step33. 创建图 5.14.51 所示的基准平面 4。选择下拉菜单插入(S) → 基准/点(D) → 基准平面(D)...命令；在类型区域的下拉列表中选择按某一距离选项；选取 YZ 基准平面为对象平面；在偏置区域的距离文本框中输入值为 50，使用按钮调整平面的方向图 5.14.51 所示；单击< 确定 >按钮，完成基准平面 4 的创建。

Step34. 选取基准平面 4 为草图平面，绘制图 5.14.52 所示的草图 5。

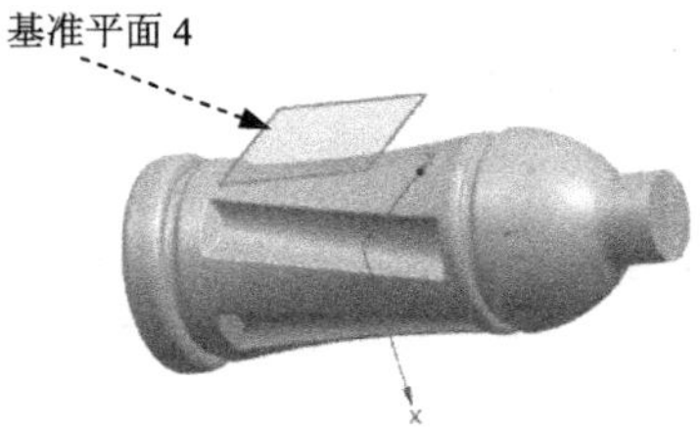

图 5.14.51　基准平面 4

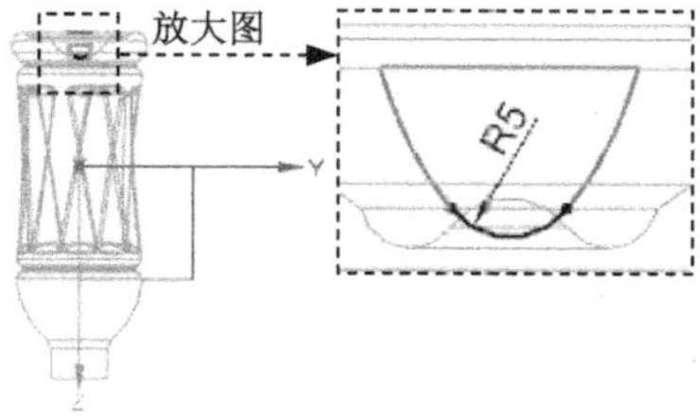

图 5.14.52　草图 5

Step35. 创建图 5.14.53 所示的投影曲线 3。选择下拉菜单 插入(S) → 来自曲线集的曲线(F) → 投影(P)... 命令；选择草图 5 为投影曲线；选取图 5.14.54 所示的曲面为投影对象；在 投影方向 区域的 方向 下拉列表中选择 沿矢量 选项，在 指定矢量(0) 下拉列表中选择 XC 选项；单击 < 确定 > 按钮，完成投影曲线 3 的创建。

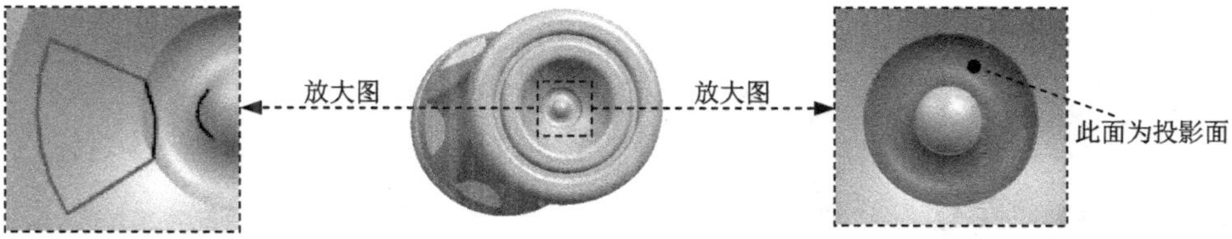

图 5.14.53　投影曲线 3　　图 5.14.54　定义投影面

Step36. 创建曲面特征 1。

（1）选择下拉菜单 插入(S) → 网格曲面(M) → 通过曲线网格(M)... 命令，系统会弹出“通过曲线网格”对话框。

（2）依次选取图 5.14.55 所示的曲线 1 和曲线 2 为主线串，并分别单击中键确认；再次单击中键后，依次选取曲线 3 和曲线 4 为交叉线串，并分别单击中键确认。

（3）在“通过曲线网格”对话框中单击 < 确定 > 按钮，完成曲面特征 1 的创建。

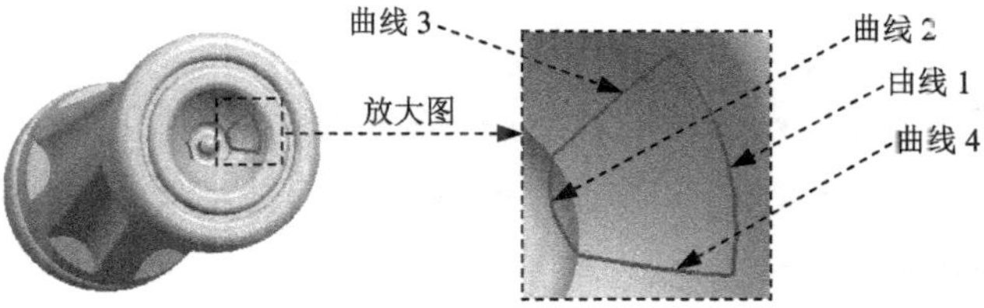

图 5.14.55　选取曲线网络

Step37. 创建零件特征——实体修剪特征 1。

（1）选择命令。选择下拉菜单 插入(S) → 修剪(M) → 修剪体(T)... 命令，系统弹出“修剪体”对话框。

（2）定义目标体和刀具体。选取瓶体为目标体，单击中键确认；选取曲面特征 1 为刀具体；其他选项采用系统默认设置。

（3）单击 < 确定 > 按钮，完成实体修剪特征 1 的创建。

Step38. 创建阵列特征 2。

（1）选择命令。选择下拉菜单 插入(S) → 关联复制(A) → 对特征形成图样(A)... 命令，系统弹出“对形成图样的特征”对话框。

（2）选取曲面 1 为阵列对象。

（3）定义阵列类型。在“对形成图样的特征”对话框的 布局 下拉列表中选择 圆形 选项。

（4）在 “对形成图样的特征”对话框 方向 1 区域的 指定矢量 下拉列表中选择 ZC↑ 选项，选取原点为参考点，在 间距 下拉列表中选择 数量和节距 选项，在 数量 文本框中输入值 4，并在 节距 文本框中输入值 90。

（5）单击 确定 按钮，完成阵列特征 2 的创建。

Step39. 创建实体修剪 2、实体修剪 3、实体修剪 4。选择瓶体为目标体；分别选择阵列特征 2 创建的三个特征为刀具体，完成实体修剪 2、实体修剪 3、实体修剪 4 的创建。

说明：在进行实体修剪时，每次只能选取一个特征作为刀具体进行修剪，所以这里要重复修剪三次。

Step40. 创建边倒圆特征 10（隐藏片体、草图和曲线）。选择下拉菜单 插入(S) → 细节特征(L) → 边倒圆(E)... 命令；选取图 5.14.56 所示的十二条边线为边倒圆参照，其半径值为 4。

Step41. 创建边倒圆特征 11。选择下拉菜单 插入(S) → 细节特征(L) → 边倒圆(E)... 命令；选取图 5.14.57 所示的边链为边倒圆参照，其半径值为 4。

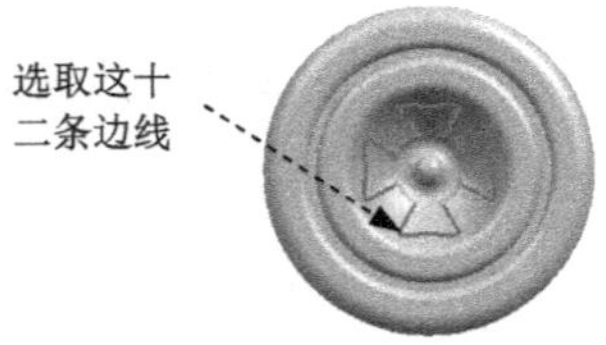

图 5.14.56 边倒圆特征 10

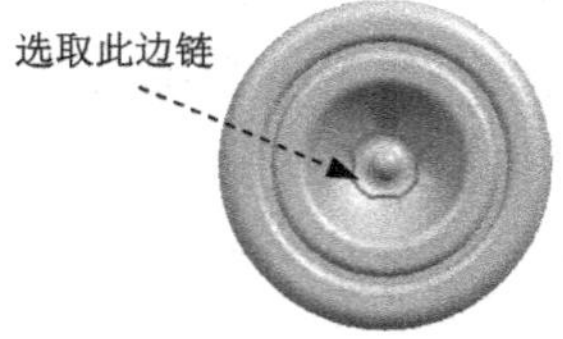

图 5.14.57 边倒圆特征 11

Step42. 创建图 5.14.58 所示的零件特征——抽壳特征 1。

（1）选择命令。选择下拉菜单 插入(S) → 偏置/缩放(O) → 抽壳(H)... 命令（或单击 按钮），系统弹出“抽壳”对话框。

（2）定义抽壳类型。在 类型 区域的下拉列表中选择 移除面，然后抽壳 选项。

（3）在 要穿透的面 区域中单击 按钮，选取图 5.14.59 所示的面为移除面，并在 厚度 文本框中输入值 1，采用系统默认方向。

（4）单击 < 确定 > 按钮，完成抽壳特征 1 的创建。

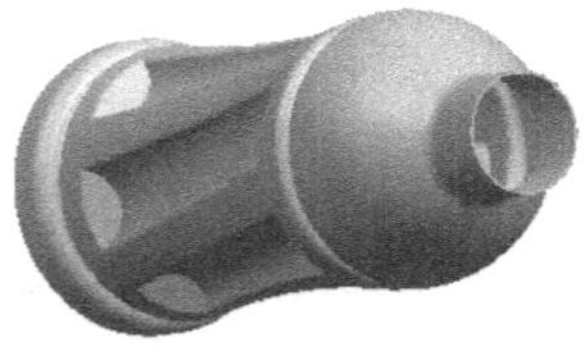
图 5.14.58 抽壳特征 1

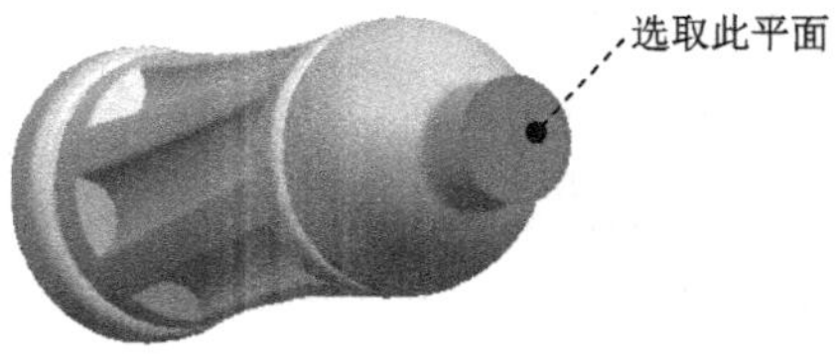

图 5.14.59 选取移除面

Step43. 创建图 5.14.60 所示的螺旋线 1。

（1）选择下拉菜单 插入(S) → 曲线(C) → 螺旋线(X)... 命令，系统弹出“螺旋线”对话框。

（2）在 圈数 文本框中输入值 5，在 螺距 文本框中输入值 4，在 半径方法 区域中选中 ⊙ 输入半径 单选项，在 半径 文本框中输入值 18，在 旋转方向 区域中选中 ⊙ 右旋 单选项，单击 点构造器 按钮，系统弹出“点”对话框。

（3）选取图 5.14.61 所示的边线为圆心参照创建点，系统重新弹出“螺旋线”对话框。

（4）在“螺旋线”对话框中单击 确定 按钮，完成螺旋线 1 的创建。

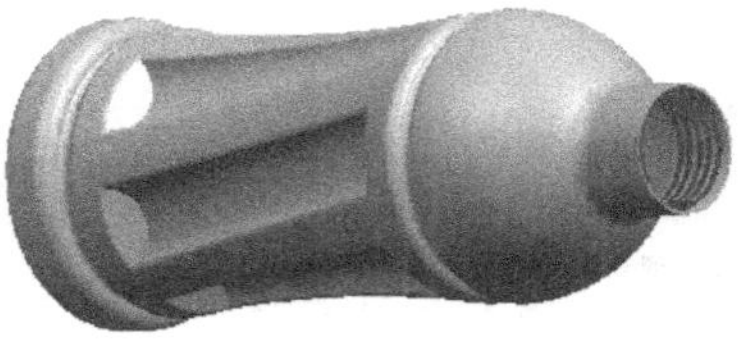
图 5.14.60　螺旋线 1

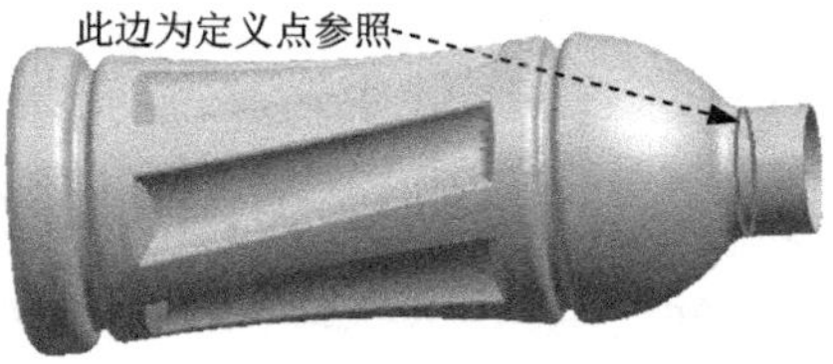

图 5.14.61　定义螺旋线起点

Step44. 创建图 5.14.62 所示的基准平面 5。

（1）选择下拉菜单 插入(S) → 基准/点(D) → 基准平面(D)... 命令，系统弹出“基准平面”对话框。

（2）在“基准平面”对话框的 类型 区域的下拉列表中选择 点和方向 选项。

（3）选取螺旋线的上端点，选择 YC 为基准平面的方向，其他参数采用系统默认设置值。

（4）在“基准平面”对话框中单击 < 确定 > 按钮，完成基准平面 1 的创建。

Step45. 选取基准平面 5 为草图平面，绘制图 5.14.63 所示的草图 6。

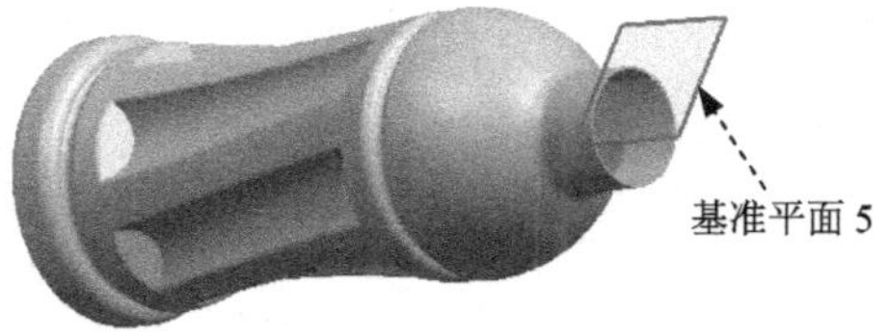

图 5.14.62　基准平面 5

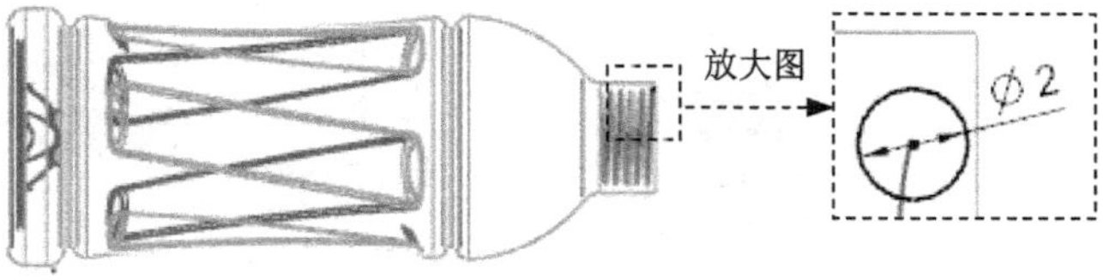

图 5.14.63　草图 6

Step46. 创建图 5.14.64 所示的基准平面 6。

（1）选择下拉菜单 插入(S) → 基准/点(D) → 基准平面(D)... 命令，系统弹出“基准平面”对话框。

（2）在“基准平面”对话框的 类型 区域的下拉列表中选择 点和方向 选项。

（3）选取螺旋线的下端点（螺旋线的另一个端点），其他参数采用系统默认设置值。

（4）在“基准平面”对话框中单击 < 确定 > 按钮，完成基准平面 6 的创建。

Step47. 选取基准平面 6 为草图平面，绘制图 5.14.65 所示的草图 7。

Step48. 选取基准平面 6 为草图平面，绘制图 5.14.66 所示的草图 8。

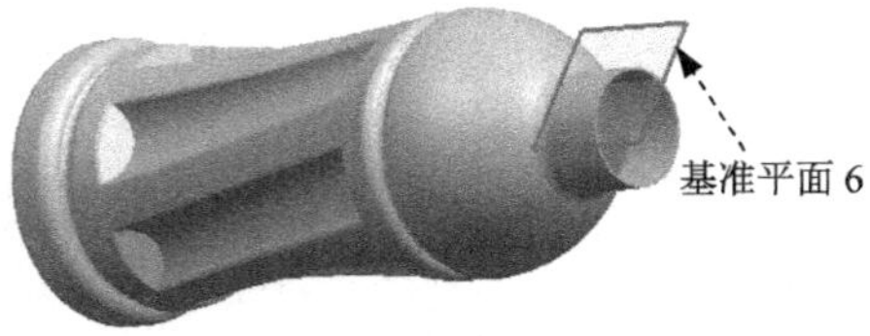

图 5.14.64　基准平面 6

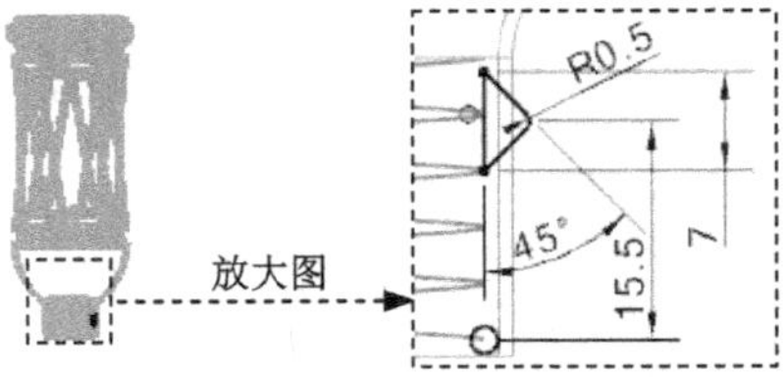

图 5.14.65　草图 7

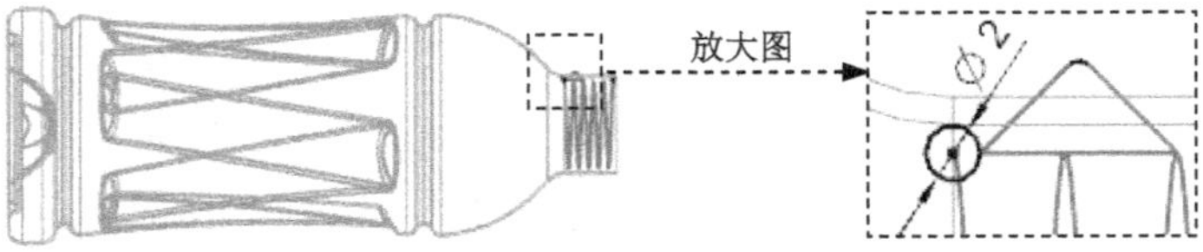

图 5.14.66　草图 8

Step49. 创建图 5.14.67 所示的零件特征——扫掠特征 2。

（1）选择下拉菜单 插入(S) ➡ 扫掠(W) ➡ 扫掠(S)... 命令，系统弹出“扫掠”对话框。

（2）依次选取草图 6、草图 7 和草图 8 为截面曲线，并分别单击中键确认，再单击中键确定。

（3）选取螺旋线为引导线 1，其他选项采用系统默认设置。

（4）在“扫掠”对话框中单击 < 确定 > 按钮，完成扫掠特征 2 的创建。

Step50. 创建图 5.14.68 所示的零件特征——修剪体特征 5。选择下拉菜单 插入(S) ➡ 修剪(M) ➡ 修剪体(T)... 命令；选取扫掠特征 2 为目标体，选取瓶口内表面为刀具体；单击 < 确定 > 按钮，完成修剪体特征 5 的创建。

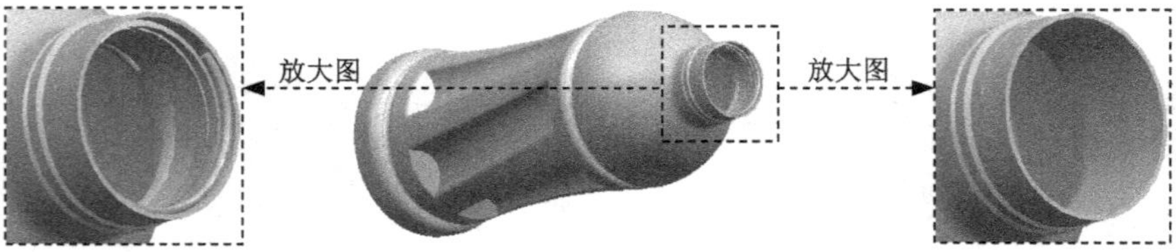

图 5.14.67　扫掠特征 2　　　　图 5.14.68　修剪体特征 5

Step51. 对实体进行求和操作 1。

（1）选择命令。选择下拉菜单 插入(S) ➡ 组合(B) ➡ 求和(U)... 命令，系统弹出“求和”对话框。

（2）定义目标体和刀具体。选取瓶体为目标体，选取修剪后的扫掠特征为刀具体，单击 < 确定 > 按钮，完成求和操作 1。

Step52. 设置隐藏。

（1）选择命令。选择下拉菜单 编辑(E) ➡ 显示和隐藏(H) ➡ 隐藏(H)... 命令（或单击按钮），系统弹出“类选择”对话框。

（2）选择隐藏对象。单击“类选择”对话框的 过滤器 区域中的按钮，系统弹出“根据类型选择”对话框，按住 Ctrl 键，选择对话框列表中的曲线、草图和基准选项，单击确定按钮。系统再次弹出“类选择”对话框，单击该对话框对象区域中的按钮。

（3）完成隐藏操作。单击该对话框中的确定按钮，完成对设置对象的隐藏。

Step53. 保存零件模型。选择下拉菜单文件(F) ➡ 保存(S)命令，即可保存零件模型。

5.15 习　　题

1. 利用草图曲线、“通过曲线网格”创建曲面、“通过曲线”创建曲面、曲面加厚等特征操作，创建图 5.15.1 所示的汽车后视镜模型。操作提示如下：

Step1. 新建一个零件的三维模型，将其命名为 rearview_mirror.prt。

Step2. 创建图 5.15.2 所示的草图 1。截面草图如图 5.15.3 所示。

图 5.15.1　汽车后视镜模型

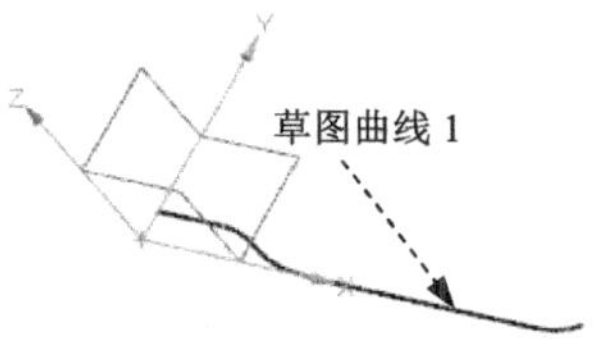

图 5.15.2　草图 1（建模环境）

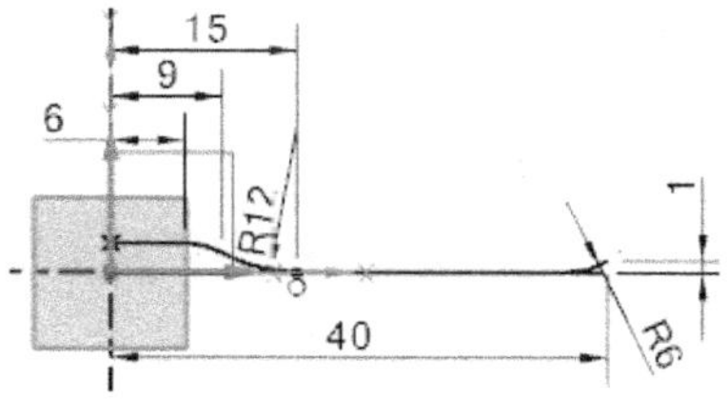

图 5.15.3　草图 1（草图环境）

Step3. 创建图 5.15.4 所示的草图 2。截面草图如图 5.15.5 所示。

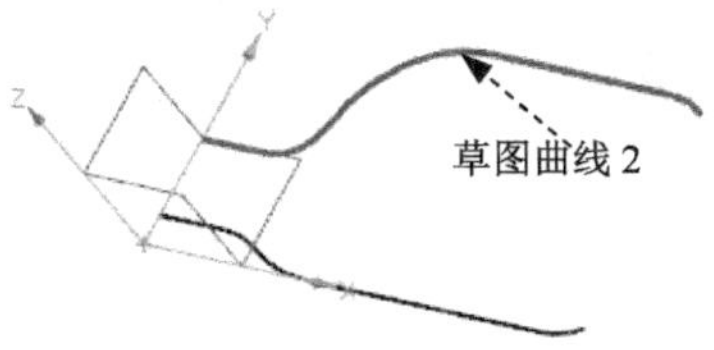

图 5.15.4　草图 2（建模环境）

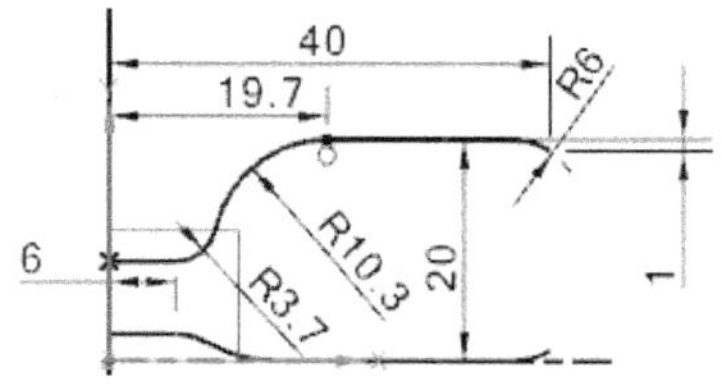

图 5.15.5　草图 2（草图环境）

Step4. 创建图 5.15.6 所示的草图 3。截面草图如图 5.15.7 所示。

图 5.15.6　草图 3（建模环境）

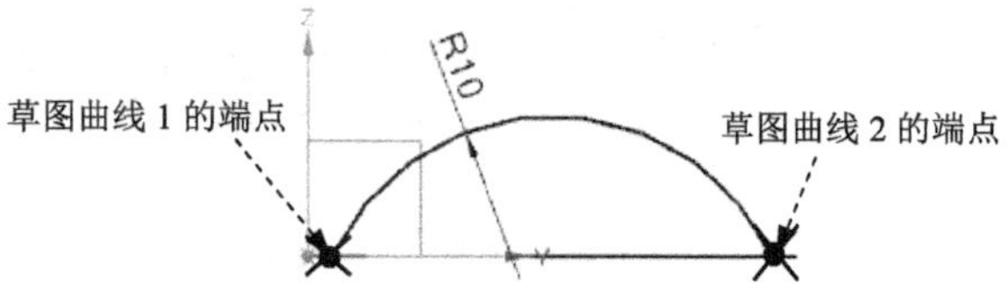

图 5.15.7　草图 3（草图环境）

Step5. 创建图 5.15.8 所示的草图 4。截面草图如图 5.15.9 所示。

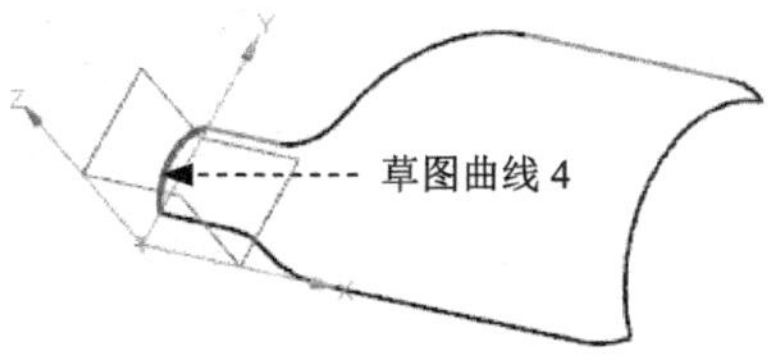

图 5.15.8　草图 4（建模环境）

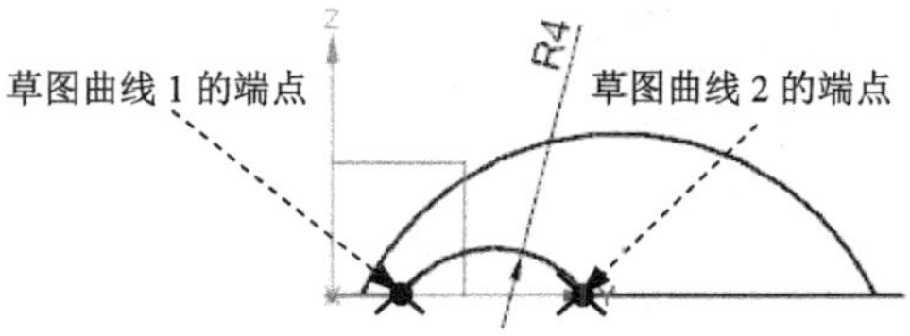

图 5.15.9　草图 4（草图环境）

Step6. 创建图 5.15.10 所示的草图 5。截面草图如图 5.15.11 所示。

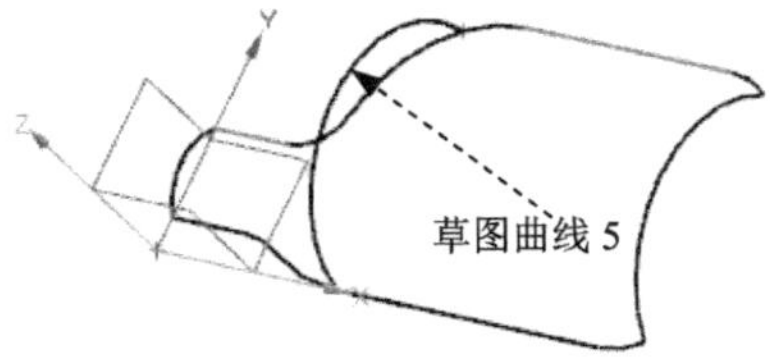

图 5.15.10 草图 5（建模环境）

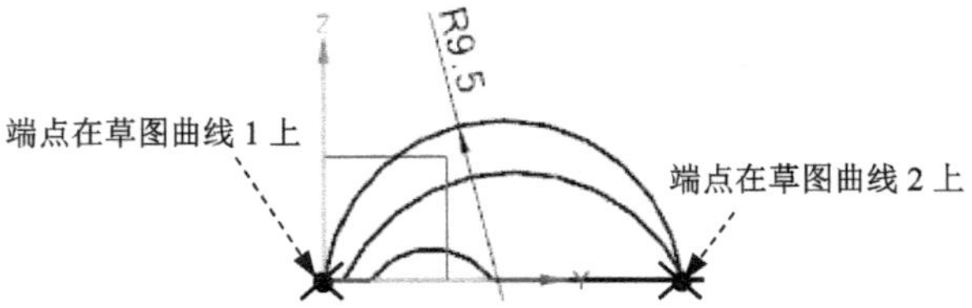

图 5.15.11 草图 5（草图环境）

Step7. 创建图 5.15.12 所示的草图 6。截面草图如图 5.15.13 所示。

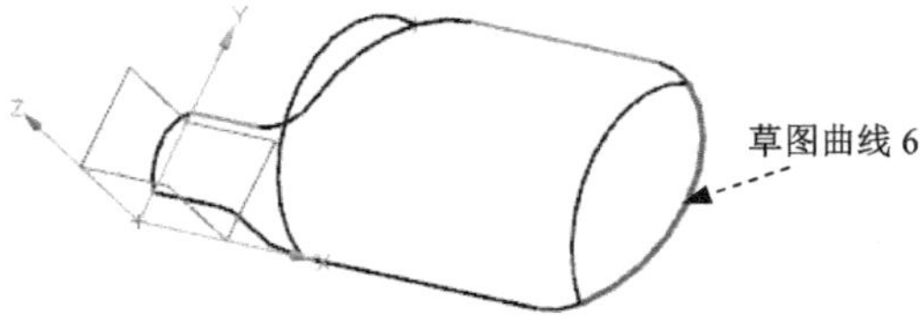

图 5.15.12 草图 6（建模环境）

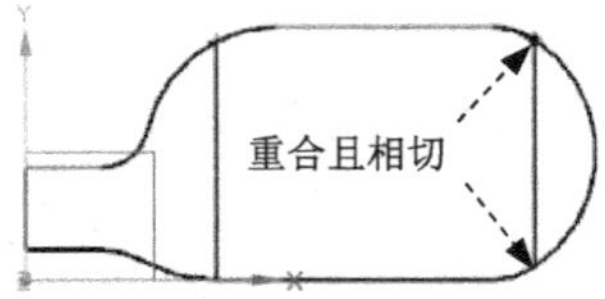

图 5.15.13 草图 6（草图环境）

Step8. 创建图 5.15.14 所示的曲面 1。

Step9. 创建图 5.15.15 所示的曲面 2。

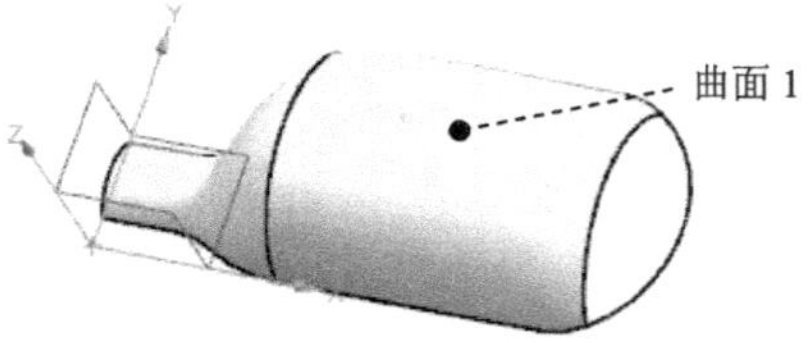

图 5.15.14 创建曲面 1

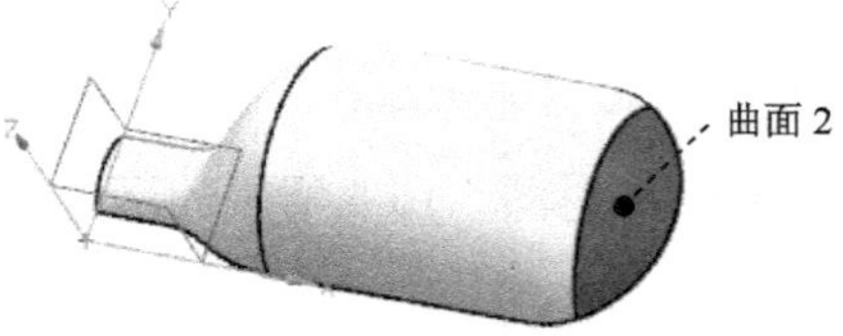

图 5.15.15 创建曲面 2

Step10. 去除收敛点，如图 5.15.16 所示。

Step11. 补片并缝合曲面，如图 5.15.17 所示。

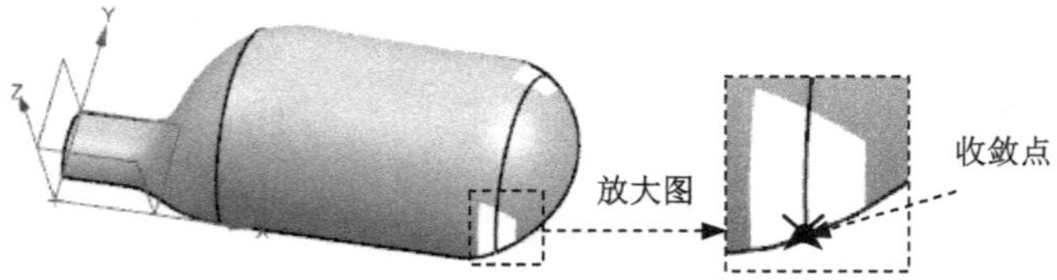

图 5.15.16 去除收敛点

图 5.15.17 补片及缝合曲面

Step12. 加厚片体，如图 5.12.18 所示。

Step13. 创建图 5.15.19 所示的一个拉伸特征模型，将模型一侧切平。

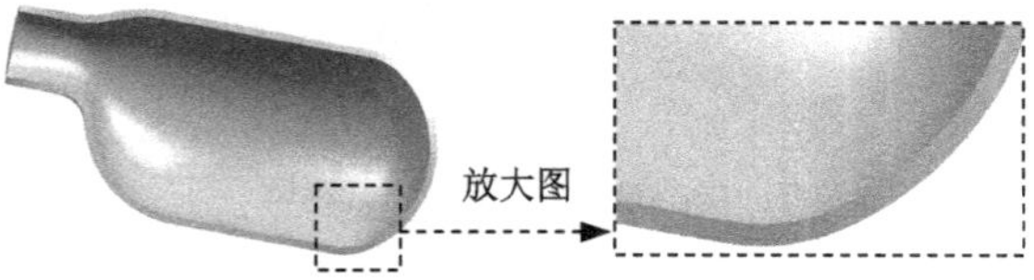

图 5.15.18 加厚片体

图 5.15.19 拉伸特征模型

2．本练习综合运用了偏置曲面、草图曲面、空间曲线、投影曲线、扫掠曲面、曲面加厚、边倒圆和阵列等特征操作，较综合地锻炼了曲面的构型能力。创建图 5.15.20 所示的叶轮模型的一般过程如下（所缺尺寸可自行确定）。

Step1. 新建一个零件的三维模型，将其命名为 impeller.prt。

Step2. 创建图 5.15.21 所示的拉伸特征 1。

图 5.15.20　叶轮模型

图 5.15.21　拉伸特征 1

Step3. 选取图 5.15.22 所示的曲面 1，创建偏置曲面 2。

Step4. 创建图 5.15.23 所示的基准平面 1、基准平面 2 和基准平面 3。

Step5. 在基准平面 1 上创建图 5.15.24 所示的草图曲线 1。

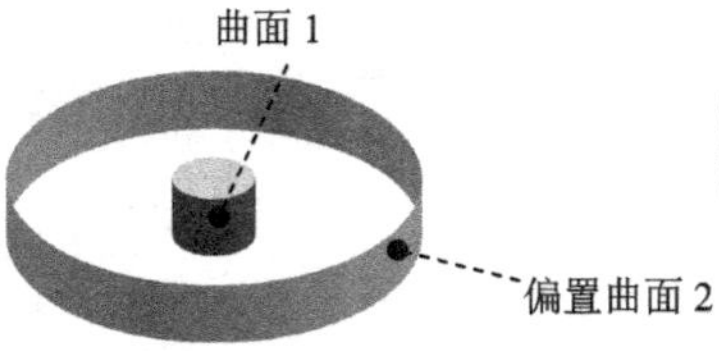

图 5.15.22　创建偏置曲面

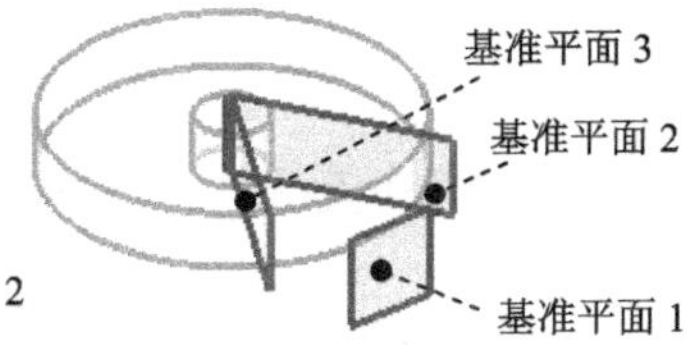

图 5.15.23　创建基准平面

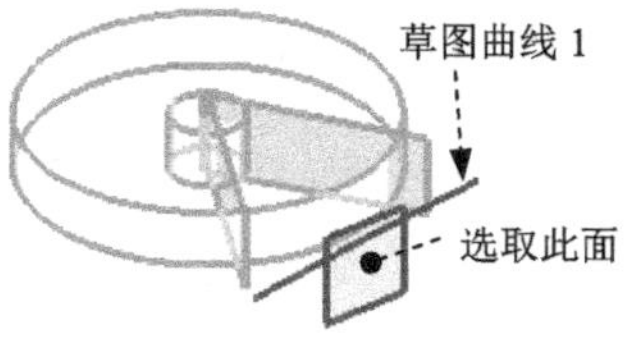

图 5.15.24　创建草图曲线 1

Step6. 选取 Step5 所创建的草图曲线 1，将其投影到曲面 2 和曲面 1 上，形成投影曲线 2 和投影曲线 3，如图 5.15.25 所示。

Step7. 创建图 5.15.26 所示的空间曲线 4 和空间曲线 5。

Step8. 创建图 5.15.27 所示的扫掠曲面 3。

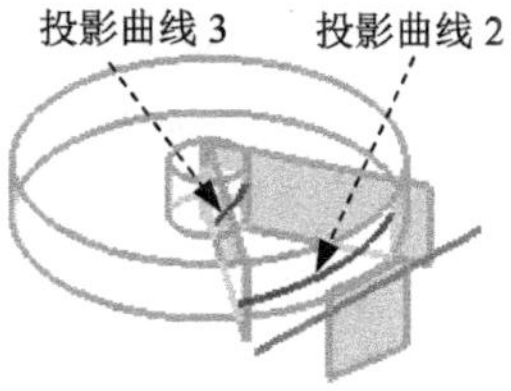

图 5.15.25　创建投影曲线

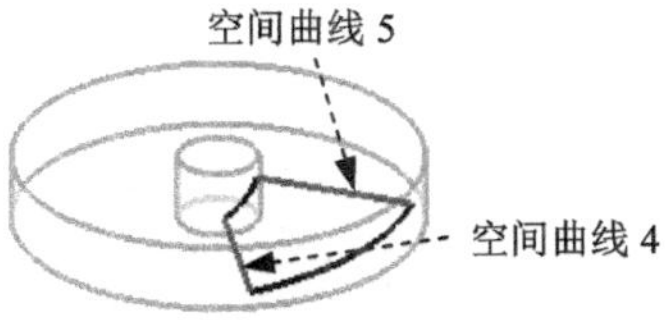

图 5.15.26　创建空间曲线

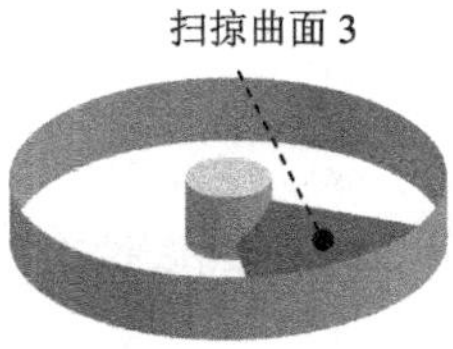

图 5.15.27　创建扫掠曲面 3

Step9. 将图 5.15.22 所示的偏置曲面 2 隐藏后，加厚 Step8 中所创建的扫掠曲面 3，如图 5.15.28 所示。

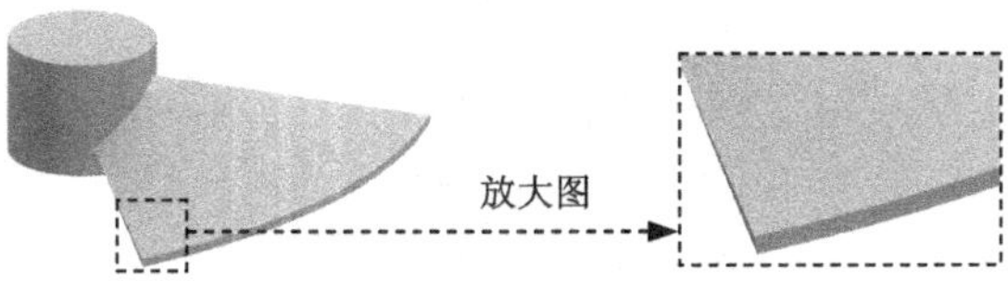

图 5.15.28　曲面加厚

Step10. 将图 5.15.27 所示的扫掠曲面 3 隐藏后，创建边倒圆特征 1，如图 5.15.29 所示。

Step11. 阵列创建了边倒圆特征后的加厚实体，如图 5.15.30 所示。

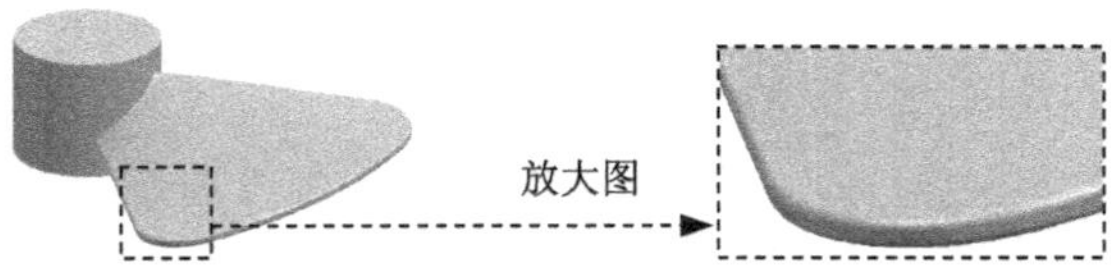

图 5.15.29 创建边倒圆特征 1

图 5.15.30 阵列特征

Step12. 创建图 5.15.31 所示的拉伸特征 2。

Step13. 将拉伸特征 2 与加厚特征、阵列特征合并为一个实体。

Step14. 将拉伸特征 1 隐藏后，创建边倒圆特征 2，如图 5.15.32 所示。

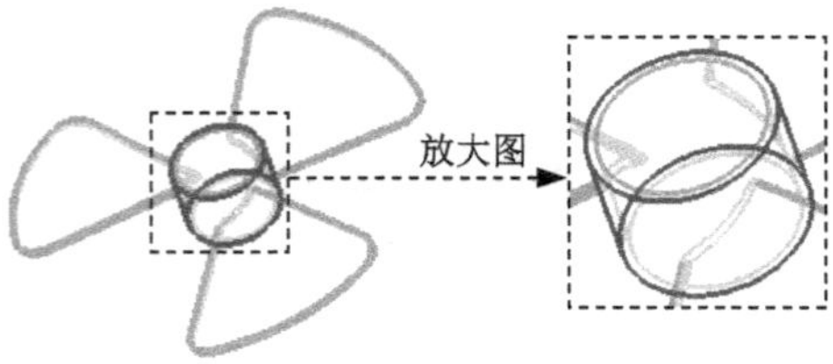

图 5.15.31 创建拉伸特征 2

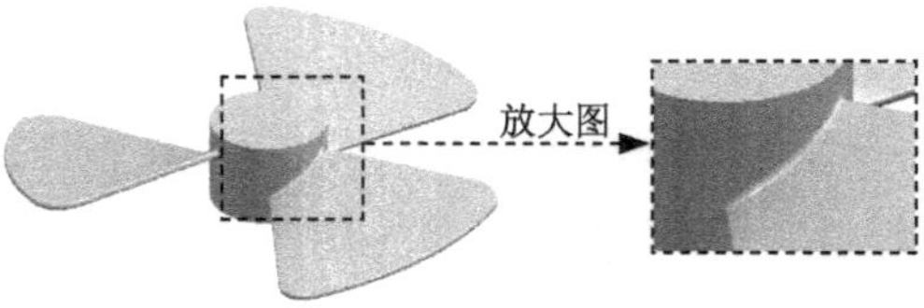

图 5.15. 32 创建边倒圆特征 2

3．根据图 5.15.33 所示的提示，创建零件模型（水龙头开关）。

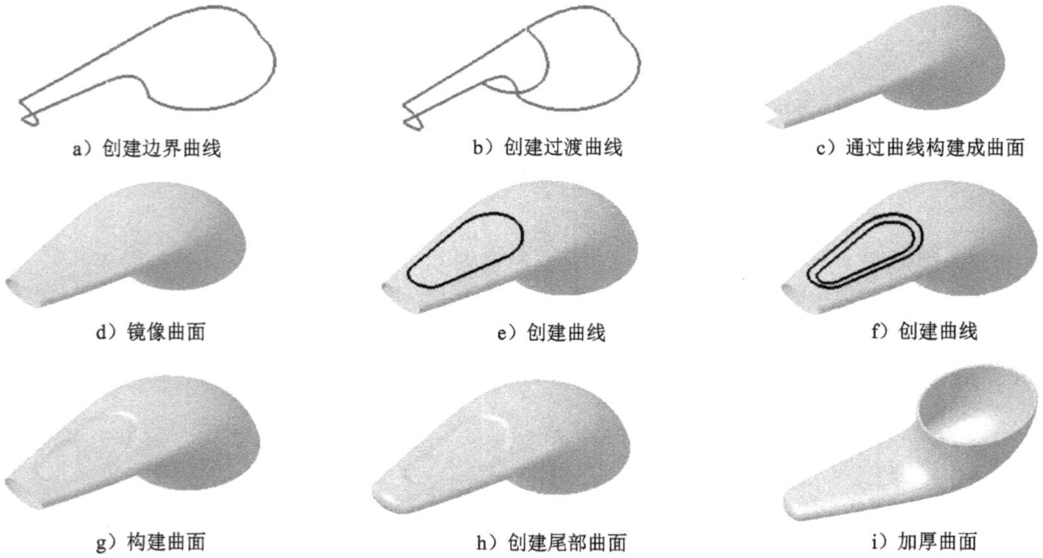

图 5.15.33 习题 3

第6章 装配设计

本章提要 一个产品往往由多个部件（零件）装配而成，在 UG NX 8.0 中，部件的装配是在装配模块中完成的。通过本章的学习，可以了解产品装配的一般过程，掌握一些基本的装配技能。本章主要内容包括：

- 装配导航器的使用
- 各种装配约束的基本概念
- 装配的一般过程
- 在装配体中阵列部件
- 在装配体中编辑部件
- 装配爆炸图的创建
- 装配的简化
- 多截面动态剖切
- 模型的外观处理

6.1 装配概述

一个产品（组件）往往是由多个部件组合（装配）而成的，装配模块用来建立部件间的相对位置关系，从而形成复杂的装配体。部件间位置关系的确定主要通过添加约束实现。

一般的 CAD/CAM 软件包括两种装配模式：多组件装配和虚拟装配。多组件装配是一种简单的装配，其原理是将每个组件的信息复制到装配体中，然后将每个组件放到对应的位置。虚拟装配是建立各组件的链接，装配体与组件是一种引用关系。

相对于多组件装配，虚拟装配有明显的优点：

- 虚拟装配中的装配体是引用各组件的信息，而不是拷贝其本身，因此改动组件时，相应的装配体也自动更新；这样当对组件进行变动时，就不需要对与之相关的装配体进行修改，同时也避免了修改过程中可能出现的错误，提高了效率。
- 虚拟装配中，各组件通过链接应用到装配体中，比复制节省了存储空间。
- 控制部件可以通过引用集的引用，下层部件不需要在装配体中显示，简化了组件的引用，提高了显示速度。

UG NX 8.0 的装配模块具有下面一些特点：

- 利用装配导航器可以清晰地查询、修改和删除组件以及约束。
- 提供了强大的爆炸图工具，可以方便地生成装配体的爆炸图。
- 提供了很强的虚拟装配功能，有效地提高了工作效率。提供了方便的组件定位方法，可以快捷地设置组件间的位置关系。系统提供了八种约束方式，通过对组件添加多个约束，可以准确地把组件装配到位。

相关术语和概念

装配：指在装配过程中建立部件之间的相对位置关系，由部件和子装配组成。

组件：在装配中按特定位置和方向使用的部件。组件可以是独立的部件，也可以是由其他较低级别的组件组成的子装配。装配中的每个组件仅包含一个指向其主几何体的指针，在修改组件的几何体时，装配体将随之发生变化。

部件：任何 prt 文件都可以作为部件添加到装配文件中。

工作部件：可以在装配模式下编辑的部件。在装配状态下，一般不能对组件直接进行修改，要修改组件，需要将该组件设为工作部件。部件被编辑后，所做修改的变化会反映到所有引用该部件的组件。

子装配：在高一级装配中被用做组件的装配，子装配也可以拥有自己的子装配。子装配是相对于引用它的高一级装配来说的，任何一个装配部件可在更高级装配中用做子装配。

引用集：定义在每个组件中的附加信息，其内容包括了该组件在装配时显示的信息。每个部件可以有多个引用集，供用户在装配时选用。

6.2　装配环境中的下拉菜单及工具条

装配环境中的下拉菜单中包含了进行装配操作的所有命令，而装配工具条包含了进行装配操作的常用按钮。工具条中的按钮都能在下拉菜单中找到与其对应的命令，这些按钮是进行装配的主要工具。

新建任意一个文件（如 work.prt）；选择开始下拉菜单中的装配(L)命令，进入装配环境，并显示图 6.2.1 所示的“装配”工具条，如果没有显示，用户可以通过在“定制”对话框中选中☑装配复选框，调出“装配”工具条；选择装配(A)下拉菜单，如图 6.2.2 所示。

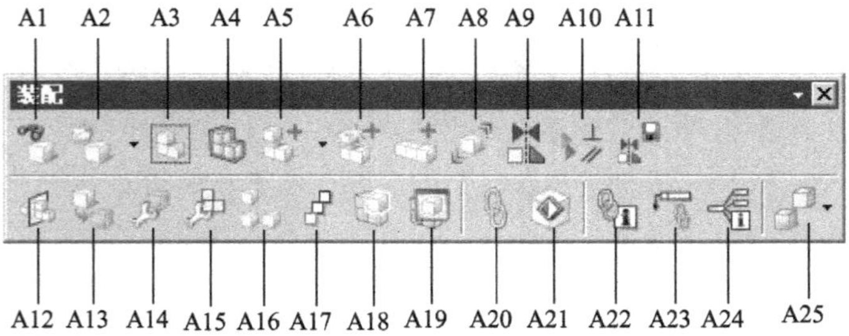

图 6.2.1　“装配”工具条

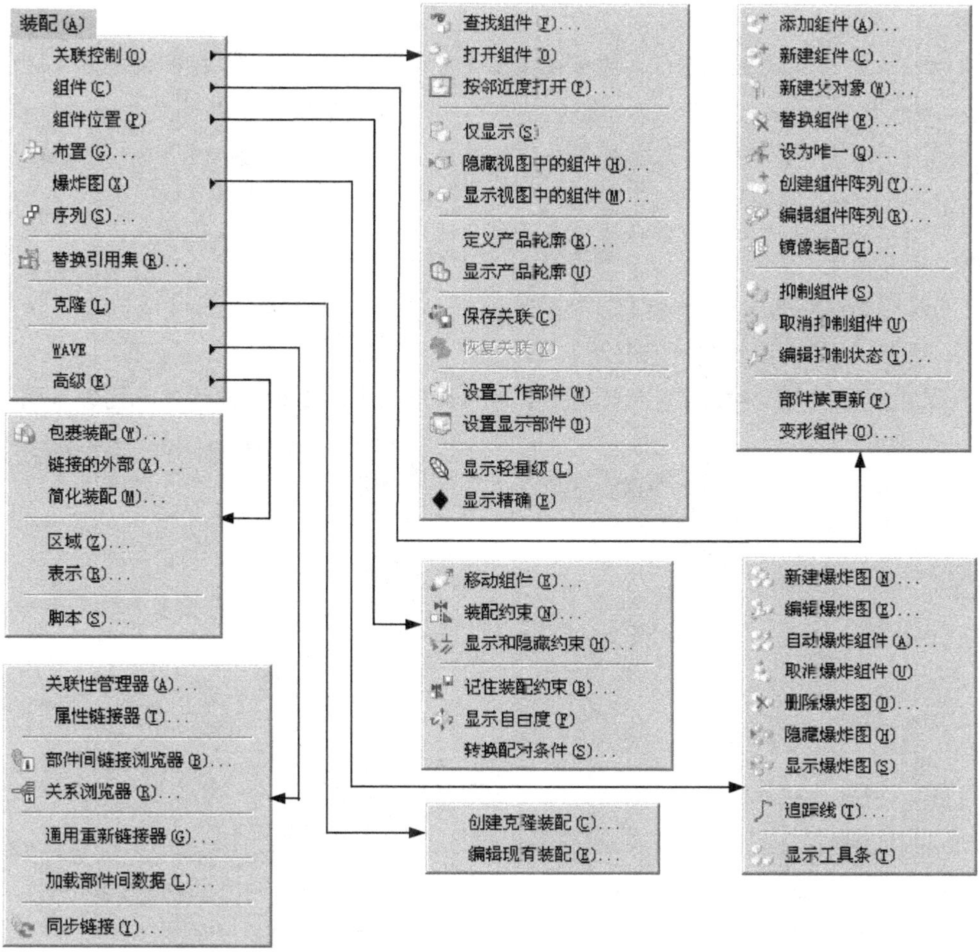

图 6.2.2　“装配”下拉菜单

图 6.2.1 所示的“装配”工具条中各按钮的说明如下：

A1（查找组件）：该按钮用于查找组件。单击该按钮，系统弹出图 6.2.3 所示的“查找组件”对话框，利用该对话框中的 根据属性 、从列表 、根据大小 、按名称 和 根据状态 五个选项卡可以查找组件。

A2（打开组件）：该按钮用于打开某一关闭的组件。例如在装配导航器中关闭某组件时，该组件在装配体中消失，此时在装配导航器中选中该组件，单击按钮，组件被打开。

A3（按邻近度打开）：该按钮用于按相邻度打开一个范围内的所有关闭组件。单击此按钮，系统弹出“类选择”对话框，选择某一组件后，单击 确定 按钮，系统弹出图 6.2.4 所示的“按邻近度打开”对话框。用户在“按相邻度打开”对话框中可以拖动滑块设定范围，主对话框中会显示该范围的图形，应用后会打开该范围内的所有关闭组件。

A4（显示产品轮廓）：该按钮用于显示产品轮廓。单击此按钮，显示当前定义的产品轮廓。如果在选择显示产品轮廓选项时没有现有的产品轮廓，系统会弹出一条消息，选择是否创建新的产品轮廓。

A5（添加组件）：该按钮用于加入现有的组件。在装配中经常会用到此按钮，其功能是向装配体中添加已存在的组件，添加的组件可以是未载入系统中的部件文件，也可以是已载入系统中的组件。用户可以选择在添加组件的同时定位组件，设定与其他组件的装配约束，也可以不设定装配约束。

A6（新建组件）：该按钮用于创建新的组件，并将其添加到装配中。

A7（创建组件阵列）：该按钮用于创建组件阵列。

A8（移动组件）：该按钮用于移动组件。

A9（装配约束）：该按钮用于在装配体中添加装配约束，使各零部件装配到合适的位置。

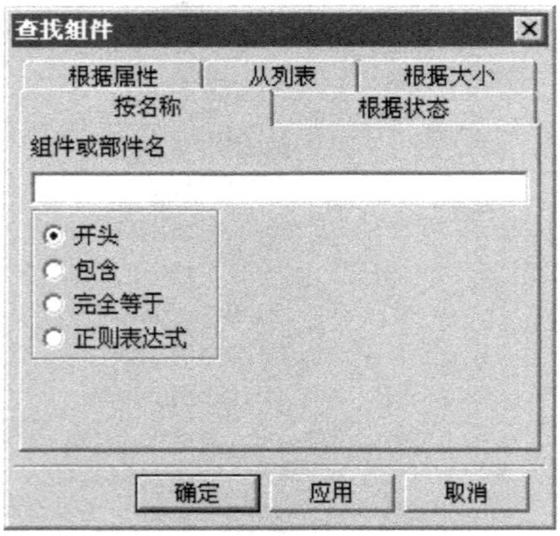

图 6.2.3 “查找组件”对话框

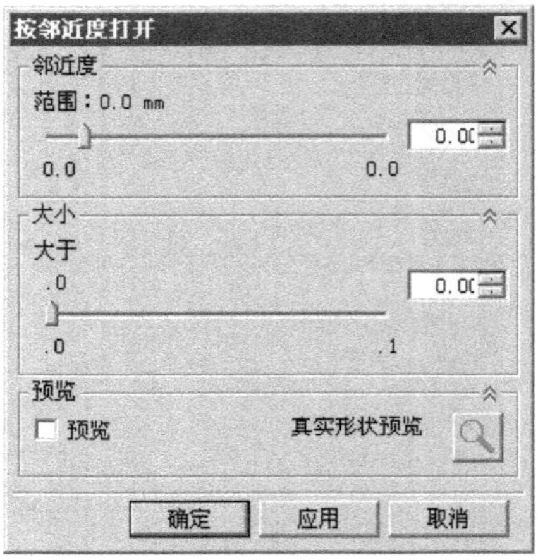

图 6.2.4 “按邻近度打开”对话框

A10（显示和隐藏约束）：该按钮用于显示和隐藏约束及使用其关系的组件。

A11（记住装配约束）：该按钮用于记住部件中的装配约束，以供其他组件重复使用。

A12（镜像装配）：该按钮用于镜像装配。对于含有很多组件的对称装配，此命令是很有用的，只需要装配一侧的组件，然后进行镜像即可。镜像功能可以对整个装配进行镜像，也可以选择个别组件进行镜像，还可指定要从镜像的装配中排除的组件。

A13（抑制组件）：该按钮用于抑制组件。抑制组件将组件及其子项从显示中移去，但不删除被抑制的组件，它们仍存在于数据库中。

A14（编辑抑制状态）：该按钮用于编辑抑制状态。选择一个或多个组件，单击此按钮，系统弹出“抑制”对话框，其中可以定义所选组件的抑制状态。对于装配有多个布置，或选定组件有多个控制父组件，则还可以对所选的不同布置或父组件定义不同的抑制状态。

A15（装配布置）：该按钮用于编辑排列。单击此按钮，系统弹出“编辑布置”对话框，可以定义装配布置来为部件中的一个或多个组件指定备选位置，并将这些备选位置和部件保存在一起。

A16（爆炸图）：该按钮用于调出“爆炸视图”工具条，然后可以进行创建爆炸图、编辑爆炸图以及删除爆炸图等操作。

A17（装配序列）：该按钮用于查看和更改创建装配的序列。单击此按钮，系统弹出“序列导航器”和“装配序列”工具条。

A18（设置工作部件）：该按钮用于将选定的组件设置为工作组件。

A19（设置显示部件）：该按钮用于将选定的组件设置为显示组件。

A20（WAVE 几何链接器）：该按钮用于 WAVE 几何链接器。允许在工作部件中创建关联的或非关联的几何体。

A21（产品接口）：该按钮用于定义其他部件可以引用的几何体和表达式、设置引用规则并列出引用工作部件的部件。

A22（部件间链接浏览器）：该按钮用于提供部件之间的链接信息，并修改这些链接。

A23（WAVE PMI 连接器）：将 PMI 从一个部件复制到另一个部件，或从一个部件复制到装配中。

A24（关系浏览器）：该按钮用于提供有关部件间链接的图形信息。

A25（装配间隙）：该按钮用于快速分析组件间的干涉，包括软干涉、硬干涉和接触干涉。如果干涉存在，单击此按钮，系统会弹出干涉检查报告。在干涉检查报告中，用户可以选择某一干涉，隔离与之无关的组件。

6.3　装配导航器

为了便于用户管理装配组件，UG NX 8.0 提供了装配导航器功能。装配导航器在一个单独的对话框中以图形的方式显示部件的装配结构，并提供了在装配中操控组件的快捷方法。可以使用装配导航器选择组件进行各种操作，以及执行装配管理功能，如更改工作部件、更改显示部件、隐藏和不隐藏组件等。

装配导航器将装配结构显示为对象的树形图，每个组件都显示为装配树结构中的一个节点。

6.3.1　功能概述

打开文件 D:\ug8.1\work\ch06\ch06.03\representative.prt；单击用户界面资源工具条区中的“装配导航器”按钮，显示“装配导航器”，如图 6.3.1 所示。在装配导航器的第一栏，可以方便地查看和编辑装配体和各组件的信息。

1．装配导航器的按钮

装配导航器的模型树中各部件名称前后有很多图标，不同的图标表示不同的信息。

- ☑：选中此复选标记，表示组件至少已部分打开且未隐藏。

- ☑：取消此复选标记，表示组件至少已部分打开，但不可见。不可见的原因可能是由于被隐藏、在不可见的层上或在排除引用集中。单击该复选框，系统将完全显示该组件及其子项，图标变成☑。

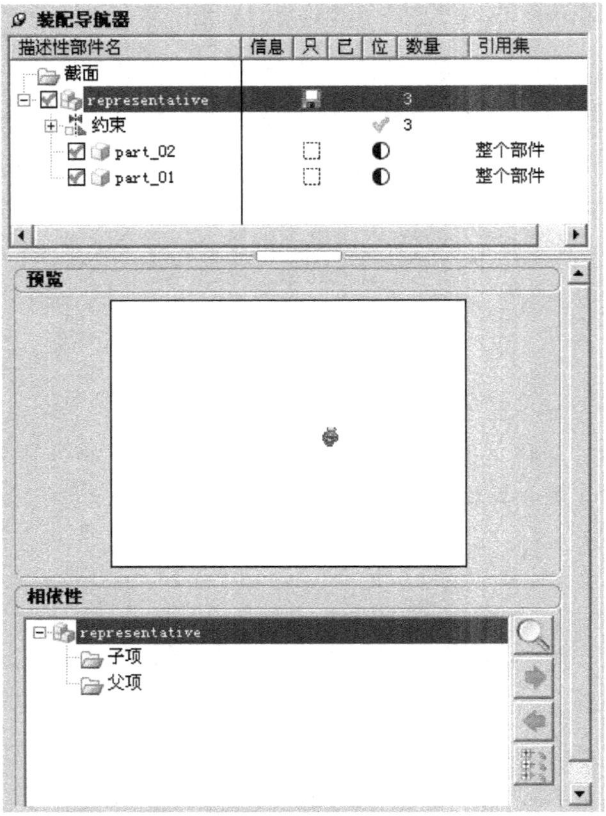

图 6.3.1　装配导航器

- □：此复选标记表示组件关闭，在装配体中将看不到该组件，该组件的图标将变为 （当该组件为非装配或子装配时）或 （当该组件为子装配时）。单击该复选框，系统将完全或部分加载组件及其子项，组件在装配体中显示，该图标变成☑。
- ⬚：此标记表示组件被抑制。不能通过单击该图标编辑组件状态，如果要消除抑制状态，可右击，从弹出的快捷菜单中选择 抑制 命令，然后进行相应操作。
- ：此标记表示该组件是装配体。
- ：此标记表示该组件不是装配体。

2．装配导航器的操作

- 装配导航器对话框的操作。
  - ☑ 显示模式控制：通过单击左上角的 按钮，可以使装配导航器对话框在浮动和固定之间切换。
  - ☑ 列设置：装配导航器默认的设置只显示几列信息，大多数都被隐藏了。在装配导航器空白区域右键单击，在快捷菜单中选择列 ▸，系统会展开所有列选项供用户选择。

- 组件操作。
  - ☑ 选择组件：单击组件的节点，可以选择单个组件。按住 Ctrl 键可以在装配导航器中选择多个组件。如果要选择的组件是相邻的，可以按住 Shift 键单击选择第一个组件和最后一个组件，则这中间的组件全部被选中。
  - ☑ 拖放组件：可在按住鼠标左键的同时选择装配导航器中的一个或多个组件，将它们拖到新位置。松开鼠标左键，目标组件将成为包含该组件的装配体，其按钮也将变为 。
  - ☑ 将组件设为工作组件：双击某一组件，可以将该组件设为工作组件，此时可以对工作组件进行编辑（这与在图形区域双击某一组件的效果是一样的）。要取消工作组件状态，只需在根节点处双击即可。

6.3.2　预览面板和相关性面板

1. 预览面板

在“装配导航器”对话框中单击预览按钮，可展开或折叠面板，如图 6.3.1 所示。选择装配导航器中的组件，可以在预览面板中查看该组件的预览。添加新组件时，如果该组件已加载到系统中，预览面板也会显示该组件的预览。

2. 相依性面板

在“装配导航器”对话框中单击相依性按钮，可展开或折叠面板，如图 6.3.1 所示。选择装配导航器中的组件，可以在依附性面板中查看该组件的相依性关系。

在相依性面板中，每个装配组件下都有两个文件夹：子级和父级。以选中组件为基础组件，定位其他组件时所建立的约束和接触对象属于子级；以其他组件为基础组件，定位选中的组件时所建立的约束和接触对象属于父级。单击“局部放大图”按钮，系统详细列出了其中所有的约束条件和接触对象。

6.4　组件的装配约束说明

装配约束用于在装配中定位组件，可以指定一个部件相对于装配体中另一个部件（或特征）的放置方式和位置。例如，可以指定一个螺栓的圆柱面与一个螺母的内圆柱面共轴。UG NX 8.0 中装配约束的类型包括固定、接触对齐、同心、距离和中心等。每个组件都有惟一的装配约束，这个装配约束由一个或多个约束组成。每个约束都会限制组件在装配体中的一个或几个自由度，从而确定组件的位置。用户可以在添加组件的过程中添加装配约束，也可以在添加完成后添加约束。如果组件的自由度被全部限制，可称为完全约束；如果组件的自由度没有被全部限制，则称为欠约束。

6.4.1 “装配约束”对话框

在 UG NX 8.0 中，装配约束是通过“装配约束”对话框中的操作来实现的，下面对“装配约束”对话框进行介绍。

选择下拉菜单 装配(A) → 组件位置(P) → 装配约束(N)... 命令，系统弹出图 6.4.1 所示的“装配约束”对话框。

“装配约束”对话框中主要包括三个区域：“类型”区域、“要约束的几何体”区域和“设置”区域。

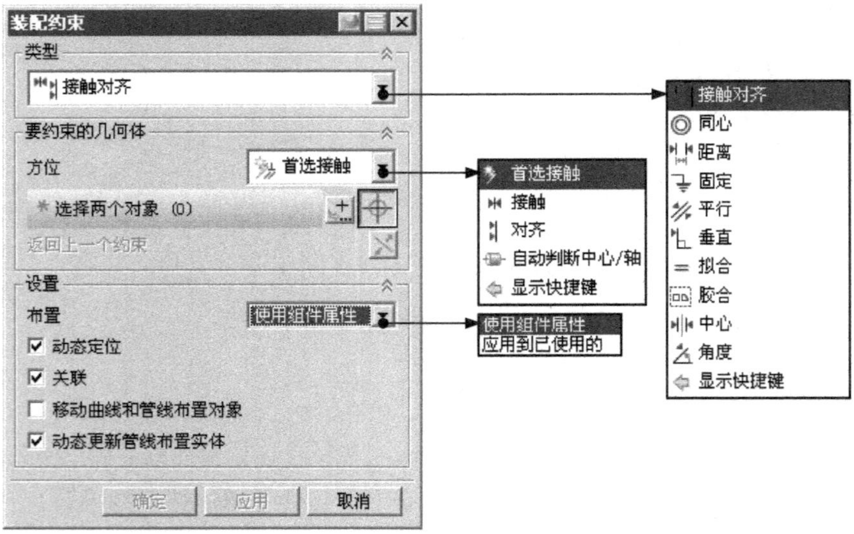

图 6.4.1 “装配约束”对话框

图 6.4.1 所示的“装配约束”对话框的 类型 下拉列表中各选项的说明如下：

- 接触对齐：该约束用于两个组件，使其彼此接触或对齐。当选择该选项后，要约束的几何体 区域的 方位 下拉列表中出现四个选项：
  - ☑ 首选接触：若选择该选项，则当接触和对齐解都可能时显示接触约束（在大多数模型中，接触约束比对齐约束更常用）；当接触约束过度约束装配时，将显示对齐约束。
  - ☑ 接触：若选择该选项，则约束对象的曲面法向在相反方向上。
  - ☑ 对齐：若选择该选项，则约束对象的曲面法向在相同方向上。
  - ☑ 自动判断中心/轴：该选项主要用于定义两圆柱面、两圆锥面或圆柱面与圆锥面同轴约束。

- 同心：该约束用于定义两个组件的圆形边界或椭圆边界的中心重合，并使边界的面共面。
- 距离：该约束用于设定两个接触对象间的最小 3D 距离。选择该选项，并选定接触对象后，距离 区域的 距离 文本框被激活，可以直接输入数值。
- 固定：该约束用于将组件固定在其当前位置，一般用在第一个装配元件上。
- 平行：该约束用于使两个目标对象的矢量方向平行。
- 垂直：该约束用于使两个目标对象的矢量方向垂直。
- 拟合：该约束用于定义将半径相等的两个圆柱面拟合在一起。此约束对确定孔中销或螺栓的位置很有用。如果以后半径变为不等，则该约束无效。
- 胶合：该约束用于组件“焊接”在一起。
- 中心：该约束用于使一对对象之间的一个或两个对象居中，或使一对对象沿另一个对象居中。当选取该选项时，要约束的几何体 区域的 子类型 下拉列表中出现三个选项：
  - ☑ 1 对 2：该选项用于定义在后两个所选对象之间使第一个所选对象居中。
  - ☑ 2 对 1：该选项用于定义将两个所选对象沿第三个所选对象居中。
  - ☑ 2 对 2：该选项用于定义将两个所选对象在两个其他所选对象之间居中。
- 角度：该约束用于约束两对象间的旋转角。选取角度约束后，要约束的几何体 区域的 子类型 下拉列表中出现两个选项：
  - ☑ 3D 角：该选项用于约束需要“源”几何体和“目标”几何体。不指定旋转轴；可以任意选择满足指定几何体之间角度的位置。
  - ☑ 方向角度：该选项用于约束需要“源”几何体和“目标”几何体，还特别需要一个定义旋转轴的预先约束，否则创建定位角约束失败。为此，希望尽可能创建 3D 角度约束，而不创建方向角度约束。

6.4.2　“接触对齐”约束

1. “接触”约束可使两个装配部件中的两个平面重合并且朝向相反，如图 6.4.2 所示。“接触约束”也可以使其他对象接触，如直线与直线接触，如图 6.4.3 所示。

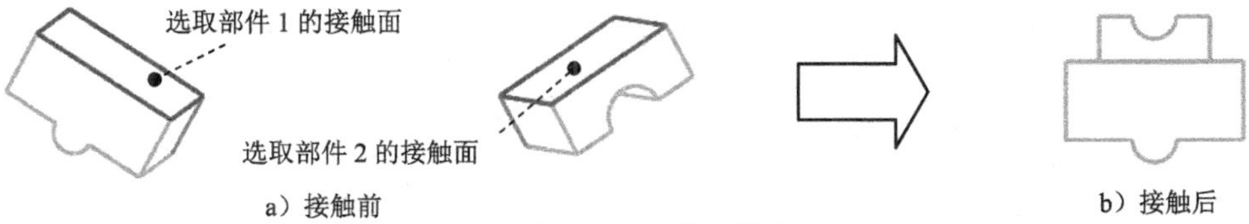

图 6.4.2　面与面接触

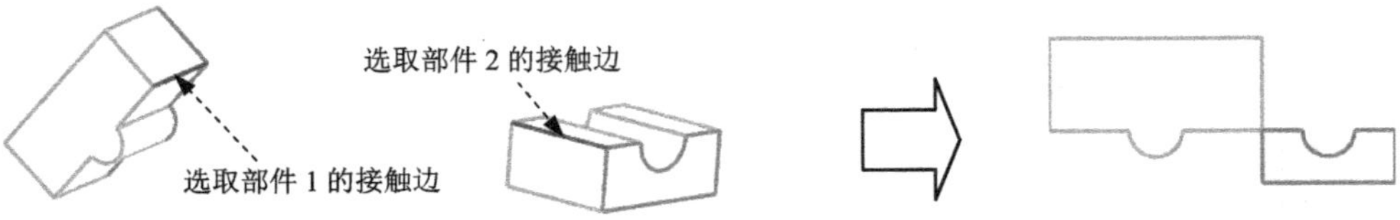

a）接触前　　b）接触后

图 6.4.3　直线与直线接触

2. “对齐”约束可使两个装配部件中的两个平面（图 6.4.4a）重合并且朝向相同方向，如图 6.4.4b 所示；同样，“对齐约束”也可以使其他对象对齐。

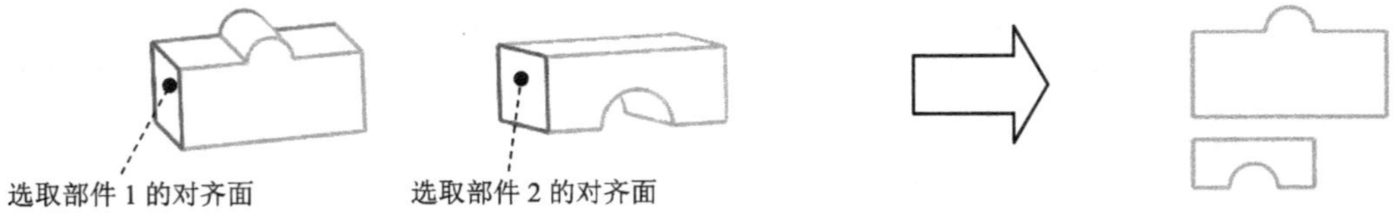

a）对齐前　　b）对齐后

图 6.4.4　“对齐”约束

3. “自动判断中心/轴”约束可使两个装配部件中的两个旋转面的轴线重合。当轴线不方便选取时，可以用这个约束，如图 6.4.5 所示。

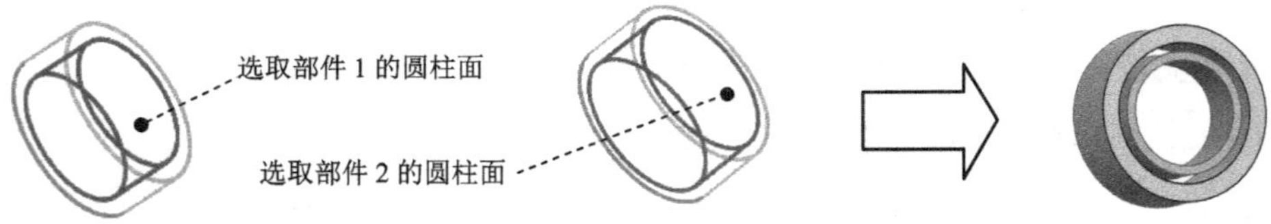

a）约束前　　b）约束后

图 6.4.5　“自动判断中心/轴”约束

注意：

- 使用“接触”和“对齐”时，两个参照必须为同一类型（例如平面对平面、点对点）。
- 当选择了圆的边用于“接触”或“对齐”约束时，系统会选中该圆的轴。如果不希望发生此行为，应当选择面而不是边。

6.4.3 “距离”约束

“距离”约束可使两个装配部件中的两个平面保持一定的距离，可以直接输入距离值，如图 6.4.6 所示。

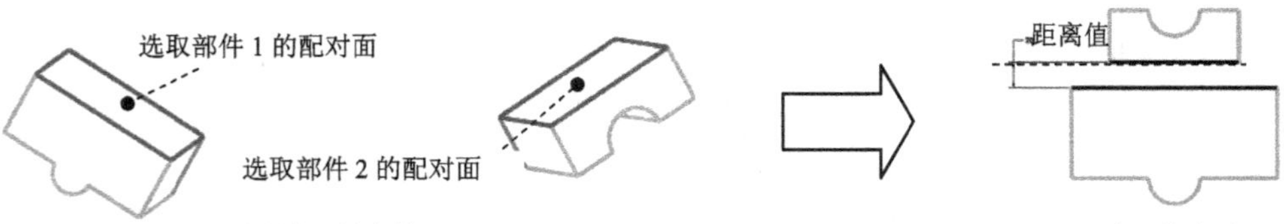

a）“距离”约束前　　b）“距离”约束后

图 6.4.6　“距离”约束

6.4.4　“角度”约束

“角度”约束可使两个装配部件上的线或面建立一个角度，从而限制部件的相对位置关系，如图 6.4.7 所示。

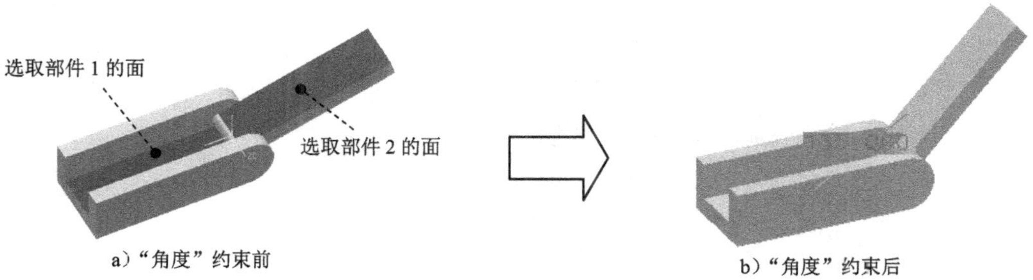

图 6.4.7　“角度”约束

6.4.5　“固定”约束

约束是将部件固定在图形窗口的当前位置。向装配环境中引入第一个部件时，常常对该部件添加“固定”约束。

6.5　装配的一般过程

6.5.1　概述

部件的装配一般有两种基本方式：自底向上装配和自顶向下装配。如果首先设计好全部部件，然后将部件作为组件添加到装配体中，则称之为自底向上装配；如果首先设计好装配体模型，然后在装配体中创建组建模型，最后生成部件模型，则称之为自顶向下装配。

UG NX 8.0 提供了自底向上和自顶向下装配功能，并且两种方法可以混合使用。自底向上装配是一种常用的装配模式，本书主要介绍自底向上装配。

下面以两个轴类部件为例，说明自底向上创建装配体的一般过程。

6.5.2　添加第一个部件

Step1. 新建文件，单击按钮，在弹出的“新建”对话框中选择装配模板，在名称文本框中输入 assemblage，将保存位置设置为 D:\ug8.1\work\ch06\ch06.05，单击确定按钮。系统弹出图 6.5.1 所示的“添加组件”对话框。

Step2. 添加第一个部件。在“添加组件”对话框中单击“打开”按钮，选择 D:\ug8.1

\work\ch06\ch06.05\part_01.prt，然后单击 OK 按钮。

Step3. 定义放置定位。在“添加组件”对话框的 放置 区域的 定位 下拉列表中选取 通过约束 选项；选中预览区域的 ☑ 预览 复选框，单击 应用 按钮，阶梯轴模型 part_01 被添加到 assemblage 中，系统弹出“装配约束”对话框。

Step4. 添加固定约束。在“装配约束”对话框 类型 下拉列表中选择 固定 选项，在组件预览区域中选取阶梯轴模型 part_01，单击 < 确定 > 按钮。

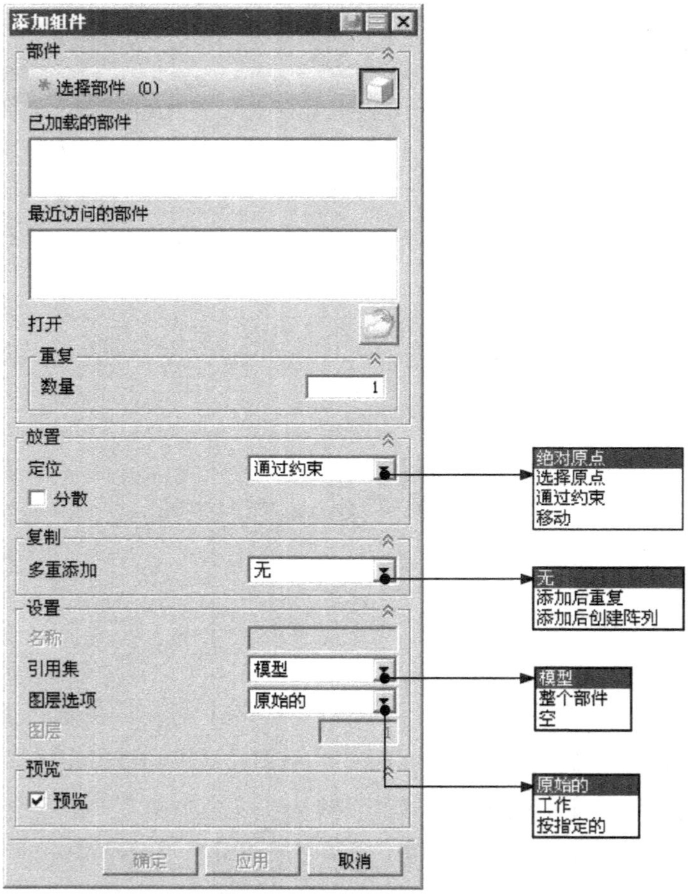

图 6.5.1 “添加组件”对话框

说明：在“添加组件”对话框中，系统提供了两种添加方式：一种是从硬盘中选择加载的文件；另一种方式是选择已加载或最近访问的部件。

图 6.5.1 所示的“添加组件”对话框中主要选项功能的说明如下：

- 部件 区域：用于从硬盘中选取部件或选取已经加载的部件。
  - ☑ 已加载的部件：此文本框中的部件是已经加载到此软件中的部件。
  - ☑ 最近访问的部件：此文本框中的部件是在装配模式下最近打开过的部件。
  - ☑ 打开：单击“打开”按钮，可以从硬盘中选取要装配的部件。

☑ 重复：是指把同一部件多次装配到装配体中。

☑ 数量：在此文本框中输入重复装配部件的个数。

- 放置区域：该区域中包含一个定位下拉列表，通过此下拉列表可以指定部件在装配体中的位置。

☑ 绝对原点是指在绝对坐标系下对载入部件进行定位，如果需要添加约束，可以在添加组件完成后设定。

☑ 选择原点是指在坐标系中给出一定点位置对部件进行定位。

☑ 通过约束是指在把添加组件和添加约束放在一个命令中进行，选择该选项并单击“确定”后，系统弹出“装配约束”对话框，完成装配约束的定义。

☑ 移动是指重新指定载入部件的位置。

- 复制：可以将选取的部件在装配体中创建重复和组件阵列。
- 设置：此区域是设置部件的名称、引用集和图层选项。

☑ 名称文本框：在文本框中可以更改部件的名称。

☑ 图层选项下拉列表：该下拉列表中包含原始的、工作和按指定的三个选项。原始的是指将新部件放到设计时所在的层；工作是将新部件放到当前工作层；按指定的是指将载入部件放入指定的层中，选择按指定的选项后，其下方的图层文本框被激活，可以输入层名。

- 预览复选框：选中此复选框，单击“应用”按钮后系统会自动弹出选中部件的预览对话框。

6.5.3 添加第二个部件

Step1. 添加第二个部件。在“添加组件”对话框中单击按钮，选择 D:\ug8.1\work\ch06\ch06.05\part_02.prt，然后单击 OK 按钮。

Step2. 定义放置定位。在“添加组件”对话框的放置区域的定位下拉列表中选取通过约束选项；选中预览区域的☑ 预览复选框，单击确定按钮。此时系统弹出图 6.5.2 所示的“装配约束”对话框和图 6.5.3 所示的“组件预览”窗口。

说明：在图 6.5.3 所示的“组件预览”窗口中可单独对要装入的部件进行缩放、旋转和平移，这样就可以将要装配的部件调整到方便选取装配约束参照的位置。

Step3. 添加“接触”约束。在“装配约束”对话框类型下拉列表中选择接触对齐选项，在要约束的几何体区域的方位下拉列表中选择首选接触选项；在预览区域中选中在主窗口中预览组件复选框；在“组件预览”窗口中选取图 6.5.4 所示的接触平面 1，然后在图形区中选取图 6.5.4 所示的接触平面 2。单击应用按钮，结果如图 6.5.5 所示。

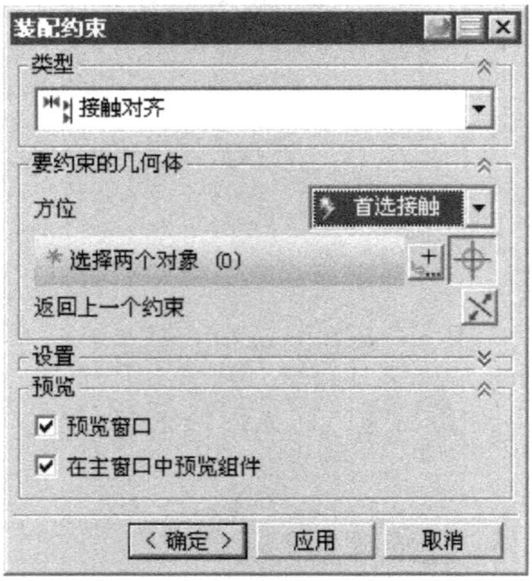

图 6.5.2 “装配约束”对话框

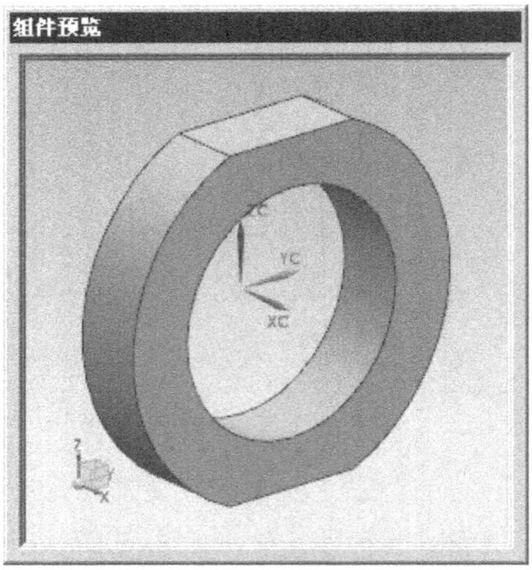

图 6.5.3 “组件预览”对话框

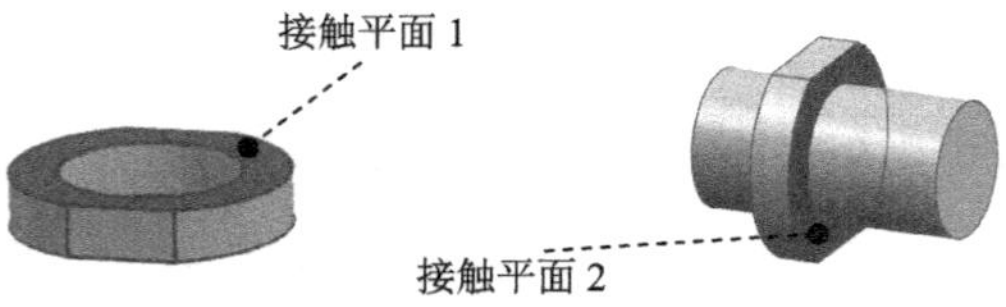

图 6.5.4 选取接触面

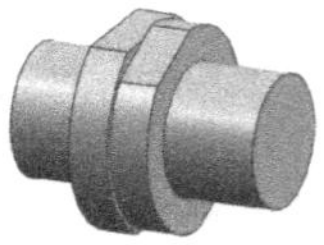
图 6.5.5 接触结果

Step4. 添加“对齐”约束。在“装配约束”对话框要约束的几何体区域的方位下拉列表中选择对齐选项，然后选取图 6.5.6 所示的对齐平面 1 和对齐平面 2，单击应用按钮，结果如图 6.5.7 所示。

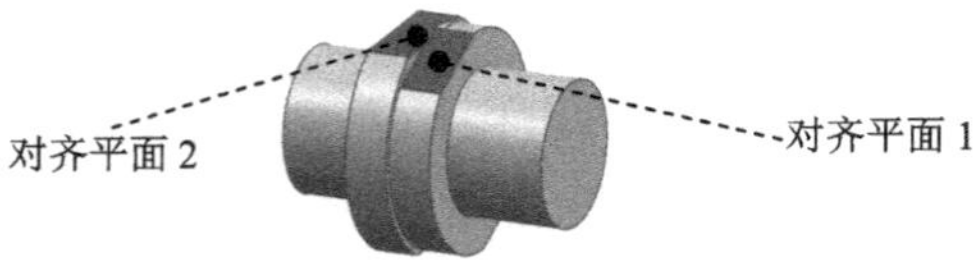

图 6.5.6 选择对齐平面

图 6.5.7 对齐结果

Step5. 添加“同轴”约束。在“装配约束”对话框要约束的几何体区域的方位下拉列表中选择自动判断中心/轴选项，然后选取图 6.5.8 所示的曲面 1 和曲面 2，单击< 确定 >按钮，则这两个圆柱曲面的轴重合，结果如图 6.5.9 所示。

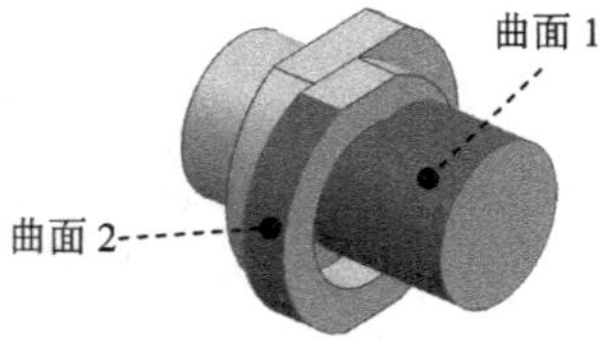

图 6.5.8 选择同轴曲面

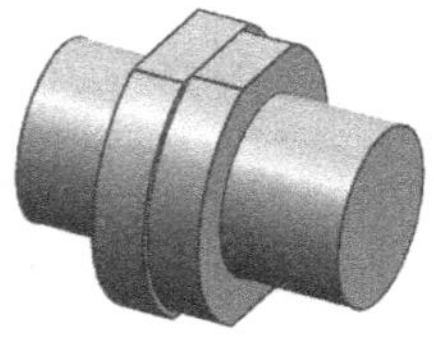
图 6.5.9 同轴结果

注意：

- 约束不是随意添加的，各种约束之间有一定的制约关系。如果后加的约束与先加的约束产生矛盾，那么将不能添加成功。
- 有时约束之间并不矛盾，但由于添加顺序不同可能导致不同的解或者无解。例如现在希望得到图 6.5.10 所示假设的装配关系：平面 1 和平面 2 对齐，圆柱面 1 和圆柱面 2 相切，现在尝试使用两种方法添加约束。

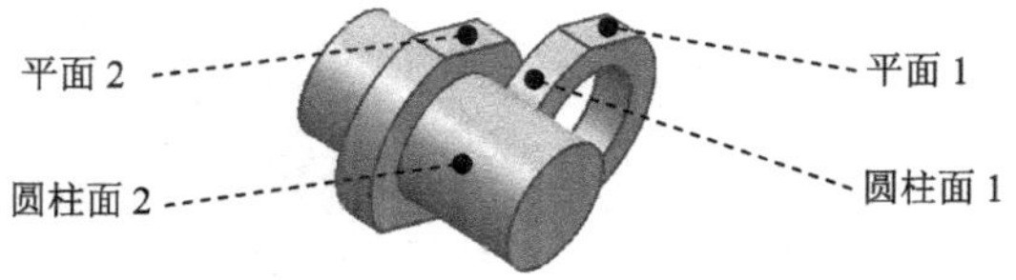

图 6.5.10　假设装配关系

方法一：先让两平面对齐，然后添加两圆柱面相切，如果得不到图中的位置，可以单击按钮，这样就能得到图中 6.5.10 所示的装配关系。

方法二：先添加两圆柱面接触（相切）的约束，然后让两平面对齐。多操作几次会发现，两圆柱面的切线是不确定的，通过单击按钮也只能得到两种解。在多数情况下，平面对齐是不能进行的。

由上面例子看出，组件装配约束的添加并不是随意的，不仅要求约束之间没有矛盾，而且选择合适的添加顺序也很重要。

6.5.4　引用集

在虚拟装配时，一般并不希望将每个组件的所有信息都引用到装配体中，通常只需要部件的实体图形，而很多部件还包含了基准平面、基准轴和草图等其他不需要的信息，这些信息会占用很大的内存空间，也会给装配带来不必要的麻烦。因此，UG 允许用户根据需要选取一部分几何对象作为该组件的代表参加装配，这就是引用集的作用。

在 6.5.2 节中，用户创建的每个组件都包含了默认的引用集，默认的引用集有三种：模型、整个部件和空。此外，用户可以修改和创建引用集，选择下拉菜单 格式(R) 中的 引用集(R)... 命令，系统弹出图 6.5.11 所示的“引用集”对话框，其中提供了对引用集进行创建、删除和编辑的功能。

6.6　部件的阵列

与零件模型中的特征阵列一样，在装配体中也可以对部件进行阵列。部件阵列的类型主要包括“从实例特征”参照阵列、“线性”阵列和“圆形”阵列。

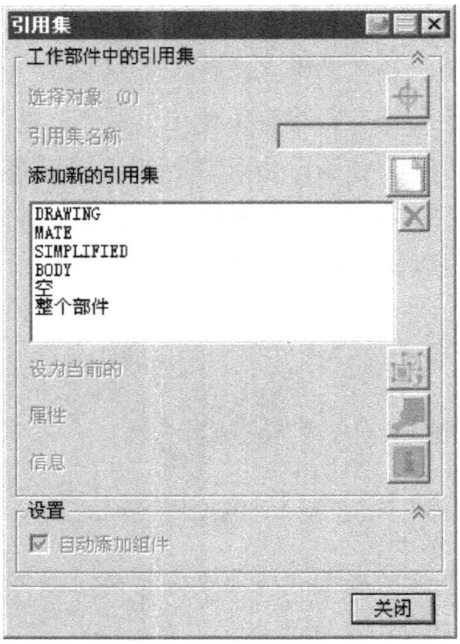

图 6.5.11 “引用集”对话框

6.6.1 部件的“从实例特征”阵列

部件的“从实例特征”阵列是以装配体中某一零件中的特征阵列为参照进行部件的阵列，如图 6.6.1 所示。图 6.6.1c 所示的六个螺钉阵列，是参照装配体中部件 1 上的六个阵列孔来进行创建的。所以在创建“从实例特征”阵列之前，应提前在装配体的某个零件中创建某一特征的阵列，该特征阵列将作为部件阵列的参照。

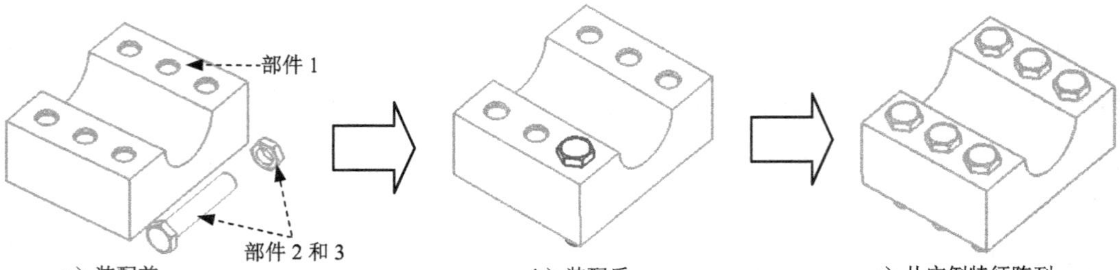

a）装配前　　b）装配后　　c）从实例特征阵列

图 6.6.1 从实例特征阵列部件

下面以图 6.6.1a 所示的部件 2 为例，说明“从实例特征”阵列部件的一般操作过程。

Step1. 打开文件 D:\ug8.1\work\ch06\ch06.06\01\mount。

Step2. 选择命令。选择下拉菜单 装配(A) ➡ 组件(C) ▸ ➡ 创建组件阵列(Y)... 命令，系统弹出图 6.6.2 所示的“类选择”对话框。

Step3. 选取阵列对象。在图形区选取部件 2 作为阵列对象，单击 确定 按钮，系统弹出图 6.6.3 所示的“创建组件阵列”对话框。

Step4. 阵列部件。在“创建组件阵列”对话框的 阵列定义 区域中选中 ⊙ 从实例特征 选项，

单击 确定 按钮，系统自动创建图 6.6.1c 所示的部件阵列。

说明：如果修改阵列中的某一个部件，系统会自动修改阵列中的每一个部件。

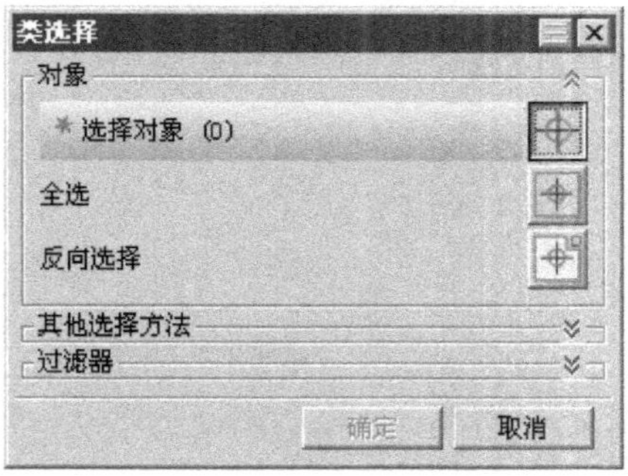

图 6.6.2　“类选择”对话框

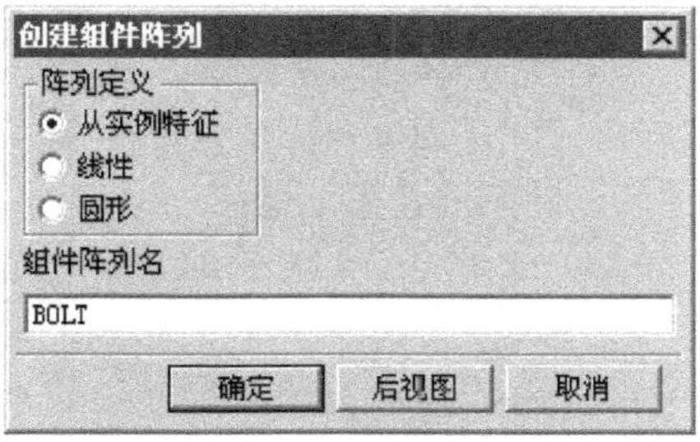

图 6.6.3　“创建组件阵列”对话框

6.6.2　部件的“线性”阵列

部件的“线性”阵列是使用装配中的约束尺寸创建阵列，所以只有使用像“接触”、“对齐”和“偏距”这样的约束类型才能创建部件的“线性”阵列。下面以图 6.6.4 为例，来说明部件线性阵列的一般操作过程。

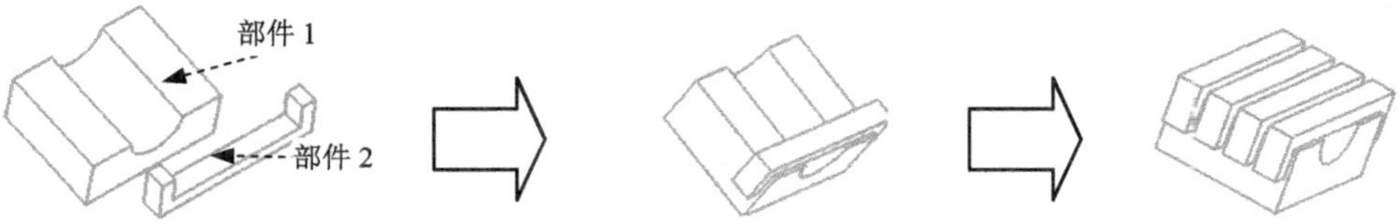

a）装配前　　b）装配后　　c）部件线性阵列

图 6.6.4　部件线性阵列

Step1. 打开文件 D:\ug8.1\ch06\ch06.06\02\linearity。

Step2. 选择命令。选择下拉菜单 装配(A) → 组件(C) → 创建组件阵列(Y)... 命令，系统弹出“类选择”对话框。

Step3. 选取阵列对象。在图形区选取部件 2 为阵列对象，单击 确定 按钮，系统弹出“创建组件阵列”对话框。

Step4. 阵列部件。在“创建组件阵列”对话框的 阵列定义 区域中选中 ⊙ 线性 选项，单击 确定 按钮，系统弹出图 6.6.5 所示“创建线性阵列”对话框。

Step5. 定义阵列方向。在“创建线性阵列”对话框的 方向定义 区域中选中 ⊙ 边 选项，然后选取图 6.6.6 所示的部件 1 的边线，系统自动激活“创建线性阵列”对话框的 总数 - XC 文本框和 偏置 - XC 文本框。

Step6. 设置阵列参数。在“创建线性阵列”对话框的 总数 - XC 文本框中输入值 4.0，在 偏置 - XC 文本框中输入值 - 20.0。

Step7. 单击 确定 按钮，完成部件的线性阵列。

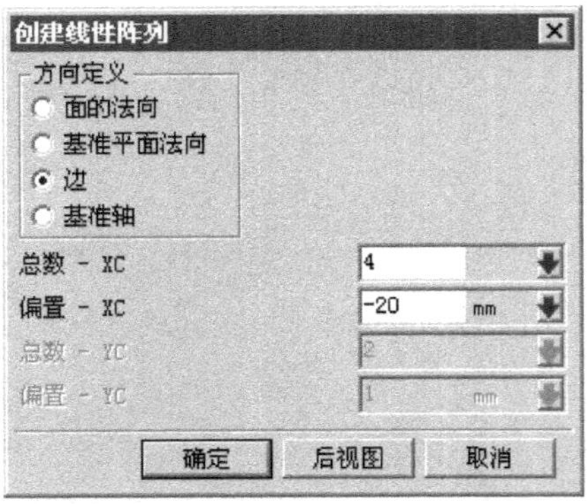

图 6.6.5　“创建线性阵列”对话框

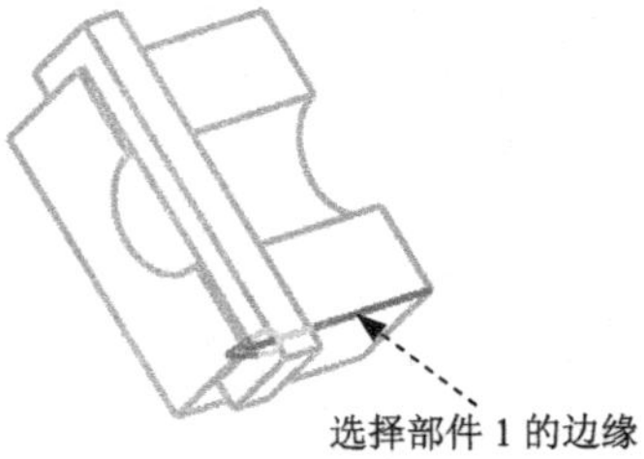

图 6.6.6　定义方向

6.6.3　部件的“圆形”阵列

部件的“圆形”阵列是使用装配中的中心对齐约束创建阵列，所以只有使用像“中心”这样的约束类型才能创建部件的“圆形”阵列。下面以图 6.6.7 为例，来说明“圆形”阵列的一般操作过程。

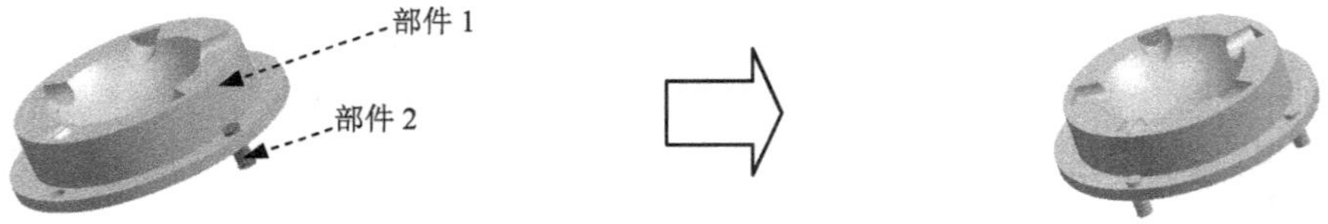

a）装配后　　b）部件圆形阵列

图 6.6.7　部件圆形阵列

Step1. 打开文件 D:\ug8.1\work\ch06\ch06.06\03\component_round.prt。

Step2. 选择命令。选择下拉菜单 装配(A) → 组件(C) → 创建组件阵列(Y)... 命令，系统弹出“类选择”对话框。

Step3. 选取阵列对象。在图形区选取部件 2 为阵列对象，单击 确定 按钮，系统弹出“创建组件阵列”对话框。

Step4. 阵列部件。在“创建组件阵列”对话框的 阵列定义 区域中选中 ⊙ 圆形 选项，单击 确定 按钮，系统弹出图 6.6.8 所示的“创建圆形阵列”对话框。

Step5. 定义阵列方向。在“创建圆形阵列”对话框的 轴定义 区域中选中 ⊙ 边 选项,然后选择图 6.6.9 所示的部件 1 的边线。

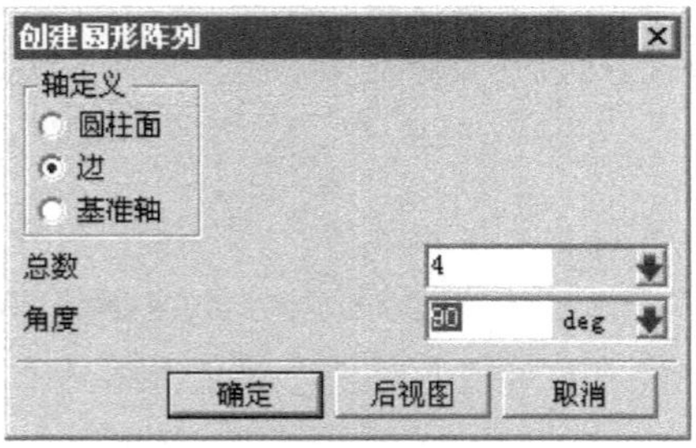

图 6.6.8　“创建圆形阵列”对话框

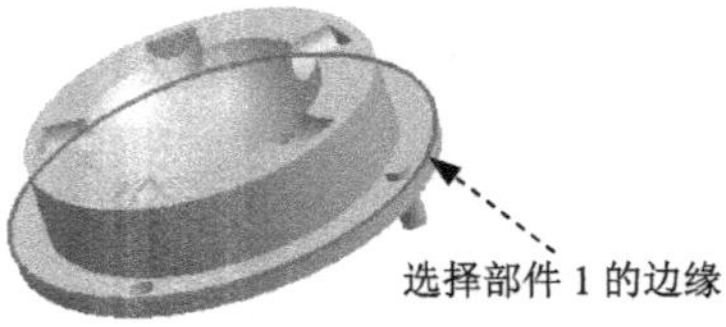

图 6.6.9　定义轴

Step6. 设置阵列参数。在“创建圆形阵列”对话框的总数文本框中输入值 4，在角度文本框中输入值 90.0。

Step7. 单击确定按钮，完成部件圆形阵列的操作。

6.7　编辑装配体中的部件

装配体完成后，可以对该装配体中的任何部件（包括零件和子装配件）进行特征建模、修改尺寸等编辑操作。下面介绍编辑装配体中部件的一般操作过程。

Step1. 打开文件 D:\ug8.1\work\ch06\ch06.07\compile。

Step2. 定义工作部件。双击部件 round，将该部件设为工作组件，装配体中的非工作部件将变为浅白色，如图 6.7.1 所示，此时可以对工作部件 round 进行编辑。

Step3. 切换到建模环境下。选择 开始 → 建模(M)... 命令。

Step4. 选择命令。选择下拉菜单 插入(S) → 设计特征(E) → 孔(H)... 命令，系统弹出“孔”对话框。

Step5. 定义孔位置。选取图 6.7.2 所示圆心作为孔的放置点。

Step6. 定义编辑参数。在“孔”对话框的类型下拉列表中选择常规孔选项，在方向区域的孔方向下拉列表中选择沿矢量选项，再选择ZC选项，直径 20.0，深度 50.0，顶锥角 118.0，位置为零件底面的圆心，单击< 确定 >按钮，完成孔的创建，结果如图 6.7.3 所示。

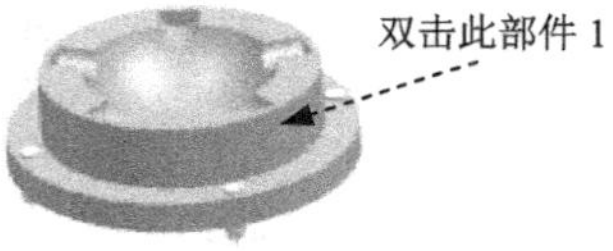

图 6.7.1　设置工作部件

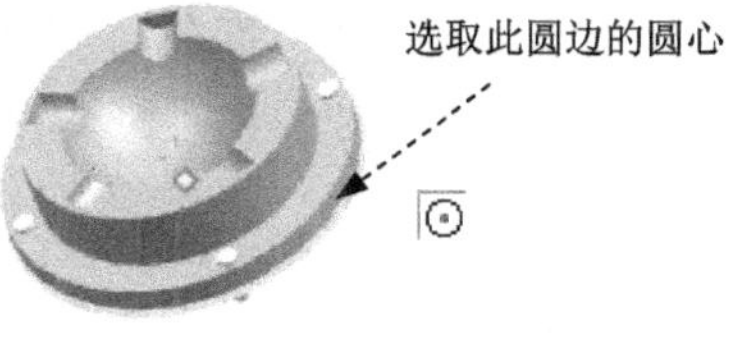

图 6.7.2　设置工作部件

图 6.7.3　添加特征

Step7. 双击装配导航器中装配体 compile，取消组件 round 的工作状态。

6.8　爆　炸　图

爆炸图是指在同一幅图里，把装配体的组件拆分开，使各组件之间分开一定的距离，以便于观察装配体中的每个组件，清楚地反映装配体的结构。UG 具有强大的爆炸图功能，用户可以方便地建立、编辑和删除一个或多个爆炸图。

6.8.1　爆炸图工具条

选择下拉菜单 装配(A) → 爆炸图(X) → 显示工具条(T) 命令，系统显示“爆炸图”工具条，如图 6.8.1 所示。工具条中没有显示的按钮，可以通过下面方法调出：单击右上角的▾按钮，在其下方弹出添加或移除按钮▾按钮，将鼠标放到该按钮上，会显示爆炸图▸添加项，其中包含了所有供用户选择的按钮。

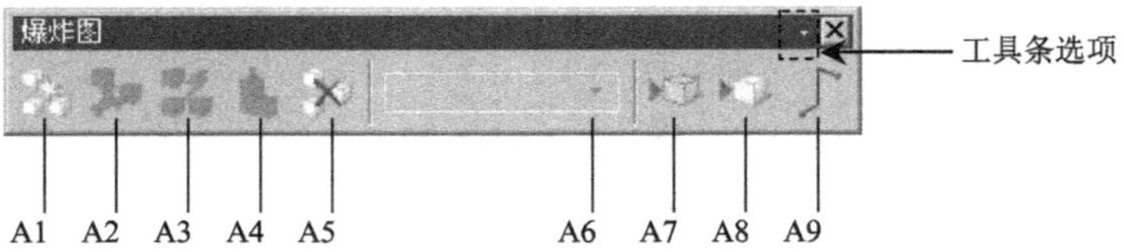

图 6.8.1 “爆炸图”工具条

利用该工具条，用户可以方便地创建、编辑爆炸图，便于在爆炸图与无爆炸图之间切换。

图 6.8.1 所示的“爆炸图”工具条中的按钮功能：

A1（新建爆炸图）：该按钮用于创建爆炸图。如果当前显示的不是一个爆炸图，单击此按钮，系统弹出“创建爆炸图”对话框，输入爆炸图名称后单击确定按钮，系统创建一个爆炸图；如果当前显示的是一个爆炸图，单击此按钮，弹出的“创建爆炸图”对话框会询问是否将当前爆炸图复制到新的爆炸图里。

A2（编辑爆炸图）：该按钮用于编辑爆炸图中组件的位置。单击此按钮，系统弹出“编辑爆炸图”对话框，用户可以指定组件，然后自由移动该组件，或者设定移动的方式和距离。

A3（自动爆炸组件）：该按钮用于自动爆炸组件。利用此按钮可以指定一个或多个组件，使其按照设定的距离自动爆炸。单击此按钮，系统弹出“类选择”对话框，选择组件后单击确定按钮，提示用户指定组件间距，自动爆炸将按照默认的方向和设定的距离生成爆炸图。

A4（取消爆炸组件）：该按钮用于不爆炸组件。此命令和自动爆炸组件刚好相反，操作也基本相同，只是不需要指定数值。

A5（删除爆炸图）：该按钮用于删除爆炸图。单击该按钮，系统会列出当前装配体的所有爆炸图，选择需要删除的爆炸图后单击确定按钮，即可删除。

A6（工作视图爆炸）：该下拉列表显示了爆炸图名称，可以在其中选择某个名称。用户利用此下拉列表，可以方便地在各爆炸图以及无爆炸图状态之间切换。

A7（隐藏视图中的组件）：该按钮用于隐藏组件。单击此按钮，系统弹出“类选择”对话框，选择需要隐藏的组件并执行后，该组件被隐藏。

A8（显示视图中的组件）：该按钮用于显示组件，此命令与隐藏组件刚好相反。如果图中有被隐藏的组件，单击此按钮后，系统会列出所有隐藏的组件，用户选择后，单击确定按钮即可恢复组件显示。

A9（追踪线）：该按钮用于创建跟踪线，该命令可以使组件沿着设定的引导线爆炸。

以上按钮与下拉菜单装配(A) ➡ 爆炸图(X)中的命令一一对应。

6.8.2 新建爆炸图

Step1. 打开文件 D:\ug8.1\work\ch06\ch06.08\02\explosion.prt。

Step2. 选择命令。选择下拉菜单 装配(A) → 爆炸图(X) → 新建爆炸图(N)... 命令，系统弹出图 6.8.2 所示的“新建爆炸图”对话框（一）。

Step3. 新建爆炸图。在 名称 文本框处可以输入爆炸图名称，接受系统默认的名称 Explosion1，然后单击 确定 按钮，完成爆炸图的新建。

新建爆炸图后，视图切换到刚刚创建的爆炸图，“爆炸图”工具条中的以下项目被激活：“编辑爆炸视图”按钮、“自动爆炸组件”按钮、“取消爆炸组件”按钮和“工作视图爆炸”下拉列表 Explosion 1。

关于新建爆炸图的说明：

- 如果用户在一个已存在的爆炸视图下创建新的爆炸视图，系统会弹出图 6.8.3 所示的“新建爆炸图”对话框（二），提示用户是否将已存在的爆炸图复制到新建的爆炸图，单击 是(Y) 按钮后，新建立的爆炸图和原爆炸图完全一样；如果希望建立新的爆炸图，可以切换到无爆炸视图，然后进行创建即可。
- 可以按照上面方法建立多个爆炸图。

图 6.8.2 “新建爆炸图”对话框（一）

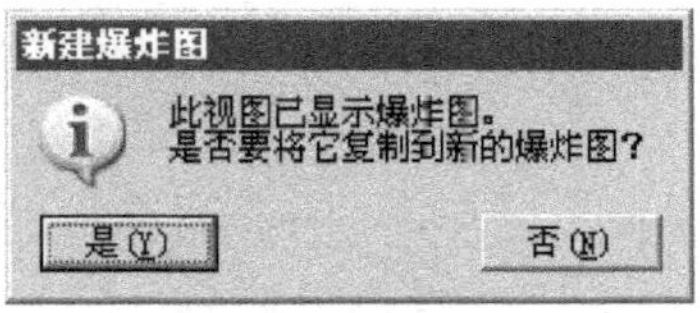

图 6.8.3 “新建爆炸图”对话框（二）

- 要删除爆炸图，可以选择下拉菜单 装配(A) → 爆炸图(X) → 删除爆炸图(D)... 命令，系统会弹出图 6.8.4 所示的“爆炸图”对话框。选择要删除的爆炸图，单击 确定 按钮即可。如果所要删除的爆炸图正在当前视图中显示，系统会弹出图 6.8.5 所示的“删除爆炸图”对话框，提示爆炸图不能删除。

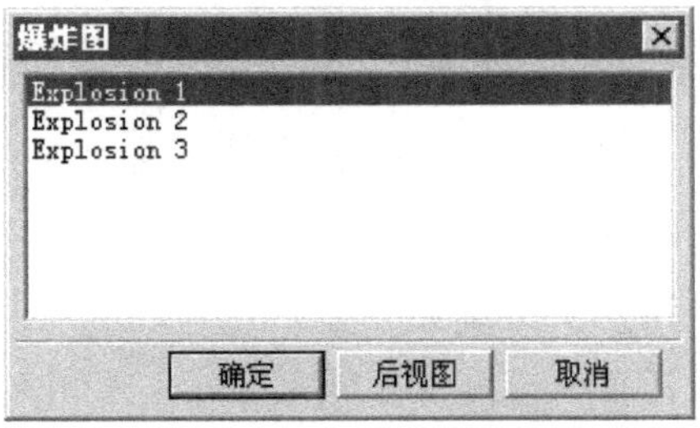

图 6.8.4 “爆炸图”对话框

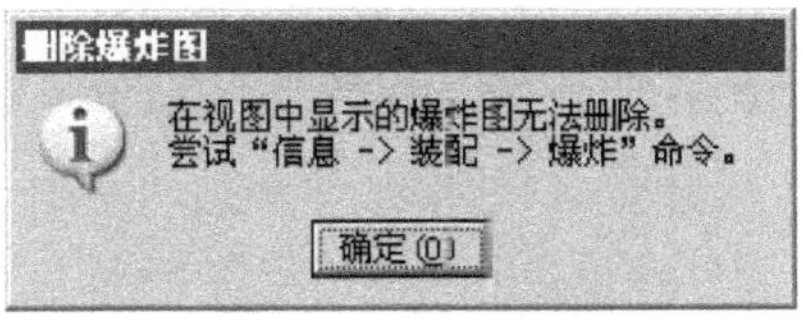

图 6.8.5 “删除爆炸图”对话框

6.8.3 编辑爆炸图

爆炸图创建完成，创建的结果是产生了一个待编辑的爆炸图，在图形区中的图形并没有发生变化，爆炸图编辑工具被激活，进行编辑爆炸图。

1．自动爆炸

自动爆炸只需要用户输入很少的内容，就能快速生成爆炸图，如图 6.8.6 所示。

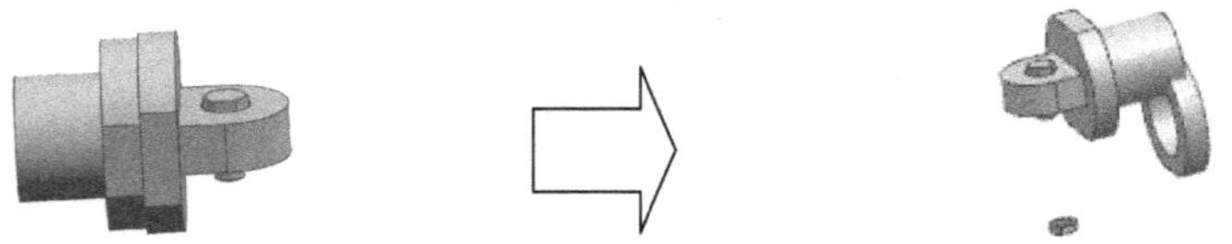

a）自动爆炸前 b）自动爆炸后

图 6.8.6 自动爆炸

Step1. 打开文件 D:\ug8.1\work\ch06\ch06.08\03\explosion_01.prt，按照上一节步骤新建爆炸图。

Step2. 选择命令。选择下拉菜单 装配(A) → 爆炸图(X) → 自动爆炸组件(A)... 命令，弹出“类选择”对话框。

Step3. 选取爆炸组件。选取图中所有组件，单击 确定 按钮，系统弹出图 6.8.7 所示的“自动爆炸组件”对话框。

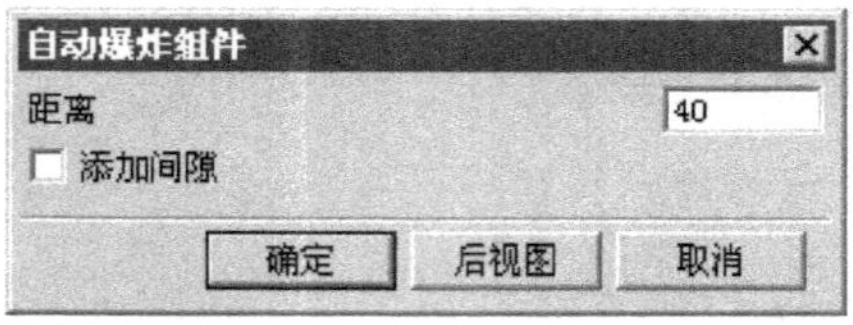

图 6.8.7 “自动爆炸组件”对话框

Step4. 在 距离 文本框中输入值 40.0，单击 确定 按钮，系统会自动生成该组件的爆炸图，结果如图 6.8.6b 所示。

关于自动爆炸组件的说明：

- 自动爆炸组件可以同时选取多个对象，如果将整个装配体选中，可以直接获得整个装配体的爆炸图。
- “取消爆炸组件”的功能刚好与“自动爆炸组件”相反，因此可以将两个功能放在一起记。选择下拉菜单 装配(A) → 爆炸图(X) → 取消爆炸组件(U) 命令，系统弹出“类选择”对话框。选取要爆炸的组件后单击 确定 按钮，选中的组件自动回到爆炸前的位置。

2．手动编辑爆炸图

自动爆炸并不能总是得到满意的效果，因此系统提供了编辑爆炸功能。

Step1. 打开文件 D:\ug8.1\work\ch06\ch06.08\03\explosion_01.prt。

Step2. 选择下拉菜单 装配(A) → 爆炸图(X) → 新建爆炸图(N)... 命令，新建一个爆炸视图。

Step3. 选择下拉菜单 装配(A) → 爆炸图(X) → 编辑爆炸图(E)... 命令，系统弹出图6.8.8所示的“编辑爆炸图”对话框。

Step4. 选取要移动的组件。在对话框中选中 ⊙ 选择对象 选项，在图形区选取图6.8.9所示的轴套模型。

Step5. 移动组件。选中 ⊙ 移动对象 单选项，系统显示图6.8.9所示的移动手柄；单击手柄上的箭头（图6.8.9），对话框中的 距离 文本框被激活，供用户选择沿该方向的移动距离；单击手柄上沿轴套轴线方向的箭头，在文本框中输入距离值60.0；单击 确定 按钮，结果如图6.8.10所示。

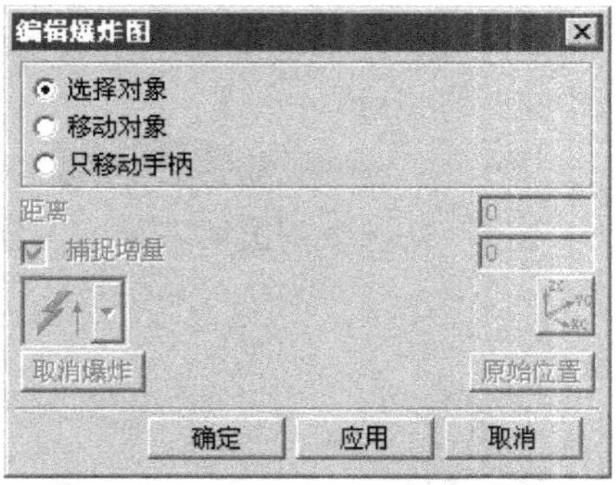

图6.8.8　“编辑爆炸图”对话框

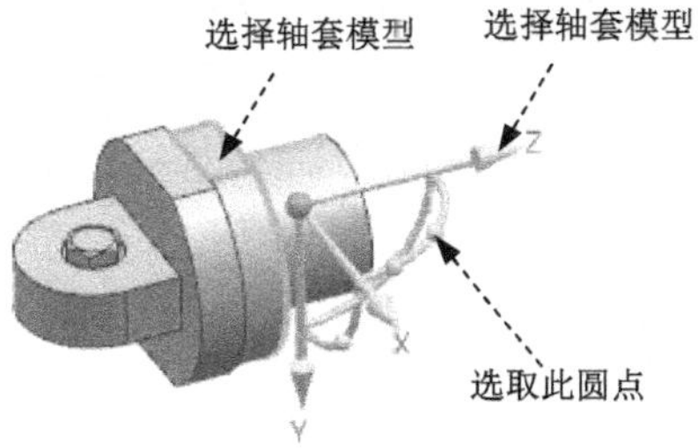

图6.8.9　定义移动组件和方向

说明：单击图6.8.9所示两箭头间的圆点时，对话框中的 角度 文本框被激活，供用户输入角度值，旋转的方向沿第三个手柄，符合右手定则，也可以直接用左键按住箭头或圆点，移动鼠标实现手工拖动。

Step6. 编辑螺栓位置。参照Step4，输入距离值-60.0，结果如图6.8.11所示。

Step7. 编辑螺母位置。参照Step4，输入距离值40.0，结果如图6.8.12所示。

图6.8.10　编辑轴套

图6.8.11　编辑螺栓

图6.8.12　编辑螺母

关于编辑爆炸图的说明：

- 选中 ⊙ 移动对象 选项后，按钮选项被激活。单击按钮，手柄被移动到WCS位置。
- 单击手柄箭头或圆点后，☑ 捕捉增量 选项被激活，该选项用于设置手工拖动的最小距离，可以在文本框中输入数值。例如设置为10mm，则拖动时会跳跃式移动，每次跳跃的距离为 10mm，单击取消爆炸按钮，选中的组件移动到没有爆炸的位置。

- 单击手柄箭头后，选项被激活，可以直接将选中手柄方向指定为某矢量方向。

3. 隐藏和显示爆炸图

如果当前视图为爆炸图，选择下拉菜单装配(A) → 爆炸图(X) → 隐藏爆炸图(H)命令，则视图切换到无爆炸图。

要显示隐藏的爆炸图，可以选择下拉菜单装配(A) → 爆炸图(X) → 显示爆炸图(S)命令，则视图切换到爆炸图。

4. 隐藏和显示组件

要隐藏组件，可以选择下拉菜单装配(A) → 关联控制(O) → 隐藏视图中的组件(O)...命令（或单击工具条中的按钮），系统弹出"隐藏视图中的组件"对话框，选择要隐藏的组件后单击确定按钮，选中组件被隐藏。

要显示被隐藏的组件，可以选择下拉菜单装配(A) → 关联控制(O) → 显示视图中的组件(M)...命令（或单击工具条中的按钮），系统会列出所有隐藏的组件供用户选择。

5. 删除爆炸图

选择下拉菜单装配(A) → 爆炸图(X) → 删除爆炸图(D)...命令（或单击工具条按钮），系统会列出所有爆炸图，选择要删除的视图，单击确定按钮。

如果当前视图是所选的爆炸图，操作不能完成；如果当前视图不是所选视图，所选中的爆炸图可以被删除。

6.9 简化装配

6.9.1 简化装配概述

对于比较复杂的装配体，可以使用"简化装配"功能将其简化。被简化后，实体的内部细节被删除，但保留复杂的外部特征。当装配体只需要精确的外部表示时，可以将装配体进行简化，简化后可以减少所需的数据，从而缩短加载和刷新装配体的时间。

内部细节是指对该装配体的内部组件有意义，而对装配体与其他实体关联时没有意义的对象；外部细节则相反。简化装配主要就是区分内部细节和外部细节，然后省略掉内部细节的过程，在这个过程中，装配体被合并成一个实体。

6.9.2　简化装配操作

本节以轴和轴套装配体为例（图 6.9.1），说明简化装配的操作过程。

a）简化前　　b）简化后

图 6.9.1　简化装配

Step1. 打开文件 D:\ug8.1\work\ch06\ch06.09\simple.prt。

说明：为了清楚地表示内部细节被删除，首先在轴上创建一个图 6.9.1a 所示的孔特征（打开的文件中已完成该操作），作为要删除的内部细节。

Step2. 选择命令。选择下拉菜单 装配(A) → 高级(E) ▸ → 简化装配(M)... 命令，系统弹出“简化装配”对话框，单击 下一步 > 按钮，系统弹出图 6.9.2 所示的“简化装配”对话框（一）。对话框的左侧显示操作步骤，右侧有三个单选项和两个复选框，供用户设置简化项。

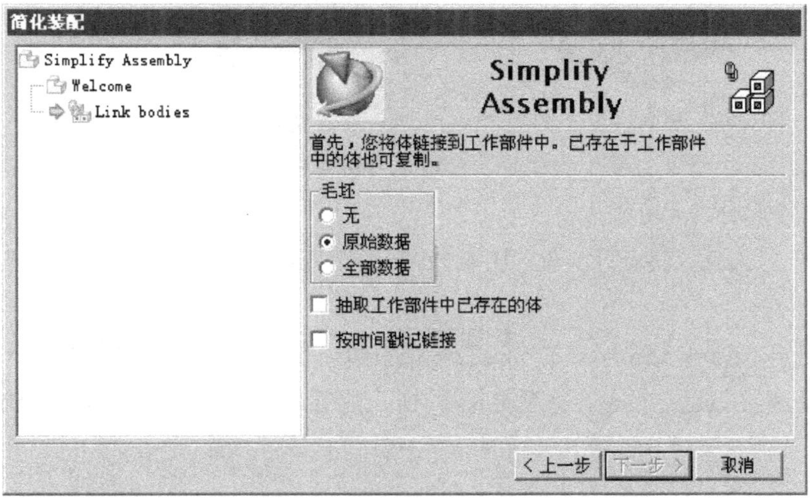

图 6.9.2　“简化装配”对话框（一）

Step3. 选取装配体中的所有组件，单击 下一步 > 按钮，系统弹出图 6.9.3 所示的“简化装配”对话框（二）。

图 6.9.3 所示的“简化装配”对话框（二）中的相关选项说明如下：

- 覆盖体 区域包含五个按钮，用于填充要简化的特征。有些孔在“修复边界”步骤（向导的后面步骤）中可以被自动填充，但并不是所有几何体都能被自动填充，因此有时需要用这些按钮进行手工填充。这里由于形状简单，可以自动填充。
- “全部合并”按钮 可以用来合并（或除去）模型上的实体，执行此命令时，系统会重复显示该步骤，供用户继续填充或合并。

图 6.9.3 “简化装配”对话框（二）

Step4. 合并组件。单击“简化装配”对话框（二）中的“全部合并”按钮，选取所有组件，单击下一步 >按钮，轴和轴套合并在一起，可以看到两平面的交线消失，如图 6.9.4 所示。

Step5. 单击下一步 >按钮，选取图 6.9.5 所示的外部面（用户也可以选择除要填充的内部细节之外的任何一个面）。

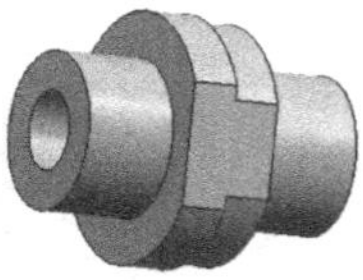

图 6.9.4 轴和轴套合并后

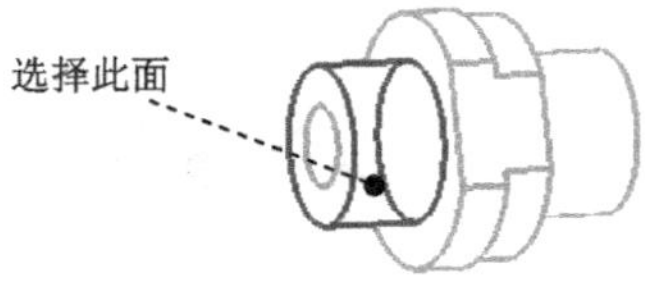

图 6.9.5 选择外部面

说明：在执行“修复边界”步骤时，应该先将所有部件合并成一个实体，如果仍有部件未被合并，则该步骤会将其隐藏。

Step6. 单击下一步 >按钮，选取图 6.9.6 所示的边缘（通过选择一边缘将内部细节与外部细节隔离开）。

Step7. 选择裂纹检查选项。单击下一步 >按钮，选中 ⊙ 裂隙检查 单选项。

Step8. 单击下一步 >按钮，选取图 6.9.7 所示的圆柱体内表面。选择要删除的内部细节。

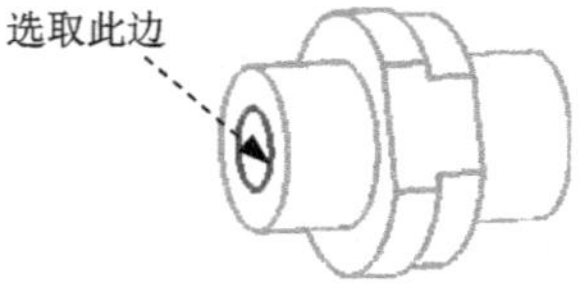

图 6.9.6 选择隔离边缘

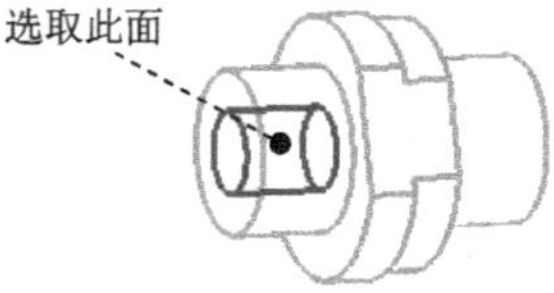

图 6.9.7 选择内部面

Step9. 查看裂纹检查结果。单击下一步 >按钮，可以通过选择高亮显示选项组中的 ⊙ 内部面 单选项，查看在主对话框中的隔离情况。

Step10. 单击下一步 >按钮，查看外部面。再单击下一步 >按钮，孔特征被移除。

Step11. 单击 完成 按钮，完成操作。

关于内部细节与外部细节的说明：内部细节与外部细节是用户根据需要确定的，不是由对象在集合体中的位置确定的。读者在本例中可以尝试将孔设为外部面，将轴的外表面设为内部面，结果会将轴和轴套移除，留下孔特征形成的圆柱体。

6.10　多截面动态剖切

UG NX 8.0 增强了动态剖切功能，可以通过模型导航工具来定义和显示所控制的多个截面。此外，还能够弹出一个包括网格显示的独立二维窗口，从而可以在屏幕上清楚地看到评审的几何结构。下面以一个滑动轴承座模型为例，说明对该模型进行多截面动态剖的一般过程。

Step1. 打开文件 D:\ug8.1\work\ch06\ch06.10\assembly.prt。

Step2. 选择命令。选择下拉菜单 视图(V) → 截面(S) ▸ → 新建截面(T)... 命令，系统弹出图 6.10.1 所示的“视图截面”对话框，同时在模型上显示默认的视图截面（图 6.10.2）。

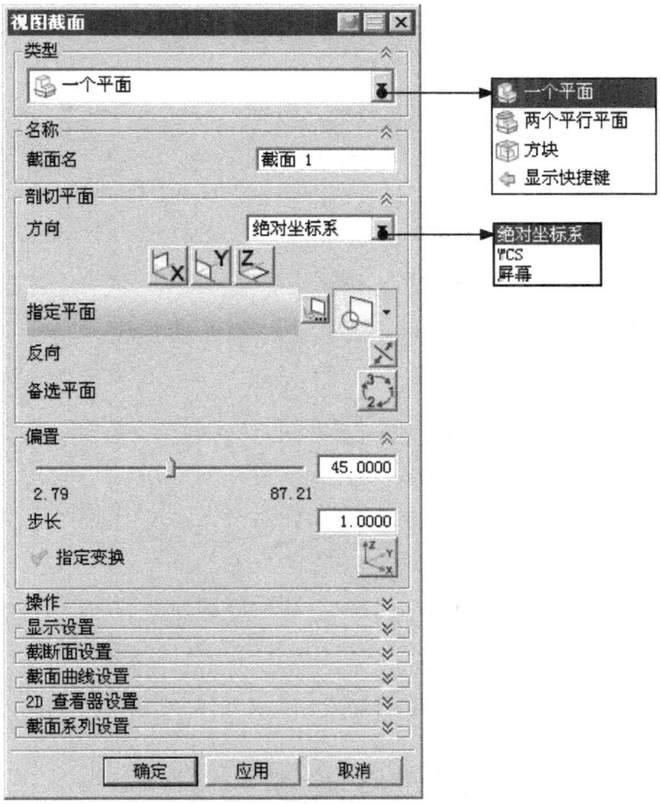

图 6.10.1　“视图截面”对话框

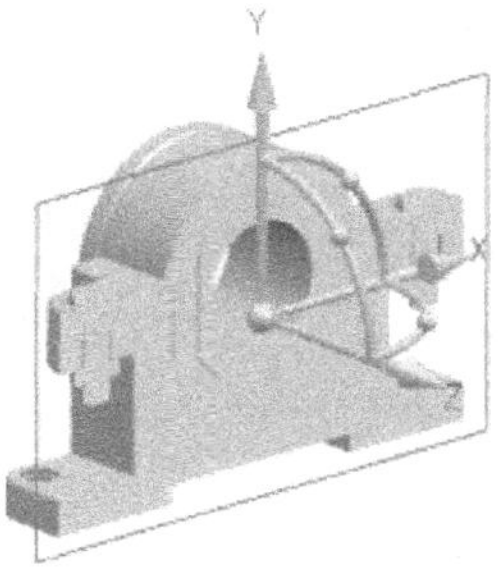

图 6.10.2　视图截面

Step3. 创建第一个截面。在“视图截面”对话框的 剖切平面 区域单击 按钮设置截面位置。然后激活 2D 查看器设置 区域，然后在该区域中选中 ☑ 显示 2D 查看器 复选框，显示截面几何结构，此时在绘图区弹出图 6.10.3 所示的“2D 截面查看器”窗口。单击 应用 按钮完成第一个截面的创建。

Step4. 创建第二个截面。在“视图截面”对话框中的剖切平面区域单击按钮设置截面位置。在偏置区域右上角的文本框中输入值 25.0，此时在绘图区显示图 6.10.4 所示的“2D 截面查看器”窗口。单击应用按钮完成第二个截面的创建。

Step5. 单击取消按钮，关闭“视图截面”对话框。

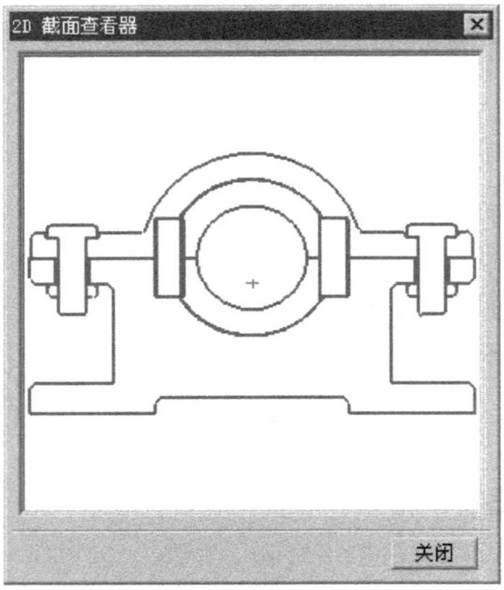

图 6.10.3　“2D 截面查看器”窗口

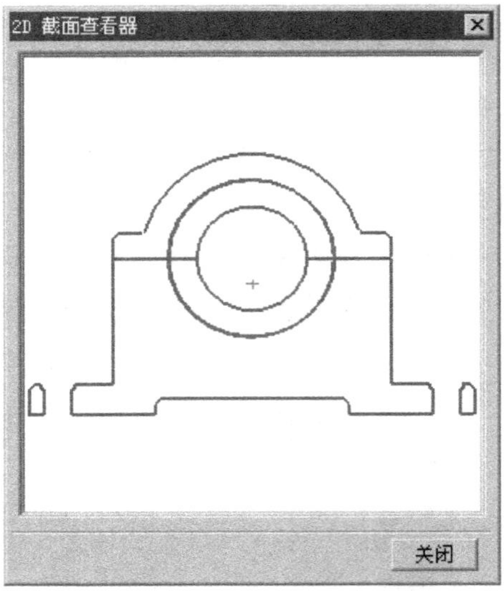

图 6.10.4　“2D 截面查看器”窗口

Step6. 定义工作截面。单击选项卡，打开“装配导航器”，勾选截面选项并单击该选项前的“+”，然后在截面 1选项上右击，系统弹出快捷菜单。在弹出的快捷菜单中选择设为工作截面命令，此时在绘图区显示两个 2D 截面结构，如图 6.10.5 所示。

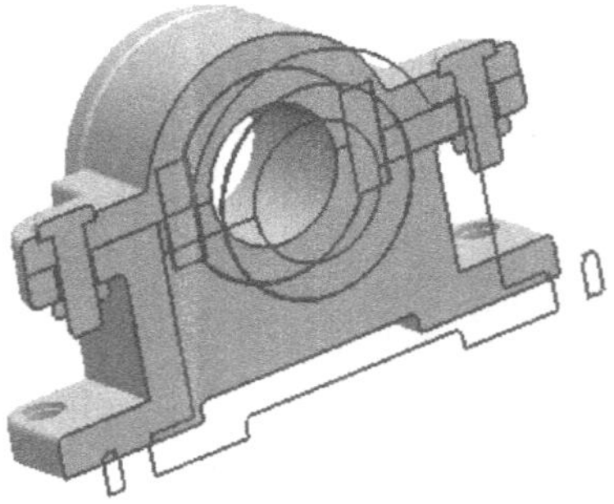

图 6.10.5　2D 截面结构

6.11　模型的外观处理

模型的外观设置包括对模型进行着色、纹理处理以及透明设置等。模型的外观将与模型一同保存，但模型外观只有在工作室状态下才会显示，在实体图、着色图和线框图状态下，不会显示。单击用户界面资源工具条区中的“部件中的材料”按钮（此按钮在选择

下拉菜单 视图(V) → 可视化(V) → 材料/纹理(M)... 命令后才会出现），在系统弹出的“部件中的材料”对话框中，直接拖动外观到模型上，便可添加外观。下面以一个花瓶部件模型为例，说明对该模型进行外观处理的一般过程。

Step1. 打开文件 D:\ug8.1\work\ch06\ch06.11\vase.prt。

Step2. 选择命令。选择下拉菜单 视图(V) → 可视化(V) → 材料/纹理(M)... 命令，系统弹出图 6.11.1 所示的“材料/纹理”工具条。

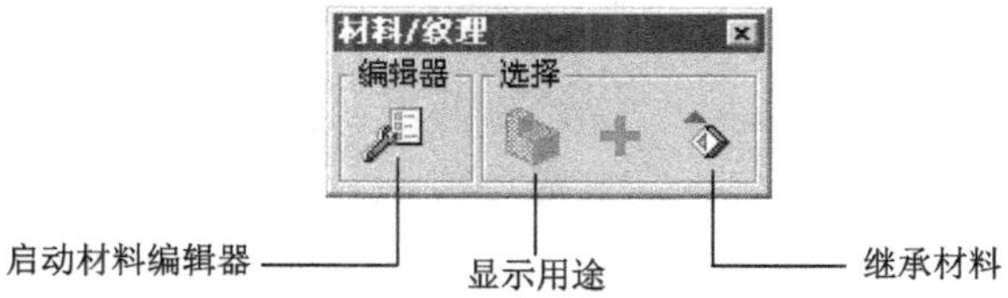

图 6.11.1 “材料/纹理”工具条

Step3. 设置显示样式。在绘图区右击，在系统弹出的快捷菜单中选择 渲染样式(D) → 艺术外观(T) 命令。

Step4. 添加外观设置。

方法一： 直接添加已有外观设置。

单击资源工具条区中的“部件中的材料”按钮，在系统弹出图 6.11.2 所示的“部件中的材料”选项卡，选择要添加的已有外观设置，直接拖动到模型上，如图 6.11.3 所示。

说明： 如果“部件中的材料”选项卡中没有所需要的外观设置，可以单击“系统材料”按钮，在系统弹出的“系统材料”选项卡（图 6.11.4）中，选择要添加的外观设置，直接拖动外观到模型上。如需要改变外观设置，可以直接将其他外观设置拖到部件上。

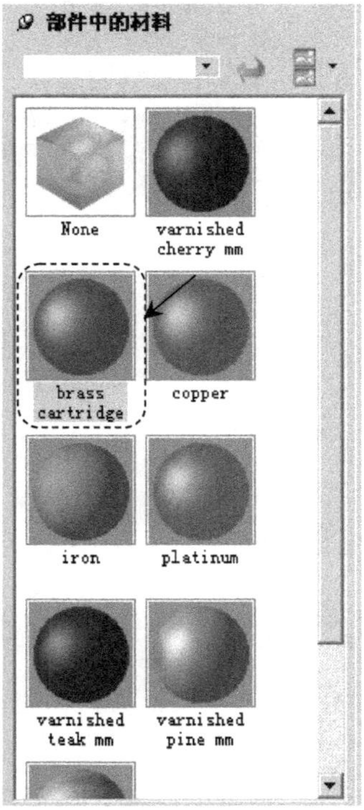

图 6.11.2 “部件中的材料”选项卡

6.11.3 直接添加外观结果

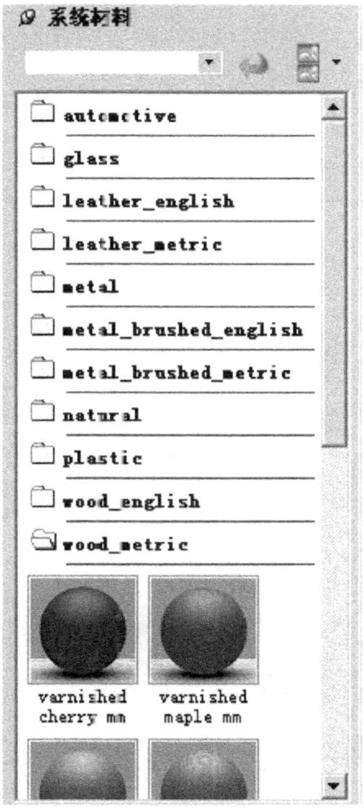

图 6.11.4 “系统材料”选项卡

方法二：通过材料编辑器添加外观设置。

（1）新建部件中的材料文件。在“部件中的材料”选项卡中右击，在弹出的快捷菜单中选择 新建条目 → 可视化材料 命令。选中新建的材料，单击“材料/纹理”工具条中的“启动材料编辑器”按钮，系统弹出图 6.11.5 所示的“材料编辑器”对话框（一）。在“材料编辑器”对话框（一）的 名称 文本框中输入新建的外观材料名称 color，单击 应用 按钮。

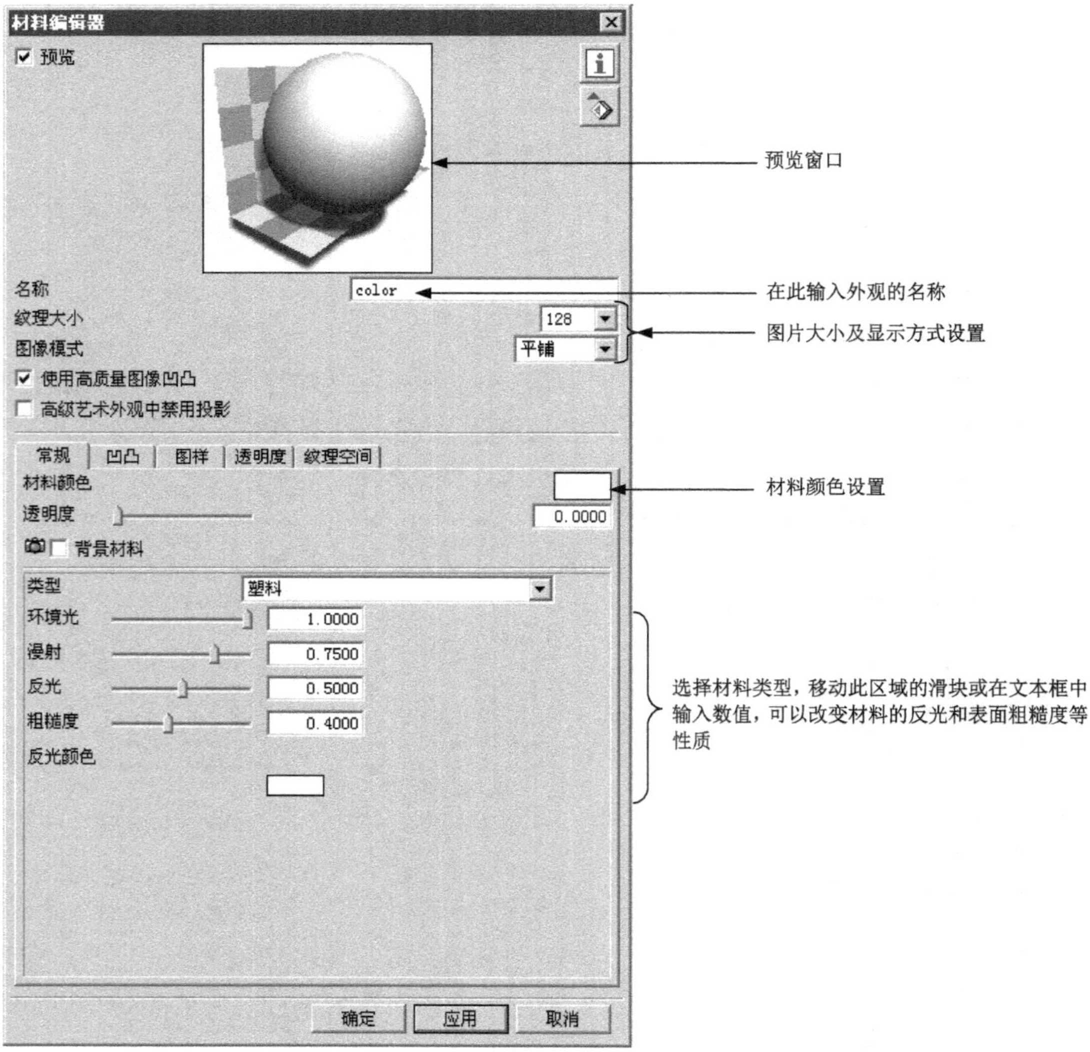

图 6.11.5 “材料编辑器”对话框（一）

（2）定义颜色属性。在“材料编辑器”对话框（一）中选择 常规 选项卡，在 透明度 文本框中输入数值 0.0，在 类型 下拉列表中选择材料类型 塑料，单击 材料颜色 选项后的颜色区域，系统弹出图 6.11.6 所示的“颜色”对话框，选取图 6.11.6 所示的颜色，单击 确定 按钮。

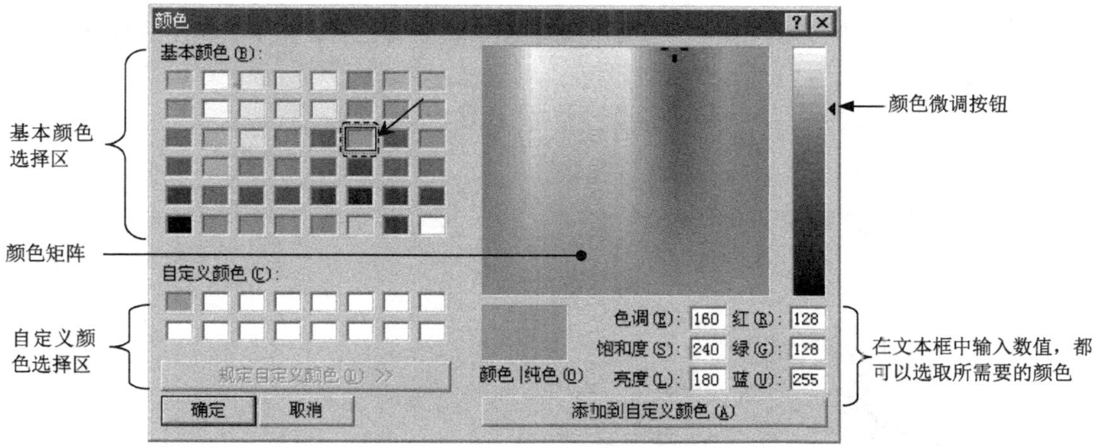

图 6.11.6　“颜色”对话框

说明：可以通过以下方法设置所需要的颜色：

- 单击基本颜色选择区中的一种颜色。
- 在颜色矩阵中选取一种颜色，然后通过右侧微调按钮进行较精确的调整，单击 添加到自定义颜色(A) 按钮，然后在自定义颜色区中选取自定义颜色。

（3）添加表面突起纹理。单击 凹凸 选项卡，在“类型”下拉列表中选择缠绕凹凸点选项，在比例文本框中设定参数为 1.0（图 6.11.7），单击 应用 按钮；单击用户界面资源工具条区中的“部件中的材料”按钮，在系统弹出的“部件中的材料”窗口中选择新建材料 color，拖动到模型上，结果如图 6.11.8 所示。

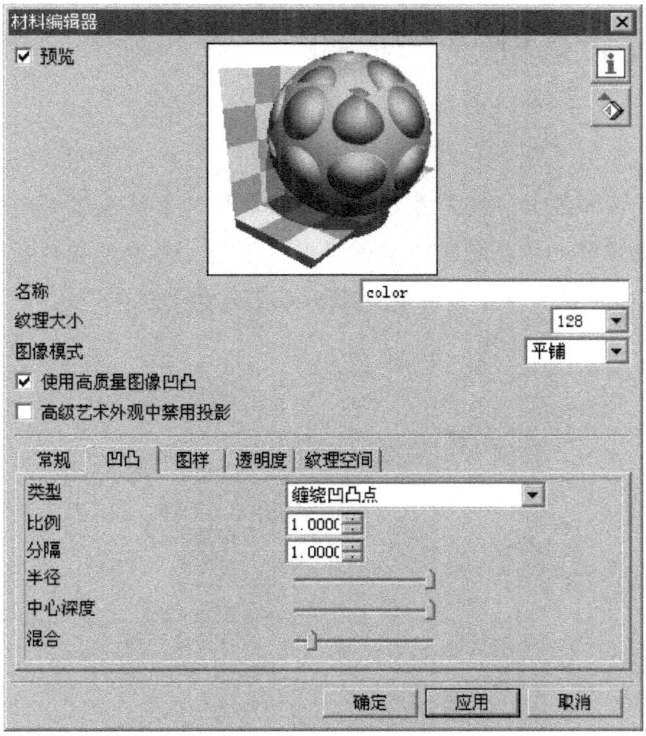

图 6.11.7 “材料编辑器”对话框（二）

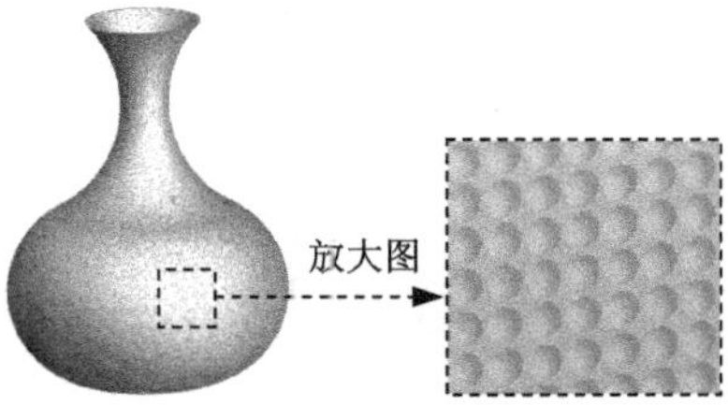

图 6.11.8　缠绕凹凸点结果

（4）添加表面图样纹理。单击 图样 选项卡，在“类型”下拉列表中选择 缠绕图像 选项，单击 TIFF 图板 按钮，系统弹出“TIFF 图板”对话框，单击 其他 按钮，如图 6.11.9 所示。选择底图图像（图 6.11.9），单击 确定 按钮，单击“材料编辑器”对话框（二）的 确定 按钮，结果如图 6.11.10 所示，完成部件的渲染。

图 6.11.9 “TIFF 图板”对话框

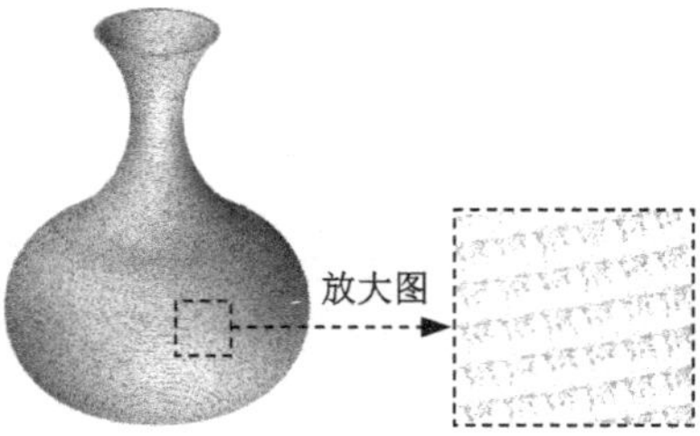

图 6.11.10 缠绕图片结果

6.12 装配设计范例——轴承的设计

范例概述：

本范例详细讲解了轴承的创建和装配过程：首先是创建轴承的内环、卡环及滚子，它们分别生成一个模型文件，然后装配模型，并在装配体中创建零件模型。其中，在创建外环时运用到“在装配体中创建零件模型”的方法。装配组件模型如图 6.12.1 所示。

Stage1. 创建零件模型——轴承内环

下面介绍轴承内环的设计过程，如图 6.12.2 所示。

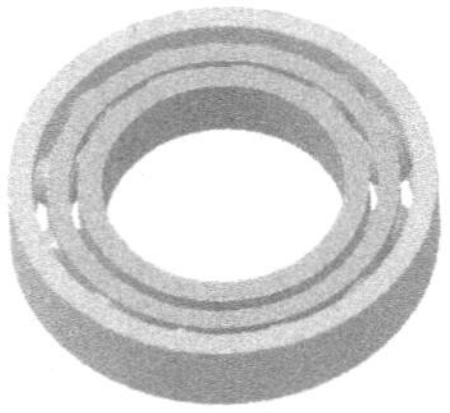
图 6.12.1 轴承设计

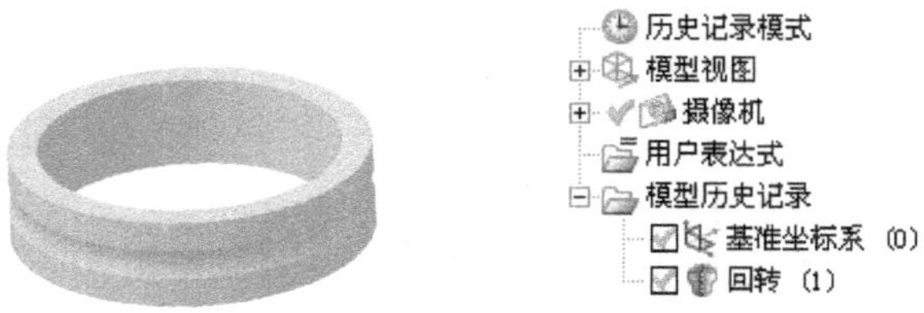

图 6.12.2 轴承内环模型及模型树

Step1. 新建文件。选择下拉菜单文件(F) ➡ 新建(N)... 命令，系统弹出“新建”对话框。在模型选项卡的模板区域中选取模板类型为模型，在名称文本框中输入文件名称 bearing_in，单击确定按钮，进入建模环境。

Step2. 创建图 6.12.3 所示的回转特征 1。

（1）选择命令。选择插入(S) ➡ 设计特征(E) ➡ 回转(R)... 命令（或单击按钮），系统弹出“回转”对话框。

（2）定义回转特征截面。

① 单击截面区域中的按钮，系统弹出“创建草图”对话框。

② 定义草图平面。选取 XY 基准平面为草图平面，单击确定按钮。

③ 进入草图环境，绘制图 6.12.4 所示的截面草图。

④ 单击完成草图按钮，退出草图环境。

（3）定义回转轴和指定点。选取 YC 基准轴为回转轴，采用坐标原点为指定点。

（4）定义回转角度。在“回转”对话框的极限区域中的开始下拉列表中选择值选项，在其下的角度文本框中输入值 0.0，在结束下拉列表中选择值选项，在其下的角度文本框中输入值 360.0，其他采用系统默认设置。

（5）单击 < 确定 > 按钮，完成回转特征 1 的创建。

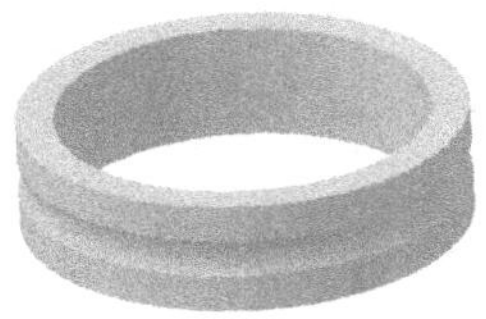

图 6.12.3　回转特征 1

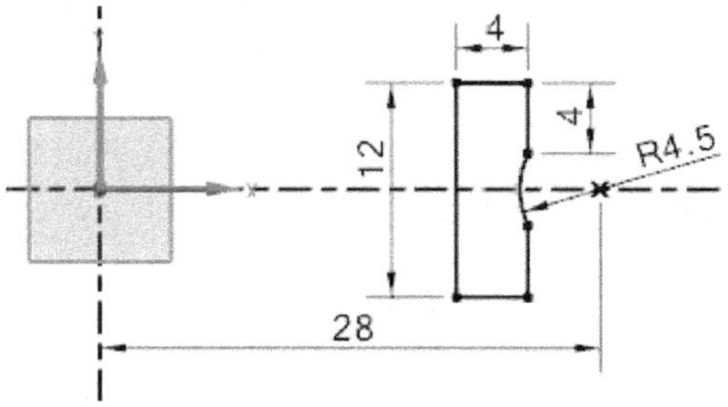

图 6.12.4　截面草图

Step3. 将对象移动至图层并隐藏。

（1）定义要移动的对象。选择下拉菜单格式(R) ➡ 移动至图层(M)... 命令，系统弹出“类选择”对话框。

（2）在过滤器区域中单击按钮，系统弹出“根据类型选择”对话框，在此对话框中选择基准选项，单击对话框中的确定按钮，系统再次弹出“类选择”对话框。

（3）单击全选选项后的按钮，单击确定按钮，此时系统弹出“图层移动”对话框，在目标图层或类别文本框中选择输入值 2，单击确定按钮。

（4）选择下拉菜单格式(R) ➡ 图层设置(S)... 命令，系统弹出“图层设置”对话框，在图层区域的名称列表中取消选中☐2复选框。单击关闭按钮，完成对象的隐藏。

Step4. 编辑对象的显示。

（1）选择命令。选择下拉菜单编辑(E) ➡ 对象显示(J)... 命令，系统弹出“类选择”

对话框。

（2）定义显示对象。单击 Step2 所创建的回转特征，单击 确定 按钮，系统弹出“编辑对象显示”对话框。

（3）修改对象的显示属性。单击 颜色 后的 选项，系统弹出“颜色”对话框，在 选定的颜色 区域的 ID 文本框中输入值 168 并按回车键，定义颜色为褐色。单击 确定 按钮，返回至“编辑对象显示”对话框。

（4）单击 确定 按钮，完成编辑对象显示的操作。

Step5. 保存零件模型。选择下拉菜单 文件(F) ➡ 保存(S) 命令，即可保存零件模型。

Stage2. 创建零件模型——轴承卡环

下面将介绍轴承卡环的设计过程，模型零件及相应的模型树，如图 6.12.5 所示。

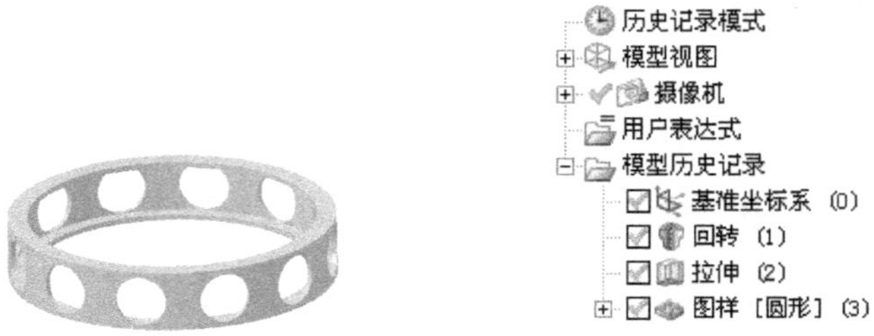

图 6.12.5 零件模型及模型树

Step1. 新建文件。选择下拉菜单 文件(F) ➡ 新建(N)... 命令，系统弹出“新建”对话框。在 模型 选项卡的 模板 区域中选取模板类型为 模型，在 名称 文本框中输入文件名称 bearing_ring，单击 确定 按钮，进入建模环境。

Step2. 创建图 6.12.6 所示的回转特征 2。

（1）选择命令。选择 插入(S) ➡ 设计特征(E) ➡ 回转(R)... 命令（或单击 按钮），系统弹出“回转”对话框。

（2）定义回转特征截面。

① 单击 截面 区域中的 按钮，系统弹出“创建草图”对话框。

② 定义草图平面。选取 XY 基准平面为草图平面，单击 确定 按钮。

③ 进入草图环境，绘制图 6.12.7 所示的截面草图。

④ 单击 完成草图 按钮，退出草图环境。

（3）定义回转轴和指定点。选取 YC 基准轴为回转轴，采用坐标原点为指定点。

（4）定义回转角度。在“回转”对话框 极限 区域的 开始 下拉列表中选择 值 选项，并在其下的 角度 文本框中输入值 0.0，在 结束 下拉列表中选择 值 选项，并在其下的 角度 文本框中输入值 360.0，其他采用系统默认设置。

（5）单击 < 确定 > 按钮，完成回转特征 2 的创建。

图 6.12.6　回转特征 2

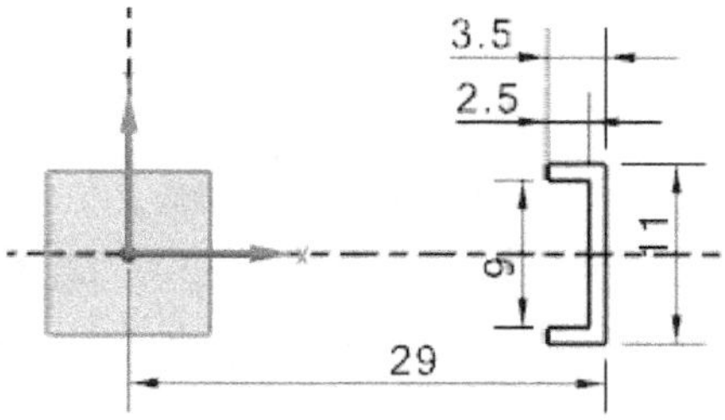

图 6.12.7　截面草图

Step3. 创建图 6.12.8 所示的拉伸特征 1。

（1）选择命令。选择下拉菜单 插入(S) ➡ 设计特征(E) ➡ 拉伸(E)... 命令（或单击 按钮），系统弹出“拉伸”对话框。

（2）单击“拉伸”对话框中的“绘制截面”按钮，系统弹出“创建草图”对话框。

① 定义草图平面。单击 按钮，选取 XY 基准平面为草图平面，单击 确定 按钮。

② 进入草图环境，绘制图 6.12.9 所示的截面草图。

③ 或单击 完成草图 按钮，退出草图环境。

（3）定义拉伸开始值和终点值。在“拉伸”对话框 极限 区域的 开始 下拉列表中选择 值 选项，并在其下的 距离 文本框中输入值 0.0；在 限制 区域的 结束 下拉列表中选择 贯通 选项，采用系统默认方向；在 布尔 区域中选择 求差 选项，采用系统默认的求差对象。

（4）单击 < 确定 > 按钮，完成拉伸特征 1 的创建。

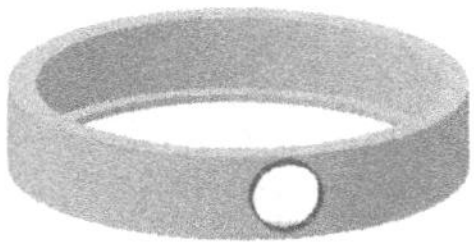

图 6.12.8　拉伸特征 1

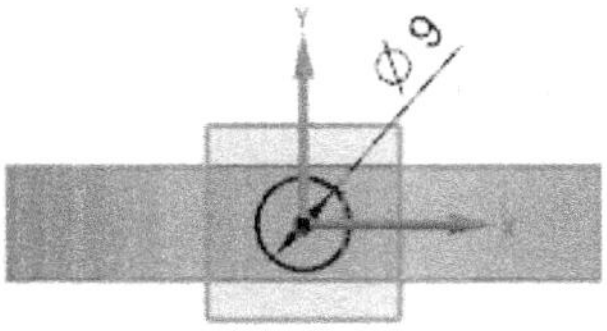

图 6.12.9　截面草图

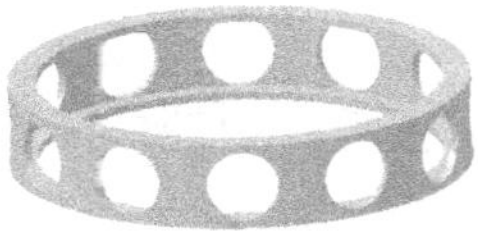

图 6.12.10　阵列特征 1

Step4. 创建图 6.12.10 所示的阵列特征 1。

（1）选择下拉菜单 插入(S) ➡ 关联复制(A) ➡ 对特征形成图样(A)...，系统弹出“对特征形成图样”对话框。

（2）选取阵列的对象。在特征树中选取拉伸特征 1 为要阵列的特征。

（3）定义阵列方法。在对话框的 布局 下拉列表中选择 圆形 选项。

（4）定义旋转轴和中心点。在对话框的 旋转轴 区域中单击 指定矢量 后面的 按钮，选择 YC 轴为旋转轴；然后单击 指定点 后面的 按钮，选取坐标原点为中心点。

（5）定义阵列参数。在对话框的 角度方向 区域的 间距 下拉列表中选择 数量和节距 选项，然后在 数量 文本框中输入阵列数量为 12，在 节距角 文本框中输入阵列角度为 30（图 4.26.10）。

（6）单击 确定 按钮，完成阵列特征 1 的创建。

Step5. 将对象移动至图层并隐藏。

（1）定义要移动的对象。选择下拉菜单 格式(R) ➡ 移动至图层(M)... 命令，系统弹出

“类选择”对话框。

（2）在过滤器区域中单击按钮，系统弹出“根据类型选择”对话框，在此对话框中选择基准选项，单击对话框中的确定按钮，系统弹出“类选择”对话框。

（3）单击全选选项后的按钮，单击确定按钮，此时系统弹出“图层移动”对话框，在目标图层或类别文本框中输入值 2，单击确定按钮。

（4）选择下拉菜单格式(R) → 图层设置(S)...命令，系统弹出“图层设置”对话框，在图层区域的名称列表中，取消选中□2复选框。单击关闭按钮，完成对象的隐藏。

Step6. 编辑对象的显示。

（1）选择命令。选择下拉菜单编辑(E) → 对象显示(J)...命令，系统弹出“类选择”对话框。

（2）定义显示对象。选取创建的模型，单击确定按钮，系统弹出“编辑对象显示”对话框。

（3）修改对象的显示属性。单击颜色后的选项，系统弹出“颜色”对话框，在选定的颜色区域的ID文本框中输入值 138 并按回车键，定义颜色为绿色。单击确定按钮，系统返回至“编辑对象显示”对话框。

（4）单击确定按钮，完成编辑对象显示的操作。

Step7. 保存零件模型。选择下拉菜单文件(F) → 保存(S)命令，即可保存零件模型。

Stage3. 创建零件模型——轴承滚子

下面将介绍轴承卡环的设计过程，模型零件及相应的模型树，如图 6.12.11 所示。

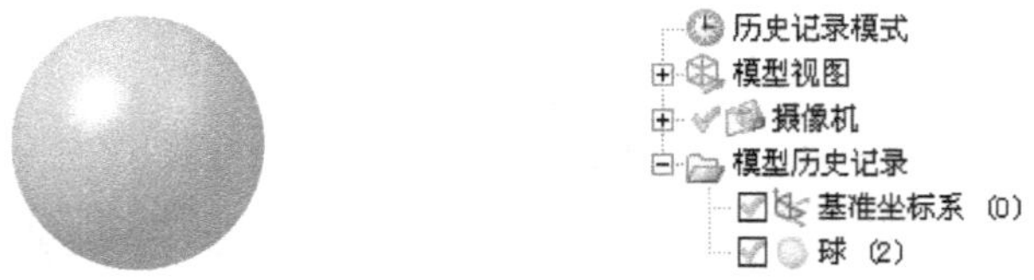

图 6.12.11　零件模型及模型树

Step1. 新建文件。选择下拉菜单文件(F) → 新建(N)...命令，系统弹出“新建”对话框。在模型选项卡的模板区域中选取模板类型为模型，在名称文本框中输入文件名称 ball，单击确定按钮，进入建模环境。

Step2. 创建图 6.12.11 所示的球特征。

（1）选择命令。选择插入(S) → 设计特征(E) → 球(S)...命令（或单击按钮），系统弹出“球”对话框。

（2）选择创建球体的方法。在类型下拉列表中选择中心点和直径选项。

（3）定义球中心点位置。在该对话框中单击按钮，接受系统默认的坐标原点（0，0，

0）为球心。

（4）定义球直径。在直径文本框中输入值 9.0。

（5）单击确定按钮，完成球体特征的创建。

Step3. 编辑对象的隐藏。

（1）选择命令。选择下拉菜单编辑(E) ➡ 显示和隐藏(H) ➡ 隐藏(H)...命令（或单击按钮），系统弹出“类选择”对话框。

（2）在过滤器区域中单击按钮，系统弹出“根据类型选择”对话框，在此对话框中选择基准选项，单击对话框中的确定按钮，系统弹出“类选择”对话框。

（3）单击全选选项后的按钮，单击确定按钮，完成隐藏操作。单击对话框中的确定按钮，完成对设置对象的隐藏。

Step4. 编辑对象的显示。

（1）选择命令。选择下拉菜单编辑(E) ➡ 对象显示(J)...命令，系统弹出“类选择”对话框。

（2）定义显示对象。单击 Step2 所创建的球特征，单击确定按钮，系统弹出“编辑对象显示”对话框。

（3）修改对象的显示属性。单击颜色后的选项，系统弹出“颜色”对话框，在选定的颜色区域的ID文本框中输入值 155，定义颜色为红色。单击确定按钮，返回至“编辑对象显示”对话框。

（4）单击确定按钮，完成编辑对象显示的操作。

Step5. 保存零件模型。选择下拉菜单文件(F) ➡ 保存(S)命令，即可保存零件模型。

Stage4．装配模型

Step1. 新建文件。选择下拉菜单文件(F) ➡ 新建(N)...命令，系统弹出“新建”对话框。在模型选项卡的模板区域中选取模板类型为装配，在名称文本框中输入文件名称 bearing_asm，单击确定按钮，进入装配环境。

Step2. 添加图 6.12.12 所示的轴承内环。

（1）添加部件。在“添加组件”对话框的打开区域中单击按钮，在弹出的“部件名”对话框中选择文件 bearing_in.prt，单击OK按钮，系统返回到“添加组件”对话框。

（2）选择定位方式。在放置区域中的定位下拉列表中选择绝对原点选项，单击确定按钮，此时轴承内环已被添加到装配文件中。

Step3. 添加图 6.12.13 所示的轴承卡环并定位。

（1）添加部件。选择下拉菜单装配(A) ➡ 组件(C) ➡ 添加组件(A)...命令，系统弹出“添加组件”对话框，在“添加组件”对话框的打开区域中单击按钮，在弹出的“部件名”对话框中选择文件 bearing_ring.prt，单击OK按钮，系统返回到“添加组件”对话框。

图 6.12.12　添加轴承内环

图 6.12.13　添加轴承卡环

（2）选择定位方式。在放置区域中的定位下拉列表中选择绝对原点选项，单击确定按钮，此时轴承卡环已被添加到装配文件中。

Step4. 添加图 6.12.14 所示的轴承滚珠并定位。

（1）添加部件。选择下拉菜单 装配(A) → 组件(C) → 添加组件(A)... 命令，系统弹出“添加组件”对话框，在“添加组件”对话框的打开区域中单击按钮，在弹出的“部件名”对话框中选择文件 ball.prt，单击 OK 按钮，系统返回到“添加组件”对话框。

（2）选择定位方式。在设置区域引用集下拉列表中选择模型（“MODEL”）选项，在放置区域中的定位下拉列表中选择选择原点选项，单击确定按钮，系统弹出“点”对话框。在 X 文本框中输入值 0.0，在 Y 文本框中输入值 0.0，在 Z 文本框中输入值 28.0，单击确定按钮，此时轴承滚子已被添加到装配文件中。

Step5. 创建图 6.12.15 所示的阵列特征 2。

（1）选择下拉菜单 装配(A) → 组件(C) → 创建组件阵列(Y)... 命令，系统弹出“类选择”对话框。

（2）　定义阵列特征。在绘图区选取 Step4 所添加的轴承滚子，单击确定按钮，系统弹出“创建组件阵列”对话框。

（3）定义阵列参数。在弹出的“创建组件阵列”对话框的阵列定义选项组中选择 ⊙ 圆形单选项，单击确定按钮，在系统弹出的“创建圆形阵列”对话框中选择 ⊙ 圆柱面单选项，在绘图区选取图 6.12.16 所示的圆柱面，在对话框的总数文本框中输入值 12，在角度文本框中输入值 30.0，单击确定按钮，完成阵列特征 2 的创建。

图 6.12.14　添加轴承滚珠

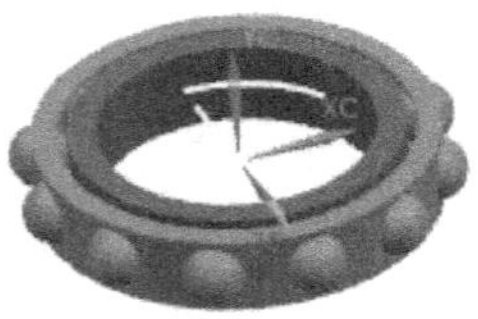

图 6.12.15　阵列特征 2

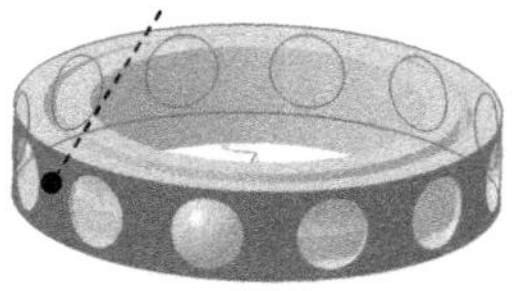

图 6.12.16　选取圆柱面

Stage5. 在装配体中创建轴承外环

下面将介绍轴承外环的创建过程，模型零件及相应的模型树，如图 6.12.17 所示。

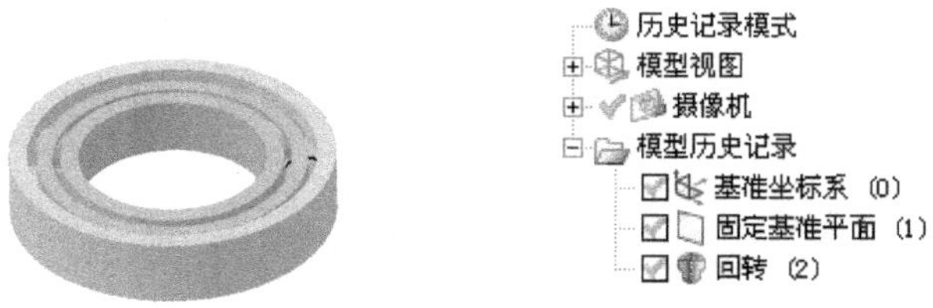

图 6.12.17　轴承外环特征

Step1. 添加部件。选择下拉菜单 装配(A) → 组件(C) → 新建组件... 命令，在系统弹出的“新组件文件”对话框 模型 选项卡的 模板 区域中选取模板类型为 模型，输入文件名称 bearing_out，单击对话框中的 确定 按钮。在系统弹出的“新建组件”对话框中单击 确定 按钮。

Step2. 单击左边资源工具条中的“装配导航器”按钮，右击装配导航器中的 bearing_out 选项，在弹出的快捷菜单中选择 设为工作部件，然后选择下拉菜单 开始 → 建模(M)... 命令，进入建模环境。

Step3. 创建图 6.12.18 所示的回转特征 3。

（1）选择命令。选择 插入(S) → 设计特征(E) → 回转(R)... 命令（或单击按钮），系统弹出“回转”对话框。

（2）定义回转特征截面。

① 单击 截面 区域中的按钮，系统弹出“创建草图”对话框。

② 定义草图平面。选取 XY 基准平面为草图平面，单击 确定 按钮。

③ 进入草图环境，绘制图 6.12.19 所示的截面草图。

④ 单击 完成草图 按钮，退出草图环境。

（3）定义回转轴和指定点。选取 YC 基准轴为回转轴，采用坐标原点为指定点。

（4）定义回转角度。在“回转”对话框的 极限 区域中的 开始 下拉列表中选择 值 选项，并在其下的 角度 文本框中输入值 0.0，在 结束 下拉列表中选择 值 选项，并在其下的 角度 文本框中输入值 360.0，其他采用系统默认设置。

（5）单击 < 确定 > 按钮，完成回转特征 3 的创建。

图 6.12.18　回转特征 3

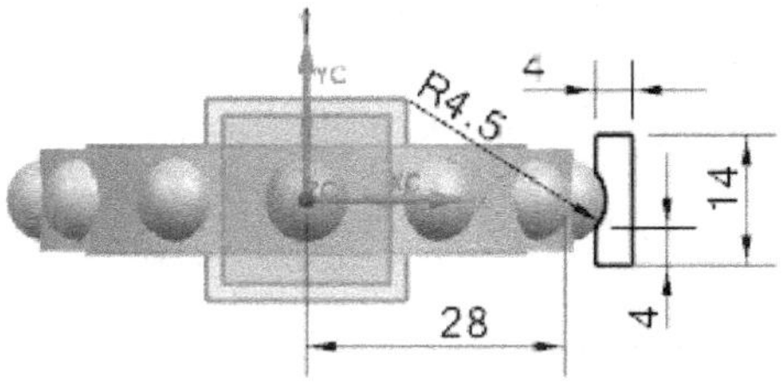

图 6.12.19　截面草图

Step4. 将轴承外圈设置为显示部件。单击左边资源工具条中的“装配导航器”按钮，右击装配导航器中的 bearing_out 选项，在弹出的快捷菜单中选择 设为显示部件 选项，

Step5. 编辑对象的显示。

（1）选择命令。选择下拉菜单编辑(E) → 对象显示(J)...命令，系统弹出“类选择”对话框。

（2）定义显示对象。在绘图区选取 Step3 所创建的回转特征 3，单击确定按钮，系统弹出“编辑对象显示”对话框。

（3）修改对象的显示属性。单击颜色后的选项，系统弹出“颜色”对话框，在选定的颜色区域的ID文本框中输入值 83 并按回车键，定义颜色为浅褐色。单击确定按钮，返回至“编辑对象显示”对话框。

（4）单击确定按钮，完成编辑对象显示的操作。

Step6. 显示其他部件。单击左边资源工具条中的“装配导航器”按钮，右击装配导航器中的☑ bearing_out选项，在弹出的快捷菜单中选择显示父项 → bearing_asm命令，系统在“装配导航器”中显示其他部件。

Step7. 将装配体转换成工作部件。单击左边资源工具条中的“装配导航器”按钮，在装配导航器中的☑ bearing_asm部件上右击，在弹出的快捷菜单中选择设为工作部件命令，将其设置为工作部件。

Step8. 保存零件模型。选择下拉菜单文件(F) → 保存(S)命令，即可保存零件模型。

6.13 综合范例

Task1. 部件装配

下面以图 6.13.1 所示为例，讲述一个多部件装配范例的一般过程，使读者进一步熟悉 UG 的装配操作。

Step1. 新建文件。选择下拉菜单文件(F) → 新建(N)...命令，系统弹出“新建”对话框。在模型选项卡的模板区域中选取模板类型为装配，在名称文本框中输入文件名称 assemblies，在文件夹文本框后单击按钮，选择 D:\ug8.1\work\ch06\ch06.13，单击确定按钮，进入装配环境。

Step2. 添加下基座。

（1）在“添加组件”对话框中单击按钮，选择D:\ug8.1\work\ch06\ch06.13\down_base.prt，然后单击OK按钮。

（2）定义放置定位。在“添加组件”对话框放置区域的定位下拉列表中选取通过约束选项，选中预览区域的☑ 预览复选框，单击应用按钮，此时系统弹出“装配约束”对话框。

（3）添加“固定”约束。在“装配约束”对话框类型下拉列表中选择固定选项，在图形区中选取基座模型，单击< 确定 >按钮。

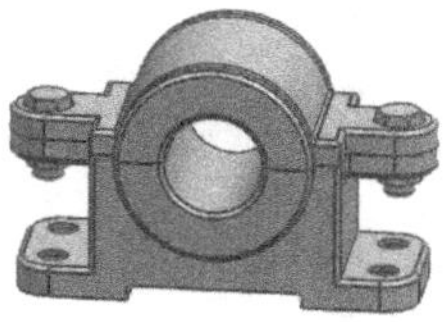

图 6.13.1　综合装配范例

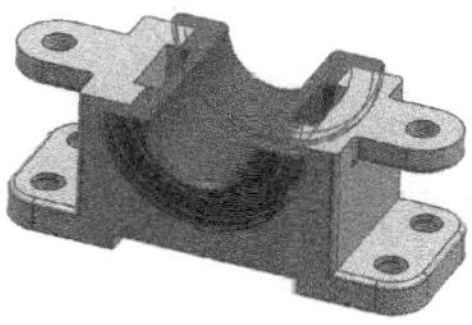

图 6.13.2　添加轴套

Step3. 添加轴套并定位，如图 6.13.2 所示。

（1）在“添加组件”对话框中单击按钮，选择 D:\ug8.1\work\ch06\ch06.13\sleeve.prt，然后单击OK按钮，系统弹出“添加组件”对话框。

（2）定义放置定位。在“添加组件”对话框放置区域的定位选项栏中选取通过约束选项，单击应用按钮，此时系统弹出“装配约束”对话框。

（3） 添加约束。在“装配约束”对话框预览区域中选中☑ 在主窗口中预览组件复选框；在类型下拉列表中选择接触对齐选项，在要约束的几何体区域的方位下拉列表中选择对齐选项；在“组件预览”对话框中选择图 6.13.3 所示的面 1，然后在图形区选择图 6.13.4 所示的面 2，单击应用按钮，完成平面的对齐；在要约束的几何体区域的方位下拉列表中选择首选接触选项，选择图 6.13.5 所示的接触面 3 和面 4，单击应用按钮，完成平面的接触；在要约束的几何体区域的方位下拉列表中选择自动判断中心/轴选项，选择图 6.13.3 所示的同轴面 5 和图 6.13.4 所示的面 6，单击< 确定 >按钮，完成同轴的接触操作。

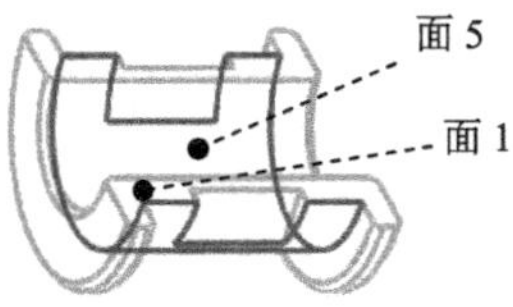

图 6.13.3　选择配对面 1

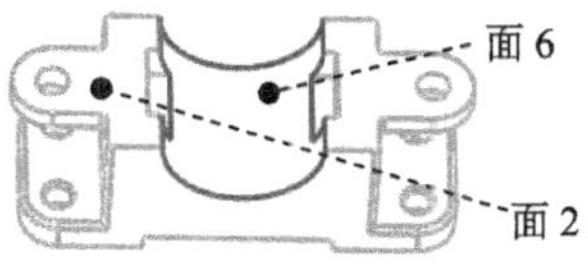

图 6.13.4　选择配对面 2

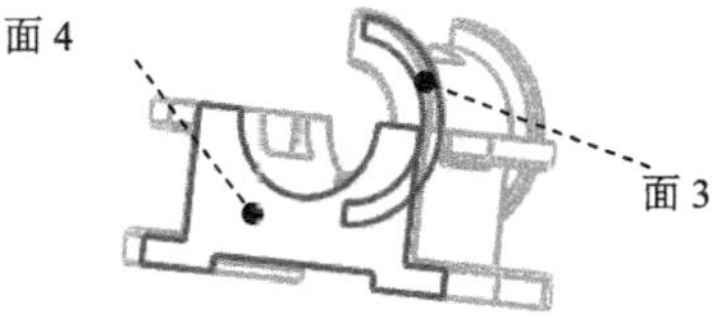

图 6.13.5　选择配对面

Step4. 添加楔块并定位，如图 6.13.6 所示。

（1） 在“添加组件”对话框中单击按钮，选择 D:\ug8.1\work\ch06\ch06.13\chock.prt，然后单击OK按钮，系统弹出“添加组件”对话框。

（2）定义放置定位。在“添加组件”对话框放置区域的定位选项栏中选取通过约束选项，单击应用按钮，此时系统弹出“装配约束”对话框。

（3）添加约束。在“装配约束”对话框类型下拉列表中选择接触对齐选项，在要约束的几何体区域的方位下拉列表中选择首选接触选项，选择图 6.13.7 所示的面 1 与面 4，单击应用按钮；选择面 2 与面 5，单击应用按钮；选择面 3 与面 6，单击确定按钮，完成接触关系，单击“添加组件”对话框中的取消按钮。

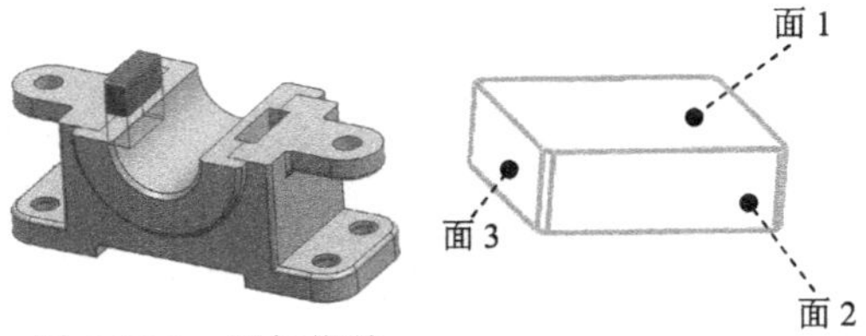

图 6.13.6　添加楔块

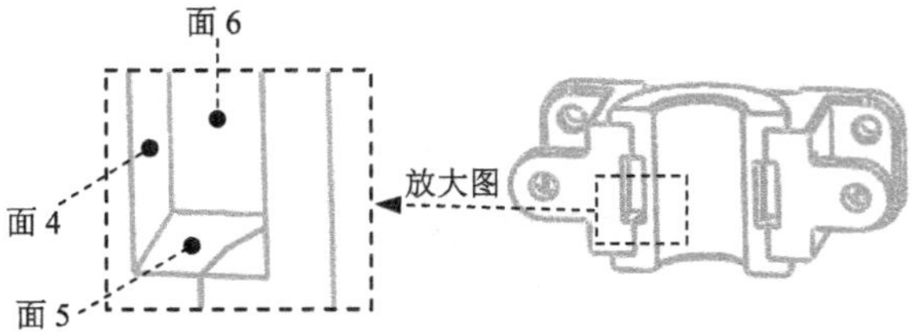

图 6.13.7　选择配对面

Step5. 镜像图 6.13.8 所示的楔块。

（1）选择命令。选择下拉菜单 装配(A) → 组件(C) → 镜像装配(I)... 命令，系统弹出“镜像装配向导”对话框，单击 下一步 > 按钮。

（2）选择要镜像的组件。选择上一步添加的楔块，单击 下一步 > 按钮，系统弹出图 6.13.9 所示的“镜像装配向导”对话框。

（3）创建镜像平面。单击“创建基准平面”按钮，系统弹出“基准平面”对话框，在 类型 下拉列表中选择 二等分 选项，依次选取图 6.13.10 所示的两个平面，单击 < 确定 > 按钮，完成平面的创建，如图 6.13.11 所示；单击 下一步 > 按钮，系统弹出“镜像装配向导”对话框（一），单击 下一步 > 按钮，系统弹出“镜像装配向导”对话框（二）。

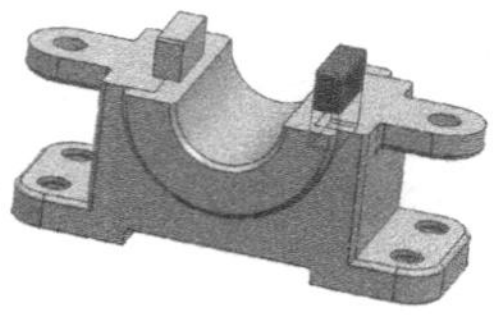

图 6.13.8　镜像楔块

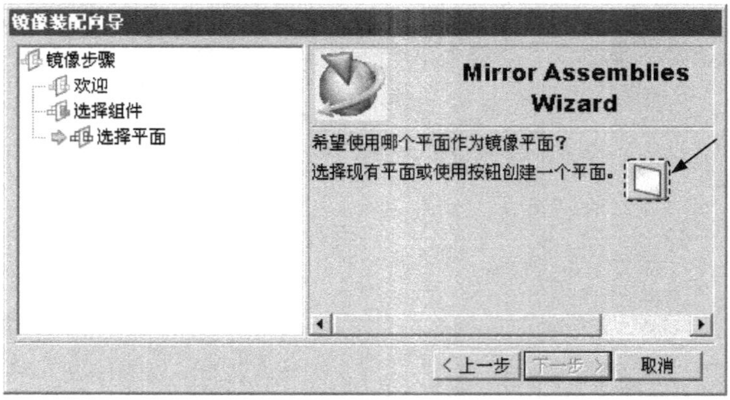

图 6.13.9　“镜像装配向导”对话框

（4）单击 完成 按钮，完成楔块的镜像操作。

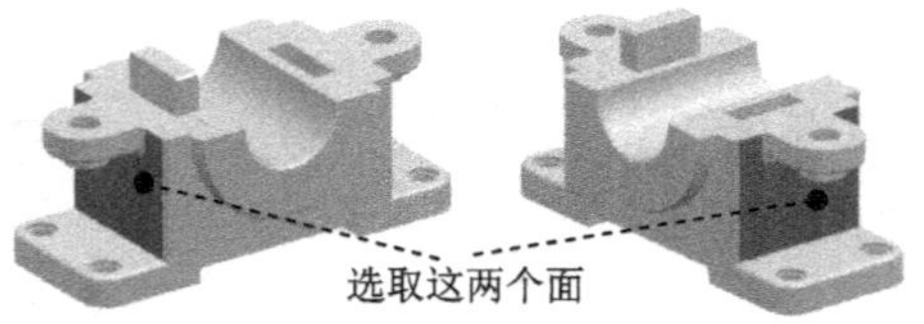

图 6.13.10　选取平面

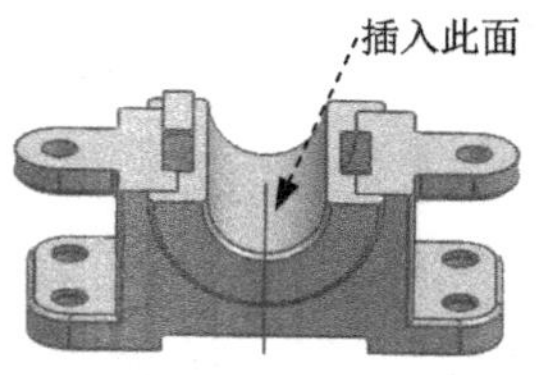

图 6.13.11　创建对称面

Step6.镜像轴套。单击“创建基准平面”按钮，系统弹出“基准平面”对话框，在 类型 下拉列表中选择 自动判断 选项，选取图 6.13.12 所示的平面为参照创建基准平面；参照上面的镜像楔块步骤镜像轴套。

Step7. 将组件上基座添加到装配体中并定位，如图 6.13.13 所示。

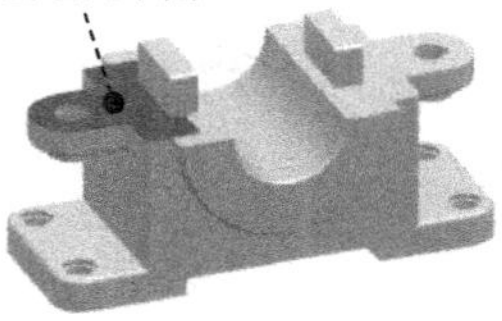

图 6.13.12　选取参考平面

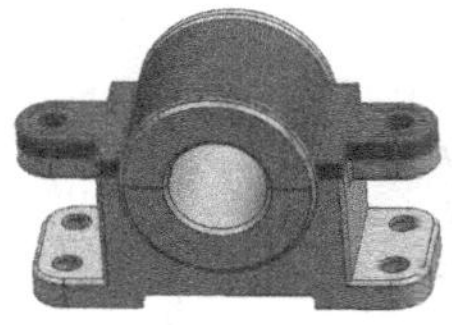
图 6.13.13　添加组件上基座

（1）选择命令。选择下拉菜单 装配(A) → 组件(C) → 添加组件(A)... 命令，系统弹出“添加组件”对话框。

（2）在“添加组件”对话框中单击按钮，选择 D:\ug8.1\work\ch06\ch06.13\top_cover.prt，然后单击 OK 按钮，系统弹出“添加组件”对话框。

（3） 定义放置定位。在“添加组件”对话框 放置 区域的 定位 选项栏中选取 通过约束 选项，单击 应用 按钮，此时系统弹出“装配约束”对话框。

（4）添加约束。在“装配约束”对话框 类型 下拉列表中选择 接触对齐 选项，在 要约束的几何体 区域的 方位 下拉列表中选择 首选接触 选项，选择图 6.13.14 所示的平面 1 与平面 3，单击 应用 按钮，完成“接触”约束；在 要约束的几何体 区域的 方位 下拉列表中选择 对齐 选项，选择图 6.13.14 所示的平面 2 和平面 4，单击 应用 按钮，完成“对齐”约束；在 要约束的几何体 区域的 方位 下拉列表中选择 自动判断中心/轴 选项，选择图 6.13.14 所示的圆柱面 1 和圆柱面 2，单击 < 确定 > 按钮，完成“同轴”约束，此时组件已完全定位。

图 6.13.14　选择接触面

Step8. 将组件螺栓添加到装配体中并定位，如图 6.13.15 所示。

（1）在“添加组件”对话框中单击按钮，选择 D:\ug8.1\work\ch06\ch06.13\bolt.prt，然后单击 OK 按钮，系统弹出“添加组件”对话框。

（2）定义放置定位。在“添加组件”对话框 放置 区域的 定位 选项栏中选取 通过约束 选项，单击 应用 按钮，此时系统弹出“装配约束”对话框。

（3） 添加约束。在“装配约束”对话框 类型 下拉列表中选择 接触对齐 选项，在 要约束的几何体 区域的 方位 下拉列表中选择 首选接触 选项，选择图 6.13.16 所示的平面 1 和平面 2，单击 应用 按钮，完成“接触”约束；在 要约束的几何体 区域的 方位 下拉列表中选择 自动判断中心/轴 选项，选择图 6.13.17 所示的圆柱面 1 和圆柱面 2，单击 < 确定 > 按钮，完成“同轴”约束，此时组件已完全定位。

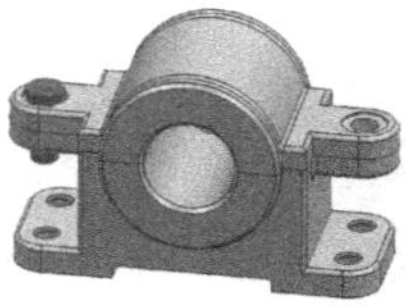

图 6.13.15　添加组件 bolt

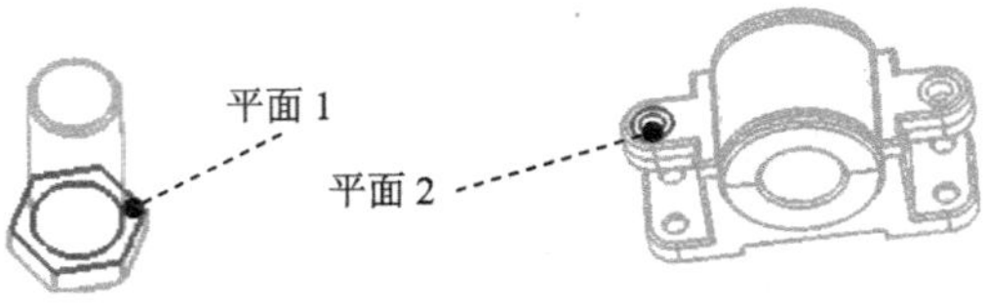

图 6.13.16　选择配对平面

Step9. 将组件螺母添加到装配体中并定位，如图 6.13.18 所示。

（1）在“添加组件”对话框中单击按钮，选择 D:\ug8.1\work\ch06\ch06.13\nut.prt，然后单击 OK 按钮，系统弹出“添加组件”对话框。

图 6.13.17　选择圆柱面

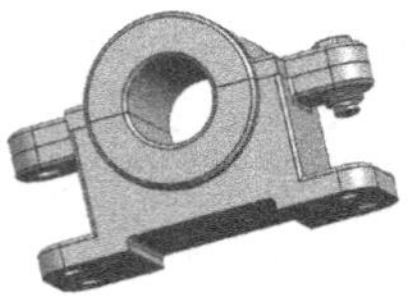

图 6.13.18　添加组件 nut

（2）定义放置定位。在“添加组件”对话框的 放置 区域的 定位 选项栏中选取 通过约束 选项，选中预览区域的 ☑ 预览 复选框，单击 确定 按钮，此时系统弹出“装配约束”对话框。

（3）添加约束。在“装配约束”对话框 类型 下拉列表中选择 接触对齐 选项，在 要约束的几何体 区域的 方位 下拉列表中选择 首选接触 选项，选择图 6.13.19 所示的平面 1 和平面 2，单击 应用 按钮，完成“接触”约束；在 要约束的几何体 区域的 方位 下拉列表中选择 自动判断中心/轴 选项，选择图 6.13.20 所示的圆柱面 1 和圆柱面 2，单击 < 确定 > 按钮，完成“同轴”约束，此时组件已完全定位。

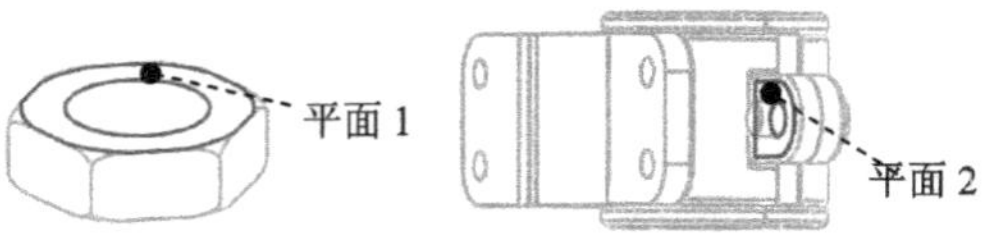

图 6.13.19　选择配对平面

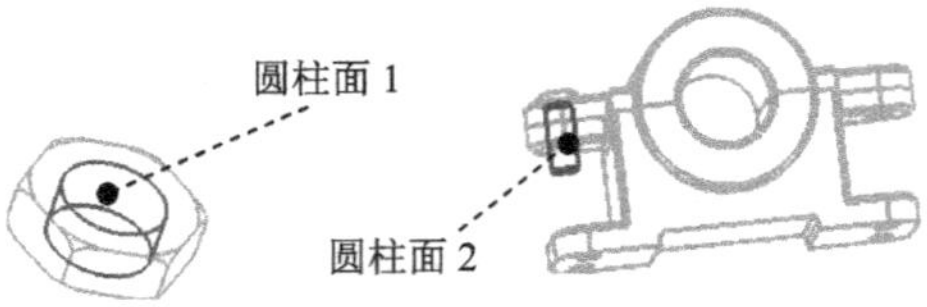

图 6.13.20　选择“中心”对齐圆柱面

Step10. 镜像图 6.13.21 所示的螺栓和螺母，步骤参照 Step5，镜像基准面选取 Step5 时创建的基准平面。

Step11. 完成组件的装配。

Task2. 创建爆炸图

装配体完成后，可以创建爆炸图，以便清楚查看部件间的装配关系。

Step1. 创建爆炸图。

（1）选择下拉菜单 装配(A) → 爆炸图(X) → 新建爆炸图(N)... 命令，系统弹出图 6.13.22 所示的“新建爆炸图”对话框。

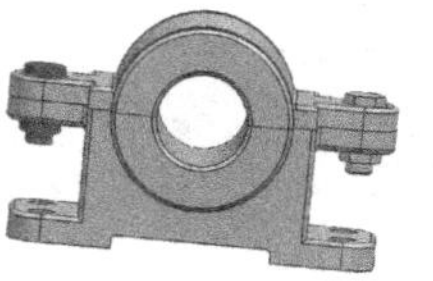

图 6.13.21　镜像螺栓和螺母

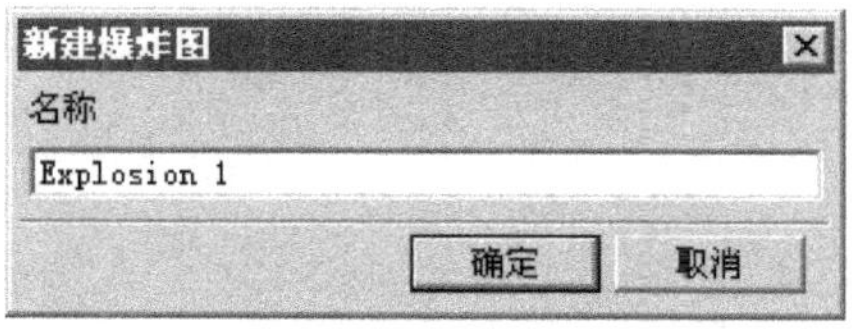

图 6.13.22　“新建爆炸图”对话框

（2）输入爆炸图名。接受系统默认的爆炸图名 Explosion1，单击确定按钮，完成爆炸图的创建。

Step2. 自动爆炸组件。

（1）选择下拉菜单 装配(A) → 爆炸图(X) → 自动爆炸组件(A)... 命令，系统弹出“类选择”对话框，选择整个装配体后单击确定按钮，系统弹出图 6.13.23 所示的“自动爆炸组件”对话框。

（2）输入爆炸距离。在距离文本框中输入值 100.0，单击确定按钮，系统自动生成爆炸图，如图 6.13.24 所示。

Step3. 编辑组件的位置，结果如图 6.13.25 所示（编辑所有组件方法雷同，读者根据实际需要进行编辑，这里就不再详述）。

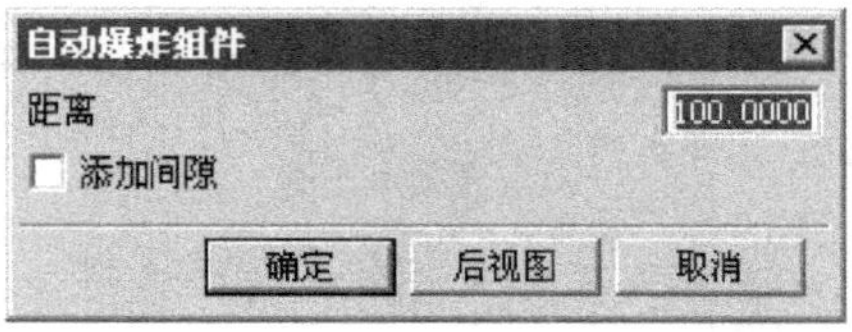

图 6.13.23　“自动爆炸组件”对话框

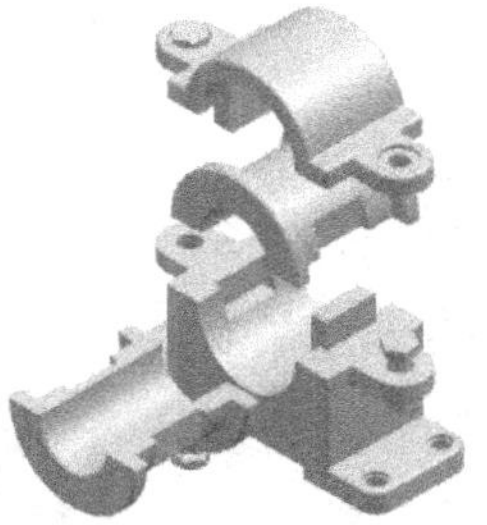

图 6.13.24　自动爆炸图

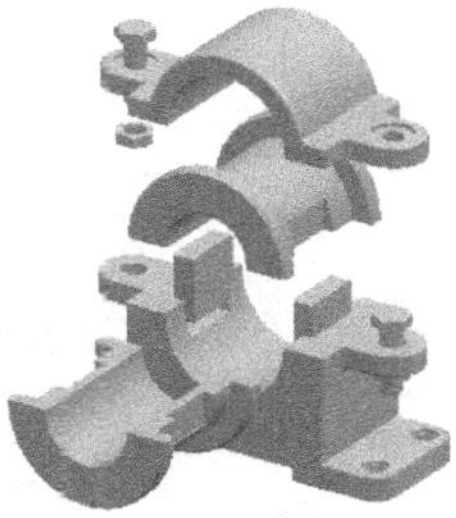

图 6.13.25　编辑组件位置

关于创建爆炸图时可能出现问题的说明：

在创建爆炸图时，读者可根据模型的大小选择合适的爆炸距离；编辑爆炸图时，手柄箭头的方向应根据最终爆炸图中组件位置确定，可以调整箭头方向，也可以输入负数数值使组件移至相反方向，还可以直接按住鼠标左键拖动箭头来改变组件的位置。如果所选组件的手柄箭头难以选取，可以在“编辑爆炸图”对话框中选择 ⊙ 只移动手柄 单选项，拖动手柄到合适位置，以便选取手柄箭头；放在绝对原点（装配的第一个组件）的组件不能进行编辑。

第 7 章　模型的测量与分析

本章提要　本章介绍了空间点、线、面间距离的测量、弧度长度的测量、半径的测量、角度的测量、面积的测量、模型的质量属性分析、装配的干涉检查等，这些测量和分析工具在产品的零件和装配设计中经常被用到。

7.1　模型的测量

7.1.1　测量距离

下面以一个简单的模型为例，来说明测量距离的一般操作过程。

Step1. 打开文件 D:\ug8.1\work\ch07\ch07.01\distance.prt。

Step2. 选择下拉菜单 分析(L) ➡ 测量距离(D)... 命令，系统弹出图 7.1.1 所示的“测量距离”对话框。

图 7.1.1　“测量距离”对话框

图 7.1.1 所示的“测量距离”对话框 类型 下拉列表中各选项的说明如下：

☑ 距离 选项：可以测量点、线、面之间的任意距离。

☑ 投影距离 选项：可以测量空间上的点、线投影到同一个面上，在该平面上它们之间的距离。

☑ 屏幕距离选项：可以测量图形区的任意位置距离。

☑ 长度选项：可以测量任意线段的距离。

☑ 半径选项：可以测量任意圆的半径值。

☑ 点在曲线上选项：用于测量两点在曲线上之间的最短距离。

Step3. 测量面到面的距离。

（1）定义测量类型。在“测量距离”对话框的 类型 下拉列表中选择 距离 选项。

（2）定义测量距离。在“测量距离”对话框 测量 区域的 距离 下拉列表中选取 最小值 选项。

（3）定义测量对象。选取图 7.1.2a 所示的模型表面 1，再选取模型表面 2。测量结果如图 7.1.2b 所示。

（4）单击 应用 按钮，完成测量面到面的距离。

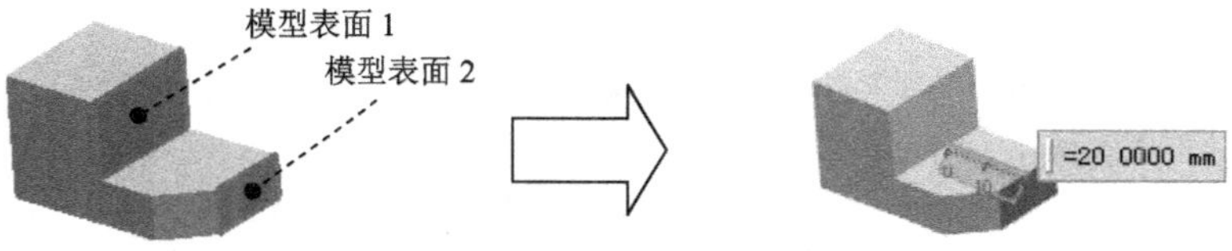

a）测量前　　b）测量结果

图 7.1.2　测量面与面的距离

Step4. 测量线到线的距离（图 7.1.3），操作方法参见 Step3，先选取边线 1，后选取边线 2，单击 应用 按钮。

Step5. 测量点到线的距离（图 7.1.4），操作方法参见 Step3，先选取中点 1，后选取边线，单击 应用 按钮。

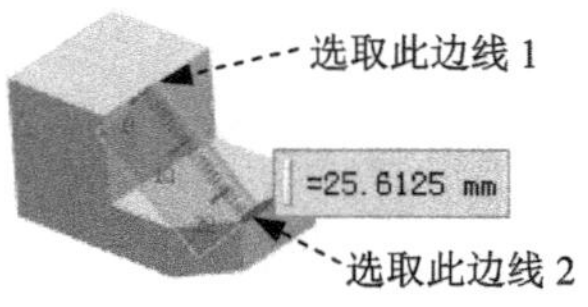

图 7.1.3　线到线的距离

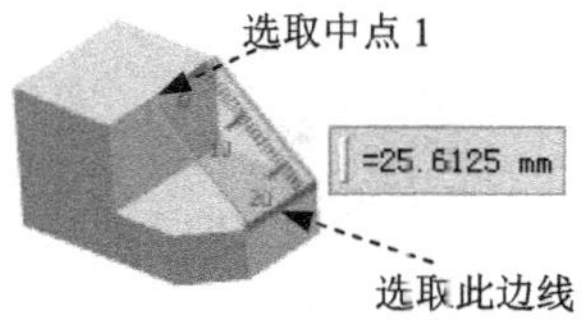

图 7.1.4　点到线的距离

Step6. 测量点到点的距离。

（1）定义测量类型。在“测量距离”对话框的 类型 下拉列表中选择 距离 选项。

（2）定义测量距离。在“测量距离”对话框 测量 区域的 距离 下拉列表中选取 到点 选项。

（3）定义测量几何对象。选取图 7.1.5 所示的模型表面点 1 和点 2。测量结果如图 7.1.5 所示。

（4）单击 应用 按钮，完成测量点到点的距离。

Step7. 测量点与点的投影距离（投影参照为平面）。

（1）定义测量类型。在“测量距离”对话框的 类型 下拉列表中选择 投影距离 选项。

（2）定义测量距离。在“测量距离”对话框 测量 区域的 距离 下拉列表中选取 最小值选项。

（3）定义投影表面。选取图 7.1.6 所示的模型表面 1。

（4）定义测量几何对象。先选取图 7.1.6 所示的模型点 1，然后选取图 7.1.6 所示的模型点 2，测量结果图 7.1.6 所示。

（5）单击 < 确定 > 按钮，完成测量点与点的投影距离。

图 7.1.5　点到点的距离

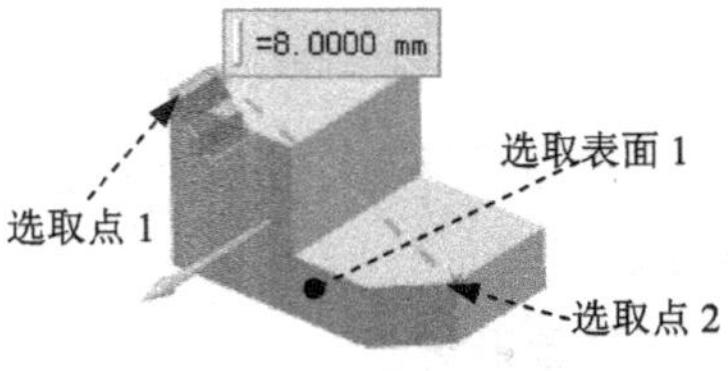

图 7.1.6　测量点与点的投影距离

7.1.2　测量角度

下面以一个简单的模型为例，来说明测量角度的一般操作过程。

Step1. 打开文件 D:\ug8.1\work\ch07\ch07.01\angle.prt。

Step2. 选择下拉菜单 分析(L) → 测量角度(A)... 命令，系统弹出图 7.1.7 所示的“测量角度”对话框。

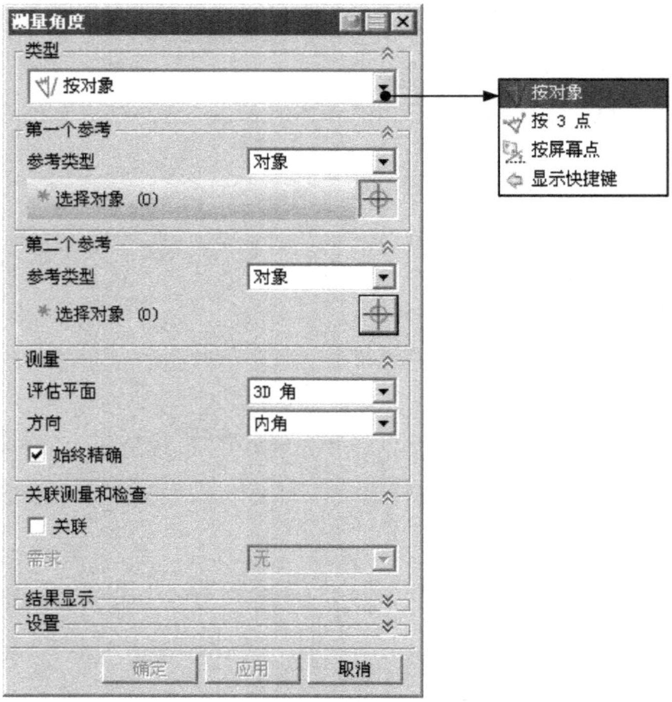

图 7.1.7　“测量角度”对话框

Step3. 测量面与面间的角度。

（1）定义测量类型。在“测量角度”对话框的 类型 下拉列表中选择 按对象 选项。

（2）定义测量计算平面。选取 测量 区域 评估平面 下拉列表中的 3D 角 选项，选取 方位 下拉列表中的 内角 选项。

（3）定义测量几何对象。选取图 7.1.8 所示的模型表面 1，再选取如图 7.1.8 所示的模型表面 2，测量结果如图 7.1.8 所示。

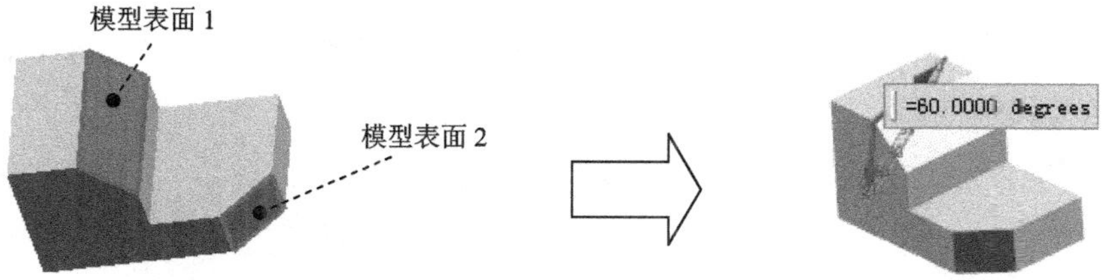

a）测量角度之前　　b）测量结果

图 7.1.8　测量面与面间的角度

（4）单击 应用 按钮，完成面与面之间的角度测量。

Step4. 测量线与面间的角度。步骤参见测量面与面间的角度。依次选取图 7.1.9a 所示的边线 1 和表面 2，测量结果如图 7.1.9b 所示，单击 应用 按钮。

注意：选取线的位置不同，即线上标示的箭头方向不同，所显示的角度值可能也会不同，两个方向的角度值之和为 180°。

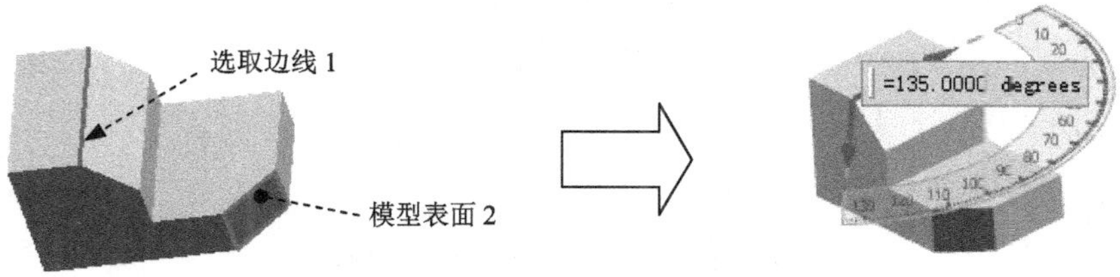

a）测量角度之前　　b）测量结果

图 7.1.9　测量线与面间的角度

Step5. 测量线与线间的角度。步骤参见 Step3。依次选取图 7.1.10a 所示的边线 1、边线 2，测量结果如图 7.1.10b 所示。

Step6. 单击 < 确定 > 按钮，完成角度测量。

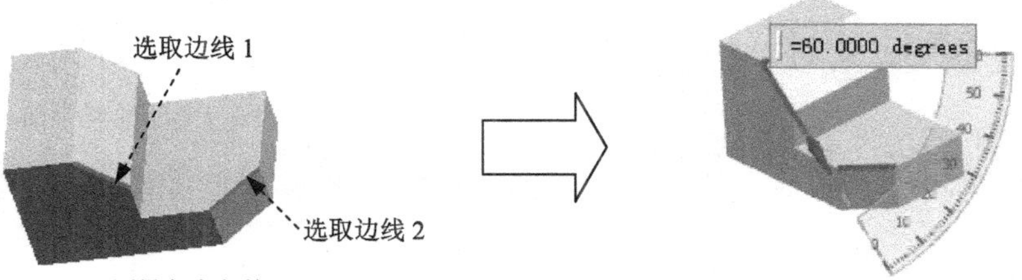

a）测量角度之前　　b）测量结果

图 7.1.10　测量线与线间的角度

7.1.3　测量面积及周长

下面以一个简单的模型为例，来说明测量面积及周长的一般操作过程。

Step1. 打开文件 D:\ug8.1\work\ch07\ch07.01\area.prt。

Step2. 选择下拉菜单 分析(L) → 测量面(F)... 命令，系统弹出“测量面”对话框。

Step3. 在“选择条”工具条的下拉列表中选择 单个面 选项。

Step4. 测量模型表面面积。选取图 7.1.11 所示的模型表面 1，系统显示这个曲面的面积结果。

Step5. 测量曲面的周长。在图 7.1.11 所示的结果中，选择 面积 下拉列表中的 周长 选项，测量周长的结果如图 7.1.12 所示。

Step6. 单击 确定 按钮，完成测量面。

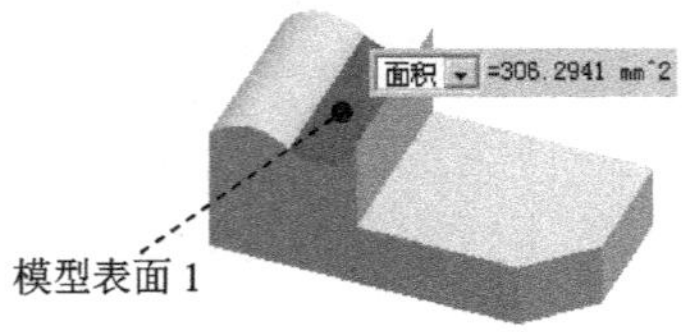

图 7.1.11 测量面积

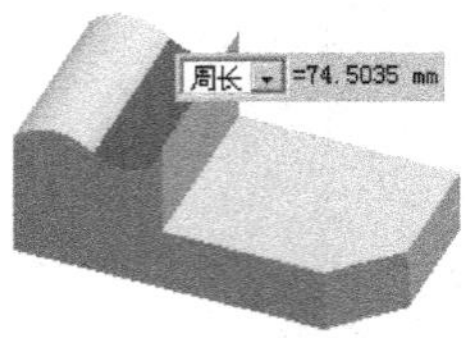

图 7.1.12 测量周长

7.1.4 测量最小半径

下面以一个简单的模型为例，来说明测量最小半径的一般操作过程。

Step1. 打开文件 D:\ug8.1\work\ch07\ch07.01\miniradius.prt。

Step2. 选择下拉菜单 分析(L) → 最小半径(R)... 命令，系统弹出图 7.1.13 所示的“最小半径”对话框，选中 ☑ 在最小半径处创建点 复选框。

Step3. 测量多个曲面的最小半径。

（1）连续选取图 7.1.14 所示的模型表面 1、表面 2 和表面 3。

（2）单击 确定 按钮，曲面的最小半径位置如图 7.1.15 所示，半径值见图 7.1.16 所示的“信息”窗口。

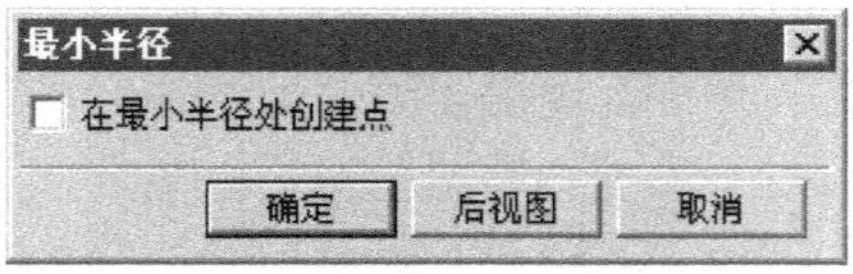

图 7.1.13 “最小半径”对话框

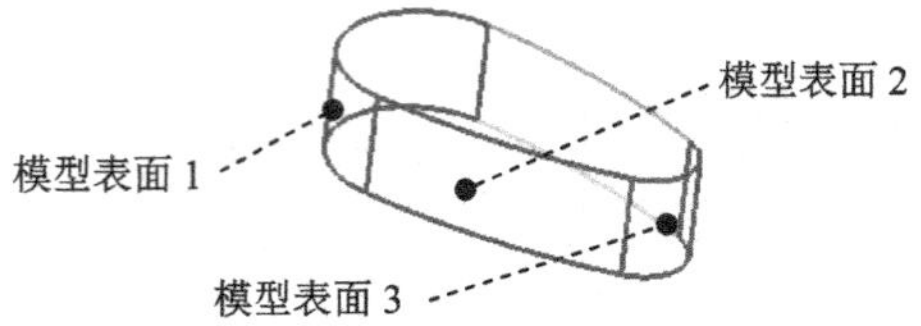

图 7.1.14 选取模型表面

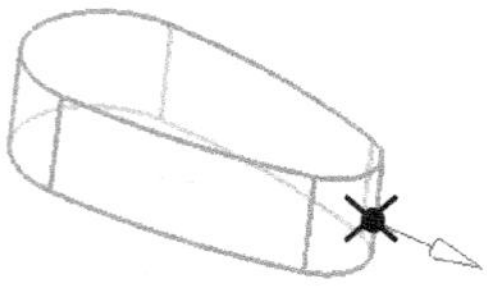

图 7.1.15 最小半径位置

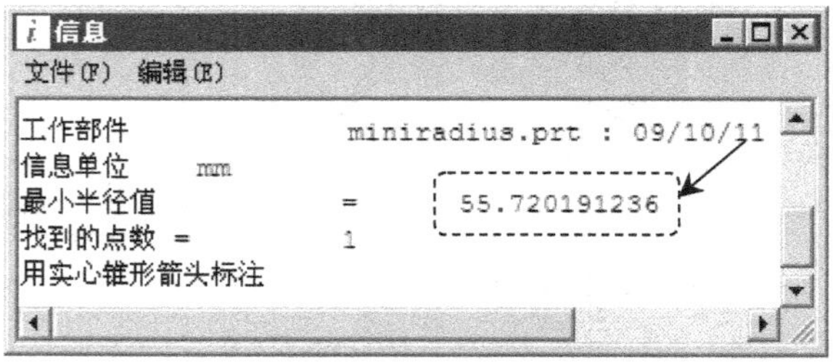

图 7.1.16 “信息”窗口

Step4. 单击 取消 按钮，完成最小半径的测量。

7.2　模型的基本分析

7.2.1　模型的质量属性分析

通过模型质量属性分析，可以获得模型的体积、表面积、质量、回转半径和重量等数据。下面以一个模型为例，简要说明模型质量属性分析的一般操作过程。

Step1. 打开文件 D:\ug8.1\work\ch07\ch07.02\mass.prt。

Step2. 选择下拉菜单 分析(L) → 测量体(B)... 命令，系统弹出“测量体”对话框。

Step3. 选取图 7.2.1a 所示的模型实体 1，系统弹出图 7.2.1b 所示模型上的“体积”下拉列表。

Step4. 选择“体积”下拉列表中的曲面选项，系统显示该模型的表面积。

Step5. 选择“体积”下拉列表中的质量选项，系统显示该模型的质量。

Step6. 选择“体积”下拉列表中的回转半径选项，系统显示该模型的回转半径。

Step7. 选择“体积”下拉列表中的重量选项，系统显示该模型的重量。

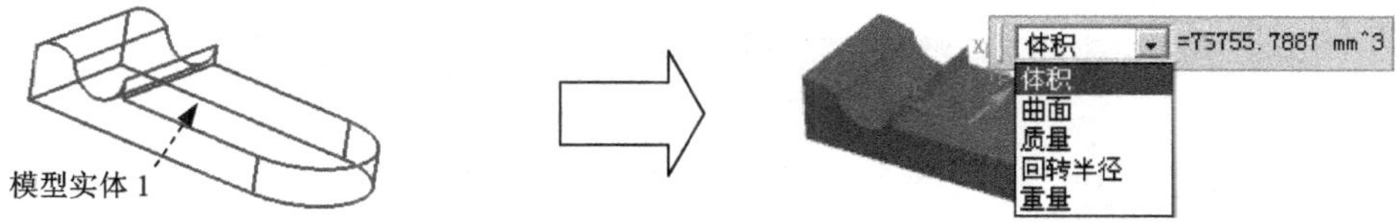

a）分析前　　b）分析后

图 7.2.1　体积分析

Step8. 单击 确定 按钮，完成模型质量属性分析。

7.2.2　模型的偏差分析

通过模型的偏差分析，可以检查所选的对象是否相接、相切，以及边界是否对齐等，并得到所选对象的距离偏移值和角度偏移值。下面以一个模型为例，简要说明其操作过程。

Step1. 打开文件 D:\ug8.1\work\ch07\ch07.02\deviation.prt。

Step2. 选择下拉菜单 分析(L) → 偏差(V) ▸ → 检查(C)... 命令，系统弹出图 7.2.2 所示的“偏差检查”对话框。

Step3. 检查曲线至曲线的偏差。

（1）在该对话框的 类型 下拉列表中选取 曲线至曲线 选项，在 设置 区域的 偏差选项 下拉列表中选择所有偏差选项。

（2）依次选取图 7.2.3 所示的曲线和边线。

（3）在该对话框中单击 检查 按钮，系统弹出图 7.2.4 所示的“信息”窗口，在弹出的“信息”窗口中会列出指定的信息，包括分析点的个数、两个对象的最小距离误差、最大距离误差、平均距离错误、最小角度误差、最大角度误差、平均角度误差以及各检查点的数据。完成检查曲线至曲线的偏差。

图 7.2.2 “偏差检查”对话框

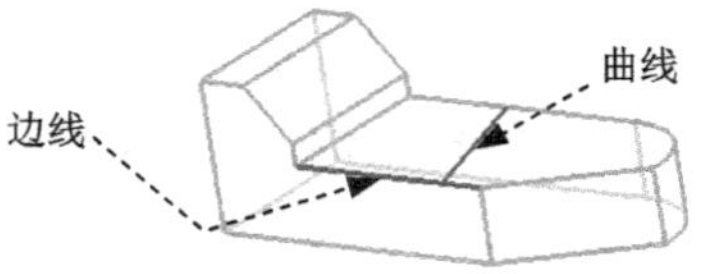

图 7.2.3 选择对象

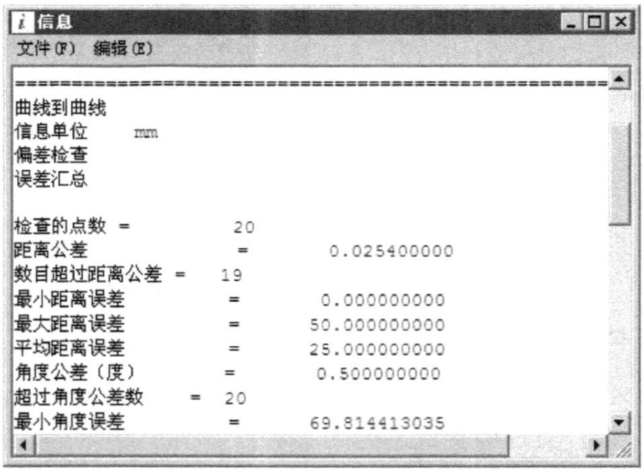

图 7.2.4 “信息”窗口

Step4. 检查曲线至面的偏差。根据经过点斜率的连续性，检查曲线是否真的位于模型表面上。在 类型 下拉列表中选取 曲线至面 选项，操作方法参见检查曲线至曲线的偏差。

说明：进行曲线至面的偏差检查时，选取图 7.2.5 所示的曲线 1 和曲面为检查对象。曲线至面的偏差检查只能选取非边缘的曲线，所以只能选择曲线 1。

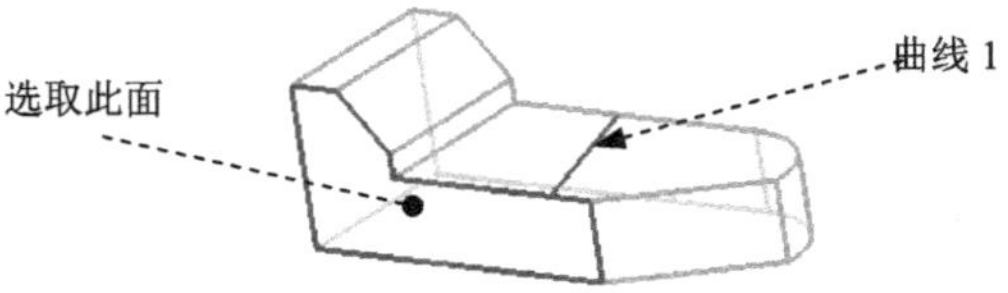

图 7.2.5 对象选择

Step5. 对于边到面偏差、面至面偏差、边至边偏差的检测，操作方法参见检查曲线至曲线的偏差。

7.2.3　模型的几何对象检查

“检查几何体”工具可以分析各种类型的几何对象，找出错误的或无效的几何体；也可以分析面和边等几何对象，找出其中无用的几何对象和错误的数据结构。下面以一个模型为例，简要说明几何对象检查的一般操作过程。

Step1. 打开文件 D:\ug8.1\work\ch07\ch07.02\examgeo.prt。

Step2. 选择下拉菜单 分析(L) ➡ 检查几何体(X)... 命令，系统弹出图 7.2.6 所示的“检查几何体”对话框。

Step3. 定义检查项。单击 全部设置 按钮，在键盘上按 Ctrl+A 选择模型中的所有对象（图 7.2.7），然后单击 检查几何体 按钮，“检查几何体”对话框将变成图 7.2.8 所示带有对象检查的“检查几何体”对话框，模型检查结果如图 7.2.9 所示。

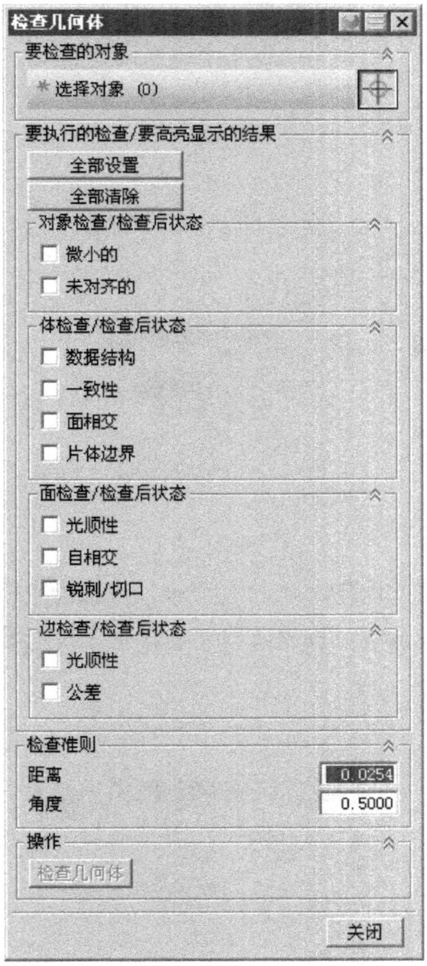

图 7.2.6　“检查几何体”对话框

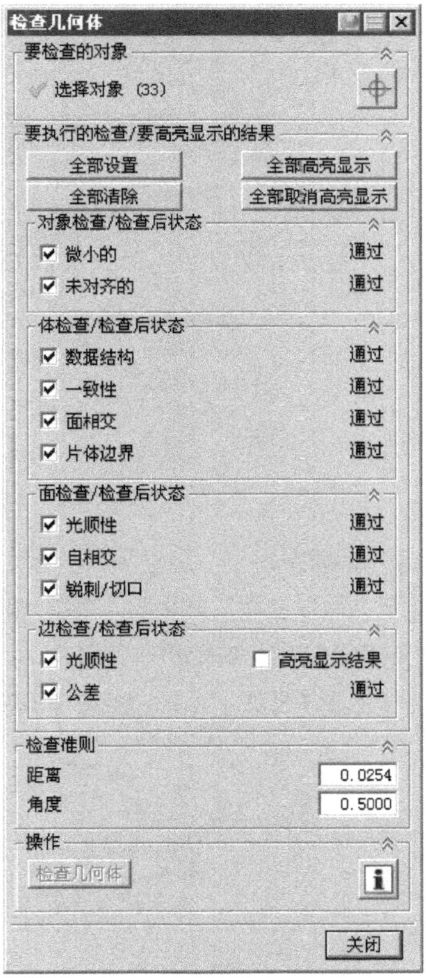

图 7.2.8　“检查几何体”对话框

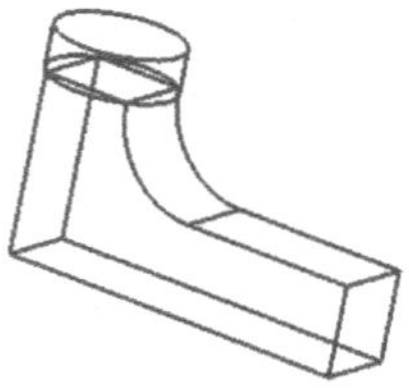

图 7.2.7 对象选择

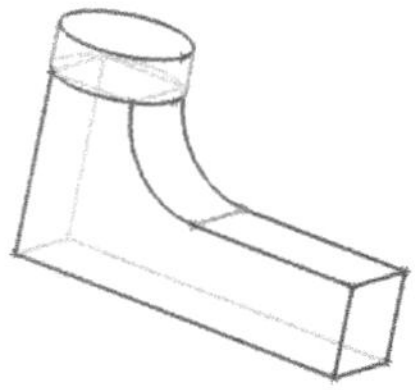

图 7.2.9 检查结果

Step4. 单击“信息”按钮，可在“信息”对话框中检查结果。

7.2.4 装配干涉检查

在实际的产品设计中，当产品中的各个零部件组装完成后，设计人员往往比较关心产品中各个零部件间的干涉情况：有无干涉？哪些零件间有干涉？干涉量是多大？下面通过一个简单的装配体模型为例，说明干涉分析的一般操作过程。

Step1. 打开文件 D:\ug8.1\work\ch07\ch07.02\interference.prt。

Step2. 在装配模块中，选择下拉菜单 分析(L) ➡ 简单干涉(I)... 命令，系统弹出图 7.2.10 所示的“简单干涉”对话框。

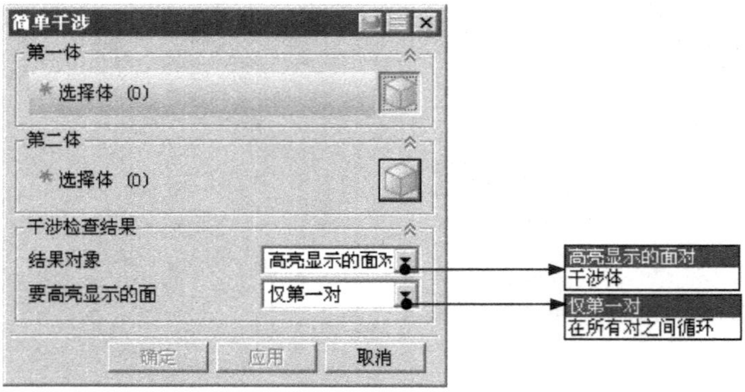

图 7.2.10 “简单干涉”对话框

Step3.“创建干涉体”简单干涉检查。

（1）在“简单干涉”对话框 干涉检查结果 区域的 结果对象 下拉列表中选择 干涉体 选项。

（2）依次选取图 7.2.11 所示的对象 1、对象 2，单击“简单干涉”对话框中的 应用 按钮，系统弹出图 7.2.12 所示的“简单干涉”对话框。

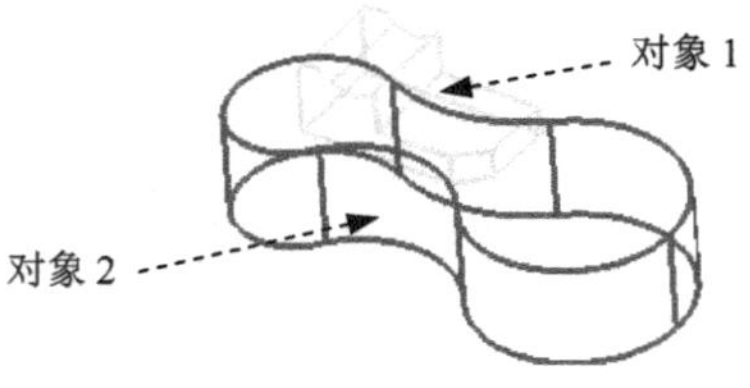

图 7.2.11 创建干涉实体

图 7.2.12 “简单干涉”对话框

（3）单击“简单干涉”对话框的 确定(O) 按钮，完成“创建干涉体”简单干涉检查。

Step4. “高亮显示面”简单干涉检查。

（1）在“简单干涉”对话框 干涉检查结果 区域的 结果对象 下拉列表中选择 高亮显示的面对 选项，如图 7.2.10 所示。

（2）在“简单干涉”对话框 干涉检查结果 区域的 要高亮显示的面 下拉列表中选择 仅第一对 选项，依次选取图 7.2.13a 所示的对象 1、对象 2。模型中将显示图 7.2.13b 所示的干涉平面。

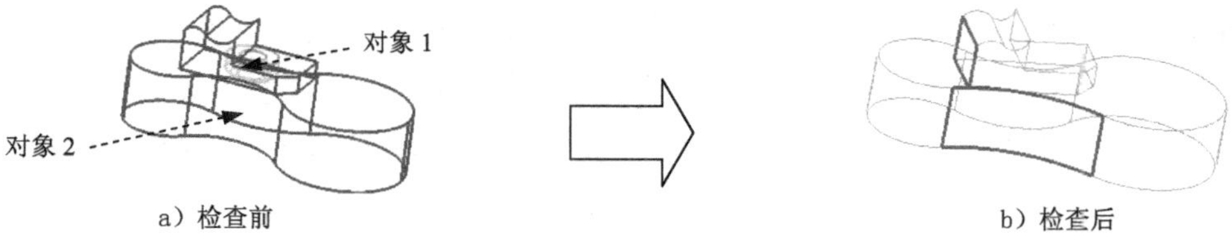

图 7.2.13　“高亮显示面”干涉检查

（3）在“简单干涉”对话框 干涉检查结果 区域的 要高亮显示的面 下拉列表中选择 在所有对之间循环 选项，系统将弹出 显示下一对 按钮，单击“显示下一对”按钮，模型中将依次显示所有干涉平面。

（4）单击“简单干涉”对话框中的 取消 按钮，完成“高亮显示面”简单干涉检查操作。

第 8 章　工程图设计

本章提要

在产品的研发、设计和制造等过程中，各类技术人员需要经常进行交流和沟通，工程图则是进行交流的工具。尽管随着科学技术的发展，3D 设计技术有了很大的发展与进步，但是三维模型并不能将所有的设计信息表达清楚，有些信息例如尺寸公差、形位公差和表面粗糙度等，仍然需要借助二维的工程图将其表达清楚。因此工程图是产品设计中较为重要的环节，也是设计人员最基本的能力要求。本章内容包括:

- 工程图概述
- 工程图参数预设置
- 图样管理
- 视图的创建与编辑
- 标注与符号

8.1　工程图概述

使用 UG NX 8.0 的制图环境可以创建三维模型的工程图，且图样与模型相关联。因此，图样能够反映模型在设计阶段中的更改，可以使图样与装配模型或单个零部件保持同步。其主要特点如下：

- 用户界面直观、易用、简洁，可以快速方便地创建图样。
- “在图纸上”工作的画图板模式。此方法类似于制图人员在画图板上绘图。应用此方法可以极大地提高工作效率。
- 支持新的装配体系结构和并行工程。制图人员可以在设计人员对模型进行处理的同时制作图样。
- 可以快速地将视图放置到图纸上，系统会自动正交对齐视图。
- 具有创建与自动隐藏线和剖面线完全关联的横剖面视图的功能。
- 具有从图形窗口编辑大多数制图对象（如尺寸、符号等）的功能。用户可以创建制图对象，并立即对其进行修改。
- 图样视图的自动隐藏线渲染。

- 在制图过程中，系统的反馈信息可减少许多返工和编辑工作。
- 使用对图样进行更新的用户控件，能有效地提高工作效率。

8.1.1　工程图的组成

说明：UG NX 8.0 的表面粗糙度标注基于国标 GB/T131-1993。

在学习本节前，请依次打开 D:\ug8.1\work\ch08\ch08.01 中的 A4.prt 和 down_base_ok.prt 文件（图 8.1.1），UG NX 8.0 的工程图主要由以下三个部分组成：

- 视图：包括六个基本视图（主视图、俯视图、左视图、右视图、仰视图和后视图）、放大图、各种剖视图、断面图、辅助视图等。在制作工程图时，根据实际零件的特点，选择不同的视图组合，以便简单清楚地表达各个设计参数。
- 尺寸、公差、注释说明及表面粗糙度：包括形状尺寸、位置尺寸、形状公差、位置公差、注释说明、技术要求以及零件的表面粗糙度要求。
- 图框和标题栏等。

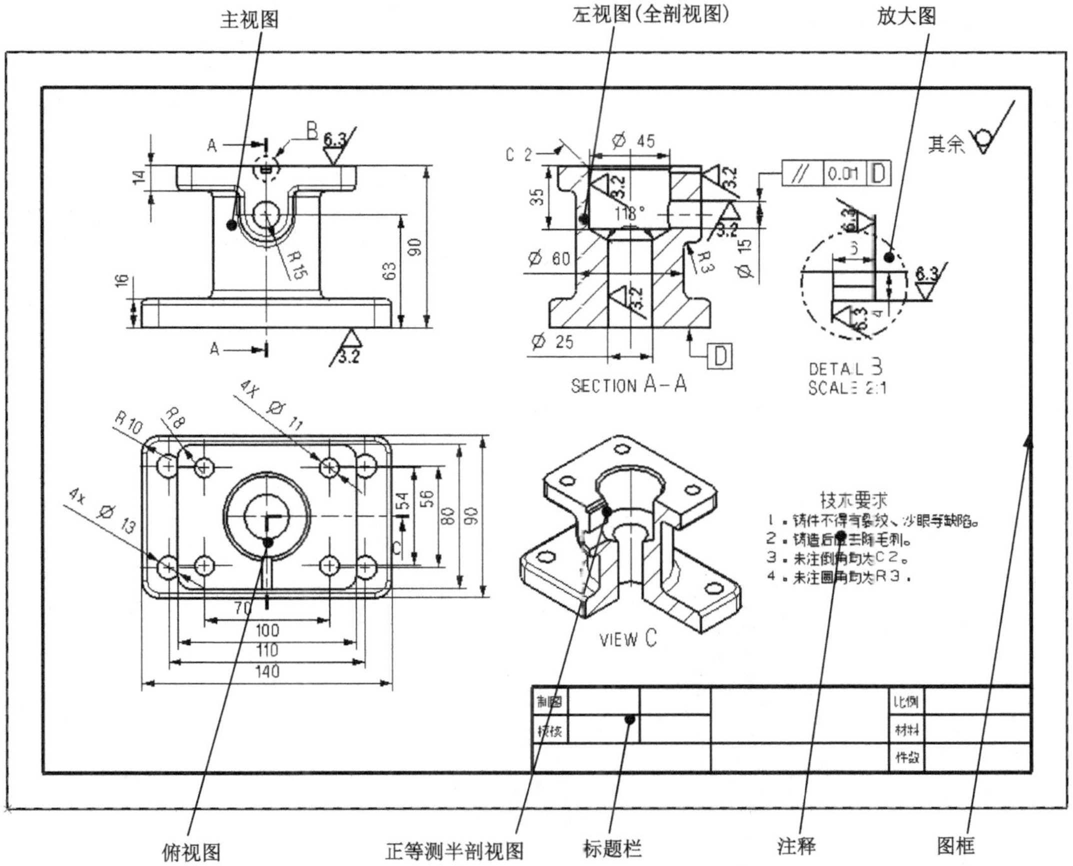

图 8.1.1　工程图的组成

8.1.2 工程图环境中的下拉菜单与工具条

新建一个文件后，有三种方法进入工程图环境，分别介绍如下：

方法一：选择图 8.1.2 所示的下拉菜单 开始 → 制图(D)... 命令。

方法二：在“应用模块”工具条中单击“制图”按钮，如图 8.1.2 所示。

方法三：利用组合键 Ctrl+Shift+ D。

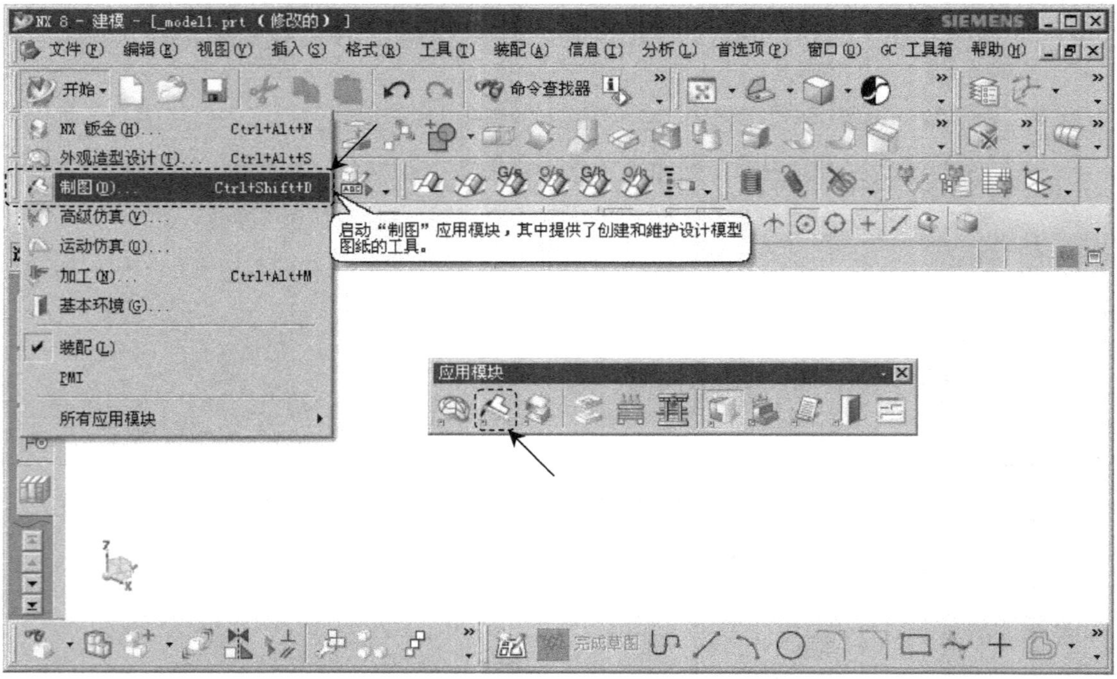

图 8.1.2 进入工程图环境的几种方法

进入工程图环境以后，下拉菜单将会发生一些变化，系统为用户提供了一个方便、快捷的操作界面。下面对工程图环境中较为常用的下拉菜单和工具条进行介绍。

1. 下拉菜单

（1）首选项(P) 下拉菜单。该菜单主要用于在创建工程图之前对制图环境进行设置，如图 8.1.3 所示。

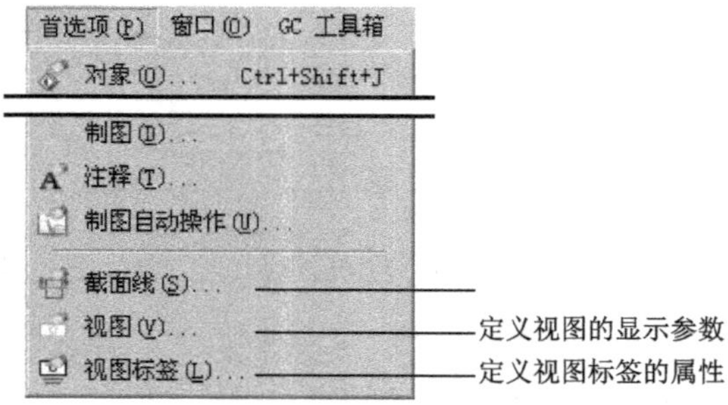

图 8.1.3 “首选项”下拉菜单

（2）插入(S)下拉菜单，如图 8.1.4 所示。

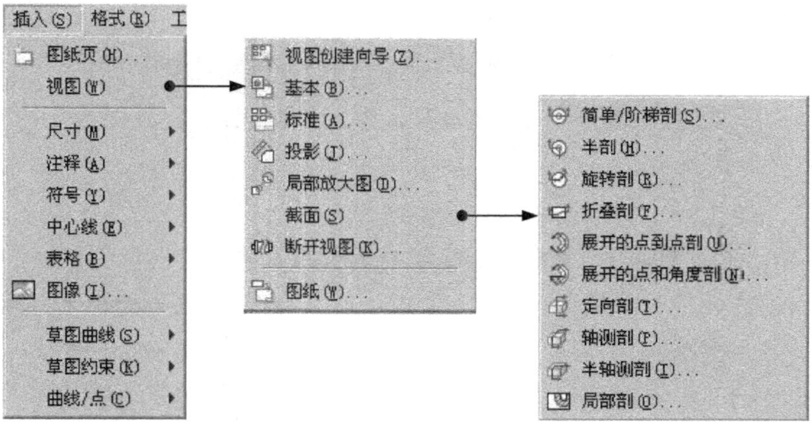

图 8.1.4　“插入”下拉菜单

（3）编辑(E)下拉菜单，如图 8.1.5 所示。

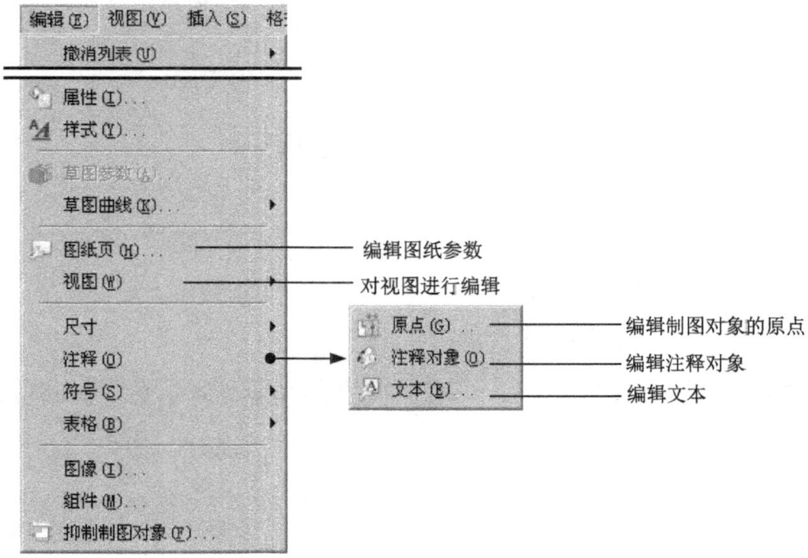

图 8.1.5　“编辑”下拉菜单

2. 工具条

进入工程图环境以后，系统会自动增加许多与工程图操作有关的工具条。下面对工程图环境中较为常用的工具条分别进行介绍。

说明：

- 选择下拉菜单 工具(T) ➡ 定制(Z)... 命令，在弹出的“定制”对话框的 工具条 选项卡中进行设置，可以显示或隐藏相关的工具条。
- 工具条中没有显示的按钮，可以通过下面的方法将它们显示出来：单击右上角的 按钮，在其下方弹出 添加或移除按钮 按钮，将鼠标放到该按钮上，在弹出的“添加选项”中包含了所有供用户选择的按钮。

（1）“图纸”工具条，如图 8.1.6 所示。

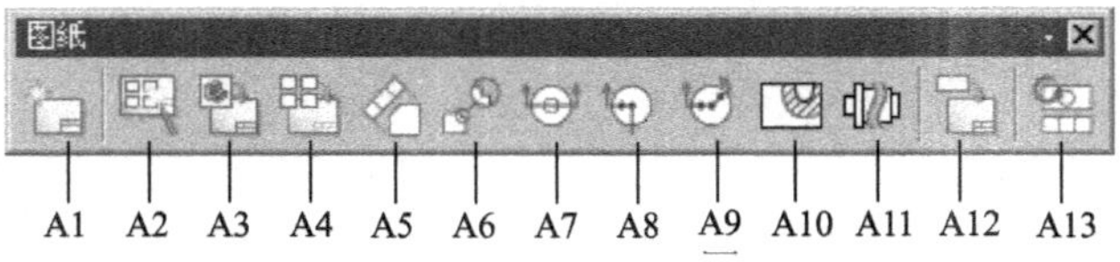

图 8.1.6 “图纸”工具条

图 8.1.6 所示的“图纸”工具条中各按钮的说明如下：

A1：新建图纸页。

A2：视图创建向导。

A3：创建基本视图。

A4：创建标准视图。

A5：创建投影视图。

A6：创建局部放大图。

A7：创建剖视图。

A8：创建半剖视图。

A9：创建旋转剖视图。

A10：创建局部剖视图。

A11：创建断开视图。

A12：创建图纸视图。

A13：更新视图。

（2）“尺寸”工具条，如图 8.1.7 所示。

图 8.1.7 所示的“尺寸”工具条中各按钮的说明如下：

B1：创建自动判断尺寸。

B2：创建圆柱尺寸。

B3：创建直径尺寸。

B4：创建特征参数。

B5：创建链式尺寸与基线尺寸。

B6：创建坐标尺寸。

（3）“注释”工具条，如图 8.1.8 所示。

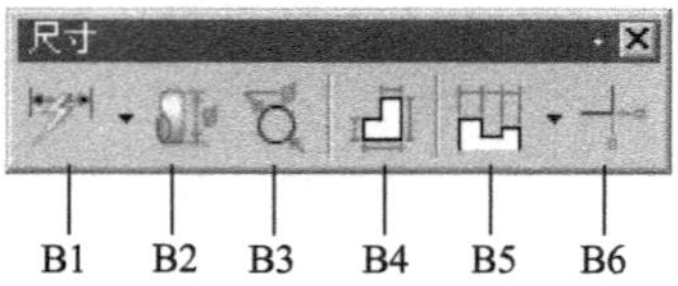

图 8.1.7 “尺寸”工具条

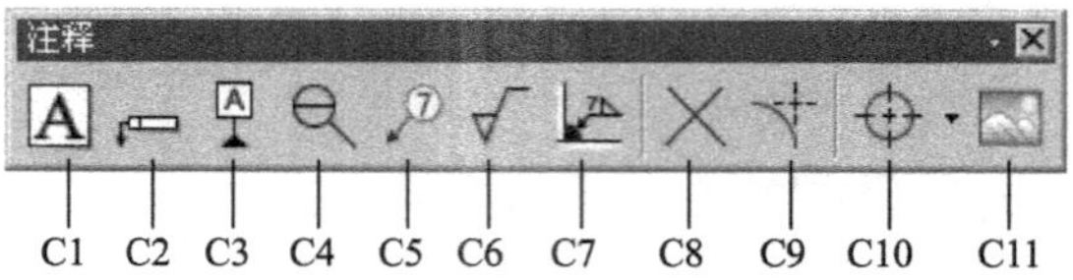

图 8.1.8 “注释”工具条

图 8.1.18 所示的“注释”工具条中各按钮的说明如下：

C1：创建注释。

C2：创建特征控制框。

C3：创建基准。

C4：创建基准目标。

C5：标识符号。

C6：表面粗糙度符号。

C7：焊接符号。

C8：目标点符号。

C9：相交符号。

C10：中心标记。

C11：图像。

（4）“表”工具条，如图 8.1.9 所示。

图 8.1.9 所示的“表”工具条中各按钮的说明如下：

D1：表格注释。　　D2：零件明细表。

D3：自动符号标注。

（5）“制图编辑”工具条，如图 8.1.10 所示。

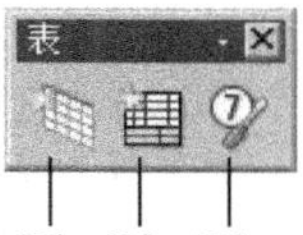

图 8.1.9　“表”工具条

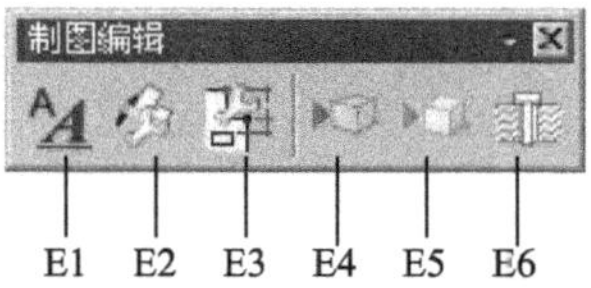

图 8.1.10　“制图编辑”工具条

图 8.1.10 所示的“制图编辑”工具条中各按钮的说明如下：

E1：编辑样式。　　E2：编辑注释。

E3：编辑尺寸关联。　　E4：隐藏视图中的组件。

E5：显示视图中的组件。　　E6：视图中剖切。

8.1.3　部件导航器

在学习本节前，请先打开文件 D:\ug8.1\work\ch08\ch08.01\down_base.prt。

在 UG NX 8.0 中，部件导航器（也可以称为图样导航器）如图 8.1.11 所示，可用于编辑、查询和删除图样（包括在当前部件中的成员视图），模型树包括零件的图纸页、成员视图、剖面线和表格。在工程图环境中，有以下几种方式可以编辑图样或者图样上的视图：

- 修改视图的显示样式。在模型树中双击某个视图，在系统弹出的“视图样式”对话框中进行编辑。
- 修改视图所在的图纸页。在模型树中选择视图，并拖至另一张图纸页。
- 打开某一图纸页。在模型树中双击该图纸页即可。

在部件导航器的模型树结构中，提供了图、图片和视图节点，下面针对不同对象分别进行介绍。

（1）在部件导航器中的图纸节点上右击，系统弹出图 8.1.12 所示的快捷菜单（一）。

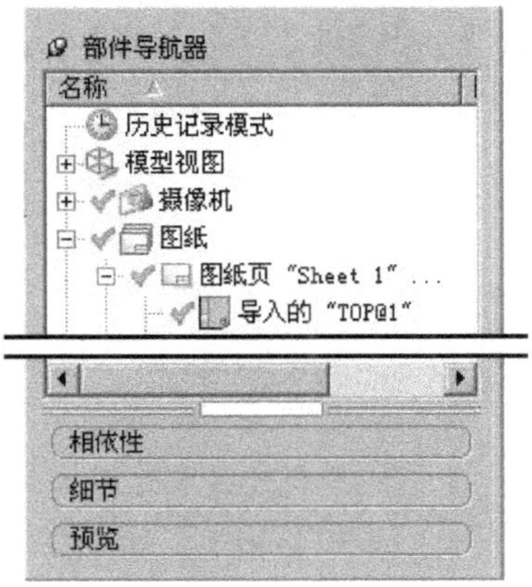

图 8.1.11　部件导航器

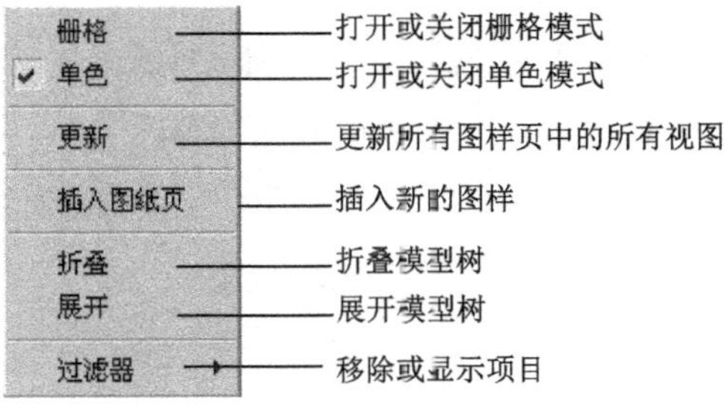

图 8.1.12　快捷菜单（一）

（2）在部件导航器中的图纸页节点上右击，系统弹出图 8.1.13 所示的快捷菜单（二）。

（3）在部件导航器中的导入的节点上右击，系统弹出图 8.1.14 所示的快捷菜单（三）。

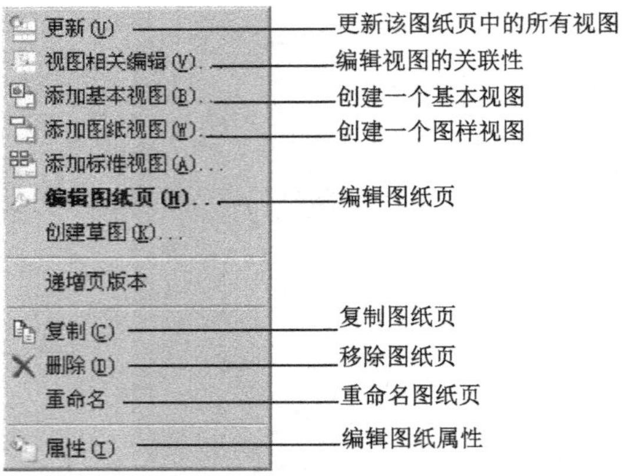

图 8.1.13　快捷菜单（二）

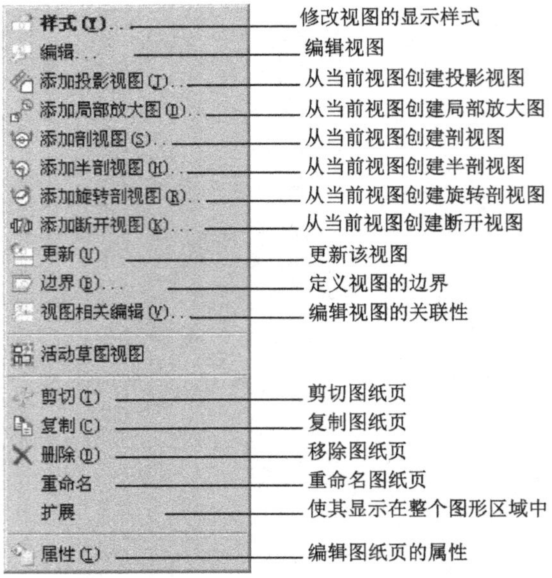

图 8.1.14　快捷菜单（三）

8.2　工程图参数预设置

UG NX 8.0 的默认设置是国际通用的制图标准，其中很多选项不符合我国国家标准，所以在创建工程图之前，一般先要对工程图参数进行预设置。通过工程图参数的预设置可以控制箭头的大小、线条的粗细、隐藏线的显示与否、标注的字体和大小等。用户可以通过预设置工程图的参数来改变制图环境，使所创建的工程图符合我国国标。

8.2.1　工程图参数设置

选择下拉菜单 首选项(P) → 制图(D)... 命令，系统弹出图 8.2.1 所示的“制图首选项”对话框，该对话框的功能是：

- 设置视图和注释的版本。
- 设置成员视图的预览样式。
- 设置图纸页的页号及编号。
- 视图的更新和边界、显示抽取边缘的面及加载组件的设置。
- 保留注释的显示设置。
- 设置断开视图的断裂线。

8.2.2　原点参数设置

选择下拉菜单 编辑(E) → 注释(O) ▸ → 原点(G)... 命令，系统弹出图 8.2.2 所示的“原点工具”对话框。

图 8.2.1　“制图首选项”对话框

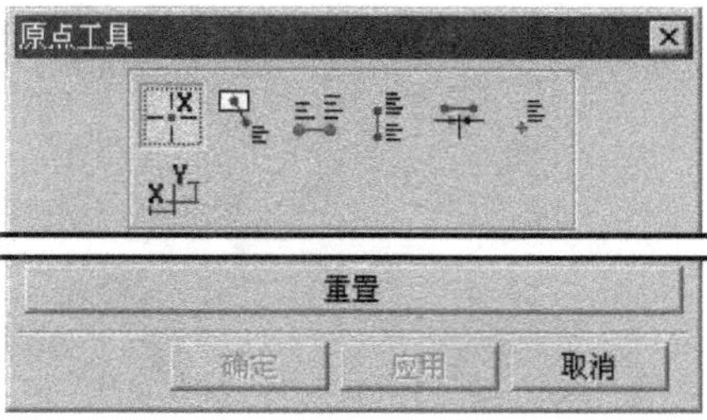

图 8.2.2　“原点工具”对话框

图 8.2.2 所示的“原点工具”对话框中的各选项说明如下：

- （拖动）：通过光标来指示屏幕上的位置，从而定义制图对象的原点。如果选择“关联”选项，可以激活“点构造器”选项，以便用户可以将注释与某个参考点相关联。
- （相对于视图）：定义制图对象相对于图样成员视图的原点移动、复制或旋转视图时，注释也随着成员视图移动。只有独立的制图对象（如注释、符号等）可以与视图相关联。
- （水平文本对齐）：该选项用于设置在水平方向与现有的某个基本制图对象对齐。此选项允许用户将源注释与目标注释上的某个文本定位位置相关联。打开时，让尺寸与选择的文本水平对齐。
- （竖直文本对齐）：该选项用于设置在竖直方向与现有的某个基本制图对象的对齐。此选项允许用户将源注释与目标注释上的某个文本定位位置相关联。打开时，会让尺寸与选择的文本竖直对齐。
- （对齐箭头）：该选项用来创建制图对象的箭头与现有制图对象的箭头对齐，来指定制图对象的原点。打开时，会让尺寸与选择的箭头对齐。
- （点构造器）：通过“原点位置”下拉菜单来启用所有的点位置选项，以使注释与某个参考点相关联。打开时，可以选择控制点、端点、交点和中心点作为尺寸和符号的放置位置。
- （偏置字符）：该选项可设置当前字符大小（高度）的倍数，使尺寸与对象偏移指定的字符数后对齐。

8.2.3　注释参数设置

选择下拉菜单 首选项(P) → 注释(T)... 命令，系统弹出图 8.2.3 所示的“注释首选项”

对话框。

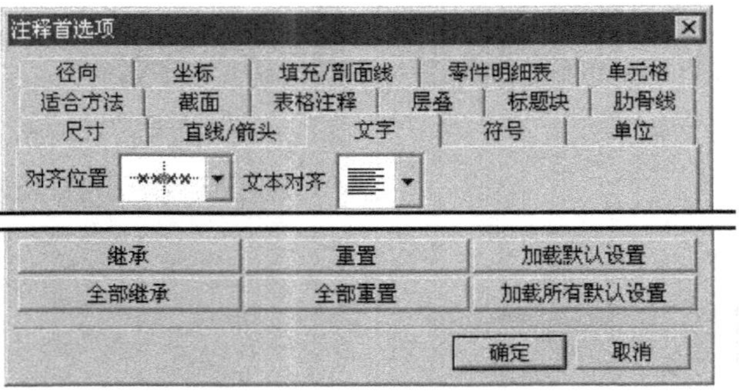

图 8.2.3 “注释首选项”对话框

图 8.2.3 所示的“注释首选项”对话框中各选项卡的功能说明如下：

- 尺寸：用于设置箭头和直线格式、放置类型、公差和精度格式、尺寸文本角度和延伸线部分的尺寸关系等参数。
- 直线/箭头：用于设置应用于指引线、箭头以及尺寸的延伸线和其他注释的相关参数。
- 文字：用于设置应用于尺寸、文本和公差等文字的相关参数。
- 符号：用于设置“标识”、“用户定义”、“中心线”和“形位公差”等符号的参数。
- 单位：用于设置各种尺寸显示的参数。
- 径向：用于设置直径和半径尺寸值显示的参数。
- 坐标：用于设置坐标集和折线的参数。
- 填充/剖面线：用于设置剖面线和区域填充的相关参数。
- 零件明细表：用于设置零件明细表的参数，以便为现有的零件明细表对象设置形式。
- 单元格：用于设置所选单元的各种参数。
- 适合方法：用于设置单元适合方法的样式。
- 截面：用于设置表格格式。
- 表格注释：用于设置表格中的注释参数。
- 层叠：用于设置注释对齐方式。
- 标题块：用于设置标题栏对齐位置。
- 肋骨线：用于设置造船制图中的肋骨线参数。

8.2.4 剖切线参数设置

选择下拉菜单 首选项(P) ➡ 截面线(S)... 命令，系统弹出图 8.2.4 所示的“截面线首选项”对话框。通过设置“截面线首选项”对话框中的参数，既可以控制以后添加到图样中的剖切线显示，也可以修改现有的剖切线。

图 8.2.4 所示的“截面线首选项”对话框中各选项的说明如下：

- 标签：用于设置剖视图的标签号。
- 样式：可以进行选择剖切线箭头的样式。
- 箭头显示：通过在(A)、(B)和(C)文本框中输入值以控制箭头的大小。
- 箭头通过部分：通过在(D)文本框中输入值以控制剖切线箭头线段和视图线框之间的距离。
- 短划线长度：用于在(E)文本框中输入短划线长度。
- 标准：用于控制剖切线符号的标准。
- 颜色：用于控制剖切线的颜色。
- 宽度：用于选择剖切线宽度。

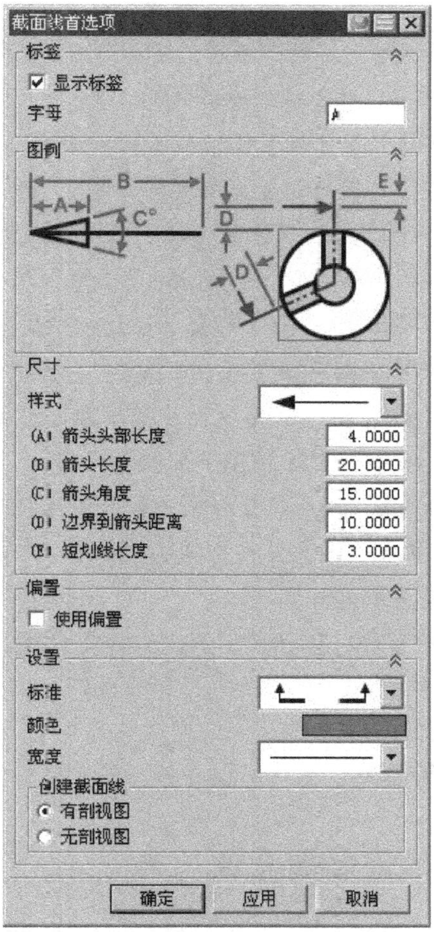

图 8.2.4　“截面线首选项”对话框

8.2.5　视图参数设置

选择下拉菜单 首选项(P) → 视图(V)... 命令，系统弹出图 8.2.5 所示的“视图首选项”对话框。通过对“视图首选项”对话框中参数的设置可以控制图样上的视图显示，包括隐藏线、剖视图背景线、轮廓线和光顺边等。这些设置只对当前文件和设置以后添加的视图有效，而对于在设置之前添加的视图则可通过编辑视图样式修改，因此在创建工程图之前，最好先进行预设置，这样可以减少很多的编辑工作，提高工作效率。

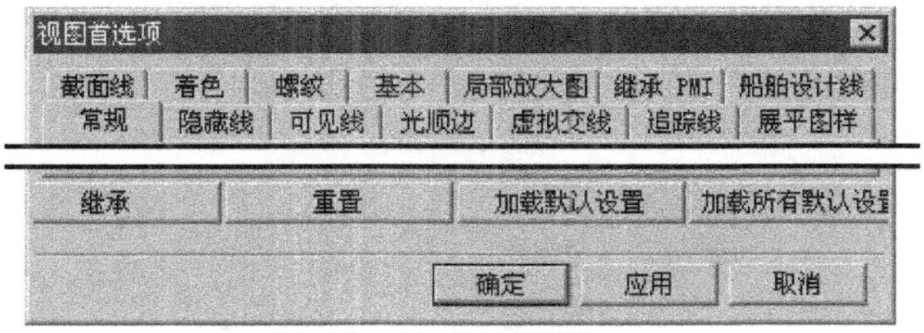

图 8.2.5　“视图首选项”对话框

图 8.2.5 所示的“视图首选项”对话框中各选项卡的功能说明如下：

- 截面线：控制剖视图的剖面线。
- 着色：用于对渲染样式的设置。
- 螺纹：用于设置图样成员视图中内、外螺纹的最小螺距。
- 基本：用于设置基本视图的装配布置、小平面表示、剪切边界和注释的传递。
- 局部放大图：用于显示控制视图边界的颜色、线型和线宽。
- 继承 PMI：用于设置图样平面中形位公差的继承。
- 船舶设计线：用于对船舶设计线的设置。
- 常规：用于设置视图的比例、角度、UV 网格、视图标记和比例标记等细节选项。
- 隐藏线：用于设置视图中隐藏线的显示方法。其中的相关选项可以控制隐藏线的显示类别、显示线型和粗细等。
- 可见线：用于设置视图中的可见线的颜色、线型和粗细。
- 光顺边：用于控制光顺边的显示，可以设置光顺边缘是否显示以及设置其颜色、线型和粗细。
- 虚拟交线：用于显示假想的相交曲线。
- 追踪线：用于修改可见和隐藏跟踪线的颜色、线型和深度，或修改可见跟踪线的缝隙大小。
- 展平图样：用于对钣金展开图的设置。

8.2.6 标记参数设置

选择下拉菜单 首选项(P) ➡ 视图标签(L)... 命令，系统弹出图 8.2.6 所示的“视图标签首选项”对话框。利用该对话框可以实现以下功能：

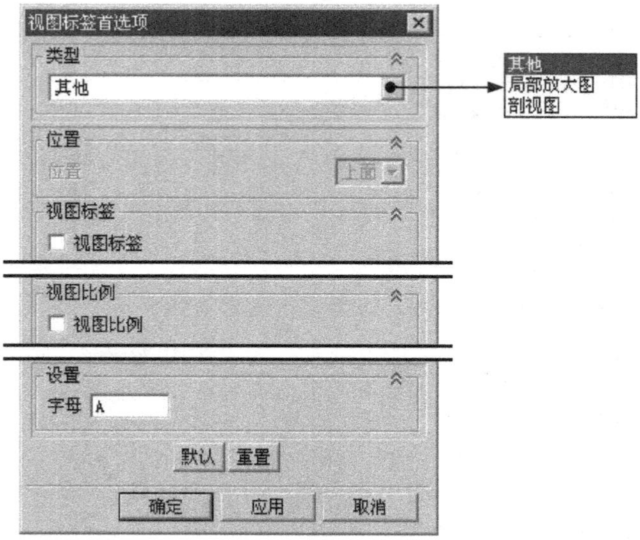

图 8.2.6 “视图标签首选项”对话框

- 控制视图标签的显示，并查看图样上成员视图的视图比例标签。
- 控制视图标签的前缀名、字母、字母格式和字母比例因子的显示。
- 控制视图比例的文本位置、前缀名、前缀文本比例因子、数值格式和数值比例因子的显示。
- 使用“视图标签首选项”对话框设置添加到图样的后续视图的首选项，或者使用该对话框编辑现有视图标签的设置。

图 8.2.6 所示的“视图标签首选项”对话 类型 下拉列表中各选项的功能说明如下：

- 其他：该选项用于设置除局部放大图和剖视图之外的其他视图标签的相关参数。
- 局部放大图：该选项用于设置局部放大图视图标签的相关参数。
- 剖视图：该选项用于设置剖视图视图标签的相关参数。

8.3 图 样 管 理

UG NX 8.0 工程图环境中的图样管理包括工程图样的创建、打开、删除和编辑。下面主要对新建和编辑工程图进行简要介绍。

8.3.1 新建工程图

Step1. 打开零件模型。打开文件 D:\ug8.1\work\ch08\ch08.03\down_base.prt。

Step2. 进入制图环境。选择下拉菜单 开始 → 制图(D)... 命令。

Step3. 新建工程图。选择下拉菜单 插入(S) → 图纸页(H)... 命令（或单击“图纸”工具条中的 按钮），系统弹出“图纸页”对话框，在对话框中选择图 8.3.1 所示的选项。

图 8.3.1 所示的“图纸页”对话框中的选项说明如下：

- 图纸页名称文本框：指定新图样的名称，可以在该文本框中输入图样名；图样名最多可以包含 30 个字符；默认的图样名是 SHT1。
- A4 - 210 x 297 下拉列表：用于选择图纸大小，系统提供了 A4、A3、A2、A1、A0、A0+和 A0++七种型号的图纸。
- 比例：为添加到图样中的所有视图设定比例。
- 度量单位：指定 ○ 英寸 或 ⊙ 毫米 为单位。
- 投影角度：指定第一象限角投影 或第三象限角投影 ；按照国标，应选择 ⊙ 毫米 和第一象限角投影 。

Step4. 在“图纸页”对话框中单击 确定 按钮，系统弹出图 8.3.2 所示的“视图创建向导”对话框。

说明：在 Step3 中，单击 确定 按钮之前，每单击一次 应用 按钮都会多新建一张图样。

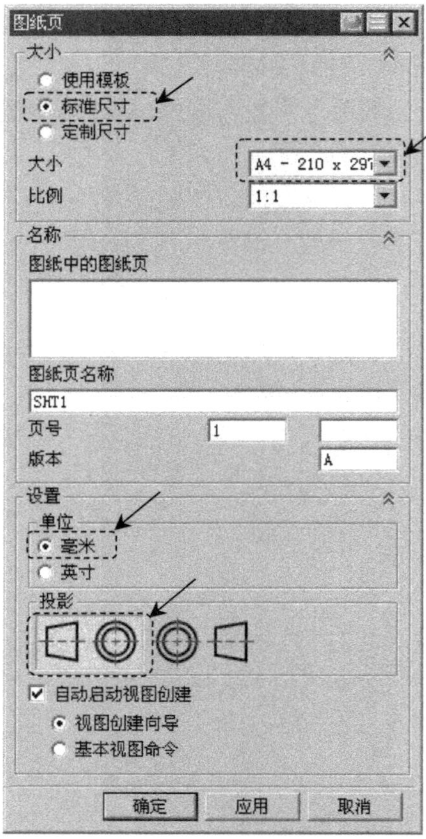

图 8.3.1　“图纸页”对话框

图 8.3.2　“视图创建向导”对话框

Step5. 在“视图创建向导”对话框中单击 完成 按钮，完成图样的创建。

8.3.2　编辑已存图样

新建一张图样，在图 8.3.3 所示的部件导航器中选择图样并右击，在弹出的图 8.3.4 所示的快捷菜单中选择 编辑图纸页(H)... 命令，系统弹出“图纸页”对话框，利用该对话框可以编辑已存图样的参数。

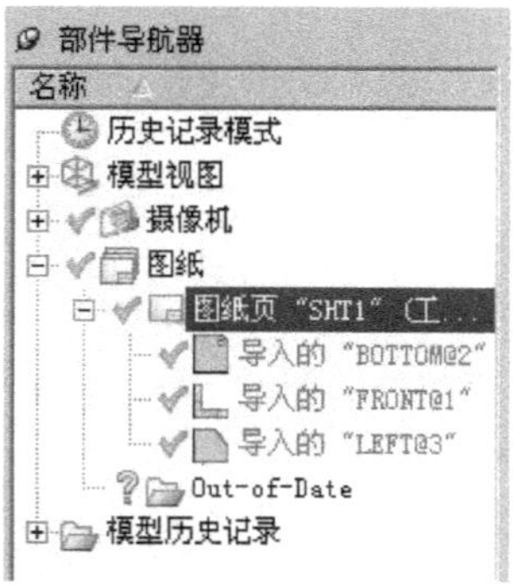

图 8.3.3　部件导航器中

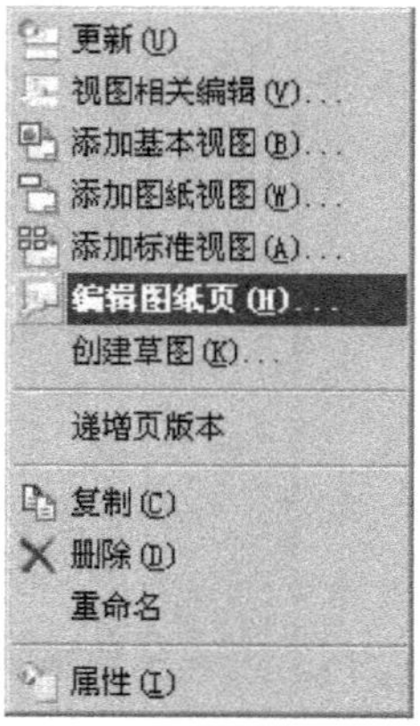

图 8.3.4　快捷菜单

8.4　视图的创建与编辑

视图是按照三维模型的投影关系生成的，主要用来表达部件模型的外部结构及形状。在 UG NX 8.0 中，视图分为基本视图、局部放大图、剖视图、半剖视图、旋转剖视图、其他剖视图和局部剖视图。下面分别以具体的范例来说明各种视图的创建方法。

8.4.1　基本视图

下面创建图 8.4.1 所示的基本视图，操作过程如下：

Step1. 打开零件模型。打开文件 D:\ug8.1\work\ch08\ch08.04\base.prt，进入建模环境，零件模型如图 8.4.2 所示。

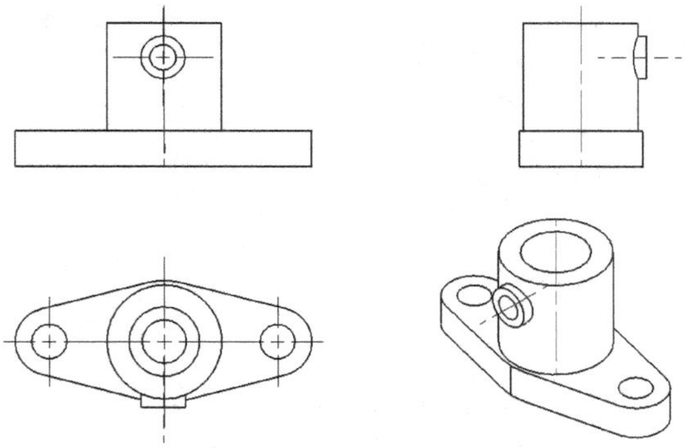

图 8.4.1　零件的基本视图

图 8.4.2　零件模型

Step2. 进入制图环境。选择下拉菜单 开始 → 制图(D)... 命令，进入制图环境。

Step3. 新建工程图。选择下拉菜单 插入(S) → 图纸页(H)... 命令（或单击“图纸”工具条中的按钮），系统弹出“图纸页”对话框，在对话框中选择图 8.4.3 所示的选项，然后单击 确定 按钮，系统弹出图 8.4.4 所示的“基本视图”对话框。

Step4. 定义基本视图参数。在“基本视图”对话框 模型视图 区域的 要使用的模型视图 下拉列表中选择 前视图 选项，在 缩放 区域的 比例 下拉列表中选择 1:1 选项。

图 8.4.4 所示的“基本视图”对话框中的按钮说明如下：

- 部件 区域：该区域用于加载部件、显示已加载部件和最近访问的部件。
- 视图原点 区域：该区域主要用于定义视图在图形区的摆放位置，例如水平、垂直、鼠标在图形区的点击位置或系统的自动判断等。
- 模型视图 区域：该区域用于定义视图的方向，例如仰视图、前视图和右视图等；单击该区域的“定向视图工具”按钮，系统弹出“定向视图工具”对话框，通过该对话框，可以创建自定义的视图方向。

- 比例 区域：用于在添加视图之前，为基本视图指定一个特定的比例。默认的视图比例值等于图样比例。
- 设置 区域：该区域主要用于完成视图样式的设置，单击该区域的按钮，系统弹出“视图样式”对话框。

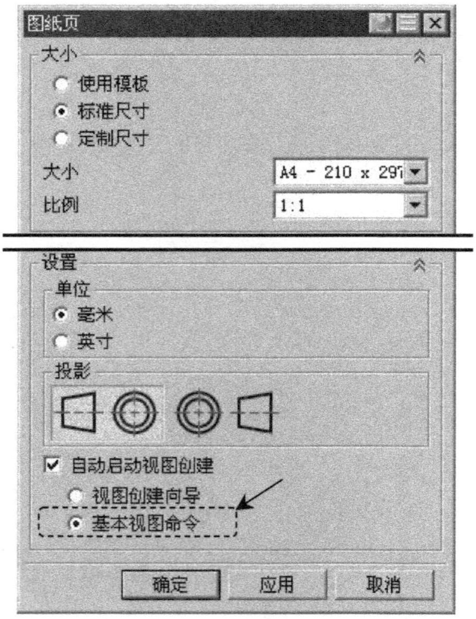

图 8.4.3　“图纸页”对话框

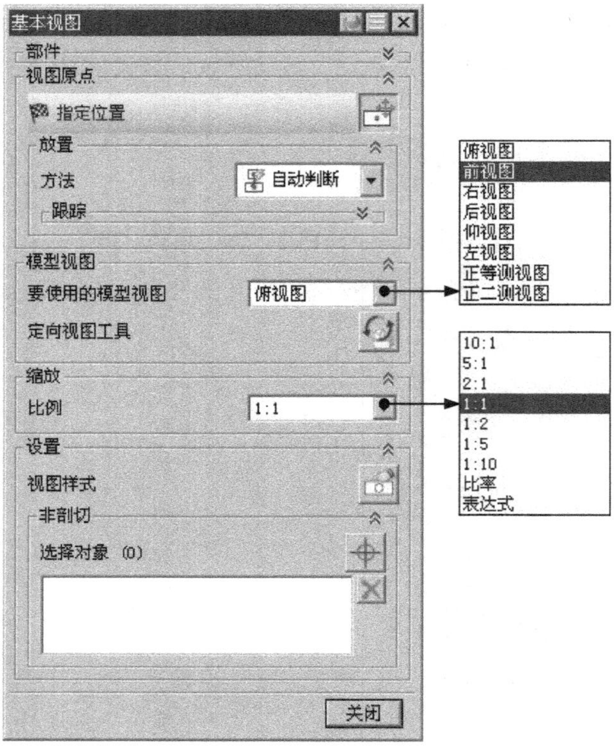

图 8.4.4　“基本视图”对话框

Step5. 放置视图。在图形区中的合适位置（图 8.4.5）依次单击以放置主视图、俯视图和左视图，单击中键完成视图的放置。

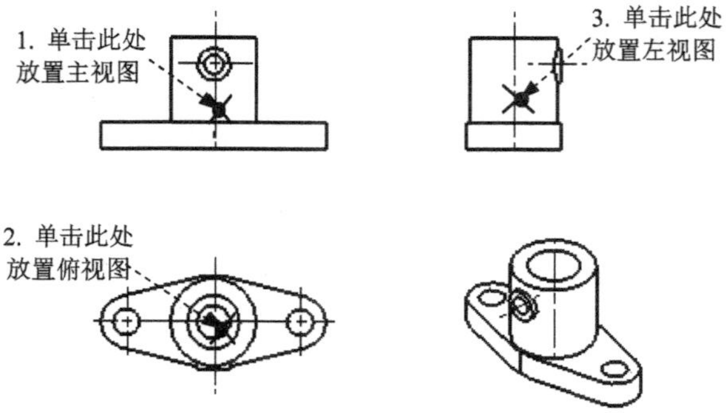

图 8.4.5　视图的放置

Step6. 创建正等测视图。

（1）选择命令。选择下拉菜单 插入(S) → 视图(W) → 基本(B)... 命令（或单击“图纸”工具条中的按钮），系统弹出“基本视图”对话框。

（2）选择视图类型。在“基本视图”对话框模型视图区域的要使用的模型视图下拉列表中选择正等测视图选项。

（3）定义视图比例。在缩放区域的比例下拉列表中选择1:1选项。

（4）放置视图。选择合适的放置位置并单击，单击中键完成视图的放置，结果如图 8.4.5 所示。

说明：如果视图位置不合适，可以拖动视图的边框调整视图的位置（图 8.4.6）。显示视图边框的方法是：选择下拉菜单首选项(P) ➡ 制图(D)... 命令，在视图选项卡中选中☑显示边界复选框。

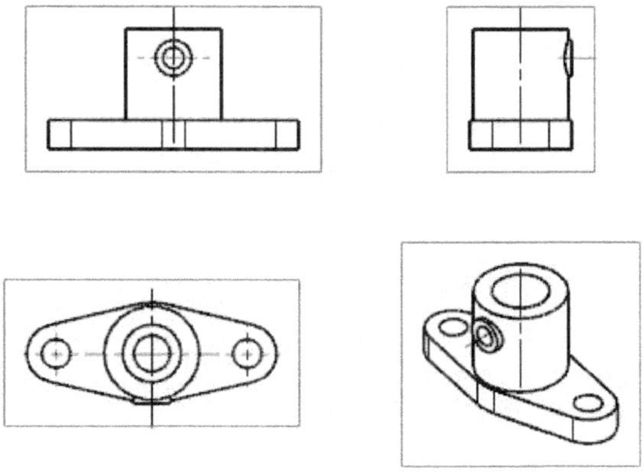

图 8.4.6 视图的边框

8.4.2 局部放大图

下面创建图 8.4.7 所示的局部放大图，操作过程如下：

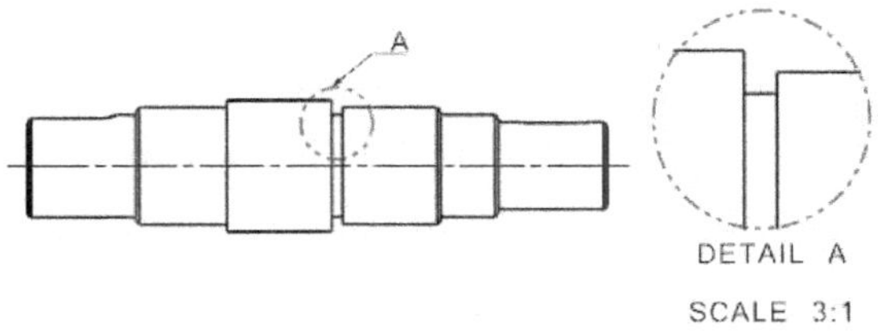

图 8.4.7 局部放大图

Step1. 打开文件 D:\ug8.1\work\ch08\ch08.04\magnify_view.prt。

说明：如果当前环境是建模环境，需要选择下拉菜单开始 ➡ 制图(D)... 命令，进入制图环境。

Step2. 选择命令。选择下拉菜单插入(S) ➡ 视图(W) ➡ 局部放大图(D)... 命令（或单击“图纸”工具条中的按钮），系统弹出图 8.4.8 所示的“局部放大图”对话框。

Step3. 选择边界类型。在“局部放大图”对话框的类型下拉列表中选择圆形选项。

Step4. 绘制放大区域的边界，如图 8.4.9 所示。

Step5. 指定放大图比例。在“局部放大图”对话框缩放区域的比例下拉列表中选择比率选项，输入 3:1。

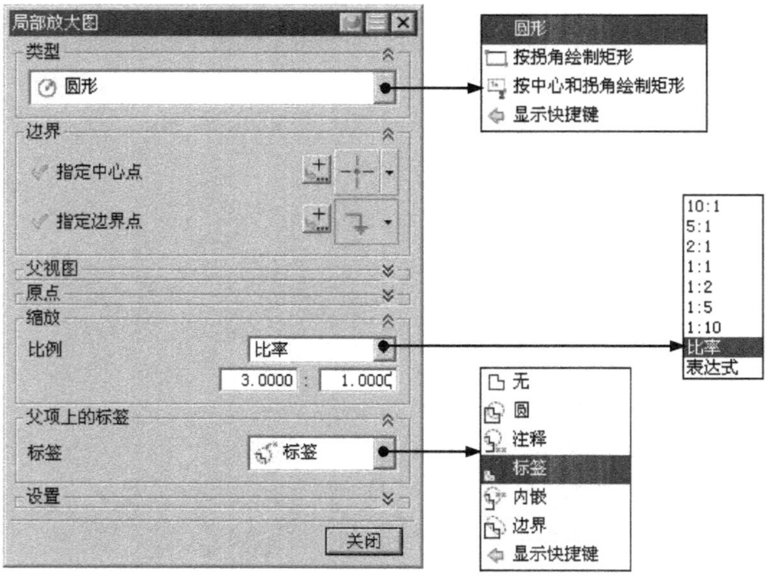

图 8.4.8 “局部放大图”对话框

图 8.4.8 所示的“局部放大图”对话框的按钮说明如下：

- 类型区域：该区域用于定义绘制局部放大图边界的类型，包括：“圆形”、“按拐角绘制矩形”和“按中心和拐角绘制矩形”。
- 边界区域：该区域用于定义创建局部放大图的边界位置。
- 父项上的标签区域：该区域用于定义父视图边界上的标签类型，包括：“无”、“圆”、“注释”、“标签”、“内嵌”和“边界”。

Step6. 定义父视图上的标签。在对话框父项上的标签区域的标签下拉列表中选择标签选项。

Step7. 放置视图。选择合适的位置（图 8.4.9）并单击以放置放大图，然后单击关闭按钮。

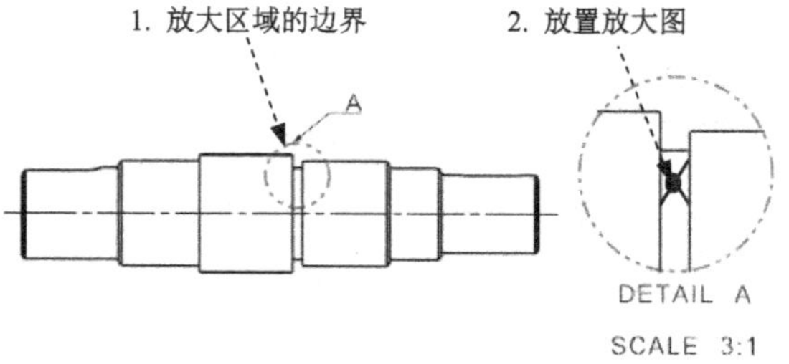

图 8.4.9 局部放大图的放置

Step8. 设置视图标签样式。双击父视图上放大区域的边界，系统弹出“视图标签样式”对话框，设置图 8.4.10 所示的参数，完成设置后单击确定按钮。

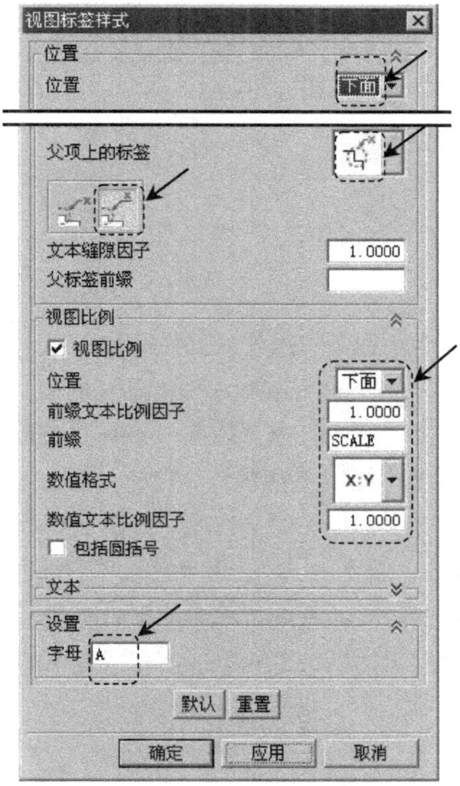

图 8.4.10　“视图标签样式”对话框

8.4.3　全剖视图

下面创建图 8.4.11 所示的全剖视图，操作过程如下：

Step1. 打开文件 D:\ug8.1\work\ch08\ch08.04\section_cut.prt。

Step2. 选择命令。选择下拉菜单 插入(S) → 视图(W) → 截面(S) → 简单/阶梯剖(S)... 命令（或单击“图纸”工具条中的按钮），系统弹出“剖视图”对话框。

Step3. 在系统选择父视图的提示下，选择主视图作为创建全剖视图的父视图，如图 8.4.12 所示。

Step4. 选择剖切位置。确认“捕捉方式”工具条中的按钮被按下，选取图 8.4.12 所示的圆，系统自动捕捉圆心位置。

Step5. 放置剖视图。在系统指示图纸页上剖视图的中心的提示下，在图 8.4.12 所示的位置单击放置剖视图，然后按 Esc 键结束，完成全剖视图的创建。

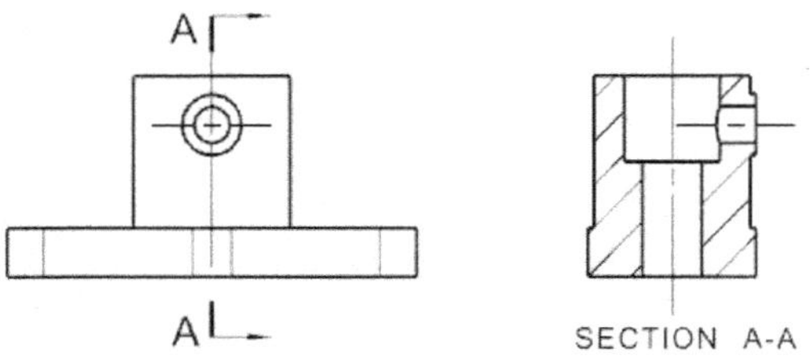

图 8.4.11 全剖视图

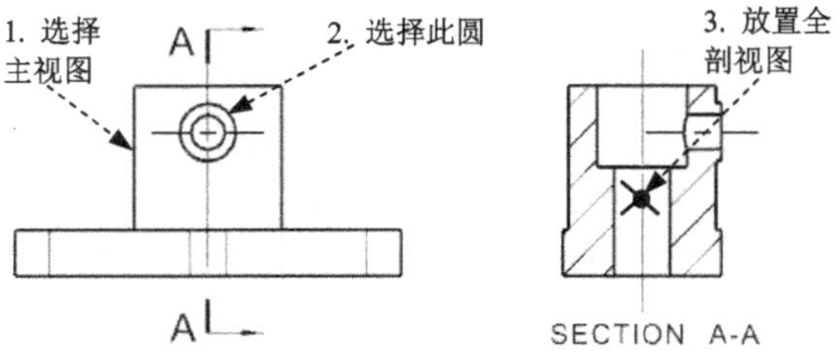

图 8.4.12 放置剖面视图

8.4.4 半剖视图

下面创建图 8.4.13 所示的半剖视图，操作过程如下：

Step1. 打开文件 D:\ug8.1\work\ch08\ch08.04\half-section_cut.prt。

Step2. 选择命令。选择下拉菜单 插入(S) → 视图(W) → 截面(S) → 半剖(H)... 命令（或单击“图纸”工具条中的按钮），系统弹出“半剖视图”对话框。

Step3. 选择俯视图作为创建半剖视图的父视图，如图 8.4.13 所示。

Step4. 选择剖切位置。确认“捕捉方式”工具条中的按钮被按下，依次选取图 8.4.13 所示的 2 指示的圆弧和 3 指示的圆弧，系统自动捕捉圆心位置。

Step5. 放置半剖视图。移动鼠标到位置 4 单击，完成视图的放置。

8.4.5 旋转剖视图

下面创建图 8.4.14 所示的旋转剖视图，操作过程如下：

Step1. 打开文件 D:\ug8.1\work\ch08\ch08.04\revolved-section_cut.prt。

Step2. 选择命令。选择下拉菜单 插入(S) → 视图(W) → 截面(S) → 旋转剖(R)... 命令（或单击“图纸”工具条中的按钮），系统弹出“旋转剖视图”对话框。

Step3. 在系统选择父视图的提示下，选择俯视图作为创建旋转剖视图的父视图，如图 8.4.14 所示。

Step4. 选择剖切位置。单击选中“捕捉方式”工具条中的按钮，依次选取图 8.4.14 所示的 2 指示的圆弧和 3 所指示的圆弧，再取消选中“捕捉方式”工具条中的按钮，并选中按钮，然后选取图 8.4.14 所示的 4 指示的圆弧的象限点。

Step5. 放置剖视图。在系统指示图纸页上剖视图的中心的提示下，单击图 8.4.14 所示的位置 5，完成视图的放置。

Step6. 添加中心线。此例中孔的中心线不显示，要手动创建（具体操作步骤请参见 8.5.3 小节“中心线”的讲解）。

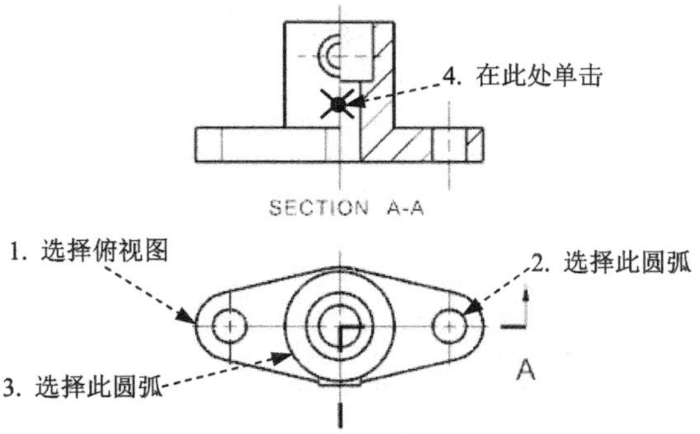

图 8.4.13 半剖视图

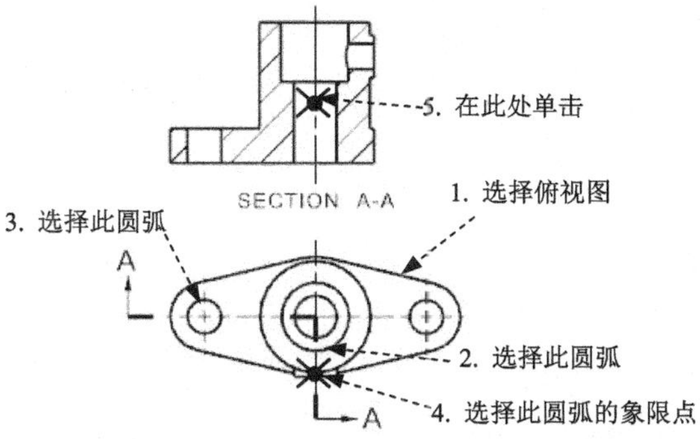

图 8.4.14 旋转剖视图

8.4.6 阶梯剖视图

下面创建图 8.4.15 所示的阶梯视图，操作过程如下：

Step1. 打开文件 D:\ug8.1\work\ch08\ch08.04\stepped-section_cut.prt。

Step2. 选择命令。选择下拉菜单 插入(S) → 视图(W) → 截面(S) → 轴测剖(P)... 命令，系统弹出“轴测图中的全剖/阶梯剖”对话框，如图 8.4.16 所示。

Step3. 在系统选择父视图的提示下，选择图形区中的视图作为阶梯剖的父视图。

Step4. 定义剖切线。

（1）定义箭头方向矢量。在系统定义箭头方向矢量 - 选择对象以自动判断矢量的提示下，在对话框的“剖视图方向”下拉列表中选择 YC 选项，单击对话框中的 应用 按钮。

（2）定义剖切方向矢量。在系统定义剖切方向矢量 - 选择对象以自动判断矢量的提示下，在对话框的“剖视图方向”下拉列表中选择 ZC 选项，单击对话框中的 应用 按钮，系统弹出“截面线创建”对话框。

（3）定义剖切位置。在系统 选择对象以自动判断点 的提示下，选中“截面线创建”对话框中的 剖切位置 单选项，然后在 选择点 后的下拉列表中选择 ⊙ 选项，依次选择图 8.4.17 所示的四个圆，单击“截面线创建”对话框中的 确定 按钮。

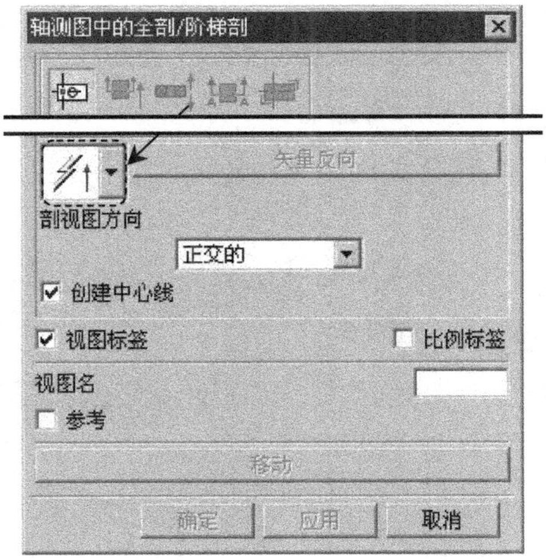

图 8.4.16 “轴测图中的全剖/阶梯剖”对话框

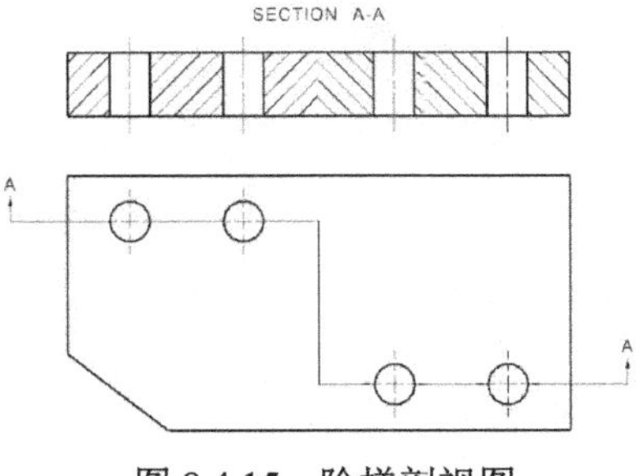

图 8.4.15 阶梯剖视图

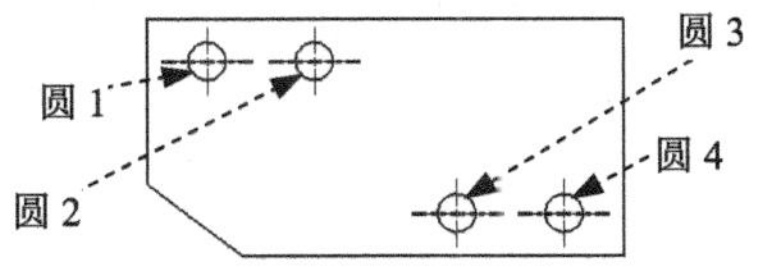

图 8.4.17 选取的四个圆

Step5. 放置阶梯剖视图。选择合适的位置并单击以放置阶梯剖视图。

Step6. 单击“轴测图中的全剖/阶梯剖”对话框中的 取消 按钮，完成阶梯剖视图的创建。

8.4.7 局部剖视图

下面创建图 8.4.18 所示的局部剖视图，操作过程如下：

Step1. 打开文件 D:\ug8.1\work\ch08\ch08.04\breakout-section.prt。

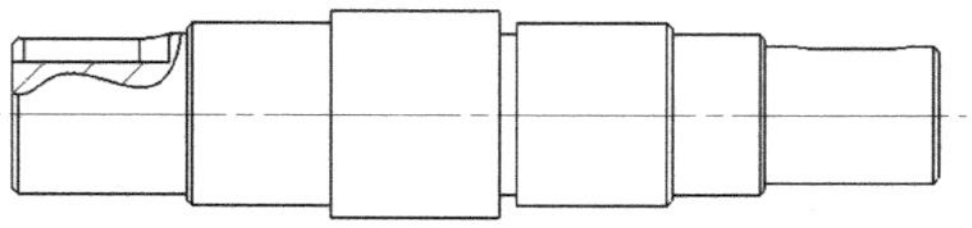

图 8.4.18 局部剖视图

Step2. 调整视图显示状态。

（1）在图形区右击，在弹出的快捷菜单中选择 定向视图(R) → 前视图(F) 命令。

（2）在图形区右击，在弹出的快捷菜单中选择 渲染样式(D) → 带有淡化边的线框(D) 命令，将视图调整到线框状态。

Step3. 绘制剖切区域。选择下拉菜单 插入(S) → 曲线(C) → 艺术样条(D)... 命令，弹出“艺术样条”对话框，选中 ☑ 封闭的 复选框，取消选中 设置 区域中的 □ 关联 复选框，绘制图 8.4.19 所示的样条曲线，单击对话框中的 < 确定 > 按钮。

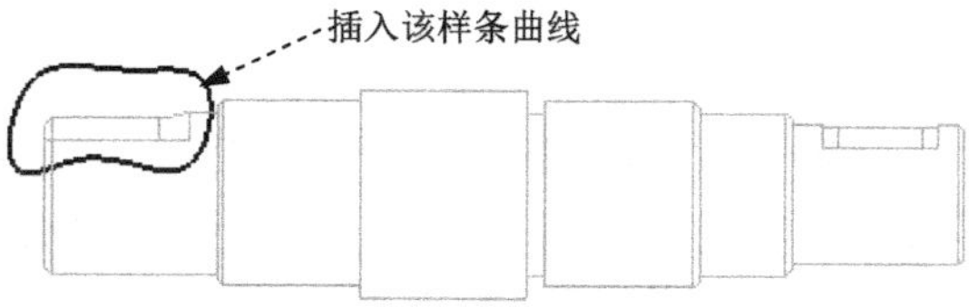

图 8.4.19 插入艺术样条曲线

Step4. 进入制图环境。选择下拉菜单 开始 → 制图(D)... 命令，进入制图环境。

Step5. 新建工程图。选择下拉菜单 插入(S) → 图纸页(H)... 命令（或单击“图纸”工具条中的按钮），系统弹出“图纸页”对话框，在对话框中选择图 8.4.20 所示的选项，然后单击 确定 按钮，系统弹出“基本视图”对话框。

Step6. 定义基本视图参数。在“基本视图”对话框 模型视图 区域的 要使用的模型视图 下拉列表中选择 前视图 选项，在 缩放 区域的 比例 下拉列表中选择 1:1 选项。

Step7. 放置视图。在图形区中的合适位置（图 8.4.21）依次单击以放置前视图和俯视图，单击中键完成视图的放置。

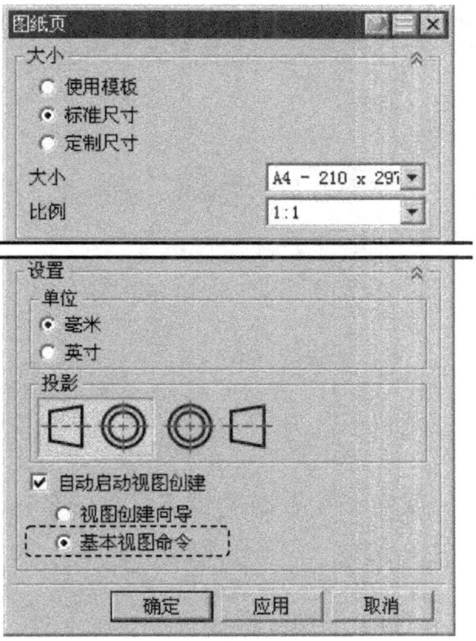

图 8.4.20　“图纸页”对话框

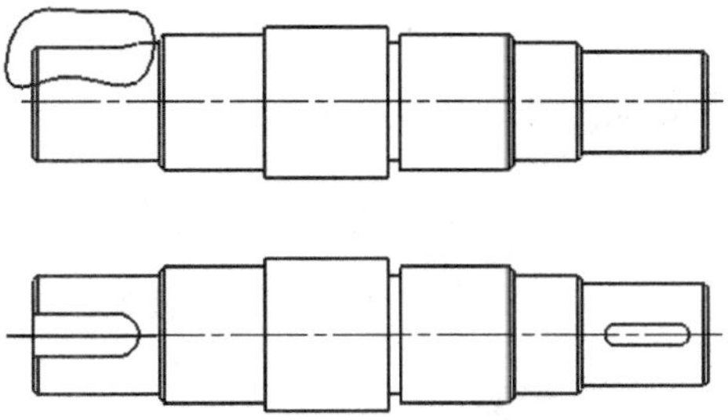

图 8.4.21　创建基本视图

Step8. 设置视图显示。选择下拉菜单 首选项(P) ➡ 视图(V)... 命令，系统弹出“视图首选项”对话框，在 隐藏线 选项卡中设置隐藏线为不可见，单击 确定 按钮。

Step9. 编辑视图的关联性。

（1）展开成员视图。选择前视图并右击，在弹出的快捷菜单中选择 扩展 命令。

说明：选择前视图时可以在部件导航器中选取，或在视图上右击也可弹出快捷菜单。

（2）添加关联曲线。选择下拉菜单 编辑(E) ➡ 视图(W) ➡ 视图相关编辑(E)... 命令，系统弹出“视图相关编辑”对话框，单击“模型转换到视图”按钮，选择图 8.4.22 所示的样条曲线，然后单击两次 确定 按钮。

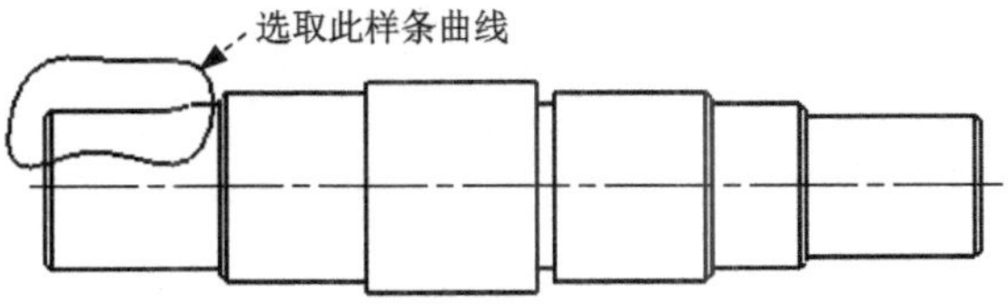

图 8.4.22　选取曲线

（3）退出扩展模式。在图形区右击，从系统弹出的快捷菜单中选择 ✔ 扩展 命令。

Step10. 选择命令。选择下拉菜单 插入(S) ➡ 视图(W) ➡ 截面(S) ➡ 局部剖(O)... 命令（或单击“图纸”工具条中的按钮），系统弹出“局部剖”对话框。

Step11. 创建局部剖视图。

（1）选择生成局部剖的视图。在系统 **选择一个生成局部剖的视图** 的提示下，在图形区选取前视图，此时对话框如图 8.4.23 所示。

（2）定义基点。在系统 选择对象以自动判断点 的提示下，单击“捕捉方式”工具条中的 按钮，选取图 8.4.24 所示的基点。

（3）定义拉出的矢量方向。接受系统的默认方向。

（4）选择剖切线。单击“局部剖”对话框中的“选择曲线”按钮，选择样条曲线作为剖切线，单击 应用 按钮，再单击 取消 按钮，完成局部剖视图的创建。

8.4.8 显示与更新视图

1. 视图的显示

选择下拉菜单 视图(V) ➡ 显示图纸页(D) 命令（或在“图纸布局”工具栏中单击 按钮），系统会在模型的三维图形和二维工程图之间进行切换。

2. 视图的更新

选择下拉菜单 编辑(E) ➡ 视图(W) ➡ 更新(U)... 命令（或在“图纸”工具栏中单击 按钮），可更新图形区中的视图。选择该命令后，系统弹出图 8.4.25 所示的“更新视图”对话框。

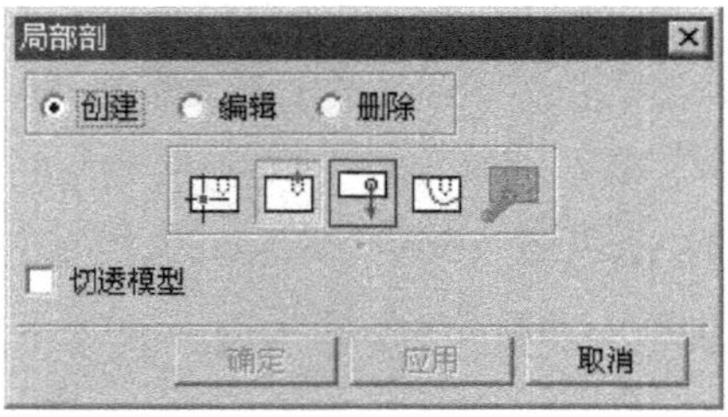

图 8.4.23 “局部剖”对话框

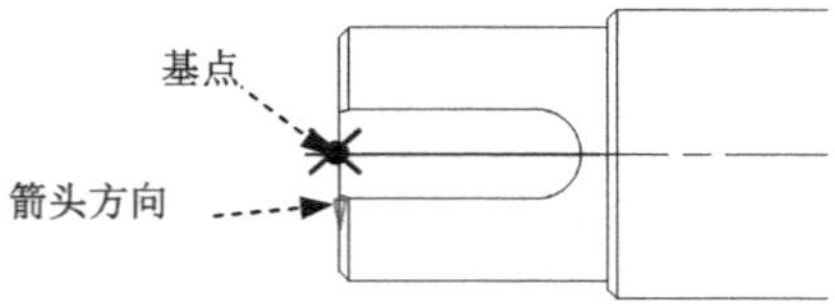

图 8.4.24 选取基点

图 8.4.25 “更新视图”对话框

图 8.4.25 所示的“更新视图”对话框的按钮及选项说明如下：

- 显示图纸中的所有视图：列出当前存在于部件文件中所有图纸页面上的所有视图，当该复选框被选中时，部件文件中的所有视图都在该对话框中可见并可供选择。如果取消选中该复选框，则只能选择当前显示的图样上的视图。
- 选择所有过时视图：用于选择工程图中的过期视图。单击 应用 按钮之后，这些视图将进行更新。
- 选择所有过时自动更新视图：用于选择工程图中的所有过期视图并自动更新。

8.4.9 对齐视图

UG NX 8.0 提供了比较方便的视图对齐功能。将鼠标移至视图的视图边界上并按住左键，然后移动，系统会自动判断用户的意图，显示可能的对齐方式，当移动至适合的位置时，松开鼠标左键即可。但是如果这种方法不能满足要求的话，用户还可以利用 对齐视图(A)... 命令来对齐视图。下面以图 8.4.26 所示的视图为例，来说明利用该命令来对齐视图的一般过程。

a）对齐前　　b）对齐后

图 8.4.26　对齐视图

Step1. 打开文件 D:\ug8.1\work\ch08\ch08.04\level1.prt。

Step2. 选择命令。选择下拉菜单 编辑(E) → 视图(W) → 对齐(A)... 命令，系统弹出图 8.4.27 所示的“对齐视图”对话框。

Step3. 定义对齐方式。在“对齐视图”对话框中单击“水平”按钮，选择水平对齐的方式。

Step4. 定义静止点。选择 模型点 下拉列表中的 模型点 选项，确认“捕捉方式”工具条中的按钮已被按下，选择图 8.4.28 所示的静止点。

Step5. 选择对齐的视图。选择图 8.4.28 所示的视图为对齐的视图。

Step6. 单击鼠标中键，再单击 取消 按钮，完成视图的对齐。

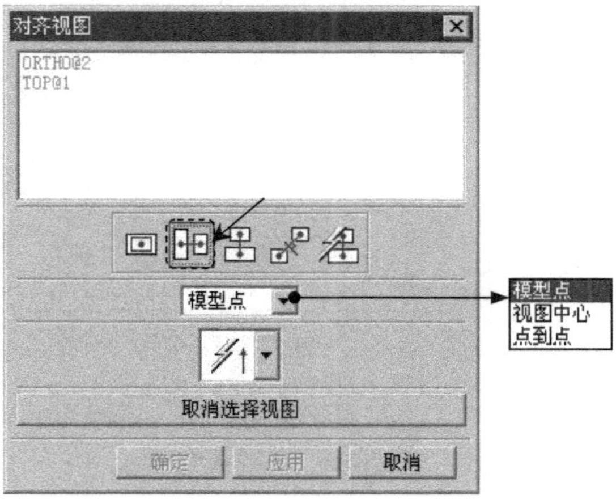

图 8.4.27　“对齐视图”对话框

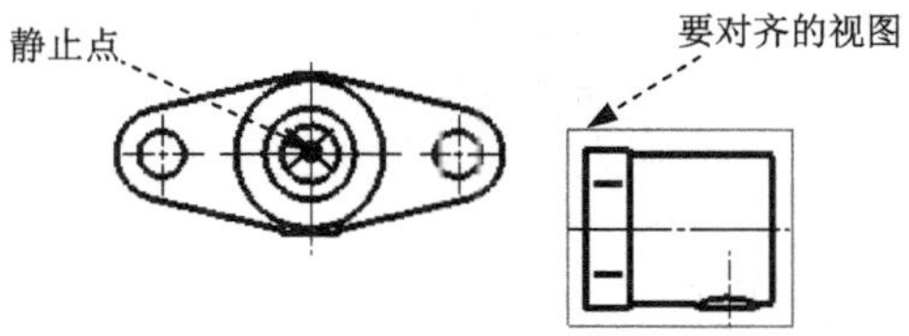

图 8.4.28　选择对齐要素

图 8.4.27 所示的“对齐视图”对话框中的选项及按钮说明如下：

- （叠加）：同时水平和垂直对齐视图，以便使它们重叠在一起。
- （水平）：将选定的视图水平对齐。

- （竖直）：将选定的视图垂直对齐。
- （垂直于直线）：将选定视图与指定的参考线垂直对齐。
- （自动判断）：自动判断两个视图可能的对齐方式。
- 模型点：用来设置视图的对齐位置。
    - ☑ 模型点：通过选择一个静止点和一个需要对齐的视图来对齐视图。
    - ☑ 视图中心：通过选择选择两个视图的中心来对齐视图。
    - ☑ 点到点：通过选择两个视图中的点来对齐视图。

8.4.10 编辑视图

1. 编辑整个视图

打开文件 D:\ug8.1\work\ch08\ch08.04\base_ok.prt；在视图的边框上右击，从弹出的快捷菜单中选择 样式(I)... 命令（图 8.4.29），系统弹出图 8.4.30 所示的“视图样式”对话框，使用该对话框可以改变视图的显示。

“视图样式”对话框和“视图首选项”对话框基本一致，在此不作具体介绍。

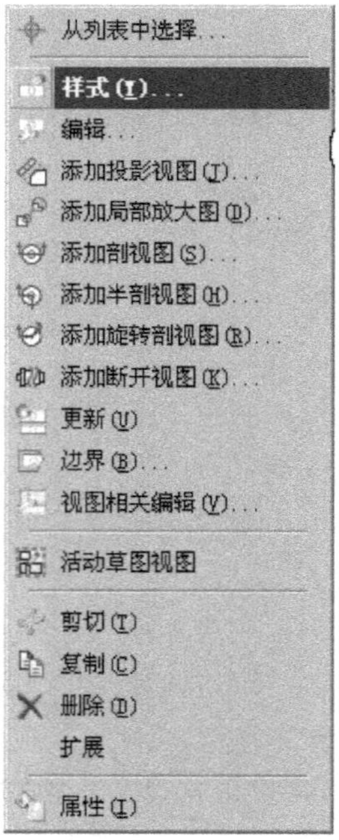

图 8.4.29 选择“样式”命令

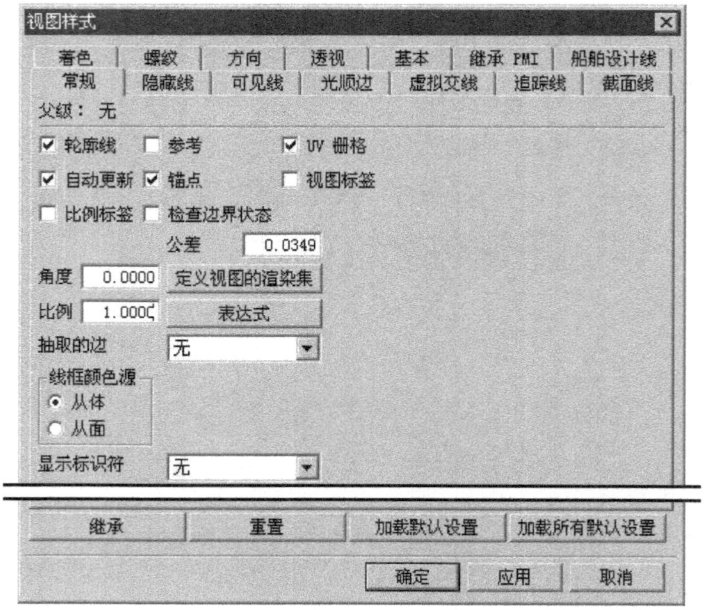

图 8.4.30 “视图样式”对话框

2. 视图细节的编辑

Stage1. 编辑剖切线

下面以图 8.4.31 为例，来说明编辑剖切线的一般过程。

Step1. 打开文件 D:\ug8.1\work\ch08\ch08.04\edit_section.prt。

Step2. 选择命令。选择下拉菜单 编辑(E) → 视图(W) → 截面线(L)... 命令（或在“制图编辑”工具栏中单击“编辑剖切线”按钮），系统弹出图 8.4.32 所示的“截面线”对话框。

Step3. 选择剖视图。单击对话框中的 选择剖视图 按钮，选取图 8.4.31a 所示的剖视图，在对话框中选中 ⊙ 移动段 单选项。

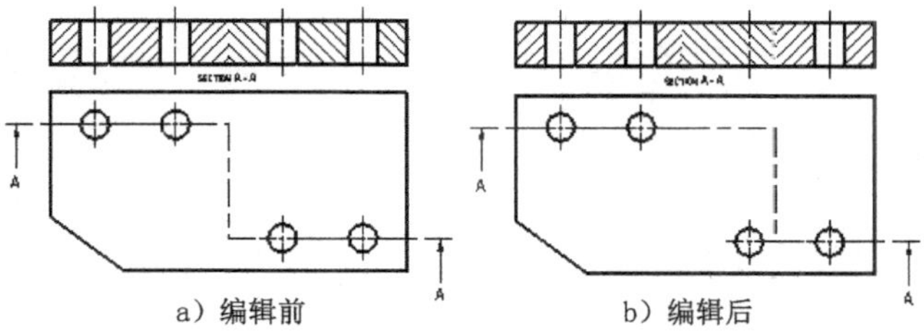

a）编辑前　　b）编辑后

图 8.4.31　编辑剖切线

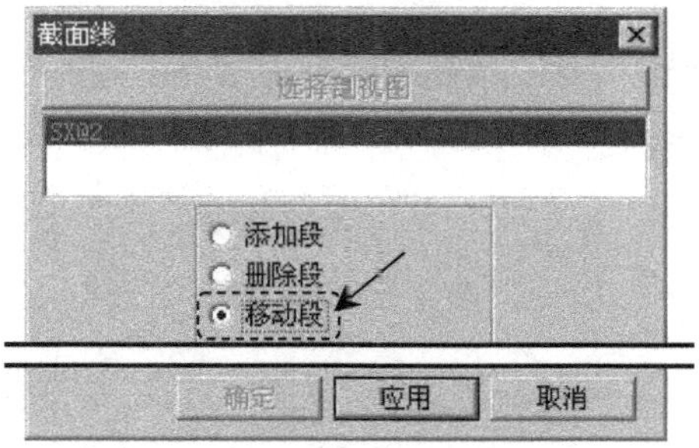

图 8.4.32　“截面线”对话框

Step4. 选择要移动的段（图 8.4.33 所示的一段剖切线）。

Step5. 选择放置位置，如图 8.4.33 所示。

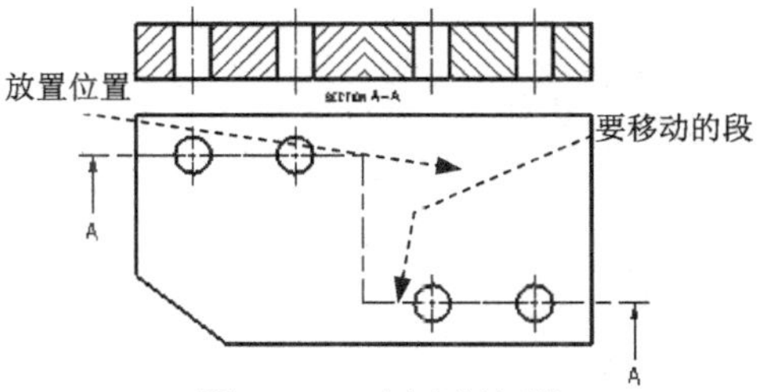

图 8.4.33　创建剖切线

说明：利用“截面线”对话框不仅可以增加、删除和移动剖切线，还可重新定义铰链线、剖切矢量和箭头矢量等。

Step6. 单击“剖切线”对话框中的 应用 按钮，再单击 取消 按钮，此时视图并未立即更新。

Step7. 更新视图。选择下拉菜单 编辑(E) → 视图(W) → 更新(U)... 命令，弹出“更新视图”对话框，单击“选择所有过时视图”按钮，选择全部视图，再单击 确定 按钮，完成剖切线的编辑。

Stage2. 定义剖面线

在工程图环境中，用户可以选择现有剖面线或自定义的剖面线填充剖面。与产生剖视图的结果不同，填充剖面不会产生新的视图。下面以图 8.4.34 为例，来说明定义剖面线的一般操作过程。

a）定义前　b）定义后

图 8.4.34　定义剖面线

Step1. 打开文件 D:\ug8.1\work\ch08\ch08.04\edit_section3.prt。

Step2. 选择命令。选择下拉菜单 插入(S) → 注释(A) → 剖面线(O)... 命令，弹出图 8.4.35 所示的“剖面线”对话框，在该对话框 边界 区域的 选择模式 下拉列表中选择 边界曲线 选项。

Step3. 定义剖面线边界。依次选择图 8.4.36 所示的边界为剖面线边界。

Step4. 设置剖面线。剖面线的设置如图 8.4.35 所示。

Step5. 单击 确定 按钮，完成剖面线的定义。

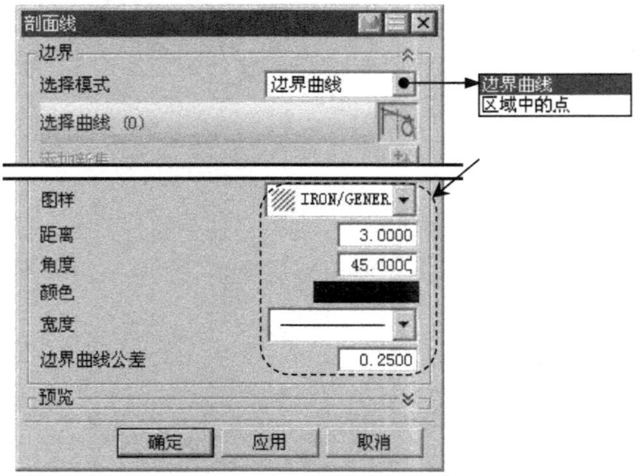

图 8.4.35 “剖面线”对话框

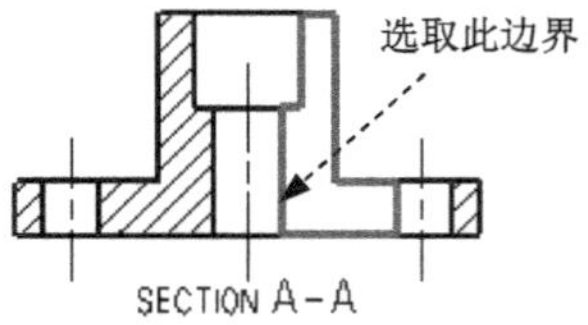

图 8.4.36　选择边线要素

图 8.4.35 所示的“剖面线”对话框的边界区域说明如下：

- 边界曲线选项：若选择该选项，则在创建剖面线时是通过在图形上选取一个封闭的边界曲线来得到。
- 区域中的点选项：若选择该选项，则在创建剖面线时，只需要在一个封闭的边界曲线内部点击一下，系统自动选取就此封闭边界作为创建剖面线边界。

8.5 标注与符号

8.5.1 尺寸标注

尺寸标注是工程图中一个重要的环节，本节将介绍尺寸标注的方法以及注意事项。选

择下拉菜单 插入(S) → 尺寸(M) 命令，系统弹出图 8.5.1 所示的“尺寸”菜单，或者通过图 8.5.2 所示的“尺寸”工具条进行尺寸标注（工具条中没有的按钮可以定制）。在尺寸菜单或工具条中选择任一标注尺寸类型后，系统弹出尺寸标注的工具条，下面以图 8.5.3 所示的“水平尺寸”工具条为例进行说明。

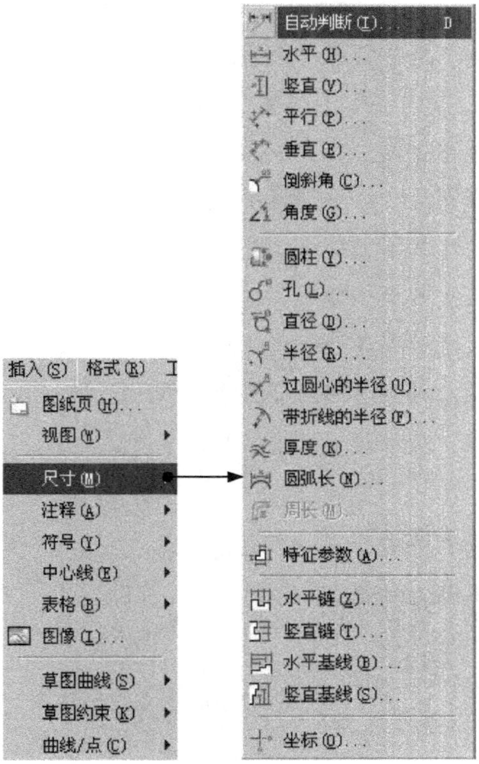

图 8.5.1　“尺寸”菜单

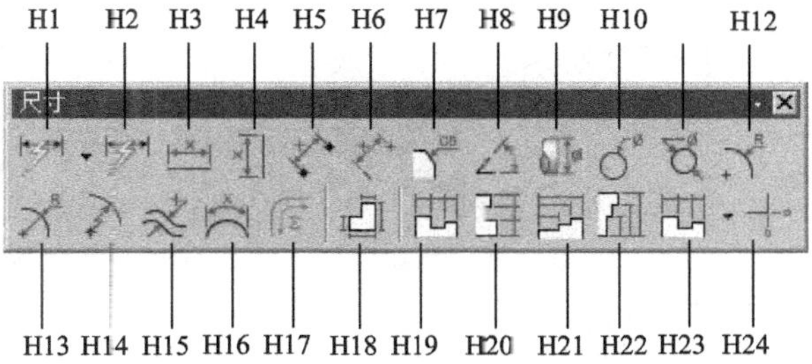

图 8.5.2　“尺寸”工具条

图 8.5.2 所示的“尺寸”工具条的说明如下：

H1：允许用户使用系统功能创建尺寸，以便根据用户选取的对象以及光标位置智能地判断尺寸类型，其下拉列表中包括了下面的所有标注方式。

H2：允许用户使用系统功能创建尺寸，以便根据用户选取的对象以及光标位置智能地判断尺寸类型。

H3：在两个选定对象之间创建一个水平尺寸。

H4：在两个选定对象之间创建一个竖直尺寸。

H5：在两个选定对象之间创建一个平行尺寸。

H6：在一条直线或中心线与一个定义的点之间创建一个垂直尺寸。

H7：创建倒斜角尺寸。

H8：在两条不平行的直线之间创建一个角度尺寸。

H9：创建一个等于两个对象或点位置之间的线性距离的圆柱尺寸。

H10：创建孔特征的直径尺寸。

H11：标注圆或弧的直径的尺寸。

H12：创建半径尺寸，此半径尺寸使用一个从尺寸值到弧的短箭头。

H13：创建一个半径尺寸，此半径尺寸从弧的中心绘制一条延伸线。

H14：对极其大的半径圆弧创建一条折叠的指引线半径尺寸，其中心可以在绘图区之外。

H15：创建厚度尺寸，该尺寸测量两个圆弧或两个样条之间的距离。

H16：创建一个测量圆弧周长的圆弧长尺寸。

H17：创建周长约束以控制选定直线和圆弧的集体长度。

H18：将孔和螺纹的参数（以标注的形式）或草图尺寸继承到图纸页。

H19：允许用户创建一组水平尺寸，其中每个尺寸都与相邻尺寸共享其端点。

H20：允许用户创建一组竖直尺寸，其中每个尺寸都与相邻尺寸共享其端点。

H21：允许用户创建一组水平尺寸，其中每个尺寸都共享一条公共基准线。

H22：允许用户创建一组竖直尺寸，其中每个尺寸都共享一条公共基准线。

H23：允许用户创建一组水平尺寸，其中每个尺寸都与相邻尺寸共享其端点。

H24：包含允许用户创建坐标尺寸的选项。

图 8.5.3 所示的“水平尺寸”工具条的按钮及选项说明如下：

图 8.5.3 “水平尺寸”工具条

- ：单击该按钮，系统弹出“尺寸样式”对话框，用于设置尺寸显示和放置等参数。
- 1：用于设置尺寸精度。
- 1.00：用于设置尺寸公差。
- A：单击该按钮，系统弹出“文本编辑器”对话框，用于添加注释文本。
- ：用于重置所有设置，即恢复默认状态。

8.5.2 注释编辑器

制图环境中的形位公差和文本注释都是通过注释编辑器来标注的，因此，在这里先介绍一下注释编辑器的用法。

选择下拉菜单 插入(S) → 注释(A) → A 注释(N)... 命令（或单击“注释”工具条中的 A 按钮），弹出图 8.5.4 所示的“注释”对话框（一）。

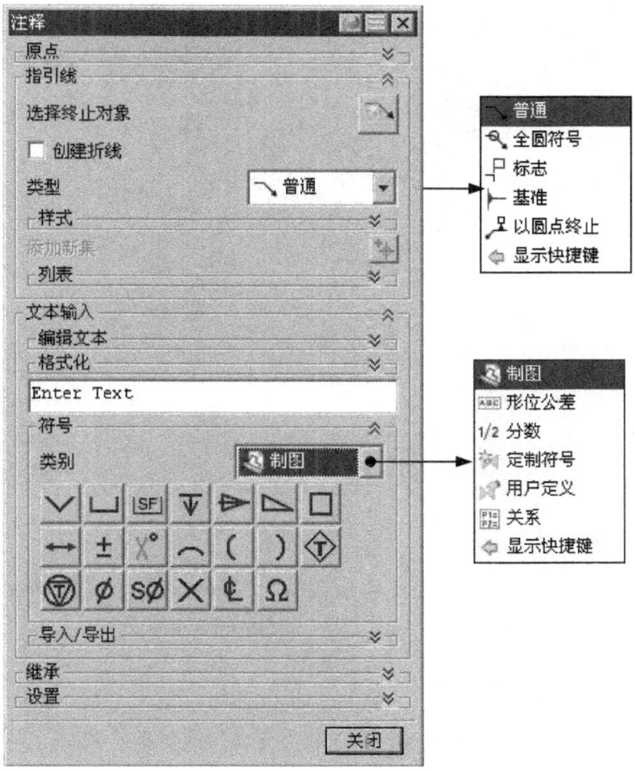

图 8.5.4　“注释”对话框（一）

图 8.5.4 所示的“注释”对话框（一）的部分按钮及选项说明如下：

- 编辑文本 区域：该区域（“编辑文本”工具栏）用于编辑注释，其主要功能和 Word 等软件的功能相似。
- 格式化 区域：该区域包括“文本字体设置下拉列表 alien ”、“文本大小设置下拉列表 0.25 ”、“编辑文本按钮”和“多行文本输入区”。
- 符号 区域：该区域的 类别 下拉列表中主要包括“制图”、“形位公差”、“分数”、“定制符号”、“用户定义”和“关系”几个选项。
  - ☑ 制图 选项：使用图 8.5.4 所示的 制图 选项可以将制图符号的控制字符输入到编辑窗口。
  - ☑ 形位公差 选项：图 8.5.5 所示的 形位公差 选项可以将形位公差符号的控制字符输入到编辑窗口和检查形位公差符号的语法。形位公差窗格的上面有四个按钮，它们位于一排。这些按钮用于输入下列形位公差符号的控制字符：“插入单特征控制框”、“插入复合特征控制框”、“开始下一个框”和“插入框分隔线”。这些按钮的下面是各种公差特征符号按钮、材料条件按钮和其他形位公差符号按钮。
  - ☑ 分数 选项：图 8.5.6 所示的 分数 选项分为上部文本和下部文本，通过更改分数类型，可以分别在上部文本和下部文本中插入不同的分数类型。

图 8.5.5 “注释”对话框（二）

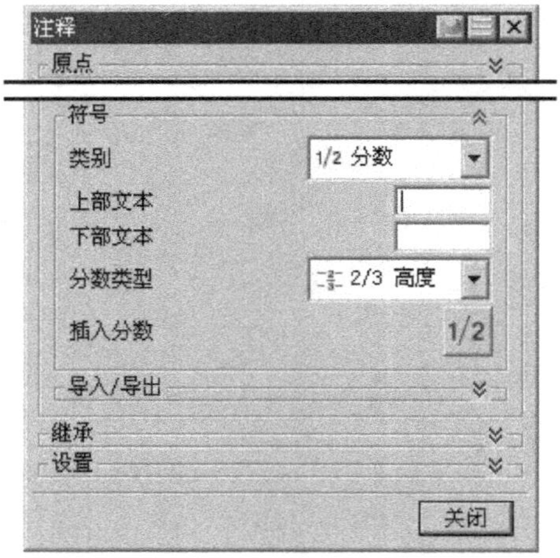

图 8.5.6 “注释”对话框（三）

☑ 定制符号选项：选择此选项后，可以在符号库中选取用户自定义的符号。

☑ 用户定义选项：图 8.5.7 所示为用户定义选项。该选项的符号库下拉列表中提供了“显示部件”、“当前目录”和“实用工具目录”选项。单击“插入符号”按钮后，在文本窗口中显示相应的符号代码，符号文本将显示在预览区域中。

☑ 关系选项：图 8.5.8 所示的关系选项包括四种，P1= P2=：插入控制字符，以在文本中显示表达式的值；：插入控制字符，以显示对象的字符串属性值；：插入控制字符，以在文本中显示部件属性值。：插入控制字符，以显示图纸页的属性值。

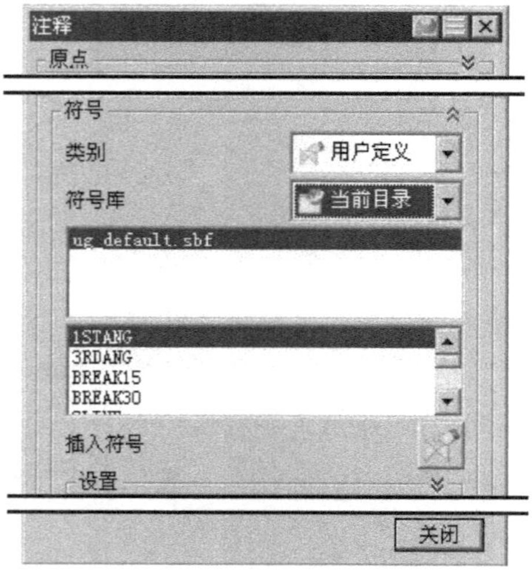

图 8.5.7 “注释”对话框（四）

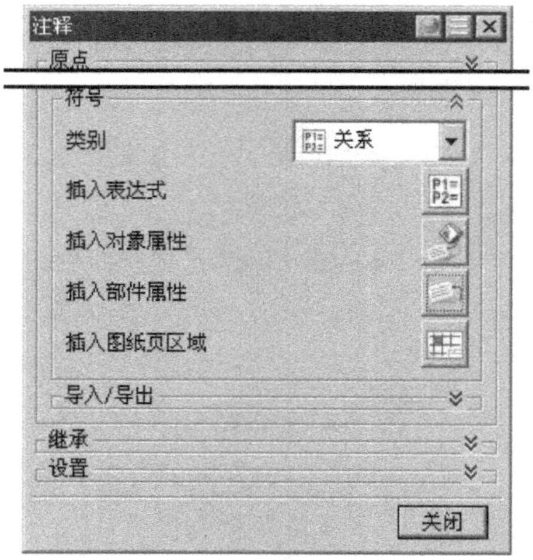

图 8.5.8 “注释”对话框（五）

8.5.3　中心线

UG NX 8.0 提供了很多的中心线，例如中心标记、螺栓圆、对称、2D 中心线和 3D 中心线，从而可以对工程图进行进一步的丰富和完善。下面将介绍 2D 中心线的一般操作过程。

Step1. 打开文件 D:\ug8.1\work\ch08\ch08.05\utility symbol.prt。

Step2. 选择命令。选择下拉菜单 插入(S) ➡ 中心线(E) ➡ 2D 中心线... 命令（或在“中心线”工具条中单击按钮），系统弹出“2D 中心线”对话框，如图 8.5.9 所示。

Step3. 定义中心线。依次选择图 8.5.10 所示的两条边线，在 尺寸 区域中选中 ☑ 单独设置延伸 复选框，此时中心线的两个端点上显示出两个箭头，分别拖动两个箭头，结果如图 8.5.11 所示。

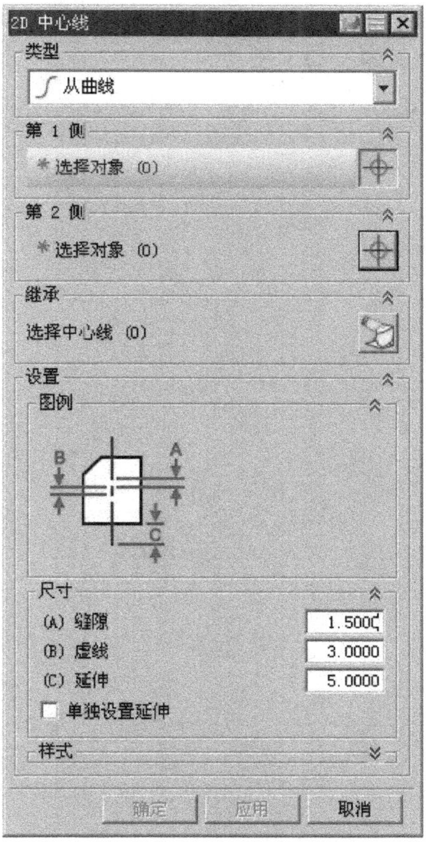

图 8.5.9　“2D 中心线”对话框

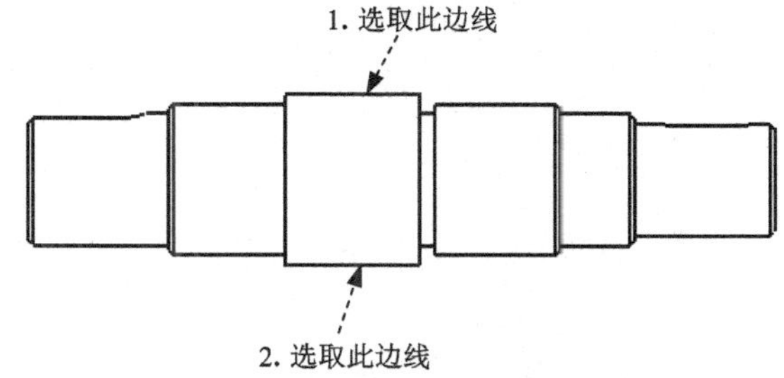

图 8.5.10　选取边

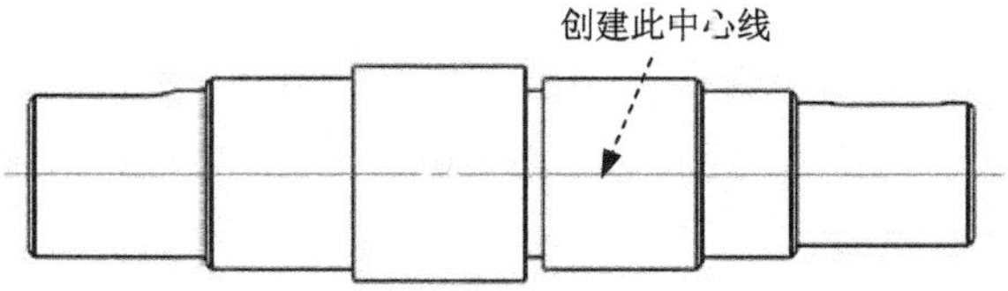

图 8.5.11　创建中心线

Step4. 单击“2D 中心线”对话框中的 < 确定 > 按钮，完成中心线的创建。

8.5.4　表面粗糙度符号

UG NX 8.0 安装后默认的设置中，表面粗糙度符号选项命令是没有被激活的，因此首先要激活表面粗糙度符号选项命令。在 UG NX 8.0 的安装目录“C:\Program Files\Siemens\NX 8.0\UGII”中找到 ugii_env_ug.dat 文件，用记事本程序将其打开，将其中的环境变量 UGII_SURFACE_FINISH 的值改为 ON，然后保存文件。再次启动 UG NX 8.0 后，表面粗糙度符号命令已激活。

注意：UG NX 8.0 中表面粗糙度符号及标注仍沿用 GB/T 131-1995，现行标注已更新为 GB/T 131-2009。下面将介绍标注表面粗糙度的一般操作过程。

Step1. 打开文件 D:\ug8.1\work\ch08\ch08.05\surface finish symbol.prt。

Step2. 选择命令。选择下拉菜单 插入(S) → 注释(A) → 表面粗糙度符号(S)... 命令，系统弹出图 8.5.12 所示的“表面粗糙度”对话框。

Step3. 设置图 8.5.12 所示的表面粗糙度参数，然后选取图 8.5.13 所示的边线放置符号。

Step4. 标注其他表面粗糙度符号。完成后的效果如图 8.5.14 所示。

说明：其他表面粗糙度的标注需要使用 设置 区域中的“旋转角度”和“文本反转”功能，具体操作方法请读者参考随书光盘中的视频讲解。

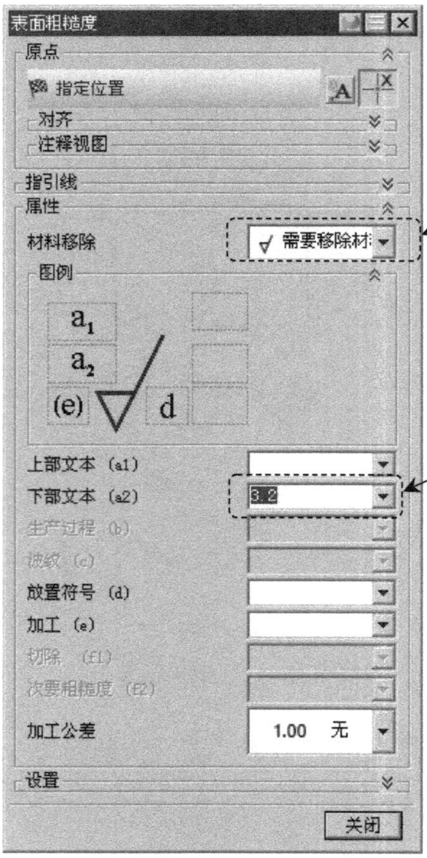

图 8.5.12 “表面粗糙度”对话框

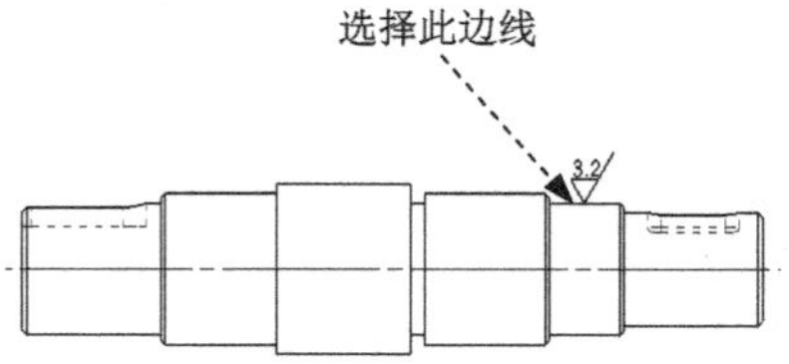

图 8.5.13 放置符号

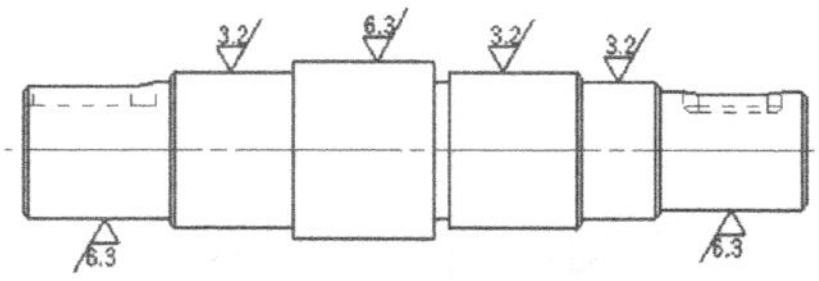

图 8.5.14 表面粗糙度标注

图 8.5.12 所示的“表面粗糙度”对话框中的按钮及选项说明如下：

- 原点 区域：用于设置原点位置和表面粗糙度符号的对齐方式。
- 指引线 区域：用于创建带指引线的表面粗糙度符号，单击该域口的 选择终止对象 按钮，可以选择指示位置。
- 属性 区域：用于设置表面粗糙度符号的类型和值属性。UG NX 8.0 提供了九种类型的表面粗糙度符号。要创建表面粗糙度，首先要选择相应的类型，选择的符号类型将显示在“图例”区域中。
- 设置 区域：用于设置表面粗糙度符号的文本样式、旋转角度、圆括号及文本反转。

8.5.5 标识符号

标识符号是一种由规则图形和文本组成的符号，在创建工程图中也是必要的。下面介绍创建标识符号的一般操作过程。

Step1. 打开文件 D:\ug8.1\work\ch08\ch08.05\id symbol\id symbol.prt。

Step2. 选择命令。选择下拉菜单 插入(S) → 注释(A) → 标识符号(I)... 命令，系统弹出“标识符号”对话框，如图 8.5.15 所示。

Step3. 设置标识符号的参数，如图 8.5.15 所示。

Step4. 指定指引线。单击对话框中的 按钮，选择图 8.5.16 所示的点为引线的放置点。

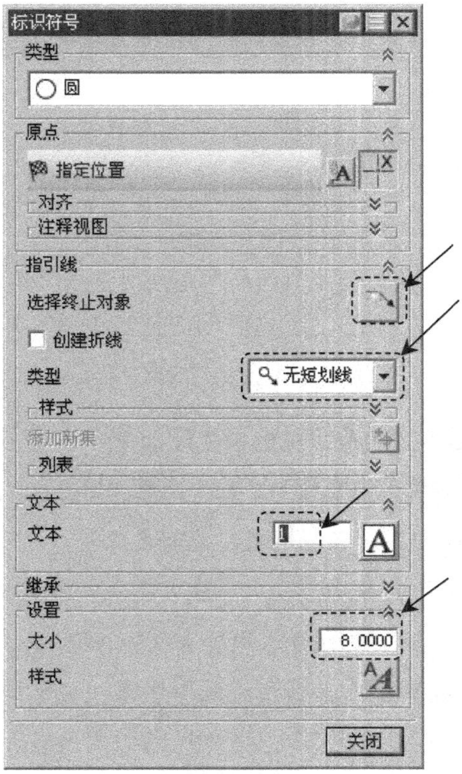

图 8.5.15 “标识符号”对话框

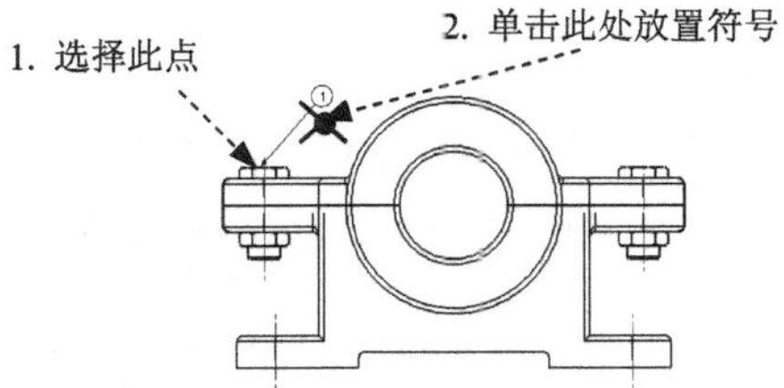

图 8.5.16 标识符号的创建

Step5. 放置标识符号。选择图 8.5.16 所示的位置为标识符号的放置位置，单击 关闭 按钮。

8.5.6 自定义符号

利用自定义符号命令可以创建用户所需的各种符号，且可将其加入到自定义符号库中。下面将介绍创建自定义符号的一般操作过程。

Step1. 打开文件 D:\ug8.1\work\ch08\ch08.05\user-defined symbol.prt。

Step2. 选择命令。选择下拉菜单 插入(S) ➡ 符号(Y) ➡ 用户定义(D)... 命令，系统弹出“用户定义符号”对话框，如图 8.5.17 所示。

Step3. 设置符号的参数，如图 8.5.17 所示。

Step4. 放置符号。单击“用户定义符号”对话框中的 按钮，选择图 8.5.18 所示的尺寸和放置位置。

Step5. 单击 取消 按钮，结果如图 8.5.19 所示。

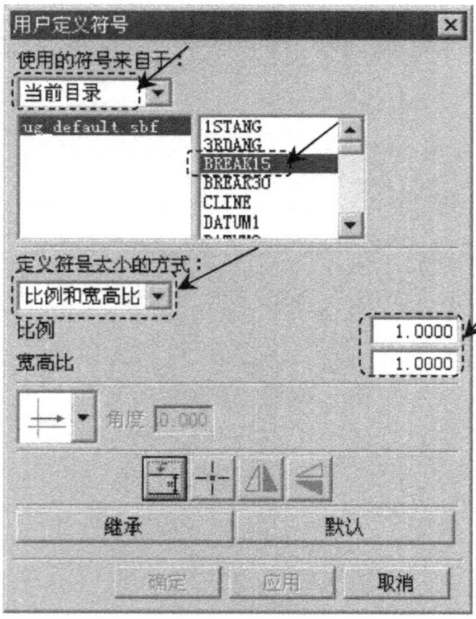

图 8.5.17 “用户定义符号”对话框

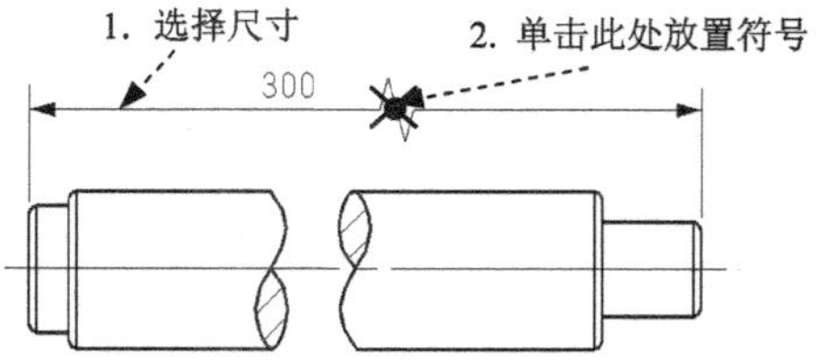

图 8.5.18 用户定义符号的创建

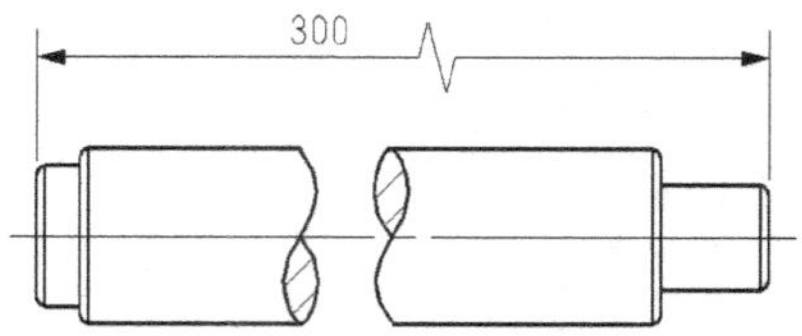

图 8.5.19 创建完的用户定义符号

图 8.5.17 所示的“用户定义符号”对话框常用的按钮及选项说明如下：

- 使用的符号来自于：：该下拉列表用于从当前部件或指定目录中调用“用户定义符号”。
  - ☑ 部件：使用该项将显示当前部件文件中所使用的符号列表。
  - ☑ 当前目录：使用该项将显示当前目录的件。
  - ☑ 实用工具目录：使用该项可以从“实用工具目录”中的文件选择符号。
- 定义符号大小的方式：：在该项中可以使用长度、高度或比例和宽高比来定义符号的大小。

- 符号方向：使用该项可以对图样上的独立符号进行定位。
  - ☑ ：用来定义与 XC 轴方向平行的矢量方向的角度。
  - ☑ ：用来定义与 YC 轴方向平行的矢量方向的角度。
  - ☑ ：用来定义与所选直线平行的矢量方向。
  - ☑ ：用来定义从一点到另外一点所形成的直线来定义矢量方向。
  - ☑ ；用来在显示符号的位置输入一个角度。
- ：用来将符号添加到制图对象中去。
- ：用来指明符号在图样中的位置。

8.6 综 合 范 例

通过对前面的学习，读者应该对 UG NX 8.0 的工程图环境有了总体的了解，在本节中将介绍创建 down_base.prt 零件模型工程图的完整过程。学习完本节后，读者将会对创建 UG NX 8.0 工程图的具体过程有更加详细的了解，完成后的工程图如图 8.6.1 所示。

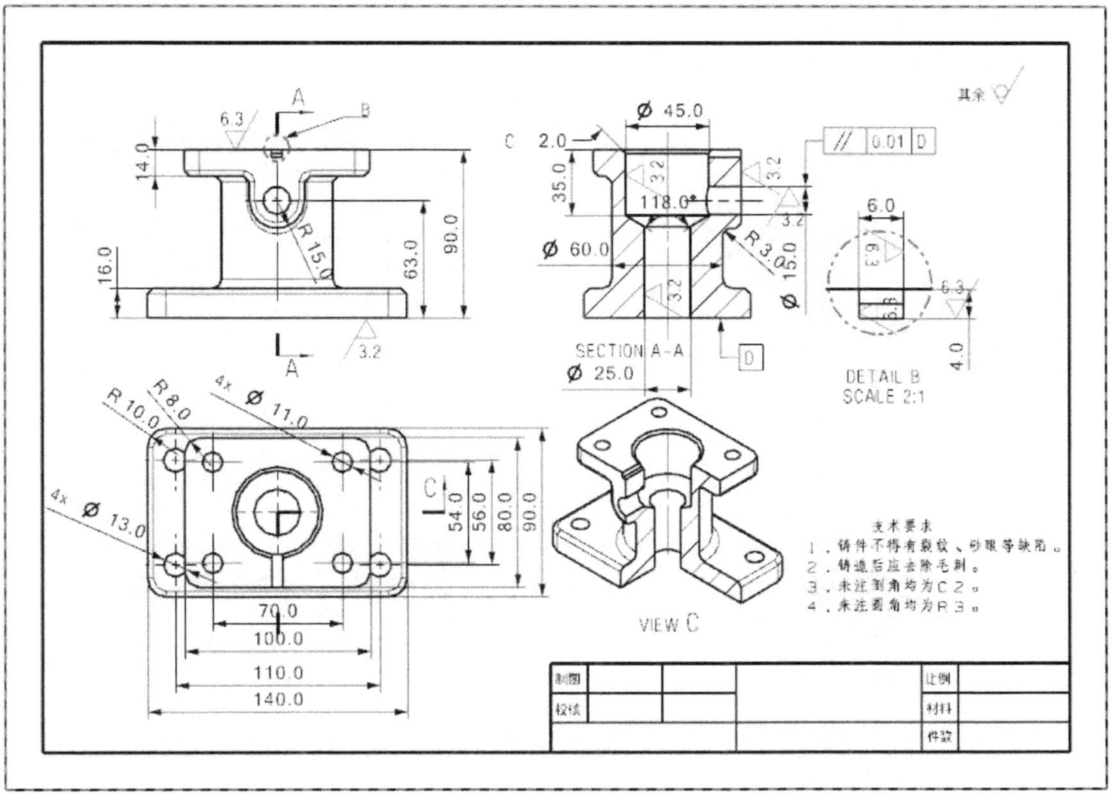

图 8.6.1　零件工程图

Task1. 创建视图前的准备

Step1. 打开文件 D:\ug8.1\work\ch08\ch08.06\down_base.prt。

Step2. 插入图纸页。

（1）进入制图环境。选择下拉菜单 开始 → 制图(D)... 命令，进入制图环境。

（2）新建图纸页。选择下拉菜单 插入(S) → 图纸页(H)... 命令（或单击“图纸”工具条中的按钮），系统弹出“图纸页”对话框，在对话框中选择图 8.6.2 所示的选项，然后单击 确定 按钮。

Step3. 调用图框文件。

（1）选择命令。选择下拉菜单 文件(F) → 导入(M) → 部件(P)... 命令，弹出图 8.6.3 所示的“导入部件”对话框（一），单击 确定 按钮，系统弹出图 8.6.4 所示的“导入部件”对话框（二）。

（2）选择图样。在“导入部件”对话框（二）中选择 A4.prt 文件，单击 OK 按钮，系统弹出“点”对话框，单击 确定 按钮，再单击 取消 按钮，完成图框文件的调用。

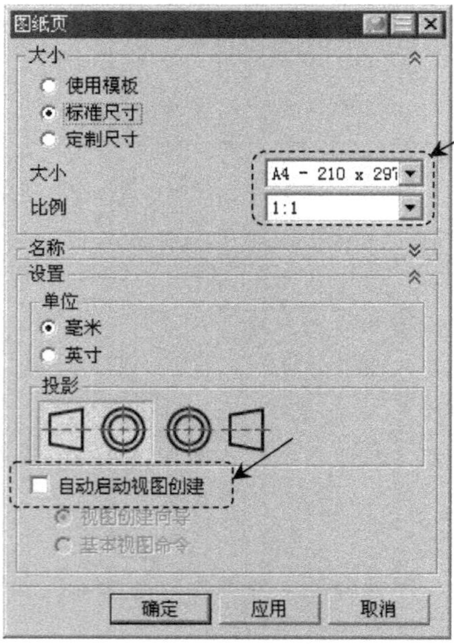

图 8.6.2 “图纸页”对话框

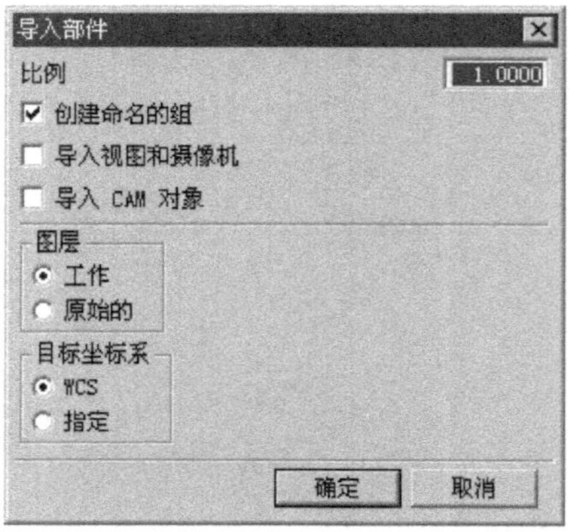

图 8.6.3 “导入部件”对话框（一）

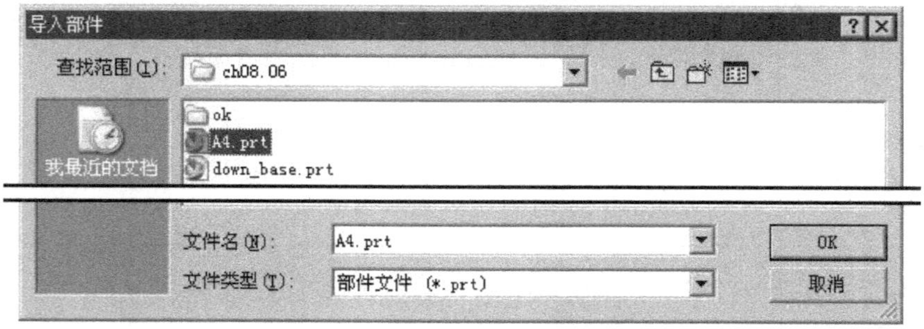

图 8.6.4 “导入部件”对话框（二）

Task2．创建视图

Step1．设置视图显示。选择下拉菜单 首选项(P) → 视图(V)... 命令（或单击“标准”工具条中的按钮），系统弹出“视图首选项”对话框，选择 隐藏线 选项卡设置隐藏线为不可见，单击 确定 按钮。

Step2．添加基本视图。

（1）添加主视图。选择下拉菜单 插入(S) → 视图(W) → 基本(B)... 命令（或单击“图纸”工具条中的按钮），系统弹出“基本视图”对话框。在“基本视图”对话框 模型视图 区域的 要使用的模型视图 下拉列表中选择 前视图 选项，在 缩放 区域的 比例 下拉列表中选择 1:2 选项，在图形区的合适位置单击以放置主视图。

（2）添加俯视图。选择合适的位置单击以放置俯视图，单击中键完成。

（3）添加正等测视图。选择下拉菜单 插入(S) → 视图(W) → 基本(B)... 命令（或单击“图纸”工具条中的按钮），系统弹出“基本视图”对话框。在“基本视图”对话框 模型视图 区域的 要使用的模型视图 下拉列表中选择 正等测视图 选项，并选择比例为 1:2，在图形区合适位置单击以放置正等测视图，单击中键完成。

Step3．调整正等测视图比例。在图 8.6.5 所示的视图边界处双击，系统弹出“视图样式”对话框，选择 常规 选项卡，在 比例 文本框中输入值 0.4，单击 确定 按钮，结果如图 8.6.6 所示。

说明：选择下拉菜单 首选项(P) → 制图(D)... 命令，在 视图 选项卡中选中 ☑ 显示边界 复选框，可以显示视图边界。即使视图边界不显示，在图 8.6.5 所示的位置双击，也能弹出“视图样式”对话框

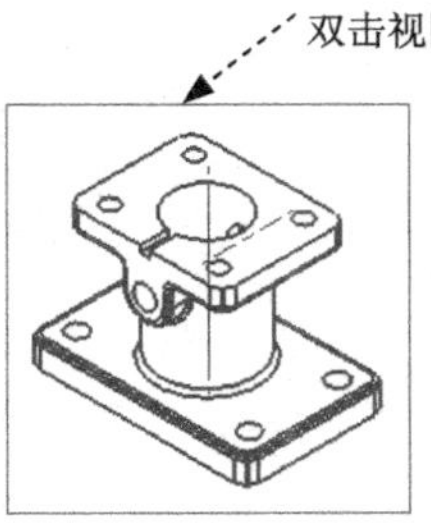

图 8.6.5　双击视图边界

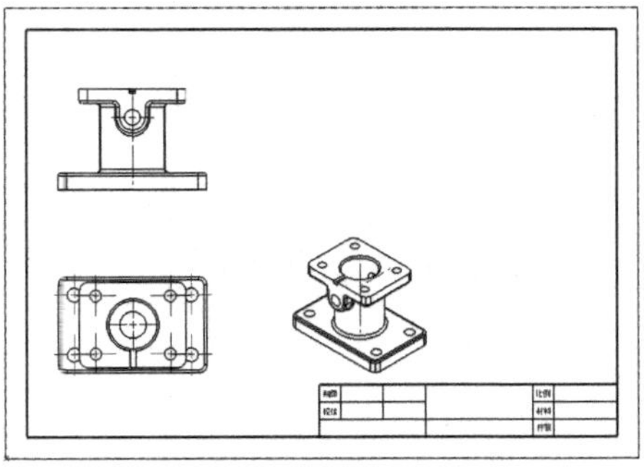

图 8.6.6　创建完成的基本视图

Step4．添加全剖左视图。

（1）选择命令。选择下拉菜单 插入(S) → 视图(W) → 截面(S) → 简单/阶梯剖(S)... 命令（或单击“图纸”工具条中的按钮），系统弹出“剖视图”工具条。

（2）选择前视图作为创建全剖视图的父视图，如图 8.6.7 所示。

（3）选择剖切位置。确认“捕捉方式”工具条中的按钮被按下，选取图 8.6.8 所示的

圆弧。

（4）放置剖视图。在图 8.6.9 所示的位置单击放置剖视图，在“剖视图”工具条右上角单击按钮，完成全剖视图的创建。

Step5．添加局部放大图。

（1）选择命令。选择下拉菜单 插入(S) ➡ 视图(W) ➡ 局部放大图(D)... 命令（或单击“图纸”工具条中的按钮），系统弹出“局部放大图”对话框。

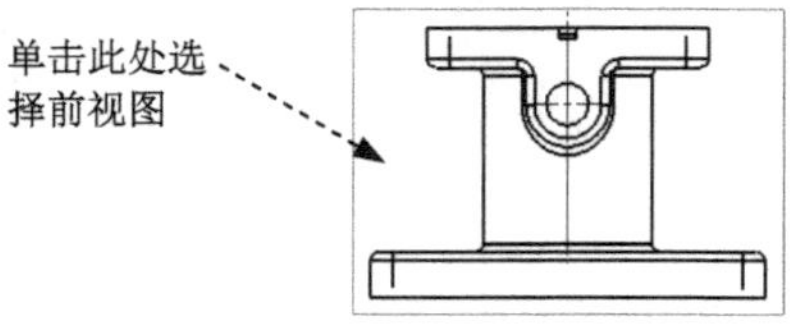

图 8.6.7　选择父视图

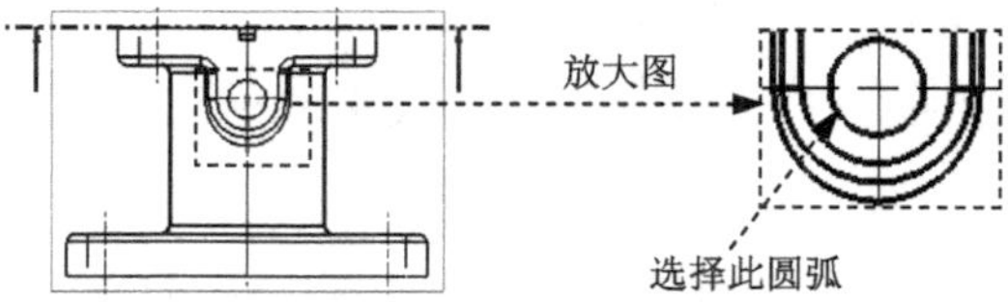

图 8.6.8　选取剖切位置

（2）选择边界类型。在“局部放大图”对话框的 类型 下拉列表中选择 圆形 选项。

（3）绘制放大图区域的轮廓线。绘制图 8.6.10 所示的放大视图的区域，绘制完成后，在图形区选择合适的位置单击放置放大图，在对话框中单击 关闭 按钮。

（4）设置视图样式。双击放大图的边框，系统弹出“视图样式”对话框。在 常规 选项卡的 比例 文本框中输入比例值 2.0，单击 确定 按钮。

（5）设置视图符号。双击放大图的标签（B），系统弹出“视图标签样式”对话框，该对话框中的参数设置如图 8.6.12 所示，结果如图 8.6.11 所示。

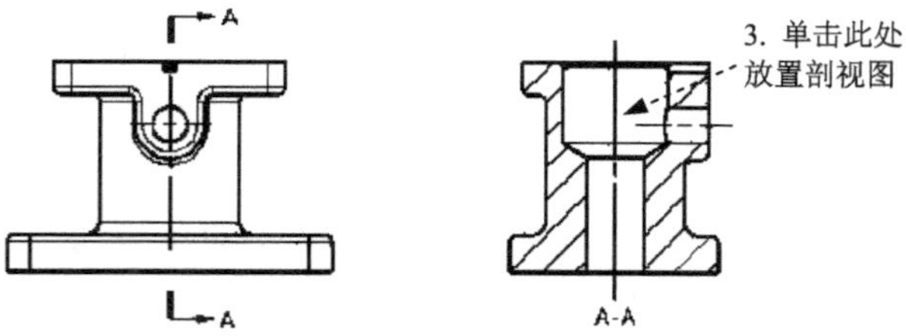

图 8.6.9　放置剖面视图

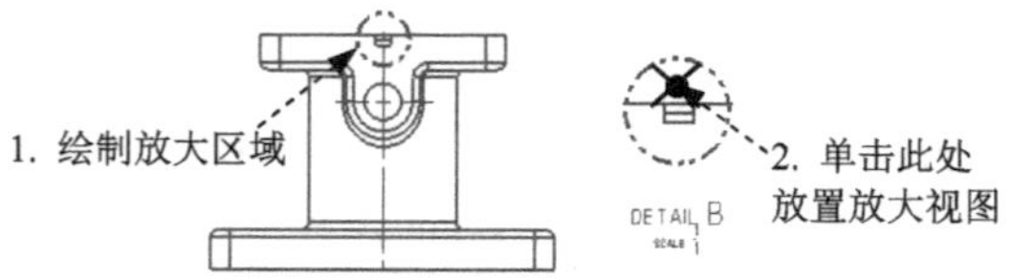

图 8.6.10　局部放大视图的放置步骤

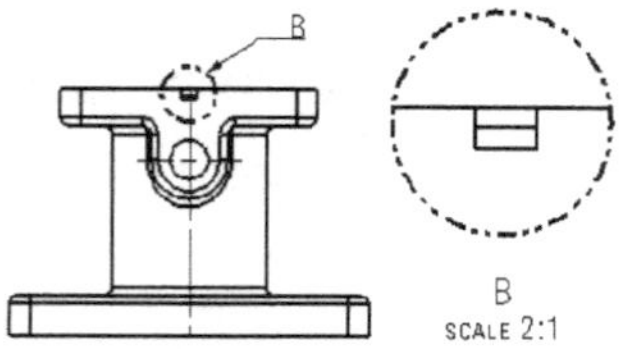

图 8.6.11　创建局部放大图

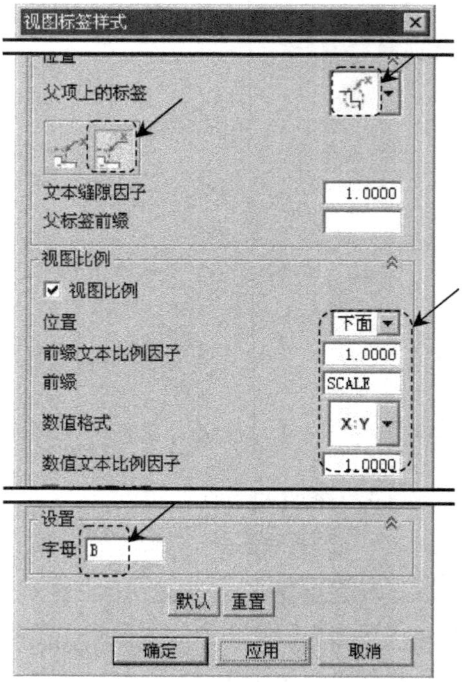

图 8.6.12　“视图标签样式”对话框

Step6．添加半剖正等测视图。

（1）选择命令。选择下拉菜单 插入(S) → 视图(W) → 截面(S) → 半剖(H)... 命令（或单击“图纸”工具条中的按钮），系统弹出“半剖视图”工具条，选择俯视图作为创建半剖视图的父视图。

（2）选择剖切位置。单击“捕捉方式”工具条中的按钮，依次选取图 8.6.13 所示的两条边线。

（3）在“半剖视图”工具条的“方向”下拉列表中选择“剖切现有视图”选项，然后选择正等测视图，在“半剖视图”工具条右上角单击按钮，如图 8.6.14 所示。

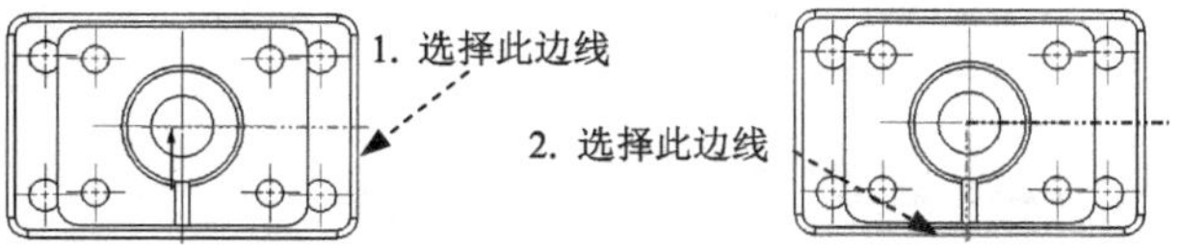

图 8.6.13　选取剖切位置

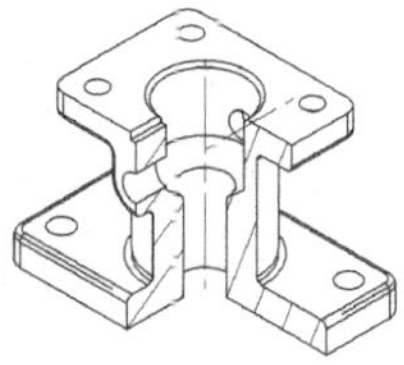
图 8.6.14　正等测半剖视图

Task3. 标注尺寸

Step1. 标注图 8.6.15 所示的竖直尺寸。

（1）选择命令。选择下拉菜单 插入(S) → 尺寸(M) → 竖直(V)... 命令（或单击“尺寸”工具条中的按钮），系统弹出“竖直尺寸”工具条，单击“捕捉方式”工具条中的按钮。

（2）依次选取图 8.6.16 所示的边线 1 和图 8.6.17 所示的边线 2，单击图 8.6.17 所示的位置放置竖直尺寸。

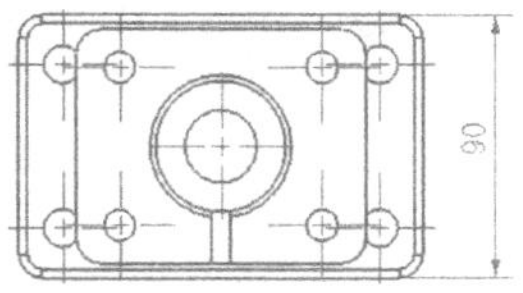

图 8.6.15　标注竖直尺寸

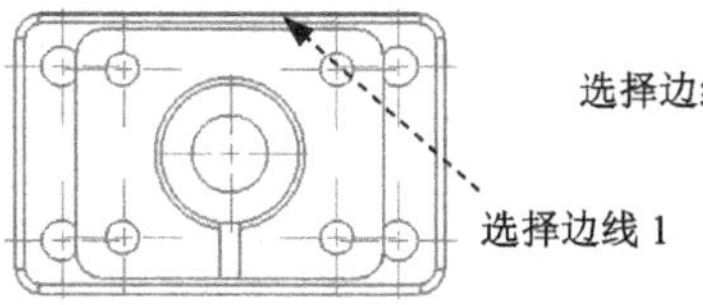

图 8.6.16　选择边线 1

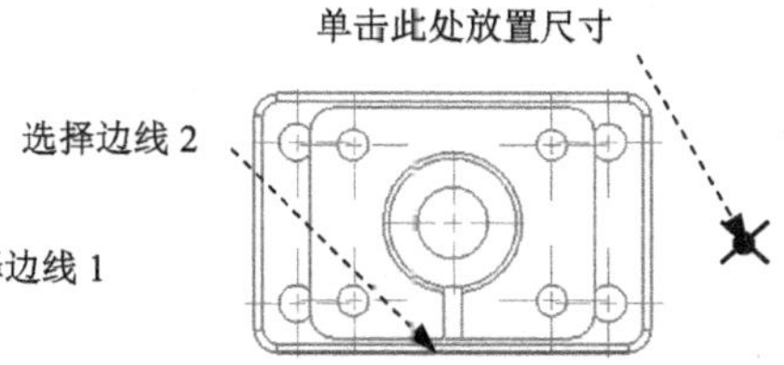

图 8.6.17　选择边线 2 及放置尺寸

Step2. 标注图 8.6.18 所示的水平尺寸。

（1）选择命令。选择下拉菜单 插入(S) → 尺寸(M) → 水平(H)... 命令（或单击“尺寸”工具条中的按钮），系统弹出“水平尺寸”工具条，单击取消选中“捕捉方式”工具条中的按钮。

（2）选取图 8.6.19 所示的边线 1，然后选取图 8.6.20 所示的边线 2，单击图 8.6.20 所示的位置放置水平尺寸。

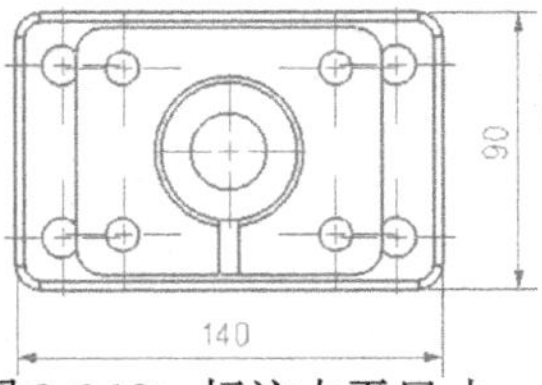

图 8.6.18　标注水平尺寸

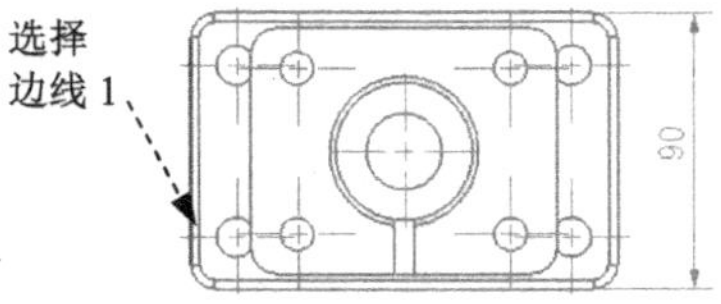

图 8.6.19　水平尺寸标注

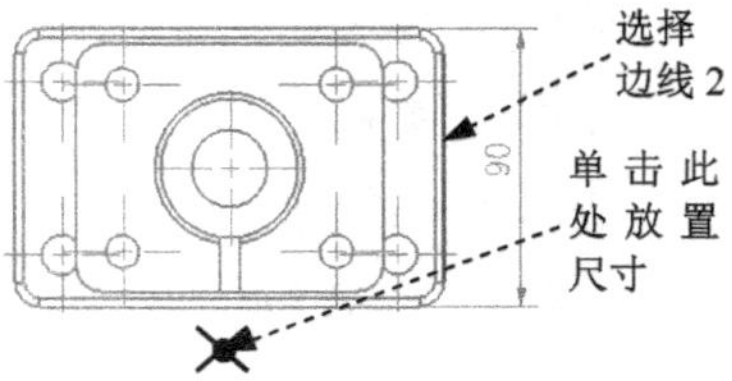

图 8.6.20　水平尺寸标注

Step3. 标注图 8.6.21 所示的半径尺寸。

（1）选择命令。选择下拉菜单 插入(S) ➡ 尺寸(M) ▸ ➡ 半径(R)... 命令（或单击“尺寸”工具条中的按钮），系统弹出“半径尺寸”工具条。

（2）选取图 8.6.22 所示的圆弧，单击图 8.6.22 所示的位置放置圆弧半径尺寸。

Step4. 标注图 8.6.23 所示的孔径尺寸。

（1）选择命令。选择下拉菜单 插入(S) ➡ 尺寸(M) ▸ ➡ 圆柱(Y)... 命令（或单击“尺寸”工具条中的按钮），系统弹出“圆柱尺寸”工具条。

（2）依次选取图 8.6.24 所示的边线 1 和图 8.6.25 所示的边线 2，单击图 8.6.25 所示的位置放置孔径尺寸。

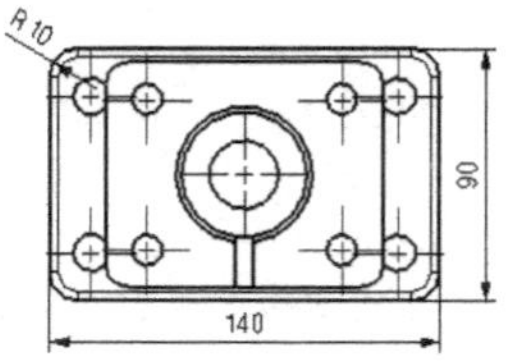

图 8.6.21　半径尺寸标注

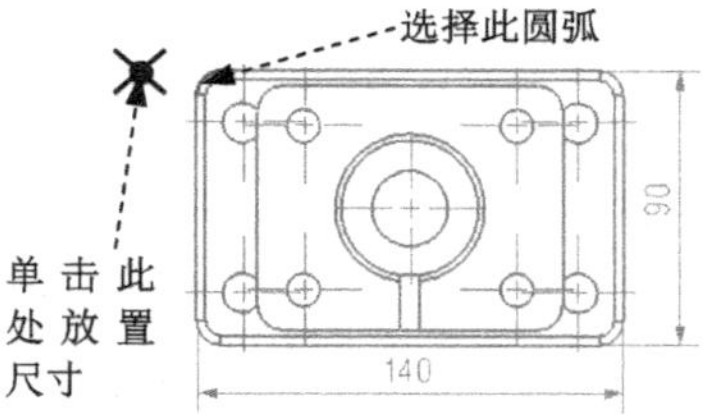

图 8.6.22　半径尺寸标注

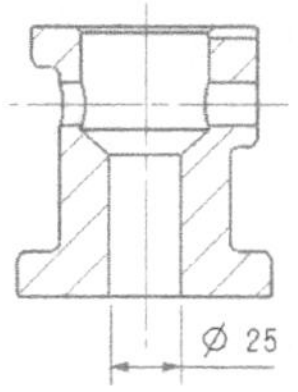

图 8.6.23　标注孔径尺寸

Step5. 参照 Step1～Step4 的方法标注其他尺寸，尺寸标注完成后效果如图 8.6.26 所示。

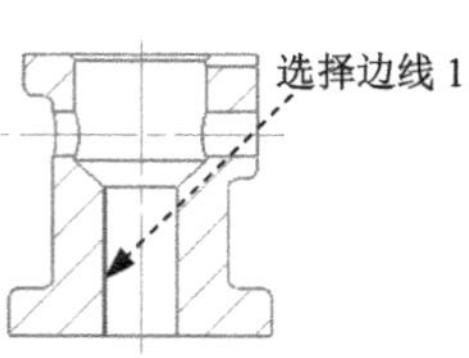

图 8.6.24　选择边线 1

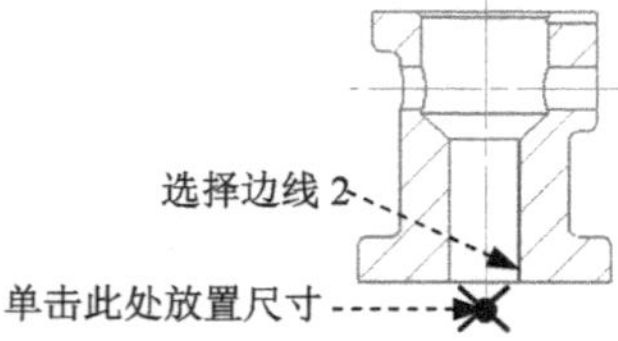

图 8.6.25　选择边线 2 及放置尺寸

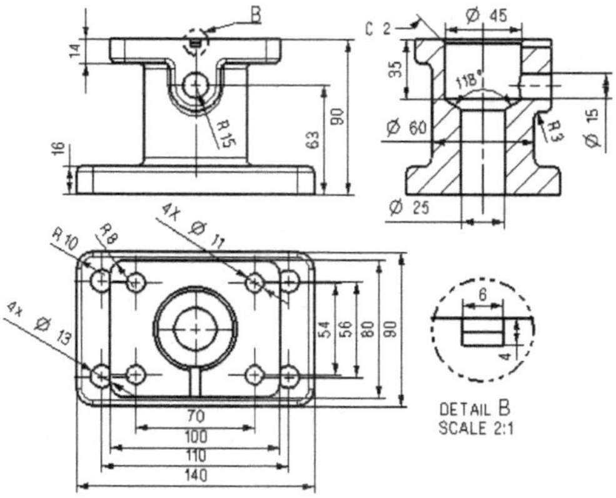

图 8.6.26　视图尺寸标注

Task4. 表面粗糙度标注

Step1. 选择命令。选择下拉菜单 插入(S) → 注释(A) → 表面粗糙度符号(S)... 命令，系统弹出“表面粗糙度”对话框。

Step2. 选择表面粗糙度的样式。在“表面粗糙度”对话框中设置图 8.6.27 所示的参数。

Step3. 放置表面粗糙度符号，如图 8.6.28 所示。

Step4. 创建其他的表面粗糙度标注，结果如图 8.6.29 所示。

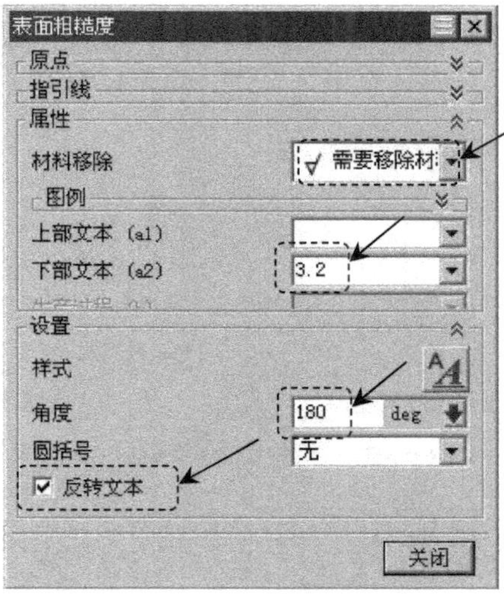

图 8.6.27　“表面粗糙度”对话框

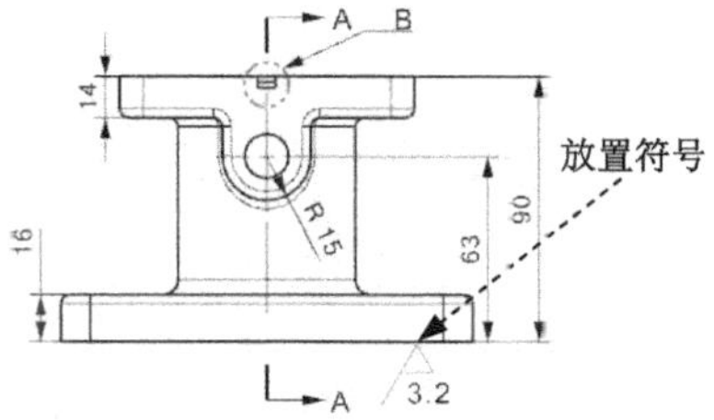

图 8.6.28　表面粗糙度标注

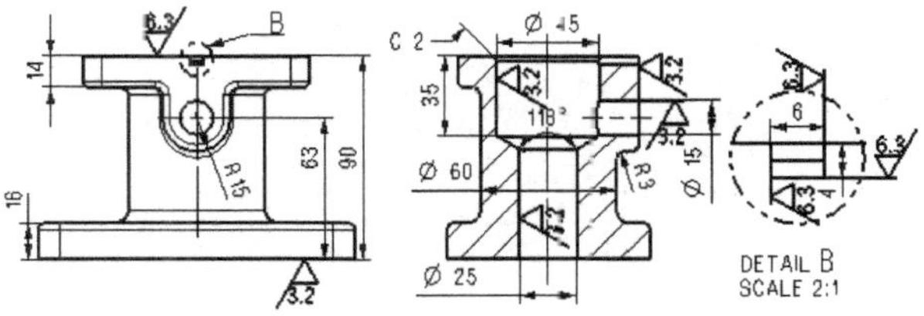

图 8.6.29　创建其他的表面粗糙度标注

Task5. 标注形状位置公差

Step1. 选择命令。单击“注释”工具栏中的 按钮，系统弹出“基准特征符号”对话框。

Step2. 创建基准。在 基准标识符 区域的 字母 文本框中输入 D，在 指引线 区域的 类型 下拉列表中选择 普通 选项，单击 选择终止对象 按钮，选择图 8.6.30 所示的位置放置边线，放置基准后，单击中键确认，然后按住左键并将图框拖动到合适位置，结果如图 8.6.31 所示。

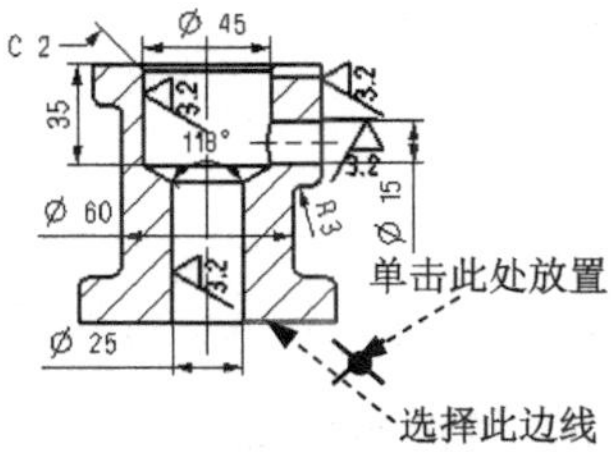

图 8.6.30　基准的创建

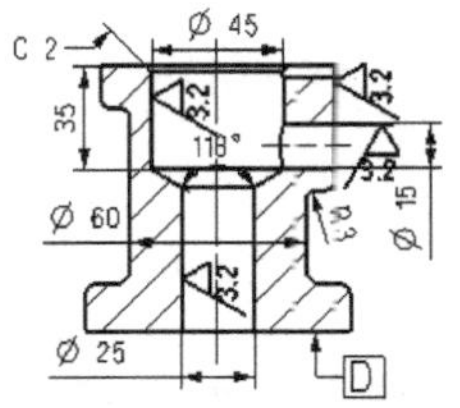

图 8.6.31　创建的基准

Step3. 编辑形位公差。单击“注释”工具条中的 按钮，系统弹出图 8.6.32 所示的“注释”对话框。在符号区域的类别下拉列表中选择形位公差选项，依次单击和按钮，输入公差值 0.01，然后单击按钮，输入字母 D。

Step4. 放置形位公差。单击该对话框指引线区域的按钮，选取图 8.6.33 所示的位置为指引线的起始位置，放置形位公差后单击中键确认，结果如图 8.6.34 所示。

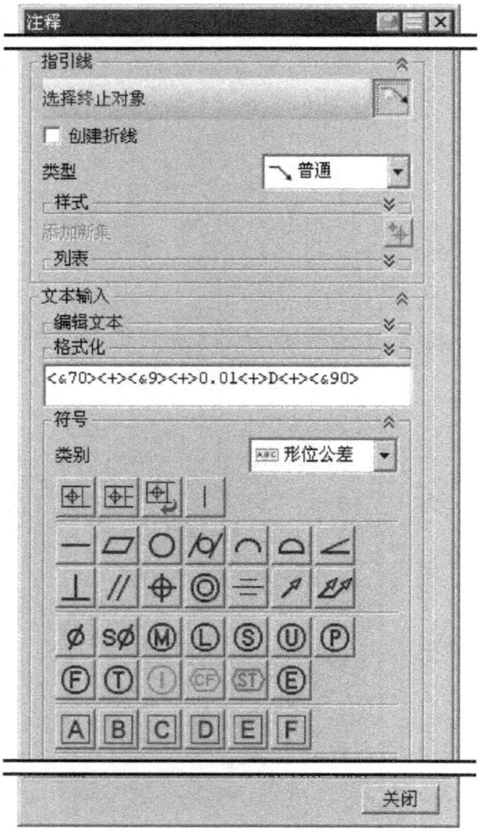

图 8.6.32 “注释”对话框

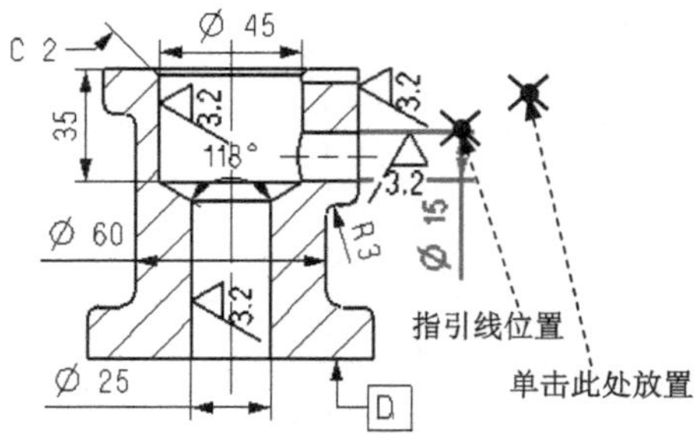

图 8.6.33 形位公差的标注

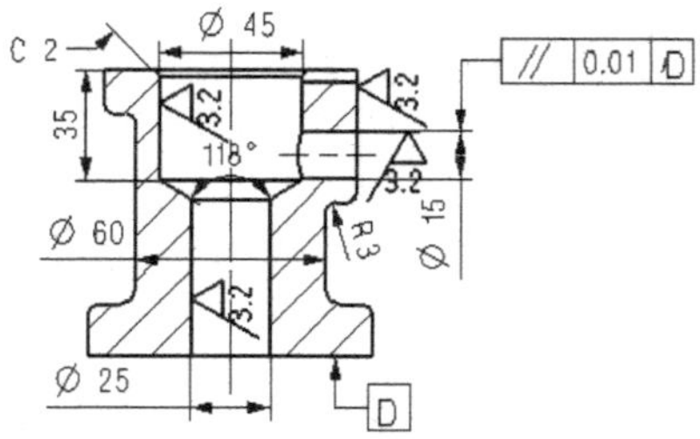

图 8.6.34 标注完成的形位公差

Task6. 创建注释

Step1. 选择命令。单击“注释”工具条中的按钮，系统弹出“注释”对话框。在符号区域的类别下拉列表中选择制图选项，在格式化区域的下拉列表中选择chinesef_fs选项。

Step2. 添加技术要求。清空“文本”对话框中的内容，然后输入图 8.6.35 所示的文字内容。选择合适的位置单击以放置注释，然后单击中键完成操作，结果如图 8.6.36 所示。

Step3. 参照前面的方法添加其他注释。

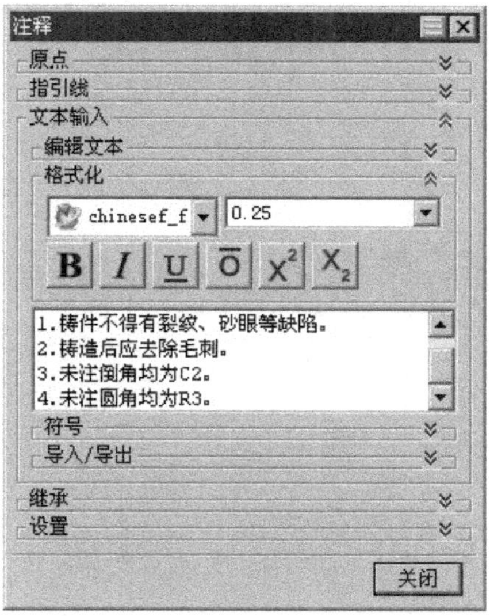

图 8.6.35 “注释”对话框

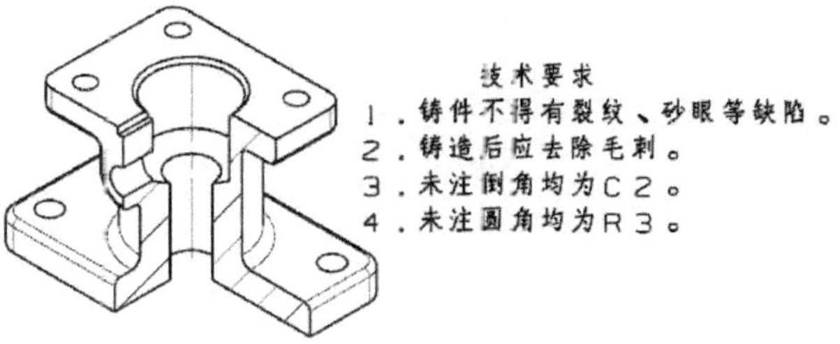

图 8.6.36 添加的注释

8.7 习 题

1．打开文件 D:\ug8.1\work\ch08\ch08.07\exercises 01.prt，然后创建该模型的工程图，如图 8.7.1 所示。

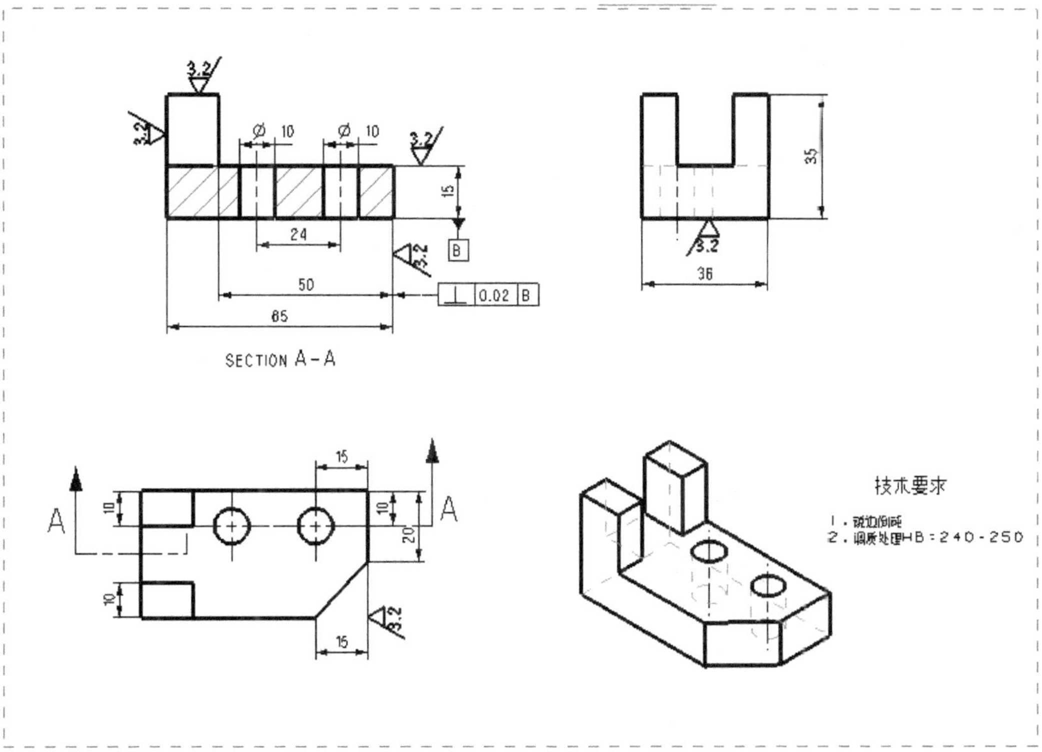

图 8.7.1 练习 1

2．打开文件 D:\ug8.1\work\ch08\ch08.07\exercises 02.prt，然后创建该模型的工程图，如图 8.7.2 所示。

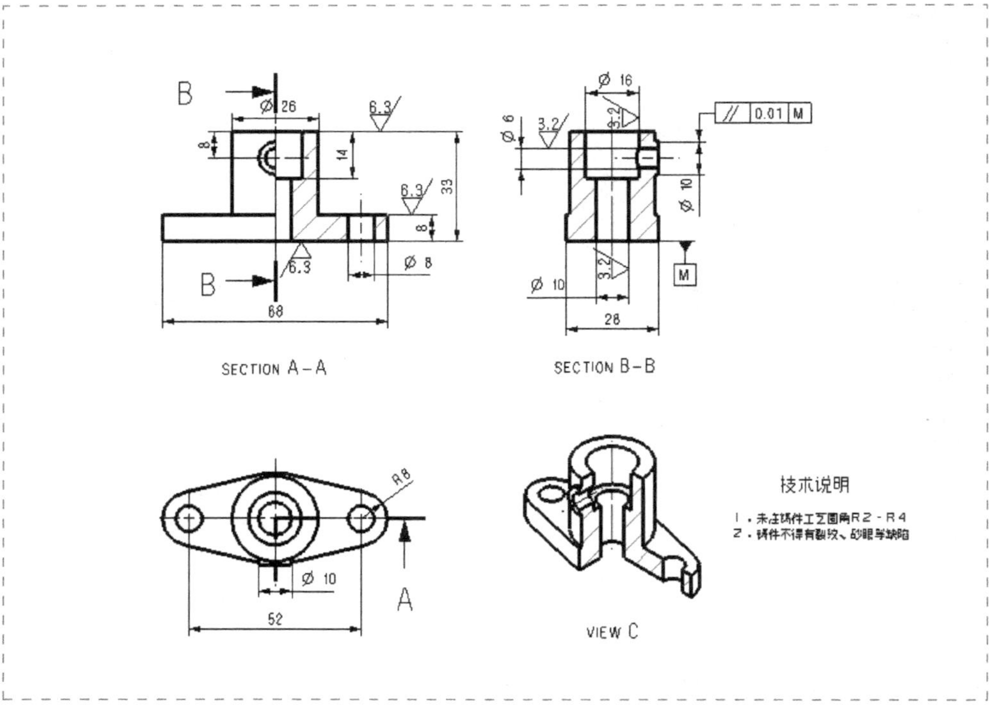

图 8.7.2　练习 2

第 9 章　NX 钣金设计

本章提要　本章主要讲解了 NX 钣金模块的菜单、工具栏以及钣金首选项的设置；基本钣金特征、附加钣金特征的各种创建方法；钣金折弯、展开和重新折弯的各种创建方法和技巧。读者通过本章的学习，可以对 NX 钣金模块有比较清楚的认识。

9.1　NX 钣金模块导入

本节主要讲解了 NX 钣金模块的菜单、工具栏以及钣金首选项的设置。读者通过本章的学习，可以对 NX 钣金模块有一个初步的了解。

1.　NX 钣金模块的菜单及工具栏

打开 UG NX 8.0 软件后，首先选择 文件(F) ➡ 新建(N)... 命令，然后在系统弹出的“新建”对话框中选择 NX 钣金 模板，进入 NX 钣金模块。选择下拉菜单 插入(S)，系统则弹出 NX 钣金模块中的所有钣金命令（图 9.1.1）。

在工具条按钮区中单击鼠标右键，在系统弹出的快捷菜单中确认 NX 钣金 工具条被激活（NX 钣金 前有 ✓ 激活状态），屏幕中则出现图 9.1.2 所示的“NX 钣金”工具条。

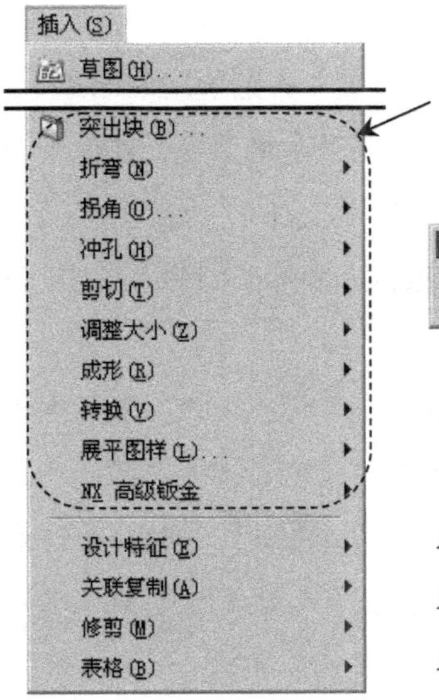

图 9.1.1　“插入”下拉菜单

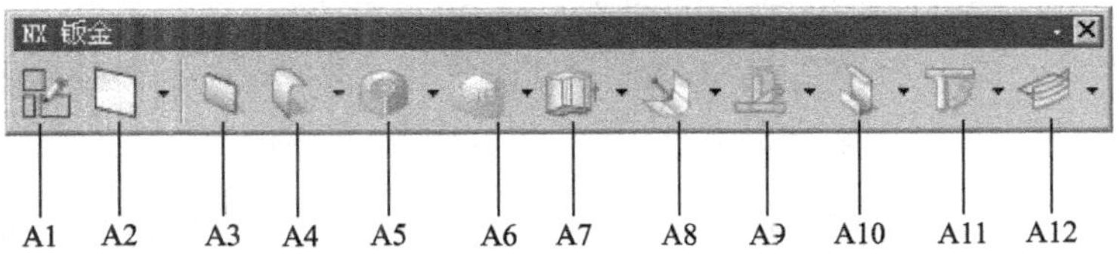

图 9.1.2　“NX 钣金”工具条

A1：草图　　A2：基准平面　　A3：突出块
A4：弯边　　A5：封闭拐角　　A6：凹坑
A7：拉伸　　A8：调整折弯半径大小　　A9：伸直
A10：转换为钣金　　A11：展平实体　　A12：高级弯边

2 NX 钣金模块的首选项设置

为了提高钣金件的设计效率以及使钣金件在设计完成后能顺利地加工及精确地展开，UG NX 8.0 提供了一些对钣金零件属性的设置及其平面展开图处理的相关设置。通过对首选项的设置极大提高了钣金零件的设计速度。这些参数设置包括材料厚度、折弯半径、止裂口深度、止裂口宽度和折弯许用半径公式的设置。下面详细讲解这些参数的作用。

进入 NX 钣金模块后，选择下拉菜单 首选项(P) ➡ NX 钣金(H)... 命令，系统弹出“NX 钣金首选项”对话框（一），如图 9.1.3 所示。

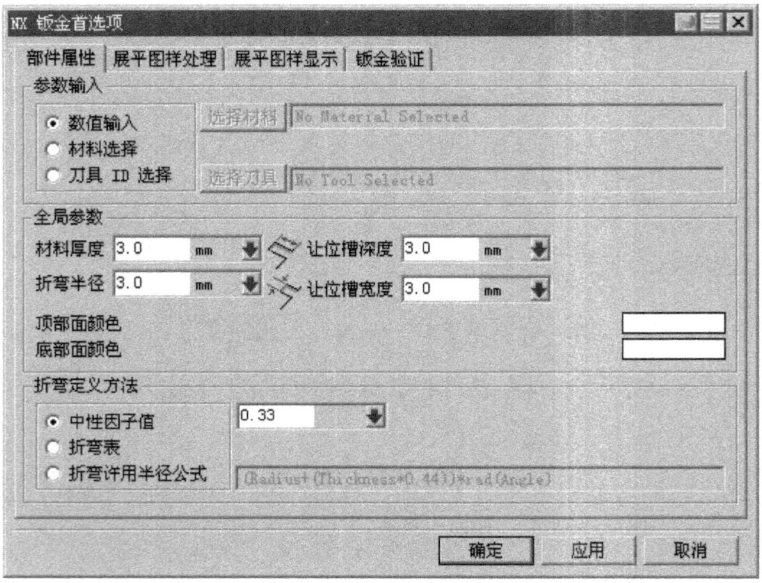

图 9.1.3 “NX 钣金首选项”对话框（一）

图 9.1.3 所示的“NX 钣金首选项”对话框（一）中部件属性选项卡中各选项的说明如下：

- 参数输入区域：该区域包含 数值输入、 材料选择和 刀具 ID 选择单选项，可用于确定钣金折弯的定义方式。
  - ☑ 数值输入单选项：当选中该单选项时，可直接以数值的方式在折弯定义方法区域中直接输入钣金折弯参数。
  - ☑ 材料选择单选项：选中该单选项时，可单击右侧的选择材料按钮，系统弹出“选择材料”对话框，可在该对话框中选择一材料来定义钣金折弯参数。
  - ☑ 刀具 ID 选择单选项：选中该单选项时，可单击右侧的选择刀具按钮，系统弹出“NX 钣金工具标准”对话框，可在该对话框中选择钣金标准工具，以定义钣金的折弯参数。
- 在全局参数区域中可以设置以下四个参数。
  - ☑ 材料厚度文本框：可以在该文本框中输入数值以定义钣金零件的全局厚度。

☑ 折弯半径文本框：可以在该文本框中输入数值以定义钣金件折弯时的默认的折弯半径值。

☑ 让位槽深度文本框：可以在该文本框中输入数值以定义钣金件默认的让位槽的深度值。

☑ 让位槽宽度文本框：可以在该文本框中输入数值以定义钣金件默认的让位槽的宽度值。

☑ 顶部面颜色选择区域：单击其后的颜色选择区域，系统弹出“颜色”对话框，可在该对话框中选择一种颜色来定义钣金件顶部面的颜色。

☑ 底部面颜色选择区域：单击其后的颜色选择区域，系统弹出“颜色”对话框，可在该对话框中选择一种颜色来定义钣金件底部面的颜色。

- 折弯定义方法区域：该区域用于定义折弯定义方法，包含⊙中性因子值、⊙折弯表和⊙折弯许用半径公式单选项。

☑ ⊙中性因子值单选项：选中该单选项时，采用中性因子定义折弯方法，且其后的文本框可用，可在该文本框中输入数值以定义折弯的中性因子。

☑ ⊙折弯表单选项：选中该单选项，可在创建钣金折弯时使用折弯表来定义折弯参数。

☑ ⊙折弯许用半径公式单选项：当选中该单选项时，使用半径公式来确定折弯参数。

在“NX钣金首选项”对话框（一）中单击展平图样处理选项卡，“NX钣金首选项”对话框（二）如图9.1.4所示。

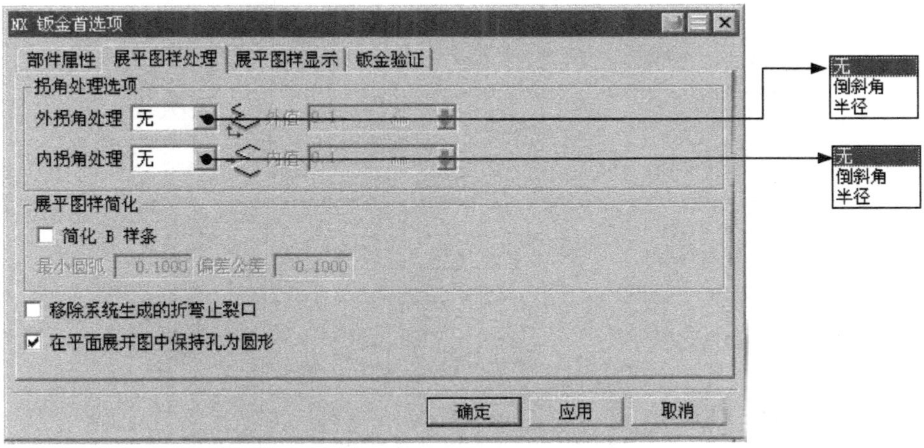

图 9.1.4　“NX钣金首选项”对话框（二）

图9.1.4所示的“NX钣金首选项”对话框（二）的展平图样处理选项卡中的各选项的说明如下：

- 拐角处理选项在区域中可以设置在展开钣金后内、外拐角的处理方式。外拐角是去除材料，内拐角是创建材料。

- 外拐角处理下拉列表：该下拉列表中有无、倒斜角和半径三个选项，用于设置钣金展开后外拐角的处理方式。
  - ☑ 无选项：选择该选项时，不对内、外拐角做任何处理。
  - ☑ 倒斜角选项：选择该选项时，对内、外拐角创建一个倒角，倒角的大小在其后的文本框中进行设置。
  - ☑ 半径选项：选择该选项时，对内、外拐角创建一个圆角，圆角的大小在后面的文本框中进行设置。
- 内拐角处理下拉列表：该下拉列表中有无、倒斜角和半径三个选项，用于设置钣金展开后外拐角的处理方式。
- 展平图样简化区域：该区域用于在对圆柱表面或折弯处有裁剪特征的钣金零件进行展开时，设置是否生成B样条，当选中☑ 简化 B 样条复选框后，可通过最小圆弧及偏差的公差两个文本框对简化B样条的最大圆弧和偏差公差进行设置。
- ☑ 移除系统生成的折弯止裂口复选框：选中☑ 移除系统生成的折弯止裂口复选框后，钣金零件展开时将自动移除系统生成的缺口。
- ☑ 在平面展开图中保持孔为圆形复选框：选择该复选框时，在平面展开图中保持折弯曲面上的孔为圆形。

在“NX 钣金首选项”对话框（一）中单击展平图样显示选项卡，“NX 钣金首选项”对话框（三）如图 9.1.5 所示，可设置展平图样的各曲线的颜色以及默认选项的新标注属性。

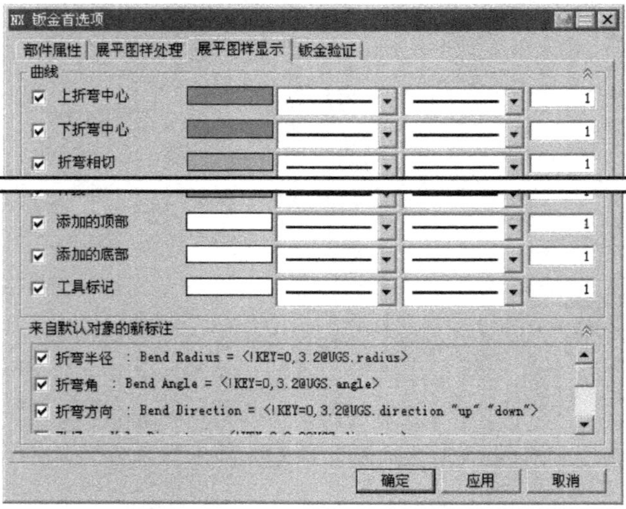

图 9.1.5 “NX 钣金首选项”对话框（三）

在“NX 钣金首选项”对话框（一）中单击钣金验证选项卡，此时“NX 钣金首选项”对话框（四）如图 9.1.6 所示。在该选项卡中可设置钣金件验证的参数。

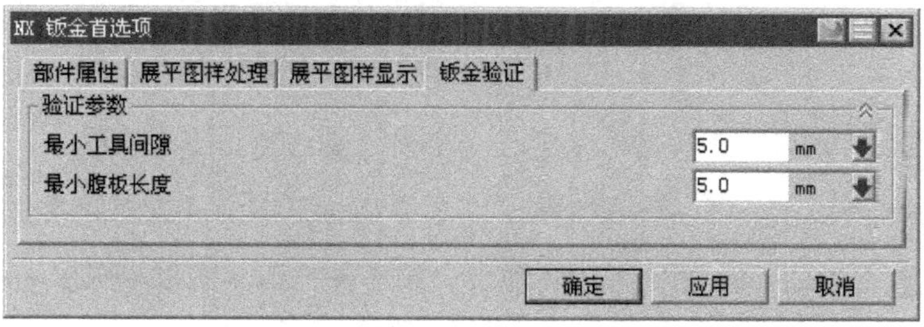

图 9.1.6　“NX 钣金首选项”对话框（四）

9.2　基础钣金特征

9.2.1　突出块

使用“突出块”命令可以创建出一个平整的薄板（图 9.2.1），它是一个钣金零件的“基础”，其他的钣金特征（如冲孔、成形、折弯等）都要在这个“基础”上构建，因此这个平整的薄板就是钣金件最重要的部分。

图 9.2.1　突出块钣金壁

1. 创建“平板”的两种类型

选择下拉菜单 插入(S) → 突出块(B)... 命令后，系统弹出图 9.2.2a 所示的“突出块”对话框（一），创建完成后再次选择下拉菜单 插入(S) → 突出块(B)... 命令时，系统弹出图 9.2.2b 所示的“突出块”对话框（二）。

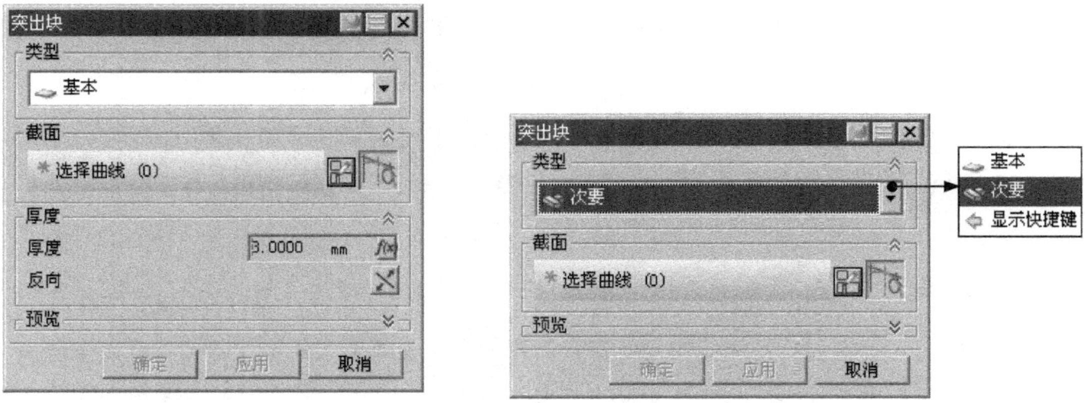

a）“突出块”对话框（一）　　b）“突出块”对话框（二）

图 9.2.2　“突出块”对话框

图 9.2.2 所示的“突出块”对话框（一）中的选项的说明如下：

- 类型区域：该区域的下拉列表中有 基本和 次要选项，用以定义钣金的厚度。
  - ■ 基本选项：选择该选项时，用于创建基础突出块钣金壁。
  - ■ 次要选项：选择该选项时，在已有的钣金壁的表面创建突出块钣金壁，其壁厚与基础钣金壁相同。注意只有在部件中已存在基础钣金壁特征时，此选项才会出现。
- 截面区域：该区域用于定义突出块的截面曲线，截面曲线必须是封闭的曲线。
- 厚度区域：该区域用于定义突出块的厚度及厚度方向。
  - ☑ 厚度文本框：可在该区域中输入数值以定义突出块的厚度。
  - ☑ 反向按钮：单击按钮，可使钣金材料的厚度方向发生反转。

2 创建平板的一般过程

基本突出块是创建一个平整的钣金基础特征，在创建钣金零件时，需要先绘制钣金壁的正面轮廓草图（必须为封闭的线条），然后给定钣金厚度值即可。次要突出块是在已有的钣金壁上创建平整的钣金薄壁材料，其壁厚无需用户定义，系统自动设定为与已存在钣金壁的厚度相同。

Task1. 创建基本突出块

下面以图 9.2.3 所示的模型为例，来说明创建基础突出块钣金壁的一般操作过程。

Step1. 新建文件。

（1）选择下拉菜单 文件(F) ➡ 新建(N)... 命令，系统弹出“新建”对话框。

（2）在 模型 选项卡 模板 区域下的列表中选择 NX 钣金 模板；在 新文件名 对话框的 名称 文本框中输入文件名称 tack；单击 文件夹 文本框后面的按钮，选择文件保存路径 D:\ug8.1\work\ch09\ch09.02\ch09.02.01。

Step2. 选择命令。选择下拉菜单 插入(S) ➡ 突出块(B)... 命令，系统弹出“突出块”对话框。

Step3. 定义平板截面。单击按钮，选取 XY 平面为草图平面，单击 确定 按钮，绘制图 9.2.4 所示的截面草图，选择下拉菜单 任务(K) ➡ 完成草图(K) 命令，退出草图环境。

Step4. 定义厚度。厚度方向采用系统默认的矢量方向，在 厚度 文本框中输入厚度值 3.0。

说明：厚度方向可以通过单击“突出块”对话框中的按钮来调整。

Step5. 在“突出块”对话框中单击 < 确定 > 按钮，完成特征的创建。

Step6. 保存零件模型。选择下拉菜单 文件(F) ➡ 保存(S) 命令，即可保存零件模型。

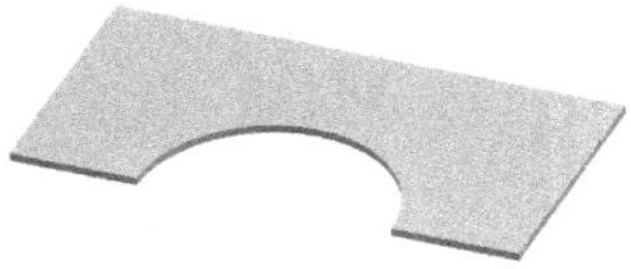

图 9.2.3　创建基础平板钣金壁

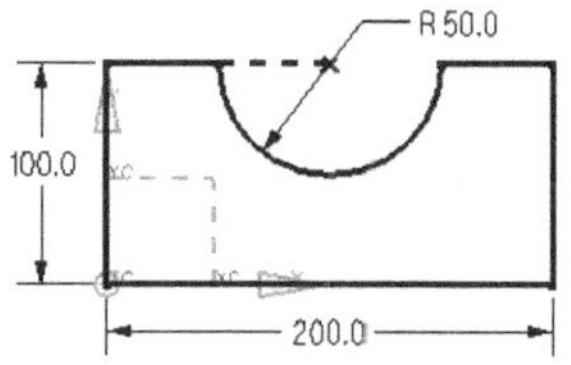

图 9.2.4　截面草图

Task2.　创建次要突出块

下面继续以 Task1 所创建的模型为例，来说明创建次要突出块的一般操作过程。

Step1. 选择命令。选择下拉菜单 插入(S) → 突出块(B)... 命令，系统弹出“突出块”对话框。

Step2. 定义平板类型。在“突出块”对话框的 类型 区域的下拉列表中选择 次要 选项。

Step3. 定义平板截面。单击按钮，选取图 9.2.5 所示的模型表面为草图平面，单击 确定 按钮，绘制图 9.2.6 所示的截面草图。

Step4. 在“突出块”对话框中单击 < 确定 > 按钮，完成特征的创建。

Step5. 保存零件模型。选择下拉菜单 文件(F) → 保存(S) 命令，即可保存零件模型。

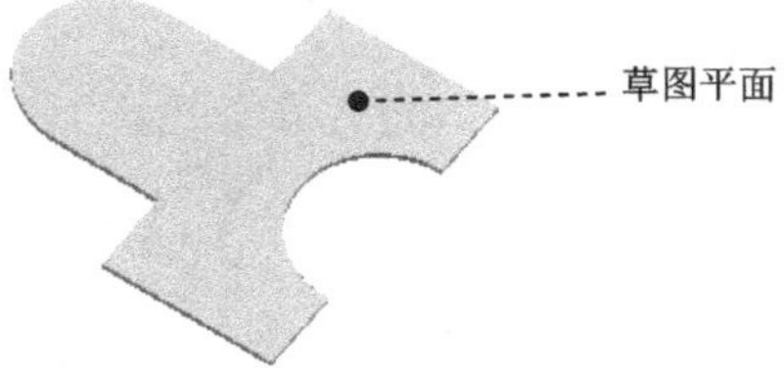

图 9.2.5　创建附加平板

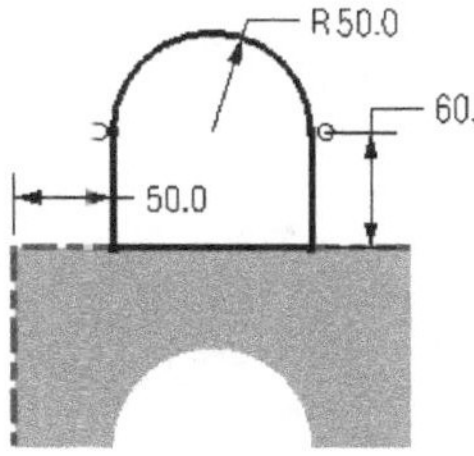

图 9.2.6　截面草图

9.2.2 弯 边

钣金弯边是在已存在的钣金壁的边缘上创建出简单的折弯，其厚度与原有钣金厚度相同。在创建弯边特征时，需先在已存在的钣金中选取某一条边线作为弯边钣金壁的附着边，其次需要定义弯边特征的截面、宽度、弯边属性、偏置、折弯参数和让位槽。

1. 弯边特征的一般操作过程

下面以图 9.2.7 所示的模型为例，来说明创建弯边钣金壁的一般操作过程。

Step1. 打开文件 D：\ug8.1\work\ch09\ch09.02\ch09.02.02\practice01。

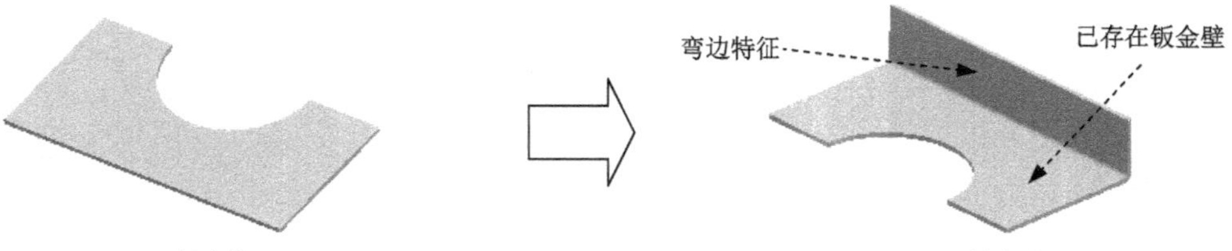

a）创建前　　　　b）创建后

图 9.2.7　创建弯边特征

Step2. 选择命令。选择下拉菜单 插入(S) ➡ 折弯(N) ➡ 弯边(F)... 命令，系统弹出图 9.2.8 所示的“弯边”对话框。

Step3. 选取附着边。选取图 9.2.9 所示的模型边线为折弯的附着边。

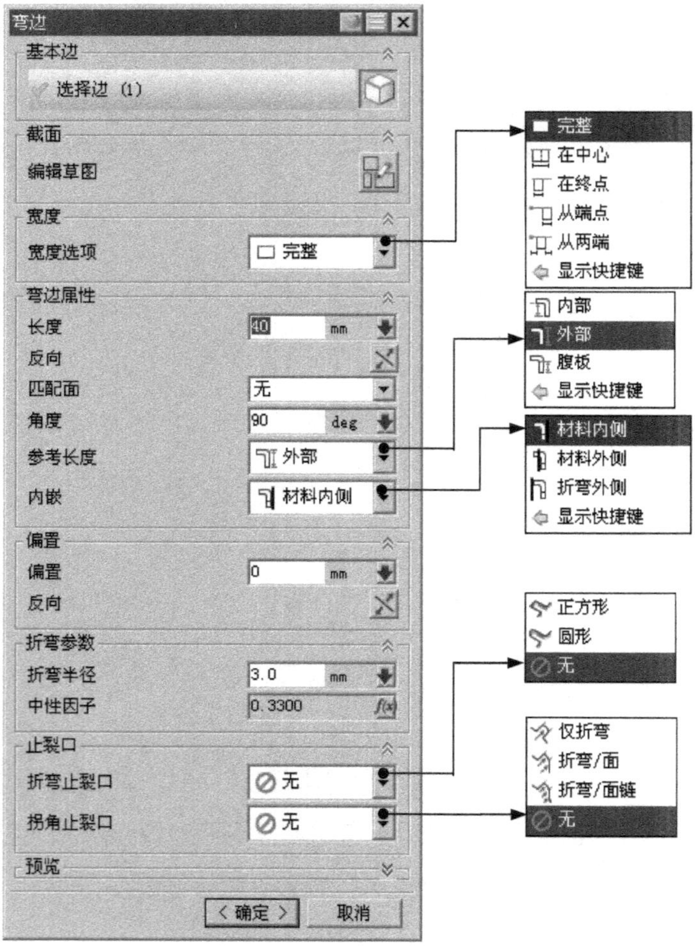

图 9.2.8　“弯边”对话框

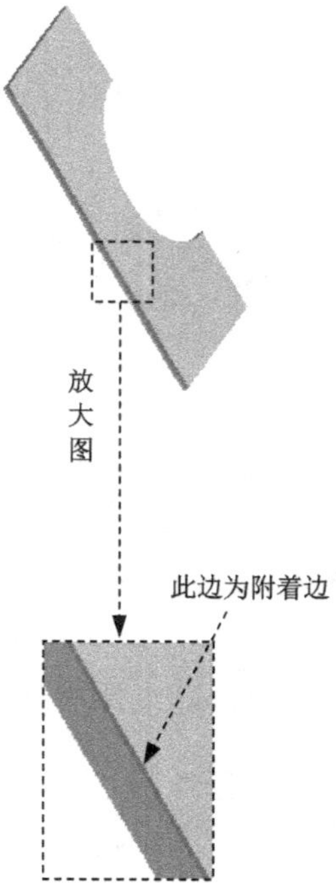

图 9.2.9　定义附着边

Step4. 定义宽度。在 宽度 区域的 宽度选项 下拉列表中选择 完整 选项。

Step5. 定义弯边属性。在 弯边属性 区域中的 长度 文本框中输入数值 40；在 角度 文本框中输入数值 90；在 参考长度 下拉列表中选择 外部 选项；在 内嵌 下拉列表中选择 材料内侧 选项。

Step6. 定义弯边参数。在 偏置 区域的 偏置 文本框中输入数值 0；单击 折弯半径 文本框右侧的按钮，在系统弹出的快捷菜单中选择使用本地值选项，然后再在折弯半径文本框中输入数值 3.0；在止裂口区域中的折弯止裂口下拉列表中选择⊘无选项，在拐角止裂口下拉列表中选择⊘无选项。

Step7. 在“弯边”对话框中单击< 确定 >按钮，完成特征的创建。

图 9.2.8 所示的“弯边”对话框中的各选项的说明如下：

- 基本边区域：该区域用于选取一个或多个边线作为钣金弯边的附着边，当* 选择边 (0)区域没有被激活时，可单击该区域后的按钮将其激活。
- 截面区域：该区域用于定义钣金弯边的轮廓形状。当定义完其他参数后可单击编辑草图后的按钮进入草图环境，定义弯边的轮廓形状。
- 宽度选项下拉列表：该下拉列表用于定义钣金弯边的宽度定义方式。
  - ☑ 完整选项：当选择该选项时，在基础特征的整个附着边上都应用弯边。
  - ☑ 在中心选项：当选择该选项时，在附着边的中心位置放置弯边，然后对称地向两边拉伸一定的距离，如图 9.2.10a 所示。
  - ☑ 在终点选项：当选择该选项时，将弯边特征放置在选定的直边的端点位置，然后以此端点为起点拉伸弯边的宽度，如图 9.2.10b 所示。
  - ☑ 从两端选项：当选择该选项时，在附着边的中心位置放置弯边，然后利用距离 1 和距离 2 来设置弯边的宽度，如图 9.2.10c 所示。
  - ☑ 从端点选项：当选择该选项时，在所选折弯边的端点定义距离来放置弯边，如图 9.2.10d 所示。

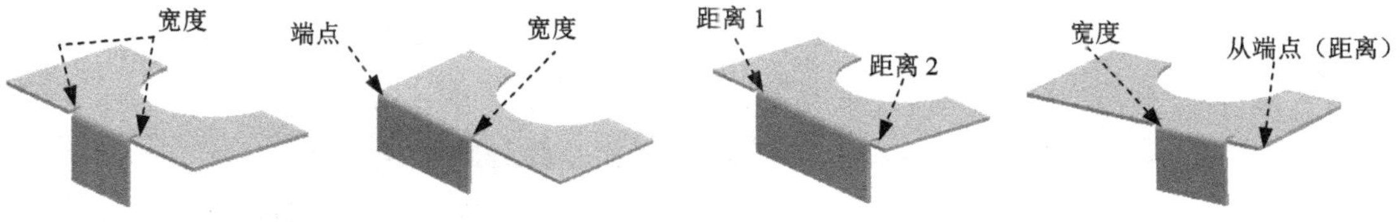

a）在中心　b）在终点　c）从两端　d）从端点

图 9.2.10　设置宽度选项

- 弯边属性区域中包括长度文本框、按钮、角度文本框、参考长度下拉列表和内嵌下拉列表。
  - ☑ 长度：文本框中输入的值是指定弯边的长度，如图 9.2.11 所示。

a）内侧尺寸　b）外侧尺寸

图 9.2.11　设置长度选项

☑ ：单击“反向”按钮可以改变弯边长度的方向，如图 9.2.12 所示。

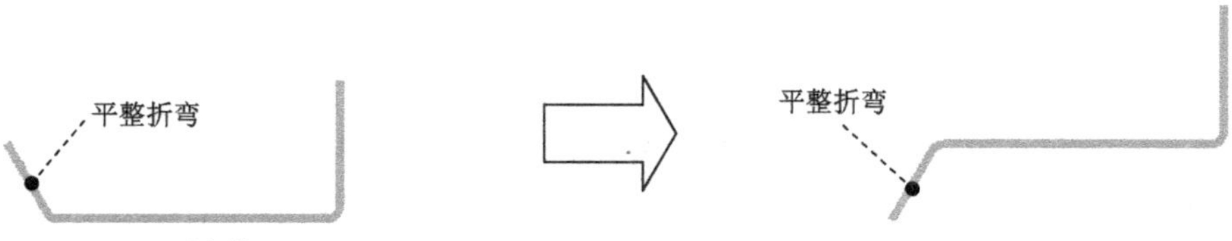

a）反向前　　　　b）反向后

图 9.2.12　设置折弯长度的方向

☑ 角度：该文本框输入的值是指定弯边的折弯角度，该值是与原钣金所成角度的补角，如图 9.2.13 所示。

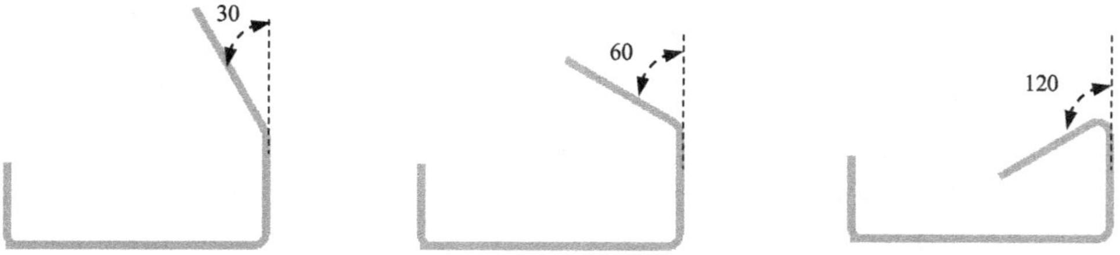

a）角度为 30°　　　　b）角度为 60°　　　　c）角度为 120°

图 9.2.13　设置折弯角度值

☑ 参考长度：下拉列表中包括内部、外部和腹板选项。内部：选取该选项，输入的弯边长度值是从弯边的内部开始计算长度。外部：选取该选项，输入的弯边长度值是从弯边的外部开始计算长度。腹板：选取该选项，输入的弯边长度值是从弯边圆角后开始计算长度。

☑ 内嵌：下拉列表包括材料内侧、材料外侧和折弯外侧选项。材料内侧：选取该选项，弯边的外侧面与附着边平齐。材料外侧：选取该选项，弯边的内侧面与附着边平齐。折弯外侧：选取该选项，折弯特征直接创建在基础特征而不改变基础特征尺寸。

● 偏置区域包括偏置文本框和按钮。

☑ 偏置：该文本框中输入的值是指定弯边以附着边为基准向一侧偏置一定值，如图 9.2.14 所示。

☑ ：单击该按钮可以改变“偏置”的方向。

a）没有设置偏移　　　　b）设置偏移

图 9.2.14　设置偏置值

- 折弯参数区域包括折弯半径文本框和中性因子文本框。
  - ☑ 折弯半径：该文本框中输入的值用以指定折弯半径。
  - ☑ 中性因子：文本框中输入的值用以指定中性因子。
- 止裂口区域包括折弯止裂口下拉列表、深度文本框、、宽度文本框、☑ 延伸止裂口复选框和拐角止裂口下拉列表。
  - ☑ 折弯止裂口：下拉列表包括正方形、圆形和无三个选项。正方形：选取该选项，在附加钣金壁的连接处，将主壁材料切割成矩形缺口来构建止裂口。圆形：选取该选项，在附加钣金壁的连接处，将主壁材料切割成圆形缺口来构建止裂口。无：选取该选项，在附加钣金壁的连接处，通过垂直切割主壁材料至折弯线处。
  - ☑ ☑ 延伸止裂口：该复选框用来定义是否延伸折弯缺口到零件的边。
  - ☑ 拐角止裂口：用于设置是否在特征相邻的表面创建拐角止裂口。该下拉列表包括仅折弯、折弯/面、折弯/面链和无选项。仅折弯：仅在相邻特征的折弯部分创建拐角止裂口，折弯/面：仅在相邻的折弯部分和面（平板）部分都创建拐角止裂口。折弯/面链：在整个折弯部分及与其相邻的面链上都创建拐角止裂口。无：不创建止裂口。选择此选项后将会产生一个小缝隙，但是在展平钣金件时这个缝隙会被移除。

2．创建止裂口

当弯边部分地与附着边相连时，并且折弯角度不为 0 时，在连接处的两端创建止裂口。

在 NX 钣金模块中提供的止裂口分为两种：正方形止裂口和圆弧形止裂口。

方式一：正方形止裂口

在附加钣金壁的连接处，将材料切割成正方形缺口来构建止裂口，如图 9.2.15 所示。

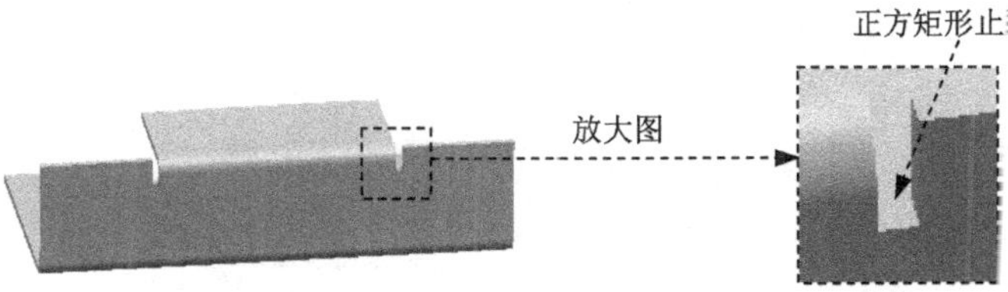

图 9.2.15　正方形止裂口

方式二：圆弧形止裂口

在附加钣金壁的连接处，将主壁材料切割成长圆弧形缺口来构建止裂口，如图 9.2.16 所示。

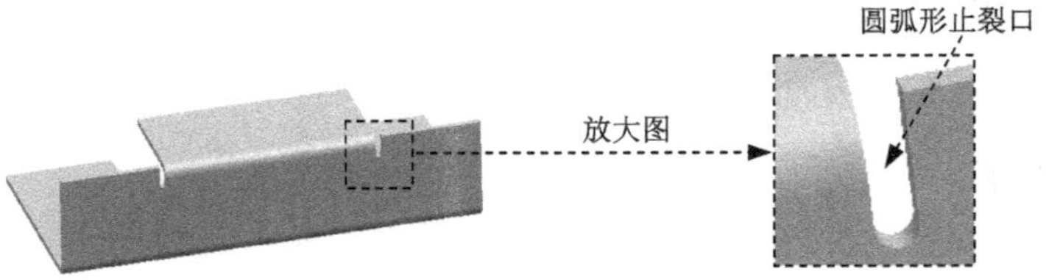

图 9.2.16 圆弧形止裂口

方式三：无止裂口

在附加钣金壁的连接处，通过垂直切割主壁材料至折弯线处，如图 9.2.17 所示。

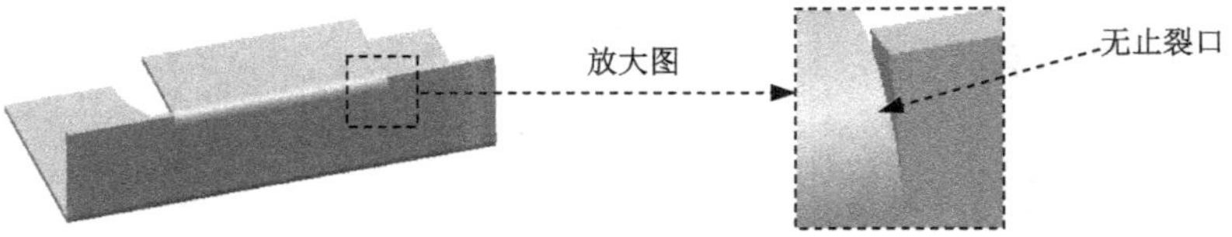

图 9.2.17 无止裂口

下面以图 9.2.18 所示的模型为例，来介绍创建止裂口的一般过程。

a）源模型　　b）带止裂口的钣金特征

图 9.2.18 止裂口

Step1. 打开文件 D:\ug8.1\work\ch09\ch09.02\ch09.02.02\practice02。

Step2. 选择命令。选择下拉菜单 插入(S) → 折弯(N) → 弯边(F)... 命令，系统弹出“弯边”对话框。

Step3. 选取附着边。选取图 9.2.19 所示的模型边线为折弯的附着边。

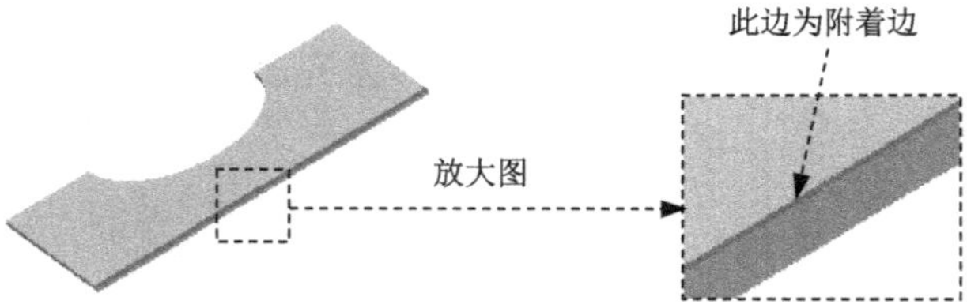

图 9.2.19 定义附着边

Step4. 定义宽度。在 宽度 区域的 宽度选项 下拉列表中选择 在中心 选项。宽度 文本框被激活，在 宽度 文本框中输入宽度值 100。

Step5. 定义弯边属性。在 弯边属性 区域中的 长度 文本框中输入数值 40；在 角度 文本框中输入数值 90；在 参考长度 下拉列表中选择 外部 选项；在 内嵌 下拉列表中选择 材料内侧 选项。

Step6. 定义弯边参数。在偏置区域的偏置文本框中输入数值 0；单击折弯半径文本框右侧的按钮，在系统弹出的快捷菜单中选择使用本地值选项，然后再在折弯半径文本框中输入数值 3；在止裂口区域的折弯止裂口下拉列表中选择正方形；在拐角止裂口下拉列表中选择仅折弯选项。

Step7. 在“弯边”对话框中单击< 确定 >按钮，完成特征的创建。

Step8. 保存零件模型。

3. 编辑弯边特征的轮廓

当用户在创建“弯边”特征时，“弯边”对话框中的“草绘”按钮为灰色，说明此时不能对其轮廓进行编辑。只有在选取附着边后或重新编辑已创建的“弯边”特征时，“草绘”按钮才能变亮，此时单击该按钮，用户可以重新定义弯边的正面形状。在绘制弯边正面形状截面草图时，系统会默认附着边的两个端点为截面草图的参照，用户还可选取任意附着边为截面草图的参照，草图的起点与终点都需位于附着边上（即与附着边对齐），截面草图应为开放形式（即不需在附着边上创建线条以封闭草图）。

下面以图 9.2.20 为例，来说明编辑弯边钣金壁的轮廓的一般过程。

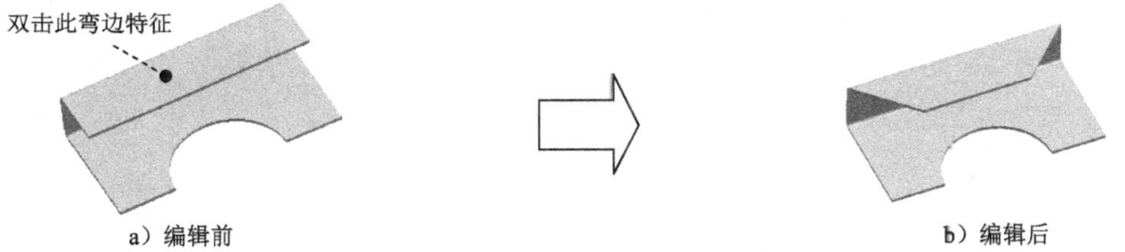

图 9.2.20 编辑弯边钣金壁的轮廓

Step1. 打开文件 D：\ug8.1\work\ch09\ch09.02\ ch09.02.02\amend。

Step2. 双击图 9.2.20a 所示的弯边特征，在系统弹出的“弯边”对话框中单击按钮，修改弯边截面草图，如图 9.2.21 所示；单击完成草图按钮，退出草图环境。

Step3. 在“弯边”对话框中单击< 确定 >按钮，完成图 9.2.20b 所示的特征创建。

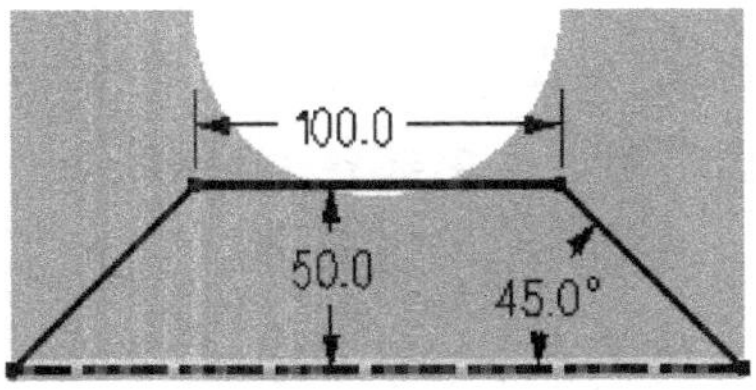

图 9.2.21 修改截面草图

9.2.3 轮廓弯边

NX 钣金模块中的轮廓弯边特征是以扫掠的方式创建钣金壁。创建轮廓弯边特征需要先绘制钣金壁的侧面轮廓草图，然后给定钣金的宽度值（即扫掠轨迹的长度值），则系统将轮廓草图沿指定方向延伸至指定的深度，形成钣金壁。值得注意的是，轮廓弯边所使用的草图必须是不封闭的。

1. 创建基本轮廓弯边

基本轮廓弯边是创建一个轮廓弯边的钣金基础特征，在创建该钣金特征时，需要先绘制钣金壁的侧面轮廓草图（必须为开放的线条），然后给定钣金厚度值。下面来说明创建基本轮廓弯边的一般操作过程。

Step1. 新建文件。

（1）选择下拉菜单 文件(F) → 新建(N)... 命令，系统弹出“文件新建”对话框。

（2）在 模型 选项卡 模板 区域下的列表中选择 NX 钣金 模板；在 新文件名 对话框的 名称 文本框中输入文件名称 schema；单击 文件夹 文本框后面的按钮，选择文件保存路径 D:\ug8.1\work\ch09\ch09.02\ ch09.02.03。

Step2. 选择命令。选择下拉菜单 插入(S) → 折弯(N) → 轮廓弯边(C)... 命令，系统弹出图 9.2.22 所示的“轮廓弯边”对话框。

Step3. 定义轮廓弯边截面。单击按钮，选取 XY 平面为草图平面，选中 设置 区域的 ☑ 创建中间基准 CSYS 复选框，单击 确定 按钮，绘制图 9.2.23 所示的截面草图；单击 完成草图 按钮，退出草图环境。

说明： 在绘制轮廓弯边的截面草图时，如果没有将折弯位置绘制为圆弧，系统将在折弯位置自动创建圆弧以作为折弯的半径。

Step4. 定义厚度。厚度方向采用系统默认的矢量方向，单击 厚度 文本框右侧的按钮，在弹出的菜单中选择 使用本地值 选项，然后在 厚度 文本框中输入数值 3.0。

说明： 轮廓弯边的厚度方向可以通过单击 厚度 文本框后面的按钮来调整。

Step5. 定义宽度类型。在 宽度选项 下拉列表中择 有限 选项；在 宽度 文本框中输入距离值 60.0。

Step6. 在“轮廓弯边”对话框中单击 < 确定 > 按钮，完成图 9.2.24 所示的特征的创建。

图 9.2.22 所示的“轮廓弯边”对话框中部分说明如下：

- 宽度选项：该下拉列表包括 有限 和 对称 两个选项。
  - ☑ 有限：选取该选项，可以创建“定值”深度类型的特征，此时特征将从草图平面开始，按照所输入的数值（即拉伸深度值）向特征创建的方向一侧进行拉伸创建轮廓弯边。
  - ☑ 对称：选取该选项，可以创建“对称”深度类型的特征，此时特征将在草图平面两侧进行拉伸创建轮廓弯边，输入的深度值被草图平面平均分割，草图平面两边的深度值相等。

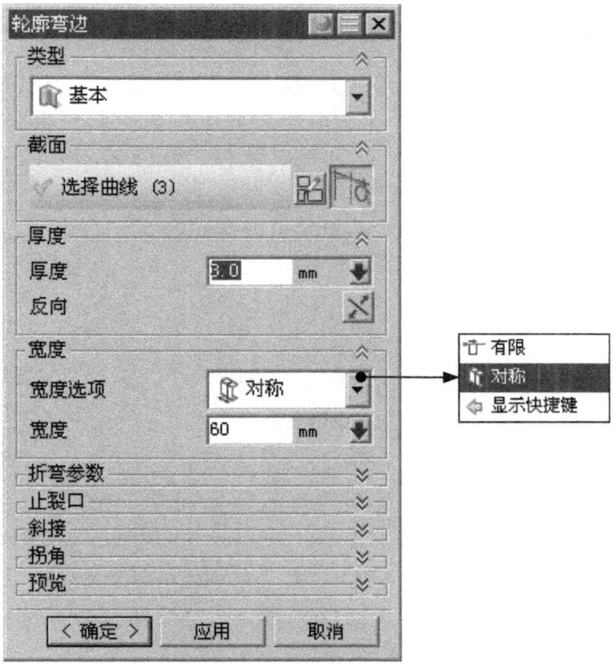

图 9.2.22 “轮廓弯边”对话框

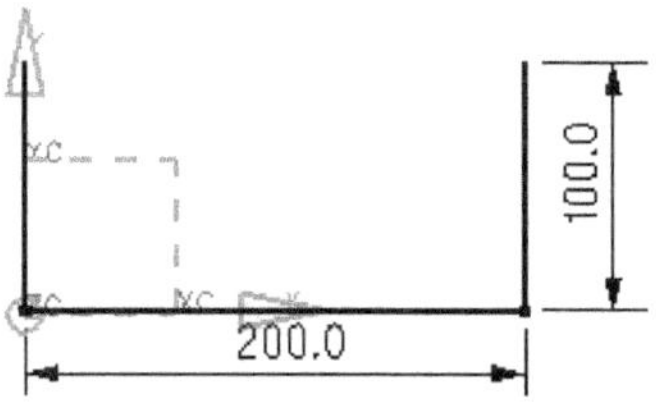

图 9.2.23　创建基础轮廓弯边

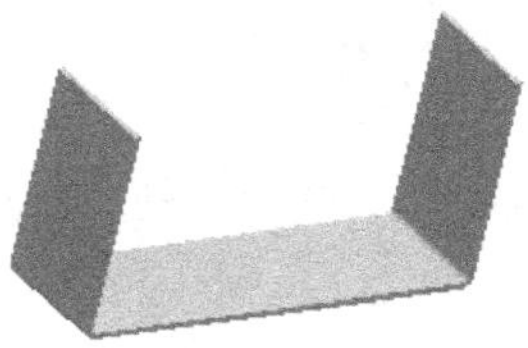

图 9.2.24　轮廓弯边特征

2. 创建第二次轮廓弯边

第二次轮廓弯边是根据用户定义的侧面形状并沿着已存在的钣金体的边缘进行拉伸所形成的钣金特征，其壁厚与原有钣金壁相同。下面以图 9.2.29 所示的模型为例，来说明创建第二次轮廓弯边的一般操作过程。

Step1. 选择下拉菜单 插入(S) → 折弯(N) → 轮廓弯边(C)... 命令，系统弹出图 9.2.25 所示的“轮廓弯边”对话框。

Step2. 定义轮廓弯边截面。单击按钮，系统弹出图 9.2.26 所示的“创建草图”对话框，选取图 9.2.27 所示的模型边线为路径，在平面位置区域的位置选项组中选择弧长百分比选项，然后在弧长百分比后的文本框中输入数值 30；单击确定按钮，绘制图 9.2.28 所示的截面草图。

Step3. 定义宽度。在宽度区域的宽度选项下拉列表中选择有限选项，在宽度文本框中输入宽度值 100。

Step4. 定义让位槽。在止裂口区域的折弯止裂口下拉列表中选择圆形选项；在拐角止裂口下拉列表中选择仅折弯选项。

Step5. 在“轮廓弯边”对话框中单击< 确定 >按钮，完成图 9.2.29 所示的特征的创建。

Step6. 保存零件模型。

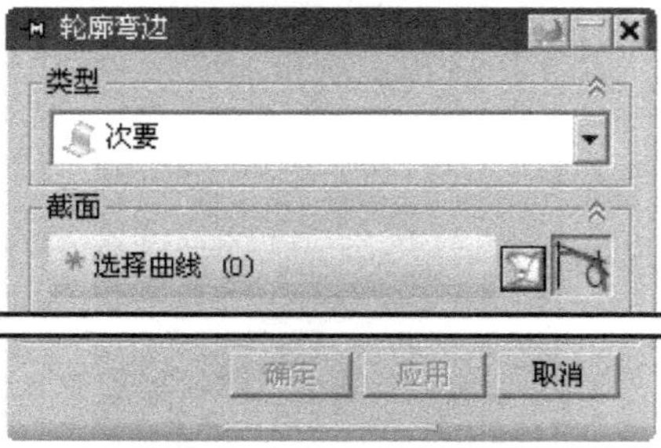

图 9.2.25 “轮廓弯边”对话框

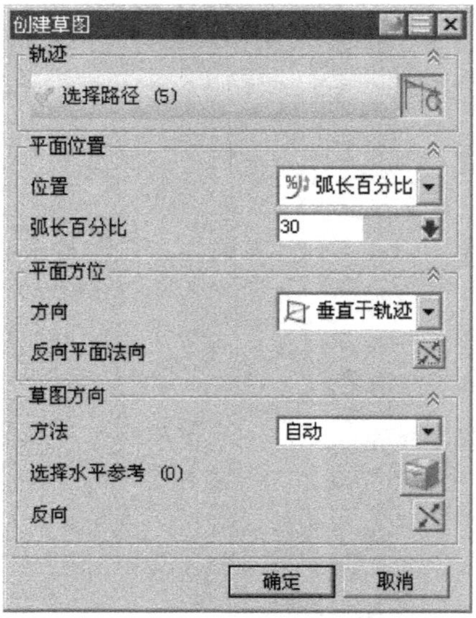

图 9.2.26 “创建草图”对话框

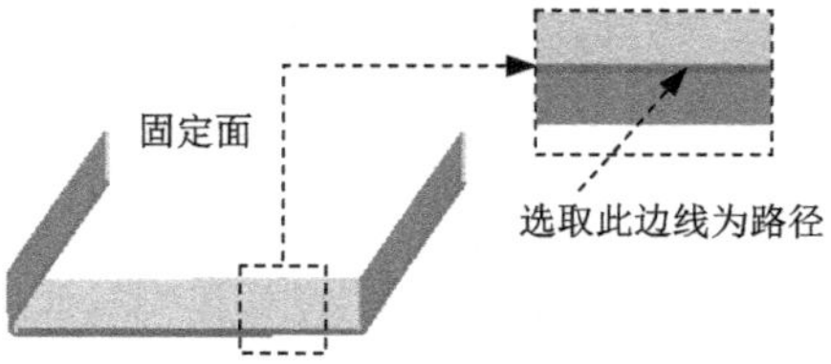

图 9.2.27 选取边线

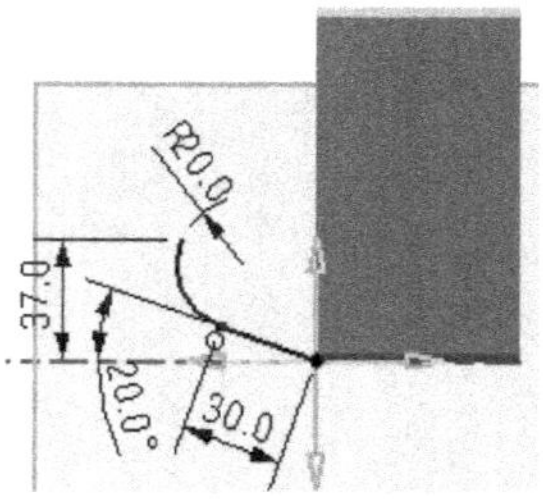

图 9.2.28 截面草图

图 9.2.29 创建二次轮廓弯边

9.2.4 放样弯边

放样弯边是以两条开放的截面线串形成的钣金特征，它可以在两组不相似的形状和曲线之间做光滑过渡连接。

1. 创建基础放样弯边钣金壁

“基础放样弯边”特征是以两组开放的截面线串来创建一个放样弯边的钣金基础特征，然后给定钣金厚度值即可。下面以图 9.2.31 所示的模型为例，来说明创建基础放样弯边钣金壁的一般操作过程。

Step1. 打开文件 D:\ug8.1\work\ch09\ch09.02\ ch09.02.04\ blend。

Step2. 选择命令。选择下拉菜单 插入(S) → 折弯(N) → 放样弯边(L)... 命令，系统弹出“放样弯边”对话框，图 9.2.30 所示。

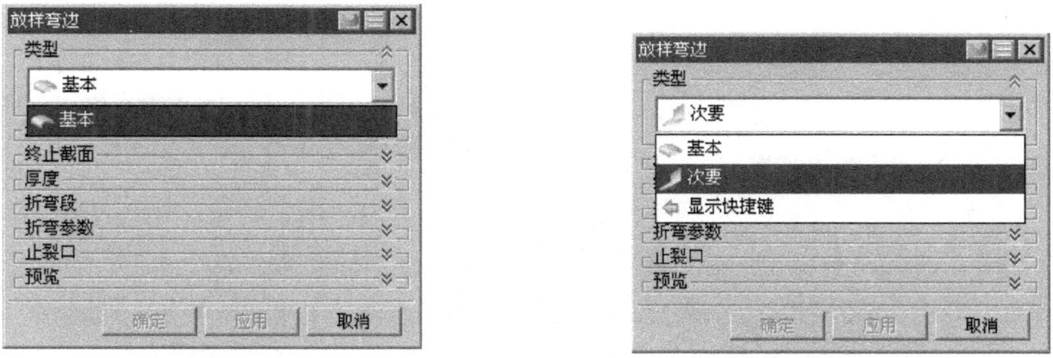

a）“放样弯边”对话框（一）　　b）“放样弯边”对话框（二）

图 9.2.30　“放样弯边”对话框

图 9.2.30 所示的“放样弯边”对话框的类型区域的下拉列表中各选项的功能的说明如下：

- 基本：用于创建基础放样弯边钣金壁。
- 次要：该选项是在已有的钣金壁的边缘创建放样弯边钣金壁特征时才出现，其壁厚与基础钣金壁相同。只有在部件中已存在基础钣金壁特征时，此选项才被激活。

Step3. 定义起始截面。选取图 9.2.31a 所示的曲线 1 作为起始截面。

Step4. 定义终止截面。单击选取曲线按钮，选取图 9.2.31a 所示的曲线 2 作为终止截面。

说明：在选取曲线时，起始位置要上下对应。

Step5. 定义厚度。厚度方向采用系统默认的矢量方向，在厚度区域中单击厚度文本框右侧的按钮，在系统弹出的快捷菜单中选择使用本地值选项，然后在厚度文本框中输入数值 3.0。

Step6. 定义折弯参数。在折弯参数区域中单击折弯半径文本框右侧的按钮，在系统弹出的快捷菜单中选择使用本地值选项，然后在折弯半径文本框中输入数值 3，在止裂口区域的折弯止裂口下拉列表中选择无选项；在拐角止裂口下拉列表中选择无选项。

Step7. 在“放样弯边”对话框中单击< 确定 >按钮，完成图 9.2.31b 所示的特征的创建。

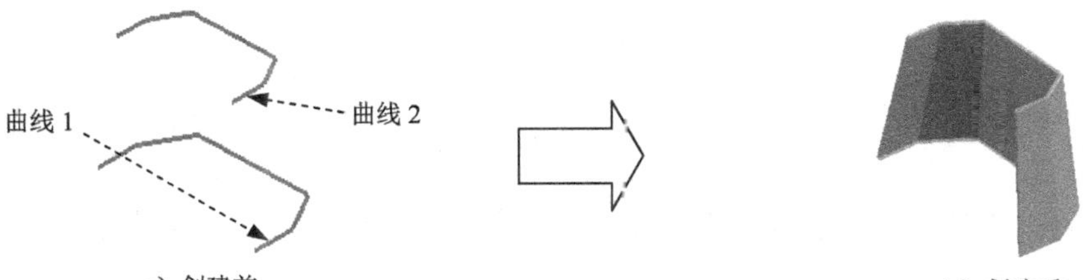

a）创建前　　b）创建后

图 9.2.31　创建基础放样弯边钣金壁

2. 创建二次放样弯边

“二次放样弯边”是在已存在的钣金特征的边缘定义两组开放的截面线串来创建一个钣

金薄壁，其壁厚与基础钣金厚度相同。下面以图 9.2.25 所示的模型为例，来说明创建二次放样弯边钣金壁的一般操作过程。

Step1. 选择命令。选择下拉菜单 插入(S) → 折弯(N) → 放样弯边(L)... 命令，系统弹出“放样弯边”对话框。

Step2. 绘制截面。单击“绘制起始截面”按钮，选取图 9.2.32 所示的边线为路径，在平面位置区域位置选项组中选择弧长百分比选项，然后在弧长百分比后的文本框中输入数值 10，单击 确定 按钮；绘制图 9.2.33 所示的曲线 1。单击“绘制终止截面”按钮；选取图 9.2.32 所示的边线为路径，在平面位置区域位置选项组中选择弧长百分比选项，然后在弧长百分比后的文本框中输入数值 20，单击 确定 按钮；绘制图 9.2.34 所示的曲线 2。

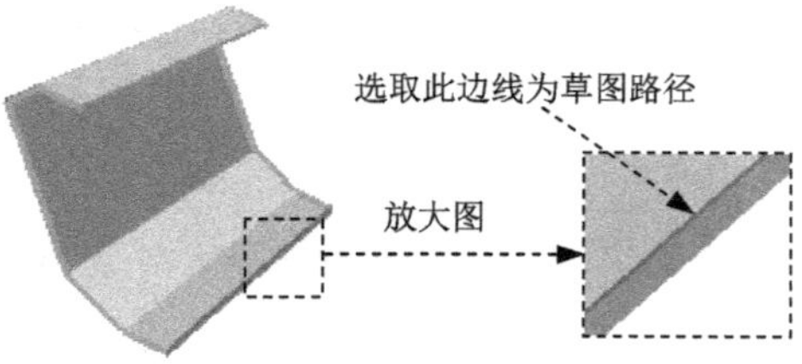

图 9.2.32 定义草图路径

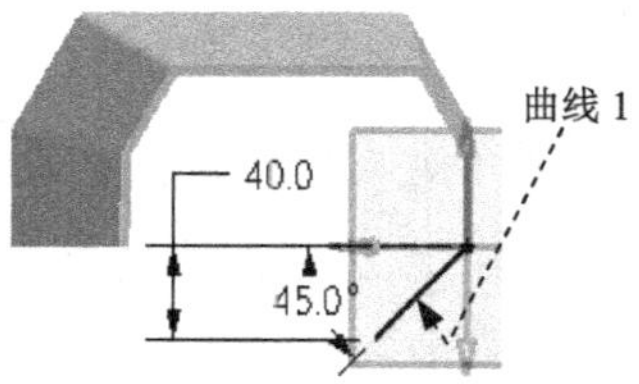

图 9.2.33 起始截面

Step3. 定义折弯参数。在折弯参数区域中单击折弯半径文本框右侧的按钮，在系统弹出的快捷菜单中选择使用本地值选项，然后在折弯半径文本框中输入数值 3。在止裂口区域中的折弯止裂口下拉列表中选择圆形选项；在拐角止裂口下拉列表中选择无选项。

Step4. 在“放样弯边”对话框中单击 < 确定 > 按钮，完成图 9.2.35 所示的特征的创建。

Step5. 保存零件模型。

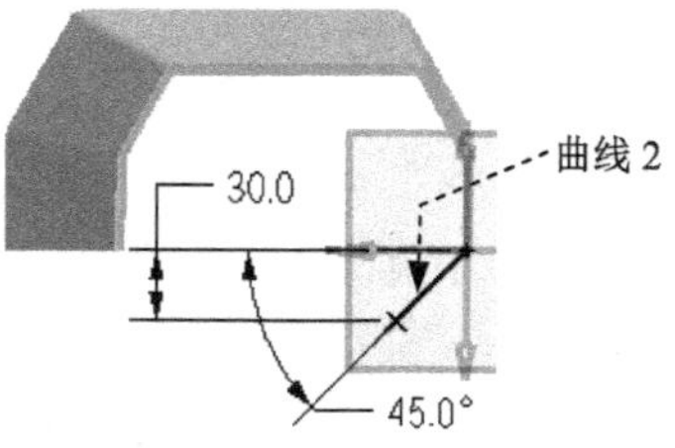

图 9.2.34 终止截面

图 9.2.35 创建二次放样弯边钣金壁

9.2.5 法向除料

法向除料是沿着钣金件表面的法向，以一组连续的曲线作为裁剪的轮廓线进行裁剪。法向除料与实体拉伸切除都是在钣金件上切除材料。当草图平面与钣金面平行时，二者没有区别；当草图平面与钣金面不平行时，二者有很大的不同。法向除料的孔是垂直于该模型的侧面去除材料，形成垂直孔，如图 9.2.36a 所示；实体拉伸切除的孔是垂直于草图平面去除材料，形成斜孔，如图 9.2.36b 所示。

a）法向除料　　b）实体拉伸切除

图 9.2.36　法向除料与实体拉伸切除的区别

1. 用封闭的轮廓线创建法向除料

下面以图 9.2.37 所示的模型为例，说明用封闭的轮廓线创建法向除料的一般操作过程。

Step1. 打开文件 D：\ug8.1\work\ch09\ch09.02\ch09.02.05\remove01。

Step2. 选择命令。选择下拉菜单 插入(S) → 剪切(T) → 法向除料(N)... 命令，系统弹出图 9.2.38 所示的“法向除料”对话框。

图 9.2.37　法向除料

图 9.2.38“法向除料”对话框

Step3. 绘制除料截面草图。单击按钮，选取图 9.2.39 所示的基准平面 1 为草图平面，取消选中 设置 区域中的 创建中间基准 CSYS 复选框，单击 确定 按钮，绘制图 9.2.40 所示的截面草图。

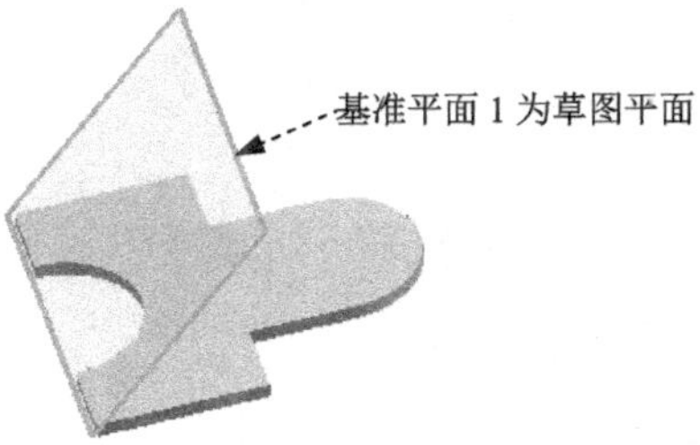

图 9.2.39　选取草图平面

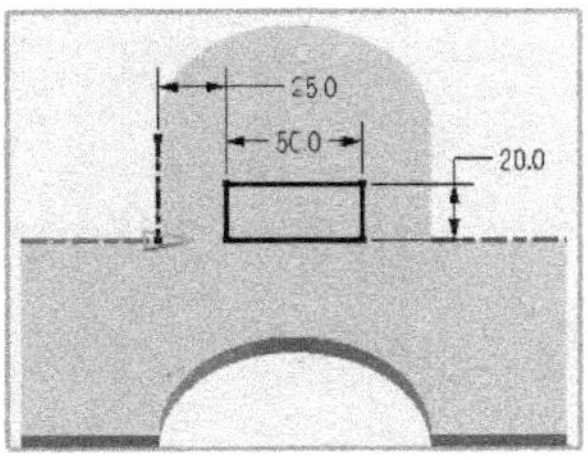

图 9.2.40　截面草图

Step4. 定义除料深度属性。在切削方法下拉列表中选择厚度选项，在限制下拉列表中选择贯通选项。

Step5. 在“法向除料”对话框中单击< 确定 >按钮，完成特征的创建。

图 9. 2. 38 所示的“法向除料”对话框中部分选项的功能说明如下：

- 除料属性区域包括切削方法下拉列表、限制下拉列表和按钮。
- 切削方法下拉列表包括厚度和中位面选项。
  - ☑ 厚度：选取该选项，在钣金件的表面沿厚度方向进行裁剪。
  - ☑ 中位面：选取该选项，在钣金件的中间面向两侧进行裁剪。
- 限制下拉列表包括：值、介于、直至下一个和贯通选项。
  - ☑ 值：选取该选项，特征将从草图平面开始，按照所输入的数值（即深度值）向特征创建的方向一侧进行拉伸。
  - ☑ 介于：选取该选项，草图沿着草图面向两侧进行裁剪。
  - ☑ 直至下一个：选取该选项，去除材料深度从草图开始直到下一个曲面上。
  - ☑ 贯通：选取该选项，去除材料深度贯穿所有曲面。

2 .用开放的轮廓线创建法向除料

下面以图 9.2.41 所示的模型为例，说明用开放的轮廓线创建法向除料的一般操作过程。

Step1. 打开文件 D：\ug8.1\work\ch09\ch09.02\ ch09.02.05\ remove02。

Step2. 选择命令。选择下拉菜单插入(S) ➡ 剪切(T) ➡ 法向除料(N)...命令，系统弹出“法向除料”对话框。

Step3. 绘制除料截面草图。单击按钮，选取图 9.2.42 所示的钣金表平面为草图平面，取消选中设置区域中的□ 创建中间基准 CSYS复选框，单击确定按钮，绘制图 9.2.43 所示的截面草图。

Step4. 定义除料属性。在切削方法下拉列表中选择厚度选项，在限制下拉列表中选择贯通选项。

图 9.2.41　用开放的轮廓线创建法向除料

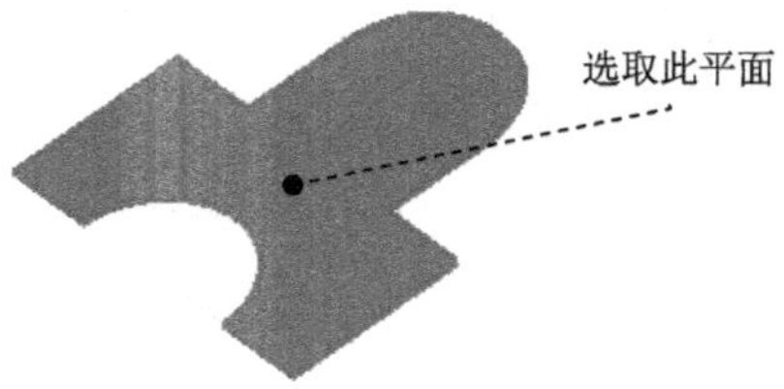

图 9.2.42　选取草图平面

Step5. 定义除料的方向。接受图 9.2.44 所示的切削方向。

Step6. 在“法向除料”对话框中单击确定按钮，完成特征的创建。

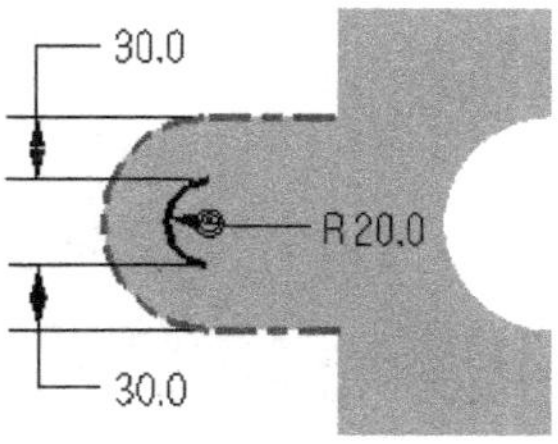

图 9.2.43　截面草图

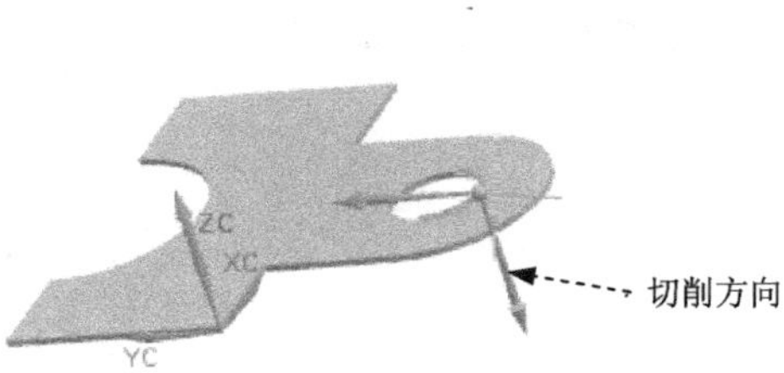

图 9.2.44　定义法向除料的切削方向

9.3　钣金的折弯与展开

9.3.1　钣金折弯

钣金折弯是将钣金的平面区域沿指定的直线弯曲某个角度。

钣金折弯特征包括如下三个要素：

- 折弯角度：控制折弯的弯曲程度。
- 折弯半径：折弯处的内半径或外半径。
- 折弯应用曲线：确定折弯位置和折弯形状的几何线。

1. 钣金折弯的一般操作过程

下面以图 9.3.1 所示的模型为例，说明钣金折弯的一般操作过程。

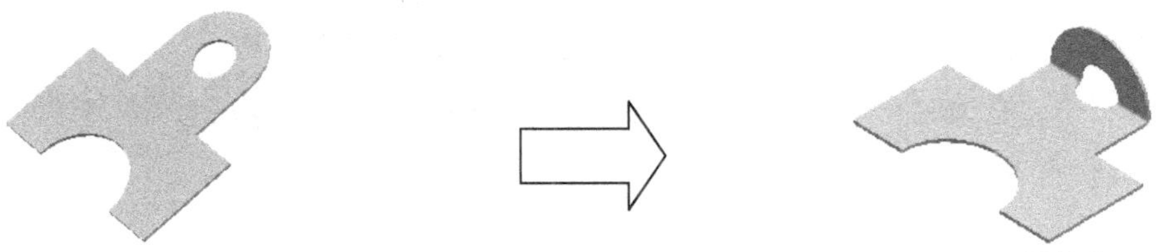

a）折弯前　　b）折弯后

图 9.3.1　折弯的一般过程

Step1. 打开文件 D：\ug8.1\work\ch09\ch09.03\ ch09.03.01\ offsett01。

Step2. 选择命令。选择下拉菜单 插入(S) → 折弯(N) → 折弯(B)... 命令，系统弹出图 9.3.2 所示的“折弯”对话框。

Step3. 绘制折弯线。单击按钮，选取图 9.3.3 所示的模型表面为草图平面，取消选中 设置 区域中的 创建中间基准 CSYS 复选框，单击 确定 按钮，绘制图 9.3.4 所示的折弯线。

Step4. 定义折弯属性。在“折弯”对话框的 折弯属性 区域的 角度 文本框中输入数值 90；在 内嵌 下拉列表中选择 折弯中心线轮廓 选项；选中 延伸截面 复选框，折弯方向如图 9.3.5 所示。

说明： *在模型中双击图 9.3.5 所示的折弯方向箭头可以改变折弯方向。*

Step5. 在“折弯”对话框中单击 < 确定 > 按钮，完成特征的创建。

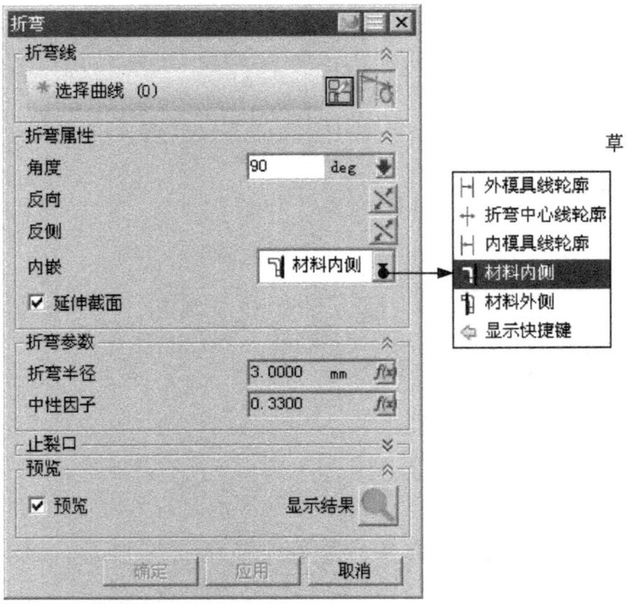

图 9.3.2 “折弯”对话框

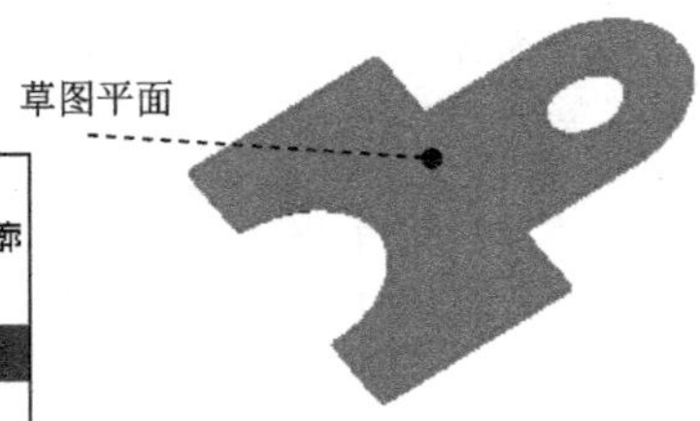

图 9.3.3 草图平面

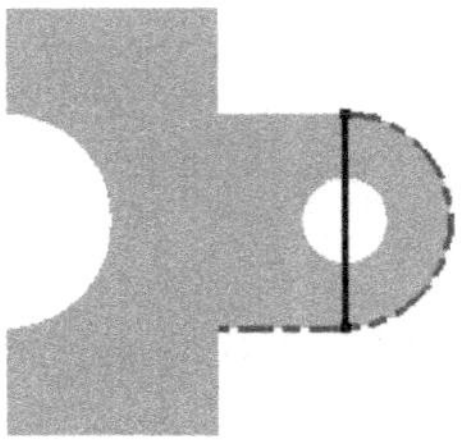

图 9.3.4 绘制折弯线

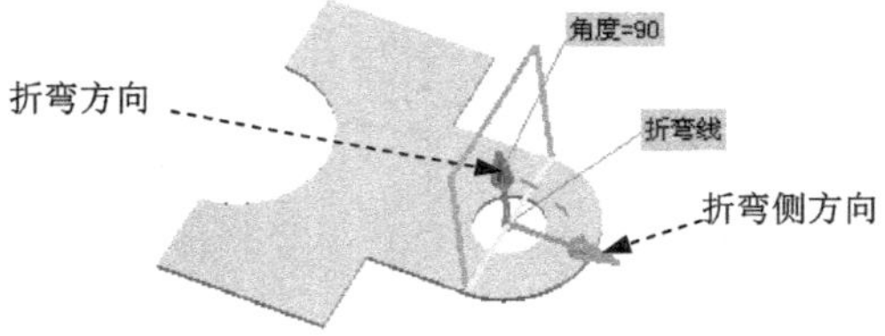

图 9.3.5 折弯方向

图 9.3.2 所示的“折弯”对话框中部分选项的功能说明如下：

- 折弯属性 区域包括角度文本框、“反向”按钮、“反侧”按钮、内嵌下拉列表和☑ 延伸截面复选框。
  - ☑ ：在该文本框输入的数值设置折弯角度值。
  - ☑ ：“反向”按钮，单击该按钮，可以改变折弯的方向。
  - ☑ ：“反侧”按钮，单击该按钮，可以改变要折弯部分的方向。
- 内嵌 下拉列表中包括 外模具线轮廓、折弯中心线轮廓、内模具线轮廓、材料内侧和材料外侧五个选项。
  - ☑ 外模具线轮廓：选择该选项，在展开状态时，折弯线位于折弯半径的第一相切边缘。
  - ☑ 折弯中心线轮廓：选择该选项，在展开状态时，折弯线位于折弯半径的中心。
  - ☑ 内模具线轮廓：选择该选项，在展开状态时，折弯线位于折弯半径的第二相切边缘。
  - ☑ 材料内侧：选择该选项，在成形状态下，折弯线位于折弯区域的外侧平面。

☑ 材料外侧：选择该选项，在成形状态下，折弯线位于折弯区域的内侧平面。

- ☑ 延伸截面：选中该复选框，将弯边轮廓延伸到零件边缘的相交处；取消选中，在创建弯边特征时不延伸。

2．在钣金折弯处创建止裂口

在进行折弯时，由于折弯半径的关系，折弯面与固定面可能会产生互相干涉，此时用户可创建止裂口来解决干涉问题。下面以图 9.3.6 所示的模型为例，来介绍在钣金折弯处创建止裂口的操作方法。

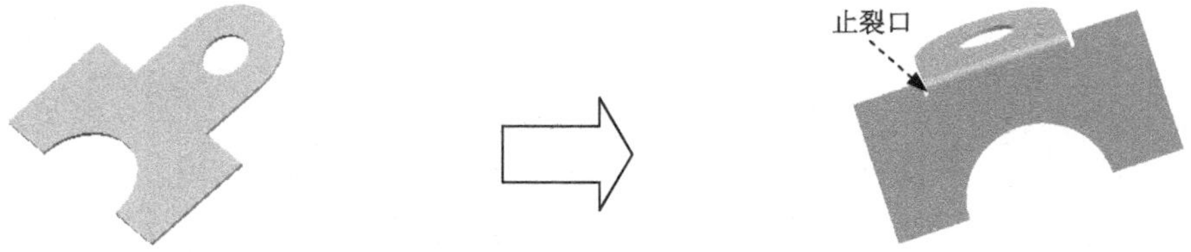

a）折弯前　　b）折弯后

图 9.3.6　折弯时创建止裂口

Step1．打开文件 D：\ug8.1\work\ch09\ch09.03\ ch09.03.01\ offset02。

Step2．选择命令。选择下拉菜单 插入(S) ➡ 折弯(N) ▸ ➡ 折弯(B)... 命令，系统弹出“折弯”对话框。

Step3．绘制折弯线。单击按钮，选取图 9.3.7 所示的模型表面为草图平面，取消选中 设置 区域中的 ☐ 创建中间基准 CSYS 复选框，单击 确定 按钮，绘制图 9.3.8 所示的折弯线。

Step4．定义折弯属性。在“折弯”对话框的 折弯属性 区域的 角度 文本框中输入数值 90；在 内嵌 下拉列表中选择 材料内侧 选项；取消选中 ☐ 延伸截面 复选框，折弯方向如图 9.3.9 所示。

Step5．定义止裂口。在 止裂口 区域的 折弯止裂口 下拉列表中选择 圆形 选项；在 拐角止裂口 下拉列表中选择 ⊘ 无 选项。

Step6．在“折弯”对话框中单击 ＜确定＞ 按钮，完成特征的创建。

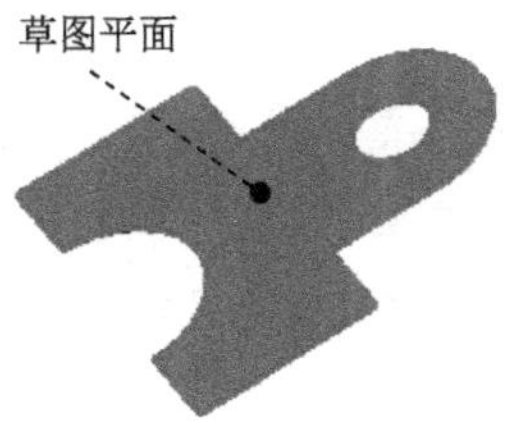

图 9.3.7　草图平面

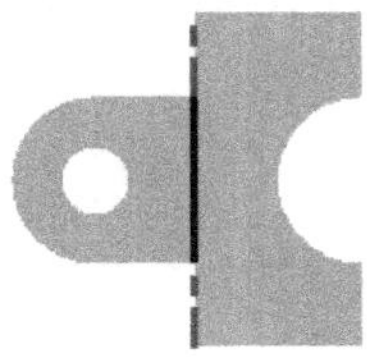

图 9.3.8　绘制折弯线

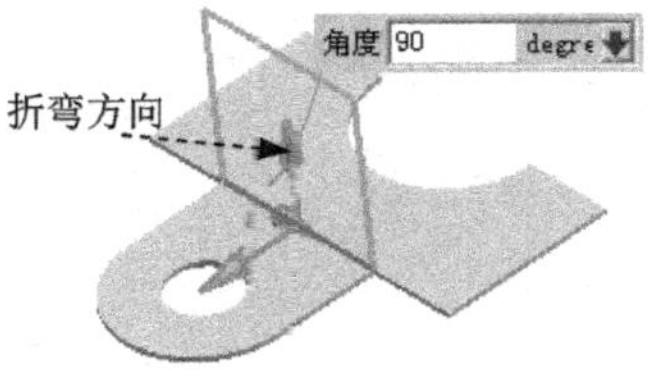

图 9.3.9　折弯方向

9.3.2 二 次 折 弯

二次折弯特征是在钣金平面上创建两个 90° 的折弯特征，并且在折弯特征上添加材料。二次折弯特征功能的折弯线位于放置平面上，并且必须是一条直线。

下面以图 9.3.10 所示的模型为例，来说明创建“二次折弯”的一般过程。

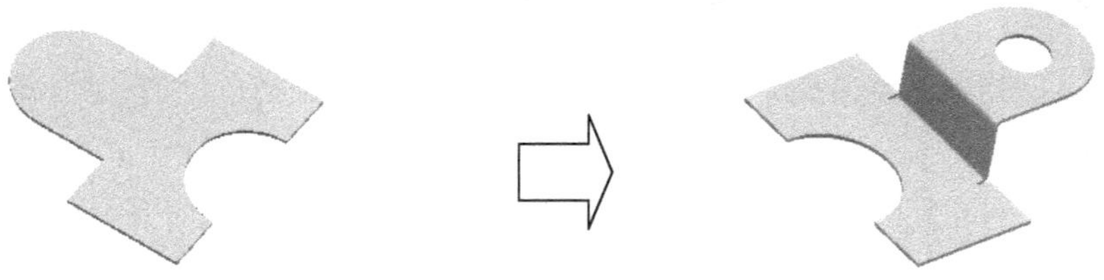

a）折弯前　　b）折弯后

图 9.3.10　二次折弯的一般过程

Step1. 打开文件 D：\ug8.1\work\ch09\ch09.03\ ch09.03.02\ offset。

Step2. 选择命令。选择下拉菜单 插入(S) ➡ 折弯(N) ➡ 二次折弯(I)... 命令，系统弹出图 9.3.11 所示的“二次折弯”对话框。

Step3. 绘制折弯线。单击按钮，选取图 9.3.12 所示的模型表面为草图平面，取消选中 设置 区域中的 □ 创建中间基准 CSYS 复选框，单击 确定 按钮，绘制图 9.3.12 所示的折弯线。

Step4. 定义二次折弯属性和折弯参数。在 二次折弯属性 区域的 高度 文本框中输入数值 50，在 参考高度 下拉列表中选择 内部 选项，在 内嵌 下拉列表中选择 材料内侧 选项，取消选中 □ 延伸截面 复选框，折弯方向如图 9.3.13 所示。

Step5. 定义止裂口。在 止裂口 区域的 折弯止裂口 下拉列表中选择 圆形 选项。

Step6. 在“二次折弯”对话框中单击 < 确定 > 按钮，完成特征的创建。

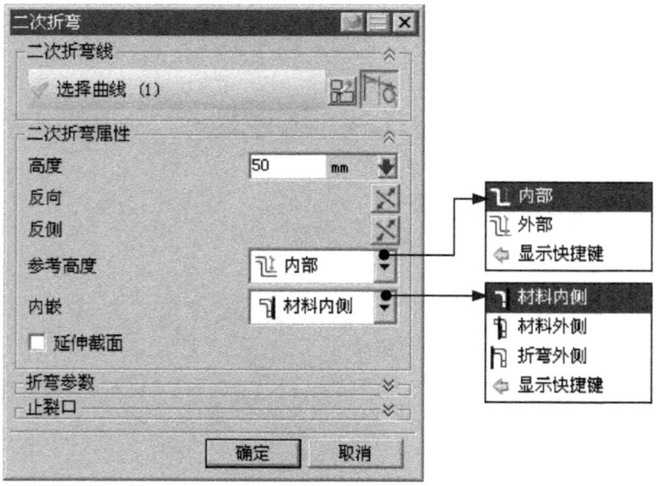

图 9.3.11　“二次折弯”对话框

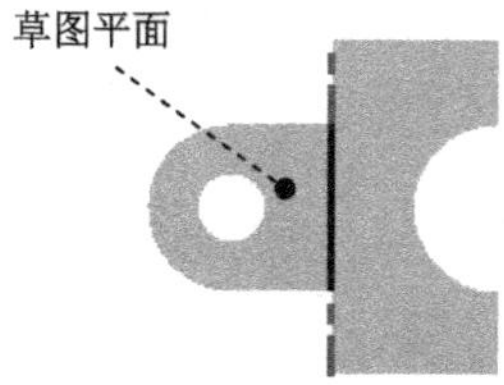

图 9.3.12　绘制折弯线

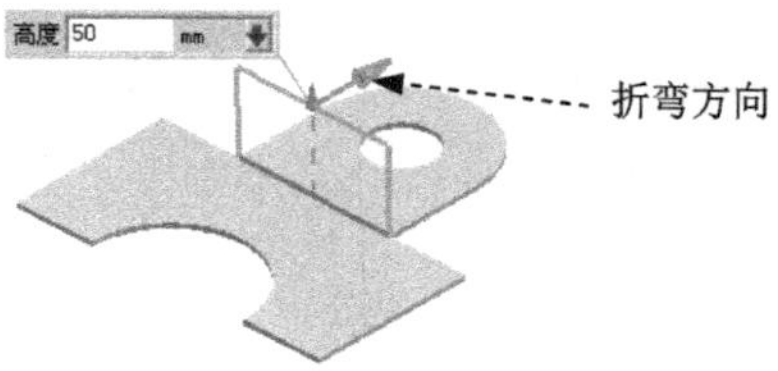

图 9.3.13　折弯方向

图 9.3.11 所示的“二次折弯”对话框的 二次折弯属性 区域中各选项的功能说明如下：

- 二次折弯属性 选项组包括 高度 文本框、反向按钮、反侧按钮、参考高度 下拉列表、内嵌下拉列表和☑延伸截面复选框。

☑ 高度：在该文本框输入的数值设置二次折弯的高度值。

☑ ：“反向”按钮，单击该按钮，可以改变折弯的方向。

☑ ：“反侧”按钮，单击该按钮，可以改变要折弯部分的方向。

☑ 参考高度下拉列表中包括外部、内部选项，如图 9.3.14 所示。外部：选取该选项，二次折弯的高度距离是从钣金底面开始计算，延伸至总高，再根据材料厚度来偏置距离，如图 9.3.14a 所示。内部：选取该选项，二次折弯的高度距离是从钣金上表面开始计算，延伸至总高，再根据材料厚度来偏置距离，如图 9.3.14b 所示。

a）外部　　b）内部

图 9.3.14　参考高度

☑ 内嵌下拉列表中包括折弯外侧、材料内侧和材料外侧选项。折弯外侧：选取该选项，使二次折弯特征的外侧面与折弯线平齐，如图 9.3.15a 所示。材料内侧：选取该选项，使二次折弯特征的内侧面与折弯线平齐，如图 9.3.15b 所示。材料外侧：选取该选项，把折弯特征直接加在父特征面上，并且使二次折弯特征和父特征的平面相切，如图 9.3.15c 所示。

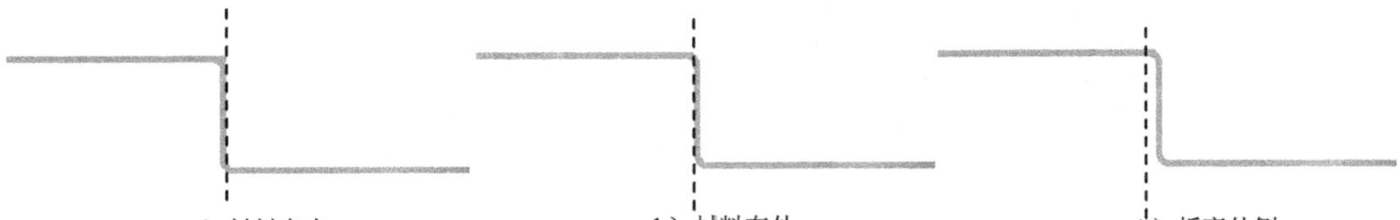

a）材料在内　　b）材料在外　　b）折弯外侧

图 9.3.15　钣金内嵌

9.3.3 伸　直

在钣金设计中，如果需要在钣金件的折弯区域创建裁剪或孔等特征，则首先用伸直命令取消折弯钣金件的折弯特征，然后就可以在展平的折弯区域创建裁剪或孔等特征。

下面以图 9.3.16 所示的模型为例，介绍创建“伸直”的一般操作过程。

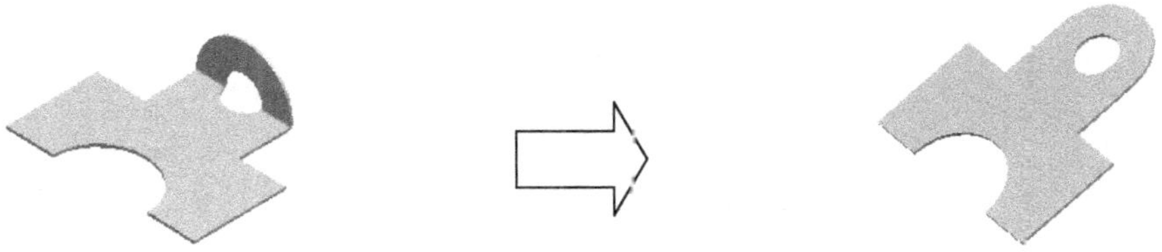

a）展开前　　b）展开后

图 9.3.16　钣金伸直

Step1. 打开文件 D：\ug8.1\work\ch09\ch09.03\ ch09.03.03\ cancel。

Step2. 选择命令。选择下拉菜单 插入(S) ➡ 成形(R) ▸ ➡ 伸直(U)... 命令，系统弹出图 9.3.17 所示的“伸直”对话框。

Step3. 选取固定面。选取图 9.3.18 所示的内表面为固定面。

Step4. 选取折弯特征。选取图 9.3.19 所示的折弯特征。

Step5. 在“伸直”对话框中单击 < 确定 > 按钮，完成特征的创建。

图 9.3.17 所示的“伸直”对话框中各选项的功能的说明如下：

- ：“固定面或边”按钮在“伸直”对话框中为默认被按下状态，用来指定选取钣金件的一条边或一个平面作为固定位置来创建展开特征。
- ：“折弯”按钮在选取固定面后自动被激活，可以选取将要执行伸直操作的折弯区域（折弯面）。当选取折弯面后，折弯区域在视图中将高亮显示。可以选取一个或多个折弯区域圆柱面（选择钣金件的内侧和外侧均可）。

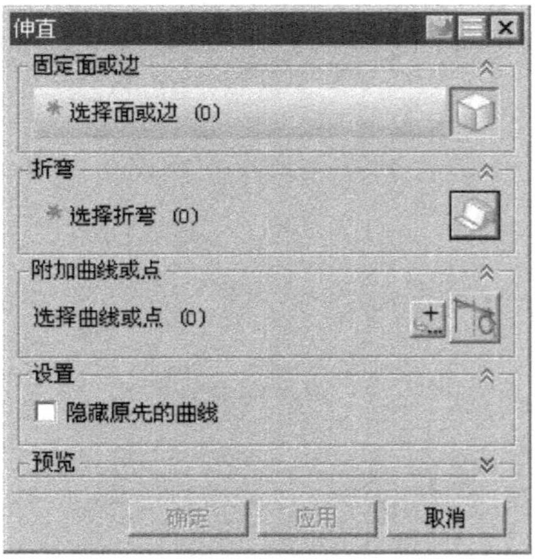

图 9.3.17 “伸直”对话框

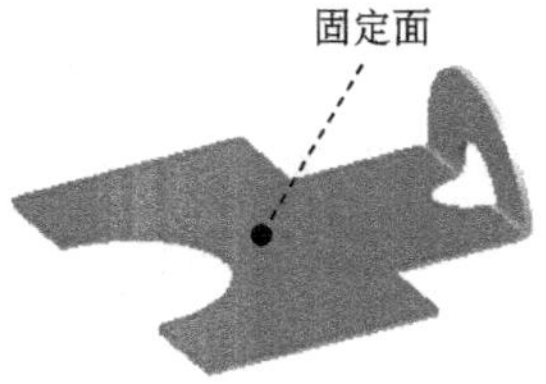

图 9.3.18 选取展开固定面

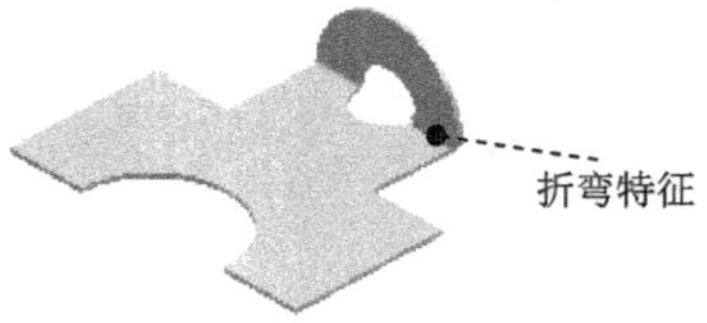

图 9.3.19 选取折弯面

9.3.4 重新折弯

可以将伸直后的钣金壁部分或全部重新折弯回来（图 9.3.20），这就是钣金的重新折弯。

a）原钣金件　　b）展开钣金件　　c）钣金的重新折弯

图 9.3.20 钣金的重新折弯

下面以图 9.3.21 所示的模型为例，来说明创建“重新折弯”的一般操作过程。

图 9.3.21　重新折弯特征

Step1. 打开文件 D:\ug8.1\work\ch09\ch09.03\ ch09.03.04\cancel。

Step2. 选择命令。选择下拉菜单 插入(S) → 成形(R) ▸ → 重新折弯(R)... 命令，系统弹出图 9.3.22 所示的“重新折弯”对话框。

Step3. 定义固定面。选取图 9.2.23 所示的面为固定面。

Step4. 选取折弯特征。选取图 9.3.23 所示的折弯特征。

Step5. 在“重新折弯”对话框中单击 < 确定 > 按钮，完成特征的创建。

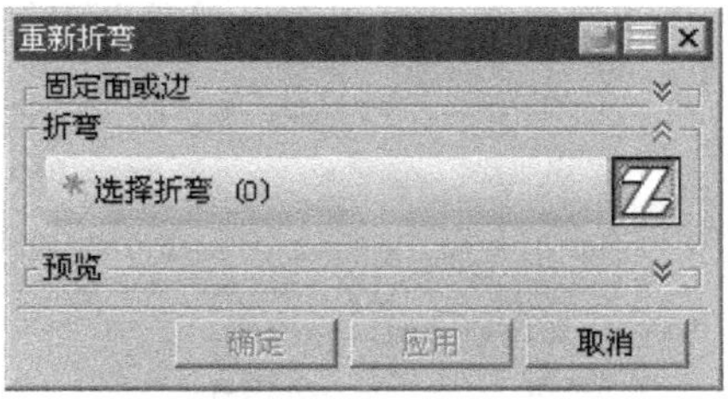

图 9.3.22　“重新折弯”对话框

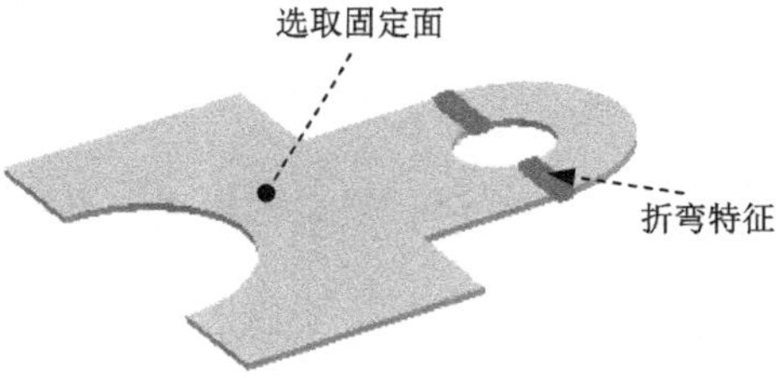

图 9.3.23　选取折弯特征

图 9.3.22 所示的“重新折弯”对话框中部分按钮的功能的说明如下：

- （固定面或边）按钮：此按钮用来定义执行“重新折弯”操作时保持固定不动的面或边。
- ：“折弯”按钮在“重新折弯”对话框中为默认选项，用来选择“重新折弯”操作的折弯面。可以选择一个或多个取消折弯特征，当选择“取消折弯”面后，所选择的取消折弯特征在视图中将高亮显示。

9.3.5　将实体零件转换到钣金件

实体零件通过创建“壳”特征后，可以创建出壁厚相等的实体零件，若想将此类零件转换成钣金件，则必须使用“转换为钣金”命令。例如，图 9.3.24 所示的实体零件通过抽壳方式转换为薄壁件后，其壁是完全封闭的，通过创建转换特征后，钣金件四周产生了裂缝，这样该钣金件便可顺利展开。

下面以图 9.3.25 所示的模型为例，来说明“转换为钣金”的一般创建过程。

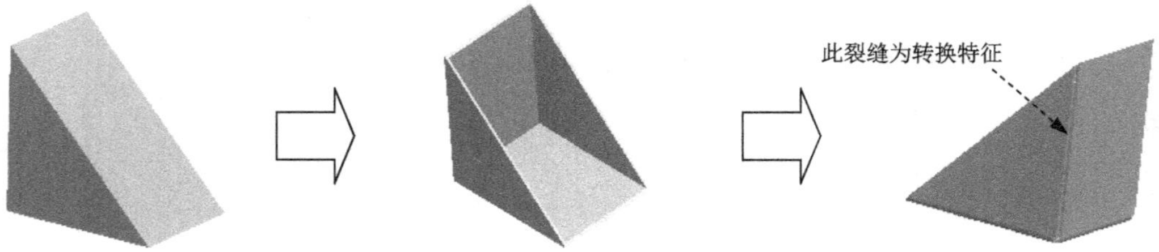

a）实体零件　　b）使用“壳”命令后　　c）添加转换特征

图 9.3.24　将实体转换到钣金件

a）实体　　b）将实体转换到钣金件　　c）展开钣金件

图 9.3.25　将实体转换到钣金件的一般创建过程

1. 打开一个现有的零件模型，并将实体转换到钣金件

Step1. 打开文件 D：\ug8.1\work\ch09\ch09.03\ ch09.03.05\ transition。

Step2. 选择命令。选择下拉菜单 插入(S) → 转换(V) ▸ → 转换为钣金... 命令，系统弹出图 9.3.26 所示的“转换为钣金”对话框。

Step3. 选取基本面。确认“转换为钣金”对话框的“基本面”按钮被按下，在系统 选择基本面 的提示下，选取图 9.3.27 所示的模型表面为基本面。

Step4. 选取要撕裂的边。在 边缘至止口 区域中单击“切边”按钮，选取图 9.3.28 所示的两条边线为要撕裂的边。

Step5. 在“转换为钣金”对话框中单击 确定 按钮，完成特征的创建。

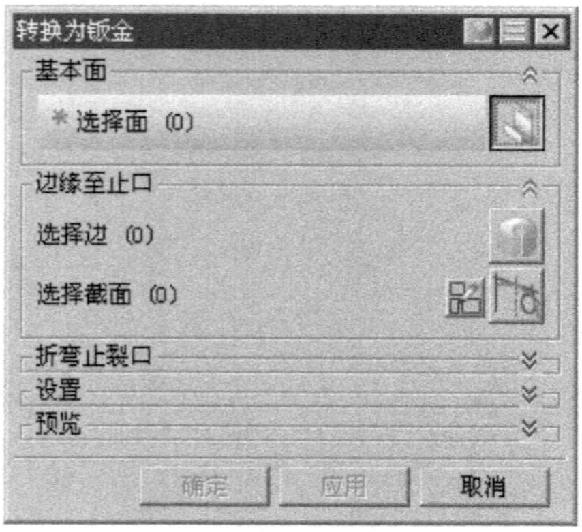

图 9.3.26　“转换为钣金“对话框

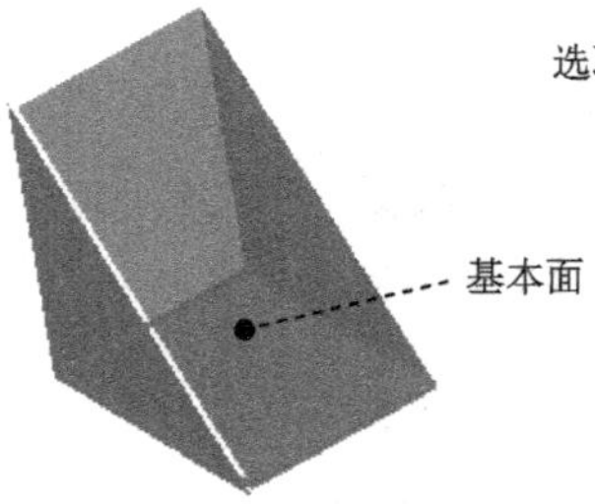

图 9.3.27 选取基本面

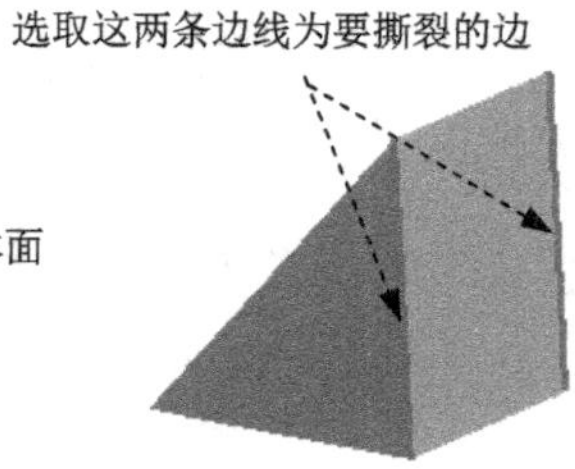

图 9.3.28　选取要撕裂的边

图 9.3.26 所示的“转换为钣金”对话框中部分按钮的功能的说明如下：

- （基本面）：在“转换为钣金”对话框中此按钮默认被激活，用于选择钣金件的表平面作为固定面（基本面）来创建特征。
- （切边）：单击此按钮后，用户可以在钣金件模型中选择要撕裂的边。

2．将转换后的钣金件伸直

Step1．选择下拉菜单 插入(S) → 成形(R) → 伸直(U)... 命令，系统弹出“伸直”对话框。

Step2．选取固定面。选取图 9.3.29 所示的表面为展开固定面。

Step3．选取折弯。选取图 9.3.30 所示的三个面为折弯。

Step4．在“伸直”对话框中单击 < 确定 > 按钮，完成特征的创建。

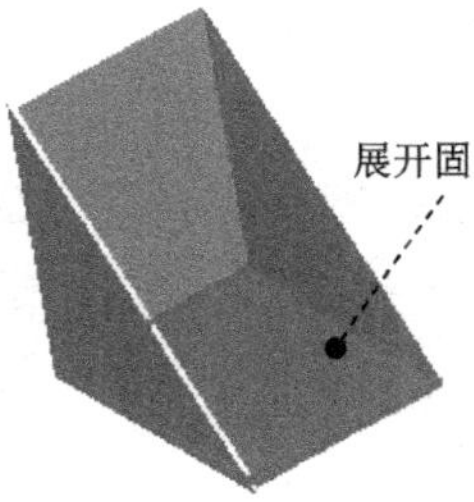

图 9.3.29　选取展开固定面

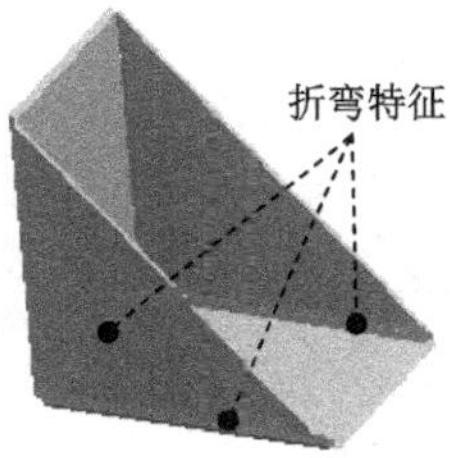

图 9.3.30　选取折弯

9.3.6　展平实体

在钣金零件的设计过程中，将成形的钣金零件展平为二维的平面薄板是非常重要的步骤，钣金件展开的作用如下：

- 钣金展开后，可更容易地了解如何剪裁薄板以及其各部分的尺寸。
- 有些钣金特征（如减轻切口）需要在钣金展开后创建。
- 钣金展开对于钣金的下料和创建钣金的工程图十分有用。

采用“取消折弯实体”命令可以在同一钣金零件中创建平面展开图。取消折弯实体特征与成形特征相关联。当采用展平实体命令展开钣金零件时，将展平实体特征作为“引用集”在“部件导航器”中显示。如果钣金零件包含变形特征，这些特征将保持原有的状态，如果钣金模型更改，平面展开图处理也自动更新并包含了新的特征。

展平实体的一般过程

下面以图 9.3.31 所示的模型为例，来说明“展平实体”的一般创建过程。

Task1. 展平实体特征的创建

Step1. 打开文件 D:\ug8.1\work\ch09\ch09.03\ ch09.03.07\ evolve。

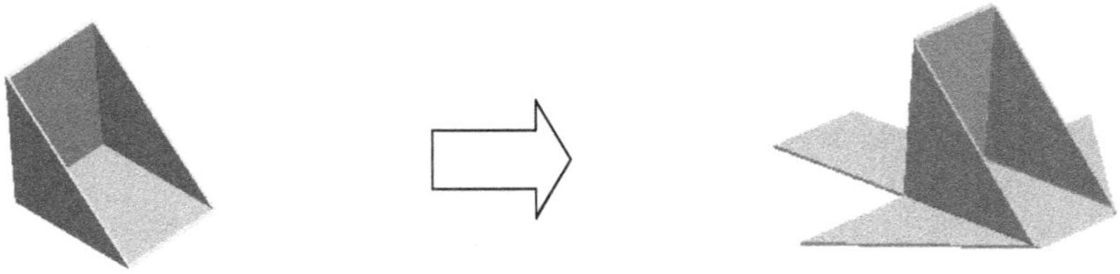

a）展平前　　　　b）展平后

图 9.3.31　展平实体

Step2. 选择下拉菜单 插入(S) → 展平图样(L)... → 展平实体(S)... 命令，或在“NX 钣金特征”工具栏中单击“展平实体”按钮，系统弹出图 9.3.32 所示的“展平实体”对话框。

Step3. 定义固定面。此时“选择面”按钮处于激活状态，选取图 9.3.33 所示的模型表面为固定面。

Step4. 定义参考边。取消选中 □ 移至绝对坐标系 复选框，使用系统默认的展平方位参考。

Step5. 在“展平实体”对话框中单击 确定 按钮，完成展平特征的创建。

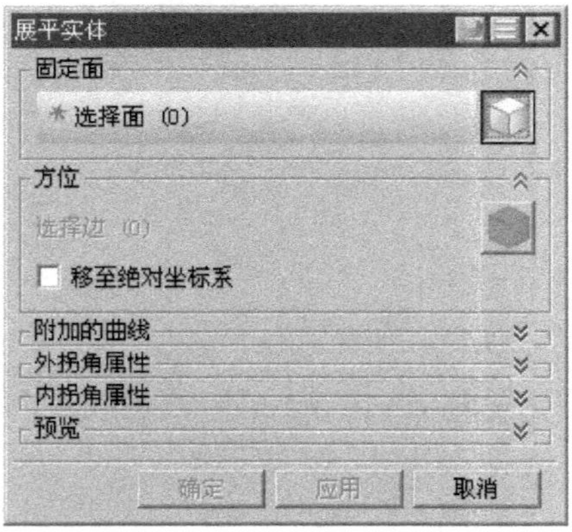

图 9.3.32　“展平实体”对话框

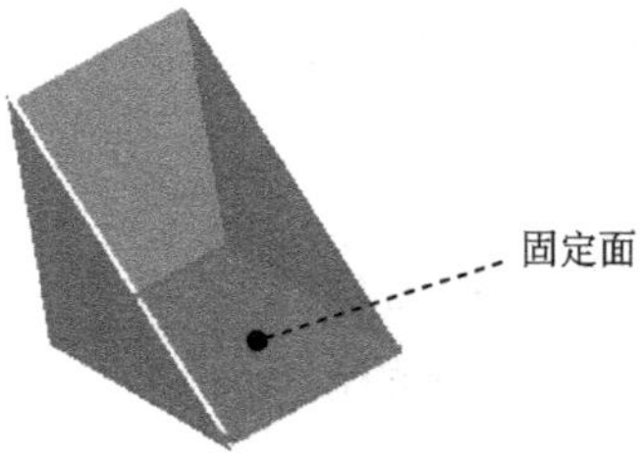

图 9.3.33　定义固定面

图 9.3.32 所示的“展平实体”对话框中的部分选项的说明如下：

- （选择面）：固定面区域的选择面默认激活，用于选择钣金零件的平表面作为平板实体的固定面，在选定固定面后系统将以该平面为固定面将钣金零件展开。
- （选择边）：方位区域的参考边在选择固定面后被激活，选择实体边缘作为平板实体的参考轴(X 轴)的方向及原点，并在视图区中显示参考轴方向；在选定参考轴后系统将以该参考轴和已选择的固定面为基准将钣金零件展开，形成平面薄板。

Task2. 展平实体相关特征的验证

平板实体特征会随着钣金模型的更改发生相应的变化。下面通过图 9.3.34 所示的在钣金模型上创建一个“法向除料”特征来验证这一特征。

Step1. 选择命令。选择下拉菜单 插入(S) → 剪切(T) ▸ → 法向除料(N)... 命令，系统弹出“法向除料”对话框。

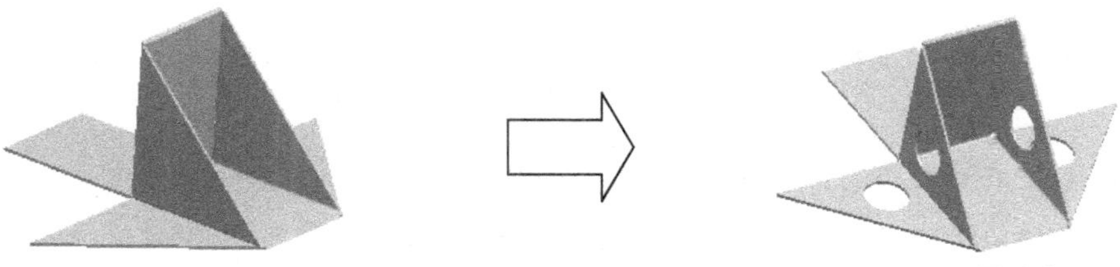

a）展平前　　b）展平后

图 9.3.34　NX 钣金的展平实体

Step2. 绘制除料截面草图。单击按钮，选取图 9.3.35 所示的模型表面为草图平面，单击 确定 按钮，绘制图 9.3.36 所示的除料截面草图。

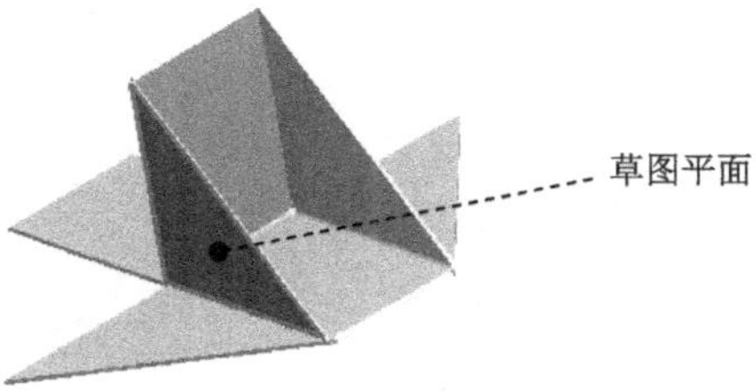

图 9.3.35　草图平面

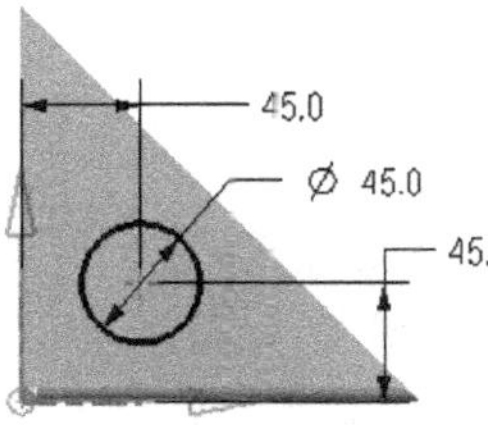

图 9.3.36 除料截面草图

Step3. 定义除料属性。在 除料属性 区域的 切削方法 下拉列表中选择 厚度 选项，在 限制 下拉列表中选择 贯通 选项。

Step4. 单击“法向除料”对话框中的 < 确定 > 按钮，完成法向除料特征的创建。

9.4 范例 1——钣 金 件

范例概述：

本范例详细讲解了图 9.4.1 所示的钣金件的设计过程，主要应用了弯边、折弯弯边、折弯、伸直和重新折弯等命令。需要读者注意的是使用“伸直”和“重新折弯”命令的操作过程及使用方法。零件模型及模型树如图 9.4.1 所示。

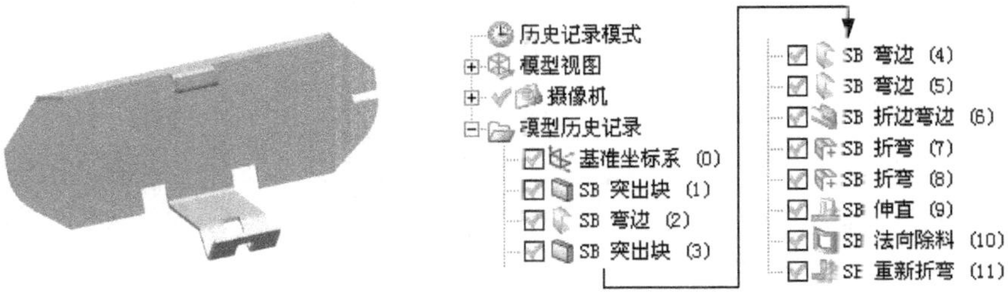

图 9.4.1　零件模型及模型树

Step1. 打开文件 D:\ug8.1\work\ch09\ch09.04\ flyco.prt。

Step2. 创建图 9.4.2 所示的折边弯边特征 1。

（1）选择命令。选择下拉菜单 插入(S) → 折弯(N) → 折边弯边(H)... 命令，系统弹出“折边”对话框。

（2）定义折边弯边的类型。在“折边”对话框的 类型 区域的下拉列表中选择 开放的 选项。

（3）定义折边弯边的附着边。选取图 9.4.3 所示的边线为折边弯边的附着边。

（4）定义弯边折边的位置。在“折边”对话框 内嵌选项 区域的 内嵌 下拉列表中选择 材料外侧 选项。

（5）定义折弯参数。在 折弯参数 区域的 1. 折弯半径 文本框中输入数值 0.25，在 2. 弯边长度 文本框中输入弯边的长度值 1.25。

（6）定义斜衔类型。在 斜接 区域中取消选中 斜接折边 复选框。

（7）在“折边”对话框中单击 < 确定 > 按钮，完成特征的创建。

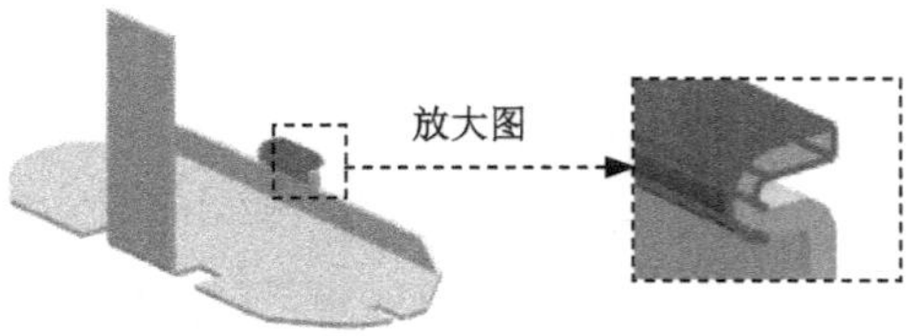

图 9.4.2 折边弯边特征 1

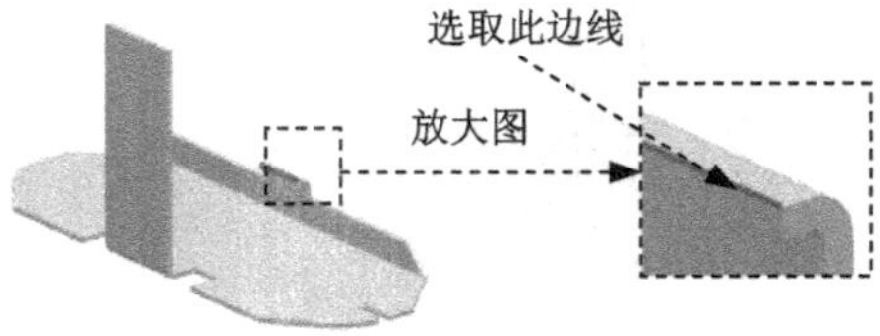

图 9.4.3 选取附着边

Step3. 创建图 9.4.4 所示的折弯特征 1。

（1）选择特征命令。选择下拉菜单 插入(S) → 折弯(N) → 折弯(B)... 命令，系统弹出“折弯”对话框。

（2）定义折弯线。单击按钮，系统弹出“创建草图”对话框，选取图 9.4.5 所示的平面为草图平面；取消选中 设置 区域的 创建中间基准 CSYS 复选框，单击 确定 按钮；绘制图 9.4.6 所示的折弯线，完成后退出草图环境。

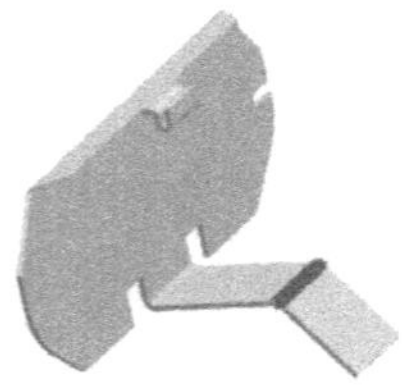

图 9.4.4 折弯特征 1

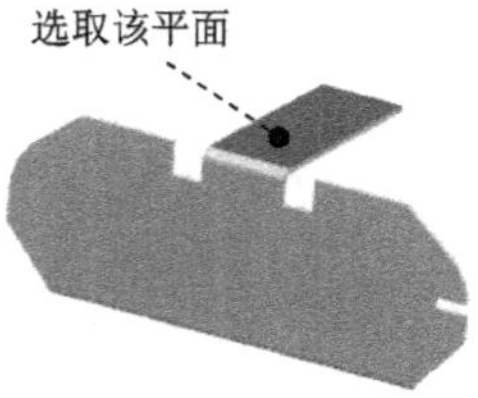

图 9.4.5 选取草图平面

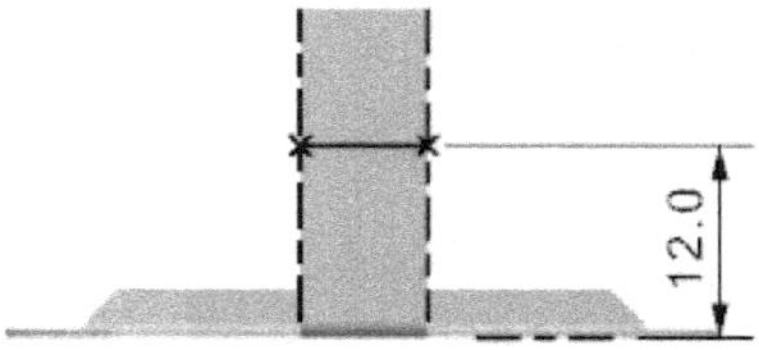

图 9.4.6 折弯线

（3）定义折弯属性。在“折弯”对话框 折弯属性 区域下的 角度 文本框中输入折弯角度值 60；在 内嵌 下拉列表中选择 折弯中心线轮廓 选项。

（4）定义折弯参数。在 折弯参数 区域中单击 折弯半径 文本框右侧的按钮，在系统弹出的快捷菜单中选择 使用本地值 选项，然后在 折弯半径 文本框中输入折弯半径值 0.5；其他参数采用系统默认设置值。

（5）单击“反侧”按钮，反转折弯侧；单击〈确定〉按钮，完成特征的创建。

Step4. 创建图 9.4.7 所示的折弯特征 2。选择下拉菜单 插入(S) ➡ 折弯(N) ▸ ➡ 折弯(B)... 命令，系统弹出“折弯”对话框；单击按钮，系统弹出“创建草图”对话框，选取图 9.4.8 所示的平面为草图平面，绘制图 9.4.9 所示的折弯线，完成后退出草图环境；在“折弯”对话框 折弯属性 区域下的 角度 文本框中输入折弯角度值 100；在 折弯参数 区域中单击 折弯半径 文本框右侧的按钮，在系统弹出的快捷菜单中选择 使用本地值 选项，然后在 折弯半径 文本框中输入折弯半径值 0.5；在 内嵌 下拉列表中选择 折弯中心线轮廓 选项；单击“反侧”按钮，反转折弯侧；单击〈确定〉按钮，完成特征的创建。

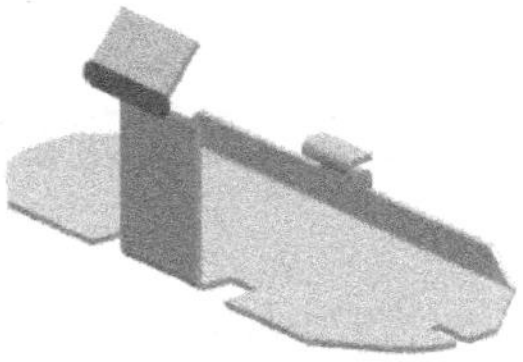

图 9.4.7　折弯特征 2

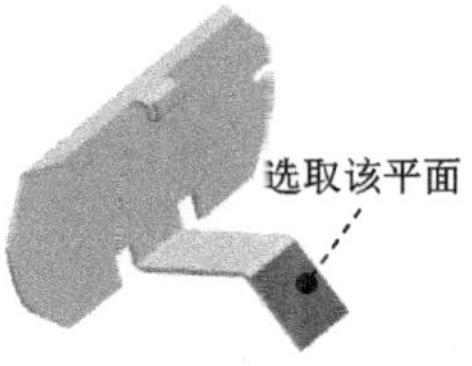

图 9.4.8　选取草图平面

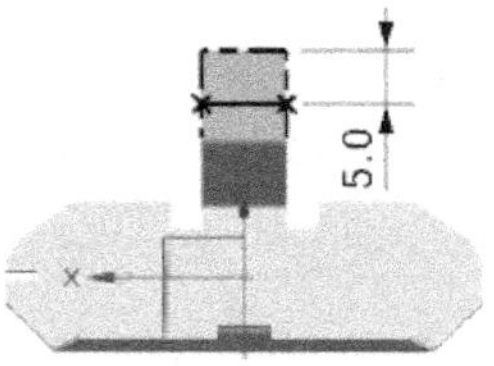

图 9.4.9　折弯线

Step5. 创建图 9.4.10 所示的伸直特征 1。

（1）选择命令。选择下拉菜单 插入(S) ➡ 成形(R) ▸ ➡ 伸直(U)... 命令，系统弹出“伸直”对话框。

（2）选取伸直固定面。在系统 当部件未折弯时选择无厚度平面或线性边缘来保持固定 的提示下，选取图 9.4.11 所示的模型表面为伸直固定面。

（3）选取伸直面。在系统 选择折弯 的提示下，依次选取图 9.4.12 所示的两个曲面为伸直面。

（4）在“伸直”对话框中单击〈确定〉按钮，完成特征的创建。

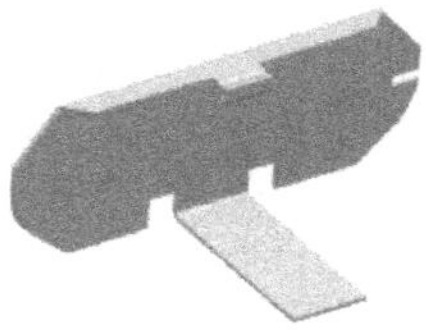

图 9.4.10　伸直特征 1

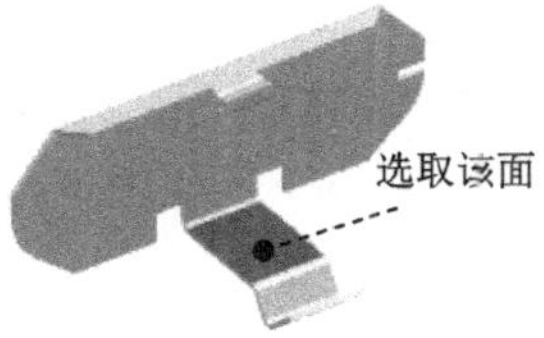

图 9.4.11　选取伸直固定面

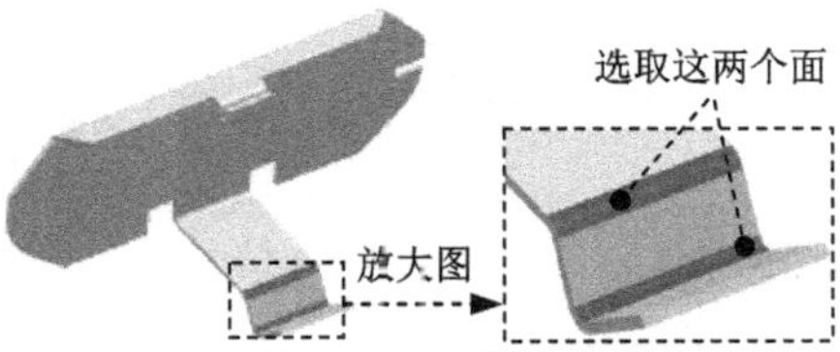

图 9.4.12　选取折弯

Step6. 创建图 9.4.13 所示的法向除料特征 1。

（1）选择特征命令。选择下拉菜单 插入(S) ➡ 剪切(T) ▸ ➡ 法向除料(N)... 命令，系统弹出 “法向除料”对话框。

（2）绘制除料截面草图。在“法向除料”对话框 类型 区域的下拉列表中选择 草图 选项，单击按钮，系统弹出“创建草图”对话框；选取图 9.4.14 所示的模型表面为草图平面，单击 确定 按钮，绘制图 9.4.15 所示的截面草图并退出草图环境。

（3）定义除料的深度属性。在除料属性区域的切削方法下拉列表中选择厚度选项；在限制下拉列表中选择贯通选项。

（4）在“法向除料”对话框中单击< 确定 >按钮，完成特征的创建。

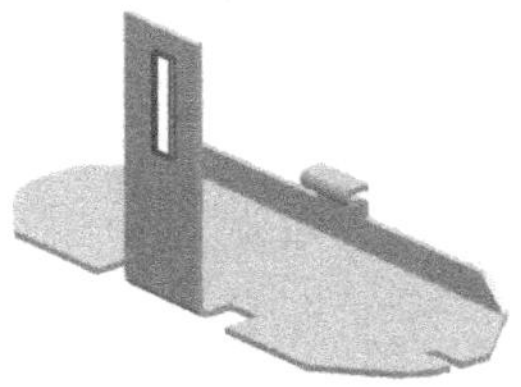

图 9.4.13 法向除料特征 1

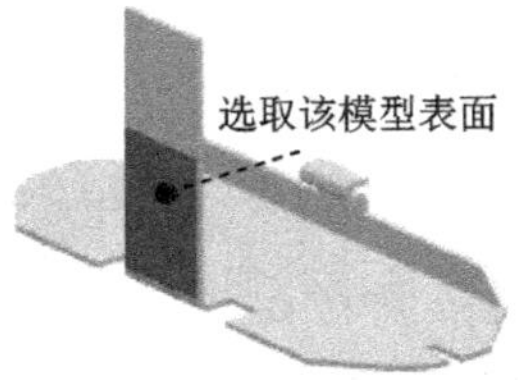

图 9.4.14 选取草图平面

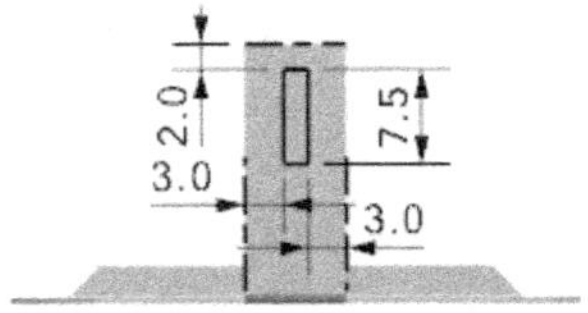

图 9.4.15 截面草图

Step7. 创建图 9.4.16 所示的重新折弯特征 1。

（1）选择特征命令。选择下拉菜单 插入(S) → 成形(R) ▸ → 重新折弯(R)... 命令，系统弹出“重新折弯”对话框。

（2）定义折弯面。在系统选择伸直面的提示下，选取图 9.4.17 所示的两个模型表面为折弯面。

（3）在“重新折弯”对话框中单击< 确定 >按钮，完成特征的创建。

图 9.4.16 重新折弯特征 1

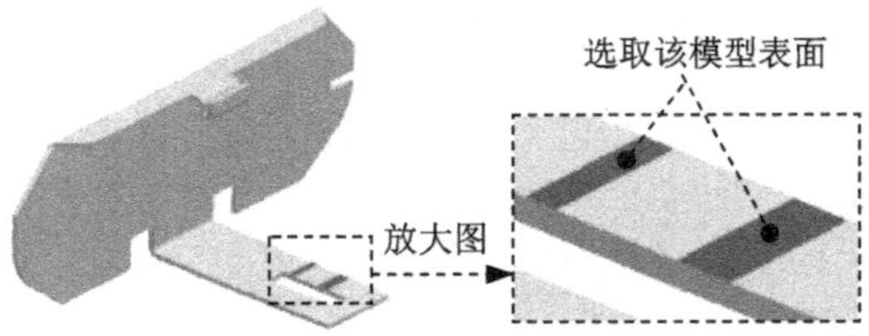

图 9.4.17 选取折弯面

Step8. 保存零件模型。选择下拉菜单 文件(F) → 另存为(A)... 命令，将零件命名为 flyco_ok，即可保存零件模型。

9.5 范例 2——钣金支架

范例概述：

本范例详细讲解了图 9.5.1 所示的钣金支架的初步设计过程，主要应用了弯边、法向除料等命令。需要读者注意的是使用“弯边”命令在创建弯边时的操作过程及使用方法。零件模型及模型树如图 9.5.1 所示。

图 9.5.1 零件模型及模型树

Step1. 新建文件。

（1）选择下拉菜单 文件(F) → 新建(N)... 命令，系统弹出“新建”对话框。

（2）在 名称 下的列表中选择 NX 钣金 模板。

（3）在 新文件名 区域的 名称 文本框中输入文件名称 sm_bracket。

（4）设置钣金模型的单位为“毫米”，单击 确定 按钮，进入“NX 钣金”环境。

Step2. 创建图 9.5.2 所示的突出块特征 1。

（1）选择命令。选择下拉菜单 插入(S) → 突出块(B)... 命令，系统弹出“突出块”对话框。

（2）定义突出块截面。单击按钮，选取 XY 平面为草图平面，选中 设置 区域中的 ☑ 创建中间基准 CSYS 复选框，单击 确定 按钮；绘制图 9.5.3 所示的截面草图，选择下拉菜单 任务(K) → 完成草图(K) 命令，退出草图环境。

（3）定义厚度。厚度方向采用系统默认的矢量方向，在 厚度 区域中单击 厚度 文本框右侧的按钮，在系统弹出的快捷菜单中选择 使用本地值 选项，然后在 厚度 文本框中输入数值 4，单击 < 确定 > 按钮，完成突出块特征 1 的创建。

说明：突出块的厚度方向可以通过单击“突出块”对话框中的按钮来调整。

Step3. 创建图 9.5.4 所示的弯边特征 1。

图 9.5.2　突出块特征 1

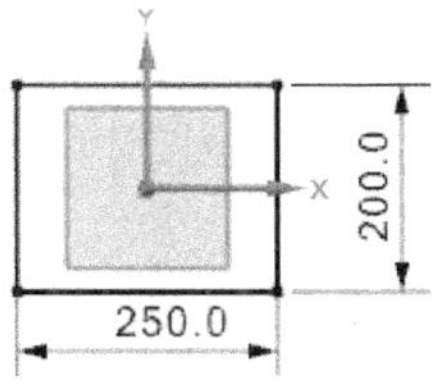

图 9.5.3　截面草图

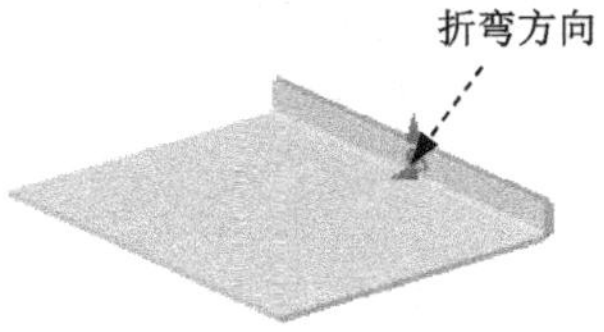

图 9.5.4　弯边特征 1

（1）选择下拉菜单 插入(S) → 折弯(N) → 弯边(F)... 命令，系统弹出“弯边”对话框。

（2）定义附着边。选取图 9.5.5 所示的边线为弯边附着边，系统弹出折弯方向，如图 9.5.4 所示。

（3）定义宽度。在 宽度 区域的 宽度选项 下拉列表中选择 完整 选项。

（4）定义弯边属性。在 弯边属性 区域的 长度 文本框中输入数值 20；在 角度 文本框中输入数值 90；在 参考长度 下拉列表中选择 内部 选项；在 内嵌 下拉列表中选择 材料内侧 选项。

（5）定义弯边参数。在 偏置 区域的 偏置 文本框中输入数值 0；在 折弯参数 区域中单击 折弯半径 文本框右侧的按钮，在系统弹出的快捷菜单中选择 使用本地值 选项，然后在 折弯半径 文本框中输入数值 4；在 止裂口 区域的 折弯止裂口 和 拐角止裂口 的下拉列表中选择 ⊘ 无 选项。

（6）单击“弯边”对话框的 < 确定 > 按钮，完成弯边特征 1 的创建。

Step4. 创建图 9.5.6 所示的弯边特征 2。

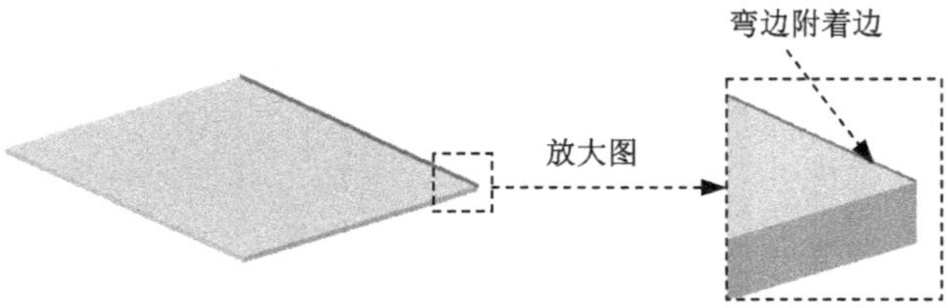

图 9.5.5 选取弯边附着边

图 9.5.6 弯边特征 2

（1）选择下拉菜单 插入(S) ➡ 折弯(N) ➡ 弯边(F)... 命令，系统弹出“弯边”对话框。

（2）定义附着边。选取图 9.5.7 所示的边线为弯边的附着边。

（3）定义宽度。在 宽度 区域的 宽度选项 下拉列表中选择 完整 选项。

（4）定义弯边属性。在 弯边属性 区域的 长度 文本框中输入数值 100；在 角度 文本框中输入数值 90；在 参考长度 下拉列表中选择 内部 选项，在 内嵌 下拉列表中选择 材料内侧 选项。

（5）定义弯边参数。在 偏置 区域的 偏置 文本框中输入数值 0；在 折弯参数 区域中单击 折弯半径 文本框右侧的 按钮，在系统弹出的快捷菜单中选择 使用本地值 选项，然后在 折弯半径 文本框中输入数值 4；在 止裂口 区域的 折弯止裂口 下拉列表中选择 无 选项；在 拐角止裂口 下拉列表中选择 折弯/面 选项。

（6）编辑弯边特征截面。单击 按钮，进入草图环境，将弯边截面草图修改至图 9.5.8 所示的弯边截面草图，然后退出草图环境。

（7）单击“弯边”对话框的 < 确定 > 按钮，完成弯边特征 2 的创建。

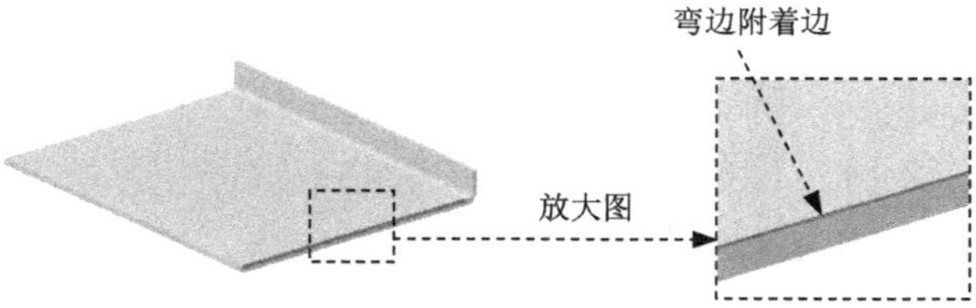

图 9.5.7 弯边的附着边

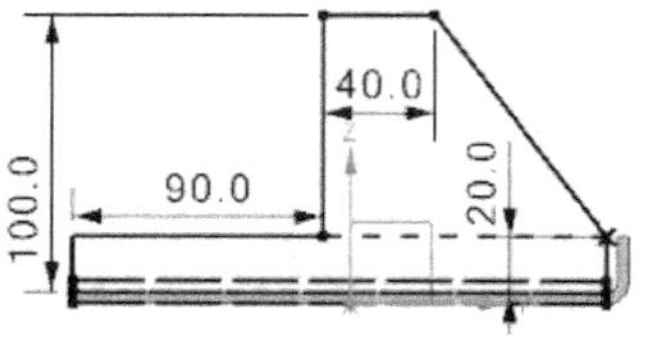

图 9.5.8 弯边截面草图

Step5. 创建图 9.5.9 所示的弯边特征 3。

（1）选择下拉菜单 插入(S) ➡ 折弯(N) ➡ 弯边(F)... 命令，系统弹出“弯边”对话框。

（2）定义附着边。选取图 9.5.10 所示的边线为弯边的附着边。

（3）定义宽度。在 宽度 区域的 宽度选项 下拉列表中选择 完整 选项。

（4）定义弯边属性。在 弯边属性 区域的 长度 文本框中输入数值 100；在 角度 文本框中输入数值 90；在 内嵌 下拉列表中选择 材料内侧 选项。

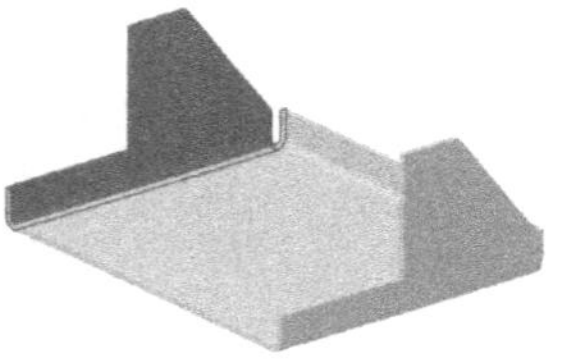

图 9.5.9 弯边特征 3

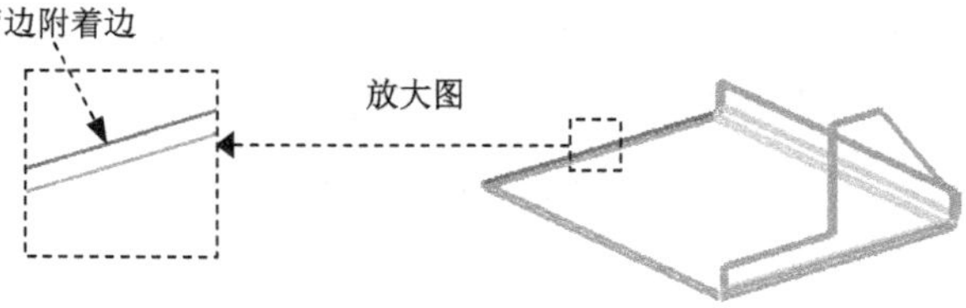

图 9.5.10 弯边的附着边

（5）定义弯边参数。在偏置区域的偏置文本框中输入数值 0；在折弯参数区域中单击折弯半径文本框右侧的按钮，在系统弹出的快捷菜单中选择使用本地值选项，然后在折弯半径文本框中输入数值 4；在止裂口区域的折弯止裂口下拉列表中选择无选项；在拐角止裂口下拉列表中选择折弯/面选项。

（6）编辑弯边特征截面。单击按钮，进入草图环境，将弯边截面草图修改至图 9.5.11 所示的截面草图，然后退出草图环境。

（7）单击“弯边”对话框的< 确定 >按钮，完成弯边特征 3 的创建。

Step6. 创建图 9.5.12 所示的弯边特征 4。

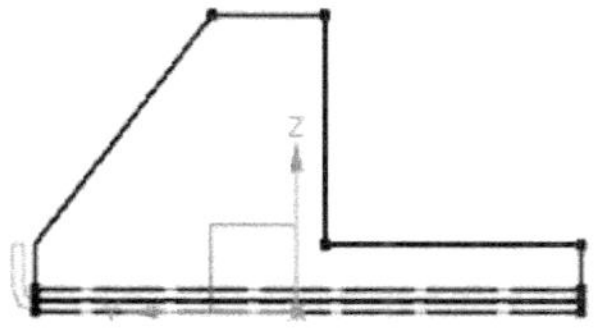
图 9.5.11　截面草图

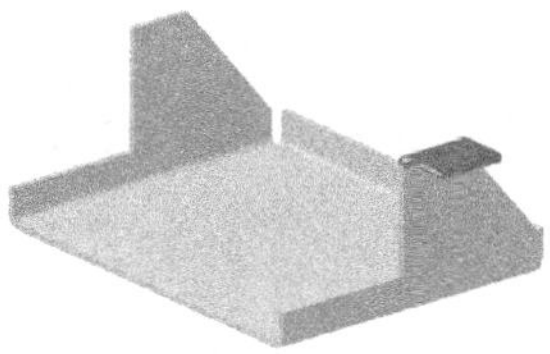
图 9.5.12　弯边特征 4

（1）选择下拉菜单插入(S) ➡ 折弯(N) ➡ 弯边(F)...命令，系统弹出“弯边”对话框。

（2）定义附着边。选取图 9.5.13 所示的边线为弯边的附着边。

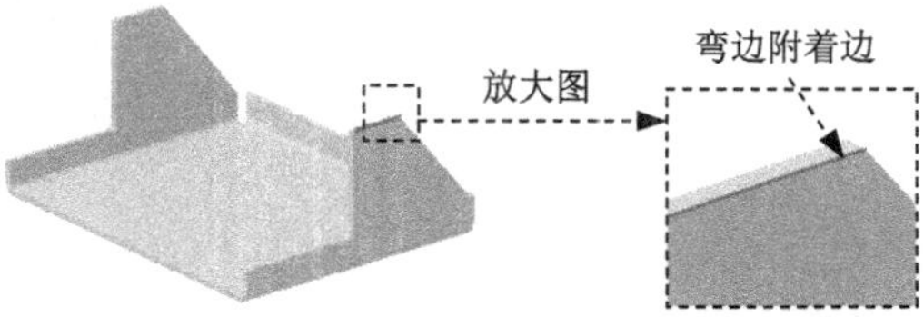

图 9.5.13　弯边的附着边

（3）定义宽度。在宽度区域的宽度选项下拉列表中选择完整选项。

（4）定义弯边属性。在弯边属性区域的长度文本框中输入数值 35；在角度文本框中输入数值 90；在参考长度下拉列表中选择内部选项；在内嵌下拉列表中选择材料内侧选项。

（5）定义弯边参数。在偏置区域的偏置文本框中输入数值 0；在折弯参数区域中单击折弯半径文本框右侧的按钮，在系统弹出的快捷菜单中选择使用本地值选项，然后在折弯半径文本框中输入数值 4；在止裂口区域的折弯止裂口下拉列表中选择无选项；在拐角止裂口下拉列表中选择折弯/面选项。

（6）单击“弯边”对话框的< 确定 >按钮，完成弯边特征 4 的创建。

Step7. 创建图 9.5.14 所示的法向除料特征 1。

（1）选择命令。选择下拉菜单插入(S) ➡ 剪切(T) ➡ 法向除料(N)...命令，系统弹出“法向除料”对话框。

（2）绘制除料截面草图。在“法向除料”对话框的类型区域的下拉列表中选择草图选项；选取 XY 基准平面为草图平面，绘制图 9.5.15 所示的截面草图，然后退出草图环境。

（3）定义除料的深度属性。在除料属性区域的切除方法下拉列表中选择厚度选项；在限制下拉列表中选择贯通选项并单击“反向”按钮。

（4）单击“法向除料”对话框中的< 确定 >按钮，完成法向除料特征 1 的创建。

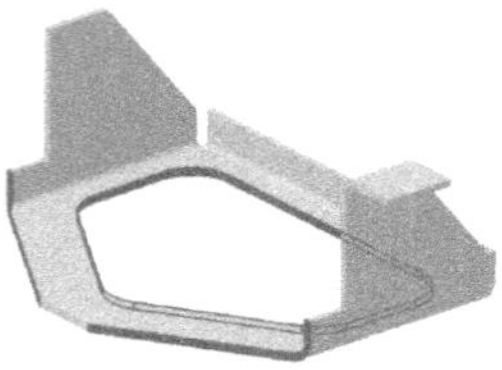

图 9.5.14　法向除料特征 1

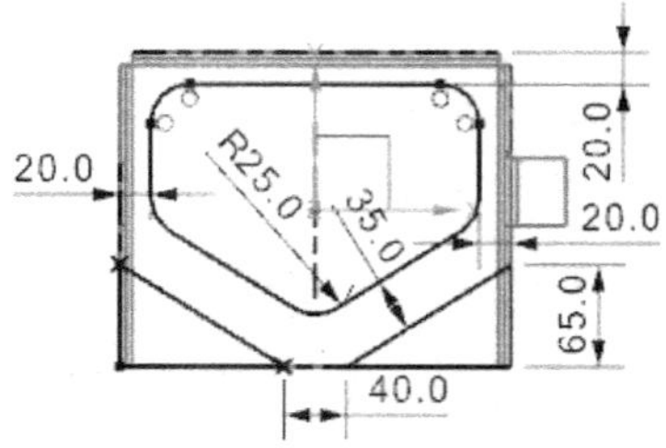

图 9.5.15　截面草图

Step8. 创建图 9.5.16 所示的弯边特征 5。

（1）选择下拉菜单插入(S) → 折弯(N) → 弯边(F)...命令，系统弹出“弯边”对话框。

（2）定义附着边。选取图 9.5.17 所示的边线为弯边的附着边。

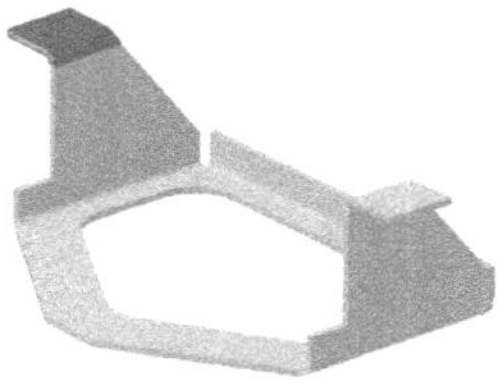

图 9.5.16　弯边特征 5

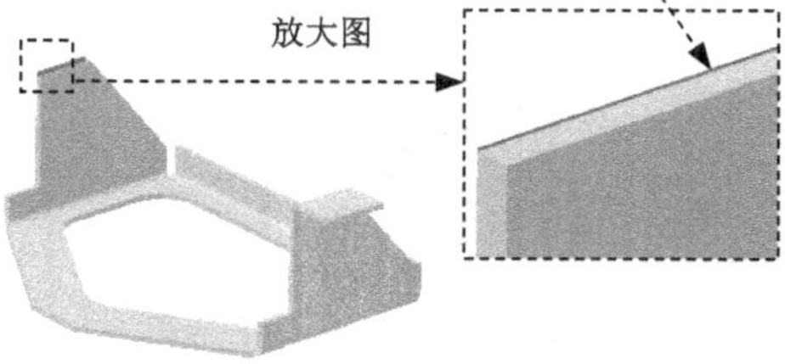

图 9.5.17　弯边的附着边

（3）定义宽度。在宽度区域的宽度选项下拉列表中选择完整选项。

（4）定义弯边属性。在弯边属性区域的长度文本框中输入数值 35；在角度文本框中输入数值 90；在参考长度下拉列表中选择内部选项；在内嵌下拉列表中选择材料内侧选项。

（5）定义弯边参数。在偏置文本框中输入数值 0；在折弯参数区域中单击折弯半径文本框中右侧的按钮，在系统弹出的快捷菜单中选择使用本地值选项，然后在折弯半径文本框中输入数值 4；在止裂口区域的折弯止裂口下拉列表中选择无选项；在拐角止裂口下拉列表中选择折弯/面选项。

（6）单击“弯边”对话框的< 确定 >按钮，完成弯边特征 5 的创建。

Step9. 创建图 9.5.18 所示的弯边特征 6。

（1）选择下拉菜单插入(S) → 折弯(N) → 弯边(F)...命令，系统弹出“弯边”对话框。

（2）定义附着边。选取图 9.5.19 所示的边线为弯边的附着边。

（3）定义宽度。在宽度区域的宽度选项下拉列表中选择完整选项。

（4）定义弯边属性。在弯边属性区域的长度文本框中输入数值 30；在角度文本框中输入数值 90；在参考长度下拉列表中选择内部选项；在内嵌下拉列表中选择材料外侧选项。

（5）定义弯边参数。在偏置文本框中输入数值 0；在折弯参数区域中单击折弯半径文本框右侧的 $f(x)$ 按钮，在系统弹出的快捷菜单中选择使用本地值选项，然后在折弯半径文本框中输入数值 4；在止裂口区域的折弯止裂口下拉列表中选择⊘无选项；在拐角止裂口下拉列表中选择仅折弯选项；单击< 确定 >按钮。

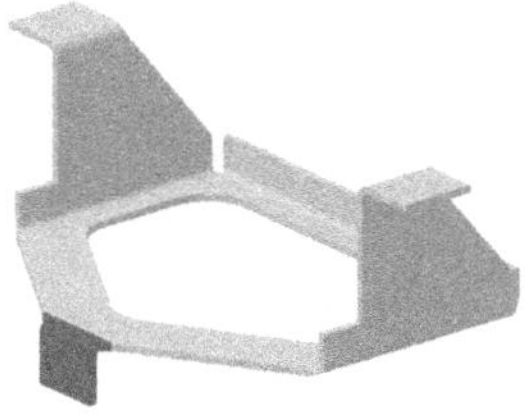
图 9.5.18　弯边特征 6

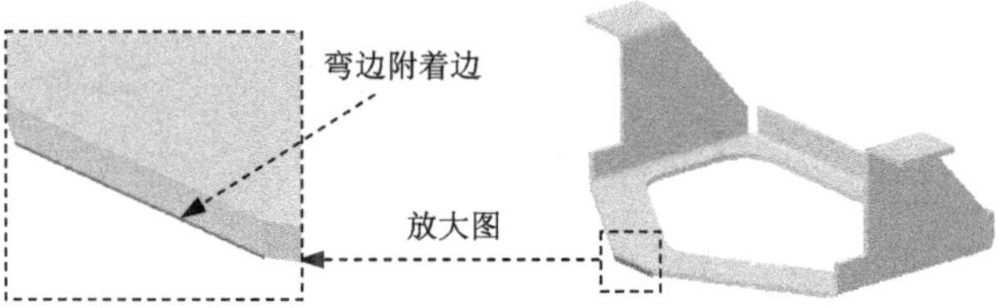

图 9.5.19　弯边的附着边

Step10. 创建图 9.5.20 所示的法向除料特征 2。

（1）选择命令。选择下拉菜单插入(S) ➡ 剪切(T) ▸ ➡ 法向除料(N)...命令，系统弹出“法向除料”对话框。

（2）绘制除料截面草图。在“法向除料”对话框类型区域的下拉列表中选择草图选项，选取图 9.5.21 所示的模型表面为草图平面，绘制图 9.5.22 所示的截面草图，然后退出草图环境。

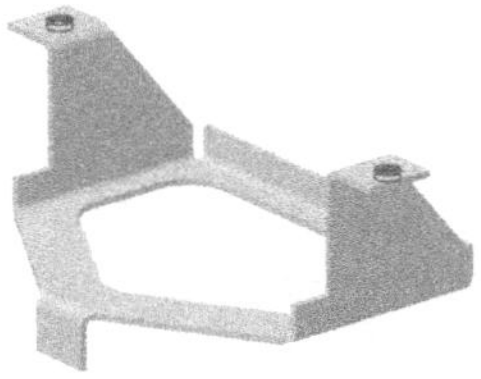
图 9.5.20　法向除料特征 2

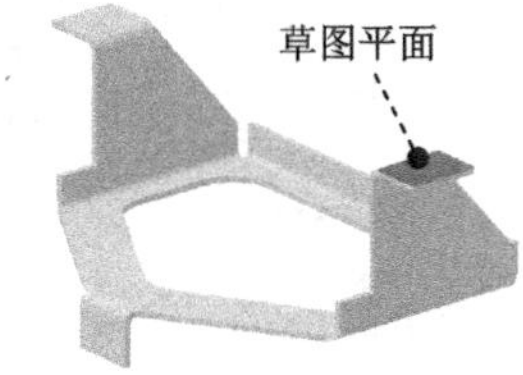

图 9.5.21　草图平面

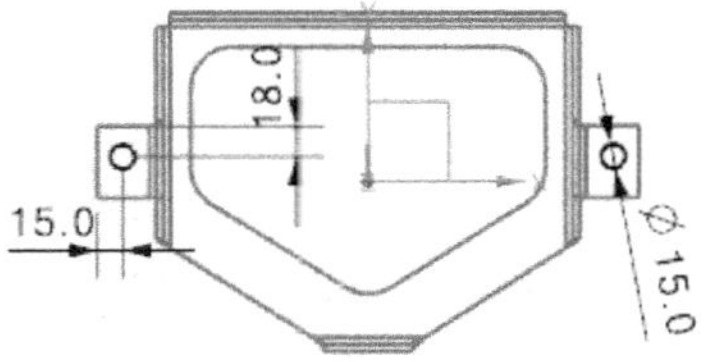

图 9.5.22　截面草图

（3）定义除料的深度属性。在除料属性区域下的切削方法下拉列表中选择厚度选项；在限制下拉列表中选择贯通选项。

（4）单击“法向除料”对话框中的< 确定 >按钮，完成法向除料特征 2 的创建。

Step11. 创建图 9.5.23 所示的法向除料特征 3。

（1）选择命令。选择下拉菜单插入(S) ➡ 剪切(T) ▸ ➡ 法向除料(N)...命令，系统弹出“法向除料”对话框。

（2）绘制除料截面草图。在“法向除料”对话框类型区域的下拉列表中选择草图选项，选取图 9.5.24 所示的模型表面为草图平面，绘制图 9.5.25 所示的截面草图。

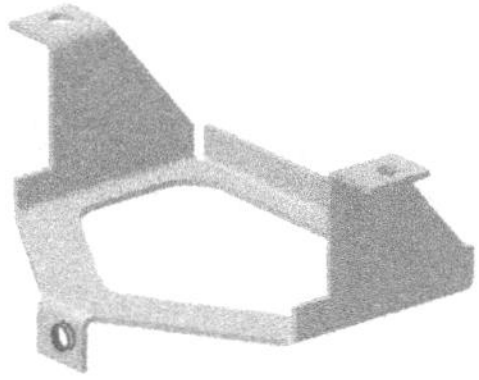
图 9.5.23　法向除料特征 3

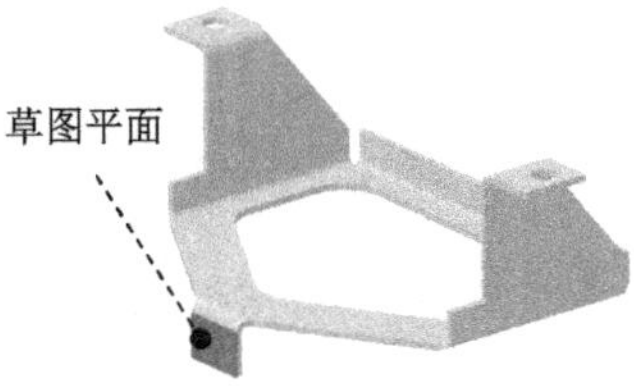

图 9.5.24　草图平面

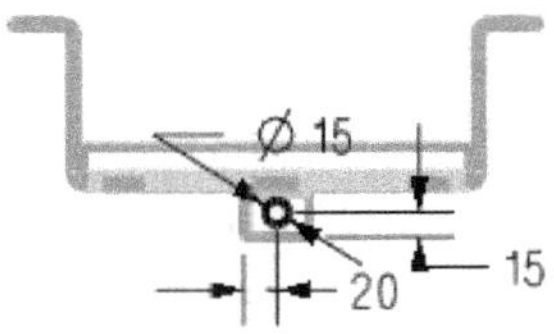

图 9.5.25　截面草图

（3）定义除料的深度属性。在除料属性区域下的切削方法下拉列表中选择厚度选项；在限制下拉列表中选择贯通选项。

（4）单击“法向除料”对话框中的< 确定 >按钮，完成法向除料特征 3 的创建。

Step12. 保存零件模型。选择下拉菜单文件(F) ➡ 保存(S)命令，即可保存零件模型。

9.6 范例 3——文 具 夹

范例概述：

本范例详细讲解了图 9.6.1 所示的文具夹钣金件的设计过程。设计文具夹钣金件的过程是先使用“突出块”命令创建出钣金件的第一壁，之后再使用“折边弯边”等命令创建两边的圆筒，最后使用“折弯”命令完成文具夹的设计。零件模型及模型树如图 9.6.1 所示。

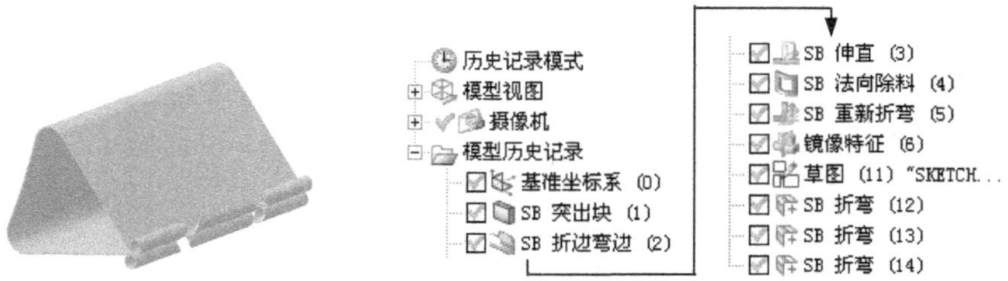

图 9.6.1　零件模型及模型树

Step1. 新建文件。选择下拉菜单文件(F) ➡ 新建(N)...命令，系统弹出“新建”对话框。在过滤器区域中的单位下拉列表中选择毫米选项，在模板区域中选择NX 钣金模板，在名称文本框中输入文件名称 clip，单击确定按钮，进入“NX 钣金”环境。

Step2. 创建图 9.6.2 所示的突出块特征。

（1）选择命令。选择下拉菜单插入(S) ➡ 突出块(B)...命令，系统弹出“突出块”对话框。

（2）定义突出块截面。单击按钮，选取 XY 平面为草图平面，选中设置区域中的☑ 创建中间基准 CSYS复选框，单击确定按钮，绘制图 9.6.3 所示的截面草图。

（3）定义厚度属性。厚度方向采用系统默认的矢量方向，在厚度文本框中输入数值 0.2。

（4）单击< 确定 >按钮，完成突出块特征的创建。

图 9.6.2　突出块特征

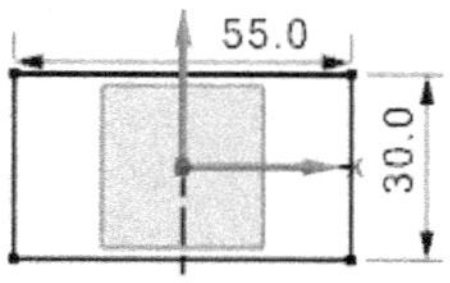

图 9.6.3　截面草图

Step3. 创建图 9.6.4 所示的折边弯边特征。

（1）选择命令。选择下拉菜单 插入(S) → 折弯(N) → 折边弯边(H)... 命令，系统弹出“折边”对话框。

（2）定义折边弯边的类型。在“折边”对话框 类型 区域的下拉列表中选择 开环 选项。

（3）定义折边弯边的附着边。选取图 9.6.5 所示的边线为折边弯边的附着边。

图 9.6.4　折边弯边特征

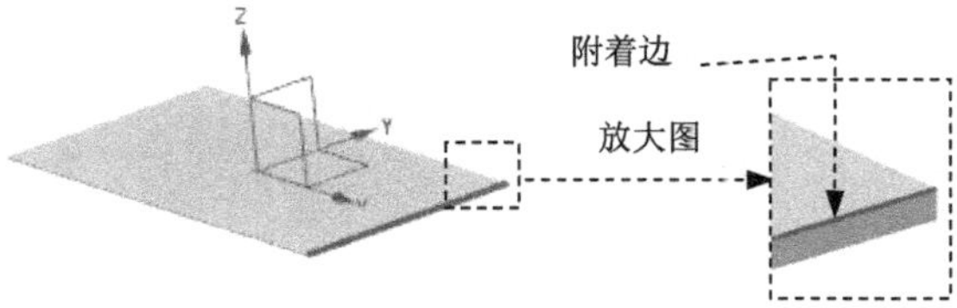

图 9.6.5　定义附着边

（4）定义弯折边弯边的位置。在“折边”对话框 内嵌选项 区域的 内嵌 下拉列表中选择 材料外侧 选项。

（5）定义折弯参数。在 折弯参数 区域的 1. 折弯半径 文本框中输入数值 0.8，5. 扫掠角度 文本框中输入数值 300。

（6）定义斜接类型。在 斜接 区域中取消选中 斜接折边 复选框。

（7）在“折边”对话框中单击 < 确定 > 按钮，完成折边弯边特征的创建。

Step4. 创建图 9.6.6 所示的伸直特征。选择下拉菜单 插入(S) → 成形(R) → 伸直(U)... 命令，系统弹出 “伸直”对话框。选取图 9.6.7 所示的表面为伸直固定面；在系统 选择折弯 的提示下，选取图 9.6.8 所示的模型表面为折弯面；在“伸直”对话框中单击 < 确定 > 按钮，完成特征的创建。

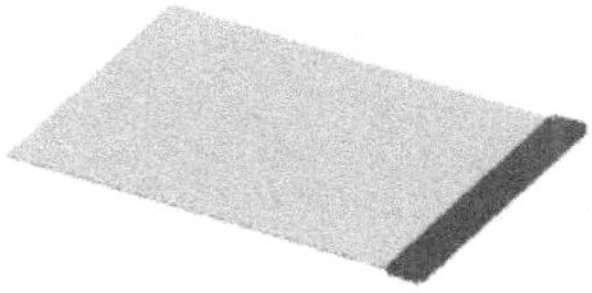

图 9.6.6　伸直特征

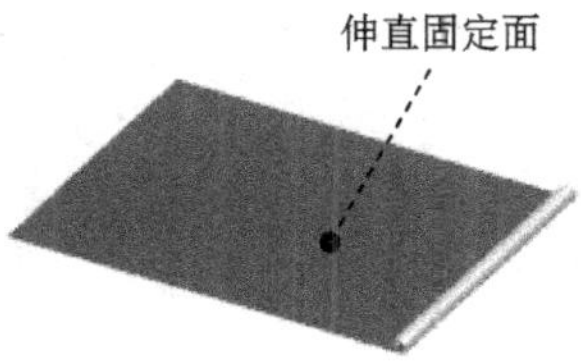

图 9.6.7　选取伸直固定面

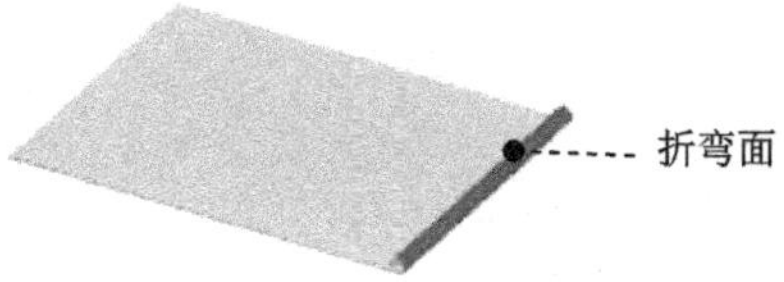

图 9.6.8　选取折弯面

Step5. 创建图 9.6.9 所示的法向除料特征。选择下拉菜单 插入(S) → 剪切(T) → 法向除料(N)... 命令；选取 XY 基准平面为草图平面，取消选中 创建中间基准 CSYS 复选框，绘制图 9.6.10 所示的截面草图，并退出草图环境；在 除料属性 区域的 切削方法 下拉列表中选择 厚度 选项；在 限制 下拉列表中选择 贯通 选项，单击“反向”按钮；单击 < 确定 > 按钮，完成特征的创建。

图 9.6.9　法向除料特征

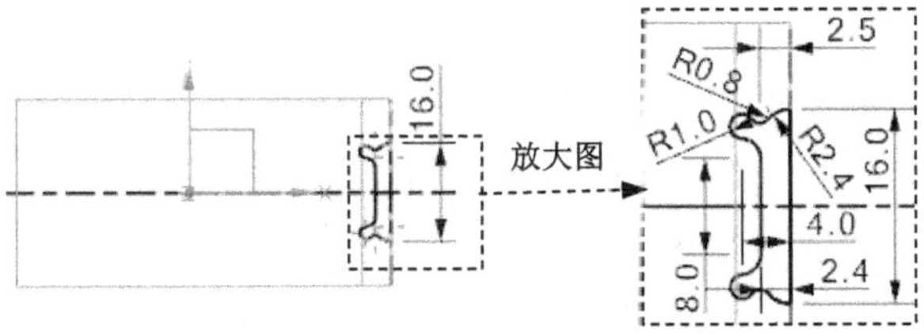

图 9.6.10　截面草图

Step6. 创建图 9.6.11 所示的重新折弯特征。选择下拉菜单 插入(S) → 成形(R) ▸ → 重新折弯(R)... 命令。按图 9.6.11 所示在模型中选择执行重新折弯操作的折弯面；在“重新折弯”对话框中单击 < 确定 > 按钮，完成特征的创建。

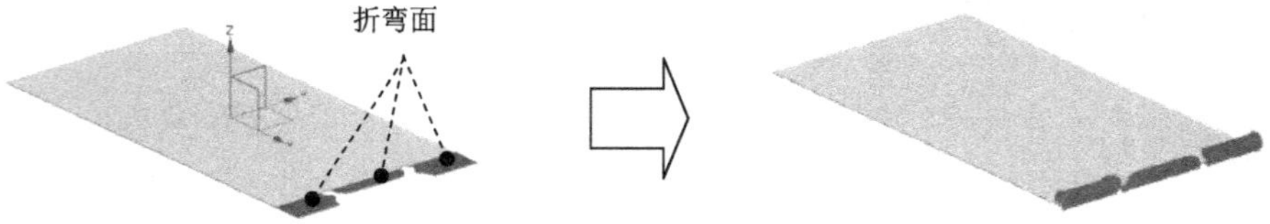

a）重新折弯前　　b）重新折弯后

图 9.6.11　重新折弯特征

Step7. 创建图 9.6.12 所示的镜像特征。

（1）选择命令。选择下拉菜单 插入(S) → 关联复制(A) ▸ → 镜像特征(M)... 命令，系统弹出“镜像特征”对话框。

（2）定义镜像对象。在“镜像特征”对话框 相关特征 列表框中选择 Step4~Step6 创建的特征作为镜像对象，选取 YZ 基准平面为镜像平面，单击 < 确定 > 按钮，完成镜像特征的创建。

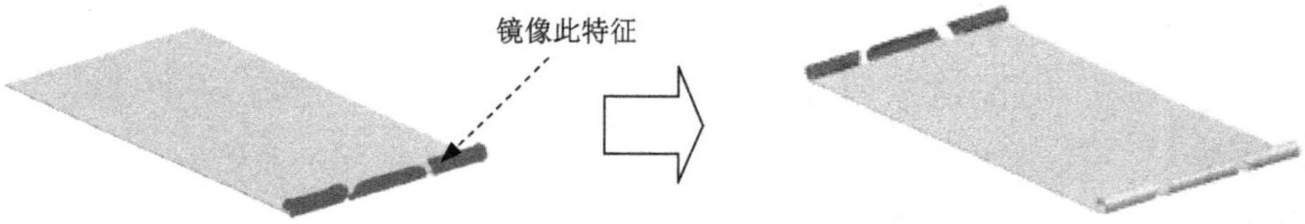

a）镜像前　　b）镜像后

图 9.6.12　镜像特征

Step8. 创建图 9.6.13 所示的草图。选择下拉菜单 插入(S) → 任务环境中的草图(S)... 命令，选取图 9.6.14 所示的模型表面为草图平面，绘制图 9.6. 13 所示的草图。

说明：该草图将作为后面折弯特征的三条折弯边。

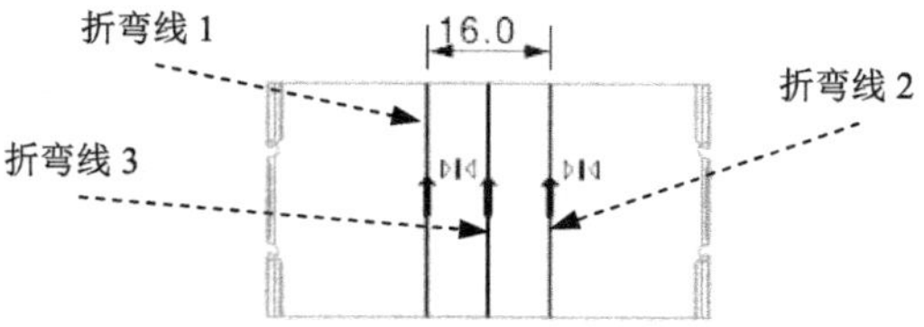

图 9.6.13　草图

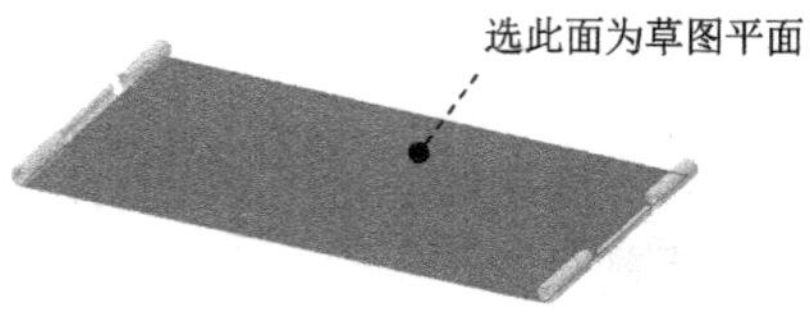

图 9.6.14　定义草图平面

Step9. 创建图 9.6.15 所示的折弯特征 1。

（1）选择命令。选择下拉菜单 插入(S) → 折弯(N) ▸ → 折弯(B)... 命令，系统弹出“折弯”对话框。

（2）绘制折弯线。选取图 9.6.13 所示的折弯线 1。

（3）定义折弯参数。在“折弯”对话框中将 内嵌 设置为 折弯中心线轮廓 选项，在 角度 文本框中输入折弯角度值 125，在 折弯参数 区域中单击 折弯半径 文本框右侧的 按钮，在系统弹出的快捷菜单中选择 使用本地值 选项，然后在 折弯半径 文本框中输入数值 2；单击 反向 后的 按钮，再单击反侧后的按钮；其他参数采用系统默认设置值；在“折弯”对话框中单击< 确定 >按钮，完成特征的创建。

Step10. 创建图 9.6.16 所示的折弯特征 2。选择下拉菜单插入(S) → 折弯(N) → 折弯(B)...命令，系统弹出“折弯”对话框。选取 9.6.13 所示的折弯线 2；在“折弯”对话框中将内嵌设置为折弯中心线轮廓选项，在角度文本框中输入折弯角度值 125，在折弯参数区域中单击折弯半径文本框右侧的按钮，在系统弹出的菜单中选择使用本地值选项，然后在折弯半径文本框中输入数值 2；单击反向后的按钮；其他参数采用系统默认设置值；单击< 确定 >按钮，完成特征 2 的创建。

Step11. 创建图 9.6.17 所示的折弯特征 3。选择下拉菜单插入(S) → 折弯(N) → 折弯(B)...命令，系统弹出“折弯”对话框。选取图 9.6.13 所示的折弯线 3；在“折弯”对话框中将内嵌设置为折弯中心线轮廓选项，在角度文本框中输入折弯角度值 18，在折弯参数区域中单击折弯半径文本框右侧的按钮，在系统弹出的快捷菜单中选择使用本地值选项，然后在折弯半径文本框中输入数值 30；单击反向后的按钮；其他参数采用系统默认设置值；单击< 确定 >按钮，完成特征 3 的创建。

图 9.6.15　折弯特征 1

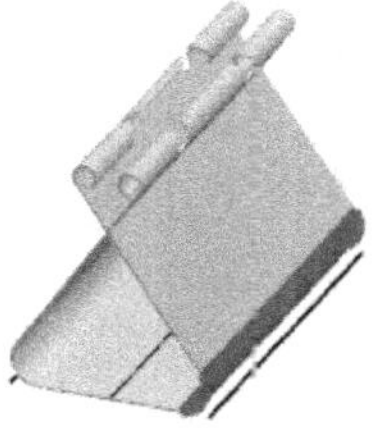

图 9.6.16　折弯特征 2

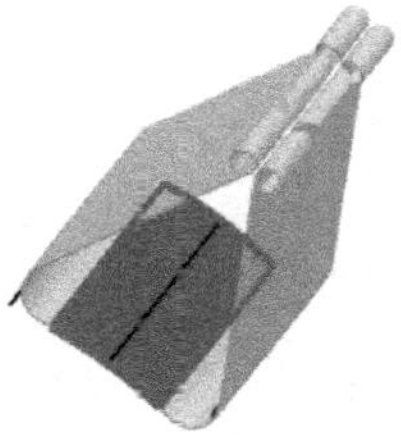

图 9.6.17　折弯特征 3

Step12. 保存钣金件模型。选择下拉菜单文件(F) → 保存(S)命令，即可保存钣金件模型。

读者意见反馈卡

尊敬的读者：

感谢您购买机械工业出版社出版的图书！

我们一直致力于 CAD、CAPP、PDM、CAM 和 CAE 等相关技术的跟踪，希望能将更多优秀作者的宝贵经验与技巧介绍给您。当然，我们的工作离不开您的支持。如果您在看完本书之后，有好的意见和建议，或是有一些感兴趣的技术话题，都可以直接与我联系。

策划编辑：管晓伟

注：本书的随书光盘中含有该“读者意见反馈卡”的电子文档，您可将填写后的文件采用电子邮件的方式发给本书的责任编辑或主编。

E-mail: 展迪优 zhanygjames@163.com ； 管晓伟 guancmp@163.com。

请认真填写本卡，并通过邮寄或 E-mail 传给我们，我们将奉送精美礼品或购书优惠卡。

书名：《UG NX 8.0 快速入门教程（修订版）》

1. 读者个人资料：

姓名：________性别：___年龄：____职业：________职务：________学历：______

专业：_______单位名称：__________________电话：__________手机：__________

邮寄地址：__________________________邮编：____________E-mail: ____________

2. 影响您购买本书的因素（可以选择多项）：

□内容　　□作者　　□价格

□朋友推荐　　□出版社品牌　　□书评广告

□工作单位（就读学校）指定　　□内容提要、前言或目录　　□封面封底

□购买了本书所属丛书中的其他图书　　□其他____________

3. 您对本书的总体感觉：

□很好　　□一般　　□不好

4. 您认为本书的语言文字水平：

□很好　　□一般　　□不好

5. 您认为本书的版式编排：

□很好　　□一般　　□不好

6. 您认为 UG 其他哪些方面的内容是您所迫切需要的？

____

7. 其他哪些 CAD/CAM/CAE 方面的图书是您所需要的？

____

8. 认为我们的图书在叙述方式、内容选择等方面还有哪些需要改进的？

如若邮寄，请填好本卡后寄至：

北京市百万庄大街 22 号机械工业出版社汽车分社　管晓伟（收）

邮编：100037　　联系电话：（010）88379949　　传真：（010）68329090

如需本书或其他图书，可与机械工业出版社网站联系邮购：

http://www.golden-book.com　　**咨询电话：**（010）88379639。